液体火箭发动机喷嘴动力学

杨立军　富庆飞　著

北京航空航天大学出版社

内 容 简 介

本书以液体火箭发动机喷嘴动态特性及非定常雾化领域的新问题和新进展为背景,阐述相关的理论、方法及其应用;除了数学模型的建立、求解和必要的数学推导外,还强调了问题的物理过程分析与简化,同时也对喷嘴动态特性研究的专用实验方法进行了重点介绍。

全书共分 11 章,以稳定性分析及频域分析的基本理论为主线,分别介绍液体射流稳态雾化机理、单/双组元喷嘴动态特性的理论和实验研究、液体射流非定常雾化机理、喷雾场动态特性,以及跨/超临界流体喷注动态特性。全书的编写既考虑各章节直接的呼应和前后的连贯性,也力求各章的独立性和完整性。

本书是液体火箭发动机喷嘴动力学专著,也可用作航空宇航推进理论与工程专业的研究生教材,还可用作能源与动力工程相关专业的教师和研究人员的参考书。

图书在版编目(CIP)数据

液体火箭发动机喷嘴动力学 / 杨立军,富庆飞著
. -- 北京 :北京航空航天大学出版社,2024.8
ISBN 978 - 7 - 5124 - 4403 - 4

Ⅰ. ①液… Ⅱ. ①杨… ②富… Ⅲ. ①液体推进剂火箭发动机—喷嘴—动力学 Ⅳ. ①V434

中国国家版本馆 CIP 数据核字(2024)第 091449 号

液体火箭发动机喷嘴动力学

杨立军 富庆飞 著

策划编辑 蔡 喆 责任编辑 宋淑娟

*

北京航空航天大学出版社出版发行

北京市海淀区学院路 37 号(邮编 100191) http://www.buaapress.com.cn
发行部电话:(010)82317024 传真:(010)82328026
读者信箱: goodtextbook@126.com 邮购电话:(010)82316936
北京富资园科技发展有限公司印装 各地书店经销

*

开本:787×1 092 1/16 印张:31.25 字数:800 千字
2024 年 8 月第 1 版 2024 年 8 月第 1 次印刷
ISBN 978 - 7 - 5124 - 4403 - 4 定价:199.00 元

前　言

　　液体火箭发动机的性能及可靠性在很大程度上取决于液体推进剂的雾化过程。液体推进剂通过喷嘴形成自由射流,射流高速喷射(或与气流相互作用)失稳破裂成液滴,完成液体的雾化过程。火箭发动机中的液体雾化过程是一个非定常的过程,尤其是在发动机发生不稳定燃烧时,喷嘴的上游供应系统和下游燃烧室内均会产生强烈的压力脉动。喷注所经历的物理过程涉及波动在喷嘴复杂通道内的传播和非定常雾化等科学问题。开展对以上问题的研究,对进一步揭示推进剂非定常雾化机理、认识喷嘴在不稳定燃烧动态过程中所发挥的作用具有重要的科学价值和军事意义。以上科学问题都可归纳到广义的喷嘴动力学研究范畴,因此写一本这方面的专著对喷嘴动力学近年来的发展进行全面系统的介绍是很有必要的。

　　受我国大推力液体火箭发动机和重型运载火箭研制需求的牵引,近年来本人围绕离心喷嘴、气/液同轴喷嘴、液/液同轴喷嘴内的波动传播问题开展了理论和工程应用研究,发展了喷嘴动力学理论,建立了喷嘴动力学实验研究方法和系统,直接为我国液体火箭发动机型号研制服务。在这些研究成果的基础上,即着手整理资料,撰写此书。本书可用作航空宇航推进理论与工程专业的研究生教材,亦可作为能源与动力工程相关专业研究人员的参考书。

　　本书在内容的编排上,主要针对喷嘴动力学研究的基本理论、方法和结果讨论进行介绍。其中第 1 章简要介绍喷嘴动力学的研究意义、基本原理和分析方法以及研究现状评述。第 2、3 章分别介绍液体射流稳态雾化的理论和实验研究。第 4、5 章讨论液体离心喷嘴动态特性的理论和实验研究。第 6 章分析气/液同轴双组元喷嘴的动态特性。第 7 章对液/液同轴双组元喷嘴的动态特性进行研究。第 8 章讨论撞击式喷嘴的雾化特性。第 9 章对喷雾场雾化参数的动态特性进行系统描述。第 10 章讨论驻波声场中的射流失稳破裂动力学。第 11 章将动态特性的研究扩展到超临界流体。

　　参加本书撰写的有杨立军教授(第 1、2、3、4、8、9 章)和富庆飞教授(第 5、6、7、10、11 章),全书由杨立军统稿。在本书编写过程中,研究生贾伯琦、李鹏辉、方子玄、张丁为、孙虎、刘奇优、乔文通、王少岩、张冰冰、方籽丹、鞠睿立、石靖岩、曾翔、杨小琮、吕秀文、莫曹星、鄢宇轩等协助做了书稿的校对工作,并绘制了部分插图,对于他们的工作以及书中所引用参考文献的作者,在此一并致以诚挚的感谢。本书在编写过程中得到了北京航空航天大学宇航学院领导及有关同志的全力支持和帮助,清华大学张会强教授、航天工程大学聂万胜教授、国防科技大学李清廉教授对本书提出了宝贵的意见和建议,在此深表谢意。

　　本书虽几经校核,但仍有疏漏和不当之处,恳请读者给予批评指正。

杨立军

2023 年 12 月

目　　录

第 1 章　绪　论 ………………………………………………………………… 1

　　1.1　喷嘴动力学概述 ……………………………………………………… 1

　　　　1.1.1　从喷嘴动态特性角度研究液体火箭发动机不稳定燃烧 ………… 3

　　　　1.1.2　喷嘴稳态特性与动态特性的关系 ………………………………… 4

　　　　1.1.3　喷嘴动态特性研究的科学意义 …………………………………… 4

　　1.2　喷嘴稳/动态特性研究简述 …………………………………………… 5

　　　　1.2.1　液体雾化机理研究 ………………………………………………… 5

　　　　1.2.2　液体喷嘴动态特性研究 …………………………………………… 8

　　　　1.2.3　同轴喷嘴稳态雾化特性研究 ……………………………………… 11

　　　　1.2.4　同轴喷嘴动态特性研究 …………………………………………… 12

　　1.3　本书的内容和结构 …………………………………………………… 13

　　本章参考文献 ……………………………………………………………… 13

第 2 章　液体雾化机理理论研究 …………………………………………… 19

　　2.1　锥形液膜线性稳定性分析 …………………………………………… 19

　　　　2.1.1　锥形液膜色散方程及破碎模型 …………………………………… 20

　　　　2.1.2　结果与讨论 ………………………………………………………… 23

　　2.2　平面液膜线性稳定性分析 …………………………………………… 30

　　　　2.2.1　幂律流体平面液膜线性稳定性分析 ……………………………… 30

　　　　2.2.2　黏弹性流体液膜线性稳定性分析 ………………………………… 40

　　2.3　受壁面限制的环形液膜时/空模式稳定性分析 ……………………… 48

　　　　2.3.1　受限旋转环形液膜的色散方程 …………………………………… 48

　　　　2.3.2　时间模式稳定性分析 ……………………………………………… 50

2.3.3　时/空模式稳定性分析 ……………………………………… 53

本章参考文献 ………………………………………………………… 58

第 3 章　液体离心喷嘴稳态喷雾特性实验研究 …………………………… 61

3.1　收口型离心喷嘴喷雾特性实验研究 ………………………………… 61

3.2　敞口型离心喷嘴喷雾特性实验研究 ………………………………… 67

3.3　凝胶推进剂在离心喷嘴中的喷雾特性 ……………………………… 73

3.3.1　凝胶模拟液流变测试 ………………………………………… 73

3.3.2　普通离心喷嘴 ………………………………………………… 75

3.3.3　振荡离心喷嘴 ………………………………………………… 85

本章参考文献 ………………………………………………………… 92

第 4 章　液体离心喷嘴动态特性理论研究 ………………………………… 95

4.1　收口型离心喷嘴动态特性理论 ……………………………………… 95

4.2　敞口型离心喷嘴动态特性理论 …………………………………… 104

4.2.1　敞口型离心喷嘴动态特性理论模型 ……………………… 104

4.2.2　算例及结果分析 …………………………………………… 107

4.3　具有多排切向通道的敞口型离心喷嘴动态特性模型 …………… 111

4.3.1　敞口型离心喷嘴作为振荡相位调节器的初步分析 ……… 111

4.3.2　具有多排切向通道的敞口型离心喷嘴传递函数的推导 … 112

4.3.3　算例及结果分析 …………………………………………… 114

4.4　喷嘴与供应系统及燃烧室之间的作用 …………………………… 116

4.4.1　在供应系统有压力振荡时,喷嘴与燃烧室的相互作用分析 … 117

4.4.2　从燃烧室到供应系统压力振荡传递分析 ………………… 121

4.4.3　燃烧室压力振荡对喷嘴出口流量振荡的影响分析 ……… 125

4.5　喷注耦合低阶声学网络模型 ……………………………………… 128

本章参考文献 ………………………………………………………… 131

第 5 章　液体离心喷嘴动态特性实验研究 ……………………………… 133

5.1　喷嘴动态特性实验系统 …………………………………………… 133

5.1.1　脉动流量发生器研制 ……………………………………… 134

5.1.2　脉动流量传感器研制 ……………………………………… 135

5.1.3　喷嘴实验件设计 …………………………………………… 139

5.2　稳态液膜厚度实验研究 ·· 140

　　5.2.1　喷嘴压降对液膜厚度的影响 ··· 140

　　5.2.2　离心喷嘴内流场的数值模拟 ··· 141

　　5.2.3　几何特性系数对液膜厚度的影响 ····································· 143

5.3　离心喷嘴动态特性实验 ·· 145

　　5.3.1　喷嘴内液膜厚度动态变化的测量 ····································· 145

　　5.3.2　喷嘴相频特性实验结果 ·· 147

　　5.3.3　喷嘴压降对喷嘴动态特性的影响 ····································· 148

　　5.3.4　喷嘴幅频特性实验结果 ·· 149

5.4　反压环境下离心喷嘴动态特性实验 ··· 151

　　5.4.1　反压环境下喷嘴动态特性实验系统 ·································· 151

　　5.4.2　实验结果及讨论 ··· 157

5.5　离心喷嘴脉冲工作动态特性实验 ··· 166

　　5.5.1　实验数据及喷雾形态 ·· 167

　　5.5.2　液膜锥角与喷嘴内部流动 ··· 170

　　5.5.3　索太尔平均直径时间占比分析 ·· 172

本章参考文献 ··· 174

第6章　气/液同轴离心喷嘴动态特性 ··· 176

6.1　气/液同轴离心喷嘴缩进段的动态特性模型 ································ 176

　　6.1.1　缩进段传递函数的推导 ·· 176

　　6.1.2　结果与讨论 ··· 178

6.2　气/液同轴离心喷嘴的整体动态特性模型 ···································· 182

　　6.2.1　气/液同轴离心喷嘴传递函数的推导 ································· 182

　　6.2.2　气/液同轴离心喷嘴(收口型液体喷嘴)动态特性 ··············· 183

　　6.2.3　气/液同轴离心喷嘴(敞口型液体喷嘴)动态特性 ··············· 187

6.3　常压下气/液同轴离心喷嘴动态特性实验 ···································· 191

　　6.3.1　缩进混合室流动模型分析 ·· 192

　　6.3.2　试验装置及试验过程 ·· 195

　　6.3.3　喷雾场动态测量结果 ·· 198

　　6.3.4　同轴离心喷嘴最佳缩进段长度研究 ·································· 238

6.4　反压下气/液同轴离心喷嘴动态特性实验 ···································· 240

　　6.4.1　实验系统 ·· 240

6.4.2　工况验证 ··· 241

6.4.3　反压的影响 ··· 242

6.4.4　缩进段长度的影响 ··· 245

6.5　反压下气/液同轴离心喷嘴动态特性数值仿真 ··············· 247

6.5.1　物理模型及网格划分 ······································· 247

6.5.2　数值模型 ··· 250

6.5.3　结果与分析 ··· 252

本章参考文献 ··· 258

第7章　液/液同轴离心喷嘴动态特性 ··························· 259

7.1　理论模型 ··· 259

7.1.1　液/液同轴离心喷嘴模型 ··································· 260

7.1.2　内喷嘴动态特性分析 ······································· 262

7.1.3　外喷嘴动态特性分析 ······································· 262

7.1.4　同轴喷嘴整体动态特性分析 ································· 266

7.2　数值模拟 ··· 270

7.2.1　切向孔尺寸对动态特性的影响 ······························· 270

7.2.2　旋流腔环缝间隙对动态特性的影响 ··························· 281

7.2.3　缩进段长度对动态特性的影响 ······························· 284

7.2.4　气涡间隙对动态特性的影响 ································· 285

7.3　燃烧室压力振荡对液/液同轴离心喷嘴混合比的影响 ········· 287

7.3.1　同轴喷嘴混合比的动态响应分析 ····························· 287

7.3.2　算例和结果分析 ··· 289

7.3.3　小　结 ··· 291

7.4　液/液同轴离心喷嘴脉冲动态特性实验 ······················· 291

7.4.1　真空喷雾实验系统 ··· 292

7.4.2　单路喷雾实验 ··· 293

7.4.3　液/液同轴离心喷嘴脉冲喷雾实验 ··························· 295

本章参考文献 ··· 296

第8章　撞击式喷嘴的雾化特性 ······························· 299

8.1　黏性牛顿流体撞击液膜的特性分析及实验研究 ··············· 299

8.1.1　牛顿流体射流撞击理论模型 ································· 299

8.1.2 实验系统及工质 ……………………………………………… 305

8.1.3 理论与实验结果对比 ………………………………………… 308

8.1.4 参数讨论 ……………………………………………………… 313

8.2 幂律流体撞击液膜的特性分析及实验研究 ………………………… 320

8.2.1 幂律流体射流撞击理论模型 ………………………………… 320

8.2.2 理论与实验结果对比 ………………………………………… 325

8.2.3 流变参数影响规律 …………………………………………… 329

8.3 异质互击的喷雾特性研究 …………………………………………… 332

8.3.1 异质互击理论推导 …………………………………………… 332

8.3.2 异质互击实验研究 …………………………………………… 341

8.3.3 参数讨论 ……………………………………………………… 346

8.4 射流撞击形成液膜的波动特性研究 ………………………………… 351

8.4.1 波动特性的理论推导 ………………………………………… 351

8.4.2 结果及参数讨论 ……………………………………………… 358

8.5 撞击式喷嘴雾化实验研究 …………………………………………… 366

8.5.1 撞击式喷嘴喷雾场的初步观察 ……………………………… 366

8.5.2 凝胶模拟液在撞击式喷嘴常压下的雾化 …………………… 367

8.5.3 凝胶模拟液在撞击式喷嘴反压下的雾化 …………………… 368

8.6 两股对撞射流仿真研究 ……………………………………………… 371

8.6.1 速度无振荡的两股对撞射流雾化仿真结果 ………………… 371

8.6.2 速度振荡对两股对撞射流的影响 …………………………… 375

8.6.3 速度振荡的频率对两股对撞射流的影响 …………………… 375

8.6.4 速度振荡的振幅对两股对撞射流的影响 …………………… 381

本章参考文献 ……………………………………………………………… 385

第9章 喷雾场动态特性理论与实验研究 ……………………………………… 387

9.1 理论模型 ……………………………………………………………… 387

9.1.1 液核长度的振荡 ……………………………………………… 387

9.1.2 液滴流量的振荡 ……………………………………………… 389

9.1.3 液滴直径的振荡 ……………………………………………… 392

9.2 实验研究 ……………………………………………………………… 394

9.3 参数讨论 ……………………………………………………………… 398

9.3.1 液核长度的振荡 ……………………………………………… 398

9.3.2 液滴流量的振荡 …………………………………………………… 399

9.3.3 液滴直径的振荡 …………………………………………………… 401

本章参考文献 …………………………………………………………………… 403

第 10 章 声场中射流失稳破裂动力学 ……………………………………… 404

10.1 稳定性分析研究 …………………………………………………………… 404

10.1.1 理论模型的建立 ………………………………………………… 404

10.1.2 方程组的求解 …………………………………………………… 407

10.1.3 理论分析结果与讨论 …………………………………………… 412

10.2 实验研究 …………………………………………………………………… 422

10.2.1 实验系统的搭建 ………………………………………………… 422

10.2.2 驻波声场下狭缝喷嘴的雾化特性研究 ………………………… 423

10.2.3 驻波声场下离心喷嘴的雾化特性研究 ………………………… 438

10.2.4 驻波声场下喷雾的迟滞与临界声压 …………………………… 447

本章参考文献 …………………………………………………………………… 450

第 11 章 跨/超临界射流动态特性研究 …………………………………… 452

11.1 跨/超临界喷雾的仿真研究 ……………………………………………… 452

11.1.1 跨/超临界射流流动仿真研究 ………………………………… 454

11.1.2 跨/超临界离心喷嘴内部场仿真研究 ………………………… 471

11.2 跨/超临界离心喷嘴喷注特性实验研究 ………………………………… 478

11.2.1 超临界条件下低温液氮喷注实验系统 ………………………… 478

11.2.2 超临界离心喷嘴喷注特性实验研究 …………………………… 479

11.2.3 跨临界离心喷嘴喷注特性实验研究 …………………………… 483

11.2.4 跨临界不同几何特性系数离心喷嘴喷注特性对比 …………… 486

本章参考文献 …………………………………………………………………… 490

第1章

绪　论

1.1　喷嘴动力学概述

喷嘴是液体火箭发动机推力室中的关键部件,主要起到将推进剂雾化成细小液滴、喷入推力室组织燃烧的作用。液体火箭发动机常用的喷嘴形式有直流式喷嘴、离心式喷嘴、同轴剪切喷嘴、同轴离心喷嘴、撞击式喷嘴、针栓式喷嘴等,如图1-1所示。目前虽然关于喷嘴稳态工作特性的研究非常多,但主要集中于其雾化机理、雾化性能和混合特性等。

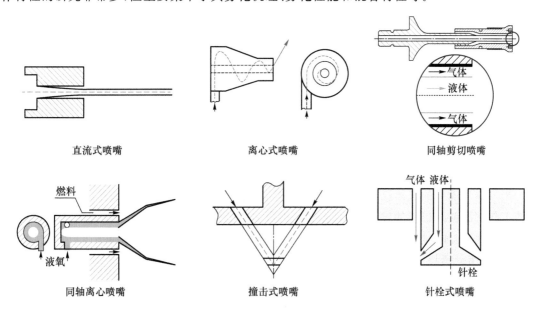

直流式喷嘴　　　　离心式喷嘴　　　　同轴剪切喷嘴

同轴离心喷嘴　　　　撞击式喷嘴　　　　针栓式喷嘴

图1-1　液体火箭发动机常用喷嘴示意图

喷嘴作为液体火箭发动机燃烧室中的关键部件之一,不仅要完成喷雾和掺混的任务,还要在整个发动机动态系统中发挥重要作用[1]。以气/液同轴喷嘴为例,图1-2所示为气/液同轴喷嘴在液体火箭发动机系统中的工作原理图。下面对喷嘴在系统中所起的作用进行简单分析：液体管路通过气/液喷嘴中的液体喷嘴、缩进混合室与燃烧室相连，补燃燃气导管与带缩进段的气体喷嘴相连。燃烧室压力振荡对燃烧室内的各种过程具有反馈联系 1，形成燃烧室内部燃烧不稳定性机理。同时，燃烧室内压力振荡对气/液喷嘴中的液体喷嘴通过反馈 2 产生影响。而通过液体喷嘴（借助在喷嘴内出现的液流压力和速度的变化）又对液体管路起作用（反馈 3），从而在液体管路中产生压力振荡。管路的压力振荡作用在液体喷嘴上（正向联系 4），在其出口处形成液流的流量振荡和速度振荡，这些振荡又会影响缩进混合室（正向联系 5）。

燃烧室压力振荡对气/液喷嘴中的气体喷嘴也有作用。这种作用或者直接反馈（反馈 6），或者通过缩进混合室反馈（反馈 7），结果是当气体喷嘴中的气体流动为亚临界时，燃烧室压力振荡引起喷嘴气体流量振荡。这个振荡对燃气导管起着振荡器的作用，致使在导管内也产生压力振荡（反馈 8），其振幅和相位角由导管的声学特性确定。燃气导管内的压力振荡导致气体喷嘴入口、出口处的流速振荡（正向联系 9、10）。出口的流速振荡又对缩进混合室起作用。在缩进混合室内，气流速度振荡量与从液体喷嘴出来的液流的速度振荡量进行矢量相加，其合成量可以引起可燃混合物的流速、流量和组元比（混合比）产生振荡，从而通过正向联系 11 导致燃烧室内的二次释热量振荡和压力振荡[2]。

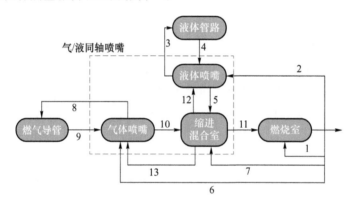

图 1-2　气/液同轴喷嘴动态过程相互作用示意图

在补燃循环发动机中，补燃燃气是沿燃气导管进入气体喷嘴的。除了燃气导管内的压力振荡外，可能还有预燃室内的温度振荡和燃烧产物的组元比振荡，这些振荡也会对缩进混合室出口参数的振荡产生影响。

当气体喷嘴中的气体流动为超临界时，图 1-2 中的反馈 8 消失，但这并不意味着气体喷嘴的工作状况就是稳定的，燃气导管与气体喷嘴之间的直接联系依然存在。因此，气流在导管内的任何扰动（如预燃室内的或气体导管本身的自激振荡）都会引起气体喷嘴出口参数（温度、密度）的振荡。燃烧室的压力振荡也会引起喷嘴出口处气流密度的振荡。试验研究表明，除了上面提到的动态过程 1～11（见图 1-2）的线性作用关系以外，气流和液流在缩进混合室内的相互作用可能在其中引起自激振荡，从而分别对液体喷嘴和气体喷嘴起反馈作用（反馈 12、13）。

由以上分析可以看出，对液体火箭发动机而言，喷嘴除了需要为燃烧室准备可燃混合气和控制发动机燃烧的完全性以外，同时又是发动机这个复杂动态系统的重要组成部分，起到扰动放大器、相位调节器、激励器和振荡器的作用[3]，其动态特性能直接影响整个发动机系统的动态特性。因此,开展喷嘴稳态及动态特性的研究工作,对大推力液体火箭发动机的研制工作具有重要意义。

1.1.1 从喷嘴动态特性角度研究液体火箭发动机不稳定燃烧

燃烧不稳定性是火箭发动机、导弹用冲压发动机、飞机发动机加力燃烧室等燃烧动力装置研制过程中经常遇到的问题。现代航空和航天推进燃烧系统中的能量密度越来越高,燃烧不稳定对燃烧室结构的破坏性也越来越强;而越是这种高密度的能量就越容易导致更加复杂方式的燃烧不稳定问题的发生,严重时会使整个推力系统损坏。例如,造成极高的燃烧速率和传热效率,导致燃烧器壁面烧穿;同时也会带来剧烈的振动,损坏燃烧装置的机械结构[4]。

液体火箭发动机燃烧不稳定性按照燃烧压力振荡和激发机理通常可分为三类[4]:①高频燃烧不稳定性,振荡频率在 1 000 Hz 以上,是燃烧过程与燃烧室声学特性相耦合的结果;②低频燃烧不稳定性,振荡频率在 200 Hz 以下,是燃烧过程与推进剂供应系统内部流动过程相耦合的结果;③中频燃烧不稳定性,振荡频率在 200～1 000 Hz 之间,是燃烧过程与推进剂供应系统中某一部分流动过程(如喷嘴中的流动起伏、两个互击射流形成的液滴群之间的流动起伏等)相耦合的结果。

目前,消除不稳定燃烧的基本方法主要有以下两种:一是通过增加阻尼把最不稳定振型的能量耗散掉。防止中、低频燃烧不稳定常见的措施是提高喷嘴压降,增加供应管路或喷嘴孔的长径比;防止高频燃烧不稳定可采取燃烧室内加装隔板、声学阻尼器,以及设法改变喷嘴孔形式、孔径和压降等办法来获得稳定燃烧[5]。二是根据耦合机理,采取针对性措施削弱或切断其耦合作用,以减少维持振荡的能量,也就是通过改变或控制基本燃烧过程来防止给振荡供应能量。虽然这种方法实际上一直没有取得实际进展,但是,现在有理由相信这种方法会得到越来越多的重视,原因是阻尼装置会增加体积和重量,且增加冷却要求并降低性能。因此,有人提出通过改变喷嘴设计来改变其动态特性的方法,从而防止不稳定燃烧的发生。事实上,大量液体火箭发动机的研制经验表明:喷嘴的动态特性对发动机的燃烧稳定性有很大影响。

美国 J-2S 发动机在研制过程中出现了不稳定燃烧的现象。试验表明:振荡燃烧的起因是主喷嘴氧化剂管流道、紧接氧化剂管下游的喷注单元缩进区与主燃烧室之间的耦合。氧化剂管决定了振荡频率,而类似于预燃室的缩进区可以使振荡放大,使得振荡燃烧不必与主燃烧室声学耦合,就可以产生和维持不稳定性,耦合只是使各喷射单元的响应同步。在氧化剂管内增加衬垫后消除了不稳定燃烧,原因是衬垫增加了压降,并转移了水动力学共振点[5]。

在美国的航天飞机主发动机 SSME 的燃烧室中,主喷嘴采用了具有声阻尼的设计方案,采用的是燃烧室压力振荡 1/4 波长的长管式喷嘴,目的是避免燃烧室内的高频振荡燃烧[6]。

安德烈耶夫在研制 RD-57 分级燃烧氢氧发动机过程中发现:燃烧室中出现的高频声振荡,不仅与气态燃料的供应系统有关,也与液氧的供应系统有关。液氧离心喷嘴的中心涡流区是一个良好的振荡器,当中心涡流区安装一个固体圆柱体而消除了这个涡流区后,振荡燃烧现象也就消除了[6]。

由俄罗斯"库兹涅佐夫"萨马拉科技联合体研制的补燃循环液氧/煤油发动机 NK-33,其推力室头部的气/液同轴主喷嘴采用了中心通道供入富氧燃气、外喷嘴供入煤油的结构形式[7]。喷嘴采用中心通道供入燃气推进剂的主要目的在于使燃烧室内的压力振荡通过喷嘴中心通道传递到燃气导管内,这些压力振荡在燃气导管内经过壁面的多次反射后到达声隔板的上表面,通过环缝进入声吸收器谐振腔。气体在连接环缝和谐振腔内进行振荡。当燃烧室内的气流振荡频率与声吸收器的谐振频率相同时,气流振荡振幅达到最大值,这时产生的振荡阻尼也最大,在这种情况下,在缝隙两端附近产生定常涡环,涡环的产生和脱落是波动能量耗散的基本机理。声吸收器和中心燃气喷嘴的声导性决定了能量耗散的程度,进而决定了燃烧稳定性。

以上所述的从喷嘴角度出发防止不稳定燃烧的很多方法和设计准则都是在大量试验及设计经验基础上总结出来的。实际上,人们在设计发动机时并不清楚应该如何改变喷嘴尺寸才能抑制不稳定燃烧,也不能预期改变喷嘴尺寸后的燃烧稳定性,因此,在从喷嘴角度研究燃烧室不稳定燃烧机理方面还相对比较薄弱,其主要障碍就是缺乏有关喷嘴动态特性的研究。

1.1.2 喷嘴稳态特性与动态特性的关系

喷嘴的动态特性与稳态特性是密不可分的,喷嘴的稳态特性(静特性)可以决定燃烧室内部燃烧过程的动态特性。实际上,即使不施加外界扰动,雾化过程本身也是强烈的动态过程。以撞击式喷嘴为例,当撞击夹角、射流速度或喷射压降较小时,喷射的液流与环境气体存在比较规则的气、液边界,射流和液滴的二次雾化过程主要是射流和液滴和环境气体的相互作用;但当射流速度及撞击夹角较大时,射流或撞击产生的液膜和环境气体存在剧烈的扰动。此时,由高速动态分析系统拍摄的流场显示,喷雾锥角在强烈地脉动。与此相似,液膜或液丝的破碎长度也是波动的。再如,中心布置液体喷嘴的缩进同轴离心喷嘴具有明显的自激振荡工况特征[2],这是由锥形液膜与高速气流之间相互作用而引起的水动力不稳定性造成的。

此外,喷嘴动态特性不仅仅影响喷嘴的内部流动,工质从喷嘴喷出形成液柱、液膜,并进一步破碎成液丝、液滴的过程也是一个动态的过程。当供应系统出现压力振荡时,喷嘴流量也发生振荡,反映到喷雾场,就是液膜破碎长度、液滴尺寸和运动速度都会发生振荡。这些参数的脉动会对蒸发、掺混和化学反应过程产生根本性影响,因此对喷雾场参数的动态变化进行研究是研究发动机系统整体动态特性的重要组成部分。而要对喷雾场动态特性进行研究,了解破碎长度、液滴尺寸等的动态变化,必须首先对液体雾化过程、雾化机理及喷嘴的稳态特性进行深入的研究。

1.1.3 喷嘴动态特性研究的科学意义

目前,针对喷嘴的研究主要集中在结构尺寸对喷嘴雾化特性影响的试验研究方面[8-13],而对喷嘴动态特性的关注较少。喷嘴稳态及动态特性与推进剂的流动、演变过程紧密相关,涉及波动在特殊气/液通道内传播(喷嘴动力学)、自由射流稳定性(雾化机理)、雾化及两相流动(喷雾场)等一些基本流体力学问题,如图 1-3 所示。

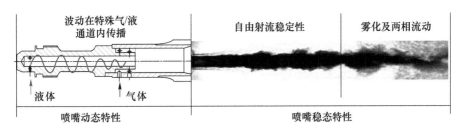

图 1-3　喷嘴内推进剂流动及喷射过程示意图

喷嘴的工作过程是某一推进剂射流在其周围的另一推进剂组元环状射流的作用下喷入燃烧室,其中某一组元是以液态形式喷入的,它被雾化并与另一组元掺混。高效的雾化和掺混可以在推进剂间高的相对速度条件下实现。液体火箭发动机燃烧室内喷嘴的工作过程非常复杂,对其研究的基本困难在于其工作过程内有很多不同的区域紧密相连:

① 喷嘴内部区域。主要过程为:波动在气/液喷嘴各自特殊通道内的传播。

② 推进剂喷注区域。主要过程为:自由射流的破裂、雾化和液滴的形成,液滴与气体之间的相互作用。

③ 距离喷嘴下游不远的区域。主要过程为:液滴的输运、蒸发和加热。

④ 更下游区域。主要过程为:化学反应和推进剂组元扩散。

⑤ 燃烧区域或气流膨胀区域。主要过程为:亚声速流动和边界层过程。

由以上的叙述可以看出,喷嘴的稳态及动态特性包含了流体中的波动传播、液体破碎、气/液两相流动等一系列复杂的物理过程,只有深入研究上述各个过程的物理本质才能全面认识喷嘴的稳态及动态特性。对于一些特殊推进剂,如凝胶推进剂,还会涉及流变学、非牛顿流体力学等理论。因此,开展喷嘴稳态及动态特性研究不仅具有重大的工程应用背景,而且对于推动流动稳定性、两相流体力学、非牛顿流体力学等领域的研究也具有十分重要的科学意义。

1.2　喷嘴稳/动态特性研究简述

1.2.1　液体雾化机理研究

喷嘴喷出的自由射流在液体内部或外界扰动的作用下局部出现破裂,并在进一步的流动中雾化成细小液滴。大量的实验表明,自由射流表面产生不断增长的扰动波是造成射流失稳的主要原因。根据这一机理,可以采用小扰动理论来分析射流失稳的破裂过程,进而确定射流破碎长度、扰动波长和液滴的初级雾化尺度。液体射流稳定性不仅是流体力学领域的一个经典问题,而且与现代喷雾、燃烧技术的发展紧密相关。因此,射流不稳定性研究主要围绕不同的射流形式,并在液体种类和不同射流边界条件等方向展开。常见的具有不同截面形状的自由射流有圆柱射流、平面液膜、环形液膜和锥形液膜等。

（1）圆柱射流

针对圆柱射流雾化机理的研究自 Rayleigh 于 1878 年的研究[14]开始至今已有大量文献，形成了系统的理论和方法，Sirignano 和 Mehring[15]以及 Eggers 和 Villermaux[16]对圆柱射流的雾化机理研究做了详尽的综述，在此不再赘述。平面液膜和锥形液膜是火箭发动机中最常见的喷雾形式，对它们的流动稳定性进行研究更具有实际意义。

（2）平面液膜

Squire[17]、Hagerty 和 Shea[18]以及 Fraser 等人[19]最先研究了液膜的稳定性。他们主要分析了等厚度的平面液膜射入周围介质气体中的分裂破碎过程。平面液膜有上、下表面，上、下表面扰动方向的变化存在两种完全不同的分裂模式：正弦模式（sinuous mode）和曲张模式（varicose mode）。他们的研究结果均表明，正弦模式比曲张模式更不稳定。然而，后来 Mehring[20]和 Rangel 等人[21]的研究结果显示，情况并非那么简单，只有在韦伯数较大时，上述结论才成立；在韦伯数较小时（$We < 1$），曲张模式更不稳定。此外，与圆柱射流不同，平面液膜的表面张力对液膜起到的是稳定作用，因此在平面液膜这种流动形式中不会出现毛细不稳定。以上这些研究都是基于时间模式的稳定性分析。在时间模式不稳定性分析中，假设空间各处的扰动波随时间一致性地增长。而实际上，扰动波既随时间增长，也随空间的变化而增长。Crapper 等人[22]通过试验观察到在 $We > 1$ 时，液膜表面的扰动是向液流下游传递的。Brown[23]观察到在 $We < 1$ 时，液膜上的扰动向上游传播，液膜发生破裂。这个现象实际上与液膜的绝对不稳定性有关。Lin 等人[24-25]把对流不稳定性和绝对不稳定性引入平面液膜稳定性分析中，成功解释了上述实验现象。此外，Li 和 Tankin[26]在对无黏气体介质中的黏性液膜进行时间模式的不稳定分析时得到了一种新的不稳定模式：黏性增强不稳定性。在正弦模式下，当气体韦伯数很小时，液体黏性对流动不稳定性起促进作用。

由于火箭发动机中使用的一些推进剂如凝胶推进剂、膏体推进剂呈现非牛顿流体的性质，因此对非牛顿流体射流稳定性进行研究是研究这类推进剂雾化机理的基础，但到目前为止国内外对非牛顿流体平面液膜的不稳定性研究还较少。Crapper 等人[27]，研究了非牛顿流体薄液膜上的表面波增长。Liu 等人[28]成功将牛顿平面液膜中的分析方法移植到非牛顿流体平面液膜，分析了正弦模式和曲张模式下液膜的破裂、破碎情况，以及黏弹性流体各参数对不稳定性的影响，结果发现黏弹性流体液膜更不稳定。但是在非牛顿流体射流破碎试验中发现，有的高分子聚合物溶液比相应黏度的牛顿流体更加稳定，这与文献[28]的结论矛盾。为了解释这一矛盾，Goren 和 Gottlieb[29]提出非牛顿射流存在未完全松弛的轴向拉应力的作用。他们采用了线性稳定性分析法从理论上研究了这个问题，计算结果表明，在适当的流体性质条件下非牛顿射流具有更高的稳定性。在国内，对非牛顿流体的不稳定性也展开了一定的研究。对于管内流动，崔海清等人[30]的研究表明，幂律流体与牛顿流体的流动特性差别很大。韩式方[31]提出了"准衰退记忆"的概念，研究了黏弹性流体拉伸薄板的不稳定准则。阳倦成等人[32]对黏弹性流体稳定性进行了综述。

（3）环形液膜

环形液膜被认为是最具普遍性的二维射流形态，可以将它看作其他很多射流形态的特殊情况。比如圆柱射流可以看作内径为零的环形液膜，平面液膜可以看作内径趋于无穷大的环形液膜,而锥形液膜可以看作旋转的环形液膜。针对环形液膜进行线性稳定性分析的方法与平面液膜类似,但有一点不同要特别注意:平面液膜的上、下表面均与周围介质气体有相交面,因此假设上、下表面上的扰动振幅大小相等是合理的。但环形液膜的外表面与外部气体接触,内表面与内部气体接触。内、外部气体可以是相同气体,也可以是不同气体;内、外部气体的速度可以相同,也可以不同,因此环形液膜内、外表面扰动波的振幅大小一般是不相等的。Shen 和 Li[33]正是基于这个与平面液膜的不同之处,在研究环形液膜的不稳定性时,对应平面液膜的正弦模式和曲张模式,提出了"类正弦模式(para-sinuous mode)"和"类曲张模式(para-varicose mode)",并建立了数值求解扰动波波数和扰动波增长率的色散方程式,同时得到了内、外表面扰动初始振幅比。与扰动波增长率一样,每给定一个扰动波波数将会得到扰动初始振幅比的两个解,分别对应两个模式。需要特别指出的是,他们分析了内、外部气体不同速度下的情况。数值计算结果表明,同向流动的高速气流有助于环形液膜的雾化进程,并且内部气流的高速度比外部气流的高速度对液膜雾化的作用更加明显。

关于环形液膜稳定性的研究还有大量文献[34-39],但针对非牛顿流体环形液膜不稳定性研究还未见公开发表的文献。只有 Alleborn 等人[40]将牛顿流体环形液膜的结果推广到了非牛顿流体中,并做了一定的分析验证。但他们并没有推导非牛顿流体环形液膜的数学模型,也没有比较完整地分析各参数对液膜稳定性的影响;并且在他们的分析中,采用的是随流坐标系,从而略去了非牛顿流体黏弹性模型中的非线性项。

在液体火箭发动机中,环形液膜更多存在于离心喷嘴内部,而且喷嘴内部的环形液膜受喷嘴壁面限制,与自由流动的液膜边界条件不同。当液膜从喷口喷出后,由于存在旋转,故必定存在离心力,液膜将很难维持环形,这时出现的就是锥形液膜。锥形液膜在柱坐标系下不再具有固定的边界条件,因此分离变量法不再适用。另外,锥形液膜的半径越来越大,液膜的厚度也会越来越薄,这会加快液膜的破碎过程,也给理论分析带来了更多麻烦。因此,对离心喷嘴所产生的液膜破裂机理进行理论分析具有实际工程意义,有助于对喷嘴的雾化性能进行预测,并为气/液同轴离心喷嘴喷雾场动态特性的研究奠定基础。

(4) 锥形液膜

正是因为上面提到的几点原因,目前对锥形液膜的线性稳定性分析较少。但线性稳定性分析方法主要用来分析液流初始扰动波的发展,并由此大概估计液流的破碎长度和雾滴直径。考虑到在初始扰动阶段,锥形液膜的直径变化并不大,因此可以近似看成环形液膜。Mehring 和 Sirignano[41]直接将环形液膜的分析移植到锥形液膜,对一个旋转、轴对称、无黏的锥形液膜表面的非线性毛细波的发展进行了分析。他们发现相比环形液膜,液体旋转会使破碎长度和破碎时间减小。Liao 等人[42]以旋转的环形液膜代替锥形液膜,同时考虑了液体黏度和气体旋转的影响。还有文献以平面液膜代替锥形液膜进行研究,如文献[17]和[43]对锥形液膜的破裂现象进行了实验观察,并与有周围气流作用的平面液膜线性稳定性分析结果进行对比,对比后发现,实验结果与气动力作用的平面液膜理论分析结果吻合较好。文献[44]和[45]在 Squire[17]的一阶理论基础上,得到了锥形液膜破碎长度的修正公式。Inamura 等人[46]使用成像法和接触探针测量了离心喷嘴产生的锥形液膜的锥角和破碎长度。Kim 等人[47]通过实验手段研究了环境反压对锥形液膜破碎的影响。

1.2.2 液体喷嘴动态特性研究

喷嘴的动态特性问题近年来在国际上得到了广泛关注,其中俄罗斯学者 Bazarov 等人[48-54]进行了大量的研究工作。他对液体单组元喷嘴动力学进行了详细研究,针对不同的喷嘴设计和推进剂类别,得出了各输出参数振幅与相位角的关系,并详细描述了喷嘴动态特性的工程计算方法。

1. 直流喷嘴动态特性

直流式和缝隙式喷嘴可视为简单的惯性关系,其传递函数方程为[48]

$$\Pi = \frac{1}{2} \cdot \frac{1 - i\omega L}{1 + (\omega L/V)^2} \tag{1-1}$$

式中:Π 为由直流喷嘴压降振荡引起的喷嘴内流速振荡的传递函数,L 为直流喷嘴长度,V 为喷嘴稳态流速,ω 为扰动的角频率。

2. 收口型离心喷嘴动态特性

离心喷嘴按旋流腔和喷口直径的大小,可以分为收口型离心喷嘴和敞口型离心喷嘴。如果喷口直径小于旋流腔直径,则称为收口型离心喷嘴(closed swirl injector),如图 1-4 所示。如果喷口直径等于旋流腔直径,喷口与旋流腔成为内径一致的通腔,则称为敞口型离心喷嘴(open-end swirl injector),而且大部分敞口型离心喷嘴的旋转流道较长,喷嘴有多排切向进口。

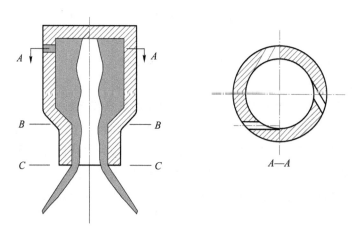

图 1-4　收口型离心喷嘴结构示意图

收口型离心喷嘴一般由下列三部分组成:促使液体产生旋转的部分(切向通道或涡流器),图 1-4 中的 A—A 截面;使液体形成旋涡流的部分(旋流腔),图 1-4 中的 A—A 截面至B—B 截面之间的部分;使液流旋转加速的部分(喷口),图 1-4 中的 B—B 截面至C—C 截面之间的部分。

离心喷嘴的频率特性较为复杂,包括进口通道(惯性部分)、旋流腔(容积部分)及喷口(传输部分)三部分,离心喷嘴的频率特性由各部分的频率特性矢量复合而成[48],即

$$\Pi_\phi = \left(\frac{Q'}{Q}\right) \bigg/ \left(\frac{\Delta p'_\Sigma}{\Delta p_\Sigma}\right) = \frac{\overline{R}_{BX}^2}{a} \cdot \frac{\Pi_c \cdot \Pi_{k,cII} \cdot \Pi_T}{2\Pi_T(\Pi_{k,3II} + \Pi_{k,3III}) + 1} \tag{1-2}$$

式中:Π_T、$\Pi_{k,3}$、$\Pi_{k,cII}$、Π_c 分别是切向通道、旋流腔、旋流腔出口到喷口入口处以及喷嘴喷口的传递函数,$\overline{R}_{BX}$ 为离心喷嘴收口系数,a 为无量纲数。

文献[49-50]的研究表明,离心喷嘴的频率特性在很大程度上是由喷嘴旋流腔内的离心力变化及由此产生的入口通道流量变化之间的内部反馈时滞引起的,这种相互关联的结果,使得大多数离心喷嘴的流量变化大大加强。对于离心喷嘴,流量与压降脉动之间的相位差在预燃区可达几个振荡周期。离心喷嘴的频率特性不同于直流式喷嘴的频率特性,主要表现在幅频关系中会出现最大值,出现最大值的位置和大小取决于液体旋流的动态特性。

Yang 等人[55-58]对在外部压力存在扰动情况下离心喷嘴内的超临界流动状况进行了数值模拟。由振荡流场的频谱分析可以看出,喷嘴的动态特性包括一系列的不稳定机理:流体动力学不稳定性、Kelvin-Helmholtz 型不稳定性、大尺度的涡结构等。流动不稳定的发生引起质量流量和喷雾锥角的振荡,进一步影响流动的发展。通过对喷嘴入口处的质量流量施加周期扰动的方法,针对喷嘴对外部不稳定激励的响应进行了研究。研究发现,接近流动不稳定频率的外部扰动更容易被放大。

Heister 等人[59-61]使用边界元法(BEM)对收口型离心喷嘴内的非稳态流场进行了数值模拟,模拟结果显示,在喷嘴内的气、液交界面上存在比较明显的非线性波。将数值模拟结果与喷嘴动力学理论结果相比,发现两者存在一定的偏差,这是由于喷嘴动力学理论在对离心喷嘴内的扰动波波速进行计算时采用了浅水波的波速方程,而且认为扰动波的传播方向与液流方向相同。而实际上流体中波的传播速度会随频率的变化而变化,并且有可能发生传播方向的改变。文献[60]还用 BEM 法对有多排切向入口的收口型离心喷嘴的动态特性进行了数值模拟。Feiler 等人[62]、Ramezani 等人[63]、Cho 等人[64]以及 Aithal 等人[65]结合喷嘴的传递函数模型,推导出包含喷嘴动态响应的不稳定燃烧过程的传递函数,并对燃烧不稳定机理进行了探讨。

由于喷嘴动态过程的理论模型含有许多限制其应用的假设,并且很多未反映在理论模型中的喷嘴结构参数等都对喷嘴的动态特性有影响,因而实验研究是喷嘴动态特性研究的必要环节。

文献[3]详细介绍了进行喷嘴动态特性研究的实验系统,该系统与喷嘴稳态特性研究实验系统的最大不同是要能提供带有频率可调的流量振荡的供应系统管路,一般的办法是在供应系统管路上安装脉动流量发生器。通常可以使用电动的或机械传动的各种类型的振荡器作为在喷嘴前液体通道内产生周期性压力振荡的振荡源。常用的有柱塞式振荡器、套筒式振荡器和轮盘式振荡器。但由于受柱塞式流量脉动发生器[66]的柱塞往复运动惯性的限制,不能产生较高频率的脉动,因此文献[67]提出了一种新型的流量脉动发生器。在离心喷嘴切向入口与集液腔之间安装一个由电机驱动的旋转套环。套环上均布一定数量与切向通道大小相同的孔,当套环转动时,会周期性地改变切向进口的面积,从而达到产生脉动流量的目的。但这种装置可能会瞬时完全截断流动通道,产生断流的现象。

对喷嘴脉动流量的测量是研究喷嘴动态特性的主要实验课题之一。由于离心喷嘴内部液体流动的脉动频率高达几千赫兹,并要求测量的实时性好,而传统的流量测量方法[68-70]均不能很好地解决喷嘴脉动流量的测量问题:含有可动部件的流量计,如工业上常用的涡轮流量计、容积式流量计等,由于其包含机械可动部件,故其惯性质量限制了动态测量的频宽;电磁流量测量技术目前尚未解决对油、空气等非导电性流体的测量问题,且对于测量脉动频率高达1 000 Hz的脉动流量的小尺寸电磁流量计,其测量技术目前还很不成熟,故电磁流量计难以用于本小节试验中的脉动流量测量;目前已有多路径的超声波流量计,但其价格昂贵,主要用于大流道,并且离心喷嘴内复杂的旋涡流动会降低其性能,在喷嘴动力学试验中,液流脉动频率高达1 000 Hz,且管径很小(毫米级),故超声波流量计也不适用于喷嘴的脉动流量测量。因此,对离心喷嘴内的脉动流量测量需要考虑其他测量方法。

人们常用电阻法、电容法或光学方法[71-75]通过测定液膜厚度来揭示脉动流量的相关特征,这些方法能够提供较大面积的平均数值。目前,用于离心喷嘴内液膜厚度测量的方法主要是高速动态摄影法和电导法。文献[67]使用高速动态相机对脉动工况下用透明材料制成的离心喷嘴内部及由喷嘴形成的锥形液膜进行拍照分析。

文献[3]采用电导法对离心喷嘴的动态特性进行了研究,该方法的测量电极结构简单,安装方便,能测量喷口内的流量振荡;但所采用的测量电路过于简单,对在有干扰情况下测量微弱信号容易造成较大误差。

文献[76]利用当激光照射含有荧光物质的液体时会发出荧光,且荧光信号强度与喷雾液滴的体积成正比这一原理,使用PLIF(Planar Laser-Induced Fluorescence)技术[77]对喷嘴的非稳态质量流量进行测量,并与使用电导法测得的信号进行比较,从而验证了用电导法对离心喷嘴非稳态流量测量的准确性。

Kim等人[78]结合电导法及高速摄影法对离心喷嘴内的液膜厚度进行了测量,并对旋流腔内空气涡的形成及稳定性进行了研究。同时,针对喷嘴结构参数对液膜厚度的影响进行了试验研究,并提出考虑了喷嘴结构参数影响的液膜厚度的经验公式。通过对空气涡的变化及稳定性的研究发现,空气涡的形状与液膜厚度是直接相关的。

在对离心喷嘴喷雾场动态特性的研究中,文献[3]在脉冲光源和频闪观测仪的照射下对喷雾场进行拍摄,得到了喷雾场一些定性的两相流参数。Ismailov等人[79]使用激光多普勒测速仪(LDA)/相位多普勒测速仪(PDA)技术对高压离心喷嘴产生的喷雾场瞬态特性进行了测量,得到了瞬态的流量、喷雾场速度及雾滴平均直径等参数。

Seo等人[80]研究了富燃燃气发生器的燃烧稳定性,对燃料和氧化剂离心喷嘴的动态特性进行了计算,发现燃料喷嘴和氧化剂喷嘴振幅最大的频率比燃烧室低频不稳定燃烧的频率高,这可能是因为液膜表面扰动波的波长随着液膜向下游移动而变长,同时液膜移动速度变小,导致扰动的频率变小。

3. 敞口型离心喷嘴动态特性

敞口型离心喷嘴最早应用于20世纪60年代苏联的富氧循环发动机中,如液氧/煤油液体火箭发动机RD-120、RD-170和NK-33等的预燃室和主燃烧室中,一些燃气发生器循环液氧/煤油发动机如RD-107以及一些分级燃烧氢/氧发动机如RD-57也都使用了敞口型离心喷嘴。

图 1-5 是一些发动机中使用的敞口型离心喷嘴。图 1-5(a)是 RD-170 发动机中的主燃烧室气/液同轴喷嘴,喷嘴有缩进段。从气/液同轴主喷嘴的中心通道供入富氧燃气,外喷嘴为敞口型离心喷嘴,从其切向孔供入煤油。图 1-5(b)是 RD-57 发动机中的双组元同轴喷嘴,液氧通过三排切向小孔注入中心敞口型离心喷嘴,带着旋转运动的液氧射流喷出与富氢燃气混合。

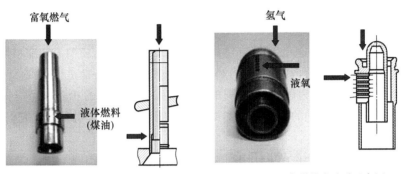

(a) RD-170主燃烧室喷嘴示意图　　　　(b) RD-57主燃烧室喷嘴示意图

图 1-5　一些液体火箭发动机中使用的敞口型离心喷嘴

在稳态冷流工况下,相对于普通收口型离心喷嘴,敞口型离心喷嘴在雾化质量方面并没有明显的优势,甚至比收口型离心喷嘴还差,但其仍能在液体火箭发动机中得到应用。有研究结果认为,敞口型离心喷嘴得到应用的主要原因是其良好的动态性能,这引起了研究人员的浓厚兴趣。随着近几年俄罗斯某些型号发动机部分结构的公开和人们对大推力火箭发动机的关注,敞口型离心喷嘴在世界范围内得到了更多重视。尤其是类似 RD-170 发动机中的内气外液同轴喷嘴,近几年在国际上成为研究的热点,这种喷嘴中的液体喷嘴都是敞口型离心喷嘴。普渡大学、美国空军实验室、韩国宇航研究所及印度空间研究机构都对这种使用煤油敞口型离心喷嘴的同轴喷嘴进行了研究。Long 和 Anderson[81]在 NASA 马歇尔航天中心的资助下,对富氧循环发动机 RD-170 的主燃烧室和预燃室中的喷嘴进行了试验研究,并指出敞口型离心喷嘴的喷嘴长度是设计的最后一步,以确保燃烧室的燃烧稳定性。Pomeroy 等人[82]研究了 RD-170 火箭发动机中内气外液同轴离心喷嘴对横向不稳定燃烧的响应。Kim 等人[83]对旋流腔长度可变的敞口型离心喷嘴的声学特性及对燃烧室声场固有频率的影响进行了实验研究。Schumaker 等人[84]研究了液体旋转对这种喷嘴缩进段内流动状况的影响。

1.2.3　同轴喷嘴稳态雾化特性研究

针对同轴喷嘴冷态雾化特性的研究已有大量的文献,其中对外气内液同轴喷嘴(外环通气,内管进液)的喷雾特性的研究最为广泛。20 世纪六七十年代,研究人员主要使用蜡凝固技术对同轴喷嘴的雾化特性进行测量[85],发展到 80 年代出现了基于夫琅和费衍射的激光测试方法[86]。Sankar 等人[8]使用 PDPA(相位多普勒粒子分析仪)为同轴喷嘴提供了液滴尺寸等雾化数据,认为流体性质,如表面张力、黏度对雾化过程起决定性作用。Kaltz 等人[87]使用

LDV(激光多普勒测速仪)对气/液同轴喷嘴内的流动状况进行了测量,发现在缩进段内部存在回流区;他们还使用 PDPA 对液滴尺寸和速度分布进行了测量。类似的研究还有很多,Rahman 和 Santoro[88]及 Vingert 等人[89]对外气内液同轴喷嘴雾化特性实验进行了综述。近年来,对于内气外液同轴喷嘴(内管道进气,外环进液)的研究增多:Jeon 等人[90]对内气外液同轴离心喷嘴的雾化性能进行了实验研究,Kulkarni 等人[91]研究了这种喷嘴产生液膜的破碎特性,Im 等人[92]比较了内气外液同轴喷嘴和外气内液同轴喷嘴的喷雾特性。而对于液/液同轴喷嘴的研究则主要集中在内/外离心喷嘴所产生的液膜之间的相互作用以及对雾化性能的影响[93-95]。

总之,针对同轴喷嘴雾化特性的研究已经进行了大量的工作,主要集中在对雾滴尺寸和速度等喷雾场参数的测量,目前,实验研究仍然是对同轴喷嘴雾化特性进行研究的主要方法。现代光学技术的快速发展可能为研究气、液间的相互作用及液膜间的相互作用等提供强大的技术手段,为同轴喷嘴雾化机理的研究提供支持。但对同轴喷嘴雾化机理的研究仍有待深入。

1.2.4 同轴喷嘴动态特性研究

目前关于同轴喷嘴整体动态特性的研究文献还比较零散,文献[96]指出增加气流的速度有助于减小气、液两相的混合度,从而有助于提高同轴离心喷嘴的燃烧稳定性。美国有关氢/氧发动机的燃烧稳定性的大量试验结果证实,提高同轴喷嘴气氢和液氧的喷射速度差是控制燃烧不稳定的关键性参数。文献[2]对气/液喷嘴的动态特性进行了研究,利用气体和液体喷嘴动态特性的矢量和来计算气/液喷嘴的动态特性,阐述了喷嘴内的非定常过程对燃烧稳定性和完全性的影响,并对氢/氧补燃发动机燃烧室工作过程的稳定性进行了研究。喷嘴的动态特性对工作过程稳定性的影响可能有两种类型:稳态混合参数的变化改变了燃烧室的动态特性,喷嘴的动态特性是构成整个发动机动态特性的一部分;由于非线性效应(不稳定的剧烈干扰等)而使燃烧室的动态特性发生变化。对发动机内部工作过程的图解分析表明,所能认识到的喷嘴的动态特性可以影响工作过程的不稳定性。Bazarov[97]也对气/液喷嘴中由气流振荡引起雾化的液体的振荡传递函数进行了分析。

文献[98]对气/液同轴离心喷嘴在反压条件下的自激振荡现象进行了研究。当自激振荡发生时伴随有强烈的压力和流量振荡,在频谱上也可以观察到在某一频率处会出现振幅的极值。实验结果表明,随着反压的增加,液膜表面的扰动波被衰减了,从而抑制了自激振荡的发生。液体喷嘴的缩进被认为加强了自激振荡现象,这是因为随着缩进段长度的增加,气/液两相之间的相互作用更加激烈,从而加剧了自激振荡。液体速度的增加和气体速度的减小都可以抑制自激振荡现象的发生。自激振荡的特征频率主要取决于液体的雷诺数,而随气体雷诺数的变化很小。通过比较声学和喷雾特征频率后发现,二者有相同的取值范围:2~4 kHz,因而只需测定其中一个,另一个便可推断出。自激振荡的特征频率可以通过液膜波动的频率进行无量纲化,使其具有同一的取值。因此可以说,液膜的不稳定波会造成自激振荡,自激振荡的频率与液膜主导波有关。

此外,Kim[99]对气/液同轴剪切喷嘴缩进段内部的流动不稳定状况进行了数值模拟,并与线性结果进行了对比。清华大学陈佐一等人[100]用振荡流体力学方法分析了气/液喷嘴内液体振荡的传播规律。黄玉辉等人[101]对气/液同轴喷嘴的自激振荡进行了研究,李龙飞等人[102]对补燃循环发动机气/液喷嘴的声学特性进行了研究。Ghafourian 等人[103]对气/液同轴喷嘴在脉动声场中的响应进行了实验研究。Zong 等人[104-105]对超临界状态下同轴剪切喷嘴的动态特性进行了数值模拟。

1.3 本书的内容和结构

通过对喷嘴稳态雾化特性及动态特性的研究发展历程的回顾可以看出,目前的研究集中在对反压、脉动声场等各种条件下喷雾场参数的测量,但对于影响喷嘴稳态及动态特性的内部流动状况、液膜流动稳定性、波动在喷嘴内的传播等方面的研究和报道较少。本书将从气/液两相流、流动稳定性、波动力学、非牛顿流体力学等多个科学问题的角度深入分析从喷嘴内部到外部喷雾场的动力学过程,主要工作包括对非定常工况下喷嘴内部、外部动态过程进行研究的基本理论、方法和结果讨论,具体的内容和结构如下:

第 1 章为绪论,简要介绍喷嘴动力学的研究意义及研究简史。

第 2 章从射流稳定性的角度介绍喷嘴稳态雾化机理,主要包括锥形液膜、平面液膜及喷嘴缩进段内的受限液膜的稳定性分析方法。

第 3 章讨论单组元液体离心喷嘴的稳态实验,包括敞口型和收口型离心喷嘴的雾化特性。

第 4、5 章分别介绍液体离心喷嘴动力学的理论分析方法和实验研究方法,也包括喷嘴动力学耦合于整个发动机动态系统时的分析方法。

第 6 章分析气/液同轴喷嘴的动态特性。

第 7 章为液/液同轴离心喷嘴的动态特性研究。

第 8 章讲述撞击式喷嘴的稳态及动态雾化特性。

第 9 章介绍喷雾场动态特性的理论模型及实验方法。

第 10 章介绍下游声场中射流失稳破裂的动力学模型。

第 11 章将喷嘴动态特性的研究扩展到跨/超临界状态下。

本章参考文献

[1] 李斌,栾希亭,张小平. 载人登月主动力——推力液氧煤油发动机研究[J]. 载人航天,2011(1):28-33.

[2] 安德烈耶夫 A B. 气液喷嘴动力学[M]. 任汉芬,庄逢辰,译. 北京:宇航出版社,1996.

[3] Bazarov V G. 液体喷嘴动力学[M]. 任汉芬,孙纪国,译. 北京:航天工业总公司第 11 研究所(京),1997.

[4] Harrje D T, Reardon F H,等. 液体推进剂火箭发动机不稳定燃烧[M]. 朱宁昌,张宝炯,译. 北京:国防工业出版社,1980.

[5] Yang V, Anderson W E. 液体火箭发动机燃烧不稳定[M]. 北京:科学出版社,2001.

[6] 朱森元. 氢氧火箭发动机及其低温技术[M]. 北京:国防工业出版社,1995.

[7] Vasin A A, Kamensky S D, Katorgin K, et al. Liquid Rocket Engine Combustion Chamber: US Patent, 6244041[P]. 2001-6-12.

[8] Sankar S V, Brena de la Rosa A, Isakovic A, et al. Liquid Atomization by Coaxial Rocket Injectors: AIAA Paper 1991-0691[R]. 1991.

[9] Sasaki M, Sakamoto H, Takahashi M, et al. Comparative Study of Recessed and Non-Recessed Swirl Coaxial Injector: AIAA 1997-2907[R]. 1997.

[10] Hannum N P, Russell L M, Vincent D W, et al. Some Injector Element Detail Effects on Screech in Hydrogen-Oxygen Rockets: NASA TM X-2982[R]. 1974.

[11] Sankar S V, Wang G, Brena de la Rosa A, et al. Characterization of Coaxial Rocket Injector Sprays Under High Pressure Environments: AIAA Paper 1992-0228[R]. 1992.

[12] Falk A Y. Coaxial Spray Atomization in Accelerating Gas Stream: Final Rept. , NASA CR-134825 [R]. 1975.

[13] Gomi H. Pneumatic Atomization with Coaxial Injectors: Measurements of Drop Sizes by the Diffraction Method and Liquid Phase Fraction by the Attenuation of Light: Tech. Rept. , NAL-TR-888T[R]. Tokyo: National Aerospace Lab, 1985.

[14] Rayleigh J W S. On the Instability of Jets[J]. Proc. London Math. Soc. ,1878, 10: 4-13.

[15] Sirignano W A, Mehring C. Review of Theory of Distortion and Disintegration of Liquid Streams[J]. Prog. Energ. Combust, 2000, 26: 609-655.

[16] Eggers J, Villermaux E. Physics of Liquid Jets[J]. Rep. Prog. Phys. , 2008, 71: 036601.

[17] Squire H B. Investigation of the Instability of a Moving Liquid Film[J]. Brit. J. Appl. Phys. ,1953, 4:167-169.

[18] Hagerty W W, Shea J F. A Study of the Stability of Plane Fluid Sheets[J]. J. Appl. Mech. ,1955, 22 (4):509-514.

[19] Fraser R P, Eisenklam P. Research into the Performance of Atomizers of Liquids[J]. Imp. Colloid Chem. Eng. Soc. J. ,1953, 7: 52-68.

[20] Mehring C. Nonlinear Distortion of Thin Liquid Sheets[D]. Irvine: University of California, 1999.

[21] Rangel R H, Sirignano W A. The Linear and Nonlinear Shear Instability of a Fluid Sheet[J]. Phys. Fluids A, 1991, 3(10):2392-2400.

[22] Crapper G D, Dombrowski N. A Note on the Effect of Forced Disturbances on the Stability of Thin Liquid Sheets and on the Resulting Drop Size[J]. Int. J. Multiphase Flow, 1984, 10(6):731-736.

[23] Brown D R. A Study of the Behaviour of a Thin Sheet of Moving Liquid[J]. J. Fluid Mech. , 1961, 10:297-305.

[24] Lin S P, Lian Z W, Creighton B J. Absolute and Convective Instability of a Liquid Sheet[J]. J. Fluid Mech. , 1990, 220: 673-689.

[25] Lin S P, Lian Z W. Absolute Instability of a Liquid Jet in a Gas[J]. Phys. Fluids A, 1989, 1(3):490-493.

[26] Li X, Tankin R S. On the Temporal Instability of a Two-Dimensional Viscous Liquid Sheet[J]. J. Fluid Mech. , 1991, 226, 425-443.

[27] Crapper G D, Dombrowski N, Jepson W P. Wave Growth on Thin Sheets of Non-Newtonian Liquids [J]. Proc. R. Soc. Lond. A, 1975, 342: 225-236.

[28] Liu Z, Brenn G, Durst F. Linear Analysis of the Instability of Two-Dimensional Non-Newtonian Liquid

Sheets[J]. J. Non-Newtonian Fluid Mech. , 1998, 78:133-166.

[29] Goren S, Gottlieb M. Surface-tension-driven Breakup of Viscoelastic Liquid Threads[J]. J. Fluid Mech. , 1982, 120: 245-266.

[30] 崔海清, 裴晓晗, 蔡萌. 幂律流体在内管做行星运动的环空中运动的二次流[J]. 石油学报, 2007, 28: 134-138.

[31] 韩式方. 扰动本构方程及粘弹流体拉伸流动不稳定性[J]. 力学学报, 1993, 25: 213-217.

[32] 阳倦成, 张红娜, 李小斌, 等. 黏弹性流体纯弹性不稳定现象研究综述[J]. 力学进展, 2010, 40: 495-516.

[33] Shen J, Li X. Instability of an Annular Viscous Liquid Jet[J]. Acta Mechanica, 1996, 114:167-183.

[34] Meyer J. Investigation of the Instability of an Annular Hollow Jet[D]. Haifa: Technion-Israel Institute of Technology, 1983.

[35] Dumbleton J H, Hermans J J. Capillary Stability of a Hollow Inviscid Cylinder[J]. Phys Fluids, 1970, 13(1):12-17.

[36] Radev S, Gospodinov P. Numerical Treatment of the Steady Flow of a Liquid Compound Jet[J]. Int. J. Multiphase Flow, 1986, 12(6):997-1007.

[37] Chauhan A, Maldarelli C, Rumschitzki D S, et al. Temporal and Spatial Instability of an Inviscid Compound Jet[J]. Rheol. Acta. , 1996, 35(6):567-583.

[38] Ibrahim A A. Comprehensive Study of Internal Flow Field and Linear and Nonlinear Instability of an Annular Liquid Sheet Emanating from an Atomizer[D]. Cincinnati: University of Cincinnati, 2006.

[39] Panchagnula M V. Stability of Annular Liquid Sheets[D]. West Lafayette: Purdue University, 1998.

[40] Alleborn N, Raszillier H, Durst F. Linear Stability of Non-Newtonian Annular Liquid Sheets[J]. Acta Mechanica, 1999, 137:33-42.

[41] Mehring C, Sirignano W A. Nonlinear Capillary Waves on Swirling, Axisymmetric Liquid Films: AIAA Paper 2000-0432[R]. 2000.

[42] Liao Y, Jeng S M, Jog M A, et al. On the Mechanism of Pressure-Swirl Airblast Atomization: AIAA Paper 2001-3571[R]. 2001.

[43] York J L, Stubbs H E, Tek M R. The Mechanism of Disintegration of Liquid Sheets[J]. Trans. ASME, 1953, 75:1279-1286.

[44] Briffa F E J, Dombrowski N. Entrainment of Air into a Liquid Spray[J]. AIChE. Journal, 1966, 12(4):708-717.

[45] Dombrowski N, Hooper P C. The Effect of Ambient Density on Drop Formation in Sprays [J]. Chemical Engineering Science, 1962, 17(4):291-305.

[46] Inamura T, Tamura H, Sakamoto H. Characteristics of Liquid Film and Spray Injected from Swirl Coaxial Injector[J]. Journal of Propulsion and Power, 2003, 19(4):632-639.

[47] Kim D, Im J, Koh H, et al. Effect of Ambient Gas Density on Spray Characteristics of Swirling Liquid Sheets[J]. Journal of Propulsion and Power, 2007, 23(3): 603-611.

[48] Bazarov V G, Yang V. Liquid-Propellant Rocket Engine Injector Dynamics[J]. Journal of Propulsion and Power, 1998, 14 (5):797-806.

[49] Bazarov V G. Influence of Propellant Injector Stationary and Dynamic Parameters on High Frequency Combustion Stability: AIAA 1996-3119[R]. 1996.

[50] Bazarov V G. Non-linear Interactions in Liquid-propellant Rocket Engine Injectors: AIAA 1998-4039

[R]. 1998.

[51] Bazarov V G. Self-Pulsations in Coaxial Injectors with Central Swirl Liquid Stage：AIAA 1995-2358 [R]. 1995.

[52] Bazarov V G. Throttleable Liquid Propellant Engine Swirl Injectors for Deep Smooth Thrust Variations：AIAA 1994-2978[R]. 1994.

[53] Long M R, Bazarov V G, Anderson W E. Main Chamber Injectors for Advanced Hydrocarbon Booster Engines：AIAA 2003-4599[R]. 2003.

[54] Bazarov V G. Cavitation Erosion in Swirl Propellant Injectors：AIAA 1997-2641[R]. 1997.

[55] Zong N, Yang V. Supercritical Fluid Dynamics of Pressure Swirl Injector with External Excitations：AIAA 2007-5458[R]. 2007.

[56] Wang S, Hsieh S, Yang V. Numerical Simulation of Gas Turbine Swirl-Stabilized Injector Dynamics：AIAA 2001-0334[R]. 2001.

[57] Wang S, Hsieh S, Yang V. Unsteady Flow Evolution in Swirl Injector with Radial Entry. I. Stationary Conditions[J]. Physics of Fluids, 2005, 17(4):45106.

[58] Wang S, Yang V. Unsteady Flow Evolution in Swirl Injector with Radial Entry II：External Excitations[J]. Physics of Fluids, 2005, 17(4): 45107.

[59] Ismailov M, Heister S D. Nonlinear Modeling of Classical Swirl Injector Dynamics：AIAA 2009-5402 [R]. 2009.

[60] Zakharov S I, Richardson R, Heister S D. Hydrodynamic Modeling of Swirl Injectors with Multiple Rows of Tangential Channels：AIAA 2006-5202[R]. 2006.

[61] Richardson R, Park H, Canino J V, et al. Nonlinear Dynamic Response Modeling of a Swirl Injector：AIAA 2007-5454[R]. 2007.

[62] Feiler C E, Heidmann M F. Dynamic Response of Gaseous Hydrogen Flow System and Its Application to High Frequency Combustion Instability：NASA TN D-4040[R]. 1967.

[63] Ramezani A R, Fatehi H, Amanpour H. Development of Mechanistic Engineering Code for Combustion Instability Prediction in LRE：AIAA 2008-4549[R]. 2008.

[64] Cho J, Lieuwen T. Laminar Premixed Flame Response to Equivalence Ratio Oscillations [J]. Combustion and Flame, 2005, 140: 116-129.

[65] Aithal S, Liu Z, Jensen R J, et al. Nonlinear Injection Transfer Function Simulations for Liquid Propellants：AIAA 2008-4742[R]. 2008.

[66] 苏光辉,赵大卫,张友佳,等. 柱塞式流量脉动发生器:200810232217. X[P]. 2009-04-08.

[67] Ahn B, Ismailov M, Heister S D. Forced Excitation of Swirl Injectors Using a Hydro-Mechanical Pulsator：AIAA 2009-5043[R]. 2009.

[68] 蔡武昌,马中元,瞿国芳.电磁流量计[M].北京:中国石化出版社,2004.

[69] 赵彤,彭光正,许耀铭.高频脉动流量间接测量方法的研究[J].计量学报,1992,13(2):

[70] 姜万录,孙红梅,高明.基于超声波检测的动态流量测试技术研究[J].机床与液压,2004,10:227-229.

[71] 葛自忠.用激光技术测定液膜厚度[J].化工学报,1982,3:285-290.

[72] 张小章.采用电导法测量液膜厚度的理论分析与试验修正[J].计量技术,1998,12:2-4.

[73] 古大田,朱家骅.动态液膜厚度测试技术的研究[J].化工学报,1988,3:374-377.

[74] 刘正白.超薄液膜厚度测量技术研究[J].机械工程学报,1993,29(1):78-82.

[75] 安珍彩,雷树业,何玮箐,等.雾化喷射下的波动液膜的电测量[J].工程热物理学报,2004,25(1):

121-123.

［76］ Khil T，Kim S，Cho S，et al. Quantification of the Transient Mass Flow Rate in a Simplex Swirl Injector［J］. Measurement Science and Technology，2009，20：075405.

［77］ Jung K，Koh H，Yoon Y. Assessment of Planar Liquid-laser-induced Fluorescence Measurements for Spray Mass Distributions of Like-doublet Injectors［J］. Measurement Science and Technology，2003，14：1387-1395.

［78］ Kim S，Khil T，Kim D，et al. Effect of Geometric Parameters on the Liquid Film Thickness and Air Core Formation in a Swirl Injector［J］. Measurement Science and Technology，2009，20：015403.

［79］ Ismailov M M，Obokata T，Kobayashi K，et al. LDA/PDA Measurements of Instantaneous Characteristics in High Pressure Fuel Injection and Swirl Spray［J］. Experiments in Fluids，1999，27：1-11.

［80］ Seo S，Kim S，Choi H. Combustion Dynamics and Stability of a Fuel-Rich Gas Generator［J］. Journal of Propulsion and Power，2010，26(2)：259-266.

［81］ Long M R，Anderson W E. Oxidizer-Rich Staged Combustion Cycle Preburner and Main Chamber Injector Testing at Purdue University：AIAA Paper 2004-3524［R］. 2004.

［82］ Pomeroy B R，Morgan C，Anderson W E. Response of a Gas-Centered Swirl Coaxial Injector to Transverse Instabilities：AIAA Paper 2011-5698［R］. 2011.

［83］ Kim B，Kim D，Cha E，et al. Effect of Swirl Injector with Variable Backhole on Acoustic Damping in Liquid Rocket Engine［J］. Journal of the Korean Society for Aeronautical ＆ Space Sciences，2006，34(8)：79-86.

［84］ Schumaker S A，Danczyk S A，Lightfoot M D A. Effect of Swirl on Gas-Centered Swirl-Coaxial Injector：AIAA Paper 2011-5621［R］. 2011.

［85］ Ferrenberg A，Hunt K，Duesberg J. Atomization and Mixing Study：NASA-CR-178751［R］. 1985.

［86］ Ghafourian A，Mahalingam S，Dindi H，et al. A Review of Atomization in Liquid Rocket Engines：AIAA Paper 1991-0283［R］. 1991.

［87］ Kaltz T，Glogowski M，Micci M M. Shear Coaxial Injector Instability Mechanisms：N94-23047［R］. 1994.

［88］ Rahman S A，Santoro R J. A Review of Coaxial Gas/Liquid Spray Experiments and Correlations：AIAA Paper 1994-2772［R］. 1994.

［89］ Vingert L，Gicquel P，Ledoux M，et al. Liquid Rocket Thrust Chambers：Aspects of Modeling，Analysis，and Design ［M］. Reston，Virginia：AIAA Inc.，2007：105-136.

［90］ Jeon J，Hong M，Han Y M，et al. Experimental Study on Spray Characteristics of Gas-Centered Swirl Coaxial Injectors ［J］. Journal of Fluids Engineering，2011，133：121303.

［91］ Kulkarni V，Sivakumar D，Oommen C，et al. Liquid Sheet Breakup in Gas-Centered Swirl Coaxial Atomizers［J］. Journal of Fluids Engineering，2010，132：011303.

［92］ Im J，Cho S，Yoon Y，et al. Comparative Study of Spray Characteristics of Gas-Centered and Liquid-Centered Swirl Coaxial Injectors［J］. Journal of Propulsion and Power，2010，26(6)：1196-1204.

［93］ Sivakumar D，Raghunandan B N. Hysteretic Interaction of Conical Liquid Sheets from Coaxial Atomizers：Influence on the Spray Characteristics［J］. Physics of Fluids，1998，10(6)：1384-1397.

［94］ Sivakumar D，Raghunandan B N. Formation and Separation of Merged Liquid Sheets Developed from the Mixing of Coaxial Swirling Liquid Sheets［J］. Physics of Fluids，2003，15(11)：3443-3451.

［95］ Kim S，Yoon J，Yoon Y. Experimental Study on the Internal Flow Characteristics for Recess Length in a Swirl Coaxial Injector：AIAA Paper 2010-6812［R］. 2010.

［96］ 聂万胜，丰松江. 液体火箭发动机燃烧动力学模型与数值计算［M］. 北京：国防工业出版社，2011.

［97］ Bazarov V G. Design of Injectors for Self-sustaining of Combustion Chambers Stability：AIAA Paper 2006-4722［R］. 2006.

［98］ Im J，Yoon Y. The Effect of the Ambient Pressure on Self-Pulsation Characteristics of a Gas/Liquid Swirl Coaxial Injector：AIAA Paper 2008-4850［R］. 2008.

［99］ Kim B. Study of Hydrodynamic Instability of Shear Coaxial Injector Flow in a Recessed Region［D］. Indiana：Purdue University，2002.

［100］ 陈佐一，王鹏飞，王珏. 用振荡流体力学方法分析气液喷嘴内流体振荡的传播规律［J］. 导弹与航天运载技术，1998，4：21-26.

［101］ 黄玉辉，周进，胡小平，等. 气液同轴式喷嘴自激振荡的试验现象和声学模型及对火箭发动机不稳定燃烧的影响［J］. 声学学报，1998，23(5)：459-465.

［102］ 李龙飞，陈建华，周立新，等. 补燃循环火箭发动机气液同轴式喷嘴声学特性研究［J］. 火箭推进，2004(6)：5-10.

［103］ Ghafourian A，McGuffin R，Mahalingam S，et al. Dynamic Response to Acoustic Perturbation of an Atomizing Coaxial Jet in a Liquid Rocket Engine：AIAA Paper 1993-0232［R］. 1993.

［104］ Zong N，Yang V. Near-Field Flow and Flame Dynamics of LOX/Methane Shear-Coaxial Injector under Supercritical Conditions［J］. Proceedings of the Combustion Institute，2007，31：2309-2317.

［105］ Zong N. Modeling and Simulation of Cryogenic Fluid Injection and Mixing Dynamics Under Supercritical Conditions［D］. Pennsylvania：The Pennsylvania State University，2005.

第 2 章

液体雾化机理理论研究

喷嘴的稳态雾化参数,如液滴尺寸、液膜锥角、液膜破碎长度等,对液体火箭发动机整个系统的动态特性都有很大影响。在发动机工作过程中,由于各种原因,例如输送系统流量波动、发动机振动等,引起喷嘴出口流量或液流速度发生振荡,液滴尺寸、破碎长度等喷雾场参数也随之发生脉动,从而进一步影响蒸发和掺混过程,并最终导致燃烧室内的热释放率发生脉动。当热释放率的周期变化与燃烧室的声学特性发生耦合时就会产生不稳定燃烧现象。Орлов В. А.[1]研究了喷嘴前腔压力振荡对气/液同轴喷嘴喷雾场液滴流量振荡影响的非定常数学模型,得到了联系气体、液体流量脉动与喷雾场液滴流量脉动的传递函数。其中液体流量脉动与喷雾场液滴流量脉动之间的传递函数为

低频:
$$\Pi_{M_S M_l}(\omega) = \left(1 + \frac{\omega^2 L_0^2}{144 V_l^2}\right)^{0.5} \tag{2-1}$$

高频:
$$\Pi_{M_S M_l}(\omega) = \frac{V_l}{\omega L_0} \tag{2-2}$$

式中:V_l 为液体的流速,L_0 为射流的破碎长度。由式(2-1)和式(2-2)可见,喷雾场的动态特性与稳态的破碎长度(L_0)有关。要想对喷雾场的动态特性进行研究,掌握射流破碎长度、液滴尺寸分布和喷雾锥角等的动态变化,就必须对液体雾化过程和雾化机理进行深入的研究。从第 1 章对液体雾化机理的研究综述看出,目前针对液体火箭发动机喷嘴雾化的特殊问题,如黏性锥形液膜、非牛顿流体液膜等还没有专门的研究,因此本章以液体火箭发动机喷嘴雾化中常见的喷雾形式(锥形液膜、边界受限的环形液膜和平面液膜)和不同工质的性质(牛顿流体、幂律流体、黏弹性流体)为研究对象,对其雾化机理进行理论分析,为研究喷雾场的动态特性奠定基础。

2.1　锥形液膜线性稳定性分析

液体离心喷嘴在喷嘴出口处形成锥形液膜,锥形液膜内径沿流动方向变大,液膜厚度变薄,在柱坐标系下不再具有固定的边界条件,因此对其进行线性稳定性分析是自由射流稳定性研究的一个难点。很多人以旋转的环形液膜代替锥形液膜[2-5],还有人把平面液膜看作内径趋

于无穷大的环形液膜[6-7]，他们以环形液膜或平面液膜的模型来预测锥形液膜的破碎并取得了较好的效果。但是，毕竟平面液膜和环形液膜在边界条件和流动状态上与锥形液膜有很大区别，因此对锥形液膜的研究最终还要根据锥形液膜的实际状况进行物理建模，然后再对其进行稳定性分析。

岳明等人[8]使用环形液膜的分析方法，加入了锥形液膜半径和液膜厚度随轴向距离的变化，研究了锥形液膜在介质气体中的时间不稳定性。王中伟[9]研究了黏性锥形液膜射入气体中的不稳定性，但他忽略了液膜厚度沿轴向的变化。Mehring 和 Sirignano[10]使用降维的方法对锥形液膜的控制方程和边界条件进行了求解，得到了各种边界条件下的非线性稳态解和非稳态解，但这并不属于经典的稳定性分析方法。本节对由离心喷嘴产生的锥形液膜进行时间模式的线性稳定性分析，考虑锥形液膜内径和液膜厚度沿流动轴线方向的变化及锥形液膜的几何关系，推导出锥形液膜的色散方程，并提出锥形液膜破碎长度和破碎时间的预测模型。

2.1.1　锥形液膜色散方程及破碎模型

锥形液膜色散方程的推导可以参考文献[11]中关于环形液膜色散方程的推导方法。假设基础流场为一锥形液膜（见图 2-1）。柱坐标系的原点位于喷嘴出口截面中心的 O 点，x 为喷嘴出口截面法线方向，r 为截面径向方向。液膜内径和液膜厚度分别以 $a(x)$ 和 $h(x)$ 表示。喷嘴出口处液膜的初始厚度为 h_0，a_0 为液膜的初始内径，液膜的半锥角为 β。在未受小扰动状态下，液膜沿 x 方向的速度恒为 V，液体及环境气体密度分别为 ρ_l，ρ_g。液体表面张力系数为 σ。收口型离心喷嘴的旋流腔半径、喷口半径及切向通道半径分别为 R_k、R_c 和 R_t，切向通道个数为 n，因此喷嘴几何特性系数 A 定义为 $A=R_c(R_k-R_t)/nR_t^2$。

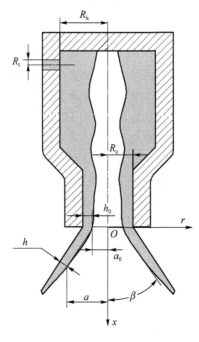

图 2-1　锥形液膜及离心喷嘴示意图

　　锥形液膜表面的扰动波有两种形式：当两个界面发生同相位的变形时，呈现反对称形式，称为正弦模式扰动波；当两个界面发生相位差为 180°的变形时，呈现对称形式，称为曲张模式扰动波，如图 2-2 所示。

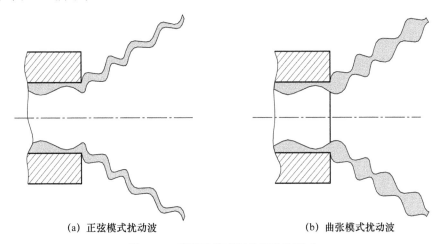

(a) 正弦模式扰动波　　　　　　　　　　(b) 曲张模式扰动波

图 2-2　锥形液膜表面的扰动波形式

　　设锥形液膜内、外表面的扰动波为无限小量，并分别具有如下形式：

$$\eta_1 = R\eta_{1,0}\exp[\mathrm{i}(kx - \overline{\omega}t)] \tag{2-3}$$

$$\eta_2 = R\eta_{2,0}\exp[\mathrm{i}(kx - \overline{\omega}t)] \tag{2-4}$$

式中：η 表示扰动波振幅，其中下标 1、2 分别代表液膜内、外表面，下标 0 表示初始状态；$k = 2\pi/\lambda$ 代表扰动波波数，λ 为扰动波波长；$\overline{\omega} = \overline{\omega}_r + \mathrm{i}\overline{\omega}_i$，其中实部 $\overline{\omega}_r$ 为扰动波频率，虚部 $\overline{\omega}_i$ 为扰动波的时间增长率。当 $\overline{\omega}_i$ 最大时认为扰动波处于最不稳定状态。

　　假设流动为不可压、无旋流动，则液膜的运动方程可由拉普拉斯方程给出，即

$$\nabla^2\phi_i = 0 \tag{2-5}$$

式中：ϕ_i 为速度势函数，其中 $i = 0$ 表示液膜，$i = 1, 2$ 分别表示液膜内侧和外侧的气体。

　　在柱坐标系下，扰动的速度势函数可以定义为

$$\phi_i = RG_i(r)\exp[\mathrm{i}(kx - \overline{\omega}t)] \quad (i = 1, 0, 2) \tag{2-6}$$

　　将式(2-6)代入式(2-5)，得到如下的通解形式：

$$G_i(r) = A_i\mathrm{I}_0(kr) + B_i\mathrm{K}_0(kr) \quad (i = 1, 0, 2) \tag{2-7}$$

式中：I_0 和 K_0 分别为零阶的第一类和第二类修正的柱贝塞尔函数。

　　在空气涡中心处，由对称性可知径向速度扰动为 0。在无穷远处，空气扰动速度为 0，因此边界条件可以表示为

$$v_r = \frac{\partial\phi}{\partial r} = 0, \quad r = 0, \quad r = \infty \tag{2-8}$$

　　将式(2-6)代入式(2-8)得 $B_1 = 0$，$A_2 = 0$。

　　因此式(2-7)变为

$$\left.\begin{array}{l} G_1(r) = A_1\mathrm{I}_0(kr) \\ G_0(r) = A_0\mathrm{I}_0(kr) + B_0\mathrm{K}_0(kr) \\ G_2(r) = B_2\mathrm{K}_2(kr) \end{array}\right\} \tag{2-9}$$

　　设在气、液交界面处没有质量交换，气、液交界面处的正应力是连续的，则界面处的运动学

和动力学边界条件可表示为

$$\begin{cases} \dfrac{\partial \eta_1}{\partial t} - \dfrac{\partial \phi_1}{\partial r} = 0 \\ \dfrac{\partial \eta_1}{\partial t} + V \dfrac{\partial \eta_1}{\partial x} - \dfrac{\partial \phi_0}{\partial r} = 0 \end{cases}, \quad r = a \tag{2-10}$$

$$\begin{cases} \dfrac{\partial \eta_2}{\partial t} - \dfrac{\partial \phi_2}{\partial r} = 0 \\ \dfrac{\partial \eta_2}{\partial t} + V \dfrac{\partial \eta_2}{\partial x} - \dfrac{\partial \phi_0}{\partial r} = 0 \end{cases}, \quad r = a + h \tag{2-11}$$

$$\rho_g \frac{\partial \phi_1}{\partial t} - \rho_1 \left(\frac{\partial \phi_0}{\partial t} + V \frac{\partial \phi_0}{\partial x} \right) = \sigma \left(\frac{\partial^2 \eta_1}{\partial x^2} + \frac{\eta_1}{\bar{a}^2} \right), \quad r = a \tag{2-12}$$

$$\rho_1 \left(\frac{\partial \phi_0}{\partial t} + V \frac{\partial \phi_0}{\partial x} \right) - \rho_g \frac{\partial \phi_2}{\partial t} = \sigma \left(\frac{\partial^2 \eta_2}{\partial x^2} + \frac{\eta_2}{\bar{a}^2} \right), \quad r = a + h \tag{2-13}$$

式中：$\bar{a} = a / \cos \beta$。

将式(2-3)、式(2-4)、式(2-6)及式(2-9)代入式(2-10)和式(2-11)，得到系数 A_1、B_2、A_0 和 B_0 的表达式，因此得到 ϕ_0, ϕ_1, ϕ_2。再将 ϕ_0, ϕ_1, ϕ_2 以及 η_1, η_2 的表达式代入式(2-12)和式(2-13)，消去 $\eta_{1,0}, \eta_{2,0}$，即可得到表征 $\bar{\omega}$ 与 k 之间关系的色散方程

$$\bar{\omega}^4 \left[\rho_1^2 (CD - EF) + \frac{\rho_1 \rho_g}{k} (CN + DM) + \frac{\rho_g^2}{k^2} MN \right] -$$

$$\bar{\omega}^3 \left[4kV \rho_1^2 (CD - EF) + 2V \rho_1 \rho_g (CN + DM) \right] +$$

$$\bar{\omega}^2 \left[6k^2 V^2 \rho_1^2 (CD - EF) + kV^2 \rho_1 \rho_g (CN + DM) + \rho_1 \sigma (C + D) \left(\frac{1}{\bar{a}^2} - k^2 \right) + \right.$$

$$\left. \frac{\rho_g \sigma}{k} (M + N) \left(\frac{1}{\bar{a}^2} - k^2 \right) \right] - \bar{\omega} \left[4k^3 V^3 \rho_1^2 (CD - EF) + 2kV \rho_1 \sigma (C + D) \left(\frac{1}{\bar{a}^2} - k^2 \right) \right] +$$

$$k^4 V^4 \rho_1^2 (CD - EF) + k^2 V^2 \rho_1 \sigma (C + D) \left(\frac{1}{\bar{a}^2} - k^2 \right) + \sigma^2 \left(\frac{1}{\bar{a}^2} - k^2 \right)^2 = 0 \tag{2-14}$$

式中：

$$C = \frac{I_0(ka) K_1[k(a+h)] + I_1[k(a+h)] K_0(ha)}{\Lambda}$$

$$D = \frac{I_0[k(a+h)] K_1(ka) + I_1(ka) K_0[k(a+h)]}{\Lambda}$$

$$E = \frac{1}{ka} \frac{1}{\Lambda}$$

$$F = \frac{1}{k(a+h)} \frac{1}{\Lambda}$$

$$\Lambda = k \{ I_1[k(a+h)] K_1(ka) - I_1(ka) K_1[k(a+h)] \}$$

$$M = \frac{I_0(ka)}{I_1(ka)}$$

$$N = \frac{K_0[k(a+h)]}{K_1[k(a+h)]}$$

锥形液膜厚度沿 x 方向的变化可以根据流量守恒和锥形液膜的几何关系得到，即

$$ah = a_0 h_0 \qquad (2-15)$$

$$(a - a_0)/s = \sin\beta \qquad (2-16)$$

式中:s 表示完整液膜的长度。假设 s 与扰动波波长之间存在一个简单的经验关系 $s = C\lambda$,其中 C 是一个与液体性质、喷嘴结构和喷嘴压降有关的常数,需要由实验给出。液膜初始厚度可由离心喷嘴最大流量原理计算得到。对增长率和波数进行无量纲化的特征时间为 $[t] = \sqrt{\rho_1 h_0^3/\sigma}$,特征长度为 $[L] = h_0$。

当有任何外界扰动使气、液交界面处产生波动时,表面张力、法向应力和气动力等之间的竞争决定了扰动波是进一步增长还是衰减。当扰动波增长时,扰动波振幅增大,当达到一定程度时液膜就会破碎。液膜破碎长度是评估雾化质量的一个重要参数。以上已经得到扰动波增长率与波数之间的关系,通过数值计算可以找出扰动波的最大增长率及其对应的波数,称为主导波数。如果破裂时液膜表面的振幅达到 $\eta_{bu} = \eta_0 \exp(\omega_s \tau_{bu})$,则液膜的破碎时间 τ_{bu} 就可以表示为

$$\tau_{bu} = \ln(\eta_{bu}/\eta_0)/\omega_s \qquad (2-17)$$

式中:ω_s 是最大扰动增长率。因此液膜破裂时的长度为

$$L_{bu} = V\tau_{bu} = V\ln(\eta_{bu}/\eta_0)/\omega_s \qquad (2-18)$$

文献[12]给出 $\ln(\eta_{bu}/\eta_0)$ 的值应为 12,但 $\ln(\eta_{bu}/\eta_0)$ 的值与喷嘴结构、流动参数等有关,不同工况下应由实验给出;且式中的液膜速度 V 也应由实验测得。因此关于锥形液膜破碎长度的计算,将在实验部分进行详细分析,并与实验结果进行比较。

由前面的分析可知,在液膜表面存在正弦和曲张两种模式的扰动波,设它们之间存在相位差 θ。因此,当两种模式的扰动波同时作用在液膜表面时,表面变形的初始状态为

$$\eta_j(x, 0) = \eta_0 [\varepsilon_1 \cos(kx) + (-1)^{j+1}\varepsilon_2 \cos(kx + \theta)] \qquad (2-19)$$

式中:$j = 1, 2$ 分别表示外表面和内表面;ε_1 和 ε_2 分别为正弦模式扰动波和曲张模式扰动波的加权因子,当 $\varepsilon_1 = 1$、$\varepsilon_2 = 0$ 时为正弦模式扰动波,当 $\varepsilon_1 = 0$、$\varepsilon_2 = 1$ 时为曲张模式扰动波。

这样,最终的表面变形方程[13]为

$$\eta_j(x, t) = \eta_0 [\varepsilon_1 \cosh(\overline{\omega}_{i,s} t)\cos(\overline{\omega}_{r,s} t + k_s x) + (-1)^{j+1}\varepsilon_2 \cosh(\overline{\omega}_{i,v} t)\cos(\overline{\omega}_{r,v} t + k_v x + \theta)] \qquad (2-20)$$

式中:$\overline{\omega}_{i,s}$ 和 $\overline{\omega}_{i,v}$ 分别为正弦和曲张模式扰动波的最大增长率,$\overline{\omega}_{r,s}$ 和 $\overline{\omega}_{r,v}$ 分别为对应的复频率的实部,k_s 和 k_v 分别为正弦和曲张模式扰动波的主导波数。

2.1.2 结果与讨论

根据锥形液膜表面波的色散方程,可以得到扰动波的无量纲增长率与无量纲波数之间的关系。图 2-3 和图 2-4 分别为锥形液膜表面正弦模式和曲张模式扰动波的色散关系。从图中可以看出,正弦模式的扰动增长率大于曲张模式的扰动增长率。在锥形液膜表面扰动的发展过程中,正弦和曲张模式扰动波都是不稳定的,而且同时存在,但线性稳定性分析结果显示正弦模式扰动波是占优的,实验中也观察到锥形液膜表现出正弦模式扰动波,如图 2-5 所示。此外,从图 2-3 和图 2-4 还可以看出,无论是正弦模式还是曲张模式,扰动波最大增长率和

主导波数都随着压降的增大而增大。这意味着压降越大,液膜越不稳定,越容易破碎。而主导波数的增大意味着扰动的波长变短。这一趋势对具有不同几何特性系数 A 的离心喷嘴产生的液膜是一样的。但是几何特性系数 $A=4$ 喷嘴产生的液膜的扰动波无量纲最大增长率略小于 $A=2$ 的喷嘴。

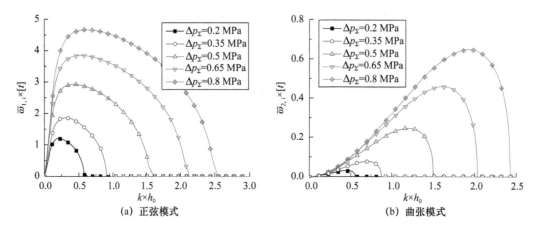

(a) 正弦模式   (b) 曲张模式

图 2-3 $A=2$ 离心喷嘴色散关系曲线

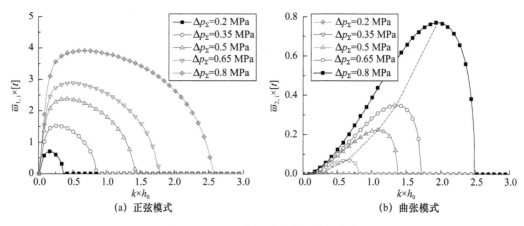

(a) 正弦模式   (b) 曲张模式

图 2-4 $A=4$ 离心喷嘴色散关系曲线

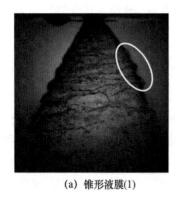  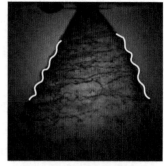

(a) 锥形液膜(1)   (b) 正弦模式扰动波   (c) 锥形液膜(2)

图 2-5 锥形液膜表面扰动波

　　图 2-6 为最大增长率对应的扰动波频率随喷嘴压降的变化。从图中可以看出,对于正弦和曲张两种模式,无量纲扰动频率都随着喷嘴压降的增大而变大。正弦模式扰动波的无量纲频率要小于曲张模式扰动波的无量纲频率。在大部分喷嘴压降下,$A=2$ 喷嘴产生的液膜无量纲扰动频率略大于 $A=4$ 喷嘴产生的液膜无量纲扰动频率。

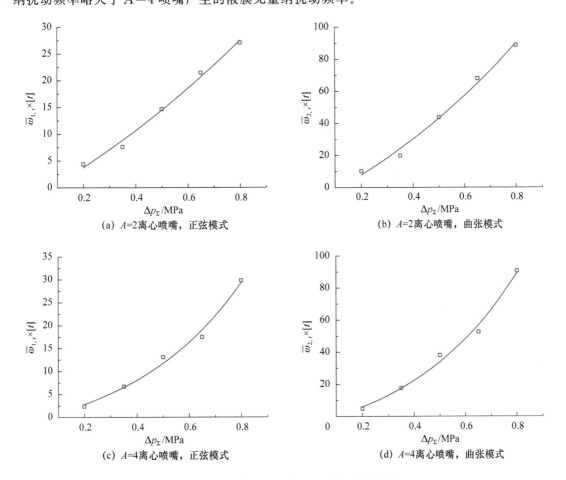

(a) $A=2$ 离心喷嘴,正弦模式　　　　　(b) $A=2$ 离心喷嘴,曲张模式

(c) $A=4$ 离心喷嘴,正弦模式　　　　　(d) $A=4$ 离心喷嘴,曲张模式

图 2-6　扰动波无量纲频率随喷嘴压降的变化

　　在计算得到无量纲波数、最大扰动增长率和扰动频率后,将以上参数代入式(2-20)即可得到不同时刻因扰动波的发展而造成的液膜表面变形。图 2-7 为几何特性系数 $A=2$ 的离心喷嘴液膜表面变形,正弦模式和曲张模式的加权因子分别为 0.25 和 0.75。图中展示了喷嘴压降分别为 0.65 MPa 和 0.8 MPa 下的情况。从图中可以看出,表面波随着时间 t 的推移变得越来越不稳定,最终导致锥形液膜的破裂(在液膜下游某些位置,液膜上、下表面几乎重叠则认为液膜发生破裂),因此线性稳定性分析能够用来预测液膜破碎时间。

　　图 2-8 为锥形液膜无量纲破碎时间和无量纲表面形变振幅随喷嘴压降的变化。对 $A=2$ 的离心喷嘴产生的液膜进行计算,计算中 ε_1 取 0.25、0.5 和 0.75 三个不同的值。从图中可以看出,无量纲破碎时间和表面形变振幅都随着喷嘴压降的增大而减小,这与实验观察到的现象是吻合的:增大压降能加速液膜的破碎,压降越大,破碎时间越短。但是当压降较大时,破碎时间减小的趋势变缓。

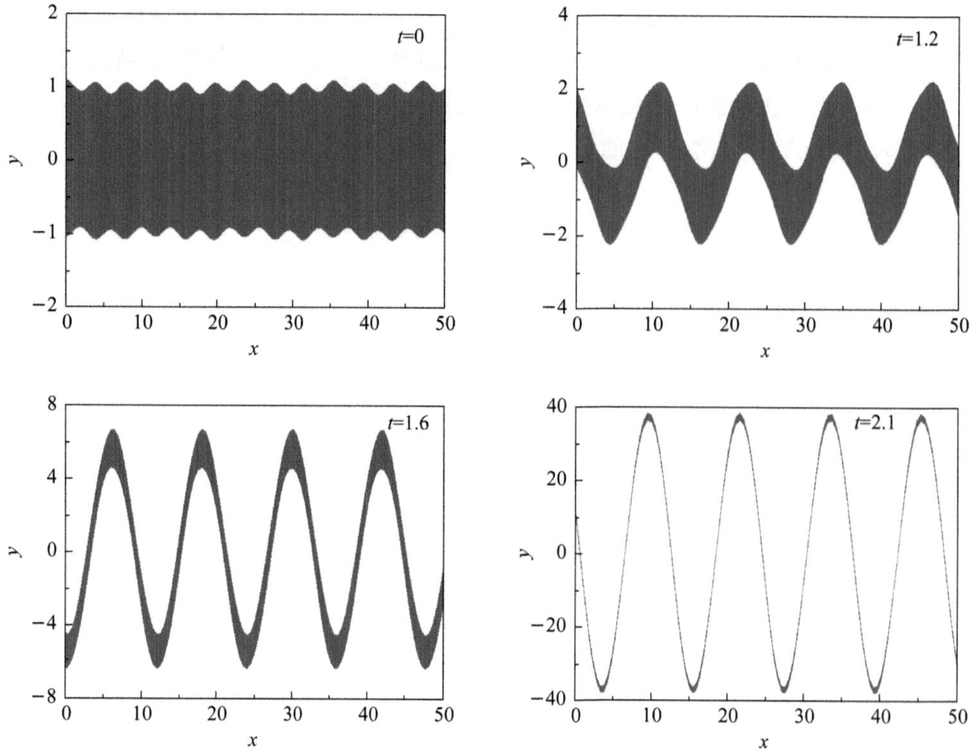

(a) 喷嘴压降$\Delta p_\Sigma = 0.65$ MPa

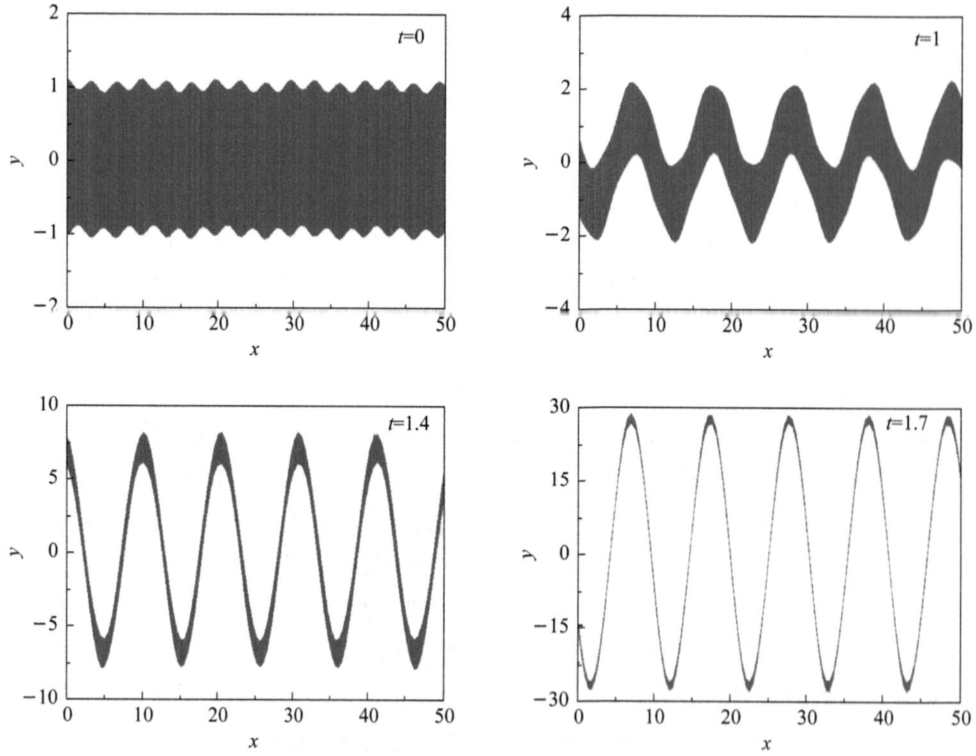

(b) 喷嘴压降$\Delta p_\Sigma = 0.8$ MPa

图 2-7 不同喷嘴压降下的液膜表面变形（$A=2$，$\varepsilon_1 = 0.25$，$\varepsilon_2 = 0.75$）

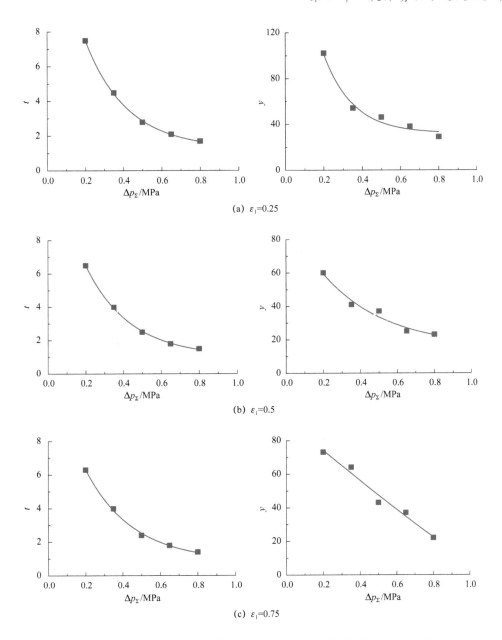

图 2-8　液膜破碎时间和液膜表面形变振幅随喷嘴压降的变化（$A=2$）

图 2-9 为无量纲破碎时间随正弦模式加权因子的变化规律。可以看出,随着正弦模式加权因子的增大,无量纲破碎时间变短。这是因为正弦模式扰动波的增长率大于曲张模式,正弦模式扰动波加权因子越大,扰动波增长率就越大,液膜越容易破碎。

图 2-10 和图 2-11 分别为 $A=2$ 和 $A=4$ 的喷嘴产生的液膜分别在同一无量纲时刻（$t=6,10$）下,不同正弦模式加权因子对液膜表面变形的影响。通过比较发现,表面形变振幅随着正弦模式加权因子的增大而增大,同时液膜上、下表面更加接近,意味着破碎时间更短。同样,由于正弦模式加权因子的增大使得液膜整个表面扰动的增长率更大,因此液膜更加不稳定。

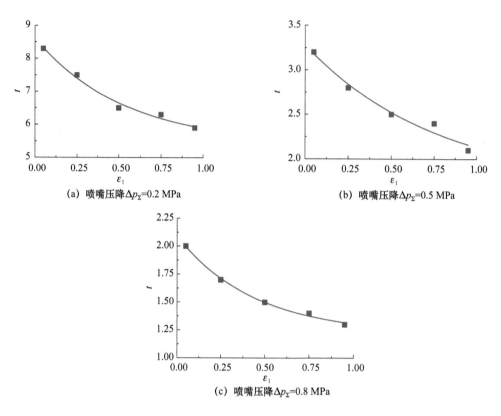

(a) 喷嘴压降Δp_Σ=0.2 MPa

(b) 喷嘴压降Δp_Σ=0.5 MPa

(c) 喷嘴压降Δp_Σ=0.8 MPa

图 2-9　液膜破碎时间随正弦模式加权因子的变化（$A=2$）

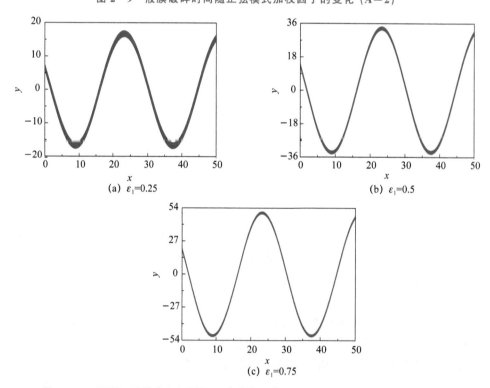

(a) ε_1=0.25

(b) ε_1=0.5

(c) ε_1=0.75

图 2-10　不同正弦模式加权因子下液膜表面变形（$A=2$，$\Delta p_\Sigma=0.2$ MPa，$t=6$）

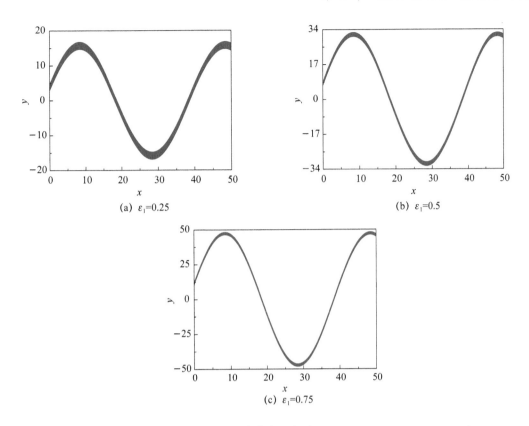

图 2-11　不同正弦模式加权因子下液膜表面变形（$A=4$，$\Delta p_\Sigma=0.2\ \text{MPa}$，$t=10$）

图 2-12 为 $A=2$，$\Delta p_\Sigma=0.2\ \text{MPa}$，$\varepsilon_1=0.25$，$\varepsilon_2=0.75$，且两种模式之间的相位差 θ 为 0，$\dfrac{\pi}{3}$，$\dfrac{2\pi}{3}$，π 的情况下，液膜开始破碎时的液膜表面变形情况。从图中可以看出，破碎时间和表面形变振幅都随着相位差的增大而减小，但相位差的增大对破碎时间的影响较小，尤其当相位差较大时。这表明增大正弦模式和曲张模式扰动波之间的相位差能轻微加速液膜的破裂。但是这个影响规律很难在实验中观察到，因为两种模式之间的相位差很难人为控制。

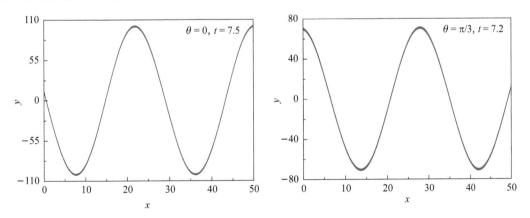

图 2-12　正弦模式和曲张模式之间的相位差对液膜表面变形的影响
（$A=2$，$\Delta p_\Sigma=0.2\text{MPa}$，$\varepsilon_1=0.25$，$\varepsilon_2=0.75$）

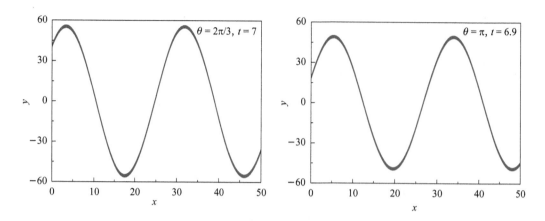

图 2-12　正弦模式和曲张模式之间的相位差对液膜表面变形的影响
$(A=2, \Delta p_\Sigma = 0.2\ \text{MPa}, \varepsilon_1 = 0.25, \varepsilon_2 = 0.75)$（续）

2.2　平面液膜线性稳定性分析

　　平面液膜是液体火箭发动机中常见的喷雾形式,如撞击式喷嘴产生的平面液膜。另外,物理上可以把平面液膜看作内径趋于无穷大的环形液膜,比如 Squire[6] 使用平面液膜线性稳定性分析结果与锥形液膜实验进行对比,发现实验结果与理论预测的破裂情况吻合较好。目前,针对牛顿流体平面液膜的破裂雾化的流动稳定性问题人们已经开展了大量的研究工作[14-18],但是关于凝胶推进剂平面液膜的研究还较少。凝胶推进剂是一种时间依赖的非牛顿黏弹性流体,由于其本构方程可以用幂指数方程形式表示,因此将这种流体称为幂律流体。凝胶推进剂是在液体推进剂中加入凝胶剂使其在静止状态下成为不易流动的黏稠胶状物,而在加压流动后可以表现出普通液体的流动性。而且其中可以添加其他高能分散相而改变其能量特性。凝胶推进剂兼具固体和液体推进剂的优点,具有高密度、高燃烧能量、高安全性、流量和推力可调及可长期贮存的优势,使其在许多方面都有诱人的应用前景[19],对凝胶推进剂的研究大多集中于雾化特性方面[20-26]。本节以凝胶推进剂雾化为研究背景,结合幂定律本构方程和黏弹性非牛顿流体本构方程对凝胶推进剂平面液膜的雾化机理进行分析。

2.2.1　幂律流体平面液膜线性稳定性分析

　　凝胶推进剂是一种剪切变稀的假塑性流体,其本构关系可以表示为

$$\tau_{yx} = K \left(-\frac{\mathrm{d}u}{\mathrm{d}y} \right)^n \tag{2-21}$$

式中:τ_{yx} 为切应力;$\mathrm{d}u/\mathrm{d}y$ 为应变速率;K 为稠度系数,单位为 $\text{Pa} \cdot \text{s}^n$;$n$ 为流动指数。由式(2-21)可见,幂律流体的本构关系是非线性的幂指数关系。当把黏性应力的表达式代入 N-S 方程后,黏性项将成为非线性的,这使得幂律流体液膜不稳定性的线性解析方法存在很大难度。当前,关于幂律流体液膜不稳定性的研究多见于沿斜面的流动中。Lin 等人[27] 对沿

倾斜固体壁面流动的幂律流体液膜的稳定性以及液膜表面的扰动波进行了线性稳定性分析,研究结果表明,沿斜面流动的幂律流体比牛顿流体更不稳定,幂律流体表面扰动波的无量纲波速大于牛顿流体。Hwang 等人[28]对平板上的幂律流体液膜的非线性破裂过程进行了研究,结果表明,液膜的破碎时间随着幂律本构方程中流动指数 n 的减小而减小。Dandapat 等人[29]采用长波假设及对动量方程积分的方法,得到了中等雷诺数下沿斜面流动的幂律流体液膜的色散方程。但这种一面受限的液膜与自由流动的液膜相比,其边界条件和速度分布都存在较大差距,这些因素使得两种液膜的流动稳定性有着本质区别。

本节旨在对幂律流体自由平面液膜进行线性稳定性研究,采用润滑理论和权重残差方法来改进被不可压缩、有黏气体介质环绕的幂律流体平面液膜的建模过程,以弥补传统的动量积分方法所造成的缺陷;同时考虑周围气体黏性的影响,建立两方程系统,获得幂律流体自由平面液膜的色散方程,分析幂律流变参数对液膜不稳定性的影响,讨论液膜幂律特性与气动失稳间的相互作用。

图 2-13 描绘了一无限长、不可压缩的幂律薄液膜,周围为不可压缩、有黏气体介质。液膜的厚度和速度分别是 $2a$ 和 U,气体的速度用 u_g 表示。这里,忽略重力场和磁场等因素的影响。定义 x 轴的方向沿着液体流动的方向,y 轴的方向垂直于液膜上、下表面,原点位于液膜的中平面上,如图 2-13 所示。图 2-14 是被黏性气体环绕的幂律薄液膜的速度剖面图,其中 δ 表示气体边界层厚度。

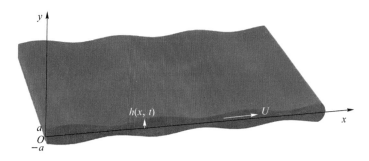

图 2-13 对称扰动下的幂律薄液膜示意图

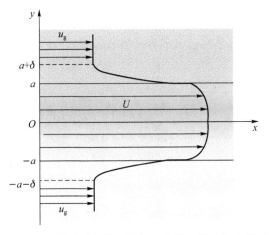

图 2-14 被黏性气体环绕的幂律薄液膜的速度剖面

1. 控制方程及边界条件

对于液相，控制方程为

$$\frac{\partial u}{\partial x}+\frac{\partial v}{\partial y}=0 \tag{2-22}$$

$$\rho_1\left(\frac{\partial u}{\partial t}+u\frac{\partial u}{\partial x}+v\frac{\partial u}{\partial y}\right)=-\frac{\partial p}{\partial x}+\frac{\partial \tau_{xx}}{\partial x}+\frac{\partial \tau_{xy}}{\partial y} \tag{2-23}$$

$$\rho_1\left(\frac{\partial v}{\partial t}+u\frac{\partial v}{\partial x}+v\frac{\partial v}{\partial y}\right)=-\frac{\partial p}{\partial y}+\frac{\partial \tau_{xy}}{\partial x}+\frac{\partial \tau_{yy}}{\partial y} \tag{2-24}$$

对于这里的情形，分别选取液体速度 U 和波长 L 作为特征速度和特征时间，对式(2-23)和式(2-24)进行无量纲化，具体方法是：采取长波假设，假设液膜的半厚度 a 远远小于波长 L，即 $\varepsilon=a/L\ll1$。令 $u=U\hat{u}$，$v=\varepsilon U\hat{v}$，$t=\hat{t}L/U$，$p=(\mu_*UL/a^2)\hat{p}$，$\tau=(\mu_*U/a)\hat{\tau}$，$\dot{\gamma}=\hat{\dot{\gamma}}U/a$，$\bar{\rho}=\rho_{g}/\rho_1$，$Re=\rho Ua/\mu_*$，$We=\rho U^2a/\sigma$。其中，上标"^"代表无量纲变量；$\hat{p}$、$\hat{\tau}$ 和 $\hat{\dot{\gamma}}$ 分别表示无量纲液体压力、应力张量和剪切速率；μ_* 代表特征动力黏度；ρ 代表液体密度；Re 是雷诺数，表征液膜中惯性效应与黏性效应的关系；We 代表液体韦伯数，是惯性力与表面张力的比值。

为了简便起见，将上述有量纲的控制方程无量纲化后，去掉相应无量纲量的上标"^"，则无量纲方程可以写为

$$\frac{\partial u}{\partial x}+\frac{\partial v}{\partial y}=0 \tag{2-25}$$

$$\varepsilon Re\left(\frac{\partial u}{\partial t}+u\frac{\partial u}{\partial x}+v\frac{\partial u}{\partial y}\right)=-\frac{\partial p}{\partial x}+\varepsilon\frac{\partial \tau_{xx}}{\partial x}+\frac{\partial \tau_{xy}}{\partial y} \tag{2-26}$$

$$\varepsilon^3 Re\left(\frac{\partial v}{\partial t}+u\frac{\partial v}{\partial x}+v\frac{\partial v}{\partial y}\right)=-\frac{\partial p}{\partial y}+\varepsilon^2\frac{\partial \tau_{xy}}{\partial x}+\varepsilon\frac{\partial \tau_{yy}}{\partial y} \tag{2-27}$$

式中：无量纲应力分量 τ_{xx} 和 τ_{xy} 分别等于 $2\varepsilon\dot{\gamma}^{n-1}\frac{\partial u}{\partial x}$ 和 $\dot{\gamma}^{n-1}\left(\frac{\partial u}{\partial y}+\varepsilon^2\frac{\partial v}{\partial x}\right)$。用一个修正压力 $p^*=p+2\varepsilon\dot{\gamma}^{n-1}\frac{\partial u}{\partial x}$ 来替换压力 p（与 Amaouche 等人[30]所用的方法类似），忽略三阶及三阶以上更高阶项，则方程(2-26)和方程(2-27)将变为

$$\varepsilon Re\left(\frac{\partial u}{\partial t}+u\frac{\partial u}{\partial x}+v\frac{\partial u}{\partial y}\right)+\frac{\partial p^*}{\partial x}=\frac{\partial}{\partial y}\left(\dot{\gamma}^{n-1}\frac{\partial u}{\partial y}\right)+\varepsilon^2\left[4\frac{\partial}{\partial x}\left(\dot{\gamma}^{n-1}\frac{\partial u}{\partial x}\right)+\frac{\partial}{\partial y}\left(\dot{\gamma}^{n-1}\frac{\partial v}{\partial x}\right)\right]$$

$$\tag{2-28}$$

$$\frac{\partial p^*}{\partial y}=\varepsilon^2\frac{\partial}{\partial x}\left(\dot{\gamma}^{n-1}\frac{\partial u}{\partial y}\right) \tag{2-29}$$

对于轴对称扰动，有

$$v=0 \quad (y=0) \tag{2-30}$$

液膜应该满足法向动力边界条件

$$p^*=-\varepsilon^2\frac{Re}{We}\frac{\partial^2 h}{\partial x^2}+\varepsilon p_{g} \quad (y=h) \tag{2-31}$$

根据方程(2-31)，修正的压力分布可以改写为

$$p^*(x,y,t)=-\varepsilon^2\frac{Re}{We}\frac{\partial^2 h}{\partial x^2}+\varepsilon p_{g}+\varepsilon^2\int_{h}^{y}\frac{\partial}{\partial x}\left(\zeta\frac{\partial u}{\partial y}\right)\mathrm{d}y \tag{2-32}$$

式中：$\zeta = \dot{\gamma}^{n-1} = \left| \dfrac{\partial u}{\partial y} \right|^{n-1} + \varepsilon^2 (n-1) \left| \dfrac{\partial u}{\partial y} \right|^{n-3} \left[\left(\dfrac{\partial u}{\partial y} \right) \left(\dfrac{\partial v}{\partial x} \right) + 2 \left(\dfrac{\partial u}{\partial x} \right)^2 \right]$，其中 $0 \leqslant y \leqslant h(x,t)$。

将 p^* 的表达式代入沿液流方向的动量方程可得

$$\varepsilon Re \left(\frac{\partial u}{\partial t} + u \frac{\partial u}{\partial x} + v \frac{\partial u}{\partial y} \right) = \frac{\partial}{\partial y} \left(\zeta \frac{\partial u}{\partial y} \right) - \varepsilon \frac{\partial p_{\mathrm{g}}}{\partial x} +$$

$$\varepsilon^2 \left[4 \frac{\partial \zeta}{\partial x} \frac{\partial u}{\partial x} + \frac{\partial \zeta}{\partial y} \frac{\partial v}{\partial x} + 3 \zeta \frac{\partial^2 u}{\partial x^2} + \frac{Re}{We} \frac{\partial^3 h}{\partial x^3} + \right.$$

$$\left. \frac{\partial h}{\partial x} \frac{\partial}{\partial x} \left(\zeta \frac{\partial u}{\partial y} \right) \bigg|_{y=h} - \int_h^y \frac{\partial^2}{\partial x^2} \left(\zeta \frac{\partial u}{\partial y} \right) \mathrm{d}y \right] \tag{2-33}$$

2. 加权残值法求解

下面，应用加权残值法对幂律平面液膜进行线性稳定性分析。加权残值法是一种采用使余量的加权积分为零的等效积分的"弱"形式来近似求解微分方程的方法。它与经典的长波展开相结合，将速度剖面进行多项式展开。与 Amaouche 等人[30] 的研究类似，未知速度场可展开为 $u(x,y,t) = \displaystyle\sum_{m=0}^{M} a_m(x,t) f_m(z)$，其中 $f_m(z)$ $(m = 0,1,\cdots,M)$ 是依赖于退化坐标 $z(z = y/h(x,t))$ 的某一系列测试函数。通常，可将 u 展开为

$$u(x,y,t) = u_0^* + \varepsilon u_1^* + \varepsilon^2 u_2^* + o(\varepsilon^2) \tag{2-34}$$

对于首阶，可以写为形式 $u_0^* = a_0(x,t) f_0(z)$，其中 $f_0(z) = 1 - \dfrac{n}{n+1} z^{1+\frac{1}{n}}$。采用加权残值法，如果令 $u + u_0 + \varepsilon u_1$，那么需要满足判定条件 $\displaystyle\int_0^h u_0 \mathrm{d}y = q$ 和 $\displaystyle\int_0^h u_1 \mathrm{d}y = 0$（Ruyer-Quil 和 Manneville[31]），进而不难得到下列式子：

$$u_0 = \frac{(2n+1)(n+1)}{n^2 + 3n + 1} \frac{q}{h} f_0(z) \tag{2-35}$$

$$u_1 = u_1^* - \left[\frac{(2n+1)(n+1)}{n^2 + 3n + 1} \int_0^1 u_1^* \mathrm{d}z \right] f_0(z) \tag{2-36}$$

众所周知，Shkadov 的方法并不包含对液体速度的一阶修正，这就导致理论结果在稳定性阈值附近是不准确的。这里，我们通过采用加权残值法来矫正这个缺陷。选取合适的权重函数 $F(z)$，首先将方程（2-33）两边同时乘以函数 $F(z)$，然后两边同时进行积分，接着对黏性项进行两次分部积分，可得（Amaouche 等人[30]）

$$\varepsilon Re \int_0^h \left(\frac{\partial u_0}{\partial t} + u_0 \frac{\partial u_0}{\partial x} + v_0 \frac{\partial u_0}{\partial y} \right) F \mathrm{d}y = \left[\zeta \frac{\partial u}{\partial y} F \right]_0^h - \left[\zeta u \frac{\partial F}{\partial y} \right]_0^h + \int_0^h u \frac{\partial}{\partial y} \left(\zeta \frac{\partial F}{\partial y} \right) \mathrm{d}y -$$

$$\varepsilon \int_0^h \frac{\partial p_{\mathrm{g}}}{\partial x} F \mathrm{d}y + \int_0^h \Gamma \frac{\partial^3 h}{\partial x^3} F \mathrm{d}y \tag{2-37}$$

式中：$\Gamma = \varepsilon^2 \dfrac{Re}{We}$。为了消去 u_1，需要选择合适的函数 F，并满足

$$F = 1, \quad \frac{\partial F}{\partial y} \left(\frac{\partial u_0}{\partial y} \right)^{n-1} = 0, \quad \frac{\partial}{\partial y} \left[\frac{\partial F}{\partial y} \left(\frac{\partial u_0}{\partial y} \right)^{n-1} \right] = w(x,t) \quad (y=0) \tag{2-38}$$

式中：$w(x,t)$ 是一依赖于变量 x 和 t 的未知函数。与 Amaouche 等人[30] 的推导过程类似，最

终我们能够得到

$$-\left[\frac{(2n+1)(n+1)}{n^2+3n+1}\right]^{n-1}\frac{q^{n-1}}{h^{2n}}\frac{\partial F}{\partial y}=w\frac{\partial f_0}{\partial y} \tag{2-39}$$

可以看出,如果令 $w=-\left[\dfrac{(2n+1)(n+1)}{n^2+3n+1}\right]^{n-1}\dfrac{q^{n-1}}{h^{2n}}$,那么 F 将会与 f_0 相等。这样,函数 $w(x,t)$ 和 $F(z)$ 就确定下来了。因此,方程(2-37)变为

$$\varepsilon ReN\left(A\frac{\partial q}{\partial t}+B\frac{q}{h}\frac{\partial q}{\partial x}-C\frac{q^2}{h^2}\frac{\partial h}{\partial x}\right)=\frac{N}{n+1}\tau_g\Big|_{y=h}+$$

$$N^n u_a\frac{q^{n-1}}{h^{2n-1}}-N^n\frac{q^n}{h^{2n}}+\Gamma h\frac{\partial^3 h}{\partial x^3}-\varepsilon h\frac{\partial p_g}{\partial x} \tag{2-40}$$

式中:

$$A=\frac{2n^4+10n^3+18n^2+11n+2}{(n^2+3n+1)(n+1)(3n+2)}$$

$$B=\frac{24n^7+190n^6+624n^5+1\,066n^4+989n^3+495n^2+124n+12}{(n^2+3n+1)^2(n+1)(3n+2)(4n+3)}$$

$$C=\frac{(2n+1)(8n^6+56n^5+160n^4+228n^3+162n^2+53n+6)}{(n^2+3n+1)^2(n+1)(3n+2)(4n+3)}$$

$$N=\frac{(2n+1)(n+1)}{n^2+3n+1}$$

$\tau_g\big|_{y-h}=\bar{\mu}\dfrac{u_a-\overline{U}}{\bar{\delta}}$ 代表 $y=h$ 处的气相切应力,其中,u_a 表示气、液交界面处的速度。

关于液体速度和气体速度,需要满足如下关系式(具体细节详见文献[32]):

$$\left(\frac{1+2n}{n}\frac{U-u_a}{h}\right)^n=2\bar{\mu}\frac{u_a-\overline{U}}{\bar{\delta}} \tag{2-41}$$

式中:$\overline{U}$ 表示气液速度比,$\bar{\mu}$ 是气液动力黏度比,$\bar{\delta}$ 代表无量纲气体边界层厚度。

3. 方程线性化求解

截至目前,我们得到了一阶模型方程。为了进行时间线性稳定性分析,首先需要将模型方程(2-40)进行线性化,线性化之后可以得到

$$\frac{\partial h}{\partial t}+\frac{\partial q}{\partial x}=0 \tag{2-42}$$

$$\varepsilon ReN\left(A\frac{\partial q}{\partial t}+B\frac{\partial q}{\partial x}-C\frac{\partial h}{\partial x}\right)=\frac{N}{n+1}\tau_g\Big|_{y=h}+N^n u_a(n-1)q-N^n nq+\Gamma\frac{\partial^3 h}{\partial x^3}-\varepsilon\frac{\partial p_g}{\partial x} \tag{2-43}$$

上述两个方程的解可以写为如下正则模的形式:

$$(h,q,p_g,\tau_g)=(\tilde{h},\tilde{q},\tilde{p}_g,\tilde{\tau}_g)\exp[i(kx-\omega t)] \tag{2-44}$$

式中:上标"~"表示对应变量的初始扰动振幅;k 为波数,是实数;ω 为复频率,其虚部 ω_i 表示时间指数增长率,实部 ω_r 表示时间振荡频率。

对于气体压力项,将正则模扰动代入气相的控制方程和边界条件(详见文献[32])可以得到气体扰动压力 p_g 为

$$p_g = -\frac{\bar{\rho}}{k}(\omega - ku_a)^2 \tilde{h}\exp[i(kx - \omega t)] \tag{2-45}$$

将式(2-44)和式(2-45)代入式(2-42)和式(2-43),最终可得一阶色散方程

$$\varepsilon ReN\left(-i\frac{\omega^2}{k}A + i\omega B - ikC\right) = \frac{N}{n+1} \cdot \bar{\mu}\frac{u_a - \overline{U}}{\bar{\delta}} + N^n \cdot u_a \cdot (n-1)\frac{\omega}{k} -$$

$$N^n \cdot n\frac{\omega}{k} - i\Gamma k^3 + i\varepsilon\bar{\rho}(\omega - ku_a)^2 \tag{2-46}$$

式中:u_a 可以通过式(2-41)进行数值求解得来。

4. 结果与讨论

(1) 实验对比

在线性稳定性理论中,与占主导地位的波数相对应的波长被认为是临界波长$\left(\lambda = \frac{2\pi}{k_{dom}}\right)$,
通常被用来与通过实验获得的波长进行比较。Yang 等人[33]采用三种撞击式喷嘴(撞击角均
为 60°,但喷嘴出口形状不同),分别对从喷嘴喷出的凝胶模拟液平面液膜进行了实验研究,测
量了不同韦伯数下液膜的破碎长度和临界波长,并将三个不同喷嘴下分别得到的实验结果与
采用 Chojnacki 和 Feikema[34]的色散关系计算出的理论结果进行了比较(图 2-15 给出了液
膜波长 λ 的实验测定方法)。对比结果显示,理论计算得到的波长与实验测定的波长之间存在
较大差异。

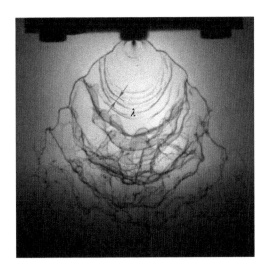

图 2-15　液膜波长 λ 的实验测定

这里,也将我们的理论计算结果与他们的实验数据进行了对比。其中,参数设定为
$K = 6.43$ Pa $\cdot$ s^n, $n = 0.39$, $Re = 537.98$, $\overline{U} = 0$, $\bar{\delta} = 1$, $U = 20$ m/s, $\rho_l = 1\,010$ kg/m^3, $\rho_g = 1$ kg/m^3, $\mu_g = 1 \times 10^{-5}$ Pa $\cdot$ s, $a = 0.1$ mm。然后在不同的韦伯数 We 下,比较了不同喷嘴下的
实验波长与理论计算的波长,如图 2-16 所示。可以看出,与 Yang 等人[33]所做的理论计算相
比,我们进行的理论计算更符合实验结果,特别在低至中等韦伯数的范围。然而,对于大韦伯

数 We ,尽管理论和实验所得的临界波长 λ 的变化趋势一致,但在数值上仍存在一些差异。这种现象并非偶然,因为它可能需要通过非线性稳定性分析来预测大韦伯数下的临界波长,液膜破裂的过程实际上是一个强非线性过程。因此,与 Yang 等人[33]的研究不同,这里没有比较理论和实验得到的破裂波长,而只对比了临界波长。

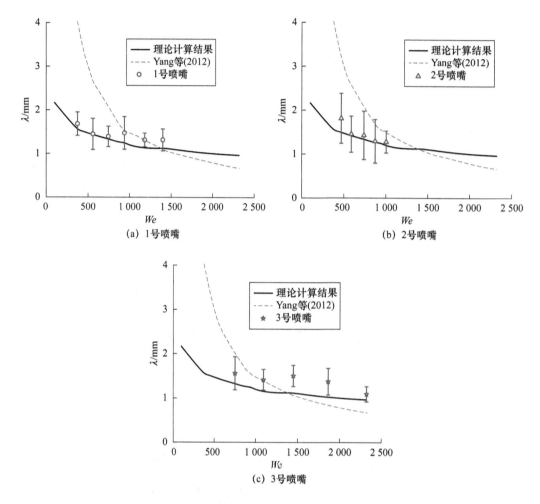

图 2-16　不同喷嘴下的波长(实验数据来自 Yang 等人[33])

(2) 幂律特性

上面验证了加权残值修正理论模型的正确性,下面通过求解时间模式下的色散方程(2-46),可以得到各流变参数对幂律液膜不稳定性的影响。对于幂律流体,工程上有两个重要的参数:幂律指数 n 和稠度系数 K 。图 2-17 和图 2-18 研究了幂律指数 n 对不稳定增长率的影响。从图 2-17 中可以看出,随着幂律指数 n 的增大,最大增长率显著增大,即幂律指数具有很强的促进不稳定性的作用。这可以解释为:幂律指数能够引起液体速度型的变化,当周围气体处于静止状态时,较大的幂律指数会导致气、液交界面处的速度较大,从而对幂律流体液膜的失稳起到促进作用;而且,随着幂律指数 n 的增大,主波数逐渐增大,这意味着不稳定范围变得更宽(见图 2-18)。对于线性稳定性理论,主波数指与最大增长率相对应的波数。

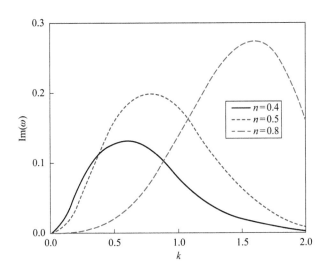

图 2-17　幂律指数 n 对幂律流体液膜的色散关系的影响（$U=1\text{ m/s}, K=1\text{ Pa}\cdot\text{s}^n$，
$\overline{U}=0.5, \sigma=0.073\text{ N/m}, \rho_1=1\,000\text{ kg/m}^3, \rho_g=1\text{ kg/m}^3, \mu_g=1\times10^{-5}\text{ Pa}\cdot\text{s}, a=0.1\text{ mm}$）

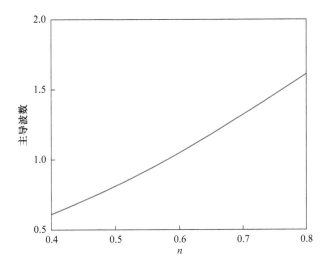

图 2-18　幂律指数 n 对幂律流体液膜的主波数的影响（$U=1\text{ m/s}, K=1\text{ Pa}\cdot\text{s}^n$，
$\overline{U}=0.5, \sigma=0.073\text{ N/m}, \rho_1=1\,000\text{ kg/m}^3, \rho_g=1\text{ kg/m}^3, \mu_g=1\times10^{-5}\text{ Pa}\cdot\text{s}, a=0.1\text{ mm}$）

　　稠度系数 K 对不稳定增长率的影响如图 2-19 和图 2-20 所示。从图中能够明显看出，随着 K 的增大，不稳定增长率变得更大，不稳定性将会大幅度增加；而临界波数（或边际波数）随稠度系数变化很小，这表明不稳定波数范围对稠度系数 K 并不敏感。结合图 2-20，可以得出结论：稠度系数对主波数的增大起到促进作用。因此，增大稠度系数会使破裂不稳定性向短波不稳定性方向移动。

　　图 2-21 描述了气体边界层厚度与液膜厚度的比值 $\overline{\delta}$ 对液膜不稳定性的影响。结果表明，增大气、液边界层厚度比 $\overline{\delta}$ 会使液膜更加不稳定，其原因是气相边界层厚度与液膜厚度的比值越大，气、液交界面处的速度越大，最终导致平面液膜更强的不稳定性。

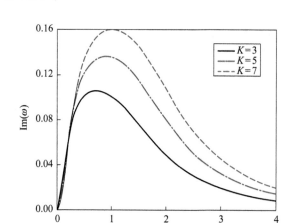

图 2-19　稠度系数 K 对幂律流体液膜的色散关系的影响 $(U=1\ \mathrm{m/s}, \overline{U}=0.5,$
$n=0.5, \sigma=0.073\ \mathrm{N/m}, \rho_l=1\ 000\ \mathrm{kg/m^3}, \rho_g=1\ \mathrm{kg/m^3}, \mu_g=1\times10^{-5}\ \mathrm{Pa\cdot s}, a=0.1\ \mathrm{mm})$

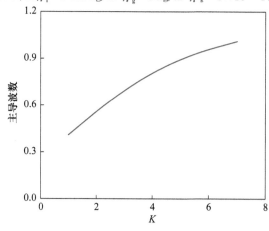

图 2-20　稠度系数 K 对幂律流体液膜的主波数的影响 $(U=1\ \mathrm{m/s}, \overline{U}=0.5, n=0.5,$
$\sigma=0.073\ \mathrm{N/m}, \rho_l=1\ 000\ \mathrm{kg/m^3}, \rho_g=1\ \mathrm{kg/m^3}, \mu_g=1\times10^{-5}\ \mathrm{Pa\cdot s}, a=0.1\ \mathrm{mm})$

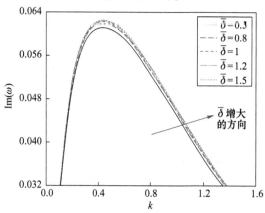

图 2-21　气体边界层厚度与液膜厚度的比值 $\overline{\delta}$ 对幂律流体液膜的色散关系的影响 $(U=1\ \mathrm{m/s},$
$K=1\ \mathrm{Pa\cdot s^n}, n=0.5, \sigma=0.073\ \mathrm{N/m}, \rho_l=1\ 000\ \mathrm{kg/m^3}, \rho_g=1\ \mathrm{kg/m^3}, \mu_g=1\times10^{-5}\ \mathrm{Pa\cdot s}, a=0.1\ \mathrm{mm})$

(3) 主导不稳定机制

对于所研究的幂律流体平面液膜,既存在其幂律特性带来的不稳定性(简称"幂律不稳定性"),又存在空气动力不稳定性。图 2 - 22 讨论了这两种不稳定性,并比较了哪种不稳定性机制在液膜破裂过程中占据主导地位。这里,用幂律指数 n 代表幂律不稳定性,用液体韦伯数来表征空气动力不稳定性。已知增大韦伯数或幂律指数会导致不稳定性增强,若分别让韦伯数和幂律指数增大 20%,则相应液膜不稳定性的变化如图 2 - 22 所示,其他初始参数设定为 $\bar{\rho}=0.001$,$K=1\,\mathrm{Pa\cdot s}^n$,$\bar{U}=0.5$,$\bar{\delta}=1$。结果表明,

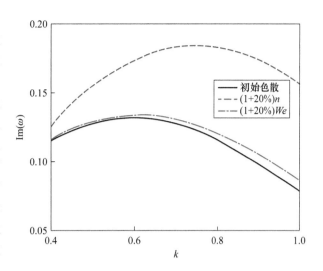

图 2 - 22　幂律不稳定性与空气动力不稳定性的比较
($\bar{\rho}=0.001$,$K=1\,\mathrm{Pa\cdot s}^n$,$\bar{U}=0.5$,$\bar{\delta}=1$)

当幂律指数增大时,不稳定增长率大大增加;而当液体韦伯数增大时,不稳定增长率增幅很小。因此,幂律不稳定性比空气动力不稳定性对液膜不稳定的影响更大。图还表明,增大幂律指数 n 是提高液膜不稳定性的最有效手段。

(4) 扰动波的时间演化

为了更好地理解幂律流体平面液膜表面扰动波的演化,图 2 - 23 给出了初始阶段表面波的时间演化,其中 $\bar{U}=0.5$,$\bar{\delta}=1$,$U=7.3\,\mathrm{m/s}$,$K=1\,\mathrm{Pa\cdot s}^n$,$n=0.5$,$\sigma=0.073\,\mathrm{N/m}$,$\rho_1=1\,000\,\mathrm{kg/m^3}$,$\rho_g=1\,\mathrm{kg/m^3}$,$\mu_g=1\times10^{-5}\,\mathrm{Pa\cdot s}$,$a=0.1\,\mathrm{mm}$。显然,随着无量纲时间 t 的增加,气、液界面表面波的振幅会增大(从图 2 - 24 也能看出)。当上表面与下表面相接触时,液膜最终会破裂。然而,这里并不能反映出破裂的细节,而需要采用非线性分析方法进行进一步研究。这里绘出时间不稳定模式下的波动演变图仅仅是为了展示表面波的时间增长和空间周期性发展的特性。

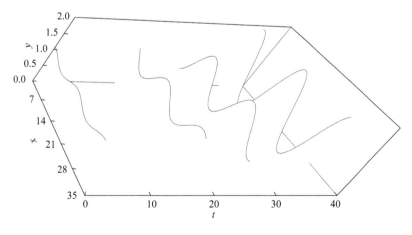

图 2 - 23　幂律流体平面液膜表面波的时间演化

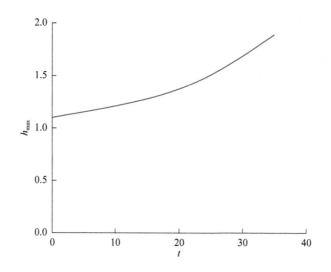

图 2 – 24　幂律流体平面液膜上表面扰动波的最大振幅变化曲线

2.2.2　黏弹性流体液膜线性稳定性分析

凝胶推进剂具有黏弹性的性质,其本构方程也可用黏弹性模型描述。当黏弹性流体在喷嘴中流动时,由于与固体壁面间存在无滑移条件,造成黏弹性流体发生较大变形,流体内部存在沿轴向的拉应力。当流体从喷嘴喷出形成射流或液膜时,因为由环境气体造成的剪切作用相比喷嘴内部来说很小,导致流体的变形程度减小,故轴向拉应力迅速减小。但由于黏弹性流体的特殊流变性,存在应力松弛和变形延迟等现象,导致轴向拉应力虽然迅速减小,但并不能马上减小到零。因此,在进行黏弹性流体线性稳定性分析时,考虑未松弛的轴向拉应力更符合实际情况,也更有理论和工程价值。国外大部分文献在对黏弹性流体进行线性稳定性分析时,都认为不存在稳态的轴向拉应力。Middleman[35]将线性黏弹性流体视为广义的牛顿流体,类比牛顿流体的研究方法得到了线性黏弹性射流扰动增长率的特征方程,对其所研究的特定黏弹性流体而言,这种理论表明黏弹性流体射流比牛顿流体射流更不稳定。Liu 等人[36]和 Brenn 等人[37]对没有轴向拉应力的黏弹性流体液膜在无黏气体环境中的稳定性进行了分析。他们的研究结果表明,黏弹性流体液膜具有比牛顿流体液膜更高的扰动增长率,也就是说,黏弹性流体液膜比牛顿流体液膜更加不稳定,这与很多高分子聚合物溶液实验中观察到的现象矛盾。本小节对存在轴向拉应力的黏弹性流体液膜进行线性稳定性分析,以期找到这一矛盾发生的原因,并针对流变参数对液膜稳定性的影响规律进行分析。

1.　色散方程的推导

考虑基础流场为一、二维黏弹性流体平面液膜,环境气体无黏、不可压。液膜厚度为 $2h$,以均匀速度 U 射入环境气体中,周围气体以速度 U_g 同向流动。坐标系选择直角坐标系,x 轴指向液膜流动方向,y 轴垂直于流动方向,坐标原点固定于液膜中心平面。图 2 – 25 为液膜上同时存在的正弦模式扰动波和曲张模式扰动波示意图。

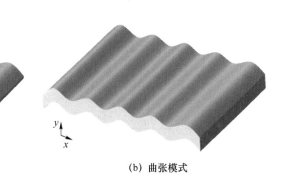

(a) 正弦模式　　　　　　　　　　　　(b) 曲张模式

图 2 - 25　正弦扰动波和曲张扰动波示意图

黏弹性流体液膜的连续方程及动量方程为

$$\frac{\partial \rho}{\partial t} + \nabla \cdot (\rho \boldsymbol{v}) = 0 \tag{2-47}$$

$$\rho \frac{\mathrm{D}\boldsymbol{v}}{\mathrm{D}t} = \rho \left(\frac{\partial}{\partial t} + \boldsymbol{v} \cdot \nabla \right) \boldsymbol{v} = -\nabla p - \nabla \cdot \boldsymbol{\tau} \tag{2-48}$$

式中:ρ、$\boldsymbol{v}$ 和 $\boldsymbol{\tau}$ 分别为液体密度、液体速度矢量和液体的黏性切应力张量。

黏弹性流体在喷射过程中的变形很大,Oldroyd 提出用随动坐标系来建立流变模型,其本构方程以共转 Oldroyd 8 参数模型来描述[37],即

$$\boldsymbol{\tau} + \lambda_1 \frac{\mathrm{D}\boldsymbol{\tau}}{\mathrm{D}t} + \frac{1}{2} \mu_0 \mathrm{tr}(\boldsymbol{\tau}) \dot{\boldsymbol{\gamma}} - \frac{1}{2} \mu_1 (\boldsymbol{\tau} \cdot \dot{\boldsymbol{\gamma}} + \dot{\boldsymbol{\gamma}} \cdot \boldsymbol{\tau}) + \frac{1}{2} \nu_1 (\boldsymbol{\tau} : \dot{\boldsymbol{\gamma}}) \boldsymbol{\delta} =$$

$$\eta_0 \left[\dot{\boldsymbol{\gamma}} + \lambda_2 \frac{\mathrm{D}\dot{\boldsymbol{\gamma}}}{\mathrm{D}t} - \mu_2 (\dot{\boldsymbol{\gamma}} \cdot \dot{\boldsymbol{\gamma}}) + \frac{1}{2} \nu_2 (\dot{\boldsymbol{\gamma}} : \dot{\boldsymbol{\gamma}}) \boldsymbol{\delta} \right] \tag{2-49}$$

式中:λ_1 为应力松弛时间,λ_2 为变形延迟时间,μ_0、μ_1、μ_2、ν_1 和 ν_2 是时间常数,$\boldsymbol{\delta}$ 是单位张量,η_0 是零剪切黏度,$\dot{\boldsymbol{\gamma}} = \nabla \boldsymbol{v} + (\nabla \boldsymbol{v})^{\mathrm{T}}$ 是应变率张量,$\mathrm{D}/\mathrm{D}t$ 为共转导数(co-rotational derivative)。共转导数的物理含义为:设有一个坐标系 R,它以速度 $\boldsymbol{v}$ 平移、以旋度 $\boldsymbol{\omega}$ 转动,则当将物质点 P 在 R 中的时间导数 $\partial/\partial t$(保持 P 固定)变换到固定坐标系 F 中时,对应的就是 F 上的共转导数 $\mathrm{D}/\mathrm{D}t$,其具体形式为

$$\frac{\mathrm{D}\boldsymbol{\tau}}{\mathrm{D}t} = \frac{\partial \boldsymbol{\tau}}{\partial t} + (\boldsymbol{v} \cdot \nabla) \boldsymbol{\tau} + \frac{1}{2} (\boldsymbol{\omega} \cdot \boldsymbol{\tau} - \boldsymbol{\tau} \cdot \boldsymbol{\omega}) \tag{2-50}$$

$$\frac{\mathrm{D}\dot{\boldsymbol{\gamma}}}{\mathrm{D}t} = \frac{\partial \dot{\boldsymbol{\gamma}}}{\partial t} + (\boldsymbol{v} \cdot \nabla) \dot{\boldsymbol{\gamma}} + \frac{1}{2} (\boldsymbol{\omega} \cdot \dot{\boldsymbol{\gamma}} - \dot{\boldsymbol{\gamma}} \cdot \boldsymbol{\omega}) \tag{2-51}$$

式中:$\boldsymbol{\omega} = \nabla \boldsymbol{v} - (\nabla \boldsymbol{v})^{\mathrm{T}}$ 是旋度张量。

不考虑环境气体的黏性,即 $\tau_{\mathrm{g}} = 0$,则气体的控制方程为

$$\frac{\partial \rho_{\mathrm{g}}}{\partial t} + \nabla \cdot (\rho_{\mathrm{g}} \boldsymbol{v}_{\mathrm{g}}) = 0 \tag{2-52}$$

$$\rho_{\mathrm{g}} \frac{\mathrm{D}\boldsymbol{v}_{\mathrm{g}}}{\mathrm{D}t} = \rho_{\mathrm{g}} \left(\frac{\partial}{\partial t} + \boldsymbol{v}_{\mathrm{g}} \cdot \nabla \right) \boldsymbol{v}_{\mathrm{g}} = -\nabla p_{\mathrm{g}} \tag{2-53}$$

式中:ρ_{g} 是气体的密度。

气、液交界面 $y = Y_i(x, t)$ 必须满足边界条件,其中 $i = 1, 2$ 分别表示液膜的上、下表面。运动边界条件是交界面处的法向速度分量连续,即

$$v = \frac{\partial Y_i}{\partial t} + u \frac{\partial Y_i}{\partial x}, \quad y = Y_i(x, t) \tag{2-54}$$

$$v_{\mathrm{g}} = \frac{\partial Y_i}{\partial t} + u_{\mathrm{g}} \frac{\partial Y_i}{\partial x}, \quad y = Y_i(x, t) \tag{2-55}$$

式中：u 和 v 分别为速度矢量 $\boldsymbol{v}$ 在 x 和 y 方向的分量。

动力边界条件为气、液交界面处的法向力平衡，即

$$\tau_{xy}+(\tau_{xx}-\tau_{yy})\frac{\partial Y_i}{\partial x}-\tau_{xy}\left(\frac{\partial Y_i}{\partial x}\right)^2=0,\quad y=Y_i(x,t) \tag{2-56}$$

$$p+\tau_{yy}-\frac{2\tau_{xy}\dfrac{\partial Y_i}{\partial x}}{1+\left(\dfrac{\partial Y_i}{\partial x}\right)^2}+\frac{(\tau_{xx}-\tau_{yy})\left(\dfrac{\partial Y_i}{\partial x}\right)^2}{1+\left(\dfrac{\partial Y_i}{\partial x}\right)^2}-p_{\mathrm{g}}+\sigma\,\nabla\cdot\boldsymbol{n}=0,\quad y=Y_i(x,t) \tag{2-57}$$

式中：$\boldsymbol{n}$ 为气、液交界面处的法向单位矢量，方向指向气体；σ 为表面张力，$\nabla\cdot\boldsymbol{n}$ 为表面曲率。此外，在无穷远处，气体扰动的影响有限。

设未松弛的轴向拉应力为 T，并设液膜受到小扰动，液膜表面的位移、速度、压力、应力都可表示为稳态量与小扰动量之和，即

$$Y_1=h+y'_1,\quad Y_2=-(h+y'_2) \tag{2-58}$$
$$\boldsymbol{v}=\bar{\boldsymbol{v}}+\boldsymbol{v}'=(U,0)+(u',v'),\quad \boldsymbol{v}_{\mathrm{g}}=\bar{\boldsymbol{v}}_{\mathrm{g}}+\boldsymbol{v}'_{\mathrm{g}}=(U_{\mathrm{g}},0)+(u'_{\mathrm{g}},v'_{\mathrm{g}}) \tag{2-59}$$
$$p=\bar{p}+p',\quad p_{\mathrm{g}}=\bar{p}_{\mathrm{g}}+p'_{\mathrm{g}} \tag{2-60}$$
$$\boldsymbol{\tau}=\bar{\boldsymbol{\tau}}+\boldsymbol{\tau}'=T\boldsymbol{\delta}_x\boldsymbol{\delta}_x+\boldsymbol{\tau}' \tag{2-61}$$

式中：上标"‾"表示稳态量，上标"′"表示小扰动量，$\boldsymbol{\delta}_x$ 表示矢量 $(1,0,0)$。注意在式 $(2-61)$ 中含有稳态的拉应力 T。

将式 $(2-58)\sim(2-61)$ 代入液、气相的控制方程式 $(2-47)$ 和式 $(2-48)$ 及式 $(2-52)$ 和式 $(2-53)$，以及边界条件式 $(2-54)\sim(2-57)$ 中，得到如下线性化的液、气相控制方程和边界条件：

$$\nabla\cdot\boldsymbol{v}'=0 \tag{2-62}$$

$$\rho\left(\frac{\partial}{\partial t}+U\frac{\partial}{\partial x}\right)\boldsymbol{v}'=-\nabla p'-\nabla\cdot\boldsymbol{\tau}' \tag{2-63}$$

$$\nabla\cdot\boldsymbol{v}'_{\mathrm{g}}=0 \tag{2-64}$$

$$\rho_{\mathrm{g}}\left(\frac{\partial}{\partial t}+U_{\mathrm{g}}\frac{\partial}{\partial x}\right)\boldsymbol{v}'_{\mathrm{g}}=-\nabla p'_{\mathrm{g}} \tag{2-65}$$

$$v'=\frac{\partial y'_i}{\partial t}+U\frac{\partial y'_i}{\partial x},\quad y=Y_i(x,t) \tag{2-66}$$

$$v'_{\mathrm{g}}=\frac{\partial y'_i}{\partial t}+U_{\mathrm{g}}\frac{\partial y'_i}{\partial x},\quad y=Y_i(x,t) \tag{2-67}$$

$$\tau'_{xy}+T\frac{\partial y'_i}{\partial x}=0,\quad y=Y_i(x,t) \tag{2-68}$$

$$p'+\tau'_{yy}-p'_{\mathrm{g}}+\sigma\frac{\partial^2 y'_i}{\partial x^2}=0,\quad y=Y_i(x,t) \tag{2-69}$$

由于稳态的应变张量 $\bar{\dot{\boldsymbol{\gamma}}}$ 和旋度张量 $\bar{\boldsymbol{\omega}}$ 为 $\boldsymbol{0}$，因此应变张量和旋度张量的扰动量表示为

$$\dot{\boldsymbol{\gamma}}=\bar{\dot{\boldsymbol{\gamma}}}+\dot{\boldsymbol{\gamma}}'=\boldsymbol{0}+\dot{\boldsymbol{\gamma}}',\quad \boldsymbol{\omega}=\bar{\boldsymbol{\omega}}+\boldsymbol{\omega}'=\boldsymbol{0}+\boldsymbol{\omega}' \tag{2-70}$$

$$\dot{\boldsymbol{\gamma}}'=\nabla\boldsymbol{v}'+(\nabla\boldsymbol{v}')^{\mathrm{T}},\quad \boldsymbol{\omega}'=\nabla\boldsymbol{v}'-(\nabla\boldsymbol{v}')^{\mathrm{T}} \tag{2-71}$$

将式 $(2-70)$、式 $(2-71)$ 代入黏弹性流体的本构方程 $(2-49)$ 并对其线性化，得

$$\left[1+\left(\frac{\partial}{\partial t}+U\frac{\partial}{\partial x}\right)\lambda_1\right]\boldsymbol{\tau}'=-\eta_0\left[1+\left(\frac{\partial}{\partial t}+U\frac{\partial}{\partial x}\right)\lambda_2\right]\dot{\boldsymbol{\gamma}}'-\frac{1}{2}\mu_0\mathrm{tr}(\boldsymbol{\tau}')\,\dot{\boldsymbol{\gamma}}'-\frac{1}{2}\nu_1(\boldsymbol{\tau}':\dot{\boldsymbol{\gamma}}')\boldsymbol{\delta}-$$
$$\frac{1}{2}\lambda_1(\boldsymbol{\omega}'\cdot\boldsymbol{\tau}-\boldsymbol{\tau}\cdot\boldsymbol{\omega}')+\frac{1}{2}\mu_1(\dot{\boldsymbol{\gamma}}'\cdot\boldsymbol{\tau}+\boldsymbol{\tau}\cdot\dot{\boldsymbol{\gamma}}') \tag{2-72}$$

对液膜速度的扰动量引入流函数 ψ', 对气体速度的扰动量引入势函数 ϕ'_g, 则有

$$u'=-\frac{\partial\psi'}{\partial y}, \quad v'=\frac{\partial\psi'}{\partial x} \tag{2-73}$$

$$u'_g=\frac{\partial\phi'_g}{\partial x}, \quad v'_g=\frac{\partial\phi'_g}{\partial y} \tag{2-74}$$

设小扰动具有正则模态的形式, 即

$$(\psi',\phi'_g,p',p'_g,y'_i)=[\Psi'(y),\Phi'_g(y),P'(y),P'_g(y),\varepsilon_i]\exp(\omega t+ikx) \tag{2-75}$$

式中: $\Psi'(y),\Phi'_g(y),P'(y),P'_g(y)$ 分别表示各量的初始扰动量; ε_i 表示液膜上($i=1$)、下($i=2$)表面的初始扰动; $k=2\pi/\lambda$ 表示扰动波数; 复频率 ω 的实部 ω_r 表示扰动的增长率, 虚部 ω_i 表示扰动的角频率。

将方程式(2-71)~(2-73)和式(2-75)代入式(2-62)和式(2-63), 得到关于流函数 Ψ' 的常微分方程

$$\left(\frac{d^2}{dy^2}-k^2\right)\left(\frac{d^2}{dy^2}-l^2\right)\Psi'=0 \tag{2-76}$$

式中:

$$l^2=k^2+\frac{\rho(\omega+ikU)[1+(\omega+ikU)\lambda_1]-\lambda_1 Tk^2}{\eta_0[1+(\omega+ikU)\lambda_2]-0.5(\mu_1-\lambda_1-\mu_0)T} \tag{2-77}$$

方程(2-76)的解的形式为

$$\Psi'(y)=c_1 e^{ky}+c_2 e^{-ky}+c_3 e^{ly}+c_4 e^{-ly} \tag{2-78}$$

将式(2-74)和式(2-75)代入式(2-64)和式(2-65), 得到关于 Φ'_g 的常微分方程

$$\left(\frac{d^2}{dy^2}-k^2\right)\Phi'_g=0 \tag{2-79}$$

$$P'_g=-\rho_g(\omega+ikU)\Phi'_g \tag{2-80}$$

方程(2-79)的解的形式为

$$\Phi'_g(y)=c_5 e^{ky}+c_6 e^{-ky} \tag{2-81}$$

在式(2-78)和式(2-81)中, c_1, c_2, c_3, c_4, c_5, c_6 都是未知的积分常数。由流函数 ψ' 和势函数 ϕ'_g 的表达式, 并通过式(2-73)和式(2-74)可以得到液体和气体的速度扰动量, 进而由式(2-71)~(2-73)得到液膜的应力张量扰动, 由式(2-80)得到气体的压力扰动, 由液相的 x 方向动量方程得到液膜的压力扰动。在以上得到的扰动量中都含有未知的积分常数, 下面通过边界条件将这些未知的积分常数求解出来。

在曲张模式下, 上、下表面扰动波的相位差为 π, 即 $\varepsilon_1=\varepsilon_2$。将速度、压力、应力张量的扰动量代入边界条件式(2-66)~(2-68), 得到关于积分常数的方程组, 求解出积分常数。最后由边界条件式(2-69)得到关于扰动波增长率和扰动波数的色散方程

$$\rho(\omega+ikU)^2 S(kh)+\rho_g(\omega+ikU_g)^2+\sigma k^3+$$

$$\frac{(\omega+ikU)k^2\eta_0[1+(\omega+ikU)\lambda_2][4S(kh)+2Q(kh,lh)]}{1+(\omega+ikU)\lambda_1}-$$

$$\frac{Tk^2\left\{(\omega+ikU)\left[2\left(\mu_1-\mu_0-\frac{1}{2}\lambda_1\right)S(kh)+(\mu_1-\mu_0-\lambda_1)Q(kh,lh)\right]-[S(kh)+Q(kh,lh)]\right\}}{1+(\omega+ikU)\lambda_1}=0$$

$$\tag{2-82}$$

式中:

$$Q(k,l)=\frac{2k[kS(k)-lS(l)]}{l^2-k^2} \tag{2-83}$$

$$S(k) = \coth k \qquad (2-84)$$

在正弦模式下，$\varepsilon_1 = -\varepsilon_2$，类似于曲张模式，可以推导得到正弦模式下的色散方程。结果发现正弦模式下的色散方程与曲张模式下的几乎相同，只需将 $S(k)$ 改为

$$S(k) = \tanh k \qquad (2-85)$$

将色散方程进行无量纲化，得到

$$\Omega_1^2 S(K) + \rho^* \Omega_2^2 + K^3 + \Omega_1 K^2 Z \frac{(Z + \lambda^* \mathrm{El}\, \Omega_1)[4S(K) + 2Q(K,L)]}{Z + \mathrm{El}\, \Omega_1} +$$

$$\mathrm{Te}\, K^2 \frac{\mathrm{El}\, \Omega_1 [2(\mu_1^* - \mu_0^* - 0.5)S(K) + (\mu_1^* - \mu_0^* - 1)Q(K,L)] - Z[S(K) + Q(K,L)]}{Z + \mathrm{El}\, \Omega_1} = 0$$

$$(2-86)$$

式中：$L^2 = K^2 + \dfrac{\Omega_1(Z + \mathrm{El}\, \Omega_1) + \mathrm{El}\, \mathrm{Te} K^2}{Z(Z + \lambda^* \mathrm{El}\, \Omega_1) + 0.5 \mathrm{Te}\, \mathrm{El}(\mu_1^* - \mu_0^* - 1)}$，无量纲波数 $K = kh$，$L = lh$，无量纲增长率 $\Omega = \omega \left(\dfrac{\rho h^3}{\sigma}\right)^{0.5}$，弹性数 $\mathrm{El} = \dfrac{\lambda_1 \eta_0}{\rho h^2}$ 表示液体黏性作用与弹性作用的关系，$Z = \dfrac{\eta_0}{(\rho a \sigma)^{0.5}}$ 表示液体黏性力与表面张力之比，$\mathrm{Te} = \dfrac{-Th}{\sigma}$ 表示轴向应力与表面张力之比，韦伯数 $We = \dfrac{\rho U^2 h}{\sigma}$，气液速度比 $U^* = \dfrac{U_g}{U}$，气液密度比 $\rho^* = \dfrac{\rho_g}{\rho}$，时间常数比 λ^*、μ_1^*、μ_0^* 分别为 $\lambda^* = \dfrac{\lambda_2}{\lambda_1}$、$\mu_1^* = \dfrac{\mu_1}{\lambda_1}$、$\mu_0^* = \dfrac{\mu_0}{\lambda_1}$，$\Omega_1 = \Omega + iK(We)^{0.5}$，$\Omega_2 = \Omega + iKU^*(We)^{0.5}$。由于设拉力方向为负，压力方向为正，因此 Te 的表达式中含有负号。对于曲张模式的扰动波，$S(K) = \coth K$；而对正弦模式的扰动波，$S(K) = \tanh K$。

2. 结果与讨论

图 2-26 比较了无黏理想流体、黏性牛顿流体、拉应力完全松弛的黏弹性流体液膜的稳定性。由图可见，无论是正弦模式还是曲张模式的扰动，黏弹性流体的扰动增长率都大于牛顿流体，但小于无黏理想流体。也就是说，不考虑轴向拉应力的非牛顿流体液膜比牛顿流体液膜更不稳定。同时，正弦模式的扰动增长率大于曲张模式。

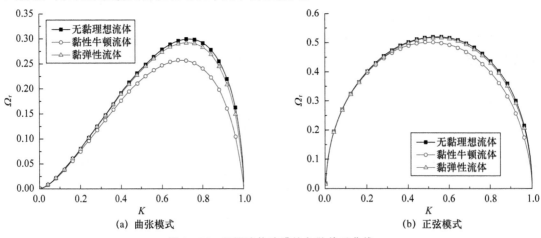

图 2-26　不同流体液膜的色散关系曲线

($We = 1\,000$, $Z = 0.05$, $\mathrm{El} = 4$, $\mathrm{Te} = 0$, $\rho^* = 0.001$, $\lambda^* = 0.1$, $\mu_1^* = 1$, $\mu_0^* = 0$, $U^* = 0$)

图 2 - 27 给出了存在轴向拉应力时,Te 的变化对正弦模式色散关系的影响。由图可以看出,无论弹性数取多大的值,正弦模式最大扰动增长率及主导波数都随 Te 的增大而减小。将从 0 到色散曲线与横坐标轴相交处的波数范围称为不稳定区域或不稳定波数范围。不稳定区域随着 Te 的增大先减小后增大。因此,对于正弦模式扰动波,黏弹性流体液膜受到的轴向拉应力越大,液膜越稳定。由于扰动增长率随 Te 的增大一直减小,因此当 Te 超过一定数值后,黏弹性流体液膜就会比牛顿流体液膜稳定。

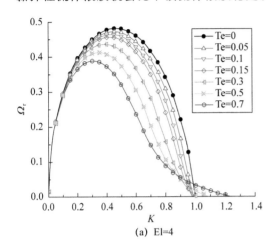 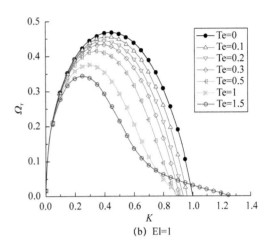

(a) El=4　　　　　　　　　　　　　(b) El=1

图 2 - 27　不同 Te 值正弦扰动波增长率随扰动波数的变化曲线

$(We = 1\ 000, Z = 0.6, \rho^* = 0.001, \lambda^* = 0.1, \mu_1^* = 1, \mu_0^* = 0, U^* = 0)$

图 2 - 28 给出了存在轴向拉应力时,Te 的变化对曲张模式色散关系的影响。当 El = 4 时,曲张模式扰动最大增长率随着 Te 的增大而减小;当 El = 1 时,变化趋势则相反。主导波数随 Te 的变化不明显。但当 El = 4 或 1 时,不稳定波数区域都随着 Te 的增大而增大。也就是说,当 El 比较大时,若 Te 足够大,则黏弹性流体液膜可能比牛顿流体液膜更加稳定。但若 El 较小,则 Te 越大,黏弹性流体液膜越不稳定。

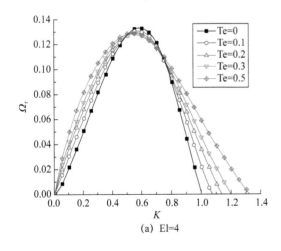 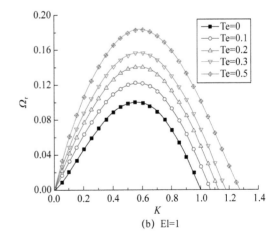

(a) El=4　　　　　　　　　　　　　(b) El=1

图 2 - 28　不同 Te 值曲张扰动波增长率随扰动波数的变化曲线

$(We = 1\ 000, Z = 0.6, \rho^* = 0.001, \lambda^* = 0.1, \mu_1^* = 1, \mu_0^* = 0, U^* = 0)$

图 2-29 和图 2-30 显示了曲张和正弦模式下弹性数 El 对色散关系的影响规律,并分别计算了轴向拉应力为 0 和无量纲拉应力 Te=0.2 的两种情况。由图可知,当 Te=0 时,扰动波增长率随着 El 数的增大而增大;而当 Te>0 时,扰动波增长率随着 El 数的增大而减小。这一规律对正弦模式和曲张模式扰动波都是成立的。

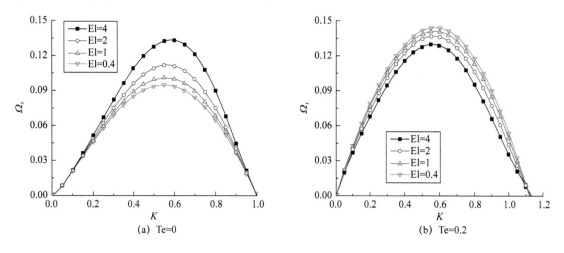

图 2-29　不同 El 值曲张扰动波增长率随扰动波数的变化曲线
$(We=1\ 000,Z=0.6,\rho^*=0.001,\lambda^*=0.1,\mu_1^*=1,\mu_0^*=0,U^*=0)$

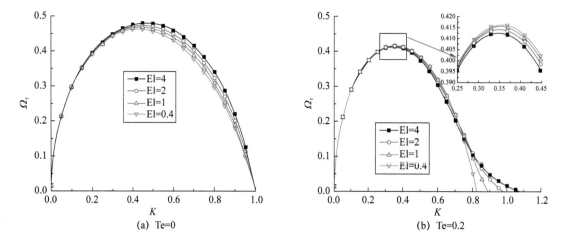

图 2-30　不同 El 值正弦扰动波增长率随扰动波数的变化曲线
$(We=1\ 000,Z=0.6,\rho^*=0.001,\lambda^*=0.1,\mu_1^*=1,\mu_0^*=0,U^*=0)$

图 2-31 和图 2-32 显示了正弦和曲张两种模式下 Ohnesorge 数 Z 对黏弹性流体液膜色散关系的影响。图 2-31(a)和图 2-32(a)表明,当不考虑轴向拉应力时(Te=0),Z 增大会使扰动波增长率明显减小。而当考虑未松弛的轴向拉应力时(Te>0)(见图 2-31(b)和图 2-32(b)),Z 的影响规律则不同:当 Z 增大时,含 Te 项的变化在曲张模式下使扰动波增长率增大,在正弦模式下使扰动波增长率减小,因为 Z 的增大使有效黏度 $Z(\Omega_1)$ 显著增大,因此黏性耗散增强,使扰动波增长率减小。对于曲张模式,当 Z 增大时,有效黏度的变化和含 Te 项的变化对

扰动波增长率的作用相反。只有当无量纲拉应力 Te 足够大时,含 Te 项的不稳定作用才会超过有效黏度增大带来的稳定作用,此时扰动波增长率随着 Z 的增大而增大,如图 2-31(b)所示。对于正弦模式,Z 增大引起含 Te 项的作用和有效黏度增大的作用都使扰动变得更稳定,因此扰动波增长率总是随着 Z 的增大而减小。从图 2-31 和图 2-32 还可以看出,当 Te=0时,Z 的变化不会改变不稳定波数范围。而当 Te>0 时,曲张和正弦模式下不稳定扰动波数范围总是随着 Z 的增大而减小。

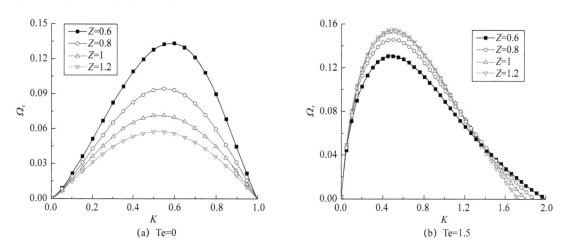

图 2-31　不同 Z 值曲张扰动波增长率随扰动波数的变化曲线
($We=1\,000$,$El=4$,$\rho^*=0.001$,$\lambda^*=0.1$,$\mu_1^*=1$,$\mu_0^*=0$,$U^*=0$)

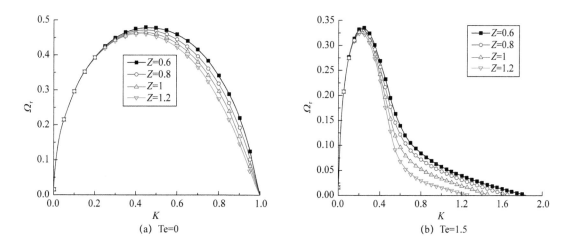

图 2-32　不同 Z 值正弦扰动波增长率随扰动波数的变化曲线
($We=1\,000$,$El=4$,$\rho^*=0.001$,$\lambda^*=0.1$,$\mu_1^*=1$,$\mu_0^*=0$,$U^*=0$)

　　时间常数比 λ^*、韦伯数 We、气液密度比 ρ^* 对含无量纲拉应力数 Te 的项几乎没有影响,因此,这三个无量纲参数在 Te>0 时对液膜稳定性的影响规律与 Te=0 时相似,在此不再赘述。

2.3 受壁面限制的环形液膜时/空模式稳定性分析

之前所有针对环形液膜的线性稳定性分析，其研究对象都是自由流动的液膜，但是在离心喷嘴[38]及内气外液的气/液同轴喷嘴缩进段中[39-40]，更常见的是受固体壁面限制的环形液膜。由于固体壁面使液体的自由表面减少到一个，因此受壁面限制的环形液膜的流动状况与自由流动的液膜有很大区别。之前，针对受壁面限制的环形液膜已经进行了一些数值模拟和实验方面的研究。Ranga Dinesh 等人[41]对旋转在受限环形液膜中的作用进行了大涡模拟。Trask 等人[39]使用两相流欧拉模型对内气外液同轴喷嘴内受限环形液膜的流动进行了数值模拟。Schubring 等人[42]测量了受限环形液膜的液膜厚度，Okawa 等人[43]研究了入口流量正弦振荡下受限环形液膜厚度的响应和扰动波的频率。但以上研究针对受限环形液膜流动稳定性的研究却很少，而针对类似离心喷嘴和内气外液同轴喷嘴缩进段内旋转的受限环形液膜的研究则少之又少。Richardson[44]以一个无限长的受限环形液膜代替离心喷嘴内的液膜，对液膜表面扰动波的发展进行了时间模式的稳定性分析。但液膜上的扰动波实际上是同时随着时间和空间发展的，而 Richardson 的研究只考虑了扰动在每个空间位置随时间的发展，扰动不随空间发展，只随空间位置的变化做周期振荡，这种稳定性分析方法叫作时间模式的稳定性分析。当同时考虑扰动随时间和空间的发展时，这种稳定性分析方法叫作时/空模式的稳定性分析，显然后者的分析方法更符合实际情况。时/空模式下有两种不稳定状态：对流不稳定和绝对不稳定。在对流不稳定状态下，扰动只能向流动的下游传播，而当绝对不稳定发生时，扰动能同时向上游和下游传播，因此叫作绝对不稳定。本节以离心喷嘴及内气外液同轴喷嘴的内部流动为研究背景，对受固体壁面限制的旋转环形液膜进行时/空模式的稳定性分析，并对绝对和对流不稳定的转变规律进行讨论。

2.3.1 受限旋转环形液膜的色散方程

如图 2-33 所示，考虑一个沿圆形固体壁面流动的旋转环形液膜，中心为一气涡，气体以一定速度沿轴向流动。中心气涡直径为 $2a$。环形液膜厚度为 h。选择柱坐标系 (z, r, θ)，使 z 轴平行于液膜的流动方向。气体速度为 (u_g, v_g, w_g)，环形液膜速度为 (u_l, v_l, w_l)，u，v，w 分别表示 z，r，θ 方向的速度。假设气体的径向速度和轴向速度为零，则液膜的径向速度为零。只考虑液体绕 z 轴的刚性旋转，因此液膜有恒定的旋转角速度 Ω。液相和气相密度分别为 ρ_l 和 ρ_g。忽略气体的黏性。

流动的控制方程如下：

连续方程为

$$\frac{\partial(rv_i)}{\partial r} + r\frac{\partial u_i}{\partial z} = 0 \tag{2-87}$$

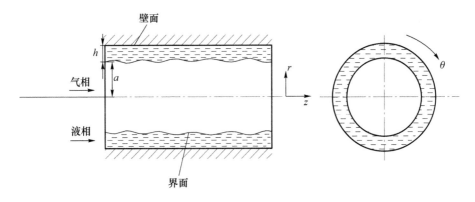

图 2 - 33　受壁面限制的环形液膜示意图

动量方程为

r 方向：
$$\frac{\partial v_i}{\partial t}+u_i\frac{\partial v_i}{\partial z}+v_i\frac{\partial v_i}{\partial r}-\frac{w_i^2}{r}=-\frac{1}{\rho_i}\frac{\partial p_i}{\partial r} \qquad (2-88)$$

θ 方向：
$$\frac{\partial w_i}{\partial t}+u_i\frac{\partial w_i}{\partial z}+v_i\frac{\partial w_i}{\partial r}+\frac{w_iv_i}{r}=0 \qquad (2-89)$$

z 方向：
$$\frac{\partial u_i}{\partial t}+u_i\frac{\partial u_i}{\partial z}+v_i\frac{\partial u_i}{\partial r}=-\frac{1}{\rho_i}\frac{\partial p_i}{\partial z} \qquad (2-90)$$

式中：$i=1,\mathrm{g}$ 分别表示液相和气相。

气、液界面 $r=a$ 处的运动边界条件为
$$\frac{\partial\eta}{\partial t}=v_i-u_i\frac{\partial\eta}{\partial z},\qquad i=1,\mathrm{g} \qquad (2-91)$$

式中：η 表示气、液界面偏离稳态平衡位置的位移。

在壁面 $r=a+h$ 处，液相速度和压力梯度为零，即
$$v_1=0,\quad \partial p_1/\partial r=0 \qquad (2-92)$$

方向应力连续，即
$$p_1+p_s=p_\mathrm{g}+p_\sigma \qquad (2-93)$$

式中：p_s 和 p_σ 分别表示由表面张力和旋转引起的压力项。

设液膜受到小扰动，则所有参数都可表示为其稳态量加上小扰动量，即
$$\begin{cases} u_1=\overline{u}_1+\hat{u}_1 \\ v_1=\hat{v}_1 \\ w_1=\overline{w}_1+\hat{w}_1=\Omega r+\hat{w}_1 \\ p_1=\overline{p}_1+\dfrac{1}{2}\rho_1(\Omega r)^2+\hat{p}_1 \end{cases} \qquad (2-94)$$

$$\begin{cases} u_\mathrm{g}=\overline{u}_\mathrm{g}+\hat{u}_\mathrm{g} \\ v_\mathrm{g}=\hat{v}_\mathrm{g} \\ w_\mathrm{g}=\hat{w}_\mathrm{g} \\ p_\mathrm{g}=\overline{p}_\mathrm{g}+\hat{p}_\mathrm{g} \end{cases} \qquad (2-95)$$

式中：上标"－"表示稳态量，上标"＾"表示扰动量。

将式(2-94)、式(2-95)代入式(2-87)～(2-90)并对其线性化，同时使用液膜平均轴向

速度 $\overline{u}_1$、液体密度 ρ_1、特征长度 a 和特征时间 $a/\overline{u}_1$ 对线性化的式子进行无量纲化处理,且所有参数的无量纲形式都以大写字母表示。

通过正则模态的扰动形式对以上线性化后的方程进行求解,得到扰动形式为

$$U_i = U_i(R)\mathrm{e}^{\omega T + ikZ} = U_{i0}\mathrm{e}^{\omega T + ikZ} \tag{2-96}$$

$$V_i = V_i(R)\mathrm{e}^{\omega T + ikZ} = V_{i0}\mathrm{e}^{\omega T + ikZ} \tag{2-97}$$

$$W_i = W_i(R)\mathrm{e}^{\omega T + ikZ} = W_{i0}\mathrm{e}^{\omega T + ikZ} \tag{2-98}$$

$$P_i = P_i(R)\mathrm{e}^{\omega T + ikZ} = P_{i0}\mathrm{e}^{\omega T + ikZ} \tag{2-99}$$

$$\eta = \eta/a = \eta_0\mathrm{e}^{\omega T + ikZ} \tag{2-100}$$

式中:复波数 $k = k_r + ik_i$,复频率 $\omega = \omega_r + i\omega_i$。

将所有参数的扰动量的表达式(2-71)~(2-75)代入线性化的气相和液相的控制方程,并结合边界条件式(2-66)~(2-68),经过推导可以得到受壁面限制的旋转环形液膜的色散方程 $H(k,\omega) = 0$,展开为

$$\omega^2\left(C + \frac{D}{\varepsilon k}\right) + \left(2ikC + \frac{D2i}{\varepsilon\gamma}\right)\omega + \left(-k^2C + \frac{4}{Ro^2}C - \frac{1-k^2}{We} + \frac{1}{Ro^2} - \frac{Dk}{\varepsilon\gamma^2}\right) = 0 \tag{2-101}$$

式中:

$$C = \frac{\mathrm{I}_0(\lambda)}{B} + \frac{\mathrm{K}_0(\lambda)}{A}$$

$$D = \frac{\mathrm{I}_0(k)}{\mathrm{I}_1(k)}$$

$$A = \frac{\mathrm{K}_1(\lambda R_w)}{\mathrm{I}_1(\lambda R_w)}\lambda\mathrm{I}_1(\lambda) + \lambda\mathrm{K}_1(\lambda)$$

$$B = \frac{\mathrm{I}_1(\lambda R_w)}{\mathrm{K}_1(\lambda R_w)}\lambda\mathrm{K}_1(\lambda) - \lambda\mathrm{I}_1(\lambda)$$

$$Ro = \frac{\overline{u}_1}{\Omega a}$$

$$\lambda = k\sqrt{1 + \frac{4}{Ro^2(\omega + ik)}}$$

$$R_w = 1 + \frac{h}{a}$$

当进行时/空模式线性稳定性分析时,频率 ω 和波数 k 都是复数,而在时间模式下则只考虑复频率,波数为实数。色散方程(2-101)的数值求解可由商用计算软件 Maple 完成。

2.3.2　时间模式稳定性分析

在时间模式线性稳定性分析中,复频率的实部 ω_r 表示扰动的时间增长率,虚部 ω_i 表示扰动的角频率。当 $\omega_r > 0$ 时,液膜是不稳定的。下面对流动参数和流体性质参数对受限环形液膜的时间稳定性进行分析。

Rossby 数 Ro 表示液膜的轴向速度与旋转速度之比。液膜旋转越强烈,Ro 越小。图 2-34 为不同 Ro 下无量纲时间增长率与无量纲波数之间的关系。在小波数时,所有曲线都单调增大,直至达到一个最大时间增长率,最大值的出现是因表面张力的作用。当波数继续增大时,曲线开始下降,直至与横坐标轴相交。从图 2-34 中可以看出,时间增长率和不稳定区域都随着 Ro 的增大而增大,这意味着旋转起到稳定受限环形液膜的作用。Schumaker 等

人[45]在研究内气外液同轴喷嘴时发现,液膜不旋转能降低液膜的破碎长度,因此在没有旋转的情况下,流动不稳定性被增强,也就是说向心加速度在旋转流动中起到稳定作用。然而当 Ro 很大时,旋转对稳定性的作用并不明显。当 $Ro \to \infty$ 时对应没有旋转的情况。当 Ro 一直增大时,所有曲线无限接近无旋转的情况。另外,在 Ro 增大的过程中,主导波数略微增大。

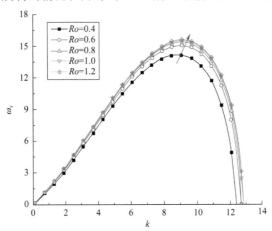

图 2-34　Rossby 数 Ro 对受壁面限制的环形液膜时间模式不稳定的影响
（$\varepsilon = 800$, $\gamma = 0.01$, $We = 1$, $R_w = 1.1$）

R_w 为无量纲壁面半径,表示液体通道与气体通道的相对厚度之比。液膜厚度增大或中心气涡半径减小都会使 R_w 增大,也就是说壁面对液膜的限制变弱。图 2-35 为不同 R_w 下液膜的色散关系曲线。从图 2-35 中看出,R_w 较小时扰动的时间增长率小于 R_w 较大时的时间增长率。这表明当中心气涡半径较小或液膜厚度较厚时,流动的不稳定性被增强。这一现象的物理解释是:气、液界面的失稳机理为气动力作用(就像自由液体表面的风生波一样)。界面处的扰动使得气体在通过波峰时被加速,这时气体的静压降低,因此波峰会继续变大。波长为 λ 的扰动波能影响到与 λ 相同数量级的距离范围。当中心气涡的半径小于 λ 时,中心气涡的半径越小,气动失稳的作用越会加强,而小的气涡半径对应较大的 R_w。另外,从图 2-35 中看出,当 R_w 增大时主导波数略微减小,而不稳定波数范围不变。

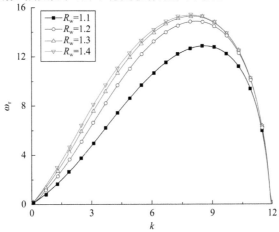

图 2-35　R_w 对受壁面限制的环形液膜时间模式不稳定的影响
（$\varepsilon = 800$, $\gamma = 0.01$, $We = 1$, $Ro = 0.3$）

图 2-36 为液气密度比 ε 对受限旋转液膜的色散关系的影响。从图中看出,当液气密度比增大时,扰动增长率和不稳定波数范围都大幅减小,这意味着高的液气密度比 ε 会阻尼扰动的发展;反之,高的气液密度比会加速扰动的发展。物理上,这是因为气体密度越高,会传递更多的动能给液体。这一现象完全与线性 Kelvin-Helmholtz 不稳定理论相符合。此外,液气密度比减小时主导波数变大,因此扰动波的波长减小。

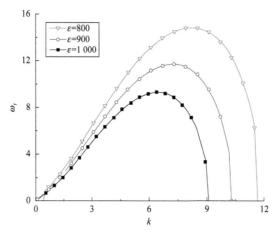

图 2-36　ε 对受壁面限制的环形液膜时间模式不稳定的影响
($R_w=1.2$, $\gamma=0.01$, $We=1$, $Ro=0.3$)

液气速度比 γ 对受限旋转液膜的色散关系的影响如图 2-37 所示。当液气速度比增大时,扰动增长率和不稳定区域都减小。因此可以说气体速度越大,受壁面限制的气、液剪切流的不稳定性越会被增强。因为气体速度较高,Kelvin-Helmholtz 不稳定支配着整个流动。气、液之间相对速度越大,气动力的作用越强,从而也会增强 Kelvin-Helmholtz 不稳定性。文献[45]在研究内气外液的同轴离心喷嘴时,定义了一个物理量动量比:$\Phi=(\rho_g/\rho_l)(u_g/u_l)^2$,结果发现当动量比增大时,液膜的破碎长度会变短,也就是液膜变得越不稳定了。由于 Φ 可以视为 $1/\varepsilon$ 与 $1/\gamma$ 的组合,因此 Φ 的影响规律与 ε 及 γ 的影响规律相反,故文献[45]的结论与本节得到的规律一致。此外,还可以从图 2-37 中看出,扰动的主导波数随着液气速度比的增大而减小,扰动波波长变大。

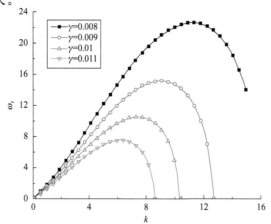

图 2-37　γ 对受壁面限制的环形液膜时间模式不稳定的影响
($R_w=1.1$, $\varepsilon=1\,000$, $We=1$, $Ro=1$)

最后讨论一下液膜的韦伯数 We 对流动稳定性的影响。从图 2-38 可以看出,当液体韦伯数增大时,扰动增长率和不稳定区域显著增大,液膜变得更不稳定。这可以解释为:液膜的韦伯数增大可以由液膜速度的增大或表面张力的减小来达到。如前文所述,增大液膜速度会使液膜变得不稳定的原因还是气动作用增强的结果。对于表面张力的作用,由于表面张力总是试图使表面变形回复到初始位置,因此当表面张力减小时流动变得不稳定。此外,液膜的韦伯数增大导致主导波数增大,扰动波波长变短。

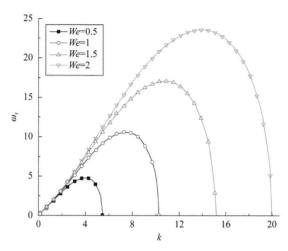

图 2-38 We 对受壁面限制的环形液膜时间模式不稳定的影响
($R_w = 1.1$, $\varepsilon = 1\,000$, $\gamma = 0.01$, $Ro = 1$)

2.3.3 时/空模式稳定性分析

在前面讨论的稳定性分析中,波数 k 是实数,频率 ω 是复数,称之为时间模式,反映的扰动在空间上是周期性的,其幅值随时间变化。但实际扰动的幅值可能同时随时间和空间变化,这种情况下的波数 k 和频率 ω 都应为复数,称之为时/空模式。绝对和对流不稳定性是时/空模式下两种性质不同的不稳定性,当扰动仅向扰动源位置的下游或上游中的某一个方向传播时,在充分长的时间后扰动"逸"出了所研究的流动区域,流场最后恢复未受扰动的状态,则称流动是对流不稳定的;如果增长的扰动既向下游传播又向上游传播,在充分长的时间后扰动"污染"了整个流场,使之无法恢复到未受扰动的状态,则称流动是绝对不稳定的。

在数学上可以严格判断绝对和对流不稳定性,具体的数学证明过程参见文献[46]。判断方法为通过在时/空模式下求解色散方程 $H(k,\omega) = 0$,来求出具有零群速度的复数对 (k_0, ω_0),也称之为鞍点,它满足

$$\left.\frac{\partial \omega}{\partial k}\right|_{k_0} = 0 \quad \text{且} \quad \omega_0 = \omega(k_0) \tag{2-102}$$

求解零群速度鞍点 (k_0, ω_0) 的方法有鞍点图法、尖点图法和迭代法,本小节采用鞍点图法。在求解复频率 $\omega_0(k_0)$ 时,首先求出流动的时/空模式的色散关系,因为它给出了 $\omega(k)$ 在复数 k 和复数 ω 平面之间的映射关系。求解时/空模式的色散方程与求解时间模式的色散方程一样,只是在色散关系中给定的是复波数 $k = k_r + ik_i$,求出的是复频率 $\omega = \omega_r + i\omega_i$ 的值。然后在复数 k 平面的等距网格上求出相应的 ω 值,再画出 ω 的实部 ω_r 和虚部 ω_i 的等值线,则鞍点的值可以从图上清楚地得到。一般情况下,色散关系 $H(k,\omega) = 0$ 对应了 k 的两个根,映射到复

数 k 平面上是不同的两个分支 $k^+(\omega)$ 和 $k^-(\omega)$，称之为"空间分支"曲线。当 ω_r 的值非常大时，向下游传播的空间分支 $k^+(\omega)$ 位于实轴上方，贡献 $z>0$ 的解；而向上游传播的空间分支 $k^-(\omega)$ 则位于实轴下方，贡献 $z<0$ 的解。随着 ω_r 的减小，空间分支曲线 $k^+(\omega)$ 和 $k^-(\omega)$ 会相互接近，直至在复数 k 平面上有一对曲线 $k^+(\omega)$ 和 $k^-(\omega)$ 在某点相接触，此即鞍点 (k_0,ω_0)，此时当 $\omega_{0r}>0$ 时即为绝对不稳定的；反之是对流不稳定的。

必须指出的是，在复数 k 平面上并不是所有的零群速度鞍点都可用来判断绝对和对流不稳定性，因为相碰的两个空间分支曲线都有可能来源于 $k^+(\omega)$ 或 $k^-(\omega)$。Briggs[47] 和 Bers[48] 强调，物理的鞍点需要且只需来自复数 k 平面上向下游传播的空间分支 $k^+(\omega)$ 和向上游传播的空间分支 $k^-(\omega)$ 相接触的点。这就是 Briggs-Bers 碰撞准则。可见，只有满足了 Briggs-Bers 碰撞准则的鞍点才能用于判断给定参数下不稳定性的属性是属于绝对还是对流不稳定性。

下面针对一些参数对绝对/对流不稳定性之间转变的影响规律进行讨论。图 2-39 为 R_w 变化时复数 k 平面上 ω_r 的等值线图，反映了 R_w 对鞍点的影响规律。每幅图中的鞍点位置都标记为"S"。从图中可以看出，当 R_w 从 1.82 减小到 1.67 时，鞍点处的 ω_r 值都是正的，也就是说当 R_w 较大时，流动是绝对不稳定的。但是当 R_w 减小到 1.54 或 1.43 时（液膜更薄，中心气涡半径更大），鞍点处的 ω_r 值变为负值，此时受壁面限制的环形液膜流动成为对流不稳定的。

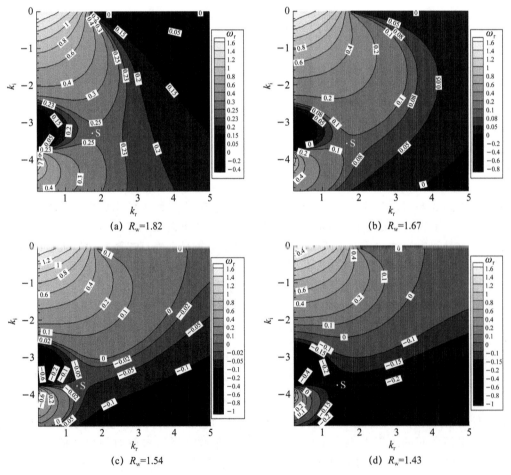

图 2-39 R_w 对受壁面限制的环形液膜时/空模式不稳定的影响

$(\varepsilon=729,\ \gamma=0.025,\ Ro=350, We=0.45)$

因此,可以得出这样的结论:通过增加液膜厚度或减小中心气涡半径,流动可能处于绝对不稳定状态。从图 2-39 中还可以看出,当 R_w 从 1.82 减小到 1.67 时,绝对不稳定增长率 ω_{r0} 从 0.24 减小到 0.09,说明在绝对不稳定状态下,液膜厚度越薄或者中心气涡直径越大,绝对增长率越小。通过比较时间模式下的色散关系曲线(见图 2-35)和时/空模式下的鞍点图(见图 2-39),可以发现 R_w 的作用在这两种模式下是相同的。由于在绝对不稳定流动中,扰动会向扰动源的上游传播,从而引起自维持的全局振荡,因此我们得到的关于 R_w 影响规律的结论有助于理解在内气外液同轴离心喷嘴中发生的自维持振荡的机理。

从图 2-39 中还可以看出,当为绝对不稳定流动时,鞍点的横坐标基本不随 R_w 变化,这意味着当绝对不稳定发生时,扰动波的波长不会随 R_w 变化。当从绝对不稳定转变为对流不稳定时,鞍点的横坐标朝纵轴略微移动。对比图 2-35 和图 2-39,时/空模式下理论预测的扰动波长比时间模式下的扰动波长大得多。Keller 等人[49]也指出,绝对不稳定发生时的波长远大于时间模式下的波长。

图 2-40 为 Rossby 数 Ro 变化时复数 k 平面上 ω_r 的等值线图。可以看出,对于一个受限的旋转环形液膜,当 Ro 较大时($Ro=4$),流动是绝对不稳定的。当 Ro 减小时,鞍点处 ω_r 的值

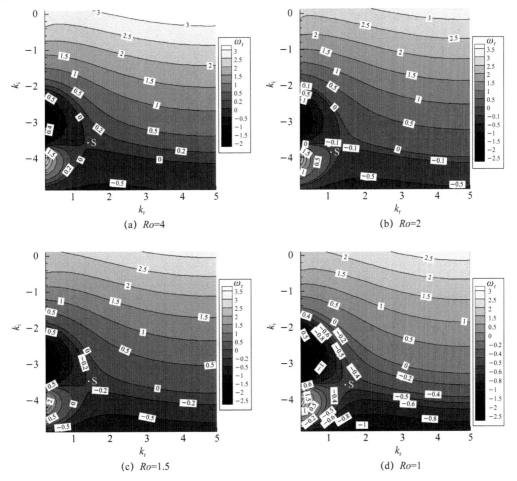

(a) $Ro=4$　　　　　　　　　　　　　(b) $Ro=2$

(c) $Ro=1.5$　　　　　　　　　　　　(d) $Ro=1$

图 2-40　Ro 对受壁面限制的环形液膜时/空模式不稳定的影响
($\varepsilon=1\,000,\gamma=0.01,R_w=1.1,We=1$)

变为负数,流动成为对流不稳定(见图 2-40(b)~(d))。因为 Ro 与液膜的旋转强度成反比,这意味着当旋转强度变弱时,流动可能变为绝对不稳定。因此,如果在内气外液的同轴离心喷嘴内发生了自维持的振荡,就可以考虑通过加强液膜的旋转强度来抑制振荡的发生。此外,当 Ro 增大时鞍点的位置基本不发生变化,所以在绝对不稳定流动状态下,Ro 对扰动波长基本没有影响。

图 2-41 为液气密度比 ε 变化时复数 k 平面上 ω_r 的等值线图。从图中可以看出,对于受壁面限制的旋转环形液膜,当液气密度比从 1 000 增大到 1 500 时,流动从绝对不稳定转变为对流不稳定。在液气密度比较低时,鞍点处的增长率 ω_{r0} 为正值,当 ε 增大到大于 1 200 时,ω_{r0} 变为负值(见图 2-41(c)、(d))。这一变化趋势与时间模式稳定性分析中的变化趋势一致,也就是增大 ε 能减小绝对增长率和时间模式增长率。类似地,在绝对不稳定流动中,ε 变化时的扰动波波长基本不发生变化。但是当流动从绝对不稳定转变为对流不稳定时,ε 增大时鞍点位置明显向纵轴移动(见图 2-41(b)中 $k_r=1.7$,图 2-41(d)中 $k_r=1.1$)。

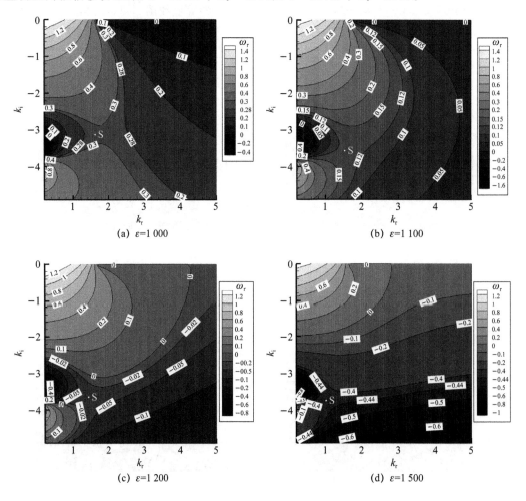

图 2-41　ε 对受壁面限制的环形液膜时/空模式不稳定的影响
$(R_w=1.1, \gamma=0.025, Ro=500, We=0.5)$

图 2-42 为液气速度比 γ 变化时复数 k 平面上 ω_r 的等值线图,反映了 γ 对绝对和对流不

稳定性的转换的影响。从图 2-42 中看出,当液气速度比较小时,鞍点处的增长率 ω_{r0} 为正数;而当液气速度比增大时 ω_{r0} 则减小。当液气速度比增大到 0.017 或更高时,ω_{r0} 变为负值,也就是说当液气速度比增大时,流动从绝对不稳定转变为对流不稳定。在绝对不稳定流动状态下,当液气速度比增大时,鞍点朝纵轴略微移动,意味着扰动波长略微变长。

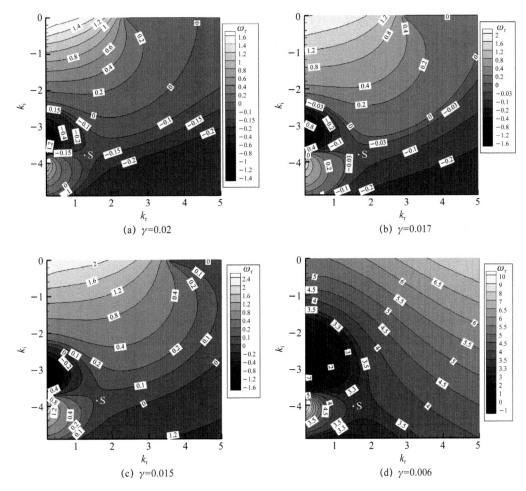

图 2-42　γ 对受壁面限制的环形液膜时/空模式不稳定的影响
($R_w = 2$, $\varepsilon = 730$, $Ro = 500$, $We = 0.32$)

液体韦伯数 We 对时/空不稳定性的影响规律如图 2-43 所示。当韦伯数从 0.32 增大到 0.46 时,鞍点处的 ω_{r0} 由正数变为负数,因此流动从绝对不稳定转变为对流不稳定。也就是说在液体韦伯数较小时,流动是绝对不稳定的。液体韦伯数在时/空不稳定分析中的影响作用与在时间模式不稳定性分析中的影响作用是相反的,因为在时间模式中增大液体韦伯数会使时间增长率变大,而在时/空模式中增大韦伯数会使绝对增长率减小。造成这一现象的原因还需要进一步加以研究。从图 2-43 中还可以看出,当 We 增大时,鞍点位置朝纵轴有些许移动,因此扰动波波长有所增加。从时间模式的色散曲线(见图 2-38)看出,时间模式下主导波数的数量级为 10,远大于时/空模式下的扰动波数。此外,由于绝对/对流不稳定性转变时的临界韦伯数较小,因此在实际中,对于很大范围的液体韦伯数,受限的环形液膜都是对流不稳定的。

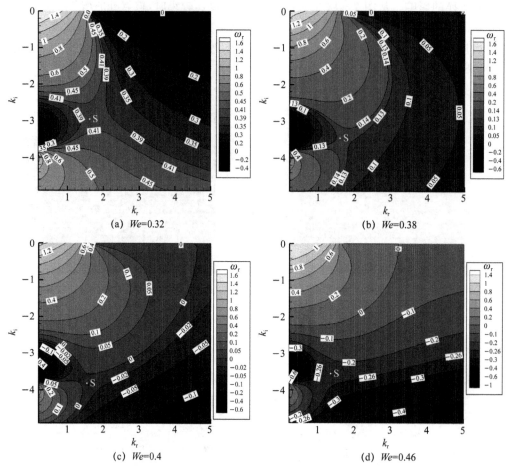

图 2-43 We 对受壁面限制的环形液膜时/空模式不稳定的影响

$(R_w=2, \varepsilon=730, Ro=500, \gamma=0.03)$

本章参考文献

[1] Орлов В А. Стационарные и динамические характеристики смесеобразования газожидкост-ных форсунок ЖРД: Дис. канд. техн. наук: 05. 07. 05 Сергиев Посад, 2001. УДК. 629. 7. 036. 54-63, 621. 43-013. 4038. 8. 001. 5

[2] Liao Y, Jeng S M, Jog M A, et al. On the Mechanism of Pressure-Swirl Airblast Atomization: AIAA Paper 2001-3571[R]. 2001.

[3] Herrero E P, Del Valle E M, Galán M M A. Instability Study of a Swirling Annular Liquid Sheet of Polymer Produced by Air-Blast Atomization[J]. Chemical Engineering Journal, 2007, 133: 69-77.

[4] Panchagnula M V, Sojka P E, Santangelo P J. On the Three-Dimensional Instability of a Swirling, Annular, Inviscid Liquid Sheet Subject to Unequal Gas Velocities[J]. Physics of Fluids, 1996, 8(12): 3300-3312.

[5] Ponstein J. Instability of Rotating Cylindrical Jets[J]. Appl. Sci. Res. , 1959, A8: 425-456.

[6] Squire H B. Investigation of the Instability of a Moving Liquid Film[J]. Brit. J. Appl. Phys. 1953, 4:

167-169.

[7] Moon Y，Kim D，Yoon Y. Improved Spray Model for Viscous Annular Sheets in a Swirl Injector[J]. Journal of Propulsion and Power，2010，26(2)：267-279.

[8] 岳明，杨茂林. 锥形液膜空间稳定性分析[J].航空动力学报，2003，18(6)：794-798.

[9] 王中伟. 锥形液膜的 Kelvin-Helmholtz 扰动波[J]. 国防科技大学学报，2008，30(3)：32-36.

[10] Mehring C，Sirignano W A. Nonlinear Capillary Waves on Swirling，Axisymmetric Liquid Films：AIAA Paper 2000-0432[R]. 2000.

[11] Crapper G D，Dombrowski N，Pyott G A D. Kelvin-Helmholtz Wave Growth on Cylindrical Sheets[J]. J. Fluid Mech，1975，68：497-502.

[12] Dombrowski N，Hooper P C. The Effect of Ambient Density on Drop Formation in Sprays[J]. Chemical Engineering Science，1962，17(4)：291-305.

[13] Sushanta M K，Li X，Renksizbulut M. On the Breakup of Viscous Liquid Sheets by Dual-Mode Linear Analysis[J]. Journal of Propulsion and Power，2001，17(3)：728-735.

[14] Ardekani A M，Joseph D D. Instability of Stationary Liquid Sheets [J]. Proc. Natl. Acad. Sci.，2009，106：4992-4996.

[15] Negeed E R，Hidaka S，Hohno M，et al. Experimental and Analytical Investigation of Liquid Sheet Breakup Characteristics[J]. Int. J. Heat Fluid Flow，2011，32：95-106.

[16] Lozano A，Barreras F，Hauke G，et al. Longitudinal Instabilities in an Air-Blasted Liquid Sheet[J]. J. Fluid Mech.，2001，437：143-173.

[17] Bremond N，Clanet C，Villermaux E. Atomization of Undulating Liquid Sheets[J]. J. Fluid Mech.，2007，585：421-456.

[18] Senecal P K，Schmidt D P，Nouar I，et al. Modeling High-Speed Viscous Liquid Sheet Atomization [J]. International Journal of Multiphase Flow，1999，25：1073-1097.

[19] 张蒙正，陈炜，杨伟东，等.撞击式喷嘴凝胶推进剂雾化及表征[J]. 推进技术，2009，30(1)：46-51.

[20] Rahimi S，Natan B. Atomization Characteristics of Gel Fuels：AIAA Paper 1998-3830[R]. 1998.

[21] Mueller D C，Turns S R. A Theoretical Evaluation of Secondary Atomization Effects on Engine Performance for Aluminum Gel Propellants：AIAA 1994-0686[R]. 1994.

[22] Jayaprakash N，Chakravarthy S R. Impinging Atomization of Gel Fuels：AIAA Paper 2003-316 [R]. 2003.

[23] Von Kampen J，Alberio F，Ciezki H K. Spray and Combustion Characteristics of Aluminized Gelled Fuels with an Impinging Jet Injector[J]. Aerospace Science and Technology，2007，11：77-83.

[24] Aliseda A，Hopfinger E J，Lasheras J C，et al. Atomization of Viscous and Non-Newtonian Liquids by a Coaxial，High-Speed Gas Jet：Experiments and Droplet Size Modeling[J]. International Journal of Multiphase Flow，2008，34：161-175.

[25] James M D，Kubal T D，Son S F，et al. Calibration of an Impinging Jet Injector Suitable for Liquid and Gelled Hypergolic Propellants：AIAA Paper 2009-4882[R]. 2009.

[26] Negri M，Ciezki H K. Atomization of Non-Newtonian Fluids with an Impinging Jet Injector：Influence of Viscoelasticity on Hindering Droplets Formation：AIAA Paper 2010-6821[R]. 2010.

[27] Lin J S，Hwang C C. Finite Amplitude Long-Wave Instability of Power-Law Liquid Films [J]. International Journal of Non-Linear Mechanics，2000，35：769-777.

[28] Hwang C C，Chang S H. Rupture Theory of Thin Power-Law Liquid Film[J]. J. Appl. Phys.，1993，74：2695-2697.

[29] Dandapat B S，Mukhopadhyay A. Waves on a Film of Power-Law Fluid Flowing Down an Inclined

Plane at Moderate Reynolds Number[J]. Fluid Dynamic Research, 2001, 29:199-220.

[30] Amaouche M, Djema A, Abderrahmane H A. Film Flow for Power-Law Fluids: Modeling and Linear Stability[J]. European Journal of Mechanics-B/Fluids, 2012, 34: 70-84.

[31] Ruyer-Quil C, Manneville P. Improved Modeling of Flows Down Inclined Planes[J]. The European Physical Journal B, 2000, 15: 357-369.

[32] Yang L, Du M, Fu Q, et al. Temporal Instability of a Power-Law Planar Liquid Sheet[J]. Journal of Propulsion and Power, 2015, 31(1): 286-293.

[33] Yang L, Fu Q, Qu Y, et al. Breakup of a Power-Law Liquid Sheet Formed by an Impinging Jet Injector[J]. International Journal of Multiphase Flow, 2012, 39: 37-44.

[34] Chojnacki K, Feikema D A. Study of Non-Newtonian Liquid Sheets Formed by Impinging Jets[C]// AIAA. 33rd Joint Propulsion Conference and Exhibit. Seattle, WA: AIAA, 1997.

[35] Middleman S. Stability of a Viscoelastic Jet[J]. Chemical Engineering Science, 1965, 20: 1037-1040.

[36] Liu Z, Brenn G, Durst F. Linear Analysis of the Instability of Two-Dimensional Non-Newtonian Liquid Sheets[J]. J. Non-Newtonian Fluid Mech. , 1998, 78:133-166.

[37] Brenn G, Liu Z, Durst F. Three-Dimensional Temporal Instability of Non-Newtonian Liquid Sheets [J]. Atomization and Sprays, 2001, 11(1):49-84.

[38] Xue J, Jog M A, Jeng S M, et al. Effect of Geometric Parameters on Simplex Atomizer Performance [J]. AIAA J. , 2004, 42(12): 2408-2415.

[39] Trask N, Perot J B, Schmidt D P, et al. Modeling of the Internal Two-Phase Flow in a Gas-Centered Swirl Coaxial Fuel Injector: AIAA Paper 2010-95[R]. 2010.

[40] Trask N, Schmidt D P, Lightfoot M, et al. Compressible Modeling of the Internal Flow in a Gas-Centered Swirl-Coaxial Fuel Injector[J]. J. Propul. Power, 2012, 28: 685-693.

[41] Ranga Dinesh K K J, Kirkpatrick M P, Jenkins K W. Investigation of the Influence of Swirl on a Confined Coannular Swirl Jet[J]. Comput. Fluids, 2010,39: 756-767.

[42] Schubring D, Ashwood A C, Shedd T A, et al. Planar Laser-Induced Fluorescence (PLIF) Measurements of Liquid Film Thickness in Annular Flow Part I: Methods and Data[J]. Int. J. Multiphas. Flow, 2010, 36: 815-824.

[43] Okawa T, Goto T, Yamagoe Y. Liquid Film Behavior in Annular Two-Phase Flow under Flow Oscillation Conditions[J]. Int. J. Heat Fluid Fl. , 2010, 53: 962-971.

[44] Richardson R. Linear and Nonlinear Dynamics of Swirl Injectors [D]. Indiana: Purdue University, 2007.

[45] Schumaker S A, Danczyk S A, Lightfoot M D A. Effect of Swirl on Gas-Centered Swirl-Coaxial Injector: AIAA Paper 2011-5621[R]. 2011.

[46] Huerre P, Monkewitz P A. Local and Global Instabilities in Spatially Developing Flows[J]. Annu. Rev. Fluid Mech. , 1990, 22:473-537.

[47] Briggs R J. Electron-Stream Interaction with Plasmas[M]. Cambridge, MA: MIT Press, 1964.

[48] Bers A. Theory of Absolute and Convective Instabilities[C]//International Congress on Waves and Instabilities in Plasma, Innsbruck, Austria,1973.

[49] Keller J B, Rubinow S I, Tu Y O. Spatial Instability of a Jet[J]. Physics of Fluids, 1973, 16(12): 2052-2055.

第3章

液体离心喷嘴稳态喷雾特性实验研究

离心喷嘴是同轴离心喷嘴的基本组成单元,离心喷嘴所产生的喷雾参数如液膜的厚度、展开角度和破碎长度等对同轴喷嘴稳态及动态性能有很大影响。此外,第2章已经对锥形液膜进行了线性稳定性分析,为了验证理论分析结果,需要对离心喷嘴喷雾场的相关参数进行实验验证。从离心喷嘴出现至今,国内外针对离心喷嘴产生的锥形液膜的雾化特性开展了大量研究,表3-1对这些文献进行了回顾。这些文献主要研究了韦伯数、雷诺数等对锥形液膜破碎特性的影响,大部分文献都测量了液膜的破碎长度,但都没有发展出一套可以在理论上预测锥形液膜破碎长度的方法。

表 3-1 锥形液膜破碎研究文献回顾

研究者	喷嘴类型	喷嘴结构	反 压
Inamura 等人[1]	同轴离心喷嘴	喷口较长	无
Kim 等人[2]	离心喷嘴	只研究了一种结构	有
Chung 等人[3]	离心喷嘴	结构尺寸未知	无
Li 等人[4]	离心喷嘴	只研究了一种结构	无
Ramamurthi 等人[5]	离心喷嘴	柱形旋流腔,结构可变	有
Kim 等人[6]	液/液同轴离心喷嘴	结构可变,具有缩进段	无
Ghorbanian 等人[7]	离心喷嘴	结构尺寸未知	无
Kim 等人[8]	离心喷嘴	可变结构,没有收敛的喷口	无
Han 等人[9]	液/液同轴离心喷嘴	具有缩进段	无
Hamid 等人[10]	离心喷嘴	柱形旋流腔,结构尺寸未知	无

本章对包括收口型和敞口型在内的离心喷嘴稳态雾化性能进行实验研究,同时对第2章提出的离心喷嘴锥形液膜雾化破碎理论模型进行实验验证,此外还对将凝胶推进剂用于离心喷嘴的雾化性能进行实验研究。

3.1 收口型离心喷嘴喷雾特性实验研究

本节对收口型离心喷嘴稳态喷雾场参数进行实验研究,并对第2章提出的锥形液膜破碎的理论模型进行实验验证。实验系统如图 3-1 所示,主要由气体挤压式模拟液供应系统、压力和流量测量系统、高速动态测试系统组成。实验中以水为推进剂模拟液。压力传感器采用昆山双桥传感器厂生产的 CYG1101FT 高频动态压力传感器,响应频率为0~100 kHz,精度为 0.15%,量程为 0~2.5 MPa。流量测量采用科氏力质量流量计,量程范围为 0~5 000 g/min,精度为 ±0.2%。采用高速摄影机对喷雾特性进行测试。高速动态测试系统主要由激光器、Ultima-40K 高速摄影机、控制系统和配套的图像分析软件组成,其工作原理是以激光为背景光源,使用高速摄影机对研究对象(喷雾场或喷雾滴)进行拍摄,拍摄图像为数字格式,直接存入计算机硬盘,然后使用图像处理系统对图像进行处理,统计出雾化液滴的各种参数,液滴的测量精度为:最高分辨率 40 μm,测量误差小于 10%,在测量液滴颗粒直径前使用标准粒子板进行标定。Ultima-40K 高速摄影机每秒可拍摄 4 500 幅照片,不但可以清晰地看出颗粒大小、速度、形状及其分布,还可以看出颗粒的动态变化及破裂机理。

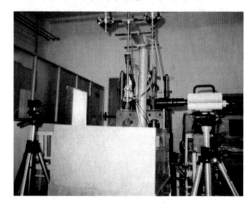

图 3-1 喷嘴稳态特性实验系统

由于已有大量文献对收口型离心喷嘴的雾化性能进行过研究,而本节主要针对第 2 章提出的锥形液膜破碎理论模型进行验证,因此只设计了 2 个不同结构参数的喷嘴,对它们在不同流量下所产生的锥形液膜的破碎特性进行测试,以此来验证理论模型。喷嘴的材料为不锈钢,喷嘴结构示意图如图 2-1 所示,两个模型喷嘴的喷口半径 R_c 均为 1.0 mm,切向通道半径 R_t 均为 1.0 mm,切向通道数目 n 均为 1 个,旋流腔半径 R_k 分别为 3 mm 和 5 mm,因此这两个喷嘴的几何特性系数 A 分别为 2 和 4。全部实验在常压、常温环境下进行。实验过程中调节流量及压力,使用高速动态测试系统对喷雾场进行拍摄,每个工况下的实验都重复 5 次以上。所拍摄的照片显示的是垂直于喷嘴轴线的拍摄区域的投影。图 3-2 为系统在 (5/4 500)s 内连续拍摄的喷雾图像。从图中可以看出,在喷嘴出口处形成了锥形液膜,液膜表面会连续产生扰动波。扰动波的振幅不断发展,在振幅增大到一定程度后液膜断裂。

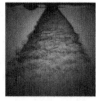 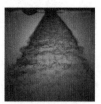 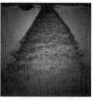 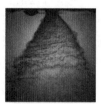

(a) $t=t_0+(1/4\ 500)s$　　(b) $t=t_0+(2/4\ 500)s$　　(c) $t=t_0+(3/4\ 500)s$　　(d) $t=t_0+(4/4\ 500)s$　　(e) $t=t_0+(5/4\ 500)s$

图 3-2 高速相机拍摄的锥形液膜照片

喷雾锥角是液膜破碎预测模型中的初始条件。喷雾锥角也是液体火箭发动机中的一个重要参数,它表征了喷雾的空间分布,因此对燃烧性能、多喷嘴之间的相互作用以及喷注面板的冷却等都具有重要影响。实验中对喷嘴在不同压降下产生的喷雾锥角进行测量,具体方法是:使用图像后处理软件对在同一工况下拍摄的大量锥形液膜照片,测量其中的喷雾锥角,然后取平均值。

图 3-3～图 3-5 为喷嘴所产生的锥形液膜的照片,以及测量得到的不同喷嘴压降下的喷雾锥角。从图 3-5 可以看出,对于同一喷嘴,当喷嘴压降增大时,喷雾锥角也随之增大,但喷嘴压降越大,喷雾锥角增加的幅度越小。对比同一压降下不同喷嘴的喷雾锥角可以发现,几何特性系数 A 越大,喷雾锥角也越大。这是因为

$$A=\frac{(R_{\mathrm{k}}-R_{\mathrm{t}})R_{\mathrm{c}}}{nR_{\mathrm{t}}^2}=\frac{\dfrac{Q}{n\pi R_{\mathrm{t}}^2}\times\overline{R}_{\mathrm{BX}}}{\dfrac{Q}{\pi R_{\mathrm{c}}^2}}=\frac{切向速度\times收口系数}{轴向速度} \tag{3-1}$$

式中:Q 表示喷嘴的体积流量,$\overline{R}_{\mathrm{BX}}=(R_{\mathrm{k}}-R_{\mathrm{t}})/R_{\mathrm{c}}$ 为喷嘴的收口系数。

由式(3-1)可以看出,当切向速度或旋转力臂增大时,A 增大,这意味着旋转动量增强,喷嘴内液体旋转越强烈,因此喷雾锥角增大。

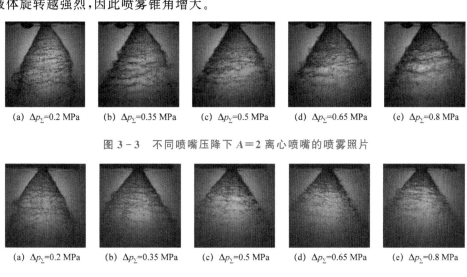

(a) Δp_Σ=0.2 MPa (b) Δp_Σ=0.35 MPa (c) Δp_Σ=0.5 MPa (d) Δp_Σ=0.65 MPa (e) Δp_Σ=0.8 MPa

图 3-3 不同喷嘴压降下 $A=2$ 离心喷嘴的喷雾照片

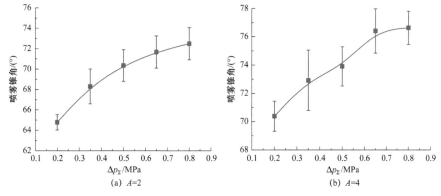

(a) Δp_Σ=0.2 MPa (b) Δp_Σ=0.35 MPa (c) Δp_Σ=0.5 MPa (d) Δp_Σ=0.65 MPa (e) Δp_Σ=0.8 MPa

图 3-4 不同喷嘴压降下 $A=4$ 离心喷嘴的喷雾照片

(a) $A=2$ (b) $A=4$

图 3-5 不同喷嘴压降下离心喷嘴的喷雾锥角

液膜速度 V 定义为液膜从喷口喷出后的轴向速度。由于 V 也是对锥形液膜进行线性稳定性分析的初始条件,因此需要通过实验事先确定。实验中,通过两张连续照片中液膜的轴向位移除以两张照片之间的时间间隔来确定液膜的轴向速度。图 3-6 为不同压降下两个模型喷嘴所形成液膜的轴向速度。从图中可以看出,除压降较小的情况(0.2 MPa)外,当几何特性系数 A 增大时,液膜轴向速度略微增大,但差别不是很大。

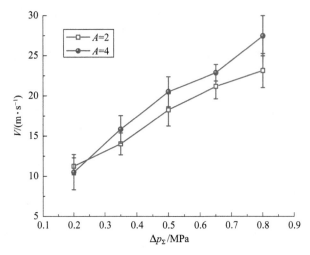

图 3-6 不同压降下模型喷嘴的液膜轴向速度

下面来确定锥形液膜的破碎长度。文献中通常有两种方法来确定液膜的破碎长度:光学方法和电学方法。光学方法可以分为成像方法和非成像方法,前者包括频闪摄影和全息成像。电学方法包括电导法等。在成像方法中,液膜破碎长度存在两种定义:一种把破碎长度定义为从喷口到液膜出现穿孔的位置之间的距离,另一种定义为从喷口到液膜破碎产生液滴的位置之间的距离。本次实验中,根据第二种定义方法判断液膜的破碎长度。对同一工况下 100 张照片中的液膜破碎长度进行测量,求其平均值即为平均的液膜破碎长度,测量误差不超过10%。图 3-7 为不同喷嘴在不同压降下的液膜破碎长度。从图中可以看出,对于不同喷嘴,当喷嘴压降增大时,液膜破碎长度都减小。而在喷嘴压降相同的条件下,当几何特性系数 A 增大时,液膜破碎长度减小。这可由两方面原因来解释:首先,A 增大时液膜厚度变薄,因此液膜更容易破碎;其次如前所述,A 增大时轴向速度略微增大,因此气动作用增强。

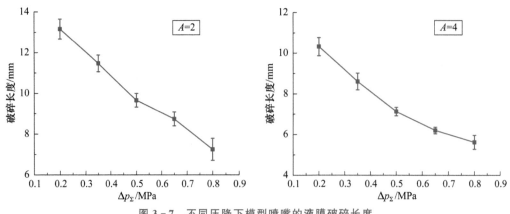

图 3-7 不同压降下模型喷嘴的液膜破碎长度

在第 2 章中提出的锥形液膜破碎模型中,式(2−18)被用来计算液膜的破碎长度,式中液膜速度 V 已经由实验获得,如图 3−6 所示;扰动波的最大增长率 ω_s 通过锥形液膜的线性稳定性分析获得;只有 $\ln(\eta_{bu}/\eta_0)$ 这一项的值不确定,线性不稳定性分析自身不能给出液膜破碎时的临界振幅 η_{bu},因此 Dombrowski 和 Hooper[11] 经过实验提出 $\ln(\eta_{bu}/\eta_0)=12$,但他们的实验是基于平面液膜的,代入锥形液膜的破碎模型进行计算后发现引起的误差较大。如前文所述,$\ln(\eta_{bu}/\eta_0)$ 的值与喷嘴结构、流动参数等有关,不同工况下应由实验给出,因为喷嘴结构的变化会使扰动初始振幅改变,比如文献[2]和[6]在计算液膜破碎长度时分别将 $\ln(\eta_{bu}/\eta_0)$ 的值设为 6.9 和 2。

图 3−8 为在锥形液膜表面测量的 η_{bu} 和 η_0。图中靠近喷嘴出口处的液膜表面初始振幅 η_0 约为 0.6 mm,而在液膜发生破碎的位置的表面,其扰动振幅约为 5.8 mm。经过计算得到 $\ln(\eta_{bu}/\eta_0)_{test}\approx2.3$。因此,在使用式(2−18)进行计算时,将 $\ln(\eta_{bu}/\eta_0)$ 的值设为 2.5。图 3−9 为将 $\ln(\eta_{bu}/\eta_0)$ 设为 2.5 计算得到的液膜破碎长度与实验测量值的对比。从图中可以看出,理论计算值与实验值符合较好。

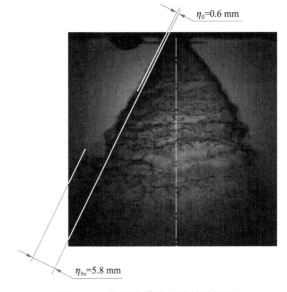

图 3−8　锥形液膜表面扰动波振幅

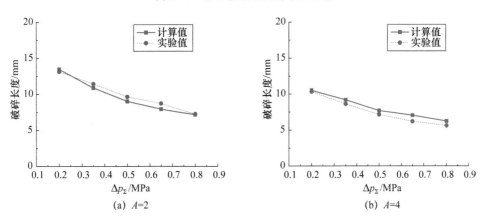

(a) A=2

(b) A=4

图 3−9　理论计算和实验测量的液膜破碎长度对比

下面将提出的模型预测及实验测量的液膜破碎长度与文献中的一些经验公式进行对比,以

进一步验证模型的正确性和实验的准确性。文献[12]提出的预测液膜破碎长度的经验公式为

$$L = C\left[\frac{\rho_1 \sigma \ln(\eta_{bu}/\eta_0) h \cos\theta}{\rho_g^2 U_1^2}\right]^{0.5} \quad (3-2)$$

式中：C 是一个常数，文献[12]中设为 3。图 3-10 显示的是本书提出的液膜破碎长度预测模型、实验结果与一些文献中的经验公式、实验结果进行的对比。其中图 3-10(b) 是图 3-10(a) 的局部放大。可以看出，Kim 等人的实验结果与其他数据偏离较大，这是因为 Kim 等人实验中所用的喷嘴为敞口型离心喷嘴，而其他数据都是基于收口型离心喷嘴得到的。使用本书提出的预测模型的结果在预测 $A=2$ 和 $A=4$ 的喷嘴时都与式(3-2)符合较好。Ghorbanian 等人[7]所用喷嘴的出口直径与本实验中喷嘴的出口直径相同，但其他结构未知，他们测得的液膜破碎长度比本书的实验结果略大。总体来说，本书提出的锥形液膜破碎模型得到了实验验证，也与文献中提出的经验公式和实验结果吻合较好。

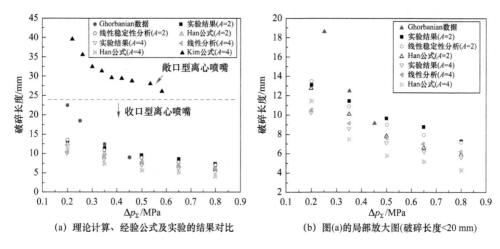

(a) 理论计算、经验公式及实验的结果对比   (b) 图(a)的局部放大图(破碎长度<20 mm)

图 3-10 液膜破碎长度的理论计算、经验公式及实验结果的对比

下面对从理论计算的液膜表面变形图像中得到的液膜破碎时间进行实验验证。实验中，认为液膜破碎长度除以液膜速度就等于液膜破碎时间。图 3-11 为理论计算与实验得到的液膜破碎时间的对比。从图中可以看出，理论计算值与实验结果吻合较好，尤其是正弦模式计算得到的破碎时间比曲张模式更接近实验值，从而进一步验证了正弦模式在锥形液膜的破碎过程中占主导地位。

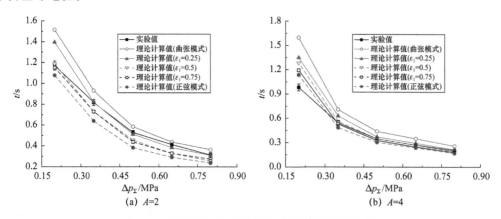

(a) $A=2$ (b) $A=4$

图 3-11 理论计算与实验测量的液膜破碎时间对比

图 3-12 为两个喷嘴在不同压降下液膜破碎时间的对比。可以看出 $A=4$ 的喷嘴对应的曲线位于 $A=2$ 的喷嘴对应曲线的下方,也就是说 $A=4$ 的喷嘴液膜破碎时间比 $A=2$ 的喷嘴液膜破碎时间短,这个规律在实验和计算中都能观察到。

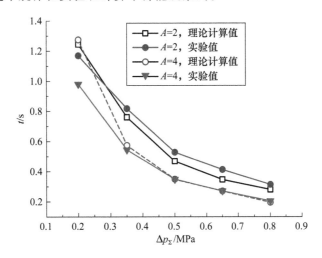

图 3-12　$A=2$ 和 $A=4$ 喷嘴在不同压降下液膜破碎时间的对比

3.2　敞口型离心喷嘴喷雾特性实验研究

尽管敞口型离心喷嘴所组成的同轴喷嘴在很多俄罗斯的补燃循环发动机中都有应用,但敞口型离心喷嘴的设计准则却少见有公开文献报道。与之相对,关于收口型离心喷嘴结构参数与雾化参数之间的关系却有很多研究[13-15]。事实上,敞口型离心喷嘴内部的流动状况与收口型喷嘴有很大不同。Fu 等人[16]对敞口型离心喷嘴内部的液膜厚度进行了测量,并提出了经验计算公式。Hong 等人[17]发现,在使用收口型离心喷嘴的经验公式来预测小开口系数(旋流腔半径与喷口半径非常接近,近似于敞口型)的离心喷嘴的流量系数时,会引起较大误差。因此,有必要针对敞口型离心喷嘴的雾化参数和流动参数提出一系列经验计算公式,以便为设计敞口型离心喷嘴提供参考。本节针对敞口型离心喷嘴的喷雾特性进行

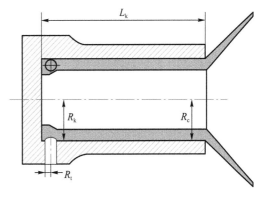

图 3-13　敞口型离心喷嘴结构示意图

实验研究,提出预测敞口型离心喷嘴的喷雾锥角、流量系数和液膜破碎长度的经验公式,以对敞口型离心喷嘴的设计有所借鉴。

实验系统与 3.1 节类似,在此不再赘述。敞口型离心喷嘴结构如图 3-13 所示,喷嘴的结构参数如表 3-2 所列。

表 3 - 2　敞口型离心喷嘴结构参数

喷嘴编号	R_t/mm	R_k/mm	R_c/mm	L_k/mm	切向通道数目 n	A
1	0.8	4.0	4.0	38.5	1	20
2	0.95	4.0	4.0	38.5	1	13.5
3	0.99	4.0	4.0	38.5	1	12.3
4	1.1	4.0	4.0	38.5	1	9.6
5	1.35	4.0	4.0	38.5	1	5.8

　　实验中,每个喷嘴的压降在 0.1～0.5 MPa 之间变化,每个工况下都对喷嘴的流量和压降进行记录。实验时当喷雾进入稳定状态后,使用高速摄像机对喷雾场进行拍摄。使用后处理软件从拍摄的照片中量出喷雾锥角、液膜破碎长度的信息。对每个工况的实验进行若干次重复,实验结果为重复测试的平均值,每次都给出测量的标准差。所有实验都在大气环境中进行。

　　Lefebvre[18]将离心喷嘴喷雾场的发展按喷射压力从低到高分为五个阶段:滴状流动阶段、扭曲铅笔形阶段、洋葱形阶段、郁金香形阶段以及完全发展的喷雾锥阶段。这五个阶段对应的雾化质量依次变好。图 3 - 14 和图 3 - 15 给出的是敞口型离心喷嘴在不同喷嘴压降下的喷雾照片。可以看出,影响喷雾场发展的不仅是喷注压力,还有喷嘴的几何结构。

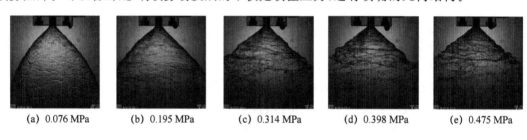

(a) 0.076 MPa　　(b) 0.195 MPa　　(c) 0.314 MPa　　(d) 0.398 MPa　　(e) 0.475 MPa

图 3 - 14　2 号喷嘴在不同压降下的喷雾照片

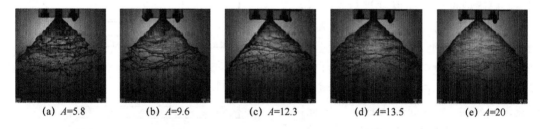

(a) A=5.8　　(b) A=9.6　　(c) A=12.3　　(d) A=13.5　　(e) A=20

图 3 - 15　压降为 0.3 MPa 时不同喷嘴的喷雾照片

　　图 3 - 14 显示出当喷嘴压降分别为 0.076 MPa、0.195 MPa、0.314 MPa、0.398 MPa、0.475 MPa 时的液膜形状。从图中可以看出,当喷嘴压降升高时,液膜破碎长度减小,喷雾锥从下部收缩的形状变为完全发展的喷雾锥。喷雾锥形状的变化是由喷注压力引起的惯性力与液体表面张力引起的收缩力之间的相互竞争关系决定的。图 3 - 15 为在相同压降下,不同喷嘴的喷雾照片。从图中可以看出,喷嘴结构对液膜表面的影响比对喷雾锥形状的影响大。当几何特性系数 A 较小时,液膜表面呈现出不同波长的扰动波,而且可以观察到液膜上出现穿孔;但当 A 较大时,液膜表面变得相对平整,也几乎观察不到穿孔出现。

下面对敞口型离心喷嘴的流量特性进行讨论。图 3 - 16 为喷嘴在不同压降下的质量流量。可以看出,对每个喷嘴,质量流量都随着喷嘴压降的增大而增大。当喷嘴压降一定时,质量流量随着几何特性系数 A 的增大而减小。

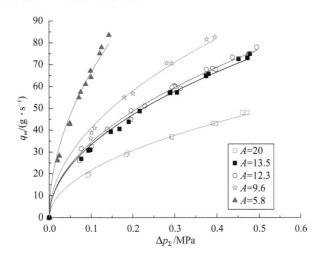

图 3 - 16　不同喷嘴质量流量随喷嘴压降的变化

离心喷嘴的流量系数计算公式为

$$\mu = q_m / (A_n \sqrt{2\rho\Delta p_\Sigma}) \qquad (3-3)$$

式中:A_n 为喷口面积。由于离心喷嘴的旋流腔内存在空气涡,导致有效流动面积减小,因此其流量系数较小。表 3 - 3 为对所有模型喷嘴根据式(3-3)进行拟合得到的流量系数及其标准差。

表 3 - 3　拟合的流量系数及其标准差

喷嘴编号	1	2	3	4	5
流量系数	0.031	0.047	0.048	0.058	0.094
标准差	2.29×10^{-4}	3.10×10^{-4}	2.91×10^{-4}	6.67×10^{-4}	12.68×10^{-4}

在此,对文献中的一些关于离心喷嘴流量系数与喷嘴主要尺寸之间关系的经验公式进行总结。Abramovich[19]认为流量系数只与几何特性系数 A 有关。他从实验结果和无黏的理论分析中得到了关于流量系数 μ 的经验公式

$$\mu = 0.432 / A^{0.64} \qquad (3-4)$$

Rizk 和 Lefebvre[20]也得到了流量系数与几个喷嘴结构参数之间的经验关系

$$\mu^2 = 0.225 A_p / (4R_s R_n) \qquad (3-5)$$

式中:$A_p = n\pi R_p^2$ 是切向通道面积的总和。

Hong 等人[17]得到了用于较小开口系数离心喷嘴的预测流量系数的修正经验公式

$$\mu = 0.44 \times (A_p / 4R_n^2)^{0.84\times\beta^{-0.52}}\beta^{-0.59}, \quad \beta < 2.3 \qquad (3-6)$$

式中:$\beta = R_{in} / R_n$ 是喷嘴的开口系数,对于敞口型离心喷嘴 $\beta < 1$。

所有这些经验公式都是基于收口型离心喷嘴(或者小开口系数的收口型离心喷嘴)。但由于敞口型离心喷嘴没有收敛的喷口,其内部流动必然与收口型离心喷嘴有所不同,因此用这些经验公式来预测敞口型离心喷嘴的流量系数必然带来较大误差。图 3 - 17 为拟合得到的流量

系数随几何特性系数变化的曲线,图中同时将使用以上经验公式计算得到的流量系数也一并给出。图中的实线表示使用无黏理论和最大流量原理计算得到的流量系数。

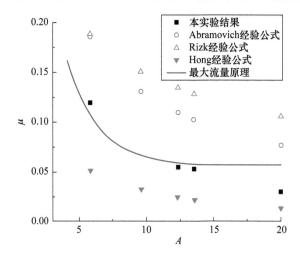

图 3 – 17　流量系数随几何特性系数的变化

从图 3 – 17 可以看出,敞口型离心喷嘴的流量系数随着几何特性系数 A 的增大而减小。这是由于 A 增大使得液体旋转加剧,喷嘴内的液膜变薄引起喷嘴的质量流量减小。实验得到的流量系数随 A 的变化趋势与经验公式相同,但是它们之间存在明显差异,如上所述,这是敞口型离心喷嘴和收口型离心喷嘴内部流动不同所致。

为了更准确地预测敞口型离心喷嘴的流量系数,首先采用类似 Hong 等人的方法,设流量系数与喷嘴结构参数之间的关系遵循类似式(3 – 6)的形式:$\mu = a \times (A_p / 4R_n^2)^{n_1} \beta^{n_2}$;然后将实验结果按照这样的形式进行拟合,得到预测敞口型离心喷嘴流量系数的经验公式

$$\mu = 0.19(A_p / 4R_n^2)^{0.65} \beta^{-2.13} \tag{3 – 7}$$

从图 3 – 18 可以看出,使用之前的预测模型结果都与实际流量系数偏差较大,但使用式(3 – 7)预测的流量系数与实测值吻合较好。

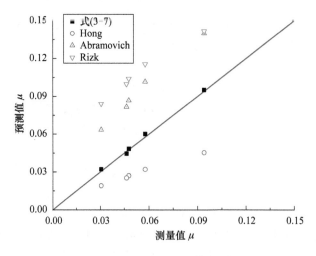

图 3 – 18　预测的流量系数与测量值的比较

此外,经过实验数据的拟合,敞口型离心喷嘴的流量系数也可以表示为只与几何特性系数 A 有关的函数

$$\mu = 0.435\,4/A^{0.877} \tag{3-8}$$

图 3 - 19 为不同压降下的喷雾锥角。从图中可以看出,随着喷嘴压降的增大,喷雾锥角也增大;几何特性系数 A 越大,锥角随压降增大的趋势越明显。与收口型离心喷嘴相同,相同压降下喷雾锥角随几何特性系数的增大而增大。

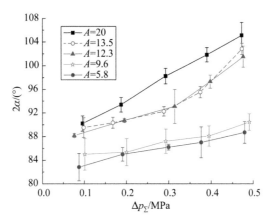

图 3 - 19　不同喷嘴的喷雾锥角随喷嘴压降的变化

根据最大流量原理,几何特性系数 A 可以表示为 $A = (1-\varphi)\sqrt{2}/(\varphi\sqrt{\varphi})$,其中 φ 为环形液膜截面积与喷口面积之比。喷雾锥角的计算公式为

$$\tan\alpha = 2\mu A/\sqrt{(1+S)^2 - 4\mu^2 A^2} \tag{3-9}$$

式中:S 为无量纲气涡半径。显然,式(3 - 9)中不包含喷嘴压降和流量的影响;但从图 3 - 19 可以看出,喷嘴压降或流量对喷雾锥角有显著影响,因此需要对式(3 - 9)进行修正。在此,根据实验数据拟合出一个与几何特性系数和流动参数有关的喷雾锥角计算公式

$$\tan\alpha = 0.033 \times A^{0.338} \times Re_p^{0.249} \tag{3-10}$$

式中:$Re_p = 2Q/(\pi\sqrt{n}R_p\nu)$ 表示喷嘴切向通道入口的雷诺数,Q 表示喷嘴的体积流量,ν 表示工质的运动黏性系数。图 3 - 20 为用式(3 - 10)预测的喷雾锥角与测量值之间的比较。可以看出,用式(3 - 10)预测的喷雾锥角与测量值之间的误差不超过 5%。

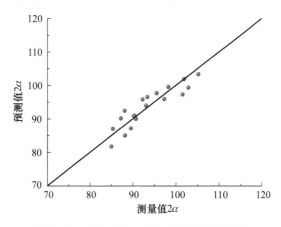

图 3 - 20　预测的喷雾锥角与测量值的比较

下面对敞口型离心喷嘴所产生液膜的破碎长度进行研究。根据前面的定义,液膜的破碎长度定义为从喷口到出现液丝的位置之间的距离。图 3-21 为不同喷嘴的液膜破碎长度与喷嘴压降之间的关系。从图中可以看出,对于所有喷嘴都是液膜破碎长度随喷嘴压降的增大而减小。当几何特性系数 A 增大时,锥形液膜的破碎长度总体上变短。

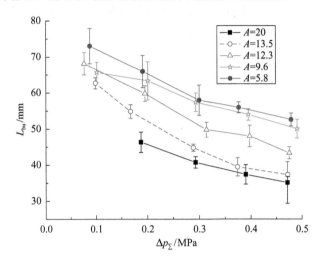

图 3-21 不同喷嘴所产生液膜的破碎长度随喷嘴压降的变化

如第 2 章及 3.1 节、3.2 节所述,使用线性稳定性分析方法可以预测锥形液膜的破碎长度,但这需要进行相对复杂的推导和运算。在此,根据实验数据拟合出关于无量纲液膜破碎长度和喷嘴几何特性系数及流动参数的经验公式

$$L_{bu}/2R_n = 3\,935 \times A^{-0.621} \times Re_p^{-0.465} \tag{3-11}$$

从图 3-22 可以看出,式(3-11)可以很好地预测液膜的破碎长度,其误差小于 5%。

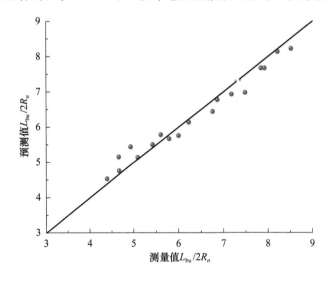

图 3-22 预测的液膜破碎长度与测量值的比较

3.3 凝胶推进剂在离心喷嘴中的喷雾特性

由于凝胶推进剂具有高黏度的特点,因此凝胶的雾化成为凝胶推进发动机研究中的一个难题。设计出一个对凝胶推进剂雾化效果好的喷嘴是未来应用凝胶推进技术的关键之一。目前针对凝胶推进剂雾化使用的喷嘴多为撞击式喷嘴、针栓式喷嘴或气动雾化喷嘴。Green 等人[21]和 Rahimi 等人[22]对气动雾化喷嘴和超声波雾化喷嘴对凝胶推进剂的雾化效果进行了实验研究。Rahimi 和 Natan[23]研制的凝胶发动机实验样机采用了锥形喷嘴的结构形式。关于使用撞击式喷嘴进行凝胶推进剂雾化实验则有大量的文献报道。Thompson 等人[24]使用离心喷嘴对黏弹性流体进行了雾化实验研究。文献[25]对非牛顿流体在离心喷嘴内的流动状况进行了数值模拟。他们使用 VOF 方法结合两参数幂律模型对在离心喷嘴内流动时的气液界面进行捕捉,得到了在不同喷嘴结构参数(几何特性系数、收口系数、喷口长径比等)下,牛顿流体、剪切稀化流体及剪切变稠流体在喷嘴内流动时的流场数值解。基于人为引入扰动可以改善雾化的考虑,Chernov 等人[26]在撞击式喷嘴的基础上,在喷嘴出口处安装一对相互啮合的类似齿轮的结构来周期性改变喷嘴出口的面积,以此达到振荡的效果。结果表明,在雾化过程中人为引入振荡会改善凝胶推进剂的雾化效果,至少能使大尺寸的液滴数目减少。Chernov 认为,如果有一种效果更好的引入振荡的方法,就可能取得更好的效果。

本节针对普通离心喷嘴和振荡离心喷嘴,使用凝胶推进剂的模拟介质进行雾化性能实验,分析喷嘴几何结构参数和工况参数等对雾化性能的影响。

3.3.1 凝胶模拟液流变测试

出于安全性考虑,使用水基凝胶模拟液代替真实的凝胶推进剂。模拟液为浓度 2% 的多糖水溶液。模拟液的表面张力为 0.07 N/m,密度为 1 010 kg/m³。使用 Bohlin-CS50 型锥板式旋转流变仪对凝胶模拟液的稳态和动态剪切流变进行测试。图 3-23 为凝胶模拟液的稳态剪切流变曲线。从图中可以看出,剪切黏度随着剪切速率的增大而减小,模拟液的流变行为可以使用幂律模型 $\eta = K \cdot \dot{\gamma}^{n-1}$ 来描述,其中 $\dot{\gamma}$ 和 η 分别代表剪切速率和剪切黏度,K 为稠度系数,n 为流动指数。从流变曲线使用幂律模型拟合得到 $K = 6.43 \ \mathrm{Pa \cdot s}^n$,$n = 0.39$。凝胶推进剂具有一定的屈服应力。当施加的应力小于屈服应力时,推进剂处于凝固的胶体状态;当施加的应力超过屈服应力时,推进剂黏性随着剪切速率的增大迅速减小,并像液体一样流动。这种特性有利于改善动力装置的贮存、使用及安全性。图 3-24 为对凝胶模拟液施加的应力与剪切速率之间的关系。从图中可以看出,模拟液的屈服应力约为 1 Pa。

锥板式流变仪可用于流体的动态黏弹性测试。此时转子不做定向转动,而在控制系统调制下做振幅很小的正弦振荡,振荡频率 ω 可调。已经证明当被测液体为线性体时,转子输入正弦振荡的应变为 $\gamma(t) = \hat{\gamma}\sin(\omega t)$,在固定板上可测到正弦振荡的应力响应为 $\tau(t) = \hat{\tau}\sin(\omega t + \delta)$,两者频率相同,但有一个相位差 δ,对于黏弹性流体,$0 < \delta < \pi/2$;对于纯黏性流体,$\delta = \pi/2$;对于弹性固体,$\delta = 0$。

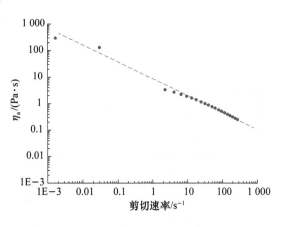

图 3 - 23　凝胶模拟液的稳态剪切流变　　　图 3 - 24　凝胶模拟液的屈服应力

剪切应力可以表示为复数剪切模量 $G^*(\omega)$ 的函数,即

$$\tau(t)=\hat{\gamma}\left|G^*(\omega)\right| \cdot \sin[\omega t+\delta(\omega)] \tag{3-12}$$

$G^*(\omega)$ 与振荡频率有关,定义为

$$G^*(\omega)=\frac{\hat{\tau}}{\omega\hat{\gamma}}(\cos\delta+i\sin\delta)=G'(\omega)+iG''(\omega) \tag{3-13}$$

式中:$G'(\omega)$ 称为贮存模量或弹性模量,$G''(\omega)$ 称为损耗模量或黏性模量。

动态黏度为

$$\eta^*=G^*/\omega \tag{3-14}$$

图 3 - 25(a)为模拟液的动态流变曲线。图中的弹性模量 $G'(\omega)$ 和黏性模量 $G''(\omega)$ 以振荡频率的函数给出。从图中可以看出,模拟液的弹性模量总是大于黏性模量,也就是说,在低于屈服应力的情况下,模拟液具有较高的弹性。图 3 - 25(b)给出了相位角 δ 和复数模量 $G^*(\omega)$ 与振荡频率的关系,可以看出,相位角 δ 在大部分的频率范围内更接近于 0,这也说明模拟液具有较高的弹性。

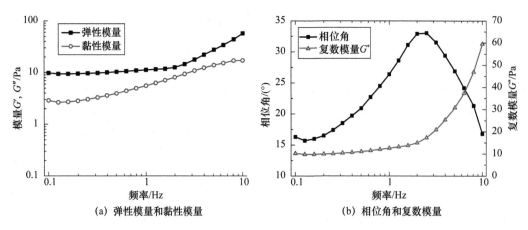

(a) 弹性模量和黏性模量　　　　　　　(b) 相位角和复数模量

图 3 - 25　凝胶模拟液的动态剪切流变

Cox-Merz 关系[27]指出:在某一剪切速率下的稳态剪切黏度应与相同数值角频率下的动

态黏度基本一致,即

$$\eta(\dot{\gamma}) \approx \eta^*(\omega) \rightarrow \dot{\gamma} \approx \omega \qquad (3-15)$$

可以通过检验稳态流变与动态流变的测试数据是否符合 Cox-Merz 公式来检验测试的准确性。图 3-26 为动态黏度与振荡频率的关系。通过对比图 3-26 与图 3-23,0.1 Hz 振荡频率的动态黏度约为 16 Pa·s,剪切速率为 0.1 s^{-1}的剪切黏度为 20 Pa·s;10 Hz 振荡频率的动态黏度约为 1 Pa·s,剪切速率为 10 s^{-1}的剪切黏度略微大于 1 Pa·s。因此,稳态剪切流变和动态流变测试的准确性得到了验证。

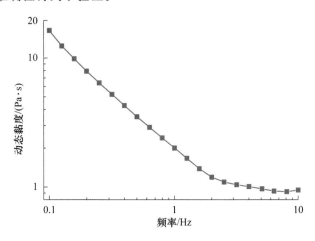

图 3-26　动态黏度与振荡频率的关系

3.3.2　普通离心喷嘴

凝胶推进剂雾化性能实验系统如前面所述,唯一区别是在对其雾化场进行拍摄时,为了对凝胶推进剂雾化产生的液丝结构进行清晰的观察,使用了由加拿大 Mega Speed 公司生产的曝光时间更短的高速摄像机 MS75K,其在最高快门速度 10 μs 下所拍摄照片的像素为 504×504,最快每秒可以拍摄 6 000 张照片。

实验中使用凝胶模拟液进行了普通离心喷嘴的雾化特性试验,分析了喷嘴进出口面积比和几何特性系数等对喷嘴流量系数、喷雾锥角及液膜破碎长度的影响。

模型喷嘴的喷口直径 R_c 为 1.5 mm 和 2.0 mm,旋流室直径 R_k 为 18 mm 固定不变。喷嘴结构参数如表 3-4 所列,对表 3-4 中的 12 个喷嘴分别进行不同喷嘴压降下的喷雾实验,为了方便讨论,分别将各个喷嘴记为 S1~S12。喷嘴压降的取值范围为 0.2~1.6 MPa,每隔 0.2 MPa 取一个工况进行雾化实验。实验在常温 20 ℃条件下进行。

表 3-4　凝胶推进剂雾化实验喷嘴结构参数

R_k/mm	18											
R_c/mm	2.0						1.5					
切向通道个数	2			3			2			3		
R_t/mm	1.0	1.5	2.0	1.0	1.5	2.0	1.0	1.5	2.0	1.0	1.5	2.0
A	17	7.3	4	11.3	4.9	2.7	12.8	5.5	3	8.5	3.8	2
喷嘴标记	S1	S2	S3	S4	S5	S6	S7	S8	S9	S10	S11	S12

图 3-27 为 S1 喷嘴在不同喷嘴压降下的喷雾照片。从图 3-27 中可以看到,当喷嘴压降为 0.2 MPa 时,模拟液从喷口流出后并不能展开成液膜,只能呈液柱喷出。当压降继续升高时,旋转的液柱甩出大的液丝。当压降升至 0.8 MPa 时,开始出现液膜,但液膜因其表面张力的作用又收缩回来;当压降升至 1.6 MPa 时,液膜仍有收缩的趋势。

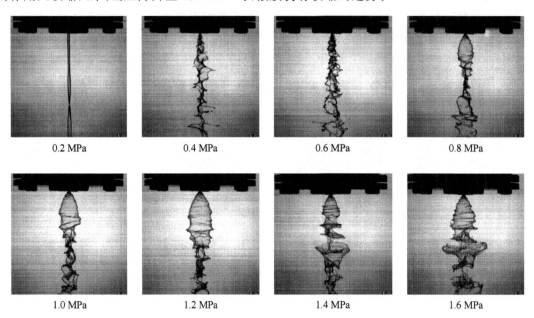

| 0.2 MPa | 0.4 MPa | 0.6 MPa | 0.8 MPa |

| 1.0 MPa | 1.2 MPa | 1.4 MPa | 1.6 MPa |

图 3-27　不同喷嘴压降下 S1 喷嘴喷雾照片

图 3-28 为 S2 喷嘴在不同喷嘴压降下的喷雾照片。该喷嘴的雾化效果比 S1 喷嘴的雾化效果略好,在 0.2 MPa 的低压力下便可展开成液膜,且没有出现液膜收缩的现象,模拟液在喷出喷口后会先形成一段液柱,然后再展开成液膜,由此可见,空气并没有由喷口进入喷嘴内,这与离心喷嘴雾化水等低黏度流体时在喷嘴内形成空气涡的情况大相径庭。出现这样的情况,一方面,很有可能是模拟液的高黏度造成的,因此喷嘴内的压力损失会较大,从而降低了模拟液的旋流强度;另一方面,喷口的尺寸较小,喷口沿径向的速度梯度较大,因而沿喷口周向的摩擦力较大,使得液流角动量损失很大。随着压力的升高,液柱长度有所变短。当喷嘴压降升至 1.2 MPa 时,出现了比较完整的液膜,在距喷口一定距离处液膜破碎产生液丝,但液丝还无法进一步破碎成液滴。当喷嘴压降为 1.6 MPa 时,液膜破碎成液丝后,部分液丝可进一步破碎成液滴。

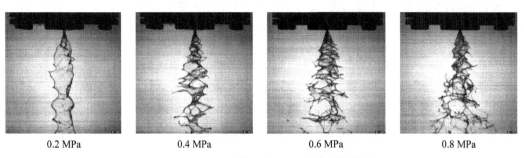

| 0.2 MPa | 0.4 MPa | 0.6 MPa | 0.8 MPa |

图 3-28　不同喷嘴压降下 S2 喷嘴喷雾照片

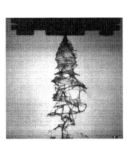   

| 1.0 MPa | 1.2 MPa | 1.4 MPa | 1.6 MPa |

图 3 - 28 不同喷嘴压降下 S2 喷嘴喷雾照片(续)

图 3 - 29 为 S3 喷嘴在不同喷嘴压降下的喷雾照片。从图中可以看到,该喷嘴的雾化效果比前两个喷嘴的雾化效果好,表现在喷嘴锥角的增大和液膜破碎产生液滴的增多。在喷嘴压降为 0.8 MPa 时便能看到较细的液丝。当压降为 1.6 MPa 时,液膜破碎长度已变得较短,喷雾锥角也较大,在喷雾场中出现了大片的液滴与液丝共存区。

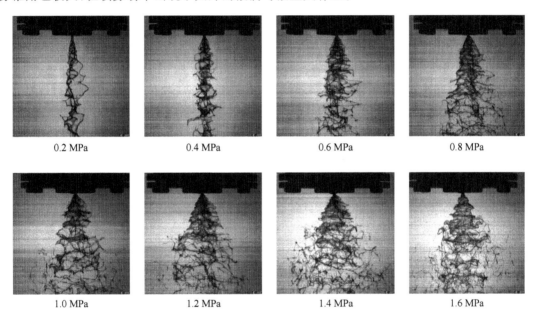

| 0.2 MPa | 0.4 MPa | 0.6 MPa | 0.8 MPa |
| 1.0 MPa | 1.2 MPa | 1.4 MPa | 1.6 MPa |

图 3 - 29 不同喷嘴压降下 S3 喷嘴喷雾照片

本书认为,可以将离心喷嘴喷雾场分为完整液膜区(图 3 - 30 所示的Ⅰ区)、液膜和液丝共存区(图 3 - 30 所示的Ⅱ区)、紊乱网状液丝区(图 3 - 30 所示的Ⅲ区)和液丝与液滴共存区(图 3 - 30 所示的Ⅳ区)。在Ⅰ区,从喷嘴出口流出的液流展开成锥形的液膜;在Ⅱ区,液膜开始撕裂,产生一个个空洞,空洞逐渐变大后,在两个或多个空洞的共同作用下使液膜逐渐破碎成液丝;在Ⅲ区,液膜已基本破碎成液丝,液丝之间形成网状结构;在Ⅳ区,一部分液丝破碎成液滴,另一部分仍然呈液丝状,但此时网状结构已经被破坏。在凝胶推进剂雾化过程中,液丝并没有很快全部破碎成液滴,喷雾场是液滴和液丝共存的区域,这是凝胶推进剂雾化的一个特点。图 3 - 31 为喷雾场的局部放大图,从图中可以看到,凝胶模拟液这种幂律流体雾化所产生的"液滴"并不像水滴那样呈圆球形,而是呈絮状,这可能是由模拟液胶凝剂的网状分子结构决定的。因此,评价雾化质量的好坏无法用雾滴平均直径来衡量,而是采用液膜破碎长度,在本研究中将液膜破碎长度定义为从喷嘴出口到液膜和液丝共存区结束处之间的距离。

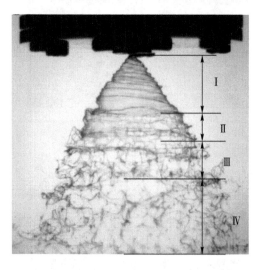

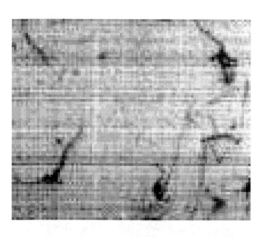

图 3-30 普通离心喷嘴喷雾场液膜分区图   图 3-31 模拟液雾化后产生的絮状液滴

图 3-32 为 S4 喷嘴在不同喷嘴压降下的喷雾照片,可以看出,该喷嘴在压降达到 1.0 MPa 时才形成液膜,而在压降低于 1.0 MPa 时只能形成一个旋转、扭曲的液带。该喷嘴的几何特性系数虽然较大,但由于切向通道直径较小,造成喷嘴压降大部分集中在切向通道,所以 S4 喷嘴的雾化效果不是很好。

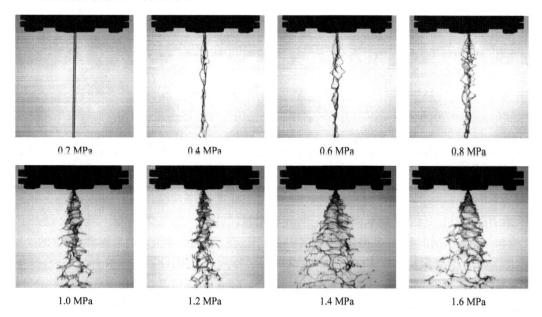

图 3-32 不同喷嘴压降下 S4 喷嘴喷雾照片

图 3-33 为 S5 喷嘴在不同喷嘴压降下的喷雾照片,该喷嘴的雾化效果较好。在压降高于 1.0 MPa 时液膜基本能全部破碎为液丝。但在喷嘴压降高于 1.0 MPa 后,喷雾锥角基本没发生变化,这说明单纯提高喷嘴压降已无法进一步改善喷嘴对模拟液的雾化效果。

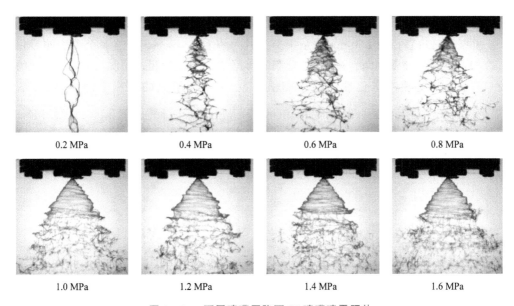

图 3 - 33　不同喷嘴压降下 S5 喷嘴喷雾照片

图 3 - 34 为 S6 喷嘴在不同喷嘴压降下的喷雾照片,与 S3 和 S5 喷嘴比较,S6 喷嘴的喷雾锥角有所减小。喷嘴 S1～S6 的喷口直径是一样的,不同之处在于切向通道的直径和个数,S1和 S4 喷嘴的切向通道直径小,造成模拟液在进入旋流室过程中的压力损失过大,使喷雾锥角变小。S6 喷嘴则是由于切向通道个数较多,几何特性系数 A 较小,使得旋流强度相对较小,造成喷雾锥角不如 S3 和 S5 喷嘴的大。因此,对于雾化黏度较高的凝胶模拟液,离心喷嘴的喷口及切向进口的尺寸应尽可能大,但从离心喷嘴的设计角度来看,喷口过大不易形成较大的喷嘴压降,而切向进口的直径增大又会减小旋流强度,所以在喷口和切向进口尺寸的选取上,应该有一个最佳值,就上述 6 个喷嘴来看,S3 和 S5 喷嘴的结构尺寸相对较合理,即喷口直径2 mm,几何特性系数 A 在 4～5 范围内取值。

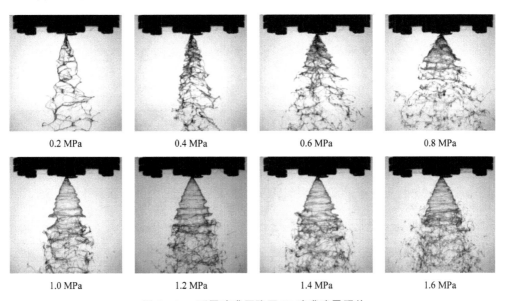

图 3 - 34　不同喷嘴压降下 S6 喷嘴喷雾照片

图 3-35~图 3-40 是 S7~S12 喷嘴的喷雾照片,这 6 个喷嘴的喷口直径均是 1.5 mm,而 S1~S6 喷嘴的喷口直径为 2.0 mm。从喷雾照片可以看出,S7~S12 这 6 个喷嘴的雾化效果不及 S3 和 S5 喷嘴,喷雾锥角普遍较小,液膜破碎形成的液丝较粗。可见,对于高黏度的模拟液,喷口直径对离心喷嘴雾化性能的影响很大,在本书所研究的喷嘴中,喷口直径基本在 2.0 mm 左右。

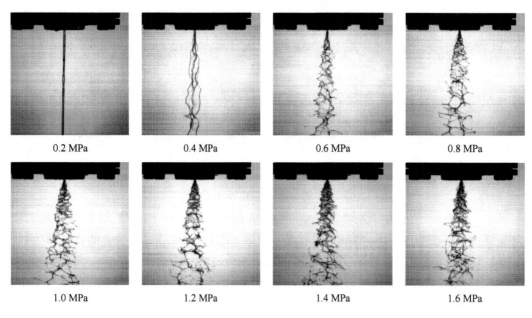

图 3-35　不同喷嘴压降下 S7 喷嘴喷雾照片

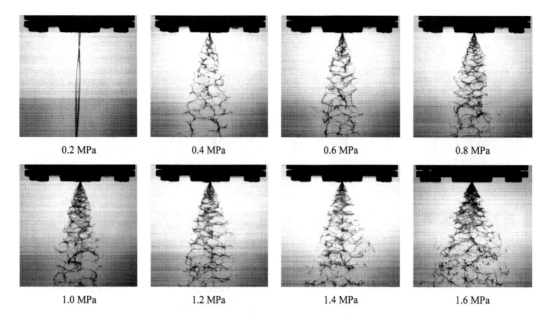

图 3-36　不同喷嘴压降下 S8 喷嘴喷雾照片

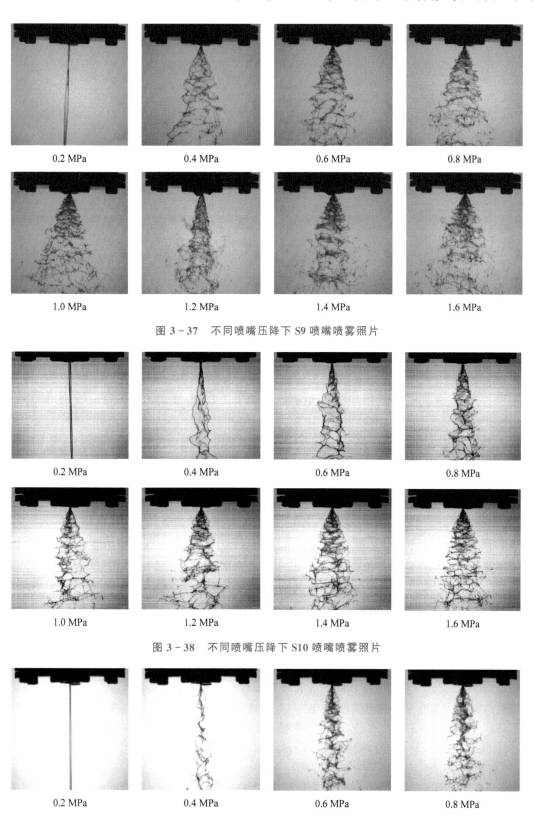

0.2 MPa 0.4 MPa 0.6 MPa 0.8 MPa

1.0 MPa 1.2 MPa 1.4 MPa 1.6 MPa

图 3 - 37 不同喷嘴压降下 S9 喷嘴喷雾照片

0.2 MPa 0.4 MPa 0.6 MPa 0.8 MPa

1.0 MPa 1.2 MPa 1.4 MPa 1.6 MPa

图 3 - 38 不同喷嘴压降下 S10 喷嘴喷雾照片

0.2 MPa 0.4 MPa 0.6 MPa 0.8 MPa

图 3 - 39 不同喷嘴压降下 S11 喷嘴喷雾照片

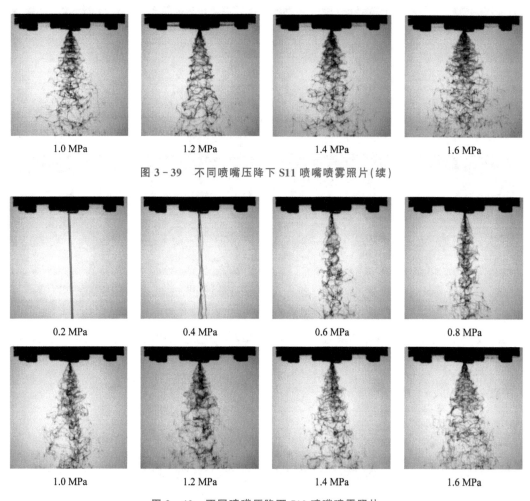

图 3-39　不同喷嘴压降下 S11 喷嘴喷雾照片(续)

图 3-40　不同喷嘴压降下 S12 喷嘴喷雾照片

　　下面从流量特性、流量系数、喷雾锥角和液膜破碎长度 4 个方面对使用凝胶模拟液的离心喷嘴的雾化特性进行定量分析。

1. 流量特性

　　图 3-41(a)为喷嘴 S1～S6 的流量特性，即当喷嘴出口直径为 2.0 mm 时,不同切向通道喷嘴的质量流量随喷嘴压降的变化情况。图 3-41(b)为喷嘴 S7～S12 的流量特性,这是当喷嘴出口直径为 1.5 mm 时,不同切向通道喷嘴的质量流量随喷嘴压降的变化情况。从这两个图中可以看到,喷嘴质量流量随喷嘴压降的增大而逐渐增大。不同喷嘴质量流量之间的比较关系为:对于喷口直径为 2.0 mm 的喷嘴,S6>S3>S5>S2>S4>S1;对于喷口直径为 1.5 mm 的喷嘴,S12>S9>S11>S8>S10>S7。这与离心喷嘴的几何特性系数 A 的大小关系是一致的。也就是说,当工质和喷嘴压降一定时,喷嘴的几何特性系数 A 决定了喷嘴质量流量的大小。

2. 流量系数

　　图 3-42 为不同喷嘴压降下喷嘴流量系数随喷嘴进出口面积比 s 的变化曲线。从图中可以看到,流量系数随进出口面积比的增大而增大。

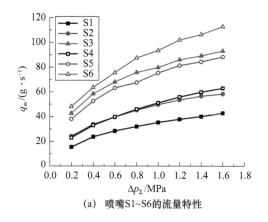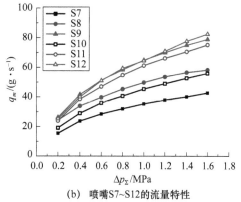

(a) 喷嘴S1~S6的流量特性　　　　(b) 喷嘴S7~S12的流量特性

图 3-41　普通离心喷嘴的流量特性

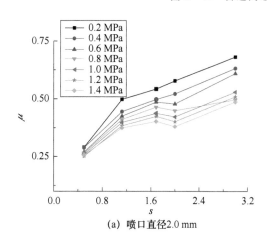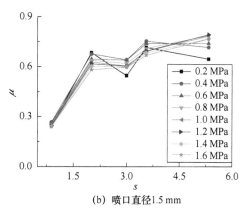

(a) 喷口直径2.0 mm　　　　　　(b) 喷口直径1.5 mm

图 3-42　喷嘴流量系数 μ 随喷嘴进出口面积比 s 的变化

图 3-43 为喷嘴流量系数随喷嘴几何特性系数 A 的变化曲线,由图可知,随着 A 值的增大,流量系数逐渐变小。而且模拟液的流量系数比牛顿流体的流量系数大,这是由模拟液的高黏度决定的。

3. 喷雾锥角

将高速动态摄影系统拍摄的照片用图像分析软件进行处理,可测得各喷嘴在不同工况下的喷雾锥角,如图 3-44 所示。从图 3-44(a) 可以看到,喷雾锥角随喷嘴压降的增大先逐渐增大,然后略有下降。

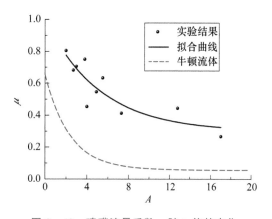

图 3-43　喷嘴流量系数 μ 随 A 值的变化

图 3-44(b)所示的情况与图 3-44(a)略有不同,喷雾锥角随喷嘴压降的变化不大,说明喷口直径为 1.5 mm 的喷嘴的喷雾锥角比喷口直径为 2.0 mm 的喷嘴的喷雾锥角在相同工况下要小一些。

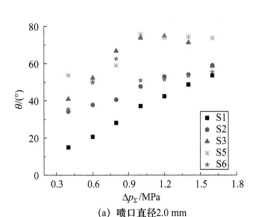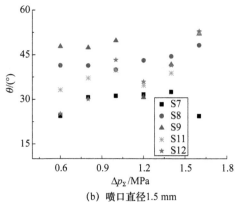

图 3-44　喷雾锥角随压降的变化

图 3-45 为喷雾锥角与几何特性系数 A 的关系曲线。喷雾锥角随 A 值呈先增大再减小的趋势。对于一般的离心喷嘴,喷雾锥角是随着 A 值的增大而增大,但从图中却看到,过大的 A 值反而使喷雾锥角变小。这是由于当 A 值较小时,喷嘴内的旋流强度较小,从而使喷雾锥角也较小;当 A 值增大时,喷嘴内的旋流强度增大,使喷雾锥角变大,但喷雾锥角不可能一直增大,因为当喷口直径一定时,A 值的增大意味着喷嘴切向进口的面积减小,这样模拟液流入喷嘴的压降损失增大,从而降低了旋流强度而使喷雾锥角变小。从图 3-45 来看,A 值在一个较小范围内会产生较大的喷雾锥角,该取值在 3～6 之间。

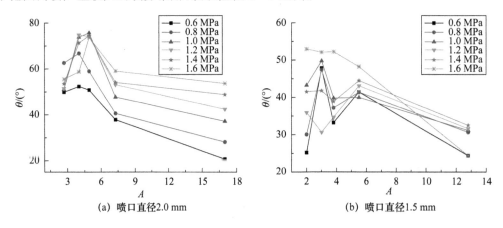

图 3-45　喷雾锥角与 A 值的关系

4. 液膜破碎长度

锥形液膜破碎长度的定义如图 3-46 所示,液膜破碎长度定义为从喷嘴出口到液膜破碎成液丝的位置之间的垂直距离。图 3-47 为喷口直径分别为 2.0 mm 和 1.5 mm 的喷嘴所产生液膜的破碎长度随压降的变化曲线,从图中可以看出,液膜破碎长度随压降的增大呈下降的趋势。

图 3-48 为喷口直径是 2.0 mm 和 1.5 mm 的喷嘴在不同 A 值下的液膜破碎长度,从总体趋势上看,在相同压降下,不论喷口直径是 2.0 mm 还是 1.5 mm,当 A 值在 2～5 范围内取值时,液膜破碎长度一般都较短。

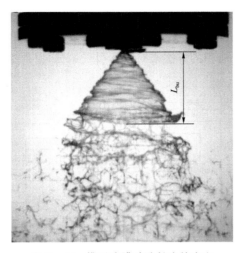

图 3 - 46　锥形液膜破碎长度的定义

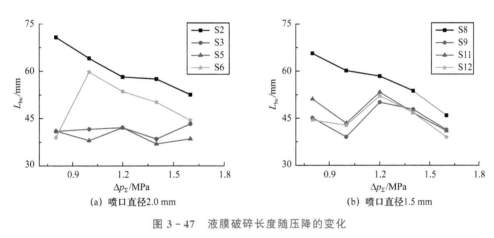

(a) 喷口直径2.0 mm

(b) 喷口直径1.5 mm

图 3 - 47　液膜破碎长度随压降的变化

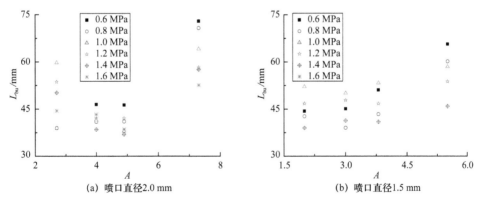

(a) 喷口直径2.0 mm

(b) 喷口直径1.5 mm

图 3 - 48　液膜破碎长度与 A 的关系

3.3.3　振荡离心喷嘴

利用机械振荡改善雾化质量的方法在牛顿流体的雾化中已经出现[15]。如图 3 - 49 所示的膜片振荡式喷嘴使用膜片将气体腔与液体腔分隔开。当液体压力升高时膜片弯曲，阀门 5

关闭,阀门 4 开启。此时液体压力会快速下降,膜片回到初始位置,重复循环。这样就能产生一定频率的流量及压力脉动,加速流体的失稳,提高雾化质量。此外,文献[26]采用了通过机械结构周期性改变喷嘴出口面积的方法来对流体引入振荡,以此达到改善雾化的目的。

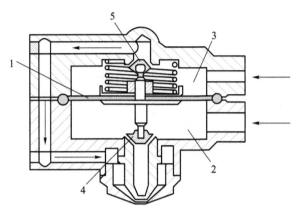

1—膜片;2—液体腔;3—气体腔;4,5—阀门

图 3-49　膜片振荡式喷嘴

本小节提出的振荡离心喷嘴基于普通离心喷嘴,其设计思路是:在普通离心喷嘴切向通道出口处安装弹簧片,由于流体流入,弹簧片周期性地打开和闭合,利用这种周期性强迫中断的方法对流体产生扰动;同时将切向通道设计成锥形,可以使凝胶模拟液在锥形切向通道内剪切稀化,有利于提高雾化质量。将振荡离心喷嘴设计成组合式结构,通过将不同结构参数的普通离心喷嘴与弹簧片进行组合得到不同的振荡离心喷嘴(见图 3-50)。通过对普通离心喷嘴雾化性能的研究,选择雾化性能较好的 S3 和 S8 喷嘴作为组成振荡离心喷嘴的基准喷嘴。弹簧片的本征频率主要由其结构决定,并通过下式进行计算:

$$f = \frac{c_0 l^{-\frac{3}{2}}}{2\pi} \tag{3-16}$$

式中:$c_0 = \sqrt{\dfrac{h^2 Y}{12\rho}}$,$\rho$ 为弹簧片密度,Y 为杨氏模量,l 和 h 分别为弹簧片振动部分的长度和厚度。

本小节共设计加工了三种材料的弹簧片,分别为 65Mn、磷铜和铝。每种材料分别加工了400 Hz、600 Hz、800 Hz、1 000 Hz 四种固有频率的弹簧片,其结构如图 3-51 所示。

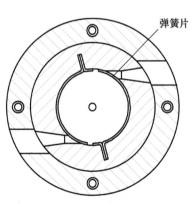

图 3-50　切向通道加弹簧片式喷嘴

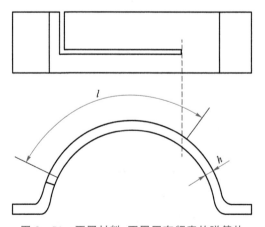

图 3-51　不同材料、不同固有频率的弹簧片

在对振荡离心喷嘴的振荡特性进行研究之前,首先分析普通离心喷嘴在不加弹簧片时的喷雾振荡频率。图 3-52 为 S8 喷嘴在 1.0 MPa 压降下不同时刻的喷雾照片。从图 3-52(a)中可以看到,由于气动力的作用,在靠近喷口处的锥形液膜表面形成一个凸起。从图 3-52(b)~(d)看出,液膜表面的这个凸起向下游传播,而且振幅越来越大。图 3-52(e)则显示在经过(4/6 000)s 后,这个凸起已经移到一个新的位置,此时在靠近喷口处形成一个新的凸起。这个过程循环往复,造成液膜表面的周期振荡。这个振荡频率与流体的不稳定波动相关,对液膜破碎成液丝的周期有直接影响,该频率可通过数出在一定时间内通过喷雾场中某一点的凸起的数目来估算。因此,图 3-52 中的 S8 喷嘴在 1.0 MPa 下的喷雾振荡频率约为 1 500 Hz。当然,通过这种方法读取的振荡频率会有误差,但这些数据可为理解幂律流体液膜的振荡特性提供更多信息。

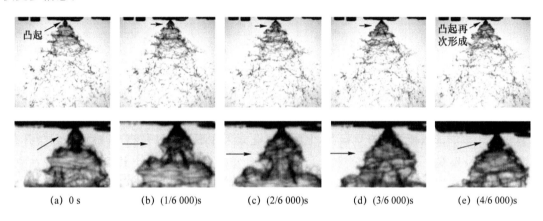

图 3-52　S8 喷嘴的连续喷雾照片(压降 1.0 MPa)

图 3-53 为 S3 和 S8 喷嘴的喷雾振荡频率与喷嘴压降之间的关系。从图中可以看出,对于这两个喷嘴而言,喷雾振荡频率都随喷嘴压降的增大而增大。在相同压降下,S3 喷嘴的喷雾振荡频率大于 S8 喷嘴的喷雾振荡频率。如果将弹簧片的本征频率设计成与某工况下某喷嘴的喷雾振荡频率相同,则有可能在该工况下与该喷嘴喷出的喷雾产生"共振",届时很可能得到更好的雾化效果。但是从图 3-53(a)中可以看出,在大部分压降下 S3 和 S8 喷嘴的喷雾振荡频率都在 1 000 Hz 以上,而弹簧片的本征频率(一般为几百赫兹)很难达到这么高的数值,因此很难使弹簧片振荡与喷雾振荡完全耦合而发生"共振",所以只能使弹簧片本征频率尽可能接近喷雾振荡频率。为了使结果更具普遍性,对测量得到的振荡频率进行无量纲化处理。通常使用 Strouhal(斯特劳哈尔)数 $Sr = fL/V$ 来表征振荡特性,其中 f 为振荡频率,L 和 V 分别为特征长度和特征速度。由于离心喷嘴中的结构尺寸很多,因此此处定义了一个修正的 Strouhal 数 Sr^* 来表征离心喷嘴产生的液膜的振荡特性:$Sr^* = Sr \times A = fD_t/U \times A$,其中 D_t 为切向通道直径,U 为切向通道处的速度(可由质量流量求得),A 为离心喷嘴的几何特性系数。图 3-53(b)显示了 Sr^* 随雷诺数 $Re(Re = \rho U^{(2-n)} D_t^n/K)$ 变化的关系。从图中可以看出,对于 S3 和 S8 喷嘴,Sr^* 都趋近于一个常数,而且都随 Re 的增大基本不发生变化,因此可以认为,Sr^* 是一个具有广泛意义的能表征离心喷嘴液膜振荡的无量纲参数。

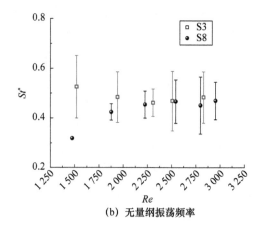

(a) 振荡频率　　　　　　　　　　　(b) 无量纲振荡频率

图 3-53　S3 和 S8 喷嘴液膜振荡特性

通过对大量不同结构参数的振荡离心喷嘴进行喷雾实验后发现,当在 S3 和 S8 喷嘴内装入本征频率为 1 000 Hz 的 65Mn 弹簧片时,会产生比较强烈的振荡效果。图 3-54～图 3-59 是 S3 和 S8 喷嘴分别加装不同本征频率的弹簧片时在不同压降下的喷雾照片,其中雾化效果最好的是加装 1 000 Hz 本征频率弹簧片(65Mn)的 S3 喷嘴。从图 3-54 可以看到,当喷嘴压降为 0.8 MPa 时液膜便开始产生振荡,但此时雾化效果并不是很好;随着喷嘴压降继续升高,振荡使雾化效果变好,当喷嘴压降升至 1.6 MPa 时,雾化效果开始有较大改善,这表现在喷雾锥角的增大和液膜破碎长度的变短,而且在喷雾场的下游已基本将模拟液雾化成液滴;当进一步提高喷嘴压降(2.0 MPa,2.4 MPa)时,雾化效果进一步变好。此外,S3 喷嘴加装 1 000 Hz 弹簧片(Cu)的雾化效果也较好(见图 3-56),而其他喷嘴的雾化锥角偏小,喷雾锥振荡的现象不明显,液膜不能完全破碎成液丝和液滴。

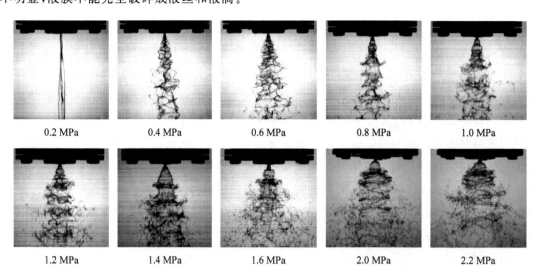

0.2 MPa　　　0.4 MPa　　　0.6 MPa　　　0.8 MPa　　　1.0 MPa

1.2 MPa　　　1.4 MPa　　　1.6 MPa　　　2.0 MPa　　　2.2 MPa

图 3-54　S3 喷嘴加装 1 000 Hz 本征频率弹簧片(65Mn)的喷雾照片

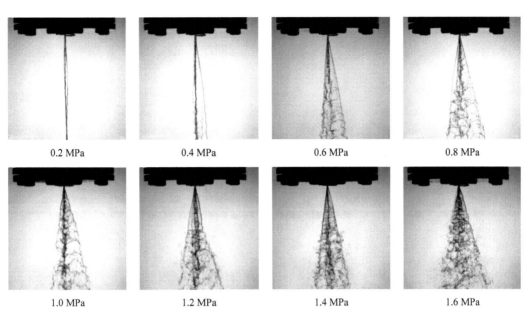

图 3 - 55　S3 喷嘴加装 600 Hz 本征频率弹簧片(65Mn)的喷雾照片

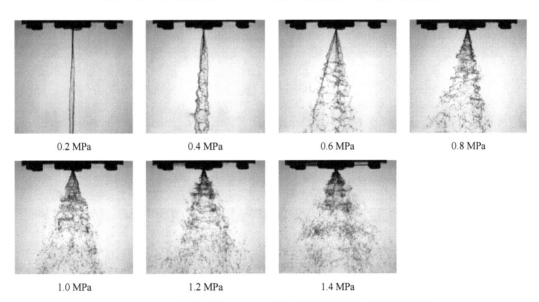

图 3 - 56　S3 喷嘴加装 1 000 Hz 本征频率弹簧片(Cu)的喷雾照片

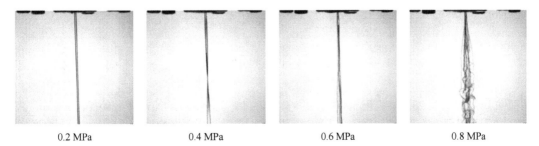

图 3 - 57　S8 喷嘴加装 1 000 Hz 本征频率弹簧片(65Mn)的喷雾照片

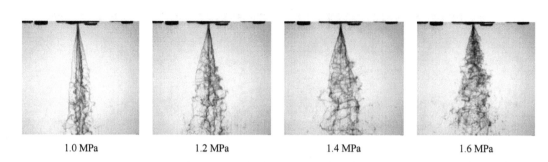

1.0 MPa   1.2 MPa   1.4 MPa   1.6 MPa

图 3-57　S8 喷嘴加装 1 000 Hz 本征频率弹簧片(65Mn)的喷雾照片(续)

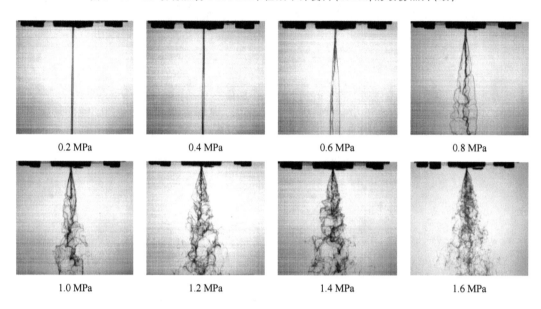

0.2 MPa   0.4 MPa   0.6 MPa   0.8 MPa

1.0 MPa   1.2 MPa   1.4 MPa   1.6 MPa

图 3-58　S8 喷嘴加装 600 Hz 本征频率弹簧片(65Mn)的喷雾照片

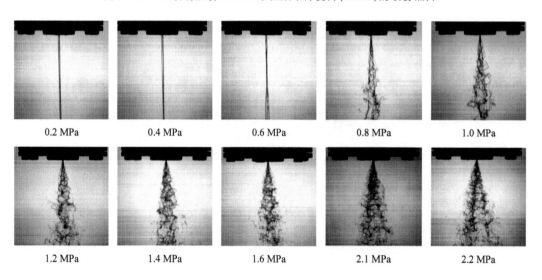

0.2 MPa   0.4 MPa   0.6 MPa   0.8 MPa   1.0 MPa

1.2 MPa   1.4 MPa   1.6 MPa   2.1 MPa   2.2 MPa

图 3-59　S8 喷嘴加装 1 000 Hz 本征频率弹簧片(Cu)的喷雾照片

图 3 - 60 为普通离心喷嘴 S3 和 S8 与加装本征频率为 1 000 Hz 和 600 Hz 的 65Mn 弹簧片喷嘴的质量流量和流量系数随喷嘴压降的变化。从图中可以看出,加装弹簧片会使喷嘴的质量流量和流量系数增大。这可以解释为由于弹簧片受到液流作用而向旋流腔内弯曲,使喷嘴的实际旋流半径变小,如图 3 - 61 所示,因此喷嘴的几何特性系数 A 值变小。由于 A 表征了液体在离心喷嘴内的旋流强度,因此模拟液在旋流腔内的旋流强度减弱,导致喷嘴的流量系数增大,从而进一步导致喷嘴的质量流量增大。

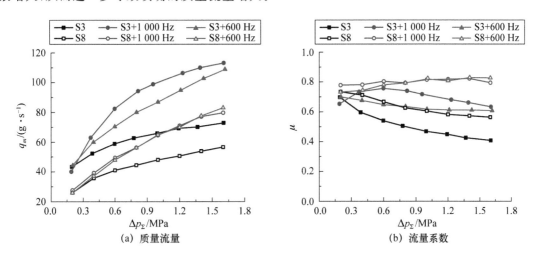

(a) 质量流量　　　　　　　　　　(b) 流量系数

图 3 - 60　振荡离心喷嘴的流量特性

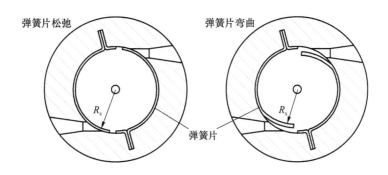

图 3 - 61　弹簧片松弛和受液流冲击弯曲示意图

图 3 - 62 和图 3 - 63 分别为 S3 和 S8 喷嘴与加装 1 000 Hz 和 600 Hz 弹簧片的离心喷嘴的喷雾锥角和液膜破碎长度随压降的变化曲线。由图 3 - 62 可以看到,对于 S3 喷嘴,在较小的压降下,加装 1 000 Hz 和 600 Hz 弹簧片的振荡离心喷嘴的喷雾锥角比 S3 喷嘴的喷雾锥角要小,但在较大压降下,S3 喷嘴的喷雾锥角有所减小,而 1 000 Hz 振荡离心喷嘴的喷雾锥角却有较明显的增大。对于 S8 喷嘴,无论是 1 000 Hz 振荡离心喷嘴还是 600 Hz 振荡离心喷嘴,其喷雾锥角均比 S8 喷嘴的喷雾锥角要小,甚至在压降较小时两种振荡离心喷嘴均不能展开液膜。

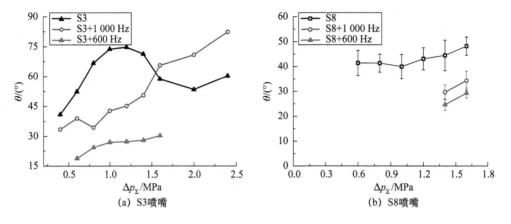

图 3-62　振荡离心喷嘴喷雾锥角随压降变化的关系

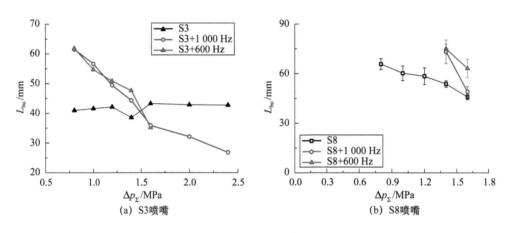

图 3-63　振荡离心喷嘴液膜破碎长度随压降变化的关系

　　从图 3-63 可以看到,对于 S3 喷嘴,在较小压降下,两种振荡离心喷嘴的液膜破碎长度均比 S3 喷嘴的长,当压降进一步升高时,S3 喷嘴的液膜破碎长度基本没有变化,而两种振荡离心喷嘴的液膜破碎长度却随着压降的增大而变短;在较大压降下,两种振荡离心喷嘴的液膜破碎长度比相同压降下的 S3 喷嘴的要短。可见,振荡离心喷嘴在较大压降(1.6 MPa 以上)下能够提高对模拟液的雾化效果。而对于 S8 喷嘴来说,即便在大压降下能够展开成液膜,两种振荡离心喷嘴的液膜破碎长度也均大于不加弹簧片的普通离心喷嘴。可见,在切向通道出口处设置弹簧片虽然可以在流体中引入振荡,但由于同时使喷嘴流量增大,因此雾化效果能否得到改善取决于由弹簧片引入的振荡与流量增大之间的相互竞争关系。

本章参考文献

[1]　Inamura T, Tamura H, Sakamoto H. Characteristics of Liquid Film and Spray Injected from Swirl Coaxial Injector[J]. Journal of Propulsion and Power, 2003, 19(4):632-639.

[2]　Kim D, Im J, Koh H, et al. Effect of Ambient Gas Density on Spray Characteristics of Swirling Liquid

Sheets[J]. Journal of Propulsion and Power, 2007, 23(3): 603-611.

[3]　Chung I, Presser C. Fluid Property Effects on Sheet Disintegration of a Simplex Pressure-Swirl Atomizer[J]. Journal of Propulsion and Power, 2001, 17(1): 212-216.

[4]　Li J, Yue M, Yang M. Experimental Research of Instability of Kelvin-Helmholtz Wave on Conical Sheets[J]. Journal of Aerospace Power, 2007, 22(3): 337-341.

[5]　Ramamurthi K, Tharakan T J. Experimental Study of Liquid Sheets Formed in Coaxial Swirl Injectors [J]. Journal of Propulsion and Power, 1995, 11(6): 1103-1109.

[6]　Kim D, Han P, Im J, et al. Effect of Recess on the Spray Characteristics of Liquid-Liquid Swirl Coaxial Injectors[J]. Journal of Propulsion and Power, 2007, 23(6): 1194-1203.

[7]　Ghorbanian K, Ashjaee M, Soltani M R, et al. Experimental Flow Visulization of Single Swirl Spray Pattern at Various Pressure Drops: AIAA Paper 2003-4758[R]. 2003.

[8]　Kim D, Yoon Y, Han P. Effect of Flow Condition and Geometry on Flow Characteristics of a Swirl Injector[C]. ILASS Americas. CA, Monterey, 2003.

[9]　Han P, Seol J, Hwang S, et al. The Spray Characteristics of Swirl Coaxial Injectors: AIAA Paper 2003-490[R]. 2003.

[10]　Hamid A H A, Atan R. Spray Characteristics of Jet-Swirl Nozzles for Thrust Chamber Injector[J]. Aerospace Science and Technology, 2009, 13(4-5): 192-196.

[11]　Dombrowski N, Hooper P C. The Effect of Ambient Density on Drop Formation in Sprays[J]. Chemical Engineering Science, 1962, 17(4):291-305.

[12]　Han Z, Parrish S, Farell P V, et al. Modeling Atomization Processes of Pressure-Swirl Hollow-Cone Fuel Sprays [J]. Atomization and Sprays, 1997, 7(6): 663-684.

[13]　Taylor G I. The Boundary Layer in the Converging Nozzle of a Swirl Atomizer[J]. Quarterly Journal of Mechanics and Applied Mathematics, 1950, 3(2): 129-139.

[14]　Simmons H C, Harding C F. Some Effects of Using Water as a Test Fluid in Fuel Nozzle Spray Analysis: ASME Paper 80-GT-90[R]. 1980.

[15]　Bayvel L, Orzechowski Z. Liquid Atomization[M]. London: Taylor and Francis, 1993.

[16]　Fu Q, Yang L, Qu Y, et al. Geometrical Effects on the Fluid Dynamics of an Open-End Swirl Injector [J]. Journal of Propulsion and Power, 2011, 27(5): 929-936.

[17]　Hong M, Jeon J, Lee S. Discharge Coefficient of Pressure-Swirl Atomizers with Low Nozzle Opening Coefficients[J]. Journal of Propulsion and Power, 2012, 28(1): 213-217.

[18]　Lefebvre A H. Atomization and Sprays[M]. New York: Hemisphere, 1989: 112-117.

[19]　Abramovich G N. The Theory of Swirl Atomizer, Industrial Aerodynamics[M]. Moscow: Bureau of Advanced Technology, Central Institute of Aerohydrodynamics,1944: 114-121.

[20]　Rizk N K, Lefebvre A H. Internal Flow Characteristics of Simplex Swirl Atomizers[J]. Journal of Propulsion and Power, 1985, 1(3): 193-199.

[21]　Green M J, Rapp D C, Roncace J. Flow Visualization of a Rocket Injector Spray Using Gelled Propellant Simulants: AIAA paper 1991-2198[R]. 1991.

[22]　Rahimi S, Natan B. Air-Blast Atomization of Gel Fuels: AIAA Paper 2001-3276[R]. 2001.

[23]　Rahimi S, Natan B. Flow of Gel Fuels in Tapered Injectors[J]. Journal of Propulsion and Power, 2000, 16(3): 458-464.

[24]　Thompson J C, Rothstein J P. The Atomization of Viscoelastic Fluids in Flat-Fan and Hollow-Cone

Spray Nozzles[J]. J. Non-Newtonian Fluid Mech. , 2007, 147: 11-22.

[25] Mandal A, Jog M A, Xue J, et al. Flow of Power-Law Fluids in Simplex Atomizers[J]. International Journal of Heat and Fluid Flow, 2008, 29: 1494-1503.

[26] Chernov V, Natan B. Experimental Characterization of a Pulsatile Injection Gel Spray: AIAA Paper 2005-4479[R]. 2005.

[27] Schramm G. A Practical Approach to Rheology andRheometry[M]. Karlsruhe: Gebrueder HAAKE GmbH, 2000:132-133.

第4章

液体离心喷嘴动态特性理论研究

离心喷嘴是同轴离心喷嘴的基本组成部分。对使用同轴离心喷嘴的火箭发动机系统而言,当燃烧室及供应系统内产生压力振荡时,会通过液体离心喷嘴进行传播。因此要想研究同轴离心喷嘴的动态特性,必须首先研究液体离心喷嘴的动态特性。同时因离心喷嘴也可单独作为喷注单元使用,故有必要单独研究其动态特性。液体离心喷嘴动态特性的研究对象是离心喷嘴内部的非稳态流动。从工程实际来讲,火箭发动机中离心喷嘴内流动不稳定的来源有两个:推进剂供应管路和燃烧室。离心喷嘴内流动不稳定表现为喷嘴内不同位置的流量和压力振荡,这些振荡的综合作用又体现为离心喷嘴内空气涡自由表面的扰动波,相应地,也会引起液膜厚度、喷雾锥角及液滴尺寸的振荡,而这些参数对燃烧室内的燃烧过程都有直接影响。燃烧室内可能出现很大振幅的不稳定燃烧,而且这些喷雾参数的振荡可能与燃烧室的主模振荡发生耦合。喷嘴内流动参数振幅越大,发动机燃烧室内不稳定燃烧越剧烈,进而可能导致发动机损坏等严重后果。因此对离心喷嘴的动态特性进行研究具有重要意义。

当前,离心喷嘴的动态特性仍是国内外的研究热点,如1.2.2小节提到的 Yang 等人[1-4]对在外部压力扰动作用下离心喷嘴内的超临界流动状况进行了大涡模拟;Richardson[5] 和 Canino 等人[6]使用边界元法对离心喷嘴动态特性进行数值模拟,并与 Bazarov[7] 的理论进行了对比。本章将对收口型和敞口型离心喷嘴的动态特性进行理论分析,考虑了扰动波的色散对动态特性的影响,得到一些关于离心喷嘴动态特性的重要规律;研究沿轴向布置两排切向通道的敞口型离心喷嘴的动态特性;最后对喷嘴、燃烧室和供应系统之间动态的相互作用关系进行研究。

4.1 收口型离心喷嘴动态特性理论

目前被广泛认可的喷嘴动态特性研究是 Bazarov[7]所进行的分析工作,是在假设小扰动在喷嘴内部不可压、无黏及没有表面张力作用的液流中传播的基础上,发展出来的一套线性理论。在动态工况下,反压或喷嘴流量的振荡会引起液体自由表面上的长波(表面波)发展,同时引起具有不同周向速度的条纹状波动(或称为旋转波)。利用线性问题的叠加原理,将离心喷嘴各个部分的传递函数(包括旋流腔对表面波和旋转波的响应)相乘得到喷嘴整体的传递函数。离心喷嘴的动态特性由喷嘴的传递函数来表征,具体可表示为

$$\varPi=\left(\frac{Q'_c}{Q_c}\right)\Big/\left(\frac{\Delta p'_\Sigma}{\Delta p_\Sigma}\right) \tag{4-1}$$

式中：Q_c 表示喷嘴出口处的体积流量，Δp_Σ 表示喷嘴的压降，上标"'"表示扰动量。

根据这一定义，需要确定喷口处的流量振荡与喷嘴压降振荡之间的振幅和相位关系。在理论分析中通常假设扰动为小扰动，故可对流动的控制方程进行线性化，得到 Q'_c 和 $\Delta p'_\Sigma$ 关于液膜自由表面扰动波振幅 ξ 的表达式，进而得到喷嘴动态特性的传递函数。喷嘴整体的传递函数是将喷嘴各部分（即切向通道、旋流腔和喷口）的传递函数相乘得到的（见图 4-1）。在此仅给出收口型离心喷嘴的传递函数，具体推导过程参见文献[7]。

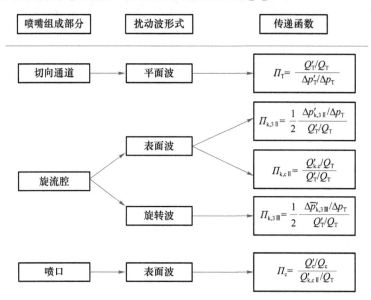

图 4-1　离心喷嘴传递函数分解图

收口型离心喷嘴整体的传递函数为

$$\varPi=\left(\frac{Q'_c}{Q_c}\right)\Big/\left(\frac{\Delta p'_\Sigma}{\Delta p_\Sigma}\right)=\frac{\overline{R}_{BX}^2}{a}\frac{\varPi_c\cdot\varPi_{k,c,\mathrm{II}}\cdot\varPi_T}{2\varPi_T(\varPi_{k,3\mathrm{II}}+\varPi_{k,3\mathrm{III}})+1} \tag{4-2}$$

式中：$\varPi_T$ 为切向通道传递函数，$\varPi_c$ 为喷口的传递函数，$\varPi_{k,3\mathrm{II}}$ 为由表面波引起的旋流腔传递函数，$\varPi_{k,c\mathrm{II}}$ 为由表面波引起的从旋流腔出口到喷口入口的传递函数，$\varPi_{k,3\mathrm{III}}$ 为由旋转波引起的旋流腔传递函数。

本节在式（4-2）的基础上，对表面波在旋流腔内的传播速度进行了修正。喷嘴动力学理论[7]认为表面扰动波在旋流腔内传播的相位差为

$$\phi_k=\omega\frac{L_k}{v_{k,3}} \tag{4-3}$$

式中：$v_{k,3}$ 为表面扰动波在旋流腔内的传播速度，L_k 为旋流腔长度，ω 为扰动的角频率。旋流腔内的表面扰动波传播速度可通过与浅水波进行类比得到，其无量纲表达式为[7]

$$\overline{v}_{k,3}=\overline{v}_{B,k,3}+\overline{w}_{ak}=\sqrt{\frac{1}{2}\left(\frac{\overline{R}_k^2}{a}-1\right)}+\frac{\mu}{\overline{R}_k^2-a} \tag{4-4}$$

式中：$\overline{v}_{B,k,3}$ 为用无量纲表示的、在旋流腔底部/端部截面上的表面波的传播速度；$\overline{w}_{ak}$ 为无量纲的旋流腔底部截面上流速的轴向分量；R_k 为无量纲的旋流腔直径；流量系数 $\mu=\sqrt{\dfrac{\varphi^3}{2-\varphi}}$，定义

$a = \dfrac{2(1-\varphi)^2}{2-\varphi}$，其中 φ 为充满系数。

　　由于表面波波长较长，可与浅水波进行比拟，故这种波动发生时流体的径向速度与轴向速度相比很小，可以忽略。浅水波的波速不随扰动波的频率变化，称为非色散波。长波在火箭发动机中是可能存在的，因为低频不稳定燃烧的波长通常比喷嘴的长度大很多倍，故在这种情况下式(4-4)是成立的。但若发生高频不稳定燃烧，扰动波的波长将与喷嘴尺寸相当，此时就不能将表面波看作浅水波，即表面波的波速将与波的频率有关。Thomson[8]在研究一个无限长的不可压、无黏、旋转的空心液柱(周向速度的分布为自由涡，即旋转的角动量不变)的稳定性问题时，考虑了浅水波理论中忽略掉的一些项，他的研究结果表明，扰动波的角频率 ω 和波数 k 之间存在一定的色散关系，即

$$\omega = \sqrt{k\frac{C^2}{r_0^3}\frac{-I_1(kr_0) + \dfrac{I_1(kR)}{K_1(kR)}K_1(kr_0)}{I_0(kr_0) + \dfrac{I_1(kR)}{K_1(kR)}K_0(kr_0)}} \qquad (4-5)$$

式中：I_0，I_1，K_0，K_1 是修正的第一类和第二类柱贝塞尔(Bessel)函数，R 是液柱的半径，r_0 是空气涡的半径。图 4-2 显示了表面扰动波的色散关系。

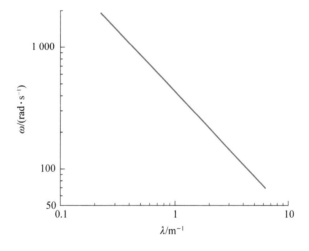

图 4-2　扰动波的色散关系

　　当把扰动波的色散关系应用到离心喷嘴的旋流腔中时，需要将 R 视为旋流腔半径，将 r_0 视为旋流腔内的空气涡半径，则此时扰动波在旋流腔内向上游和下游传播的波速分别为[9]

$$v_{m,f} = \sqrt{\frac{1}{k}\frac{C^2}{r_{mk}^3}\frac{-I_1(kr_{mk}) + \dfrac{I_1(kR_k)}{K_1(kR_k)}K_1(kr_{mk})}{I_0(kr_{mk}) + \dfrac{I_1(kR_k)}{K_1(kR_k)}K_0(kr_{mk})}} + w_\Sigma\frac{\mu}{\overline{R}_k^2 - a} \qquad (4-6)$$

$$v_{m,b} = \sqrt{\frac{1}{k}\frac{C^2}{r_{mk}^3}\frac{-I_1(kr_{mk}) + \dfrac{I_1(kR_k)}{K_1(kR_k)}K_1(kr_{mk})}{I_0(kr_{mk}) + \dfrac{I_1(kR_k)}{K_1(kR_k)}K_0(kr_{mk})}} - w_\Sigma\frac{\mu}{\overline{R}_k^2 - a} \qquad (4-7)$$

式中：旋流腔内空气涡半径 $r_{mk} = \sqrt{a}R_c$，角动量 $C = w_{BX} \cdot R_{BX} = w_\Sigma \cdot \sqrt{a}/\overline{R}_{BX} \cdot R_{BX}$。图 4-3 为考虑色散关系时向上游和下游传播的扰动波波速与频率的关系，以及与不考虑色散关系及波

传播方向的波速的对比。从图中可以看出,波的色散及波的传播方向对扰动波的传播速度有很大影响。

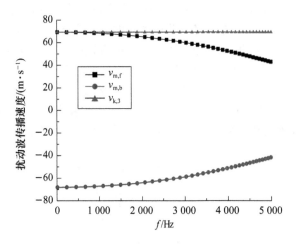

图 4-3　扰动波传播速度与频率的关系

利用 Kelvin 色散关系得到的表面波波速公式对扰动在旋流腔内的传播速度进行修正后,在整个扰动频率谱上进行动力学分析得到的结果将更真实。此时表面扰动波通过旋流腔的相位差为

$$\phi_{k,f} = \omega L_k / v_{m,f} \tag{4-8}$$

反射波通过旋流腔的相位差为

$$\phi_{k,b} = \omega L_k / v_{m,b} \tag{4-9}$$

设喷嘴切向通道内的流量振荡引起了旋流腔底部的液体表面振荡,振荡参数 $\xi_{k,31}$ 的表达式为

$$\xi_{k,31} = \Omega_0 e^{i\omega t} \tag{4-10}$$

式中:Ω_0 为初始振幅。当产生的表面波运动至旋流腔底部时,相对于初始波有一个滞后相位 $\phi_{k,f}$,而且由于存在黏性损失,其振幅也会减小。由于由黏性损耗造成的扰动波振幅衰减以一个人为的黏性系数 ν 来表征,因此表面波传到喷口入口时的液体表面振荡为

$$\xi_{k,c1} = \Omega_0 e^{i(\omega t - \phi_{k,f}) - \nu \phi_{k,f}} \tag{4-11}$$

一部分直射波在喷口入口处形成反射波,反射波的振荡参数为

$$\xi_{k,c,r1} = \Omega_0 \Pi e^{i(\omega t - \phi_{k,f}) - \nu \phi_{k,f}} \tag{4-12}$$

反射波到达旋流腔底部截面,其振荡参数为

$$\xi_{k,32} = \Omega_0 \Pi e^{i(\omega t - \phi_{k,f} - \phi_{k,b}) - \nu(\phi_{k,f} + \phi_{k,b})} \tag{4-13}$$

从旋流腔底部无损耗地反射,并沿旋流腔第二次运行至喷口入口处时,直射波的振荡参数为

$$\xi_{k,c2} = \Omega_0 \Pi e^{i(\omega t - 2\phi_{k,f} - \phi_{k,b}) - \nu(2\phi_{k,f} + \phi_{k,b})} \tag{4-14}$$

而第二次反射的反射波的振荡参数为

$$\xi_{k,c,r2} = \Omega_0 \Pi^2 e^{i(\omega t - 2\phi_{k,f} - \phi_{k,b}) - \nu(2\phi_{k,f} + \phi_{k,b})} \tag{4-15}$$

整个过程就这样继续下去。

在这种情况下采用叠加原理,有

$$\xi_{k,3} = \Omega_0 \Pi^n e^{i(\omega t - n\phi_{k,f} - n\phi_{k,b}) - \nu(n\phi_{k,f} + n\phi_{k,b})} \tag{4-16}$$

$$\xi_{k,c} = \Omega_0 \Pi^n e^{i[\omega t - (n+1)\phi_{k,f} - n\phi_{k,b}] - \nu[(n+1)\phi_{k,f} + n\phi_{k,b}]} \tag{4-17}$$

因此考虑波的色散关系后,表面波引起的旋流腔底部传递函数及旋流腔到喷口的传递函数分别为

$$\begin{cases} \operatorname{Re} \varPi_{k,3\mathrm{II}} = K_{\Sigma\mathrm{II}} \sum_{n=0}^{n=\infty} \varPi^n \mathrm{e}^{-\nu(n\phi_{k,f}+n\phi_{k,b})/(2\pi)} \cos(n\phi_{k,f}+n\phi_{k,b}) \\ \operatorname{Im} \varPi_{k,3\mathrm{II}} = -K_{\Sigma\mathrm{II}} \sum_{n=0}^{n=\infty} \varPi^n \mathrm{e}^{-\nu(n\phi_{k,f}+n\phi_{k,b})/(2\pi)} \sin(n\phi_{k,f}+n\phi_{k,b}) \end{cases} \tag{4-18}$$

$$\begin{cases} \operatorname{Re} \varPi_{k,c\mathrm{II}} = K_{\Sigma\mathrm{II}} \sum_{n=0}^{n=\infty} \varPi^n \mathrm{e}^{-\nu[(n+1)\phi_{k,f}+n\phi_{k,b}]/(2\pi)} \cos[(n+1)\phi_{k,f}+n\phi_{k,b}] \\ \operatorname{Im} \varPi_{k,c\mathrm{II}} = -K_{\Sigma\mathrm{II}} \sum_{n=0}^{n=\infty} \varPi^n \mathrm{e}^{-\nu[(n+1)\phi_{k,f}+n\phi_{k,b}]/(2\pi)} \sin[(n+1)\phi_{k,f}+n\phi_{k,b}] \end{cases} \tag{4-19}$$

在这一过程中,喷口的反射系数为

$$\varPi = 1 - \frac{2\sqrt{\varphi}}{\sqrt{R_k^2 - a}} \tag{4-20}$$

图 4-4(a)、(b)分别为在表面波及其反射波作用下,在旋流腔底部液体表面振荡的无量纲振幅和它相对于切向通道流量振荡的相位差,图 4-4(c)、(d)为考虑了反射波的、在旋流腔出口截面(即喷口入口处)液体表面振荡的振幅和它相对于切向通道流量振荡的相位差。

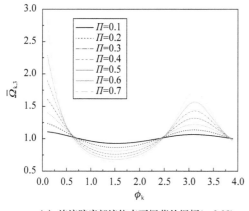

(a) 旋流腔底部液体表面振荡的振幅($\nu=0.08$)

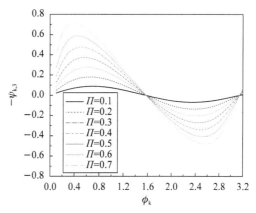

(b) 旋流腔底部的液体表面振荡相对于$\overline{w}'_{\mathrm{BX}}$的相位差
($\nu=0.08$,切向通道内的流量振荡$\overline{w}'_{\mathrm{BX}}=1$)

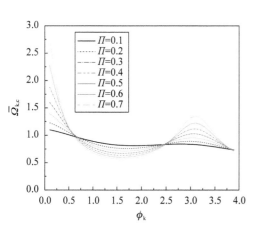

(c) 旋流腔喷口入口处液体表面振荡的振幅($\nu=0.08$)

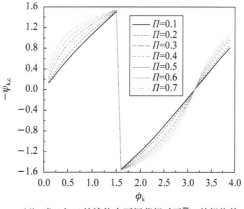

(d) 喷口入口处液体表面振荡相对于$\overline{w}'_{\mathrm{BX}}$的相位差
($\nu=0.08$,切向通道内的流量振荡$\overline{w}'_{\mathrm{BX}}=1$)

图 4-4 离心喷嘴内各处液体表面振荡的振幅及相位

　　基于以上在向上游和下游传播不同波速的扰动波及扰动波色散关系时得到的喷嘴的动态特性传递函数,设计一组收口型离心喷嘴算例对其动态特性进行计算,以研究喷嘴结构参数、工况参数等对收口型离心喷嘴动态特性的影响规律,得到如图 4-5~图 4-11 所示的计算结果。

　　图 4-5 为在不同喷嘴几何特性系数 A 下喷嘴传递函数的幅频和相频特性曲线。从图中可以看出,幅频特性曲线在一些频率下会产生振幅的极值,这是由旋流腔内的反射波造成的。当忽略这些极值的影响时,可以发现流量振幅大致呈现随频率的增高而下降的趋势。而从相频特性曲线可以看出,流量振荡与压降振荡之间相位角的增大与频率的增高基本呈线性关系,这主要是由于旋流腔和喷口起到输运环节的作用。

　　从图 4-5 还可以看出,增大喷嘴几何特性系数 A 会导致流量振幅减小,这是由于增大几何特性系数意味着增强旋转强度,而旋转越强烈,喷嘴内液膜的离心加速度越大。离心加速度在旋转流动中起到稳定作用,因此液膜表面振幅减小,流量振荡振幅亦随之减小。同时,相位差随着几何特性系数的增大略微增大,但变化很小。因此,A 值对喷嘴相频特性的影响基本可以忽略。

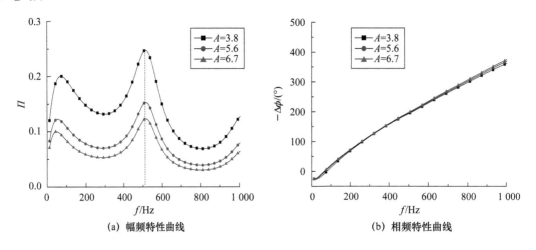

(a) 幅频特性曲线　　　　　　　　　　(b) 相频特性曲线

图 4-5　几何特性系数 A 对收口型离心喷嘴动态特性的影响规律

($\rho=1\,000\ \text{kg/m}^3$;$L_t=5\ \text{mm}$;$L_k=75\ \text{mm}$;$R_k=3.5\ \text{mm}$;$L_c=25\ \text{mm}$;$R_c=1.4\ \text{mm}$;$n=3$;$\Delta p=0.5\ \text{MPa}$;$R_t=0.6,\ 0.5,\ 0.46\ \text{mm}$)

　　图 4-6 为不同喷嘴压降下喷嘴传递函数的幅频和相频特性曲线。同样,幅频特性曲线中在一些频率点处出现由反射波造成的流量振幅极值,但是不同压降下振幅最大的频率并不相同。随着喷嘴压降的增大,同阶的最高振幅频率也增大。从整体趋势来看,流量振荡的振幅随着喷嘴压降的增大而增大,这是由于增大喷嘴压降会导致切向通道内流量的相对振幅增大。从相频特性曲线来看,喷嘴流量振荡与喷嘴压降之间的相位差随着喷嘴压降的增大而减小,原因是增大压降导致喷嘴内的流速增大,由式(4-4)可以看出波速也随之增大,因此喷嘴各结构部分振荡量的相位角减小。

　　图 4-7 为喷嘴收口系数对喷嘴动态传递函数的影响规律。收口系数 $\overline{R}_k$ 增大,喷口对反射波的反射程度增强,喷嘴流量振荡的相对振幅增大,这从式(4-2)亦可以看出。幅频特性曲

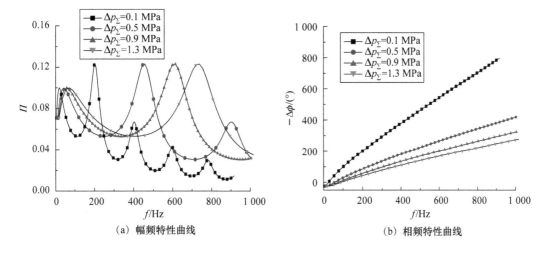

(a) 幅频特性曲线　　　　　　　　　　(b) 相频特性曲线

图 4 - 6　喷嘴压降对收口型离心喷嘴动态特性的影响规律

($\rho = 1\ 000\ \text{kg/m}^3$, $L_t = 5\ \text{mm}$, $R_t = 0.46\ \text{mm}$, $L_k = 75\ \text{mm}$, $R_k = 3.5\ \text{mm}$, $L_c = 25\ \text{mm}$, $R_c = 1.4\ \text{mm}$, $n = 3$)

线中出现同阶振幅极值的频率随着收口系数的增大而增大。从相频特性曲线看出,收口系数对相位差的影响较小,随着收口系数的增大,流量振荡与压降振荡之间的相位差略微减小。

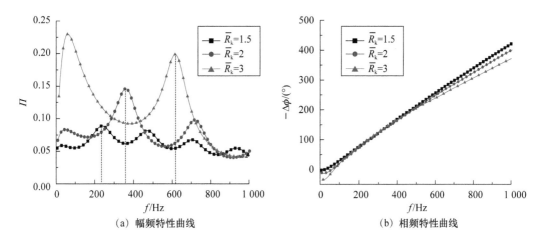

(a) 幅频特性曲线　　　　　　　　　　(b) 相频特性曲线

图 4 - 7　收口系数对收口型离心喷嘴动态特性的影响规律

($\rho = 1\ 000\ \text{kg/m}^3$, $L_t = 5\ \text{mm}$, $R_t = 0.46\ \text{mm}$, $L_k = 75\ \text{mm}$, $R_k = 3\ \text{mm}$, $L_c = 25\ \text{mm}$, $n = 3$, $\Delta p = 0.5\ \text{MPa}$)

图 4 - 8 为切向通道长度对喷嘴动态传递函数的影响规律。喷嘴的切向通道为惯性环节,切向通道内的流量振荡与其压降振荡之间的相位角不会超过 $90°$,流量振荡的相对振幅随着斯特劳哈尔数 $\omega L_T/w_T$ 的增大而单调下降。因此对于离心喷嘴整体的动态特性而言,切向通道越长,相位差越大,喷嘴流量振荡的振幅越小。但是,切向通道的长度对流量振荡出现最大振幅的频率没有影响,这说明影响出现最大振幅频率的因素在于旋流腔内波动的传播,而与切向通道无关。

图 4 - 9 为旋流腔长度对喷嘴动态传递函数的影响规律。当从图中可以看出,当旋流腔长度较短时($L_k = 25\ \text{mm}$),幅频曲线上只有一个振幅的极值;当旋流腔变长时,幅频曲线上的振幅极值增多,且旋流腔越长,出现的振幅极值越多。也就是说,增加旋流腔长度会导致振幅周

期性地减小和增大。这是由于旋流腔内的反射波会导致切向通道内的流量振荡与旋流腔内的表面波之间的振幅比出现明显变化，而反射波的传播与旋流腔长度紧密相关。总体来说，旋流腔越长，喷嘴的流量振幅相对越小（比如频率在 200 Hz 以下的情况下）。而从相频曲线可以看出，喷嘴的相位差几乎不随旋流腔长度变化。

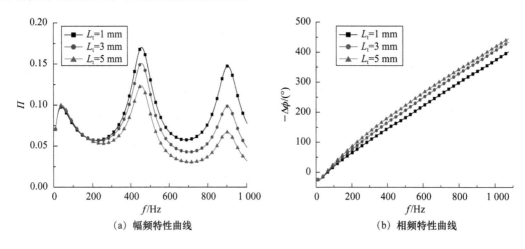

(a) 幅频特性曲线　　　　　　　(b) 相频特性曲线

图 4-8　切向通道长度对收口型离心喷嘴动态特性的影响规律

($\rho = 1\,000$ kg/m^3, $R_t = 0.46$ mm, $L_k = 75$ mm, $R_k = 3.5$ mm, $L_c = 25$ mm, $R_c = 1.4$ mm, $n = 3$, $\Delta p = 0.5$ MPa)

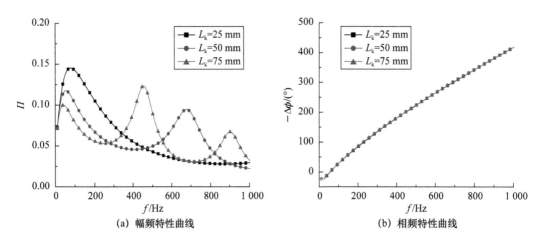

(a) 幅频特性曲线　　　　　　　(b) 相频特性曲线

图 4-9　旋流腔长度对收口型离心喷嘴动态特性的影响规律

($\rho = 1\,000$ kg/m^3, $L_t = 5$ mm, $R_t = 0.46$ mm, $R_k = 3.5$ mm, $L_c = 25$ mm, $R_c = 1.4$ mm, $n = 3$, $\Delta p = 0.5$ MPa)

图 4-10 为喷口长度对喷嘴动态传递函数的影响规律。从图中可以看出，增加喷口通道长度会导致流量振荡与压降振荡之间的相位差增大，而对振幅不会产生明显的影响，最大振幅的频率也不随喷口长度而变化。这主要是因为喷口是一个输运环节，在此通道内，因黏性损失而造成的振荡衰减情况不明显。沿喷口通道的扰动传播速度与喷嘴的收口系数无关，它等于喷口内液体轴向流速的 2 倍[7]，即

$$\overline{v}_c = 2\sqrt{\frac{\varphi}{2-\varphi}} \tag{4-21}$$

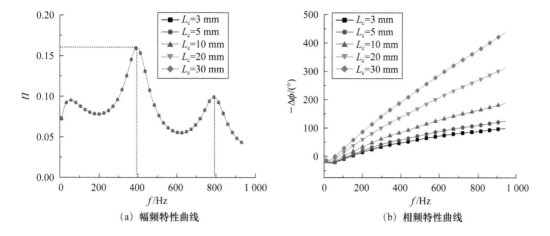

(a) 幅频特性曲线　　　　　　　　(b) 相频特性曲线

图 4 - 10　喷口长度对收口型离心喷嘴动态特性的影响规律

$(\rho = 1\,000\ \text{kg/m}^3, L_t = 5\ \text{mm}, R_t = 0.46\ \text{mm}, L_k = 75\ \text{mm},\ R_k = 3\ \text{mm}, R_c = 1.4\ \text{mm}, n = 3, \Delta p = 0.5\ \text{MPa})$

当人工黏性系数(或称为振荡衰减率)不同时,喷嘴对一定频率的扰动在介质中衰减的程度并不一样,因此对喷嘴的动态特性会产生影响。喷嘴动力学理论只是指出当扰动传播一个波长的距离时,扰动的振幅将衰减到初始振幅的 $1/\text{e}^{2\pi\nu}$ 倍,对于室温环境下的水来说,ν 取值 0.08。此时,扰动在向前传播一个波长的距离后,其振幅将衰减到初始振幅的 3/5。但 ν 具体该如何取值或计算还不清楚,因此有必要针对 ν 对喷嘴动态特性的影响进行研究。图 4 - 11 为人工黏性系数 ν 对喷嘴动态特性的影响规律。由图可以看出,ν 越大,流量振荡的相对振幅越小,这是比较容易理解的。因为振荡衰减率反映了对扰动传播的衰减程度。ν 对喷嘴的相频特性没有影响。

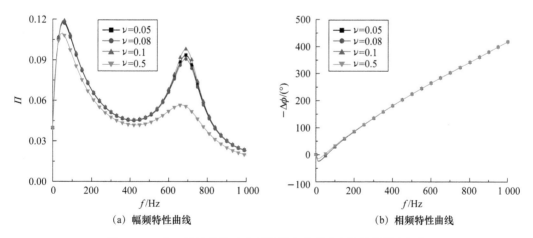

(a) 幅频特性曲线　　　　　　　　(b) 相频特性曲线

图 4 - 11　人工黏性系数对收口型离心喷嘴动态特性的影响规律

$(\rho = 1\,000\ \text{kg/m}^3, L_t = 5\ \text{mm}, R_t = 0.46\ \text{mm}, L_k = 50\ \text{mm},\ R_k = 3.5\ \text{mm},$

$L_c = 25\ \text{mm}, R_c = 1.4\ \text{mm}, n = 3, \Delta p = 0.5\ \text{MPa})$

4.2 敞口型离心喷嘴动态特性理论

4.2.1 敞口型离心喷嘴动态特性理论模型

由于敞口型离心喷嘴没有喷口及收缩的过渡段,这就导致喷嘴内的流动情况与收口型喷嘴有较大不同。一是,由旋流腔内液流轴向速度的无量纲表达式 $\overline{w}_{ak}=\mu/(\overline{R}_k^2-a)$ 可知,相同旋流腔直径的敞口型离心喷嘴($\overline{R}_k=1$)的旋流腔液流轴向速度大于收口型喷嘴($\overline{R}_k>1$),因此若忽略敞口型离心喷嘴旋流腔内液流轴向速度的影响,将会引起较大的误差;二是,由于敞口型离心喷嘴没有过渡段,在流体振荡传递过程中不会形成反射波,因此其表面波模型与收口型喷嘴不同。下面在收口型离心喷嘴动态特性理论的基础上,结合所述的收口型和敞口型离心喷嘴的不同,对敞口型离心喷嘴动态特性的理论模型进行研究。

在给定切向通道流速振幅的情况下,求出旋流腔内液体旋涡表面的振幅。写出旋流腔内液体体积流量的表达式为

$$Q'+Q_0=2\pi\int_{r_m-\xi}^{R_k}(w_{ak}+w'_{ak})rdr=2\pi\int_{r_m-\xi}^{R_k}w_{ak}rdr+2\pi\int_{r_m-\xi}^{R_k}w'_{ak}rdr \qquad (4-22)$$

式中:

$$2\pi\int_{r_m-\xi}^{R_k}w_{ak}rdr=Q_0+2\pi\int_{r_m-\xi}^{r_m}w_{ak}rdr=Q_0+2\pi w_{ak}r_m\xi \qquad (4-23)$$

$$2\pi\int_{r_m-\xi}^{R_k}w'_{ak}rdr=2\pi\int_{r_m-\xi}^{r_m}w'_{ak}rdr+2\pi\int_{r_m}^{R_k}w'_{ak}rdr=$$
$$\pi w'_{ak}(R_k^2-r_m^2)+2\pi w'_{ak}r_m\xi \qquad (4-24)$$

将式(4-23)和式(4-24)代入式(4-22)中,并略去高阶小量可得

$$|Q'|=\pi|w'_{ak}|(R_k^2-r_m^2)+2\pi w_{ak}r_m|\xi| \qquad (4-25)$$

从式(4-25)可以看出,旋流腔内液体体积流量的振幅由液体轴向流速的振荡量和充有液体的有效截面积振荡量决定。

敞口型离心喷嘴旋流腔轴向速度 $w_{ak}=w_{\Sigma}\mu/(\overline{R}_k^2-a)$ 的影响主要体现在旋流腔对表面波响应的传递函数中,定义 $K_{\Sigma II}^*$ 为考虑旋流腔内液流轴向速度影响的传递系数,$K_{\Sigma II}$ 为不考虑旋流腔内液流轴向速度影响的传递系数。当不考虑旋流腔内轴向速度对流量振荡 $|Q'|$ 的影响时,旋流腔底部液体表面振幅的表达式为

$$\overline{\Omega}_{k,3}=\frac{1}{A\sqrt{2(\overline{R}_k^2-a)}}\left|\frac{w'_{BX}}{w_{BX}}\right| \qquad (4-26)$$

在考虑轴向速度 w_{ak} 对流量振荡 $|Q'|$ 的影响时,设 $\overline{\Omega}_{k,3}^*$ 为修正后的考虑轴向速度影响的 $\overline{\Omega}_{k,3}$。液体表面旋涡自由表面上轴向分速的振幅为

$$|w'_{ak}|=\Omega_{kd}w_{BX}^2R_{BX}^2/(v_Br_m^3) \qquad (4-27)$$

由式(4-27)可得

$$|w'_{ak}|=\Omega_{kd}w_{BX}^2R_{BX}^2/(v_Br_m^3)=\overline{\Omega}_{kd}\overline{w}_{BX}\overline{R}_{BX}w_{\Sigma}/(\overline{v}_B\overline{r}_{mk})=\overline{\Omega}_{kd}w_{\Sigma}/\overline{v}_B \qquad (4-28)$$

将 $w_{ak} = w_{\Sigma}\mu/(\overline{R}_k^2 - a)$ 及式(4-28)代入式(4-25)可得

$$|Q'| = 2\pi \frac{\mu w_{\Sigma}}{\overline{R}_k^2 - a} r_{mk}^2 \overline{\Omega}_{k,3}^* + \pi \frac{w_{\Sigma}}{\overline{v}_{B.k,3}} \overline{\Omega}_{k,3}^* R_c^2 (\overline{R}_k^2 - a) =$$

$$\pi R_c^2 \overline{\Omega}_{k,3}^* w_{\Sigma} \left(2 \frac{\mu}{\overline{R}_k^2 - a} \frac{r_{mk}^2}{R_c^2} + \frac{\overline{R}_k^2 - a}{\overline{v}_{B.k,3}} \right) =$$

$$\pi R_c^2 \overline{\Omega}_{k,3}^* w_{\Sigma} \left[2 \frac{\mu a}{\overline{R}_k^2 - a} + \sqrt{2a(\overline{R}_k^2 - a)} \right] \tag{4-29}$$

再次应用液流连续条件,当考虑液流轴向速度的影响时,旋流腔底部的流量振荡量与入口通道内的流量振荡量依然相等,可得

$$\overline{\Omega}_{k,3}^* = \frac{w_{BX}'}{w_{\Sigma}} \cdot \frac{\overline{R}_k}{A} \Big/ \left[\sqrt{2a(\overline{R}_k^2 - a)} + \frac{2\mu a}{\overline{R}_k^2 - a} \right] \tag{4-30}$$

将式(4-30)除以式(4-26)得

$$\frac{\overline{\Omega}_{k,3}^*}{\overline{\Omega}_{k,3}} = \frac{\sqrt{(\overline{R}_k^2 - a)^3}}{\mu \sqrt{2a} + \sqrt{(\overline{R}_k^2 - a)^3}} \tag{4-31}$$

因为对任一长度的旋流腔,$K_{\Sigma II}$ 值与液体表面振荡的相对振幅相等,即不考虑轴向速度的影响时有

$$K_{\Sigma II} = \Omega / r_{mk} = \frac{1}{A\sqrt{2(\overline{R}_k^2 - a)}} \tag{4-32}$$

$$K_{\Sigma II}^* = \Omega^* / r_{mk} = \overline{\Omega}_{k,3} \cdot \frac{\sqrt{(\overline{R}_k^2 - a)^3}}{\mu \sqrt{2a} + \sqrt{(\overline{R}_k^2 - a)^3}} =$$

$$\frac{1}{A\sqrt{2(\overline{R}_k^2 - a)}} \cdot \frac{\sqrt{(\overline{R}_k^2 - a)^3}}{\mu \sqrt{2a} + \sqrt{(\overline{R}_k^2 - a)^3}} =$$

$$\frac{\overline{R}_k^2 - a}{A\sqrt{2} \left[\mu \sqrt{2a} + \sqrt{(\overline{R}_k^2 - a)^3} \right]} \tag{4-33}$$

对于收口型离心喷嘴,$\overline{R}_k > 1$,$\mu \sqrt{2a} + \sqrt{(\overline{R}_k^2 - a)^3}$ 与 $\sqrt{(\overline{R}_k^2 - a)^3}$ 相差很小,简单计算可知,$\overline{R}_k$ 越大,两者相差越小,因此可认为 $K_{\Sigma II}^* \approx K_{\Sigma II}$,所以考虑和不考虑旋流腔液流的轴向速度对离心喷嘴的动态特性影响不大。

而敞口型离心喷嘴的收口系数 $\overline{R}_k = 1$,$\sqrt{(\overline{R}_k^2 - a)^3} = \sqrt{(1-a)^3} = (1-a)\sqrt{1-a}$,当 A 值较大时,$\mu \sqrt{2a}$ 与 $(1-a)\sqrt{1-a}$ 属于同一数量级,即 $\mu \sqrt{2a} + \sqrt{(\overline{R}_k^2 - a)^3}$ 与 $\sqrt{(\overline{R}_k^2 - a)^3}$ 相差较大(如当 $A = 6.67$ 时,经计算,两者相差 33%)。因此,在计算敞口型离心喷嘴的动态特性时必须考虑旋流腔内轴向速度的影响,并使用 $K_{\Sigma II}^*$ 来计算敞口型离心喷嘴的动态特性,而不能使用 $K_{\Sigma II}$。

对于收口系数 $\overline{R}_k$ 很大的离心喷嘴($\overline{R}_k \gg a$),可采用下列近似关系式:

$$K_{\Sigma II} = \frac{1}{A\sqrt{2R_k}} = \frac{\mu}{\overline{R}_k \sqrt{2a}} \tag{4-34}$$

$$K_{\Sigma\text{II}}^* = \frac{\mu}{\overline{R}_k\sqrt{2a}} \frac{\sqrt{(\overline{R}_k^2 - a)^3}}{\mu\sqrt{2a} + \sqrt{(\overline{R}_k^2 - a)^3}} \tag{4-35}$$

图 4-12 为分别考虑和不考虑液流轴向速度 w_{ak} 时,几何特性系数 A 值等于 15 的敞口型离心喷嘴传递函数的幅频特性和相频特性曲线。对图 4-12 分析可知,当考虑液流轴向速度时,流量相对振幅要比不考虑轴向分速时降低 $30\% \sim 40\%$,但考虑轴向速度与否对相频特性基本没有影响。

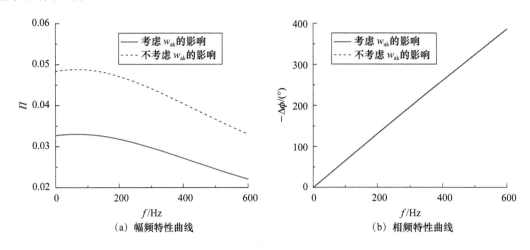

（a）幅频特性曲线　　　　　　　（b）相频特性曲线

图 4-12　考虑和不考虑轴向速度的敞口型离心喷嘴动态特性对比

$(\rho = 998 \text{ kg/m}^3, L_t = 15 \text{ mm}, R_t = 0.9 \text{ mm}, L_k = 38.5 \text{ mm}, R_k = R_c = 4 \text{ mm}, \Delta p = 0.75 \text{ MPa})$

此外,由于敞口型离心喷嘴没有收缩的过渡段,因此在旋流腔内不会形成反射波,下面对旋流腔内的反射波模型进行修正。设敞口型离心喷嘴切向通道内的流量振荡引起了旋流腔底部的液体表面振荡,其表达式为

$$\xi_{k,31} = \Omega_0 e^{i\omega t} \tag{4-36}$$

产生的表面波运动至喷嘴出口时经历了旋流腔的长度(由于没有喷口),相对于初始波有一个滞后相位 $\phi_{k,f}$。由于存在黏性耗散,因此扰动波振幅会衰减,由黏性损耗造成的扰动波振幅衰减同样以人为黏性系数 ν 来表征,则扰动波到达出口时的液体表面振荡为

$$\xi_{k,c1} = \Omega_0 e^{i(\omega t - \phi_{k,f}) - \nu\phi_{k,f}} \tag{4-37}$$

由于没有反射波,因此对敞口型离心喷嘴而言,表面波引起的旋流腔底部传递函数及旋流腔底部传到出口的传递函数分别为

$$\begin{cases} \text{Re } \Pi_{k,3\text{II}} = K_{\Sigma\text{II}}^* \\ \text{Im } \Pi_{k,3\text{II}} = 0 \end{cases} \tag{4-38}$$

$$\begin{cases} \text{Re } \Pi_{k,c\text{II}} = K_{\Sigma\text{II}}^* e^{-\nu\phi_{k,f}/(2\pi)} \cos \phi_{k,f} \\ \text{Im } \Pi_{k,c\text{II}} = -K_{\Sigma\text{II}} e^{-\nu\phi_{k,f}/(2\pi)} \sin \phi_{k,f} \end{cases} \tag{4-39}$$

在关于收口型离心喷嘴动态传递函数推导方法的基础上,结合以上所述敞口型离心喷嘴与收口型离心喷嘴的两处不同,得到敞口型离心喷嘴整体的传递函数为

$$\Pi_\phi = \left(\frac{Q'_{k,c}}{Q_{k,c}}\right) \Big/ \left(\frac{\Delta p'_\Sigma}{\Delta p_\Sigma}\right) = \frac{\overline{R}_{BX}^2}{a} \frac{\Pi_{k,c\text{Ⅱ}} \Pi_T}{2\Pi_T(\Pi_{k,3\text{Ⅱ}} + \Pi_{k,3\text{Ⅲ}}) + 1} \tag{4-40}$$

式中:$\Pi_{k,3\text{Ⅱ}}$ 和 $\Pi_{k,c\text{Ⅱ}}$ 按式(4-38)和式(4-39)计算,其他部分的传递函数与收口型离心喷嘴的计算方法相同。

4.2.2　算例及结果分析

首先对收口型离心喷嘴和敞口型离心喷嘴的动态特性进行对比。敞口型离心喷嘴以俄罗斯 RD-170 液氧/煤油火箭发动机预燃室喷嘴的大致尺寸为基准尺寸,收口型离心喷嘴的旋流腔部分和出口与敞口型离心喷嘴相同。为了使两者具有可比性,应使两种喷嘴的几何特性系数大致相等($A=6.67$)。具体结构尺寸为:收口型离心喷嘴参数 $L_t=5$ mm,$R_t=0.46$ mm,$L_k=25$ mm,$R_k=3.5$ mm,$L_c=15$ mm,$R_c=1.4$ mm;敞口型离心喷嘴参数 $L_t=5$ mm,$R_t=0.7$ mm,$L_k=40$ mm,$R_k=R_c=3.5$ mm;工质密度为 819 kg/m³,喷嘴压降为 $\Delta p=0.5$ MPa,$\nu=0.08$。图 4-13 为敞口型离心喷嘴和收口型离心喷嘴动态特性的比较。

由图 4-13(a)的幅频特性曲线可以看出,敞口型离心喷嘴出口流量振荡在整个频率区间内都不会出现振幅的峰值(在较低频率处出现的最大值是由旋流腔内的液体流动具有较大惯性引起的),而且在高频区域,随频率的增大而变化平稳。而收口型离心喷嘴在某些扰动频率下流量振荡会出现振幅的峰值,且如 1.2.2 小节所述出现振幅峰值的频率点个数随旋流腔长度的变长而增多。由图 4-13(b)可见,敞口型离心喷嘴的振荡相移随着频率的增大而接近于线性变化,在相同频率下,敞口型离心喷嘴的振荡相移比收口型离心喷嘴大。

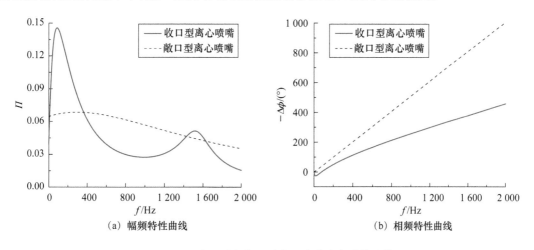

(a) 幅频特性曲线　　　　　　　　(b) 相频特性曲线

图 4-13　敞口型和收口型离心喷嘴动态特性比较

下面进一步研究喷嘴结构尺寸对敞口型离心喷嘴动态特性的影响规律。算例中的喷嘴以基准尺寸为参考,通过设计不同结构参数的敞口型离心喷嘴并计算,来对其动态特性进行对比。工质密度 $\rho=819$ kg/m³,振荡衰减率 $\nu=0.08$。

为了研究旋流腔长径比对敞口型离心喷嘴动态特性的影响,在其他结构参数保持不变的条件下改变旋流腔长径比,研究其对动态特性的影响规律,具体结构参数如表 4-1 所列。

表 4 - 1　算例敞口型离心喷嘴结构参数(1)

切向进口直径/mm	1.4			
切向进口数目	3			
旋流腔直径/mm	5.6	7	7.6	8.4
几何特性系数 A	4	6.67	8	10
切向进口长度/mm	5			
旋流腔长度/mm	7	28	49	75

图 4 - 14 为四种不同 A 值($A=4$，$A=6.67$，$A=8$，$A=10$)下，不同旋流腔长径比的敞口型离心喷嘴的动态特性曲线。由图可以看出，敞口型离心喷嘴内的流量相对振幅会随振荡频率的增大而下降，滞后相位角随振荡频率的增大而单调增大。但在长径比较小时，如图 4 - 14(a)中在 L_k/d_k 等于 1.25 的情况下，幅频曲线在低频时会有小的峰值。这是因为当旋流腔长度和扰动波波长相差不大(甚至小于扰动波波长)时，在旋流腔内只能容下表面波的一小部分。因此，扰动波占据了整个旋流腔，扰动来不及衰减，流量相对振幅会增大；在高频时由 $\lambda=v/f$ 可知，扰动波波长减小，这种效果就不会很明显了。

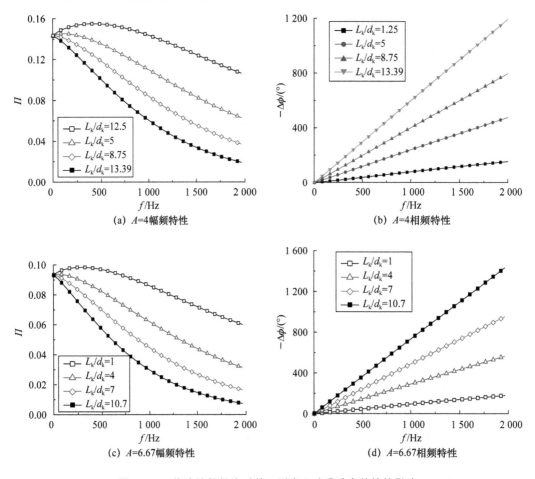

图 4 - 14　旋流腔长径比对敞口型离心喷嘴动态特性的影响

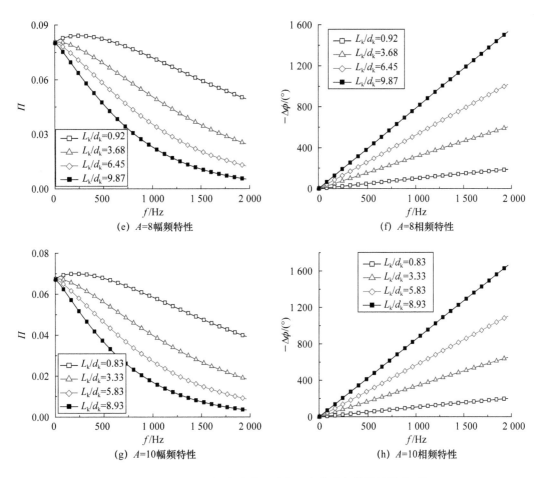

图 4 - 14　旋流腔长径比对敞口型离心喷嘴动态特性的影响(续)

此外从图 4 - 14 中还可以看出,在 A 值一定的情况下,旋流腔长径比越大,流量相对振幅越小,而滞后相位角越大。这是因为旋流腔长度 L_k 越大,由 $\phi_k = \omega L_k / v_{k,3}$ 可知,滞后相位越大,两者近似呈线性关系。同时由于黏性损耗,旋流腔长度越长,扰动波的衰减越大,致使流量振幅越小。相比收口型离心喷嘴,A 值越大,敞口型离心喷嘴的流量振荡振幅亦越小,但相位差却基本不变。

接着讨论喷嘴几何特性系数 A 对敞口型离心喷嘴动态特性的影响。为了在改变 A 值(通过改变旋流腔直径来改变 A 值)的同时使旋流腔长径比保持不变,设计四种不同旋流腔长度与四个 A 值对应,结构参数如表 4 - 2 所列。

表 4 - 2　算例敞口型离心喷嘴结构参数(2)

几何特性系数 A	4	6.67	8	10
旋流腔直径/mm	5.6	7	7.6	8.4
旋流腔长度/mm	50	63	68	75
旋流腔长径比	8.93			

图 4 - 15 为在旋流腔长径比不变的条件下,不同 A 值的敞口型离心喷嘴动态特性曲线。由图 4 - 15 可见,A 值越大,喷嘴的流量振幅越小,而流量振荡与压降振荡之间的相位差越大。

这是因为 A 值表征了离心喷嘴液体旋涡旋转的剧烈程度，A 变大，旋流腔内液体旋涡表面的振幅会降低，由扰动从切向通道到旋流腔的传递系数可知，A 值越大，$K_{\Sigma\mathrm{II}}^*$ 越小，从而导致喷嘴流量振幅越小。而由敞口型离心喷嘴旋流腔内扰动的传播速度可知，$\overline{R}_k=1$，且 A 值越大，无量纲参数 a 越大，所以 $v_{k,3}$ 越小，而同时要保持旋流腔长径比不变，则 L_k 也会变大。由 $\phi_k=\omega L_k/v_{k,3}$ 可以看出，ϕ_k 越大，整个喷嘴滞后相位角越大。而由前面的研究可知，几何特性系数 A 的变化对收口型离心喷嘴的相频曲线基本没有影响。

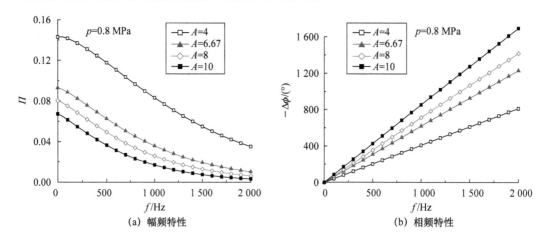

图 4-15 几何特性系数 A 对敞口型离心喷嘴动态特性的影响

下面在保持喷嘴结构参数不变的情况下计算了三种不同压降下的喷嘴动态特性，计算结果如图 4-16 所示。由分析可知对同一敞口型离心喷嘴，喷嘴压降越大，流量相对振幅越大，而流量振荡与压降之间的相位差越小，其变化趋势与收口型离心喷嘴相同。

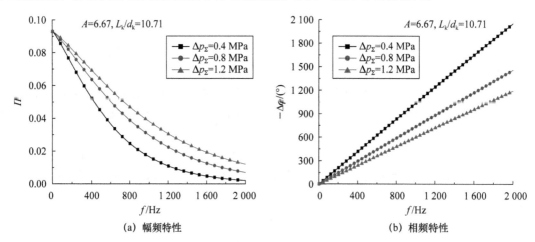

图 4-16 喷嘴压降对敞口型离心喷嘴动态特性的影响

图 4-17 为相同结构的敞口型离心喷嘴（$A=6.67$，$L_k/d_k=10.71$）在喷嘴压降为 $0.8\ \mathrm{MPa}$ 时使用不同振荡衰减率计算得出的喷嘴动态特性曲线。由图中可以看出，振荡衰减率对敞口型离心喷嘴的幅频特性有较大影响，振荡衰减率越大，流量振荡的相对振幅越小，但对相位的影响很小。这与收口型离心喷嘴是类似的。

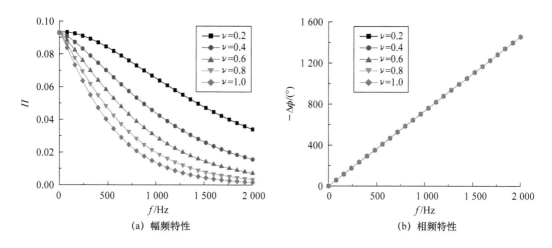

(a) 幅频特性　　　　　　　　　　　(b) 相频特性

图 4-17　扰动振荡衰减率对敞口型离心喷嘴动态特性的影响

4.3　具有多排切向通道的敞口型离心喷嘴动态特性模型

前面对敞口型离心喷嘴动态特性进行了研究,推导了其传递函数,并针对喷嘴结构参数对喷嘴动态特性的影响规律进行了讨论。但在液体火箭发动机中还经常使用其他形式的敞口型离心喷嘴,如具有多排切向通道的敞口型离心喷嘴。图 1-1 中的液氧喷嘴为具有双排切向通道的敞口型离心喷嘴。与单排切向通道的敞口型离心喷嘴相比,多排切向通道的敞口型离心喷嘴在旋流腔内沿轴向布置了若干切向通道环。下面对这种形式的敞口型离心喷嘴的动态特性进行研究。

首先讨论液体扰动在喷嘴旋流腔内的传播。多排切向通道的敞口型离心喷嘴,尽管在结构形式上与敞口型离心喷嘴相同,但由于在旋流腔中有多个切向通道环,如前面所述,因此在切向通道环中产生的扰动将沿旋流腔传播,而位于旋流腔中部的切向通道产生的表面波向旋流腔底部传播,并遇到旋流腔底部产生反射形成反射波。但是,旋流腔的相位滞后是由两部分引起的。表面波的相位滞后可能与旋流腔长度呈线性关系,但是另外一部分即旋转波的相位滞后却并未表明与旋流腔长度呈线性关系,所以把两个切向通道之间的距离布置到表面波波长的一半位置可以抵消表面波的振荡,但可能不能阻尼旋转波。旋转波是沿液膜径向传播的,在旋流腔轴向方向不会发生反射。有试验表明:在高频时,可以忽略沿轴向传播的旋转波,因为它们会迅速衰减掉[7]。这与低频的情况不同。在低频区,旋转波及其与表面波的互相作用可能成为使流量振荡衰减或放大的新因素,因为这些振荡以两种不同的机理、完全不同的传递函数从切向通道传向喷口。

4.3.1　敞口型离心喷嘴作为振荡相位调节器的初步分析

由前面对敞口型离心喷嘴动态特性的研究发现,在一定的振荡频率下,敞口型离心喷嘴的出口流量振荡与引起流量振荡的喷嘴压降振荡之间的相位差随旋流腔长度的增加而呈线性增大的趋势。下面在一定频率下计算了敞口型离心喷嘴相频特性随喷嘴旋流腔长度的变化关系,计算结果如图 4-18(a) 所示。由相频曲线可见,滞后相位随旋流腔长度的增加而增大,而且在三种频率下,均近似于线性增大。现在以振荡频率 1 000 Hz、几何特性系数 $A=6.67$ 的喷嘴为例,分析说明敞口型离心喷嘴传递函数的相位滞后具有良好的可调节性。

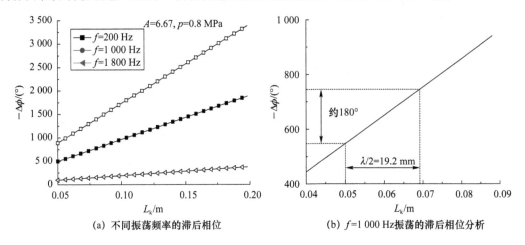

(a) 不同振荡频率的滞后相位   (b) $f=1\,000$ Hz 振荡的滞后相位分析

图 4-18　滞后相位随旋流腔长度的变化关系

通过计算得出几何特性系数 $A=6.67$ 的敞口型离心喷嘴旋流腔内扰动波的波速 $v_{k,3}=38.4$ m/s,当振荡频率为 1 000 Hz 时,扰动波波长为 38.4 mm,如图 4-18(b) 所示,在横轴上取半波长即 19.2 mm 的间隔,对应地在纵轴上都会得到约为 180° 的相位差,也就是说,旋流腔长度增加半个波长的长度,引起的相位滞后相应增加 π。这个结论对于所有波长的扰动都是适用的。这是因为在普通的敞口型离心喷嘴旋流腔内部不会形成反射波,所以旋流腔部分的相移是线性的。而切向通道部分与旋流腔的相互作用并没有对整个喷嘴的相移产生非线性作用,即整个喷嘴的相移等于旋流腔部分的线性变化的相移加上切向通道部分的定值相移,也就是说整个喷嘴的相移随旋流腔长径比呈线性变化。因此,可以通过调节敞口型离心喷嘴旋流腔的长度来改变振荡的相移。以 $A=6.67$、旋流腔直径为 7 mm 的敞口型离心喷嘴为例,假设振荡频率为 1 000 Hz 的扰动传播到了喷嘴的切向入口,可以沿旋流腔轴线方向布置两个切向入口,使两孔轴心沿旋流腔轴向的间距为半个波长 0.019 2 m,这样两个切向入口引起的表面波振荡之间的相位角相差 180°,相位正好相反,振荡相互抵消,从而起到阻尼振荡的作用。

4.3.2　具有多排切向通道的敞口型离心喷嘴传递函数的推导

对于具有多排切向通道的敞口型离心喷嘴,由每一排切向通道内的流量振荡引起的旋流腔内液体流量的振荡都会影响相邻环的液体流动。但是,由于在旋流腔壁面上的压力振荡与引起此振荡的压降振荡和液体流量振荡相比很小,可以近似认为由每一个环引起的液体表面扰动都互相独立存在,且可进行线性叠加,因此,可以把多排切向通道的敞口型离心喷嘴分解为多个单排切向通道的敞口型离心喷嘴来分析其动态特性。而由于每一个单排切向通道的喷嘴流量振荡与喷嘴压降之间的相位差都与旋流腔的长度呈线性关系,因此就可以通过调节多个切向通道环在旋流腔轴线方向上的距离来使其传递的流量振荡在喷嘴出口处达到相反的相位,从而达到滤除振荡的目的。

将多排切向通道的敞口型离心喷嘴分解为多个单排切向通道的敞口型离心喷嘴来分析,

使用线性叠加原理,各部分的传递函数依然按照单排切向通道的敞口型离心喷嘴传递函数公式计算;但对于单排切向通道的敞口型离心喷嘴,当切向通道位于旋流腔底部时,不存在反射波。而具有多排切向通道的敞口型离心喷嘴在旋流腔内会形成反射波,这是由位于旋流腔内部的切向通道所产生的液体表面扰动波向旋流腔底部传播造成的。

下面研究切向通道位于旋流腔中部的敞口型离心喷嘴内液体表面的振荡。如图 4-19 所示,设位于旋流腔中部的切向通道内的流量振荡引起了旋流腔内的液体表面振荡,其关系式为

$$\xi_{k1} = \Omega_0 \, e^{i\omega t} \tag{4-41}$$

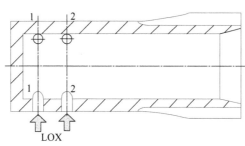

图 4-19　具有双排切向通道的敞口型离心喷嘴示意图

当产生的表面波运动至旋流腔底部时,其相对于初始波有一个滞后时间 t_k,而且由于存在黏性损失,故其振幅也会减小,即

$$\xi_{k,31} = \Omega_0 \, e^{i\omega(t-t_k)-\nu(\phi_{k1}-\phi_{k2})} = \Omega_0 \, e^{i[\omega t-(\phi_{k1}-\phi_{k2})]-\nu(\phi_{k1}-\phi_{k2})} \tag{4-42}$$

式中:$t_k = (L_{k1}-L_{k2})/v_{k,3}$ 表示表面波从切向通道进入旋流腔的入口后运行至旋流腔底部所经历的时间,L_{k1} 和 L_{k2} 分别表示切向通道环 1 和 2 距离喷嘴出口(即旋流腔出口)截面的长度,$\phi_{k1} = \omega L_{k1}/v_{k,3}$,$\phi_{k2} = \omega L_{k2}/v_{k,3}$。

当从旋流腔底部继续运行至切向通道入口处时,表面波的振荡量为

$$\xi_{k2} = \Omega_0 \, e^{i[\omega t-2(\phi_{k1}-\phi_{k2})]-\nu(2\phi_{k1}-\phi_{k2})} \tag{4-43}$$

当从切向通道继续运行至旋流腔出口处时,表面波的振荡量为

$$\xi_{k,c1} = \Omega_0 \, e^{i[\omega t-(\phi_{k1}-\phi_{k2})-\phi_{k1}]-\nu(2\phi_{k1}-\phi_{k2})} = \Omega_0 \, e^{i[\omega t-(2\phi_{k1}-\phi_{k2})]-\nu(2\phi_{k1}-\phi_{k2})} \tag{4-44}$$

因此,对于位于旋流腔中部的切向通道 2,其表面波引起的旋流腔底部的传递函数及从旋流腔底部到喷嘴出口的传递函数分别按照以下两个公式进行计算:

$$\begin{cases} \mathrm{Re}\,\Pi_{k,3\,\mathbb{I}\,2} = K_{\Sigma\,\mathbb{I}}^* \, e^{-\nu(\phi_{k1}-\phi_{k2})/\pi}\cos 2(\phi_{k1}-\phi_{k2}) \\ \mathrm{Im}\,\Pi_{k,3\,\mathbb{I}\,2} = -K_{\Sigma\,\mathbb{I}}^* \, e^{-\nu(\phi_{k1}-\phi_{k2})/\pi}\sin 2(\phi_{k1}-\phi_{k2}) \end{cases} \tag{4-45}$$

$$\begin{cases} \mathrm{Re}\,\Pi_{k,c\,\mathbb{I}\,2} = K_{\Sigma\,\mathbb{I}}^* \, e^{-\nu(2\phi_{k1}-\phi_{k2})/(2\pi)}\cos(2\phi_{k1}-\phi_{k2}) \\ \mathrm{Im}\,\Pi_{k,c\,\mathbb{I}\,2} = -K_{\Sigma\,\mathbb{I}}^* \, e^{-\nu(2\phi_{k1}-\phi_{k2})/(2\pi)}\sin(2\phi_{k1}-\phi_{k2}) \end{cases} \tag{4-46}$$

对于具有 n 排切向通道的敞口型离心喷嘴,第 1 排切向通道位于旋流腔底部,设为切向通道 1,距离旋流腔底部稍远的为切向通道 2,依次类推,距离旋流腔底部最远的为切向通道 n。下面仍按照双排切向通道敞口型离心喷嘴的计算思路进行计算。

对于切向通道 n,其传递函数为

$$\begin{cases} \mathrm{Re}\,\Pi_{k,3\,\mathbb{I}\,n} = K_{\Sigma\,\mathbb{I}}^* \, e^{-\nu(\phi_{k1}-\phi_{kn})/\pi}\cos 2(\phi_{k1}-\phi_{kn}) \\ \mathrm{Im}\,\Pi_{k,3\,\mathbb{I}\,n} = -K_{\Sigma\,\mathbb{I}}^* \, e^{-\nu(\phi_{k1}-\phi_{kn})/\pi}\sin 2(\phi_{k1}-\phi_{kn}) \end{cases} \tag{4-47}$$

$$\begin{cases} \mathrm{Re}\,\Pi_{k,c\,\mathbb{I}\,n} = K_{\Sigma\,\mathbb{I}}^* \, e^{-\nu(2\phi_{k1}-\phi_{kn})/(2\pi)}\cos(2\phi_{k1}-\phi_{kn}) \\ \mathrm{Im}\,\Pi_{k,c\,\mathbb{I}\,n} = -K_{\Sigma\,\mathbb{I}}^* \, e^{-\nu(2\phi_{k1}-\phi_{kn})/(2\pi)}\sin(2\phi_{k1}-\phi_{kn}) \end{cases} \tag{4-48}$$

式中：ϕ_{kn} 为切向通道 n 传递的振荡到达喷口出口处时的滞后相位。

而位于旋流腔底部的切向通道表面波模型则仍按照普通敞口型离心喷嘴处理。按照线性叠加的原理,得到多排切向通道敞口型离心喷嘴的整体传递函数为

$$\Pi = \left(\frac{Q'_{kc}}{Q_{kc}}\right) \bigg/ \left(\frac{\Delta p'_{\Sigma}}{\Delta p_{\Sigma}}\right) = \frac{1}{2} \frac{\overline{R}_{BX}^2}{a} \sum_{i=1}^{n} \frac{\Pi_{k,c,II\,i} \cdot \Pi_{Ti}}{2\Pi_{Ti}(\Pi_{k,3II\,i} + \Pi_{k,3III\,i}) + 1} \qquad (4-49)$$

式中：n 个切向通道的传递函数相等,即 $\Pi_{T1} = \Pi_{T2} = \cdots = \Pi_{Tn}$。

4.3.3　算例及结果分析

为了说明具有双排切向通道的敞口型离心喷嘴的动态特性,并与普通敞口型离心喷嘴进行对比,使用具有双排切向通道的敞口型离心喷嘴的传递函数公式设计了一组算例,对其动态特性进行了计算。喷嘴结构参数如表 4-3 所列。

表 4-3　双排切向通道敞口型离心喷嘴结构参数

喷嘴参数	双排切向通道					单排切向通道
双排切向通道距离/mm	10	20	30	40	50	—
每排切向通道数目/个	3					
切向通道半径/mm	0.51					0.7
切向通道长度/mm	5					
旋流腔半径/mm	3.5					
旋流腔长度/mm	75					
几何特性系数 A	6.67					

由图 4-20 可以看出,当喷嘴的其他结构参数不发生变化而只改变双排切向通道之间的距离时,喷嘴的动态特性曲线有所不同。可以看出,双排切向通道的喷嘴的幅频曲线有最小值,并且出现最小值的频率随双排切向通道之间距离的增大而减小,随喷嘴压降的增大而增大。在极小值点后的一段曲线有所起伏,这是由旋流腔内的反射波造成的。对比极小值点对应频率的两种喷嘴的流量相对振幅,具有双排切向通道的喷嘴的振幅明显小于具有单排切向通道的喷嘴。

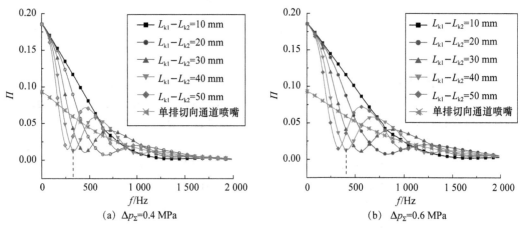

图 4-20　单排和双排切向通道敞口型离心喷嘴动态特性对比

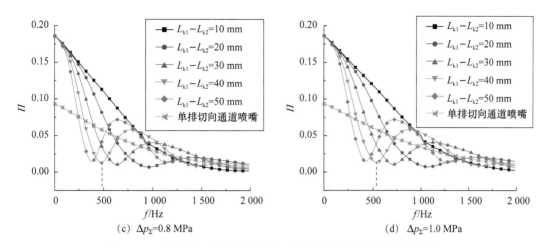

图 4 - 20　单排和双排切向通道敞口型离心喷嘴动态特性对比(续)

　　图 4 - 21 为在不同频率下双排切向通道的敞口型离心喷嘴动态特性随双排切向通道之间距离变化的曲线,下面以 $f=1\ 000\ Hz$ 为例进行分析。可以看出当振荡频率为 1 000 Hz 时,在双排切向通道相距大约为 20 mm 处出口流量振幅最小。由扰动波在旋流腔内传播时的速度公式可知,扰动波在旋流腔内的传播速度为 38.3 m/s,1 000 Hz 频率对应的波的波长为 40 mm。此频率下振幅最小时双排切向通道之间的距离(20 mm)正好等于波长(40 mm)的一半。由此得到这样的假设:从两个振荡传递机构传进来的振荡在初始相位相同的情况下,当使双排切向通道相距扰动波半波长(以及半波长的奇数倍)时,振荡的相位会相差 π(以及 π 的奇数倍),也就是说,使来自双排切向通道的扰动波相位相反,喷嘴就可以达到滤波的效果。

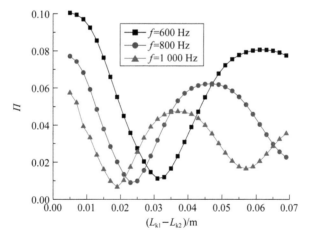

图 4 - 21　双排切向通道敞口型离心喷嘴动态特性随双排切向通道之间距离的变化

　　下面验证从两个振荡传递机构传进来的振荡在初始相位相同的情况下,是否在相距半个波长(或者半个波长的奇数倍)的相位处能够滤除振荡。假设喷嘴内存在 1 000 Hz 的振荡,设计喷嘴结构使得双排切向通道相距半波长及 1.5 倍波长,进行计算比较,结果如图 4 - 22 所示。

　　由图 4 - 22 可以看出,在整个频率区间上,振荡频率为 1 000 Hz 时的振荡幅值最小,并且其流量的相对振幅比单排切向通道(图中的敞口型喷嘴)的流量相对振幅减小,这说明设计敞口型离心喷嘴双排切向通道之间的距离为振荡波波长的一半,是可以在一定程度上起到滤波作用的。

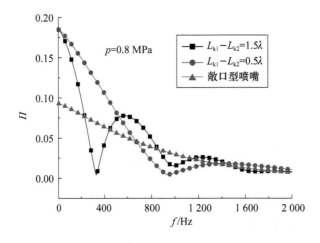

图 4-22　双排切向通道敞口型离心喷嘴的动态特性

同时由图 4-22 还可以看出,当双排切向通道之间的距离为波长的 1.5 倍时,也可以使由 1 000 Hz 的扰动引起的相对流量振荡降低,但降低的幅度小于双排切向通道之间距离为半波长时的减少量;而且在 400~800 Hz 之间,还引起了流量振荡的局部增大。综上所述,当双排切向通道之间的距离为振荡的半波长时,是理论上最佳的滤波距离。

4.4　喷嘴与供应系统及燃烧室之间的作用

前面已经对收口型离心喷嘴和敞口型离心喷嘴的动态特性进行了研究,并对喷嘴内部各部分结构之间的振荡传递动态关系进行了讨论。液体火箭发动机是一个复杂的动态工作系统,由于喷嘴在发动机中控制着推进剂的喷注流量,因此在发动机的整个系统中,任何微小振荡或扰动,都会直接或间接影响喷嘴的流量变化,进而影响整个发动机的动态系统,因此喷嘴在发动机动态系统中起着非常重要的作用。把喷嘴与火箭发动机其他各部分的相互作用进行综合考虑会更具有实用价值。如图 4-23 所示,喷嘴上游通过集液腔与供应系统相连,下游与燃烧室相连,因此供应系统和燃烧室中的所有扰动都会传到喷嘴,本节对喷嘴与供应系统及燃烧室之间的动态相互作用进行研究。

在分析图 4-23 中的关系之前,首先将有关参数进行无量纲化并整理,写为以下传递函数的形式:

$$\Pi_f = \dfrac{p'_f / p_f}{m'_{in} / m_{in}}$$ ——供应系统无量纲压力振荡与喷嘴进口无量纲流量振荡之比;

$$\Pi_\phi = \dfrac{m'_c / m_c}{\Delta p'_\Sigma / \Delta p_\Sigma}$$ ——喷嘴无量纲流量振荡与喷嘴无量纲压降振荡之比;

$$\Pi_{cc,f} = \dfrac{p'_{cc} / p_{cc}}{p'_f / p_f}$$ ——燃烧室无量纲压力振荡与供应系统无量纲压力振荡之比;

$$\Pi_{f,cc} = \dfrac{p'_f / p_f}{p'_{cc} / p_{cc}}$$ ——供应系统无量纲压力振荡与燃烧室无量纲压力振荡之比(通过喷嘴联系的);

$$\Pi_{\phi,cc} = \dfrac{m'_c / m_c}{p'_{cc} / p_{cc}}$$ ——喷嘴无量纲流量振荡与燃烧室无量纲压力振荡之比。

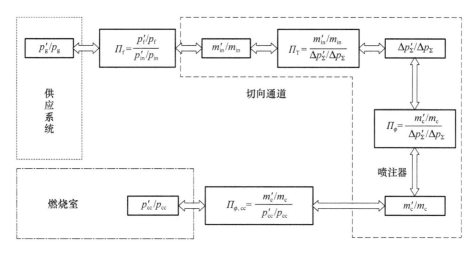

图 4 - 23　喷嘴与供应系统及燃烧室相互作用关系

4.4.1　在供应系统有压力振荡时,喷嘴与燃烧室的相互作用分析

在液体火箭发动机中,供应系统的压力振荡引起喷嘴进口的压力振荡,进一步引起喷嘴的流量振荡,喷嘴出口处的流量振荡激起了燃烧室中的压力振荡,即

$$p'_{cc}/p_{cc} = \Pi_{cc,\phi}\, m'_c/m_c \tag{4-50}$$

由喷嘴动力学可知,喷嘴出口流量振荡由整个喷嘴的压降振荡引起,即

$$m'_c/m_c = \Pi_\phi\, \Delta p'_\Sigma/\Delta p_\Sigma \tag{4-51}$$

喷嘴压降振荡是供应系统压力振荡与燃烧室压力振荡之差,即

$$\Delta p'_\Sigma = p'_f - p'_{cc} \tag{4-52}$$

其无量纲形式为

$$\frac{\Delta p'_\Sigma}{\Delta p_\Sigma} = \frac{p'_f}{p_f}\frac{p_f}{\Delta p_\Sigma} - \frac{p'_{cc}}{p_{cc}}\frac{p_{cc}}{\Delta p_\Sigma} \tag{4-53}$$

联立式(4 - 50)~(4 - 53),得

$$p'_{cc}/p_{cc} = \Pi_{cc,\phi}\,\Pi_\phi\left(\frac{p'_f}{p_f}\frac{p_f}{\Delta p_\Sigma} - \frac{p'_{cc}}{p_{cc}}\frac{p_{cc}}{\Delta p_\Sigma}\right) \tag{4-54}$$

再与 $p_f = p_{cc} + \Delta p_\Sigma$ 联立可解出

$$\Pi_{cc,f} = \frac{p'_{cc}}{p_{cc}} \Big/ \frac{p'_f}{p_f} = \frac{\Delta p_\Sigma + p_{cc}}{\Delta p_\Sigma} \cdot \frac{\Pi_{cc,\phi} \cdot \Pi_\phi}{1 + \Pi_{cc,\phi} \cdot \Pi_\phi \cdot (p_{cc}/\Delta p_\Sigma)} \tag{4-55}$$

从式(4 - 55)可以看出,供应系统中的压力振荡对燃烧室压力振荡的影响取决于喷嘴的传递函数 Π_ϕ、喷嘴出口流量振荡对燃烧室压力振荡的传递函数 $\Pi_{cc,\phi}$、喷嘴压降 Δp_Σ 和燃烧室压力 p_{cc}。

前面已经对喷嘴的动态传递函数 Π_Σ 进行了研究。喷嘴出口流量振荡引起燃烧室压力振荡的过程非常复杂,因此精确描述燃烧室内的传递函数 $\Pi_{cc,\phi}$ 具有很大难度。

本小节选择具有集总参数的燃烧室作为研究对象,文献[10]采用了一系列假设:

① 常时滞、瞬时燃烧假设:进入燃烧室的推进剂不是逐渐转化为燃气的,而是经过某一时间滞后 τ_{conv} 后瞬间转化的,即实际的渐进性过程可用一个假想的阶跃过程来代替。因此,当

$t<\tau_{conv}$时,燃烧室内分散的推进剂组元呈液滴状态;而当 $t\geqslant\tau_{conv}$ 后,燃烧室内充满气体。

② 燃气为理想气体。

③ 参数分布符合零维条件。

由以上假设并通过燃烧室质量守恒方程、能量守恒方程等进行线性化,再进行拉普拉斯变换得到燃烧室动态特性的传递函数为

$$\Pi_{cc,\phi}=\exp(-s\tau_{conv})/(\tau_c s+1) \tag{4-56}$$

式中:以 $i\omega$(其中 $i=\sqrt{-1}$)取代复变量 s,即可得到燃烧室传递函数的表达式

$$\Pi_{cc,\phi}(i\omega)=\frac{\exp(-i\omega\tau_{conv})}{1+i\omega\tau_c} \tag{4-57}$$

本小节取 $\tau_c=4.5\times10^{-3}$ s,$\tau_{conv}=5.0\times10^{-3}$ s。

式(4-57)的传递函数采用的是集总参数模型的燃烧室,此时应在较低频率范围内考虑发动机的动态特性。当扰动的振荡频率较高时,应采用具有分布参数的燃烧室传递函数

$$\Pi_{cc,\phi}=\frac{1}{\dfrac{s\tau_{stay}}{k}+1+\dfrac{k-1}{2k}[1-\exp(-s\tau_{stay})]} \tag{4-58}$$

式中:停留时间 τ_{stay} 与燃烧室的特征长度、比热比函数 $\Gamma(k)$ 以及特征速度有关。

根据由供应系统压力振荡引起的燃烧室压力振荡的传递函数式(4-55),设计算例计算不同参数对传递函数的影响规律。选择一双组元液体火箭发动机,以其中一路供应系统为研究对象,推进剂为煤油。假设供应系统出口有压力振荡,将通过喷嘴的传递引起燃烧室内的压力振荡,将集液腔看成是供应系统的一部分。

直流喷注单元多采用撞击式,由氧化剂喷孔和燃料喷孔组成,选择燃料喷孔作为算例,喷口直径为 1 mm,重点研究喷孔长径比的变化对燃烧室内压力振荡的影响。图 4-24 为连接不同长径比直流喷嘴的燃烧室内压力振荡的幅频特性曲线。从计算结果可以看出,长径比越大,直流喷嘴的燃烧室内压力振荡的相对振幅越小。这可以解释为喷嘴越长,扰动在喷嘴内传播时的衰减越多,从而当供应系统的压力振荡通过喷嘴传递到燃烧室时,燃烧室内的压力振荡相对振幅也越小。

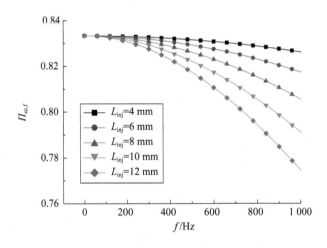

图 4-24　直流喷嘴燃烧室的压力振荡幅频特性

影响收口型离心喷嘴动态特性的结构参数较多,本小节在保持其他结构参数不变的条件

下,仅计算几何特性系数 A 值的变化对振荡从供应系统传递到燃烧室过程中的影响规律。图 4-25 显示了连接具有不同几何特性系数 A 的收口型离心喷嘴的燃烧室内压力振荡的相对振幅,从计算结果可以看出,在发生谐振时,所连接的离心喷嘴的几何特性系数 A 值越大,燃烧室内压力振荡的相对振幅亦越大。但在振荡频率较高时(本算例中高于 60 Hz 左右),几何特性系数越大,燃烧室内压力振荡的相对振幅越小。

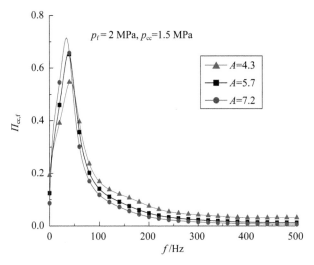

图 4-25　收口型离心喷嘴燃烧室的压力振荡幅频特性

图 4-26 显示了连接具有不同几何特性系数 A 的敞口型离心喷嘴的燃烧室内压力振荡的相对振幅,喷嘴的其他结构参数相同。从计算结果可以看出,所连接的敞口型离心喷嘴几何特性系数 A 值越大,燃烧室内压力振荡的相对振幅越小。因为 A 值表征了离心喷嘴液体旋涡旋转的剧烈程度,A 越大,旋流腔内液体旋涡表面的振幅越低,从而使喷嘴出口流量的振幅越小,由此引起的燃烧室内压力振荡的相对振幅也变小。

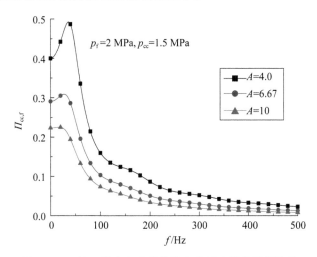

图 4-26　敞口型离心喷嘴燃烧室的压力振荡幅频特性

为了在同等条件下进行对比,使收口型与敞口型离心喷嘴的几何特性系数 A 值相同。图 4-27 为在收口型和敞口型离心喷嘴的发动机系统中,燃烧室对供应系统压力扰动的动态响应。从图 4 - 27 可以看出,敞口型和收口型离心喷嘴对扰动从供应系统到燃烧室的传递的影响规律基本相同。由对收口型和敞口型离心喷嘴动态特性的研究可知,在相同工况和结构参数下,敞口型离心喷嘴出口的流量振荡相对振幅与收口型离心喷嘴出口的流量振荡相对振幅相差不大,只是收口型离心喷嘴在某些扰动频率下的流量振荡会出现振幅的峰值。但是当把喷嘴与燃烧室及供应系统联合起来作为整体研究其动态特性时,连接两种喷嘴的燃烧室内的压力振荡都不会出现很明显的高频峰值。

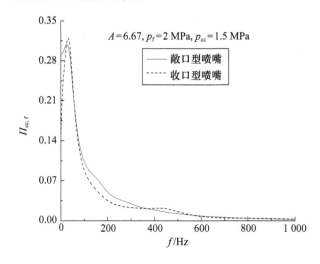

图 4 - 27　连接不同结构喷嘴的燃烧室压力振荡幅频特性

以上研究的是喷嘴结构及其参数对由供应系统引起的燃烧室压力振荡过程的影响,下面在确定几何特性系数 A 为 6.7 的收口型离心喷嘴和敞口型离心喷嘴两种喷嘴结构的基础上,计算喷嘴压降和燃烧室稳态压力对由供应系统到燃烧室的压力振荡传递过程的影响。

在燃烧室压力取 $p_{cc} = 2$ MPa 的情况下,计算不同喷嘴压降下燃烧室内压力振荡的幅频特性曲线,计算结果如图 4 - 28 所示。由计算结果可以看出,喷嘴压降越大,燃烧室压力振荡的相对振幅反而越小。文献[11]指出,提高低频稳定性的最简单方法就是提高喷嘴单元的压降。这种改变会减少供应系统对振荡的敏感性,因而减少了整个发动机系统对振荡的敏感性。

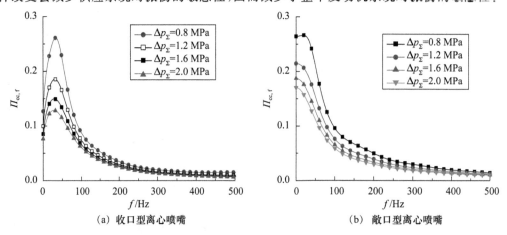

图 4 - 28　不同喷嘴压降下的燃烧室压力振荡幅频特性

以几何特性系数 $A = 6.7$ 的收口型和敞口型离心喷嘴为例,改变供应系统压力,计算由供应系统压力振荡引起燃烧室压力振荡的传递函数,图 4-29 为计算的传递函数幅频特性曲线。从计算结果可以看出,供应系统压力对传递函数的幅频特性具有一定影响:随着供应系统压力的升高,由供应系统压力振荡引起的燃烧室压力振荡的幅值呈升高趋势。在较低频率时,燃烧室压力振荡的响应振幅较高。

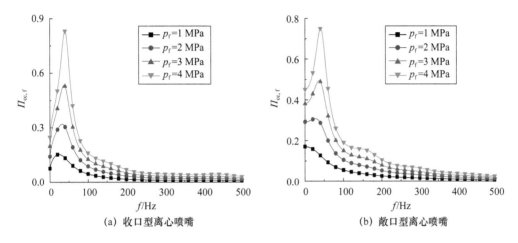

图 4-29　不同供应系统稳态压力下的压力振荡幅频特性

图 4-30 为在不同燃烧室稳态压力下,连接敞口型和收口型离心喷嘴的燃烧室对供应系统压力扰动响应的幅频特性曲线。从计算结果看出,不论使用的是敞口型还是收口型离心喷嘴,随着燃烧室稳态压力增大,由供应系统压力振荡引起的燃烧室压力振荡的相对振幅随之增大。

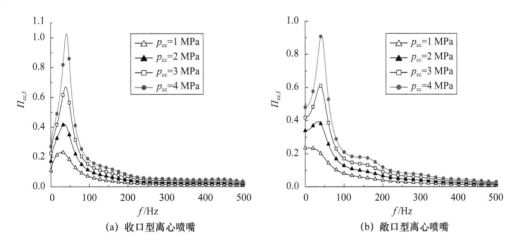

图 4-30　不同燃烧室稳态压力下的压力振荡幅频特性

4.4.2　从燃烧室到供应系统压力振荡传递分析

燃烧室的压力振荡引起喷嘴的流量振荡,离心喷嘴的流量振荡引起喷嘴切向进口的流量

振荡,进而引起供应系统的压力振荡,即

$$\frac{p'_{\mathrm{f}}}{p_{\mathrm{f}}} = \Pi_{\mathrm{f}} \frac{m'_{\mathrm{in}}}{m_{\mathrm{in}}} \tag{4-59}$$

而离心喷嘴切向进口的流量振荡是由喷嘴的压降振荡引起的,即

$$\frac{m'_{\mathrm{in}}}{m_{\mathrm{in}}} = \Pi_{\mathrm{T}} \frac{\Delta p'_{\Sigma}}{\Delta p_{\Sigma}} \tag{4-60}$$

喷嘴压降振荡是供应系统压力振荡与燃烧室压力振荡之差,即

$$\Delta p'_{\Sigma} = p'_{\mathrm{f}} - p'_{\mathrm{cc}} \tag{4-61}$$

其无量纲形式为

$$\frac{\Delta p'_{\Sigma}}{\Delta p_{\Sigma}} = \frac{p'_{\mathrm{f}}}{p_{\mathrm{f}}} \frac{p_{\mathrm{f}}}{\Delta p_{\Sigma}} - \frac{p'_{\mathrm{cc}}}{p_{\mathrm{cc}}} \frac{p_{\mathrm{cc}}}{\Delta p_{\Sigma}} \tag{4-62}$$

联立式(4-59)、式(4-60)和式(4-62),得

$$\frac{p'_{\mathrm{f}}}{p_{\mathrm{f}}} = \Pi_{\mathrm{f}} \Pi_{\mathrm{T}} \left(\frac{p'_{\mathrm{f}}}{p_{\mathrm{f}}} \frac{p_{\mathrm{f}}}{\Delta p_{\Sigma}} - \frac{p'_{\mathrm{cc}}}{p_{\mathrm{cc}}} \frac{p_{\mathrm{cc}}}{\Delta p_{\Sigma}} \right) \tag{4-63}$$

最终可解出

$$\Pi_{\mathrm{f,cc}} = \frac{p'_{\mathrm{f}}}{p_{\mathrm{f}}} \Big/ \frac{p'_{\mathrm{cc}}}{p_{\mathrm{cc}}} = \frac{p_{\mathrm{cc}}}{\Delta p_{\Sigma}} \cdot \frac{\Pi_{\mathrm{f}} \Pi_{\mathrm{T}}}{\Pi_{\mathrm{f}} \Pi_{\mathrm{T}} \left(\frac{p_{\mathrm{f}}}{\Delta p_{\Sigma}} \right) - 1} \tag{4-64}$$

由式(4-64)可以看出,燃烧室压力振荡引起供应系统压力振荡的传递函数 $\Pi_{\mathrm{f,cc}}$ 取决于离心喷嘴切向通道流量振荡的传递函数 Π_{T}、供应系统的传递函数 Π_{f}、喷嘴压降 Δp_{Σ}、供应系统压力 p_{f} 和燃烧室压力 p_{cc}。从式(4-64)还发现,燃烧室压力振荡引起供应系统压力振荡的传递函数 $\Pi_{\mathrm{f,cc}}$ 与离心喷嘴的整体传递函数 Π_{ϕ} 无关,这是由于离心喷嘴中心存在气涡,气涡与燃烧室相通,因此燃烧室内的压力振荡仅通过离心喷嘴的切向通道传递到供应系统。

燃烧室压力振荡引起供应系统压力振荡的传递函数反映了供应系统对燃烧室压力振荡的响应,而对于喷嘴的动态特性如何影响该传递函数,下面结合算例进行分析。以图4-31所示的双组元挤压式液体火箭发动机为例,将集液腔看成是供应系统的一部分,假设与供应系统连接的管路长度为2 m。以其中一路为研究对象,对工况、喷嘴形式和结构参数等对传递函数的影响规律进行讨论。

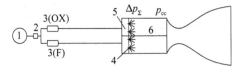

1—蓄压器;2—减压阀;3—推进剂储箱;4—喷嘴;5—集液腔;6—燃烧室

图4-31　双组元挤压式液体火箭发动机系统简图

通过喷嘴动力学的研究可知,长径比大的直流喷嘴对振荡的敏感性较小,这是由于黏性耗散作用,长度越长对振荡的衰减越强。假设喷孔直径为1 mm,燃烧室压力为4 MPa,变换喷孔长度以研究直流喷注单元长径比的变化对传递函数的影响。计算结果如图4-32所示。从计

算结果可以看出,在整个频率区间上存在一些振幅极小的频率点,在每两个振荡抑制的频率点之间,都存在一个频率,当小于此频率时,长径比越大,供应系统压力振荡的相对振幅越小;当大于此频率时,长径比越大,供应系统压力振荡的相对振幅越大。

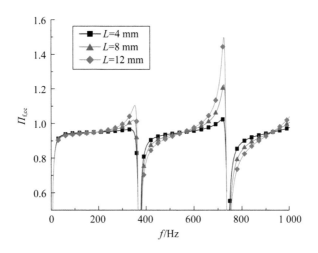

图 4 - 32　与直流喷嘴连接的供应系统内压力振荡幅频特性

由喷嘴动态特性研究可知,几何特性系数 A 对离心喷嘴动力学特性有很大影响。A 值越大,由压力振荡引起的离心喷嘴流量振荡的相对振幅越小。因此,几何特性系数 A 对振荡从燃烧室到供应系统的传递函数具有一定影响。图 4 - 33 为几何特性系数对收口型离心喷嘴动态特性的影响规律。从图中可以看出,当燃烧室存在压力振荡时,供应系统在大部分频率区间上都会产生较大的压力振荡。但在某些频率附近(例如 $f = 750$ Hz、1 500 Hz)可以看到谐振的峰值和下凹值。振荡得到抑制的频率与供应系统管路的长度及扰动在管道内的传播速度有关。在每两个振荡抑制的频率之间存在一个频率,当小于此频率时,几何特性系数越大,传递函数幅值越大;当大于此频率时,几何特性系数越大,传递函数幅值越小。

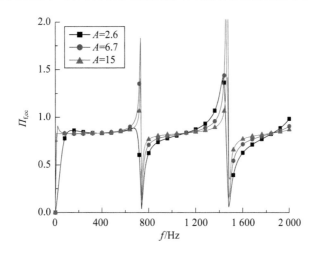

图 4 - 33　连接不同离心喷嘴的供应系统压力振荡幅频特性

为了针对喷嘴压降等工况参数对振荡传递函数的影响规律进行研究,以长径比为10的直流喷嘴和几何特性系数 A 为7.2的收口型离心喷嘴这两种喷嘴为算例,计算喷嘴压降、燃烧室稳态压力和供应系统长度对从燃烧室到供应系统的压力振荡传递函数的影响。

图4-34为不同喷嘴压降下燃烧室压力振荡传递到供应系统的传递函数幅频特性曲线。从图中可以看出,喷嘴压降越大,传递函数的幅值反而越小。这与实际液体火箭发动机设计中采用提高喷嘴单元压降来提高低频稳定性的方法一致。喷嘴压降越大,供应系统对振荡的敏感性越低,从而在一定程度上切断了供应系统与燃烧室之间的耦合。

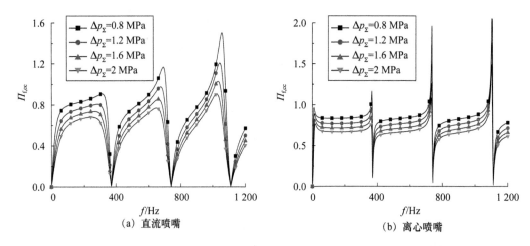

图4-34 不同喷嘴压降下的供应系统压力振荡幅频特性

图4-35为不同燃烧室稳态压力下(喷嘴压降 $\Delta p_{\Sigma} = 0.8\,\mathrm{MPa}$),从连接直流喷嘴和收口型离心喷嘴的燃烧室到供应系统的压力扰动传递函数的幅频特性曲线。从计算结果可以看出,不论使用的是直流喷嘴还是离心喷嘴,随着燃烧室稳态压力的增大,燃烧室压力振荡传递到供应系统的传递函数的幅值都随之增大。

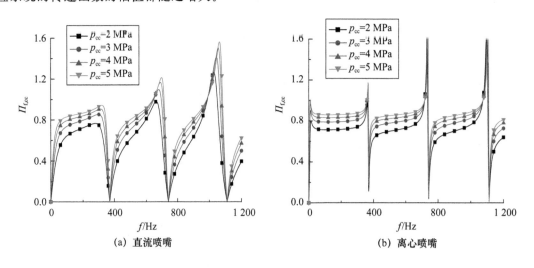

图4-35 不同燃烧室稳态压力下的供应系统压力振荡幅频特性

以上的算例都是在给定供应系统管路长度 $L=2\ \mathrm{m}$ 的情况下进行计算的,下面对不同供应系统管路长度对由燃烧室压力振荡引起供应系统压力振荡的影响规律进行计算,计算结果如图 4-36 所示。从图中可以看出,随着供应系统管路长度的增加,供应系统内出现压力振荡谐振的频率点随之增多;还可以看出,在出现振荡幅度抑制的频率的同时有谐振峰值出现,而对于直线管路这样的供应系统而言,在谐振时其传递函数的虚部等于零,即 $\tan(\omega L/a)=0$,因此可以计算出振荡抑制点的频率为 $f=\omega/(2\pi)=ka/(2L)(k=1,2,\cdots)$。

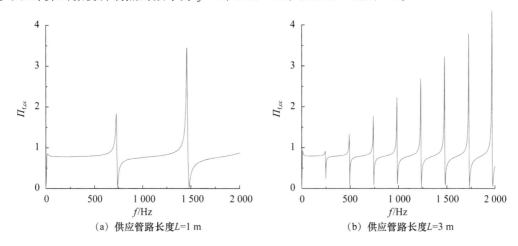

(a) 供应管路长度 $L=1\ \mathrm{m}$ \qquad (b) 供应管路长度 $L=3\ \mathrm{m}$

图 4-36 不同供应系统管路长度的供应系统压力振荡幅频特性

4.4.3 燃烧室压力振荡对喷嘴出口流量振荡的影响分析

由喷嘴动力学可知,喷嘴出口流量振荡由整个喷嘴的压降振荡引起,即

$$\frac{m_\mathrm{c}'}{m_\mathrm{c}}=\Pi_\phi\,\frac{\Delta p_\Sigma'}{\Delta p_\Sigma} \tag{4-65}$$

喷嘴压降振荡是供应系统压力振荡和燃烧室压力振荡之差,即

$$\frac{\Delta p_\Sigma'}{\Delta p_\Sigma}=\frac{p_\mathrm{f}'}{p_\mathrm{f}}\frac{p_\mathrm{f}}{\Delta p_\Sigma}-\frac{p_\mathrm{cc}'}{p_\mathrm{cc}}\frac{p_\mathrm{cc}}{\Delta p_\Sigma} \tag{4-66}$$

联立式(4-65)和式(4-66),得

$$\frac{m_\mathrm{c}'}{m_\mathrm{c}}=\Pi_\phi\cdot\left(\frac{p_\mathrm{f}'}{p_\mathrm{f}}\cdot\frac{p_\mathrm{f}}{\Delta p_\Sigma}-\frac{p_\mathrm{cc}'}{p_\mathrm{cc}}\cdot\frac{p_\mathrm{cc}}{\Delta p_\Sigma}\right) \tag{4-67}$$

利用式(4-64),得

$$\frac{m_\mathrm{c}'}{m_\mathrm{c}}=\Pi_\phi\,\frac{p_\mathrm{cc}}{\Delta p_\Sigma}\cdot\frac{p_\mathrm{cc}'}{p_\mathrm{cc}}\left[\frac{p_\mathrm{f}}{\Delta p_\Sigma}\cdot\frac{\Pi_\mathrm{f}\cdot\Pi_\mathrm{T}}{\Pi_\mathrm{f}\cdot\Pi_\mathrm{T}\left(\dfrac{p_\mathrm{f}}{\Delta p_\Sigma}\right)-1}-1\right] \tag{4-68}$$

化简得到

$$\Pi_{\phi,\mathrm{cc}}=\frac{m_\mathrm{c}'/m_\mathrm{c}}{p_\mathrm{cc}'/p_\mathrm{cc}}=\frac{p_\mathrm{cc}}{\Delta p_\Sigma}\cdot\frac{\Pi_\phi}{\Pi_\mathrm{f}\cdot\Pi_\mathrm{T}\left(\dfrac{p_\mathrm{f}}{\Delta p_\Sigma}\right)-1} \tag{4-69}$$

由式(4-69)可以看出,燃烧室压力振荡引起喷嘴出口流量振荡的传递函数 $\Pi_{\phi,cc}$ 取决于喷嘴的传递函数 Π_{ϕ}、离心喷嘴切向通道的传递函数 Π_T、供应系统的传递函数 Π_f、喷嘴压降 Δp_{Σ} 和燃烧室压力 p_{cc}。

对于直流喷嘴,有 $\Pi_Z = \Pi_T$,因此燃烧室压力振荡引起直流喷嘴流量振荡的传递函数为

$$\Pi_{\phi,cc} = \frac{p_{cc}}{\Delta p_{\Sigma}} \cdot \frac{\Pi_T}{\Pi_f \cdot \Pi_T \cdot \left(\dfrac{p_f}{\Delta p_{\Sigma}}\right) - 1} \tag{4-70}$$

根据此传递函数,结合算例进行编程计算分析不同参数对燃烧室压力振荡引起喷嘴出口流量振荡的传递函数的影响规律。

选择一简化的双组元挤压式液体火箭发动机,以其中一路为研究对象。假设发动机燃烧室内有压力振荡,将引起喷嘴出口处的流量振荡。与喷嘴连接的供应管路长度为 2 m。将集液腔看成是供应系统的一部分。下面分别研究喷嘴形式和结构参数以及燃烧室稳态压力、喷嘴压降对压力扰动传递过程的影响规律。

不同结构形式的喷嘴具有不同的动力学特性,因此不同喷嘴结构对振荡从燃烧室传递到喷嘴出口过程的影响规律是不同的。直流喷注单元多采用撞击式,由氧化剂喷孔和燃料喷孔组成,选择燃料喷孔作为算例模型喷嘴,喷口直径为 1 mm,燃烧室压力为 4 MPa,重点研究喷孔长径比发生变化时的影响。图 4-37 为由燃烧室压力振荡引起不同长径比直流喷嘴出口处流量振荡的幅频特性曲线。从计算结果看出,对于所计算的模型直流喷嘴而言,在整个频率区间上存在一些振幅极小的频率点,每两个振荡抑制的频率点之间存在一个频率,当小于此频率时,长径比越大,喷嘴出口流量振荡的相对振幅越大;当大于此频率时,长径比越大,流量振荡的相对振幅越小。但图 4-37 表明,总体差别并不大。

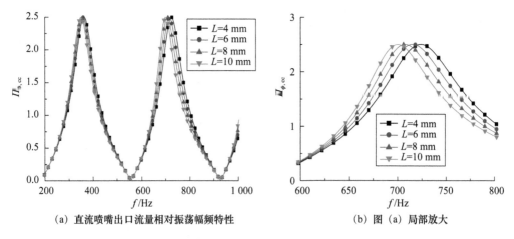

(a) 直流喷嘴出口流量相对振荡幅频特性　　(b) 图 (a) 局部放大

图 4-37　不同长径比的直流喷嘴出口流量振荡的幅频特性曲线

图 4-38 为燃烧室内压力有振荡时,不同几何特性系数 A 的收口型离心喷嘴出口处的流量振荡的幅频特性曲线。从计算结果看出,当燃烧室存在压力振荡时,喷嘴出口的流量会产生振荡。对于所计算的模型喷嘴,在振荡频率为 20 Hz、370 Hz 左右时都会产生较强的谐振。所连接的收口型离心喷嘴的几何特性系数 A 值越大,喷嘴出口流量的相对振幅越小。

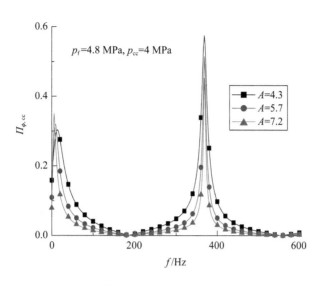

图 4 - 38　不同 A 值收口型离心喷嘴出口流量振荡幅频特性曲线

图 4 - 39 为连接不同几何特性系数 A 的敞口型离心喷嘴出口流量振荡的幅频特性曲线。从计算结果看出，在发生谐振时，离心喷嘴的几何特性系数 A 值越大，喷嘴出口流量振荡的相对振幅越小。因为 A 值表征了离心喷嘴液体旋涡旋转的剧烈程度。A 越大，离心喷嘴内液体旋涡表面的振幅越低，从而使喷嘴出口流量的振幅越小。

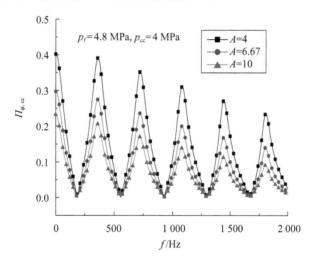

图 4 - 39　不同 A 值敞口型离心喷嘴出口流量振荡幅频特性曲线

以上研究的是喷嘴结构及参数对由燃烧室压力振荡引起喷嘴出口流量振荡过程的影响，下面在确定收口型和敞口型离心喷嘴的基础上，计算喷嘴压降、燃烧室稳态压力对由燃烧室压力振荡引起的喷嘴出口流量振荡传递过程的影响。

以 A=5.7 收口型离心喷嘴、A=6.67 敞口型离心喷嘴为例，改变燃烧室压力，计算燃烧室压力振荡引起喷嘴出口截面流量振荡的传递函数，图 4 - 40 为计算的传递函数幅频特性曲线。从图 4 - 40 可以看出，当燃烧室存在压力振荡时，喷嘴出口截面流量在部分频率点上会对振荡产生极大的响应。不论是收口型离心喷嘴还是敞口型离心喷嘴，影响规律是相同的：燃烧室稳态压力越大,由燃烧室压力振荡引起的喷嘴出口流量振荡的相对振幅也越大。

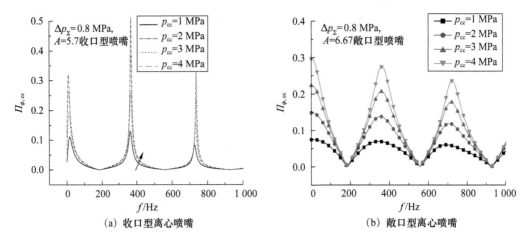

图 4-40　不同燃烧室压力下喷嘴出口流量振荡的幅频特性曲线

以几何特性系数 $A=6.7$ 的收口型离心喷嘴、$A=6.67$ 的敞口型离心喷嘴为例,改变喷嘴压降,计算燃烧室压力振荡引起喷嘴出口截面流量振荡的传递函数,图 4-41 为计算的传递函数幅频特性曲线。从图 4-41 可以看出,喷嘴压降越大,由燃烧室压力振荡引起的喷嘴出口流量振荡的相对振幅反而越小。这与文献[11]中的内容相吻合:提高低频稳定性的最简单方法就是提高喷注单元的压降。

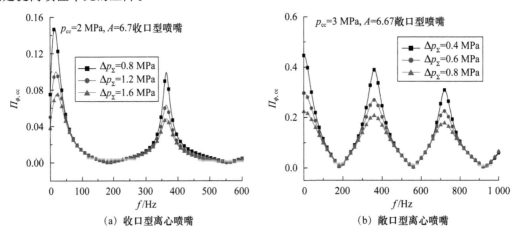

图 4-41　不同喷嘴压降下喷嘴出口流量振荡的幅频特性曲线

4.5　喷注耦合低阶声学网络模型

低阶声学网络模型将声学系统与非定常燃烧过程之间的反馈过程进行解耦,如图 4-42 所示,基于声学特征将燃烧系统划分为多个模块或结点,将声场扰动(压力脉动、速度脉动、当量比脉动等)作用下的燃烧热释放脉动响应表征为火焰声学响应模型[12-13],此时,喷注脉动响应模块和火焰声学响应模型作为其中的声学模块代入整个低阶声学网络中,且相邻的连接模块满足守恒关系。在液体火箭发动机推力室的实际工况中,由于燃烧室内的马赫数远小于喷管收敛段内的马赫数,因此声波在推力室中的传播往往可以在燃烧室出口处解耦,假设喷管中为无反应流,则将喷管收敛段中的声学响应特性转变为燃烧室出口(即喷管入口)的声导纳或声阻抗,作为等截面燃烧室出口的声边界条件来封闭整个反馈系统。

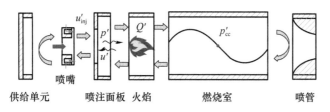

图 4-42　全尺寸低阶声学网络模型示意图

低阶声学网络模型对声学模块利用声学理论进行解析分析,而对非声学模块,如喷注和燃烧过程,则通过理论分析、实验测量或对局部区域的数值计算得到,因此低阶模型可以极大地简化“流-热-声”耦合,将燃烧系统的燃烧不稳定性预测转变为求解特征值系统的数学问题,从而得到全尺寸发动机的各个共振频率及其对应的稳定性,即实现对喷注耦合燃烧不稳定性的预测。

本节主要研究喷嘴喷注质量流量脉动的低阶网络模型,而对火焰声学响应模型等其他模型请参见文献[14]。这里将 4.1 节中得到的离心喷嘴喷注动态响应函数代入低阶模型中,进行燃烧稳定性分析。连续改变离心喷嘴旋流腔长度和喷嘴压降,绘制燃烧稳定性的谱图,如图 4-43 所示。结果表明,对于纵向和切向模态来说,离心喷嘴动态响应引入的质量流量脉动对燃烧的最终稳定性具有重要的主导作用。由稳定性谱图可知,随着压降的增大,对于不同旋流腔长度的喷嘴,沿着压降增大的方向,稳定范围都在扩大。在相同压降条件下,增大旋流腔长度,稳定和不稳定出现的间隔几乎不变,具有一定的固定间隔。

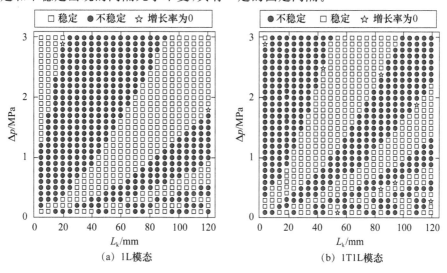

图 4-43　喷嘴压降与旋流腔长度对稳定性的影响($n_f = 1, \tau_f = 0$)

为了进一步明确离心喷嘴稳定性谱图中稳定性变化规律的主导参数,在图 4-44 中绘制了三种旋流腔长度的离心喷嘴传递函数的幅频和相频特性曲线。由喷嘴动态响应函数的结果发现,当不考虑火焰响应延迟时,不同旋流腔长度的离心喷嘴的相位是决定喷注耦合燃烧稳定性的关键因素。而质量流量脉动作为火焰响应的输入,与火焰释热脉动响应的相位一起共同决定着对应模态的稳定性。

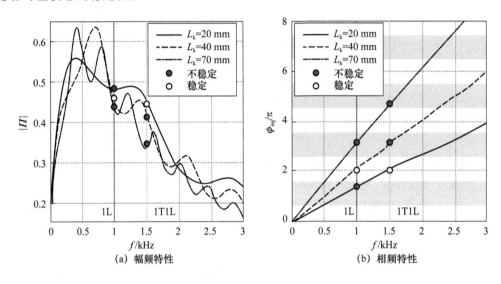

图 4-44　喷嘴动态响应函数对稳定性的影响($\Delta p=0.5\text{ MPa}, n_f=1, \tau_f=0$)

考虑到在建立液体喷嘴动态响应耦合模型时,喷注动态响应函数是由喷注质量流量脉动与室压脉动的相反数定义的。因此,从瑞利判据的角度出发,当喷注动态响应函数的相位满足

$$m \cdot 2\pi + \pi - \frac{\pi}{2} < \phi_{\text{inj}} < m \cdot 2\pi + \pi + \frac{\pi}{2}, \quad m = 0, 1, 2, \cdots \tag{4-71}$$

时,喷注脉动促进了燃烧不稳定;反之,则抑制了不稳定。

不等式(4-71)两侧同时除以 π,得到

$$(2m+1) \quad \frac{1}{2} < \frac{\phi_{\text{inj}}}{\pi} < (2m+1) + \frac{1}{2} \tag{4-72}$$

在图 4-44(b)中,将满足条件式(4-72)的区间以灰色区域标记后发现,所有的不稳定都落在灰色区域内,从而证实了喷注动态响应相位对燃烧不稳定性的关键作用。在不考虑火焰响应延迟的情况下,喷嘴动态响应函数的相位将直接决定不同燃烧室固有频率的稳定性。同时由于该相位区间为固定宽度,对于与旋流腔长度呈近似线性关系的喷嘴动态响应相位函数,随着旋流腔长度的增大,同一模态稳定与不稳定区域间隔出现的长度差变化不大。因此即使随着不同模态频率的增大,当旋流腔长度增大时,同一模态下稳定与不稳定区域的交替间隔却几乎不变。

当火焰响应延迟不为 0 时,如图 4-45 所示,燃烧稳定性将由喷注响应相位和火焰响应相位延迟共同决定,因此各个模态的不稳定区域明显整体沿横轴向左偏移,但宽度几乎不变。同时对于不同切向模态,随着模态频率的升高,不稳定区域的宽度沿旋流腔长度变化的方向收缩变窄,高频模态稳定和不稳定交替转换的间隔明显缩短。

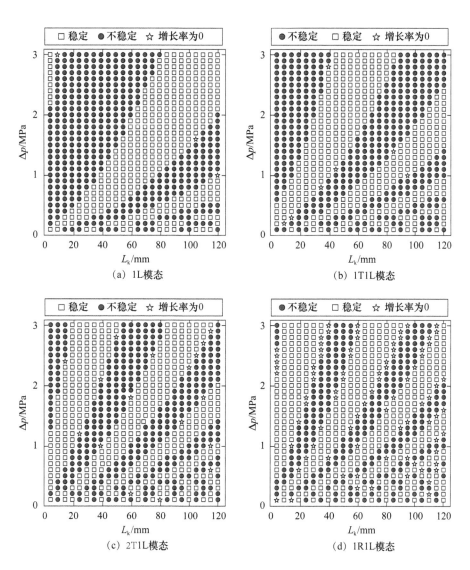

图 4－45　喷嘴压降与旋流腔长度对稳定性的影响（$n_f = 1, \tau_f = 0.08$ ms）

总之，对于离心喷嘴而言，室压振荡作用下产生的喷注质量流量脉动作为火焰响应的输入，将与火焰响应相位一起对最终的三维燃烧稳定性起到主导作用。因此，除了影响喷嘴自激振荡频率的参数以外，其余几何参数的设计和工况的选取将通过喷注动态响应特性来影响整个燃烧室模态的稳定性。

本章参考文献

［1］　Zong N，Yang V. Supercritical Fluid Dynamics of Pressure Swirl Injector with External Excitations：
　　　　AIAA 2007-5458［R］. 2007.

［2］　Wang S，Hsieh S，Yang V. Numerical Simulation of Gas Turbine Swirl-Stabilized Injector Dynamics：
　　　　AIAA 2001-0334［R］. 2001.

［3］ Wang S，Hsieh S，Yang V. Unsteady Flow Evolution in Swirl Injector with Radial Entry　I：Stationary Conditions[J]. Physics of Fluids，2005，17(4)：45106.

［4］ Wang S，Yang V. Unsteady Flow Evolution in Swirl Injector with Radial Entry II：External Excitations [J]. Physics of Fluids，2005，17(4)：45107.

［5］ Richardson R. Linear and Nonlinear Dynamics of Swirl Injectors［D］. Indiana：Purdue University，2007.

［6］ Canino J V，Tsohas J，Sankaran V，et al. Dynamic Response of Coaxial Rocket Injectors：AIAA Paper 2006-4707[R]. 2006.

［7］ Bazarov V G. 液体喷嘴动力学［M］. 任汉芬，孙纪国，译. 北京：航天工业总公司第 11 研究所 （京），1997.

［8］ Thomson W. 3. Vibrations of a Columnar Vortex[J]. Proceedings of the Royal Society of Edinburgh，1880，10：443-456.

［9］ Ismailov M，Heister S D. Nonlinear Modeling of Classical Swirl Injector Dynamics：AIAA 2009-5402 ［R］. 2009.

［10］ 张育林,刘昆,程谋森. 液体火箭发动机动力学理论与应用[M]. 北京:科学出版社，2005：96-155.

［11］ Harrje D T，Reardon F H，等. 液体推进剂火箭发动机不稳定燃烧[M]. 朱宁昌，张宝炯，译. 北京:国防工业出版社,1980.

［12］ Inamura T，Tamura H，Sakamoto H. Characteristics of Liquid Film and Spray Injected from Swirl Coaxial Injector[J]. Journal of Propulsion and Power，2003，19(4)：632-639.

［13］ Kim D,Im J，Koh H，et al. Effect of Ambient Gas Density on Spray Characteristics of Swirling Liquid Sheets[J]. Journal of Propulsion and Power，2007，23(3)：603-611.

［14］ 南家琦. 液体火箭发动机不稳定燃烧低阶声学网络模型研究[D]. 北京:北京航空航天大学,2023.

第5章

液体离心喷嘴动态特性实验研究

由于对离心喷嘴动态特性理论模型做了一些限制其适用性的假设,而实际上喷嘴动态特性参数与诸多未反映到理论模型中的结构和流动特征相关,因此实验研究是喷嘴动态特性研究的必要环节。通过实验可以得到喷嘴出口处流量振荡与供给系统压力振荡之间的幅频、相频关系,验证理论模型的正确性。本章介绍我们研制的液体离心喷嘴动态特性实验系统,重点介绍基于离心喷嘴内部液体的流动特点,采用导电液体作为模拟流体介质,实现通过测量喷嘴通道内液体的电导值来确定离心喷嘴液体脉动流量的方法,并对液体离心喷嘴的动态特性进行了实验研究。

5.1 喷嘴动态特性实验系统

本章采用的喷嘴动态特性实验系统由模拟推进剂组元脉动供应调节系统、测量系统、喷嘴安装及流体收集台架组成[1],工作原理如图 5-1 所示。为了消除供应系统管路振动的影响,采用挤压式水路供应系统。高压气源减压后将氮气(压力为 0～3 MPa)供入高压水罐中,水在氮气挤压下进入主管路,通过压力表、流量计、调节阀后流入喷嘴。由于我们研制的流量脉动发生器产生的是间断脉动流,并直接接入喷嘴,从而造成喷嘴内流动的间断脉动,因此实验系统将水的主管路分为分支管路和脉动管路,在脉动管路上安装脉动流量发生器,再连接排空阀将水排出。这样,主管路的稳态流量减去脉动管路产生的间断脉动流量可以在分支管路中得到稳定、连续的脉动流量。改变排空阀开度可以调节脉动流量的大小,同时还可以防止脉动发生器工作时产生的杂质流入喷嘴。

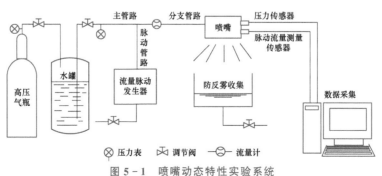

图 5-1　喷嘴动态特性实验系统

在喷嘴的不同位置上安装了高频动态压力传感器,根据液体喷嘴动态特性所研究的周期性振荡频率量级为 $10\sim10^3$ Hz、压力振幅量级为 $10^3\sim10^5$ Pa 的实验要求,经过反复实验,最终选用昆山双桥传感器厂的 CYG1101FT 高频动态压力传感器对喷嘴通道内的压力进行测量。该压力传感器采用集成硅膜片,响应频率为 $0\sim100$ kHz,精度达到 0.15%,量程为 $0\sim1.5$ MPa。系统主管路的稳态流量测量采用 LWGY 型液体涡轮流量计,量程为 $0.04\sim0.4$ m^3/h,测量精度为 $\pm0.5\%$。采集系统采用北京中泰研创科技有限公司提供的 PCI-8344A 同步数据采集(A/D)卡,可同步并行采集 16 路信号,进行数字信号和模拟信号的转换,最终将采集的信号接入计算机。

5.1.1 脉动流量发生器研制

脉动流量发生器是模拟推进剂组元脉动供应调节系统的关键装置,由它产生喷嘴动态特性实验所需的液体脉动。本实验系统采用轮盘式脉动流量发生器,如图 5-2 所示。发生器内部安装一个在圆周上均布开有若干通孔的旋转轮盘,轮盘由变频调速电动机驱动。当轮盘旋转时,轮盘上的每个孔与套筒通道重叠的流动通道的面积按一定规律变化,这样,就可得到频率范围为 $0\sim1\,000$ Hz 的压力脉动信号。通过改变脉动流量发生器出口处的调节阀开度,可以形成不同流量脉动振幅的液流。脉动流量发生器的详细说明见文献[1]。图 5-3 为脉动流量发生器输出的典型流量脉动及压力脉动曲线。

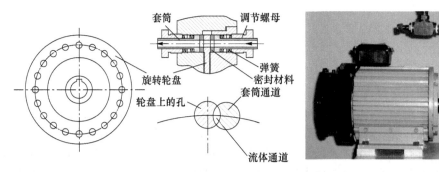

图 5-2 脉动流量发生器

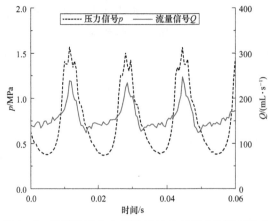

图 5-3 脉动流量发生器输出的典型压力和流量曲线

5.1.2　脉动流量传感器研制

液体脉动流量的测量一直以来是一个技术难题,加之离心喷嘴旋流腔和喷口内存在中心气涡,以及为尺寸较小的喷嘴安装传感器较困难等原因,使得对离心喷嘴内液体脉动流量的测量变得更为困难。而液体的脉动流量是喷嘴动态特性最为关键的参数之一,因此必须针对离心喷嘴内液体脉动流量的测量研制专用的传感器。

1. 电导式脉动流量传感器测量原理

可以根据文献[2]介绍的方法,研制离心喷嘴电导式脉动流量传感器。电导式脉动流量传感器的测量原理为:由于液体在离心喷嘴内部的流动状态是一旋转的环形液膜,当来流压力出现脉动时,在旋流液膜的表面会出现波动,此液膜波动与喷口处的流量脉动之间存在一定关系,因此可以通过测量液体喷口处的电阻变化来得到液膜波动的情况,进而得知液体流量的脉动情况。下面推导液体电导与液膜厚度之间的函数关系。

离心喷嘴通道内的流动情况如图 5-4 所示。在某一时刻 t_0,将喷嘴通道内 x_0 处的液膜表面波的径向坐标记为 $r(t_0,x_0)$,将 $x_0+\mathrm{d}x$ 处记为 $r(t_0,x_0+\mathrm{d}x)\approx r(t_0,x_0)+[\partial r(t,x)/\partial x]\mathrm{d}x$。两处径向坐标差为 $\Delta=[\partial r(t,x)/\partial x]\mathrm{d}x$。容易看出,当 $\partial r(t,x)/\partial x$ 和 $\mathrm{d}x$ 较小时,$\Delta\approx0$。根据经验,液膜厚度与喷口内液膜表面波的波长相差两个数量级[2],故 $\partial r(t,x)/\partial x$ 较小。当所取两截面之间的距离 $\mathrm{d}x$ 较小时,可认为 $\Delta\approx0$,即截面 1—1 与截面 2—2 之间液膜表面波的径向坐标值相等。这样,当在喷嘴内任取两个截面(截面 1—1 和截面 2—2)的间距 L 足够小时,可认为在此范围内的液膜厚度 h 是不变的。

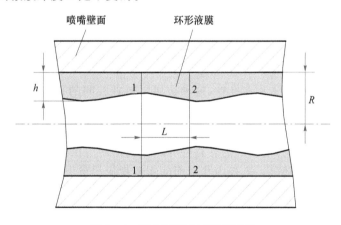

图 5-4　离心喷嘴内液膜示意图

环形液膜的截面面积可写为

$$F=\pi[R^2-(R-h)^2] \tag{5-1}$$

对于式(5-1),当应用于喷嘴旋流腔处时,取 $R=R_k$;当应用于喷嘴喷口处时,取 $R=R_c$。当来流流量发生脉动时,截面 1—1 与截面 2—2 之间环形液膜内表面的形状会发生变化,引起液膜截面积的变化,当采用导电液体时,截面 1—1 与截面 2—2 之间环形液膜的电阻会产生变化。

环形液膜的电阻为

$$R_w=\rho_w\frac{L}{F} \tag{5-2}$$

式中：R_w 为环形液膜电阻值，ρ_w 为导电液体电阻率。

将式(5-1)代入式(5-2)可得环形液膜厚度与液膜电阻之间的理论关系式

$$h = R - \sqrt{R^2 - \frac{\rho_w L}{\pi R_w}} \qquad (5-3)$$

设 $h = \bar{h} + \xi$，其中 $\bar{h}$ 为稳态液膜厚度，则可以得到液膜厚度的振荡量 ξ 与 R_w 的关系式

$$\xi = R - \sqrt{R^2 - \frac{\rho_w L}{\pi R_w}} - \bar{h} \qquad (5-4)$$

因此，通过测量 R_w 的变化量即可得到液膜厚度的瞬时振荡量。将式(5-4)代入式(4-25)，并联立式(4-27)和表面波传播速度 v_B 的表达式[2] $v_B = \sqrt{w_{BX}^2 R_{BX}^2 (R^2 - r_m^2)/(2 r_m^4)}$，可得电阻变化与液体流量脉动之间的关系式

$$Q' = \left[\pi \frac{w_{BX} R_{BX}}{r_m} \sqrt{2(R^2 - r_m^2)} + 2\pi w_{ak} r_m \right] \left(R - \sqrt{R^2 - \frac{\rho_w L}{\pi R_w}} - \bar{h} \right) \qquad (5-5)$$

由式(5-5)可以看出，通过测量液膜电阻 R_w 即可间接得到液体流量的振荡值。在实际测量时先测量喷嘴内液膜厚度的变化，再将液膜厚度的变化转化为脉动流量。由液膜厚度得到瞬时流量的公式为

$$\tilde{Q} = \bar{Q} + Q' = \pi w_{ac} \left\{ (R_c^2 - r_m^2) + \left[\frac{1}{\sqrt{\varphi/(2-\varphi)}} \sqrt{\frac{2}{R_c^2 - r_m^2}} + 2 r_m \right] \xi \right\} =$$

$$\pi w_{ac} \left\{ (R_c^2 - r_m^2) + \left[\sqrt{\frac{2(R_c^2 + r_m^2)}{(R_c^2 - r_m^2)^2}} + 2 r_m \right] \xi \right\} \qquad (5-6)$$

虽然电导法测量离心喷嘴内液体脉动流量的原理比较简单，但由于喷嘴内的液膜较薄，其波动幅值也很小，致使测量信号非常微弱，且易被环境中的电磁噪声所淹没，这些都给测量带来较大困难。因此，在传感器电极选择及信号提取、调理电路设计等方面必须进行专门的研究。

2. 传感器电极设计

传感器测量电极的材料选用多孔钛，这种金属材料颗粒间的孔隙能增大被测介质与电极之间的有效接触面积，使通过单位面积的电流增大，减小接触电阻。同时该材料还有稳定的化学特性，可避免电极与被测介质发生电化学反应而腐蚀电极表面。

测量电极采用环形结构，电极的内孔直径与所测通道的内径相同，也就是说使电极的内孔壁面作为通道内壁面的一部分。电极内孔壁面的粗糙度应尽量保证与液流通道内壁的粗糙度一致，以免对喷嘴内部流场造成干扰。

电极与喷嘴壁之间采用由聚四氟乙烯材料制成的密封垫片加以密封。由于实验中以水作为模拟工质，而聚四氟乙烯具有强烈的憎水性，故水不易在电极与垫片之间渗入。

由于多孔钛材料不方便进行焊接，因此在多孔钛电极的外环安装了一个铜环，电极与铜环以过盈配合的方式进行装配，这样就可将导线焊接到铜环上，而且铜环还能起到阻止液体向外渗漏的作用，所制成的电极如图5-5所示。

在确定了电极的材料及结构形式后，还要确定电极的安装间距。电极间距应远小于通道内液膜表面波的波长，但应大于通道内的液膜厚度。以水为工质，在压降 $\Delta p_\Sigma = 0.6$ MPa、脉动频率 $f = 1\,000$ Hz 时，几何特性系数 $A = 2$ 的离心喷嘴旋流腔内的扰动波波长为 40.5 mm，而液膜厚度为 0.2～0.6 mm，因此电极安装距离可选择为 10 mm 左右。

图 5 - 5　多孔钛材料的测量电极

3. 传感器信号调理电路设计

经过对多种信号调理电路设计方案进行比较研究,最终决定采用锁相放大的原理设计信号调理电路[3]。锁相放大器除了有低噪、窄带、高增益的特性外,还可以实现正交矢量测量,对于非纯阻性的对象也能进行高精度检测,非常适合液体电导的测量[4-5]。

本节采用的锁相放大器的基本结构如图 5 - 6 所示,由信号通道、参考通道、相敏检波器和低通滤波器组成[3]。

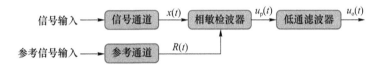

图 5 - 6　锁相放大器构成原理图

信号通道的作用是对正弦信号输入进行交流放大,将微弱信号放大到能够使相敏检波器工作的电平,并且要滤除部分噪声和干扰。参考信号一般是等幅正弦信号或方波开关信号,它可以是从外部输入的某种周期信号,也可以是系统内部原来用于调制载波的信号。参考通道一般要对参考信号进行移相处理,以对各种不同相移信号的检测达到最佳效果。

相敏检波器以参考信号 $R(t)$ 为基准,对有用信号 $x(t)$ 进行相敏检测,将 $x(t)$ 的频谱由 $\omega = \omega_0$ 处迁移至 $\omega_0 = 0$ 处(相敏检波器对信号频谱迁移的原理可参考文献[3]),再经过低通滤波器滤除噪声,其输出 $u_o(t)$ 对 $x(t)$ 的振幅和相位敏感,这样就达到了既鉴幅又鉴相的目的。因为低通滤波器的频带可以做得很窄,所以可以使锁相放大器达到较大的信噪比。

实验中设计的传感器调理电路的结构如图 5 - 7 所示,其中激励电路由信号发生器芯片 ICL8038 构成,差动放大采用仪表级运算放大器 AD620,带通和低通滤波器由 MAXIN 公司生产的有源滤波芯片 MAX275 构成。

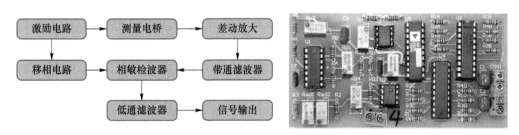

图 5 - 7　传感器调理电路设计图及电路板

4. 电导式脉动流量传感器标定

由脉动流量传感器测量原理可知,离心喷嘴内部通道的脉动流量测量主要通过对环形液膜厚度(电阻)的测量来实现,因此,对液膜测量的测量精度直接反映了对脉动流量的测量精度,所以对离心喷嘴脉动流量传感器的标定可以通过对液膜厚度的标定来实现。

对于离心喷嘴可以采用标准液膜厚度进行直接标定,标定装置如图 5-8 所示。将已知直径的标定棒(标定棒直径小于旋流腔直径)放置于旋流腔中心,则在标定棒与旋流腔壁面之间形成一定厚度的环形空间,当液流流入时,在该环形空间内形成环形液膜。当旋流腔直径固定时,一定直径的标定棒对应一定厚度的液膜,从而通过测量不同厚度的环形液膜(对应不同直径的标定棒)的电导,就可得出液膜厚度与电路电压输出值之间的直接关系。由于通常标定的液膜厚度值都很小,也就是说环状空间的面积很小,因此在标定时为了避免气泡残存于所要标定的环状空间内,将来流通过喷嘴前腔进入环状空间并通过泻流孔流出。为了保证环状空间能够被液体充满,泻流孔面积应小于喷嘴切向通道的面积。

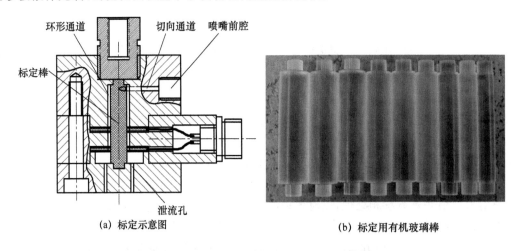

(a) 标定示意图　　　　　　　　　　　(b) 标定用有机玻璃棒

图 5-8　标定装置示意图及标定用有机玻璃棒

根据第 4 章中的离心喷嘴动态特性理论可以估算出液膜厚度的变化范围,在此范围内进行部分液膜的标定。改变中央标定玻璃棒的直径可以得到不同的环形液膜厚度,每改变一次液膜厚度,传感器就对应有一个输出电压值。标定的结果如图 5-9 所示,将标定点进行拟合便得到液膜厚度与输出电压的对应公式。

电导法测量液膜厚度的方法存在一定的不确定度,下面对液膜厚度测量过程中的不确定度进行评估。液膜厚度测量过程中的不确定度有若干来源,如表 5-1 所列。首先,在将电压信号转换为液膜厚度时使用了标定棒,标定棒本身在加工时存在一定的误差。标定棒在加工中的公差为 0.05 mm,假设加工误差服从均匀分布,由此引起的不确定度为 B 类不确定度。其次,不确定度的另一个来源是测试环境的变化,比如使用的测试介质的电导率的变化等。但在本实验中,用来标定和测试的工质都来自一个水罐,一旦更换水罐里的工质,就要重新进行标定,以避免因标定时与测试用的工质性质不一致而带来的误差。再次,另外一个不太重要的来源是由测试方法本身带来的,即这种方法测得的液膜厚度实际上是两电极间的平均液膜厚度,而不是"当地"的液膜厚度。但由于电极间的距离小于表面波的波长,因此可以认为电极间的液膜厚度是常数。最后,由测量的重复性引起的 A 类不确定度也是不确定度的一个来源。在实验过程中,每个工况都会重复若干次,并使用 Bessel 公式将测得的液膜厚度的标准差计算出来。将以上的不确定度进行合成,结果列于表 5-1 中,可以看出,测量液膜厚度的合成不确定度为 0.038 mm,符合一般传感器的要求。

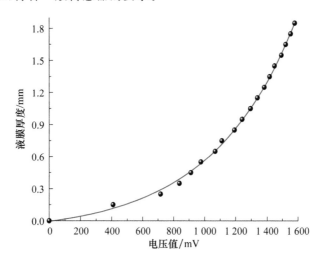

图 5-9　液膜厚度标定曲线

表 5-1　测量液膜厚度的不确定度

不确定度来源	不确定度组成			
	置信区间的半宽度 a	置信系数 k	A 类标准不确定度 u_A	B 类标准不确定度 $u_B = a/k$
标定棒	0.050 mm	$\sqrt{3}$(均匀分布)	—	0.029 mm
环境因素	—	—	—	0
测试重复性	—	—	0.025 mm	—
合成不确定度 $\left(u_{combined} = \sqrt{u_A^2 + u_B^2} \right)$	0.038 mm			

5.1.3　喷嘴实验件设计

专用的模型离心喷嘴实验件如图 5-10 所示。模型喷嘴设计为模块式,由上、中、下 3 部分模块组成,可以通过更换不同结构参数的模块进行组合来得到不同结构的模型喷嘴。各部分模块由螺栓加以固定。本实验设计了 5 种不同结构参数的喷嘴,其结构参数如表 5-2 所列。

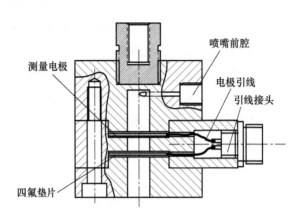

图 5 - 10　模型喷嘴示意图

表 5 - 2　实验用模型喷嘴结构参数

喷嘴编号	切向通道半径 R_t/mm	旋流腔半径 R_k/mm	喷口半径 R_c/mm	旋流腔长度 L_k/mm	切向通道数目 n	几何特性系数 A
1	0.8	4.0	4.0	38.5	1	20
2	0.95	4.0	4.0	38.5	1	13.5
3	0.99	4.0	4.0	38.5	1	12.3
4	1.1	4.0	4.0	38.5	1	9.6
5	1.35	4.0	4.0	38.5	1	5.8

　　喷嘴入口压力由安装在喷嘴前腔入口的动态压力传感器进行测量。脉动流量传感器电极封装在模块中。为了保证电极间绝缘及便于观察，整个喷嘴采用有机玻璃材料制成，且电极与实验件之间使用聚四氟乙烯垫片加以密封。为了便于连接电极引线，在喷嘴电极位置的壳体安装了引线接头。实验时将脉动流量传感器电路封装在铝盒中进行电磁屏蔽，然后与模型喷嘴的引线接头进行连接，当来流的压力发生变化时，测量电极能够把液膜厚度的变化情况输入后续的传感器电路进行处理，处理好的信号再送入数据采集卡进行记录。

5.2　稳态液膜厚度实验研究

　　首先在稳态工况下(即来流不施加人为扰动，脉动流量发生器不工作)测量了敞口型离心喷嘴内的液膜厚度，一方面验证了电导法测量离心喷嘴内环形液膜厚度的可行性，另一方面可以对敞口型离心喷嘴内液膜厚度的分布以及结构参数、工况参数对液膜厚度的影响进行研究。

5.2.1　喷嘴压降对液膜厚度的影响

　　图 5 - 11 为不同喷嘴压降下模型喷嘴内液膜厚度随时间的变化。从图 5 - 11 中可以看出，在同一工况下，液膜厚度随时间呈现不规则变化，这是由于即使是在稳态工况下，喷嘴内的

流动仍然是很复杂的湍流,液膜厚度会有微小的波动。对比不同喷嘴压降下喷嘴内的液膜厚度,可以看出随着喷嘴压降的增大,液膜厚度略有减小。

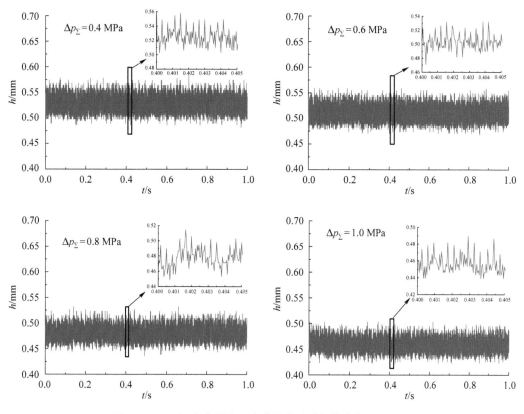

图 5-11　不同喷嘴压降下液膜厚度随时间的变化($A=9.6$)

5.2.2　离心喷嘴内流场的数值模拟

建立一个二维轴对称旋转模型对敞口型离心喷嘴内流场进行数值模拟。使用商业软件 Fluent 6.3 来求解耦合了 VOF 方程的两相流流场的 N-S 方程组。采用结构化网格,气、液界面捕捉采用 CICSAM 技术。强旋转流动中的湍流场各向异性很明显,由于求解雷诺应力分量输运方程可以得到更好的结果,因此选用可以模拟强旋转流动的雷诺应力模型(RSM)。二次矩闭合的 RSM 模型被用于严格模拟强湍流的各向异性特征。压力的离散方法采用的是 PRESTO 方法,压力速度耦合采用 SIMPLE 方法,动量方程采用二阶迎风格式。

喷嘴模型的尺寸为:切向通道长度为 15 mm,切向通道和旋流腔直径分别为 1.6 mm 和 8 mm,旋流腔长度为 38.5 mm。其中切向入口的位置根据试验喷嘴的结构被安放在距旋流腔底部 0.8 mm 处。入口的径向速度可以根据体积流量 Q 进行计算,即 $V_r=Q/(4\pi R_k R_t)$。入口切向的平均速度可以根据 $V_\theta=QR_t/(A_t R_k)$ 计算,其中 R_t、R_k 和 A_t 分别表示切向通道半径、旋流腔半径和切向通道入口的截面积。喷嘴出口的边界条件为压力出口边界,设为大气压。计算区域中的流体为水和空气。

图 5-12 为不同时刻喷嘴内液相体积分数的分布云图。从图 5-12 可以看出,喷嘴内部

形成了空气涡和环形液膜,同时流动存在旋涡和表面波,不同流动时刻液膜厚度有所波动。这验证了图 5-11 的液膜厚度随时间变化有微小的波动这一结论。

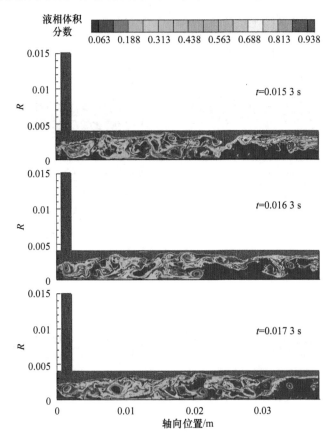

图 5-12 不同时刻喷嘴内液相体积分数的分布云图

图 5-13 为不同时刻喷嘴内切向速度的分布云图。从图中可以看出,液体切向速度在喷嘴壁面处较小,在气、液交界处达到最大。流入旋流腔的液体会对先进入的流束形成挤压,使其直径变小,切向速度变大;而在受到随后进入的流束的挤压时,切向速度也会增大。这实际上就形成了沿旋流腔径向传播的旋转波。

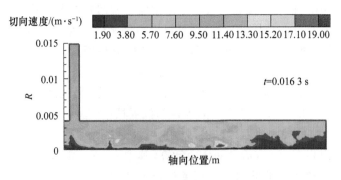

图 5-13 不同时刻喷嘴内切向速度的分布云图

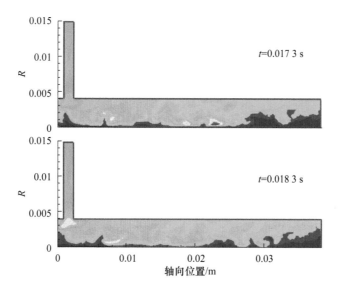

图 5 - 13　不同时刻喷嘴内切向速度的分布云图(续)

5.2.3　几何特性系数对液膜厚度的影响

从图 5 - 14 可以看出,在相同压降下,随着几何特性系数 A 的增大,喷嘴内液膜厚度大体呈现减小的趋势,这是由于几何特性系数 A 表征了离心喷嘴内部液体旋转的剧烈程度。几何特性系数 A 越大,液体旋转越剧烈,由于离心力的作用,液膜厚度将减小。但这些分析都是在稳态的理想情况下进行的,由于实际情况中影响喷嘴内液膜厚度的因素很多,因此液膜厚度会出现波动,但液膜厚度随几何特性系数增大而减小的总体趋势是不变的。

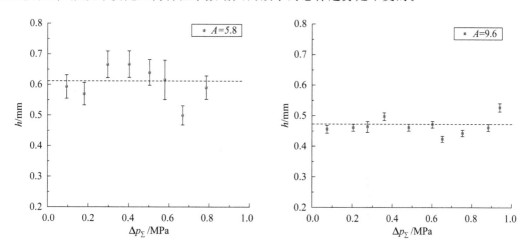

图 5 - 14　不同喷嘴液膜厚度随喷嘴压降的变化

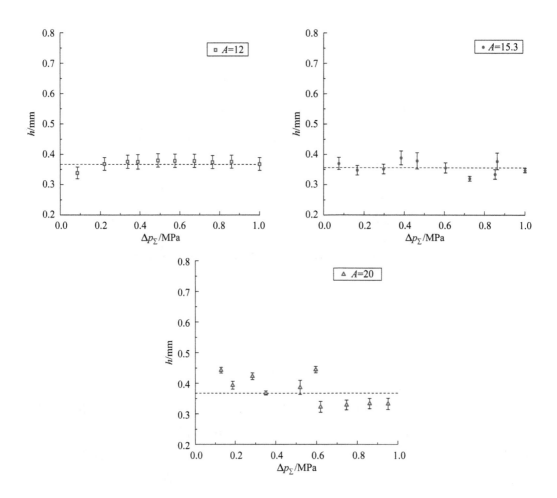

图 5-14 不同喷嘴液膜厚度随喷嘴压降的变化(续)

此外,几何特性系数 A 越大,喷嘴流量系数越小,相同压降下的喷嘴流量也越小,这也是液膜厚度变小的一个主要原因。

图 5-15 为不同喷嘴的平均液膜厚度随几何特性系数 A 变化的曲线,图中的点表示实验点,曲线为最大流量原理拟合曲线。利用最大流量原理,几何特性系数 A 和喷嘴有效截面系数 φ 之间存在关系[2]

$$A = f(\varphi) = \frac{(1-\varphi)\sqrt{2}}{\varphi\sqrt{\varphi}} \tag{5-7}$$

液膜厚度等于喷嘴出口半径减去空气涡半径,即

$$h = R_c - R_c\sqrt{1-\varphi} \tag{5-8}$$

从图 5-15 可以看出,平均液膜厚度随几何特性系数 A 的增大而减小,实验测得的平均液膜厚度与最大流量原理预测值吻合较好。

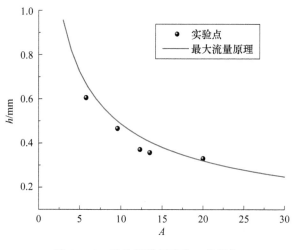

图 5-15　平均液膜厚度随 A 的变化

5.3　离心喷嘴动态特性实验

对不同的模型喷嘴,通过调节变频器改变来流的压力脉动频率(40~600 Hz),然后使用脉动流量传感器对喷嘴内的动态液膜厚度及喷嘴的脉动流量进行测量。

5.3.1　喷嘴内液膜厚度动态变化的测量

图 5-16 为 1 号模型喷嘴($A=20$)在来流稳态压力为 0.6 MPa 时,不同来流脉动频率下喷嘴内液膜厚度和喷嘴压降随时间变化的曲线。从图 5-16 可以看出,当喷嘴压降发生振荡时,喷嘴内的液膜厚度也以相同的频率发生振荡,但是液膜振荡与喷嘴压降振荡之间存在相位差。液膜振荡的振幅随着振荡频率的增大而减小,液膜振荡与压降振荡之间的相位差随着频率的增大而变化。

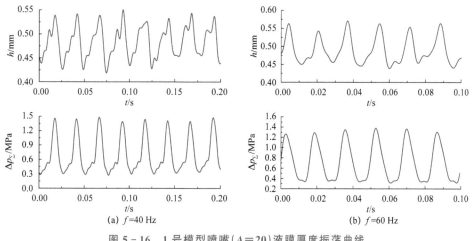

(a) $f=40$ Hz　　　　　　　　　(b) $f=60$ Hz

图 5-16　1 号模型喷嘴($A=20$)液膜厚度振荡曲线

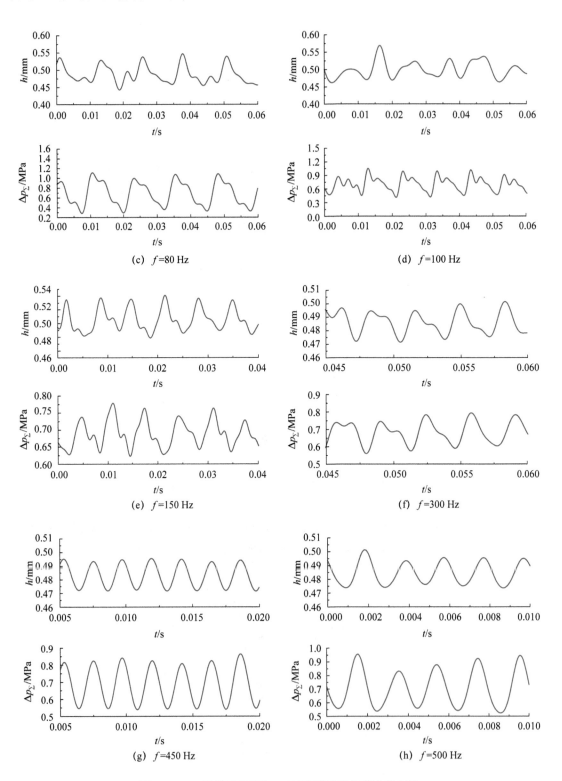

图 5 - 16　1 号模型喷嘴($A=20$)液膜厚度振荡曲线(续)

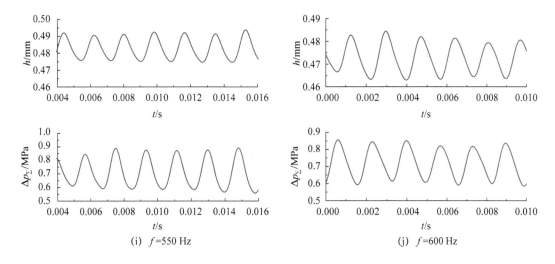

(i)　$f=550$ Hz
(j)　$f=600$ Hz

图 5 – 16　1 号模型喷嘴($A=20$)液膜厚度振荡曲线(续)

5.3.2　喷嘴相频特性实验结果

喷嘴压降振荡与喷嘴出口处流量振荡的相位差是喷嘴动力学实验研究中需要的重要数据,之前的分析表明液膜振荡与轴向流速振荡是同相位的,因此液膜振荡与喷口处的流量振荡也是同相位的。将不同频率下实验测量出的压降信号的相位与液膜厚度信号波峰处的相位相减,即可得到压降振荡与流量振荡的相位差。相位差的计算办法如图 5 – 17 所示,从图中量取压降与流量曲线上对应波峰之间的时间差 Δt,即可得到压降振荡与流量振荡之间的相位差 $\Delta\phi=\omega\times\Delta t=2\pi f\times\Delta t$,其中 f 为来流扰动频率。

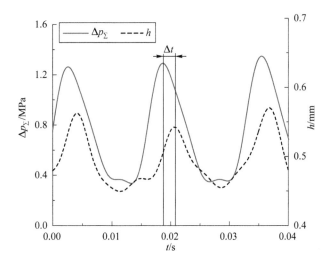

图 5 – 17　压降振荡与流量振荡之间相位差的计算方法

使用上述计算相位差的方法计算出相同喷嘴压降下,不同喷嘴在不同振荡频率下的相位差,结果如图 5 – 18 所示。这些曲线实际上就是喷嘴动态传递函数的相频曲线。根据敞口型离心喷嘴动态特性理论计算出来的理论相频特性曲线也在图 5-18 中画出。从图中可以看出,不同几何特性系数的敞口型离心喷嘴,其相位差都随振荡频率的增大而增大,且不同喷嘴实验测得的相频特性曲线都与其理论计算的曲线符合很好,这证明了本书提出的敞口型离心喷嘴动态特性理论模型的正确性。

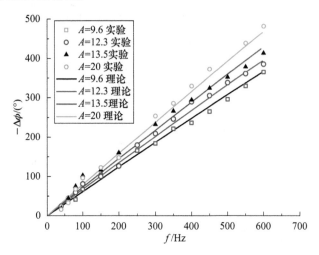

图 5-18 喷嘴几何特性系数对相频特性的影响($\Delta p_\Sigma = 0.6$ MPa)

从图 5-18 还可以看出,在相同振荡频率下,相位差随喷嘴几何特性系数的增大而增大,如从图中看出,在振荡频率为 600 Hz 时,几何特性系数为 9.6、12.3、13.5 和 20 的四个喷嘴的相位差分别为 365°、385°、413°和 482°。下面对其原因进行简要分析。根据式(4-4)可算出几何特性系数 9.6、12.3、13.5 和 20 的四个喷嘴旋流腔内表面波的传播速度(单位:m/s)分别为 20.1、18.4、16.8 和 15.2,也就是说表面波的传播速度随着几何特性系数 A 的增大而减小,这样在旋流腔长度相同的条件下,几何特性系数大的喷嘴内表面波传播所需的时间更长,相位差也会变大。

5.3.3 喷嘴压降对喷嘴动态特性的影响

下面针对喷嘴压降对喷嘴动态特性的影响进行实验研究。在恒定的来流脉动频率40 Hz下,在喷嘴压降(单位:MPa)分别为 0.15、0.3、0.45、0.6 和 0.75 时测量 $A=13.5$ 的敞口型离心喷嘴的流量脉动和压降脉动,得到其相位差与喷嘴压降的关系如图 5-19 所示,动力学理论计算值也在图中给出以进行比较。从图中可以看出,对于给定的喷嘴和来流振荡频率,流量振荡与喷嘴压降振荡之间的相位差随着喷嘴压降的增大而减小。这与前面的理论分析结果一致,而且从图中看出,实验点与理论计算值符合较好。

需要指出的是,本章的喷嘴动态特性实验研究都是在大气环境中进行的,但是火箭发动机中的室压往往很高,甚至能达到推进剂的热力学临界压力。在超临界状态下,离心喷嘴内的流动和动态特性可能与大气环境下进行的实验结果有所区别。当压力超过喷注流体的临界压力时,由于不存在表面张力和蒸发焓,也就不会存在明显的气、液界面,因此在环形液膜和中心气涡之间有一层模糊的过渡区域。故在超临界状态下液膜厚度如何定义很重要。文献[6]根据质量守恒将气、液界面定义为在喷嘴通道上,其质量流量等于喷嘴入口处质量流量的那个径向

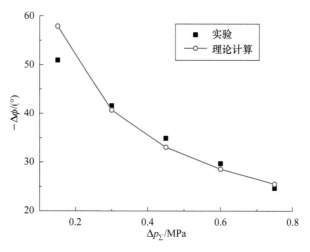

图 5 - 19　不同喷嘴压降下 $A=13.5$ 喷嘴流量振荡与压降振荡之间的相位差($f=40\ \mathrm{Hz}$)

位置。由于基于质量守恒的定义考虑了超临界条件下液体性质沿径向的瞬态变化,因此这种定义得到的液膜厚度会增大,也就是说在超临界压力条件下,液膜厚度会大于本章中测得的值。文献[6]指出超临界条件下液体性质沿径向的变化会导致数值模拟结果(超临界条件下)与文献[7]的无黏预测结果之间存在 10% 的误差。

5.3.4　喷嘴幅频特性实验结果

在测得瞬时液膜厚度的基础上,由式(5-6)可以得到压降振荡时喷嘴的瞬时流量,但公式中的几个待定参数均需通过试验方法得到,其中稳态空气涡半径 $r_\mathrm{m}=R_\mathrm{c}-h$ 由图 5-15 计算得到;而 ξ 可以通过图 5-16 中的液膜厚度曲线减去其平均厚度后获得;w_ac 可以通过测量稳态流量得到,具体计算公式为

$$w_\mathrm{ac}=\frac{\overline{Q}}{\pi(R_\mathrm{c}^2-r_\mathrm{m}^2)} \tag{5-9}$$

利用这种办法,就可以将图 5-16 中的瞬时液膜厚度转换为瞬时流量,如图 5-20 所示。

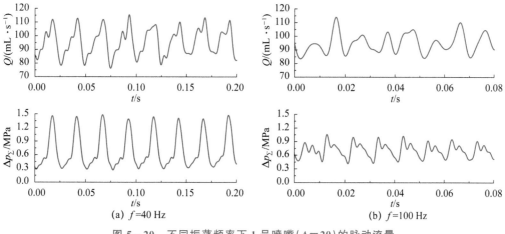

图 5 - 20　不同振荡频率下 1 号喷嘴($A=20$)的脉动流量

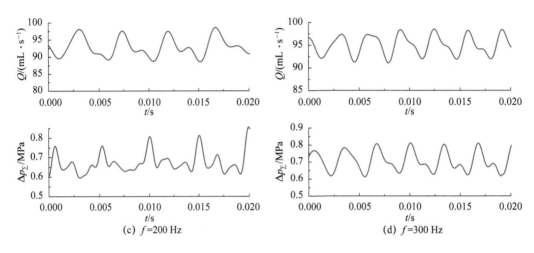

(c) $f=200\,Hz$ （图左下）　(d) $f=300\,Hz$ （图右下）

图 5-20　不同振荡频率下 1 号喷嘴 $(A=20)$ 的脉动流量(续)

从图 5-20 中看出,在低频时,喷嘴出口流量与喷嘴压降之间的相位差很小,喷口流量振幅较高,瞬时流量的曲线近似为正弦曲线;在中高频阶段,喷嘴出口流量脉动的振幅减小,其相对于前腔压力的相位差越来越大。同时,流量脉动的曲线变得不规则。

由离心喷嘴的动态传递函数式(4-2)可知,喷嘴流量振荡的无量纲振幅 $Q'/\overline{Q}$ 是了解喷嘴动态特性的必需参数,$Q'/\overline{Q}$ 可以从图 5-20 中获得,也可以通过下式由液膜厚度的振幅计算得到:

$$Q'/\overline{Q}=\frac{\sqrt{\dfrac{2(R_c^2+r_m^2)}{(R_c^2-r_m^2)^2}+2r_m}}{R_c^2-r_m^2}\xi \qquad (5-10)$$

通过类似的方法得到喷嘴压降振荡的相对振幅,不同振荡频率下两者的比值即为喷嘴的幅频特性。图 5-21 是不同结构参数的敞口型离心喷嘴的幅频特性曲线。从图中可以看出,喷嘴流量振荡的相对振幅与喷嘴压降振荡的相对振幅之比,随振荡频率的增加,其变化趋势为先升后降:当振荡频率在 $0\sim200\,Hz$ 之间时,幅频特性曲线快速上升;当超过 $200\,Hz$ 时则开始下降;当振荡频率增大到 $400\,Hz$ 左右时,变化趋势开始缓和。可以看出,由实验得到的敞口型离心喷嘴的幅频特性曲线与由喷嘴动力学理论计算得到的幅频特性曲线的变化趋势是一致的:幅频特性曲线随着频率的增大呈现先增大后减小的趋势。但实验值与理论值之间存在一定的差异,主要表现在理论计算的喷嘴流量的相对振幅在低频时有较小的起伏,然后随着振荡频率的增大而下降;而实验得到的幅频特性曲线在低频时则有较大的峰值。

从以上的分析看出,实验和理论计算的相频特性符合得很好,但幅频特性存在一定偏差。引起这一偏差的原因可能有:首先,喷嘴动力学理论考虑的喷嘴内流动是理想情况,而未考虑黏性、湍流等因素。其次,在理论推导过程中,扰动从切向通道传给旋流腔的传递系数 K_Σ 对出口流量的相对振幅有较大影响,而在敞口型喷嘴中由于没有了收口段,使得切向通道与旋流腔的相互作用可能与收口型喷嘴相比存在较大差别,因此仍然使用收口型喷嘴的切向通道与旋流腔作用的模型可能会造成误差。再次,在整个喷嘴的传递函数中,综合参数 $\overline{R}_k^2/a=\Delta p_\Sigma/\Delta p_T$,当综合参数增大时,喷嘴流量的振幅增大。文献[2]提出应该对几何特性系数 $A>18$ 的收口型喷嘴总体传递函数中的比值 $\overline{R}_k^2/a=\Delta p_\Sigma/\Delta p_T$ 引入修正系数,因为对于这样的喷嘴而

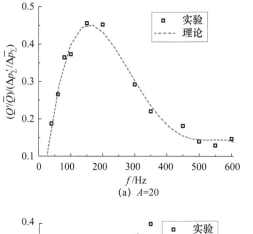

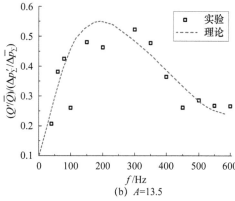

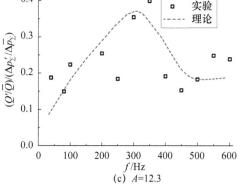

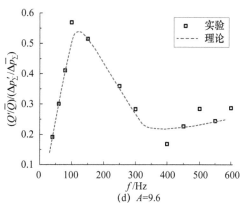

图 5-21 敞口型离心喷嘴的幅频特性

言,$\Delta p_\Sigma / \Delta p_T$ 的实际值与喷嘴的许多结构要素(旋流腔的长度和形状,切向通道的数量、尺寸和所处的位置,有无中心体和中心体的形状等)都有关。要从理论上确定此修正系数是有困难的,应该采用实验方法确定 $\Delta p_\Sigma / \Delta p_T$ 值。而本书在对敞口型离心喷嘴动态特性传递函数的推导中仍采用了 $\overline{R}_k^2 / a = \Delta p_\Sigma / \Delta p_T$,并没有对 $\Delta p_\Sigma / \Delta p_T$ 的值进行修正,而 $\overline{R}_k^2 / a$ 只对传递函数的幅值有影响,因此理论计算的幅频特性与实验值有一定差异。最后,实验中还有一些其他因素的影响。比如,在某些频段有机械共振的情况下,造成压力波不规则,振幅和频率不稳定。压力传感器通过引压孔测量喷嘴内部的压力,在实际测量过程中可能产生测量误差。

5.4 反压环境下离心喷嘴动态特性实验

5.4.1 反压环境下喷嘴动态特性实验系统

本实验搭建的喷嘴动态特性实验系统由模拟推进剂组元脉动供应调节系统、脉动流量激发系统、测量系统和反压系统四部分组成,工作原理如图 5-22 所示。为了消除供应系统管路振动的影响,采用挤压式水路供应方式。高压气源 1 通过减压阀 3 减压后将氮气供入高压水罐 2 中,水在氮气的挤压下进入主管路,通过流量计 4,流经电动激振器 6 时,产生流量和压力振荡,并向下游传播。截止阀 5 和压力调节阀 3 配合使用,用于调节工质的压力。使用高速相机 10 通过反压舱 12 的观察窗口对喷雾场信息进行捕捉。利用动态压力传感器和自制的液膜厚度传感器对喷嘴流量和压力信号进行测量,通过数据采集系统 14 实时显示并存储在计算机 15 中。高压氮气瓶 9 用于向反压舱内供气以提供一定的反压。喷雾过程中产生的雾滴会溅到观察窗表面,影响高速摄像机的拍照效果,因此利用高压氮气瓶 9 对观察窗进行气幕吹扫。

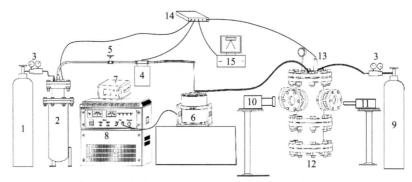

1,9—高压氮气瓶;2—工质储罐;3—减压阀;4—质量流量计;5—截止阀;6—电动激振器;
7—信号发生器;8—功率放大器;10—高速相机;11—激光光源;12—反压舱;
13—压力传感器;14—数据采集系统;15—计算机

图 5-22 反压环境喷嘴动态特性实验系统工作原理示意图

脉动流量发生器是整个动态特性实验系统中十分关键的装置,用于产生来流管路的流量振荡,从而产生实验所需的液流脉动信号。为了解决现有轮盘式脉动流量发生器在高反压环境下的液体泄漏问题,本节借鉴了 Bazarov 等人[8]对不同类型脉动流量发生器的比较,自行设计实现了新型惯性脉动流量发生器。该发生器在实验系统中产生脉动流量的主要工作原理为:利用信号发生器 7 产生不同频率的正弦信号,经功率放大器 8 放大后传给电动激振器 6,电动激振器按照给定的频率信号上下周期性地往复运动,带动振荡管内的液体周期性地运动,从而输出特定频率的脉动流量。

反压系统的核心设备是反压舱,如图 5-23 所示。该反压舱的材质为 0Cr18Ni9(奥氏体不锈钢),高 726 mm、内径 154 mm,能够提供的最高反压为 3 MPa,反压波动范围为±5%,具有带气体吹扫功能的三方向光学观察窗口,底部装有阀门,便于调节舱内压力。可为气/液多组元喷嘴提供实验条件。

根据液体喷嘴动态特性所研究的周期性振荡频率的量级为 $10 \sim 10^3$ Hz,压力振幅的量级为 $10^3 \sim 10^5$ Pa 的实验要求,选用昆山双桥传感器厂的 CYG1401FJAS11C2A1 高频动态压力传感器进行压力信号测量。该压力传感器的精度达到 0.5%,量程为 0~4 MPa。电动激振器的选择须保证足够宽的频率范围,采用扬州科动电子有限责任公司生产的 KDJ-100 电动式激振器和配套的 DFT2715 功率放大器。功率放大器用于推动激振器,作为振动试验和测量的大功率激振源。激振器的频率范围为 5~2 000 Hz,满足研究方案选取振荡频率的范围要求。激振器提供最大

图 5-23 反压舱实物图

激振力 $1\,000\,N$，最大振幅 $15\,mm$，最大加速度$450\,m/s^2$。数据采集系统采用江苏东华校准检测有限公司的 DH5922D 动态信号测试分析系统，该系统的采样频率达 $256\,kHz$，可同时进行 16 路信号采集，进行数字信号和模拟信号的转换，最终将采集到的实时信号接入计算机。

1. 惯性式脉动流量发生器

前人对喷嘴动态特性的实验研究中，多采用轮盘式的脉动流量发生器（见图 5-24），该类振荡器在电机驱动下，通过轴的传递，带动轮盘高速旋转，轮盘圆周上均布的通孔与流体通道按一定的周期开启或关闭，从而使流量以一定规律产生振荡。Wilson 等人[9]认为液力机械型振荡器（轮盘式脉动流量发生器）在实际使用中会产生非谐波脉动，且由于该类型振荡器自身的设计缺陷，在使用过程中会发生液体泄漏，从而导致流量损失。尤其在高反压环境下，供给管路内的压力也随之升高，液体泄漏则更加严重，导致实验结果不正确。

因此，为了解决现有轮盘式脉动流量发生器的液体泄漏问题，我们自行研制了基于惯性的脉动流量发生器，如图 5-25 所示，用于在高反压环境下产生脉动流量。高压来流液体从刚性振荡管上端进入，从下端口流出；驱动杆将电动激振器与刚性振荡管连接，在电动激振器的带动下，通过驱动杆的传递，带动刚性振荡管高速往复位移，激发管内液体流量和压力以一定频率振荡，使得刚性振荡管下端口输出脉动流量。

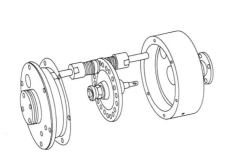

图 5-24　轮盘式液力机械脉动流量发生器示意图　　　图 5-25　惯性式脉动流量发生器示意图

为了提高脉动效果，Bazarov 等人[8]认为管内液体流速不应大于 $12\,m/s$，且振荡管的长度应小于管内液体中激发频率所对应的压力波波长的 1/10，因此可根据实验所需的流量及脉动频率来设计振荡管尺寸；工质储罐中的水在高压氮气挤压下通过系统管路供入惯性式脉动流量发生器，假设通过振荡管的质量流量不超过 $300\,g/s$（可根据所需流量自行调节），则管内通道的截面积可取为

$$S=\frac{\dot{m}}{\rho v}=\frac{0.3}{1\times10^3\times12}\,m^2=2.5\times10^{-5}\,m^2 \tag{5-11}$$

于是，可得振荡管的内径为

$$d=\sqrt{\frac{4S}{\pi}}=\sqrt{\frac{4\times2.5\times10^{-5}}{\pi}}\,m=0.005\,64\,m=5.64\,mm \tag{5-12}$$

对于振荡管，取内径 $d=6\,mm$，振荡管承受对称循环的轴向载荷，其最大值即激振器提供的最大激振力为 $F_{max}=1\,000\,N$；振荡管材料选用 304 不锈钢，强度极限 $\sigma_b=520\,MPa$；在拉压

对称循环应力下的疲劳极限 $\sigma_{-1}=0.4$，$\sigma_{bf}=208$ MPa，疲劳安全因数 $n_f=1.6$；表面粗车加工。查资料可得 $K_{\sigma 0}=1.62$，$\zeta=0.25$，因此有效应力集中因数为

$$K_\sigma=1+\zeta(K_{\sigma 0}-1)=1+0.25\times(1.62-1)=1.155 \tag{5-13}$$

尺寸因数和表面质量因数分别为 $\varepsilon_\sigma=0.99$、$\beta=0.86$，则可得振荡管在拉压对称循环应力下的许用应力为

$$[\sigma_{-1}]=\frac{\varepsilon_\sigma\beta}{n_f K_\sigma}\sigma_{bf}=\frac{0.99\times0.86}{1.6\times1.155}\times208\text{ MPa}=95.83\text{ MPa} \tag{5-14}$$

因此可得振荡管的横截面积为

$$A=\frac{\pi}{4}(D^2-d^2)\geqslant\frac{F_{max}}{[\sigma_{-1}]} \tag{5-15}$$

便得到振荡管的外径为

$$D\geqslant\sqrt{\frac{4F_{max}}{\pi[\sigma_{-1}]}+d^2}=\sqrt{\frac{4\times1\,000}{\pi\times95.83\times10^6}+0.006^2}\text{ m}$$
$$=0.007\,02\text{ m}=7.02\text{ mm} \tag{5-16}$$

取 $D=8$ mm，可得壁厚为

$$\delta=\frac{D-d}{2}=\frac{8-6}{2}\text{ mm}=1\text{ mm} \tag{5-17}$$

对于刚性振荡管管长（可根据所需脉动频率自行调节），在不考虑气体掺混的条件下，管内液体中的压力波波速为

$$u=\sqrt{\frac{\dfrac{1}{\rho}}{\dfrac{d}{E_p\delta}+\dfrac{1}{E_1}}} \tag{5-18}$$

水的模量为 $E_1=21$ GPa，304 不锈钢的弹性模量为 $E_p=193$ GPa，故振荡管内水中的压力波波速为

$$u=\sqrt{\frac{\dfrac{1}{1\times10^3}}{\dfrac{0.006}{1.93\times10^{11}\times0.001}+\dfrac{1}{2.1\times10^{10}}}}\text{ m/s}=3\,564.45\text{ m/s} \tag{5-19}$$

实验拟选取压力振荡频率为 $f=100\sim500$ Hz，则振荡管内水中的压力波波长为

$$\lambda=\frac{u}{f}=7.128\,9\sim35.644\,5\text{ m} \tag{5-20}$$

为了提高脉动效果，振荡管的长度应小于管内液体中激发频率所对应的压力波波长的 $1/10$，即

$$H<0.1\lambda_{min}=0.712\,89\text{ m}=712.89\text{ mm} \tag{5-21}$$

故取振荡管管长 $H=320$ mm。

2. 脉动流量测量

离心喷嘴喷口内的流量脉动表现为液膜厚度的脉动，离心喷嘴内液流参数的脉动频率较高，接触式的参数测量传感器会影响脉动的流场参数，造成测量误差，导致传统的流量测量方法均不能很好解决离心喷嘴内脉动流量的测量问题。因此拟采用电导法来测量液膜厚度的变化，将喷口内液流振荡过程中液膜厚度的变化与液流脉动流量联系起来，从而将对高频脉动流

量的测量转化为对液膜厚度高频振荡的测量。采用电导法对离心喷嘴(其喷嘴结构见图 5-26,具体结构参数见表 5-3)液膜厚度进行测量的主要原理为:在离心喷嘴出口附近放置两个电极环,两个电极之间的电导随液膜厚度的变化而改变,根据环形液膜电阻的定义,有

$$R_{ring} = \rho L / S \tag{5-22}$$

式中:S 表示液膜的环形横截面积,ρ 表示导电液体的电阻率。而 S 可表示为

$$S = \pi [r^2 - (r-h)^2] \tag{5-23}$$

式中:r 表示出口半径。将式(5-23)代入式(5-22),便可获得环形液膜厚度与液膜电阻的理论关系式

$$h = r - \sqrt{r^2 - \rho L/(\pi R_{ring})} \tag{5-24}$$

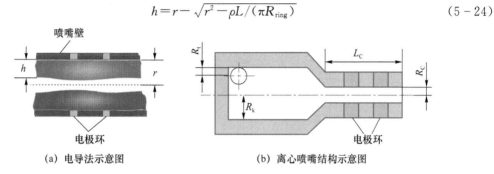

(a) 电导法示意图　　　　　　　(b) 离心喷嘴结构示意图

图 5-26　电导法及离心喷嘴结构示意图

表 5-3　实验离心喷嘴结构尺寸

编　号	R_c/mm	R_t/mm	R_k/mm	L_c/mm	n	A
1	1	1	3.2	10	2	1.1
2	1	0.8	3.2	10	2	1.9

由于离心喷嘴内液膜厚度波动的幅度较小,且流动过程中伴有较大噪声,因此导致对电极间液膜的电导值测量困难,为了解决这个难题,采用我们自行研制的基于锁相放大电路的液膜厚度传感器,如图 5-7 所示,具体电路设计如图 5-7 左图所示。

通过将不同直径的圆柱形陶瓷针规插入旋流室的轴线来校准液膜厚度测量系统,原理是:当工质流过旋流室时,在不同直径陶瓷针规与旋流室之间会产生不同的液膜厚度,记录下此时相应的电压信号大小。所得液膜厚度与电压的关系如图 5-27 所示。

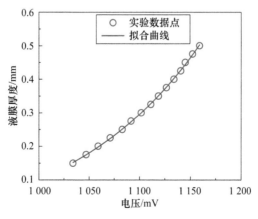

图 5-27　液膜厚度标定曲线

随着脉动频率的增大,对液膜厚度的脉动测量变得更加困难。实验室所用的液膜厚度传感器可满足频率高达 500 Hz 的液膜厚度采集要求,所测液膜厚度的原始数据如图 5-28 所示。

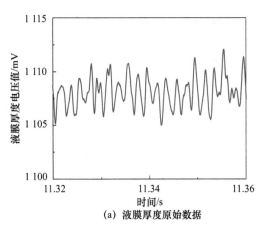
（a）液膜厚度原始数据

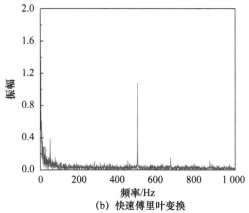
（b）快速傅里叶变换

图 5-28 脉动频率为 500 Hz 时所测液膜厚度的原始数据

电导法测量液膜厚度的方法存在若干不确定度,首先,在标定液膜厚度时采用了陶瓷针规作为标定棒,该标定棒本身在加工时存在一定误差,其加工公差为 0.001 mm,假设其误差服从正态分布。其次,不确定度的另一个来源为测试环境的变化,如测试介质电导率的变化等,为了减小该类不确定度,本实验测试介质采用自行调配的盐水溶液（10 L 蒸馏水加 1 g 盐）进行实验。再次,另一个不太重要的不确定度的引入源于该种测试方法本身,其所测的液膜厚度实际为两电极间的平均液膜厚度,由于两电极间的距离远小于表面波波长,因此可认为电极间的液膜厚度为常数。最后,测量重复性引起的 A 类不确定度是另一个不确定度的来源,需要多次测量并求得液膜厚度的标准差。由表 5-4 可以看出,测量液膜厚度的合成不确定度为 0.017 mm,符合一般传感器的要求。

表 5-4 反压下测量液膜厚度的不确定度

不确定度来源	不确定度组成			
	置信区间的半宽度 a	置信系数 k	A 类标准不确定度 u_A	B 类标准不确定度 $u_B = a/k$
标定棒	0.001 mm	$\sqrt{3}$	—	0.000 6 mm
环境因素	—	—	—	0
测试重复性	—	—	0.017 mm	—
合成不确定度 （$u_{combined} = \sqrt{u_A^2 + u_B^2}$）	0.017 mm			

5.4.2　实验结果及讨论

1. 反压对液膜厚度的影响研究

为了更清楚地揭示离心喷嘴喷注与雾化之间的基本机理,人们进行了许多研究来测量离心喷嘴内的液膜厚度,并总结了许多预测液膜厚度的经验公式。Simmons 等人[10]推导了考虑喷嘴尺寸和喷雾锥角的收口型离心喷嘴液膜厚度的简单方程。Rizk 和 Lefebvre[11]推导了以喷嘴结构尺寸、液体性质和喷注压降为变量的液膜厚度表达式,并与文献中报告的实验测量结果非常吻合。然后,Suyari 和 Lefebvre[12]通过实验数据修改了方程的系数。Kim 等人[13]通过精确测量检验了液膜厚度与喷口长度的关系,并通过在现有理论方程中加入孔口长度项,给出了液膜厚度的经验关系式。Schmidt 等人[14]通过使用喷嘴喷口处出口速度的相关性,以及与离心喷嘴结构尺寸、液体性质和喷注压降有关的函数,定义了液膜厚度。Fu 等人[15]分别以水和凝胶为介质测量了敞口型离心喷嘴喷口内的液膜厚度,并根据实验结果修正了相应的液膜厚度经验公式。虽然大多数液膜厚度的经验公式都与大气环境下的实验结果合理匹配,但它们在高反压条件下的适用性并未得到验证。在实际应用中,液体火箭发动机燃烧室处于高反压状态,而高反压条件下的喷雾特性与大气条件下的喷雾特性有着很大不同。因此,迫切需要研究不同反压环境对液膜厚度的影响,并发展一个新的经验公式来估算液膜厚度。

基于上述搭建的实验系统,在不同反压环境、不同喷注压降下,对实验用离心喷嘴进行雾化实验,其在不同反压下的喷雾照片如图 5-29 所示。利用电导法对实验所用离心喷嘴的液膜厚度进行了测量,测量结果如图 5-30 所示。实验结果表明:随着喷注压降的提高,离心喷嘴内的液膜厚度呈减小趋势,正如 Suyari 等人[12]、Lefebvre 等人[11]和 Kim 等人[13]的研究结果:液膜厚度与压降呈现 $h \sim \Delta p^{-0.25}$ 的数量关系,表明压降与液膜厚度呈负相关;而随着环境压力的升高,喷口内的液膜厚度也随之变大,这与前人文献中的结果一致。一方面,环境压力升高导致气体密度增大,气液密度比增大使得角动量损失系数减小、水利损失系数增大,进而使流量系数变大,液膜变厚;另一方面,在压降一定的情况下,气、液界面摩擦加剧,导致液体速度降低,在保证相同质量流量的情况下,为了抵消气、液界面减小的平均轴向速度,便促使了液膜变厚。

  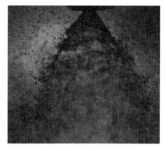

(a) 0.1 MPa　　　　　　　(b) 0.3 MPa　　　　　　　(c) 0.7 MPa

图 5-29　不同反压下的喷雾图像

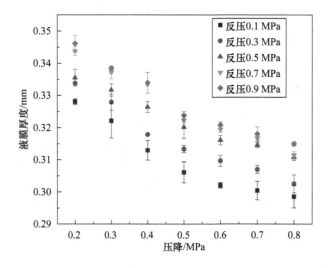

图 5 - 30　不同反压、不同压降对液膜厚度的影响趋势图

前人对离心喷嘴液膜厚度的研究多集中于常压环境下[11-13]。为了验证所得实验数据的准确性,选取反压为 0.1 MPa(常压环境),在不同喷注压降下测得的液膜厚度实验值,与前人所得液膜厚度公式比较,如图 5 - 31 所示,结果表明:基于电导法测量的收口型离心喷嘴的液膜厚度,与 Suyari[12] 等人所得的液膜厚度经验公式吻合较好,即以下三个公式:

$$h=3.66\left(\frac{d_{o}m_{1}\mu_{1}}{\rho_{1}\Delta p_{\Sigma}}\right)^{0.25} \qquad (5-25)$$

$$h=2.7\left(\frac{d_{o}m_{1}\mu_{1}}{\rho_{1}\Delta p_{\Sigma}}\right)^{0.25} \qquad (5-26)$$

$$h=1.44d_{o}\left(\frac{m_{1}\mu_{1}}{\rho_{1}\Delta p_{\Sigma}d_{o}^{3}}\right)^{0.25}\left(\frac{l_{o}}{d_{o}}\right)^{0.6} \qquad (5-27)$$

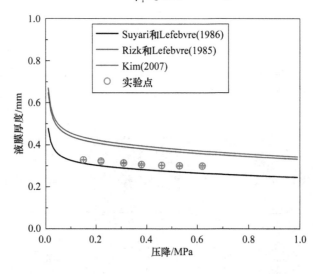

图 5 - 31　实验所测液膜厚度与液膜厚度经验公式估算值对比图

然而,这些液膜厚度公式均未考虑反压的影响,图 5 - 30 的结果表明,反压增大会导致液膜厚度增大,因此,我们通过在现有液膜厚度理论方程(5 - 25)的基础上,引入反压的影响,并

对常数项进行修正,导出一个新的液膜厚度经验公式

$$h=2.94\left(\frac{d_o m_1 \mu_1}{\rho_1 \Delta p_\Sigma}\right)^{0.25}\left(\frac{p}{p_o}\right)^{0.021}$$ 　　　　(5-28)

式中:p 表示反压,p_o 代表常压。图 5-32 显示了液膜厚度的测量结果与方程(5-28)的估算值的比较,可以看出,测量结果与经验公式估算出的液膜厚度之间的误差非常小。

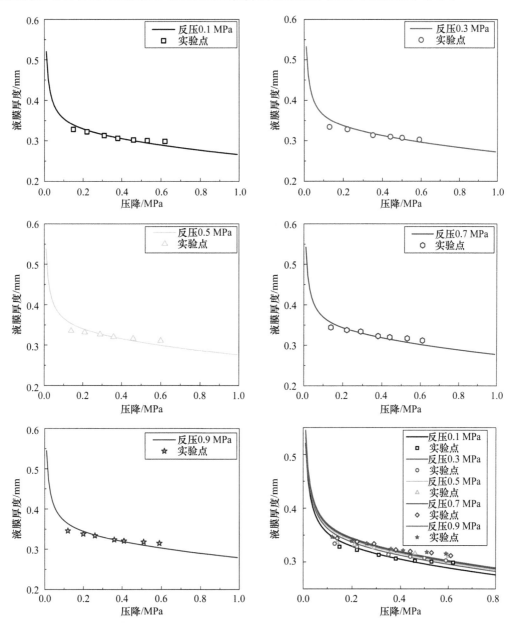

图 5-32　实验所测液膜厚度与新液膜厚度经验公式估算值对比图

2. 惯性式脉动流量发生器脉动测试

利用搭建好的反压实验系统对惯性式脉动流量发生器进行一系列测试,以确定使用惯性

式脉动流量发生器的可行性。实验中将 1 号离心喷嘴安装在反压设备内,利用金属软管将脉动流量发生器出口与喷嘴相连,以喷嘴集液腔内的压力信号作为输出信号进行初步测试。如图 5-33 所示,该惯性式脉动流量发生器在高反压环境下能够产生振幅足够大的正弦压力信号,其振幅幅度可达 15% 以上,并且通过频谱分析(FFT)可以看出,输出压力信号的脉动频率与上游激发的脉动频率基本一致。对于高反压环境下的喷嘴动态特性实验,在压降一定的情况下,管内压力会随着环境压力的升高而增大,通过对比不同工况下所得的压力脉动测试曲线,发现输入压力的增大会导致更大的振荡幅度,因此,对于高压测试实验,惯性式脉动流量发生器是一种可行的解决方案。

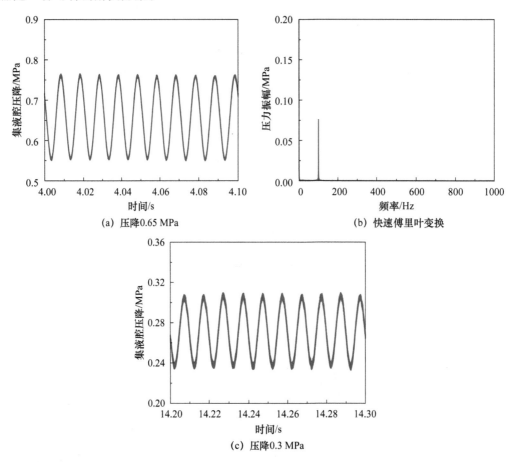

(a) 压降0.65 MPa

(b) 快速傅里叶变换

(c) 压降0.3 MPa

图 5-33　反压 1 MPa、不同压降下频率 100 Hz 时的压力信号

　　用实验模拟中、高频的压力脉动一直以来都是难点,频率升高会增加压力脉动的难度。由于惯性式脉动流量发生器是基于机械振动的方式来引起管路来流脉动的,考虑到机械振动对整个实验系统稳定工作的影响,因此在惯性式脉动流量发生器的进出口处使用金属软管与主管路连接,以便配合振荡管的垂直位移,从而缓冲系统管路振荡对管内液体压力脉动信号的影响。利用惯性式脉动流量发生器,在高反压环境下模拟产生较高频率的压力脉动,由电动激振器输出 500 Hz 的压力脉动,经供给管路,在集液腔内引起压力脉动,压力脉动曲线如图 5-34 所示,可见该惯性式脉动流量发生器在较高频率下仍可引起管路来流的脉动。

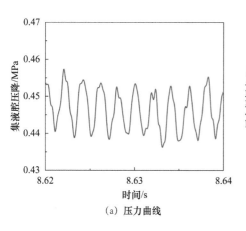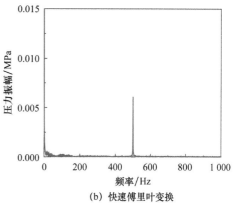

(a) 压力曲线　　　　　　　　　　　　(b) 快速傅里叶变换

图 5 - 34　反压 1. 5 MPa、压降 0. 45 MPa、频率 500 Hz 时的压力信号

3. 反压环境下离心喷嘴的传递函数

莫斯科航空学院的 Bazarov 教授最先开创了喷嘴动力学的研究工作,通过采用控制喷嘴内部流动的无黏流体力学方程,运用解析方法推导出了喷嘴频率特性方程,该理论可以有效预测当来流压力波动时的喷嘴动力学响应问题。喷嘴的动态特性响应函数为

$$\Pi_\phi = \left(\frac{Q'}{\overline{Q}}\right)\bigg/\left(\frac{\Delta p'_\Sigma}{\Delta \overline{p}_\Sigma}\right) \tag{5-29}$$

从式(5 - 29)可以看出,喷嘴动态特性实验的一个重要目标便是获取喷嘴脉动流量。根据喷嘴动力学理论,因为轴向速度波动与液膜厚度波动的相位相同,因此可以通过将流动的轴向速度与旋流室中的流动面积相乘来获得旋流喷射器的瞬时体积流量,即

$$Q = \overline{Q} + Q' = \pi W_a \left[(R_N^2 - r_M^2) + \left(\sqrt{\frac{2R_N^4}{R_N^2 + r_M^2}} + 2r_M\right)\xi\right] \tag{5-30}$$

式(5 - 30)中的几个待定参数均需要通过试验的方法得到。旋流室内的流动面积通过电导法测量动态液膜厚度得到,如图 5 - 35 所示;气涡半径 r_M 可通过喷口半径与液膜厚度之差求得,R_N 为离心喷嘴喷口半径;液膜厚度的振幅 ξ 可通过图 5 - 35 中的液膜厚度曲线减去其平均厚度后获得;稳态轴向速度 W_a 由稳态流量计算得出,即

$$W_a = \frac{\overline{Q}}{\pi(R_N^2 - r_m^2)} \tag{5-31}$$

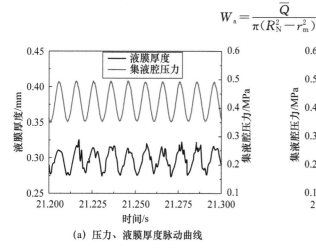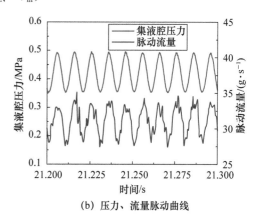

(a) 压力、液膜厚度脉动曲线　　　　　　　(b) 压力、流量脉动曲线

图 5 - 35　反压 0. 5 MPa、压降 0. 45 MPa、频率 100 Hz 时的脉动曲线

为了验证在相同工况下,不同输入振幅对离心喷嘴响应函数的一致性,在常压、压降为 0.45 MPa 下,选取 150 Hz、180 Hz 和 200 Hz 频率,来验证在不同输入压降振幅下,其传递函数值是否一致,如图 5 - 36 所示。图中结果表明:在相同工况下,输入不同无量纲压降幅值对喷嘴的传递函数无显著影响。

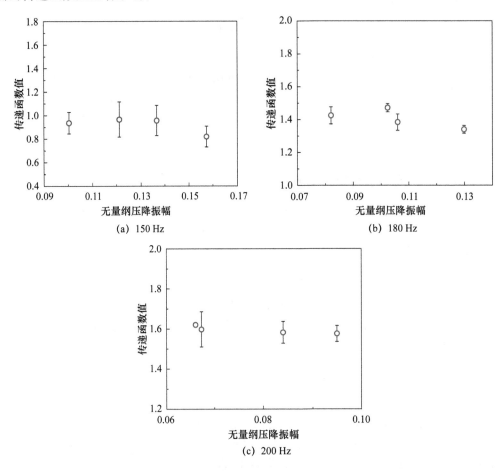

图 5 - 36　不同输入振幅下传递函数一致性验证

为了了解不同反压环境对离心喷嘴动态特性的影响,在不同脉动频率和相同压降 (0.45 MPa)下,测量了 1 号和 2 号实验离心喷嘴在 0.5 MPa、1 MPa 和 1.5 MPa 反压环境下的动态流量和喷嘴集液腔动态压力,从而得到该喷嘴在不同反压环境下的动态特性。如图 5 - 37 和图 5 - 38 所示,随着脉动频率的增加,无量纲压降振幅和无量纲流量振幅整体呈下降趋势;频率升高使得引起管路来流振荡变得十分困难,并使 350 Hz 以上无量纲压降振幅的下降速率明显快于无量纲流量振幅的下降速率,最终导致图 5 - 39 中的幅频特性曲线在频率 350 Hz 处开始上升。但受限于现有实验设备无法满足更高频率下的来流振荡实验,因此对 500 Hz 以上响应函数的极值点难以验证。从图 5 - 39 也可以看出,随着反压的增大,离心喷嘴传递函数的相对振幅呈下降趋势,这是因为反压增大,使得环境的气体密度增大,喷口内气、液界面的剪切作用增强,对液膜厚度的波动起到抑制作用,表现在喷嘴出口处:反压对离心喷嘴的流量振荡具有抑制作用。

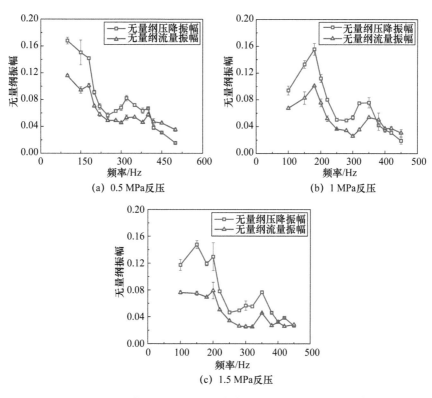

图 5 - 37　1 号喷嘴在不同反压下无量纲压降/流量振幅随频率的变化

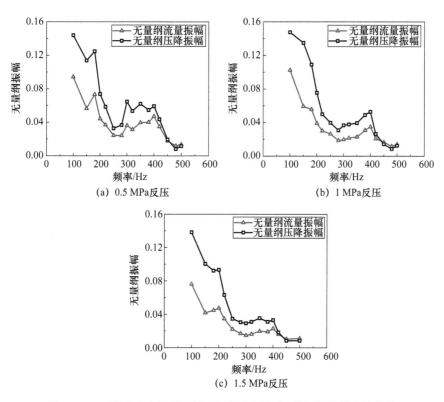

图 5 - 38　2 号喷嘴在不同反压下无量纲压降/流量振幅随频率的变化

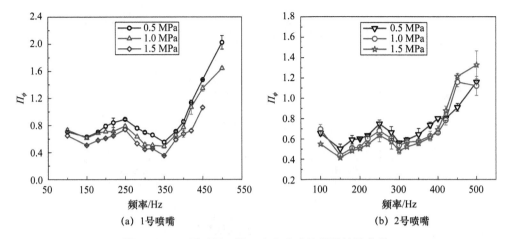

(a) 1号喷嘴　　　　　　　　　(b) 2号喷嘴

图 5 - 39　不同反压环境下离心喷嘴的幅频特性曲线

不同结构尺寸喷嘴的传递函数曲线如图 5 - 40 所示,从图中可以看出,增大喷嘴几何特性系数 A 会导致流量振幅减小,这是由于增大几何特性系数意味着旋转强度的增强,旋转越强烈,喷嘴内液膜的离心加速度越大。如前文所述,离心加速度在旋转流动中起到稳定作用,因此液膜表面的振幅减小,流量振荡的振幅亦随之减小。

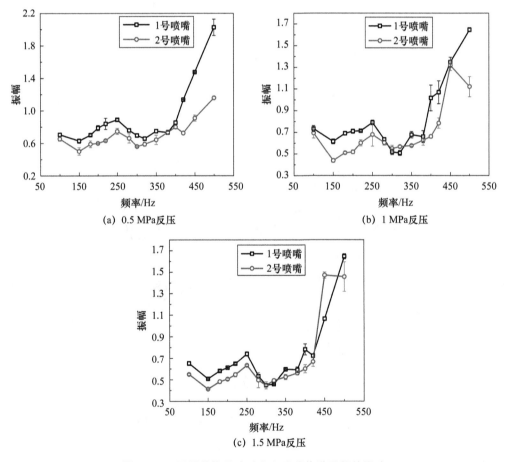

(a) 0.5 MPa反压　　　　　　　(b) 1 MPa反压

(c) 1.5 MPa反压

图 5 - 40　不同结构尺寸对离心喷嘴传递函数的影响

4. 喷雾速度场传递函数

喷嘴对来流管路压力波动的动态响应将以喷嘴出口参数的脉动为特征,如喷雾场脉动速度。以高能面激光作为光源,透过反压舱光学窗口照射喷雾场,利用 Photron 公司的SA-Z 高速相机捕捉动态喷雾过程,高速相机垂直于激光面放置,拍摄速率为每秒 20 000 帧(20 kfps)。流量脉动可在连续的喷雾图像中直观体现,表现在单张照片上为液滴速度的变化,将喷雾液滴作为示踪粒子,粒子的瞬间轨迹以粒子图像的形式曝光记录在高速相机中,第一次曝光时刻(t_1)和第二次曝光时刻(t_2)的某一粒子的空间位置分别为 $\boldsymbol{X}_{t1}$ 和 $\boldsymbol{X}_{t2}$,对应于图像记录平面上的位置分别为 $\boldsymbol{X}_{i1}$ 和 $\boldsymbol{X}_{i2}$,其速度为

$$\boldsymbol{u}=\frac{\Delta \boldsymbol{X}_i}{\Delta t}=\frac{\boldsymbol{X}_{i2}-\boldsymbol{X}_{i1}}{t_2-t_1}=\frac{\boldsymbol{x}_{i2}-\boldsymbol{x}_{i1}}{M(t_2-t_1)} \tag{5-32}$$

式中:M 为放大率,即观测喷雾场区域与成像平面之比,可采取标定的方式确认其具体值,一般情况下 $M<1$。通常,互相关的两帧图像为数字图像,大小一般为 1 024 像素×1 024 像素,可将整个数字图像分割为多个判读小区 D_I,其大小常选为 16 像素×16 像素或 32 像素×32 像素,这样可得到描述流场的速度向量数为

$$N_v=\frac{N_{I1}\times N_{I2}}{D_I^2} \tag{5-33}$$

式中:N_{I1} 和 N_{I2} 分别代表图像水平和垂直方向的像素数,分别通过互相关算法处理便可得到喷雾场的速度分布,如图 5-41 所示。图(a)为激光照射喷雾场所得的喷雾图像,图中的每个液滴在激光照射下发光,从而可被当作示踪粒子,对所获图像每相邻两帧照片做一次互相关算法处理,从而得到每个示踪粒子的位置变化,结合高速相机的拍摄帧率,计算出每个点的位移,得到如图(b)所示的速度分布图。

(a) 喷雾图像

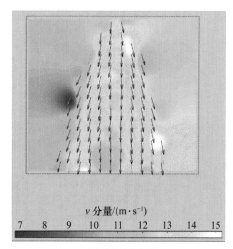

v 分量/(m·s^{-1})

(b) 速度分布图

图 5-41　反压 0.5 MPa、压降 0.45 MPa、频率 100 Hz 时的喷雾图像及速度分布图

对通过互相关算法得到的喷雾场速度图,提取喷雾场中某一固定位置的轴向速度变化进行时序分析,便可得到该固定位置的脉动速度,对该脉动速度进行快速傅里叶分析,可以得到与激发信号相同频率的主频信号,如图 5-42 所示。为了得到不同反压环境对喷雾场出口参

数的动态响应,定义了如下喷雾速度场的传递函数

$$\Pi = \left(\frac{u'}{\overline{u}}\right) \Big/ \left(\frac{\Delta p'_{\Sigma}}{\Delta \overline{p}_{\Sigma}}\right) \qquad (5-34)$$

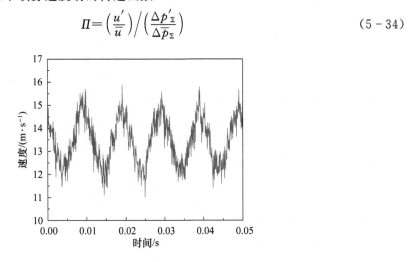

图 5-42 反压 0.5 MPa、压降 0.45 MPa、频率 100 Hz 时的速度分布图

利用上述方法,提取得到不同频率下同一固定位置处的喷雾速度分布,通过提取脉动速度无量纲振幅和压降无量纲振幅,便可得到不同反压环境下喷雾速度场的动态特性,如图 5-43 所示。在喷嘴出口面积一定的情况下,由于喷嘴出口轴向速度的值取决于喷嘴出口流量的大小,因此出口轴向速度表现出与喷嘴流量脉动相似的动态特性,喷嘴出口环境压力的增大,抑制了喷雾场速度的振荡,在频率为 250 Hz 附近达到局部峰值,之后随着脉动频率的升高,传递函数值呈下降趋势,但在 350 Hz 以上,随着频率的增大,传递函数的振幅又开始呈上升趋势,初步猜测实验所设计喷嘴的幅频特性曲线峰值在 500 Hz 以上。

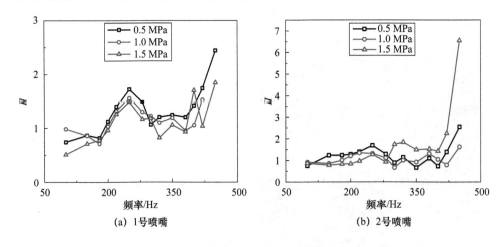

图 5-43 不同反压环境下喷雾速度场的幅频特性曲线

5.5 离心喷嘴脉冲工作动态特性实验

空间推力器为了提供精准的调控动力,常处于脉冲工作模式,当供应系统中的电磁阀周期

性地开启和关闭时,离心喷嘴的流量、锥形液膜的破碎长度、锥角及破碎形成的液滴尺寸都会发生显著的动态变化,因此,本节介绍离心喷嘴脉冲工作动态特性的实验研究。

采用的透明离心喷嘴结构如图 5-44 所示,喷嘴由四部分组成,其中 a 为集液腔外壳,b 为切向孔模块,d 为喷口模块,c 为连接 b 与 d 的中间模块。切向孔模块 b 和喷口模块 d 可进行更换,以组成拥有不同切向孔和喷口尺寸的喷嘴。b、c 和 d 采用有机玻璃透明材料加工,因此可以通过高速相机观察喷嘴内部的流动。本实验采用的喷嘴尺寸如表 5-5 所列,其中喷嘴几何特性系数 A 的计算公式为

$$A = \frac{(D_v - D_t)D_o}{N_t D_t^2} \tag{5-35}$$

式中: N_t 为切向孔数目。

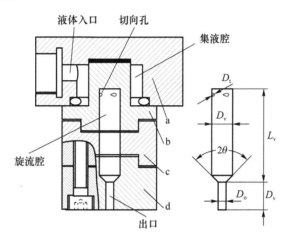

图 5-44　离心喷嘴结构示意图

表 5-5　离心喷嘴参数

D_o/mm	3	L_v/mm	34
L_o/mm	10	D_v/mm	8
N_t	4	2θ/(°)	90
D_t/mm	1.1	A	4.28

液滴直径的测量位置为喷嘴正下方的 100 mm 处,采样频率为 5 kHz。使用一台信号发生器产生方波信号,以控制所有设备同步测量。

5.5.1　实验数据及喷雾形态

使用脉冲间隔较长(2.066 Hz)的工况来代表实际推力器工作中的占空比较低,即脉冲之间相互独立的情况;使用脉冲间隔较短(11.134 Hz)的工况来代表占空比较高,即脉冲之间相互发生干涉的情况。

当离心喷嘴脉冲工作时的脉冲间隔较长时,其动态特性可以视为单脉冲工作动态特性,图 5-45 为离心喷嘴单脉冲工作的喷雾索太尔平均直径(SMD)和喷嘴压降实验曲线。SMD

由马尔文激光粒度仪直接测量获得,压降数据由压力传感器测量,再通过数据采集卡采集。较高的压降对应较高的液膜速度,进而对应较小的 SMD,因此 SMD 曲线在压降下降前呈现"L形"。在脉冲结束阶段也有较大的 SMD 出现,但小于脉冲起始时的 SMD 峰值。由于测量点位于喷嘴下方,液滴运动至此需要一定时间,所以 SMD 曲线相对于压降曲线有一定的滞后。可以看到,整个脉冲过程由压降上升段、稳态段和下降段组成。在脉冲的前沿和后沿,SMD 数据出现了明显较大的值,这说明在这两个阶段雾化质量较差。

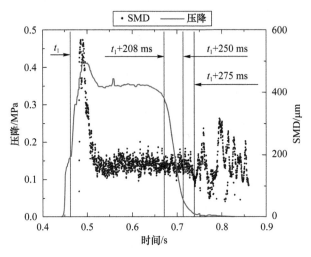

图 5-45　离心喷嘴单脉冲工作的 SMD 和压降曲线

图 5-46 为上述工况下高速相机拍摄的照片,四张照片对应的时刻已在图 5-45 中标注。根据图 5-46,在脉冲启动阶段喷口处形成了柱状射流,而柱状射流难以雾化成细小液滴,因此造成了压降上升段的 SMD 尖峰。该现象与文献[16-17]中所研究的脉冲启动阶段的实验结果类似,不过上述文献并未提及脉冲结束段的雾化质量。在压降稳态阶段,锥形液膜表面形成大量褶皱,破碎成液丝,液丝进一步破碎成液滴,此阶段离心喷嘴的雾化质量较好。在压降下降阶段,锥形液膜表面变得平滑,破碎长度减小;但是由于液膜速度较低,与空气的剪切作用变弱,因此会破碎成较大液滴,这是第二个 SMD 尖峰产生的原因。

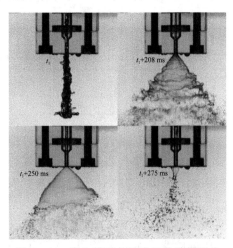

图 5-46　离心喷嘴单脉冲工作喷雾图像

当相邻两次脉冲间隔较短时,不同脉冲间会产生影响,图 5-47 为脉冲间隔较短工况下 (约 11 Hz)的数据曲线,可以看到,此时的压降和 SMD 连续振荡。同样,由于 SMD 的测量点与喷口存在一定距离,因此 SMD 曲线相对于压降曲线有一定的滞后。若没有滞后,则压降波峰应该对应 SMD 波谷。图 5-48 是该工况下高速相机拍摄的照片。需要说明的是,图 5-48 的主要目的是体现厚液体环的形成过程,因此,t_2 时刻仅对应厚液体环从喷口开始形成的时刻。图 5-47(a)中标出了 t_2 时刻以及 t_2+8 ms 时刻的位置。根据图 5-48,在 t_2 时刻新喷出的液体不会形成柱状射流,而是与上一个脉冲余留的液膜互相碰撞,形成一圈较厚的液体环。这个现象与文献[18-19]中提到的速调管效应(Klystron effect)原理相同。

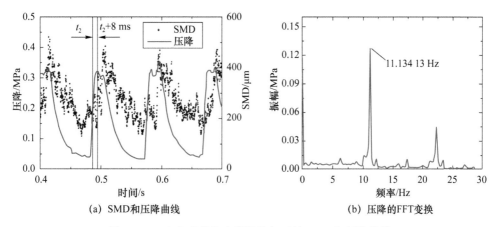

(a) SMD 和压降曲线　　　　　　(b) 压降的 FFT 变换

图 5-47　离心喷嘴脉冲间隔较短时的 SMD 和压降曲线

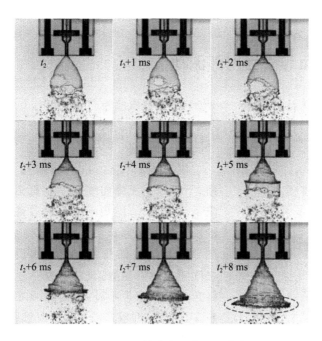

图 5-48　速调管效应形成的厚液体环

与传统离心喷嘴动力学研究不同的是,本研究中的液膜形态变化幅度较大。为了更加直观地观察液膜的变化,本节采用 MATLAB 软件中的"Canny"算法将原始图片进行二值化处理,然后寻找二值化处理结果中液膜右端第一个不为 0 的像素点,即认为是液膜的右边界。每张照片都可获得一条边界曲线,再将这些曲线按照拍摄顺序(即时间)排列,即可获得图 5-49 中的结果。图中只画出右边界是出于对称性和为了便于观察的考虑,其中 $x=0$ 代表喷嘴中轴线。从图中可以看出,当频率较低时,出现了液膜间断,每个脉冲前沿都有柱状射流出现,箭头 1 所指向的正是柱状射流。箭头 2 所指向的看似是一些杂乱无章的线条,实际上是两个脉冲之间附着在喷嘴喷口平面的一些液体,以及一些坠落的大液滴。当频率较高时,液膜不会间断,液膜下边缘沿时间呈锯齿状变化。由于速调管效应仅仅发生在几帧图像当中,所以很难在图 5-49(b) 中看出液膜碰撞的结构。但是当发生速调管效应时,液膜锥角会发生突变,体现在图 5-49(b) 中是液膜边界出现了一个"裂隙",如箭头 3 所指。

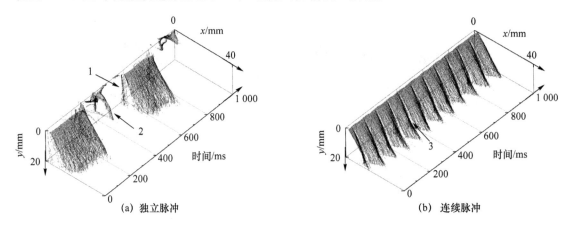

(a) 独立脉冲　　　　　　　　　　(b) 连续脉冲

图 5-49　液膜边界的振荡

5.5.2　液膜锥角与喷嘴内部流动

液膜锥角的测量方法如图 5-50 所示,首先提取液膜左边界和右边界,再对左边界和右边界采用最小二乘法拟合出两条直线,这两条直线之间的夹角即为液膜锥角。锥角测量的结果如图 5-51 所示。

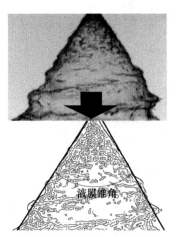

图 5-50　液膜锥角测量方法示意图

根据图 5-51(a),液膜锥角随压降同频振荡;然而,下降沿较压降曲线有一定延迟,这是因为当上游压降下降时,离心液膜不会立刻收缩,而是依靠旋流腔内的残余压力和自身惯性继续维持一段时间的较大锥角。图 5-51(a) 中的液膜锥角会出现负值,这是由于脉冲之间喷口附着液滴,对液滴边界进行直线拟合后求出的锥角就是负值。不过,讨论脉冲之间的液膜锥角并没有意义,因为这时喷雾场中并没有液膜,因此图 5-51(a) 中的负值并不影响喷雾场中有液膜时的锥角测量结果。图 5-51(b) 的液膜锥角同样在下降沿有一定的延迟,不同的是液膜锥角在一定范围内振荡而不会出现零值或负值。

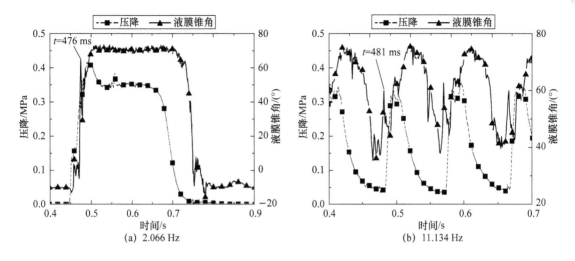

图 5 - 51　液膜锥角的测量结果

观察图 5 - 51 可以发现,在两种工况下,脉冲的前沿都会先出现一个液膜锥角的极值。在图 5 - 51(a)、(b)中各标出了一个液膜锥角极值所对应的时间点,其中 2.066 Hz 工况下为 476 ms,11.134 Hz 工况下为 481 ms,这些时间值是相对于触发信号而言的。图 5 - 52 列出了液膜锥角极值对应的瞬时喷雾照片,其中 2.066 Hz 工况将在此之前 8 ms 的照片都列了出来。可以看到,在柱状射流之后,新注入喷嘴、具有较高旋转速度的液体喷出,锥角突然增大。但是锥角的突增并不代表锥角极值。由于这部分旋转速度较高的液膜在喷嘴内部受到上一个脉冲残留液体沿轴向的阻碍,并且越早从切向孔进入喷嘴的液体受到的阻碍作用越强。因此,最后从喷嘴喷出的液体在轴向上"堆叠"在一起,并沿径向扩张。在频率较高的情况下,速调管效应产生的厚液体环也会沿径向扩张。图 5 - 51 中液膜锥角极值的出现并不意味着整个液膜的锥角变化到了一个较大值,而是喷口下方某一处在径向上变得比较"宽"(即上述扩张的部分),因此,采用直线拟合时会获得一个较大的液膜锥角。当扩张的部分向下运动出液膜锥角的计算区域之外后,液膜锥角又会下降,这样就形成了液膜锥角的极值。

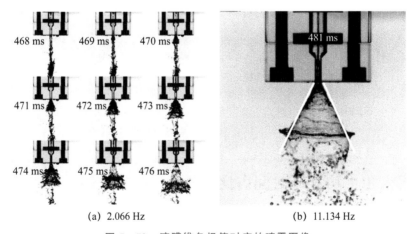

图 5 - 52　液膜锥角极值对应的喷雾图像

　　喷嘴内部的流动直接影响液膜的形成和破碎。根据图 5-53,在频率较低时两脉冲之间,由于壁面和空气摩擦的作用,喷嘴内部液体的旋转速度下降,这导致空气涡闭合,并在喷嘴内部封存了一段气柱。图 5-53 中的白色方块标出了气柱下端的位置,可以看到,这段气柱在浮力作用下会向喷嘴上游运动。如果两个脉冲之间的时间间隔足够长,那么旋流腔和喷口最终将呈现出充满液体的状态。当下一个脉冲到来时,喷嘴内部残留的低旋转速度的液体将被挤出,形成前文所述的柱状射流。因此,为了从根本上解决脉冲工况下喷嘴雾化的恶化问题,需要尽量减少喷嘴内残留的液体。

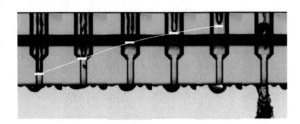

图 5-53　2.066 Hz 下两个脉冲之间的内部流动图像

　　图 5-54(a)是 11.134 Hz 工况下喷嘴内部流动的变化规律,其中的 t_2 与图 5-47(a)和图 5-48 中的含义相同。可以看到,在速调管效应形成时空气涡的直径会降低到很小,这是因为当压降升高时,切向孔处的流量大于喷口处,旋流腔内的液体体积增大。在压降下降过程中,喷口处的流量大于切向孔处,因此旋流腔内的液体体积减小,导致空气涡半径增大。为了反映空气涡直径随时间的变化规律,对图 5-54(b)左侧白色框内的空气涡部分进行边界提取,并沿时间轴排列,得到如图 5-54(b)右侧所示的结果,其中 $x=0$ 代表喷嘴的中轴线,为了便于观察,将径向比例进行了放大。可以看出,在该工况下脉冲工作过程中,喷嘴内部的空气涡不会发生闭合,其直径在一定范围内振荡。

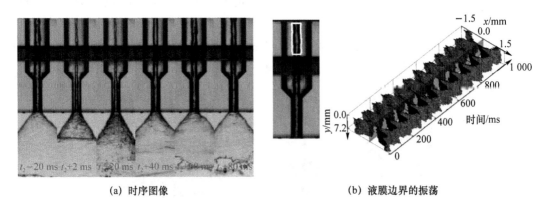

(a) 时序图像　　　　　　　　　　　　　　(b) 液膜边界的振荡

图 5-54　11.134 Hz 连续脉冲下的内部流动

5.5.3　索太尔平均直径时间占比分析

　　本实验中的两种工况分别对应实际推力器工作过程中的脉冲间隔较大和脉冲间隔较小两种情况。对于脉冲间隔较大的情况,脉冲之间相互独立,所以可以认为在每个脉冲开启与关闭过程中的非稳态喷雾过程的时间是一致的。根据前文的研究结果,非稳态喷雾往往对应较差的雾化质量。在喷嘴本身工作时间很短的情况下,非稳态喷雾过程的时间占比相对就较大,这意味着在一次脉冲中,大部分液体难以雾化成小液滴,这部分未良好雾化的推进剂会在燃烧室偏下游的位置燃尽,甚至有可能部分推进剂在运动出燃烧室后都没有燃尽,这必将对推力器的比冲性能有消极影响。因此,有必要研究在一个脉冲周期中各种尺寸液滴出现时间的占比。

图 5-55 是 SMD 时间占比分布计算方法示意图。由于 SMD 的数据点是等时间间隔测量的,因此某个 SMD 数值出现的频次与其出现的时间成正比。图中的中间两条横线对应的纵坐标分别为 $SMD_{i,1}$ 和 $SMD_{i,2}$,其中"i"代表第 i 个区间。这两条横线之间的 SMD 数据点个数为 N_{SMDi},由此可得 SMD 时间占比分布的计算式为

$$f(x) = \frac{N_{SMDi}}{\sum N_{SMDi}} \tag{5-36}$$

式(5-36)右边的分母代表在一个脉冲周期内 SMD 的非零点数的总和。取 $x = (SMD_{i,1} + SMD_{i,2})/2$,即可以 SMD 为横轴画出时间占比分布曲线。

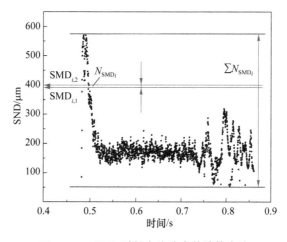

图 5-55　SMD 时间占比分布的计算方法

图 5-56 是从 $0\sim600~\mu m$ 取等间隔区间长度为 $1~\mu m$(即 $|SMD_{i,1} - SMD_{i,2}| = 1~\mu m$)计算得到的 SMD 时间占比分布,其中 4.039 Hz 工况为脉冲之间不发生干涉的一个补充实验工况。

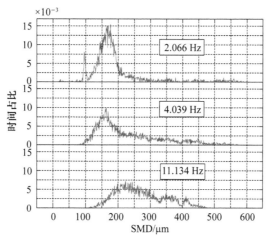

图 5-56　SMD 在三个脉冲频率下的时间占比分布

　　由于稳态工作时喷嘴雾化性能较好,SMD 较小,所以稳态喷雾时间段越长,SMD 时间占比分布曲线越集中于小 SMD 区域。对比 2.066 Hz 工况和 4.039 Hz 工况可以看到,后者的 SMD 时间占比分布曲线的主峰较矮,并且较大 SMD 区域的曲线值有所升高,这是由于 4.039 Hz 工况的稳态喷雾时间比 2.066 Hz 工况短。可以设想,如果稳态喷雾时间进一步缩短,那么在一个脉冲中几乎全部处于非稳态喷雾状态,所以分布曲线的主峰会向大 SMD 区域移动。受限于脉冲流量发生器无法调节脉冲占空比,无法获得周期短又相互独立的脉冲,因此这个推论有待进一步验证。在 11.134 Hz 工况下可以看到,主峰向大 SMD 方向移动。时间占比曲线的右移就是由整个脉冲过程全部处于非稳态喷雾状态造成的。

本章参考文献

[1]　杨立军. 喷嘴稳态及动态特性研究[D]. 北京:北京航空航天大学,2004.

[2]　Bazarov V G. 液体喷嘴动力学[M]. 任汉芬,孙纪国,译. 北京:航天工业总公司第 11 研究所(京),1997.

[3]　王向东. 离心喷嘴脉动流量电导式测量方法研究[D]. 北京,北京航空航天大学,2007.

[4]　刘铁军,黄志尧,王保良,等. 测量液体电导的两种新方法[J]. 化工自动化及仪表,2005,32(3):50-53.

[5]　江光灵,田裕鹏. 用于水微电导测量的锁相放大器的设计[J]. 计算机测量与控制,2007,15(6):786-789.

[6]　Zong N, Yang V. Cryogenic Fluid Dynamics of Pressure Swirl Injectors at Supercritical Conditions[J]. Physics of Fluids, 2008, 20:056103.

[7]　Inamura T, Tamura H, Sakamoto H. Characteristics of Liquid Film and Spray Injected from Swirl Coaxial Injector[J]. Journal of Propulsion and Power, 2003, 19(4):632-639.

[8]　Bazarov V, Lee E, Lineberry D, et al. Pulsator Designs for Liquid Rocket Injector Research: AIAA Paper 2007-5156[R]. 2007.

[9]　Wilson M, Lineberry D, Moser M. Experimental Pulsator Characterization for Liquid Injector Research[C/OL]. (2012-06-14)[2014-06-2]. https://doi.org/10.2514/6.2009-5491.

[10]　Simmons H C, Harding C F. Some Effects of Using Water as a Test Fluid in Fuel Injector Spray Analysis[J]. J. Eng. Power. 1981, 103(1):118-123.

[11]　Rizk N K, Lefebvre A H. Internal Flow Characteristics of Simplex Swirl Atomizers[J]. Journal of Propulsion and Power, 1985, 1(3):193-199.

[12]　Suyari M, Lefebvre A H. Film Thickness Measurements in a Simplex Swirl Atomizer[J]. Journal of Propulsion and Power, 1986, 2(6):528-533.

[13]　Kim S, Kim D, Yoon Y, et al. Effect of Geometry on the Liquid Film Thickness and Formation of Air Core in a Swirl Injector[C/OL]. (2007-07-08)[2020-09-11]. https://doi.org/10.2514/6.2007-5460.

[14]　Schmidt D P, Nouar I, Senecal P K, et al. Pressure-swirl Atomization in the Near Field[J]. SAE Transactions, 1999: 471-484.

[15]　Fu Q, Yang L, Qu Y. Measurement of Annular Liquid Film Thickness in an Open-End Swirl Injector[J]. Aerospace Science and Technology, 2011, 15(2):117-124.

[16]　李平. 中国载人航天推进技术发展设想[J]. 火箭推进,2011,37(2):1-7.

[17]　Dranovsky M L. Combustion Instabilities in Liquid Rocket Engines: Testing and Development Practices in Russia[M]. Reston, Virgini: AIAA Inc., 2007:253-282.

［18］ Sankar S V，Wang G，Brena de la Rosa A，et al. Characterization of Coaxial Rocket Injector Sprays Under High Pressure Environments：AIAA Paper 1992-0228［R］. 1992.

［19］ Gomi H. Pneumatic Atomisation with Coaxial Injectors：Measurements of Drop Sizes by the Diffraction Method and Liquid Phase Fraction by the Attenuation of Light：NAL-TR-888T［R］. Tokyo：National Aerospace Lab. ，1985.

第6章

气/液同轴离心喷嘴动态特性

对于气/液同轴离心喷嘴(也称同轴喷嘴),氧化剂喷嘴出口截面相对于燃料喷嘴出口截面的缩进长度是影响燃烧室入口截面推进剂相互作用的主要因素,在缩进段内,气/液两相流的动态特性对喷雾场的动态特性及燃烧室内燃烧的完全性和稳定性起着非常重要的作用。Bazarov[1]发现在氢/氧发动机中存在自激振荡现象,自激振荡的来源不能用燃烧室声学特性来解释,因为自激振荡的频率与燃烧室固有声学频率相差较大。Im 等人[2]把自激振荡的来源解释为气/液同轴喷嘴内部锥形液膜的水力不稳定及缩进段内高速气流与液膜之间的动量交换。由于从液体离心喷嘴喷出的液膜具有一定的锥角,会堵塞环形气体通道,因此气流将液膜推向中心,液相和气相之间进行强烈的动量交换。自激振荡发生时通常伴随着啸叫和强烈的流量脉动。为了搞清楚自激振荡现象发生的激励作用,安德烈耶夫[3]首先对气/液同轴喷嘴的动态特性进行了研究,他利用气体和液体喷嘴动态特性的矢量和来计算气/液喷嘴的动态特性,并对实验方法进行了介绍,讨论了发生自激振荡的稳定边界。

本章首先对气/液同轴离心喷嘴缩进段的动态特性进行分析。在前面章节所建立的单组元液体离心喷嘴动态特性理论的基础上,结合缩进段的动态特性模型,提出气/液同轴离心喷嘴动态特性的理论模型,讨论结构参数和流动参数对气/液同轴离心喷嘴整体的动力学特性的影响。进而,对气/液同轴离心喷嘴在常压下进行实验研究,搭建反压环境下气/液同轴离心喷嘴动态特性实验系统,并进行有关反压、喷嘴缩进段长度的影响研究。最后,对实验所用气/液同轴喷嘴的稳、动态特性进行仿真,并与实验结果对比。

6.1 气/液同轴离心喷嘴缩进段的动态特性模型

6.1.1 缩进段传递函数的推导

气/液同轴离心喷嘴的示意图如图 6—1 所示。其中,液体推进剂通过切向通道进入旋流腔,形成旋转的液流后从喷口喷出。气态推进剂从中心喷嘴周围的环形通道喷出。中心液体喷嘴出口相对于气体喷嘴出口缩进一段距离 l_R。截面 1—1 表示液体离心喷嘴的切向通道位置,截面 2—2 和截面 3—3 之间定义为缩进段,因此,截面 2—2 和截面 3—3 分别表示缩进段的入口和出口。缩进段的直径为 d_R,液体离心喷嘴的切向通道直径、旋流腔直径和喷口直径分别为 d_t、d_k 和 d_o。

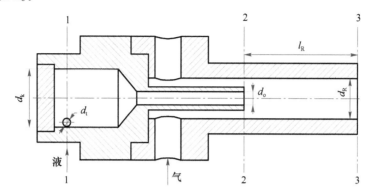

图 6-1　缩进的气/液同轴离心喷嘴示意图

在建立缩进段动态特性模型之前,需要对缩进段内的流动进行一些假设,以简化模型。首先,本节只讨论图 6-2 中的内混合流动情况。在这种流动情况下,在缩进段内,由于气体的速度远高于液体的速度,液体喷嘴出口形成的锥形液膜会在气动力及与喷嘴壁面碰撞力的双重力作用下在较短距离内破碎为大量液滴。基于以上分析,提出了下列假设:

① 液体喷嘴形成的液膜很短,可以将其忽略。

② 液滴与其气相在缩进段内混合均匀,可以将缩进段的流动视为液滴均匀分布在气体中的均相流。雾状液滴会对介质运动产生阻力,引起缩进段入口截面 2—2 和出口截面 3—3 的压力差。

③ 当所讨论的振荡的波长比缩进段的长度大得多时,才可以不考虑参数沿缩进段的分布情况,亦即需满足 $\lambda \gg l_R$ 时才可把参数看作集总参数处理,即扰动频率 $f \ll a/l_R$,其中 a 表示气/液两相流中的声速,在高压两相流中,a 一般大于 400 m/s[4]。对于 $l_R = 10$ mm 的缩进段,a/l_R 在大于 40 kHz 的范围内,此振荡频率大于通常所研究的振荡频率的范围。因此,基于集总参数模型的缩进段动力学模型是合理的。

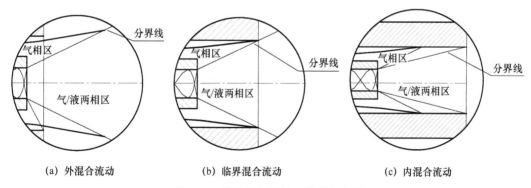

(a) 外混合流动　　　　(b) 临界混合流动　　　　(c) 内混合流动

图 6-2　缩进段三种流动模型示意图

设两相混合物的质量流量为 M,混合物的平均密度为 $\rho = \rho_g \beta + \rho_l (1-\beta)$,其中 ρ_l、ρ_g 分别为液相和气相密度,β 为气相的体积分数,则有动量方程

$$p_2 - p_3 = \frac{l_R}{S} \frac{dM}{dt} \qquad (6-1)$$

式中:S 是缩进段截面积;p 表示压力,下标 2、3 分别表示截面 2—2 和截面 3—3。

对式(6-1)进行线性化,将扰动量除以各自对应的平均量进行无量纲化,得到

$$\Delta \overline{p}' = \frac{Ml_R}{\Delta pS} s \overline{M}' \tag{6-2}$$

式中：$s = j\omega$ 为复频率，$\omega = 2\pi f$ 为角频率，$\Delta p = p_2 - p_3$，上标"‾"表示相对量，"'"表示扰动量。

根据质量守恒,有 $M = \rho Sv$，v 是两相混合物的平均速度。由于缩进段的截面积为定值,故可得到

$$M' = Sv\rho' + \rho Sv' \tag{6-3}$$

设液体密度为常数,故有 $\rho' = \beta\rho_g'$。假设只考虑液体流速振荡,即进入缩进段之前的气体流动是稳态的,故 $v' = \dot{m}_1'/S\rho_1$，其中 $\dot{m}_1'$ 是液体质量流量的扰动量。

因此,两相质量流量的相对扰动量可以表示为

$$\overline{M}' = \frac{\beta\rho_g'}{\rho} + \frac{1}{Sv\rho_1}\dot{m}_1' \tag{6-4}$$

认为缩进段内的流动是等熵流动,则有

$$\rho_g' = \frac{p'\rho_g}{p\gamma} \tag{6-5}$$

式中：γ 为两相混合物的比热比。设喷嘴出口的压力为定值,则式(6-5)可写为

$$\rho_g' = \frac{\Delta p'\rho_g}{p\gamma} \tag{6-6}$$

如果两相间无传热、无摩擦,空气将按等熵规律进行膨胀,则有

$$p\rho_g^{-\gamma_g} = C \tag{6-7}$$

式中：γ_g 为气相的比热比，C 为常数。

若每单位质量的气相中有质量为 m 的液体分散相,则有

$$\frac{\rho}{\rho_g} = 1 + m \tag{6-8}$$

将式(6-8)代入式(6-7),得到

$$p\rho^{-\gamma_g} = C' \tag{6-9}$$

从式(6-9)可以看出,在无传热情况下,混合物的比热比与气体比热比相同。

联立式(6-2)~(6-6)得到

$$\Delta \overline{p}' = \frac{Ml_R}{\Delta pS} s \left(\frac{\beta\rho_g \Delta p}{\rho p_2} \frac{\Delta \overline{p}'}{\gamma} + \frac{\dot{m}_1}{Sv\rho_1} \overline{\dot{m}_1'} \right) \tag{6-10}$$

进行整理可以得到缩进段压降对液体流量振荡的响应传递函数

$$\Pi_R = \frac{\Delta \overline{p}'}{\overline{\dot{m}_1'}} = \frac{sMl_R \dot{m}_1 \gamma p_2}{(S\rho\gamma p_2 - sMl_R\beta\rho_g)S\rho_1\Delta pv} \tag{6-11}$$

6.1.2 结果与讨论

设计不同结构参数的气/液同轴喷嘴缩进段,介质采用空气和水。根据以上的理论分析结果编制程序对气/液同轴喷嘴缩进段的动态特性进行数值模拟。

1. 气相体积含气率的影响

表6-1为计算不同体积含气率对缩进段动态特性影响的算例参数。图6-3为四种不同的气相体积含气率对气/液同轴喷嘴缩进段动态特性的影响,图6-4为其矢端图。

表 6 - 1　缩进段动态特性算例参数

缩进段长度/mm	10			
缩进段截面积/mm²	32.2			
喷嘴质量流量/(kg·s⁻¹)	0.025			
体积含气率 β	0.65	0.7	0.75	0.8
水密度/(kg·m⁻³)	998			
空气密度/(kg·m⁻³)	1.225			

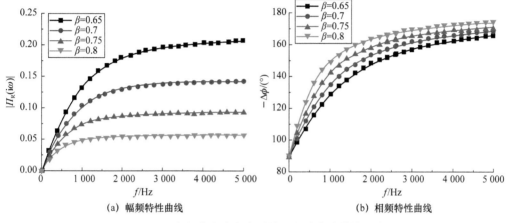

(a) 幅频特性曲线　　　　　　　　(b) 相频特性曲线

图 6 - 3　气相体积含气率对缩进段动态特性的影响

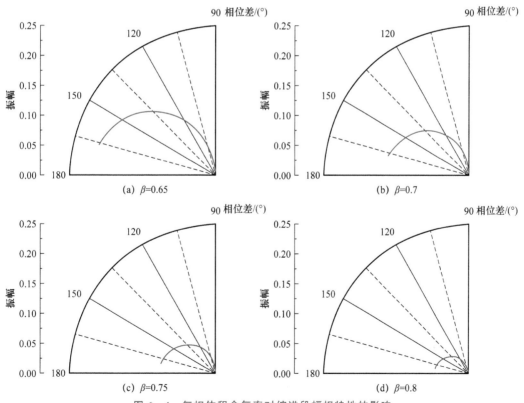

(a) β=0.65　　　　　　　　　(b) β=0.7

(c) β=0.75　　　　　　　　　(d) β=0.8

图 6 - 4　气相体积含气率对缩进段幅相特性的影响

由图 6-3 可见,当液体流量发生脉动时,缩进段压降脉动的相对振幅随着频率的增大而增大,但是在较高频率时振幅增长缓慢,趋近于某一定值。同时,压降脉动与流量脉动之间的相位差也随着振荡频率的增大而增大,在较高频率时压降脉动与流量脉动的相位差接近180°,即压降脉动与流量脉动接近反相。

同时从图 6-3 可以看出,随着气液比的增大,缩进段内压降的相对振幅减小,相位差增大,这是因为气体体积的增大意味着缩进段内混合物的密度减小。因此加速压降减小,压降扰动的相对振幅亦随之减小。压降扰动与流量扰动之间的相位差则是由于在不同体积含气率的缩进段混合物中,扰动波的传播速度存在差异:体积含气率越大,扰动波在缩进段混合物中的传播速度越小,因此相位滞后越大。

2. 质量流量的影响

设计模型喷嘴缩进段的长度为 10 mm,横截面半径为 3.2 mm,气相体积含气率为 0.8,分别计算喷嘴质量流量(单位:kg/s)为 0.025、0.03、0.04、0.05 时缩进段的动态特性。

图 6-5 为四种不同质量流量的气/液同轴喷嘴缩进段的动态特性曲线。可以看出,随着喷嘴质量流量的增大,缩进段压降振荡的振幅增大,压降振荡与液体流量振荡之间的相位差也随之增大,这可以理解为是质量流量的增大引起了压降的加速增大。同时可以看出,四条曲线的差别并不是很大,因此喷嘴的质量流量对缩进段动态特性的影响较小。当气相体积含气率一定时,同轴喷嘴的质量流量越大,缩进段内气体的质量流量越大,因此两相混合物的可压缩性越大,扰动传播速度越小,导致相位滞后越大。

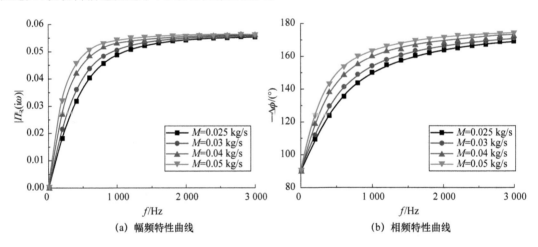

图 6-5 质量流量对缩进段动态特性的影响

3. 缩进段直径的影响

为了计算不同直径缩进段的动态特性,设计模型喷嘴的缩进段长度为 10 mm,体积含气率为 0.8,喷嘴的质量流量为 0.025 kg/s,计算横截面半径(单位:mm)分别为 2、2.5、3、3.2 时缩进段的动态特性。

计算结果如图 6-6 所示。由图可见,随着缩进段横截面积 S 的增大,缩进段压降振荡的振幅减小,压降振荡与液体流量振荡之间的相位差亦随之减小。因为缩进段半径的增大意味着缩进段边界上的压降变小,因此压降振荡的振幅也变小。而半径的变化对扰动波在缩进段内传播速度的影响是造成相位差差异的原因。

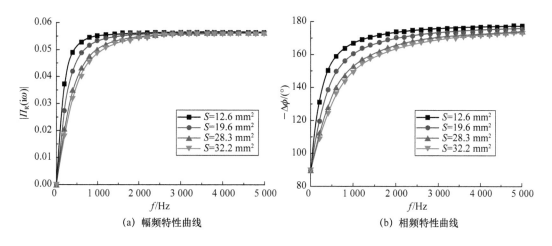

(a) 幅频特性曲线　　　　　　　　(b) 相频特性曲线

图 6-6　缩进段直径对缩进段动态特性的影响

4. 缩进段长度的影响

图 6-7 为缩进段混合室横截面积为 $S=32.2~\text{mm}^2$、喷嘴质量流量为 $0.025~\text{kg/s}$,体积含气率为 0.8 情况下的四种不同长度缩进段的动态特性曲线。由图可见,随着缩进段长度的增大,缩进段压降振荡的振幅增大,压降振荡与液体流量振荡之间的相位差随着缩进段长度的增大而增大。这是因为当将集总参数沿缩进段长度进行积分时,长度越长,压降振荡的振幅和相位差也越大。

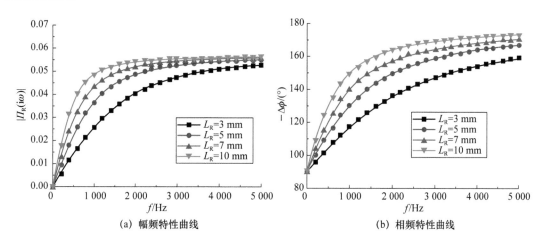

(a) 幅频特性曲线　　　　　　　　(b) 相频特性曲线

图 6-7　缩进段长度对缩进段动态特性的影响

5. 反压的影响

设计模型喷嘴的缩进段长度为 10 mm,横截面的半径为 3.2 mm,体积含气率为 0.8,喷嘴质量流量为 0.025 kg/s,分别计算喷嘴反压(单位:MPa)为 0.5、1、1.5、2 时缩进段的动态特性。

图 6-8 为不同的反压对气/液同轴离心喷嘴缩进段动态特性的影响。由图可见,随着振荡频率的增大,不同反压下喷嘴缩进段内压降振荡的振幅都随之增大。但当扰动频率大于 500 Hz 时,压降振荡的振幅基本不随扰动频率变化。随着反压的增大,缩进段压降振荡的振幅减小,这与反压对喷嘴出口流量振荡的影响规律是一致的,即反压对离心喷嘴出口流量的振荡有抑制作用。压降振荡与液体流量振荡之间的相位差基本不随反压变化。

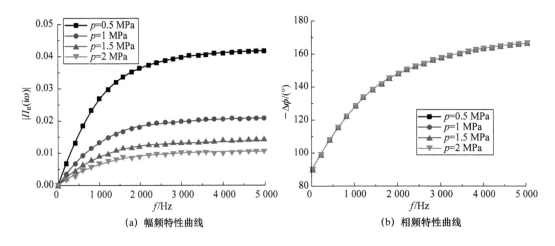

(a) 幅频特性曲线　　　　　　　　(b) 相频特性曲线

图 6-8　反压对缩进段动态特性的影响

6.2　气/液同轴离心喷嘴的整体动态特性模型

6.2.1　气/液同轴离心喷嘴传递函数的推导

在已经得到了缩进段的传递函数的基础上,结合缩进段的传递函数及单组元液体喷嘴的传递函数,进一步推导出同轴喷嘴整体的动态传递函数。

由于缩进段内的流动被认为是均相流,因此压降与两相混合物的质量流量之间的关系可以类比两相流流过孔板流量计的公式,即

$$\Delta p = \frac{M^2}{2\rho C_t^2 \varepsilon_t^2 A_0^2} \tag{6-12}$$

式中:C_t 是两相混合物流经孔板的流量系数,ε_t 是两相混合物的膨胀系数,A_0 是孔的面积。类比缩进段内的两相混合物流动,将流量系数和膨胀系数都设为 1,则有

$$\widetilde{M} = S \sqrt{2 \Delta \widetilde{p} \cdot \widetilde{\rho}} \qquad (6-13)$$

式中:上标"~"表示脉动参数,可以表示为稳态值与扰动量之和的形式,即

$$\left. \begin{aligned} \widetilde{M} &= M + M' \\ \Delta \widetilde{p} &= \Delta p + \Delta p' \\ \widetilde{\rho} &= \rho + \rho' \end{aligned} \right\} \qquad (6-14)$$

将式(6-14)代入式(6-13),进行线性化并略去高阶小量,可以得到

$$M' = S^2 (\rho \Delta p' + \Delta p \rho') / M \qquad (6-15)$$

由于液相不可压,故两相混合物密度的变化只能由气体密度的变化引起,将式(6-6)代入式(6-15),可以得到混合物质量流量的相对扰动量与缩进段压降振荡之间的关系式

$$\overline{M'} = \Delta \overline{p'} [\rho + \beta \rho_g \Delta p / (p_2 \gamma)] S^2 \Delta p / M^2 \qquad (6-16)$$

由式(6-11)有

$$\Delta \overline{p'} = \Pi_R \cdot \overline{m_1'} \qquad (6-17)$$

式中:$\overline{m_1'}$ 为液体离心喷嘴流量的相对扰动量。根据单组元液体离心喷嘴动态特性的理论,液体离心喷嘴流量的相对扰动量可以写为 $\overline{m_1'} = \Pi_{inj} \cdot \overline{p'}_{inj}$,其中 Π_{inj} 为液体离心喷嘴的传递函数,$\overline{p'}_{inj}$ 为液体离心喷嘴压降的相对扰动量。

结合式(6-11)、式(6-16)和式(6-17),气/液同轴离心喷嘴的传递函数为

$$\Pi = \overline{M'} / \overline{p'}_{inj} = \Pi_R \Pi_{inj} [\rho + \beta \rho_g \Delta p / (\gamma p_2)] S^2 \Delta p / M^2 \qquad (6-18)$$

由传递函数的表达式可以看出,喷嘴结构参数(如缩进段长度、直径等)、工况参数(如同轴喷嘴流量、混合比、工质性质等)都会直接影响传递函数 Π 的值,下面对以上参数对同轴喷嘴动态特性的影响规律进行研究,以获得对缩进式气/液同轴离心喷嘴动力学特性规律的认识,并对从喷嘴设计角度来消除不稳定燃烧得到一些指导原则。

6.2.2 气/液同轴离心喷嘴(收口型液体喷嘴)动态特性

下面将针对结构参数、工况参数等对气/液同轴喷嘴整体动态特性的影响进行分析,其中将液体喷嘴分为敞口型离心喷嘴和收口型离心喷嘴两类来讨论。首先讨论液体喷嘴为收口型离心喷嘴的气/液同轴喷嘴的动态特性。基准喷嘴的结构和流动参数以及工况参数分别如表6-2和表6-3所列。

表6-2 气/液同轴喷嘴(收口型液体喷嘴)结构参数和流动参数

缩进段长度 l_R/mm	24
缩进段直径 d_R/mm	7.3
液体喷嘴出口直径 d_o/mm	5.7
液体喷嘴旋流腔直径 d_k/mm	8

续表 6 - 2

液体喷嘴切向通道直径 d_t/mm	1.6
切向通道个数 n	1
几何特性系数 A	14.25
喷嘴质量流量 M/(kg·s^{-1})	0.18
混合比 O/F	8

表 6 - 3　工况参数

工　质	O₂	H₂
燃烧室压力/MPa	10.1	10.1
温度/K	100	150
密度/(kg·m^{-1})	1 119	15.4

注：O₂ 临界参数为 $p_c = 5.04$ MPa，$T_c = 155$ K。H₂ 临界参数为 $p_c = 1.30$ MPa，$T_c = 33.2$ K。

1. 混合比的影响

本算例中，混合比定义为液氧与气氢的质量流量之比。图 6 - 9 反映了四种不同混合比情况下气/液同轴喷嘴的动态特性。从幅频特性曲线可以看出，两相混合物的质量流量对液体喷嘴来流扰动响应的振幅随扰动频率的增大，大致呈现出先增大后减小的趋势。但是在某些频率点(如图中的 f_1, f_2, f_3, …)会有振幅的极值出现。根据文献[5]和文献[2]，在缩进的同轴离心喷嘴中存在自激振荡现象，因此，可以认为，图中出现振幅极值的频率点就是自激振荡的频率。根据波的色散理论，喷嘴中产生的一个微弱扰动可以看作由不同频率和波长的单色分量叠加而成，只有当频率等于或接近 f_1, f_2, f_3, …时，这些单色频率的扰动才能被放大，并最终导致自激振荡的发生。

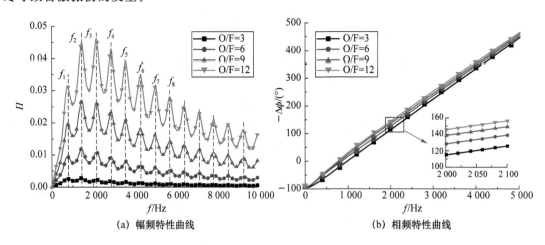

(a) 幅频特性曲线　　　　　　　(b) 相频特性曲线

图 6 - 9　混合比对气/液同轴喷嘴(收口型液体喷嘴)动态特性的影响

至于出现这些振幅极值的振荡频率的原因，我们认为是缩进段与液体离心喷嘴耦合产生的。图 6 - 10 是某典型收口型液体离心喷嘴的幅频和相频特性曲线，由图可以看出，幅频特性曲线在频率为 600 Hz 和 1 300 Hz 时会有小幅波动。根据液体离心喷嘴动力学理论，这些波动是由液体离心喷嘴旋流腔内的反射波引起的。缩进段与液体离心喷嘴构成一个时滞反馈，通过这个反馈，这些波动会被放大，形成如图 6-9 所示的幅频特性。

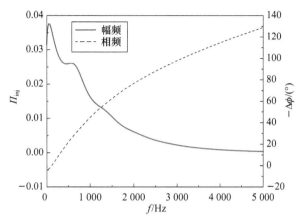

图 6-10　某液体离心喷嘴动态特性曲线

此外，从图 6-9(a)幅频特性曲线看出，混合比对喷嘴的幅频特性有很大影响。混合比越大，振幅响应越大。发生自激振荡的频率点不随混合比的变化而变化。Im 等人[2]指出，没有气体作用的液体喷雾自激振荡的频率与液膜表面起主导作用的波的频率相同。由于液膜表面的扰动波主要与液体离心喷嘴的结构相关，因此混合比对自激振荡的频率几乎没有影响。

从图 6-9(b)相频特性曲线看出，同轴喷嘴的流量振荡与液体喷嘴压降振荡之间的相位差随振荡频率的增大近似线性增大。混合比越大，相位差也越大。但混合比对相频特性的影响较小。

2. 质量流量的影响

图 6-11 为不同质量流量的气/液同轴喷嘴的幅频和相频特性曲线。同样，从图中可以看出，随着振荡频率的增大，振幅的响应先增大后减小，而相位差一直增大；在一些特定的频率点会出现振幅的极值。随着喷嘴质量流量的增大，振幅和相位差都呈现减小的趋势。质量流量对相频特性的影响也很微弱。此外，当其他参数不变时，喷嘴的质量流量对发生自激振荡的频率没有影响。

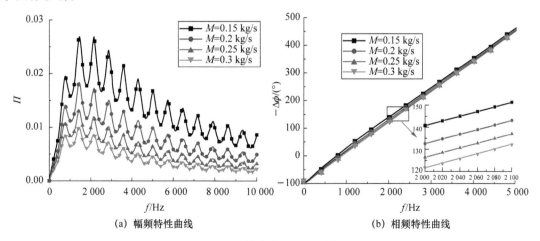

(a) 幅频特性曲线　　　　　　　　　　　　(b) 相频特性曲线

图 6-11　质量流量对气/液同轴喷嘴(收口型液体喷嘴)动态特性的影响

文献[2]报道了常压下对气/液同轴喷嘴自激振荡现象的研究成果。研究表明,当减小喷嘴的质量流量时,在很大的气/液喷嘴压降范围内都会产生自激振荡现象,并伴随集气腔、液体供应管路等处的压力脉动。这个实验现象也定性地验证了我们的理论分析结果:较大的喷嘴质量流量有利于抑制自激振荡现象的发生。

3. 缩进段长度的影响

图 6-12 为其他参数不变的情况下,四种不同缩进段长度的气/液同轴喷嘴的动态特性曲线。液体离心喷嘴向内缩进的距离(单位:mm)分别为 5、10、15、20,即缩进段长径比为 0.7、1.4、2.1 和 2.8。从图中可以看出,幅频特性曲线和相频特性曲线都呈现典型的气/液同轴喷嘴动态特性曲线的形状:随着振荡频率的增大,幅频特性曲线先上升后下降,而相频特性曲线则持续增大。自激振荡的频率点仍然存在。缩进段长度的影响规律为:随着缩进段长度的增大,传递函数的幅值增大,而相位差减小。这也能从文献[2]的实验现象中得到证明:当缩进段长度较短时不会出现自激振荡现象,但是随着缩进段长度的增大,就会观察到自激振荡现象。因此,在相同工况条件下,较长的缩进距离更容易导致自激振荡发生。尽管 J-2 发动机热试表明[5],有缩进的同轴喷嘴燃烧效率比无缩进喷嘴提高了 2%,但通过本章的研究发现,缩进段长度也不能一味增大,而应同时兼顾燃烧效率和稳定性等各方面因素进行综合考虑。

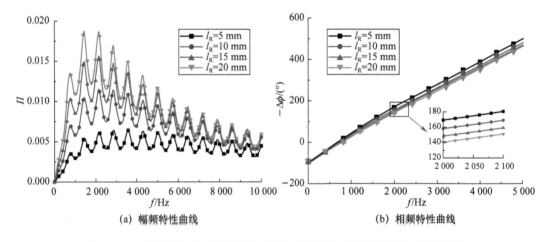

(a) 幅频特性曲线　　　　　　　　　(b) 相频特性曲线

图 6-12　缩进段长度对气/液同轴喷嘴(收口型液体喷嘴)动态特性的影响

4. 反压的影响

图 6-13 为其他参数不变的情况下,反压对气/液同轴喷嘴动态特性的影响规律。从幅频特性曲线可以看出,随着反压的增大,喷嘴传递函数的相对振幅增大,但是相位角基本不变。反压对自激振荡的频率没有明显影响。这个规律也可以从文献[3]所报道的实验现象得到验证:当反压增大时,自激振荡的振幅几乎正比于反压增大。因此可以说,随着反压的增大,自激振荡会得到一定程度的增强。

5. 液体喷嘴几何特性系数的影响

前面已经提到,自激振荡频率与液膜表面波的主导频率有关。因此可以推断,液体离心喷嘴几何结构的改变将导致离心喷嘴产生的锥形液膜的流动状态和液膜表面的扰动波特性发生

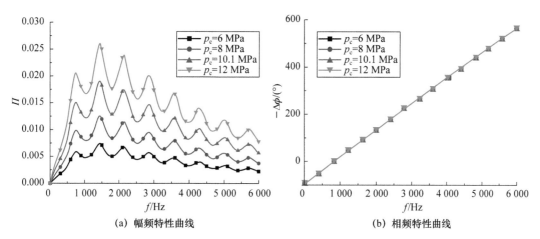

图 6 - 13 反压对气/液同轴喷嘴(收口型液体喷嘴)动态特性的影响

改变,进而导致气/液同轴喷嘴自激振荡频率的改变。下面将通过改变液体离心喷嘴的几何特性系数 A 来讨论液体离心喷嘴的几何结构对同轴离心喷嘴整体动态特性的影响规律。

图 6 - 14 为几何特性系数 A 分别为 10、12.5 和 14.5 的三个液体离心喷嘴对气/液同轴喷嘴动态特性的影响。从幅频特性曲线可以看出,传递函数的幅值随着液体离心喷嘴几何特性系数 A 值的增大而减小。这是因为根据液体离心喷嘴动力学理论,增大 A 能使液体喷嘴流量振荡的振幅减小,因此使得两相混合物的质量流量的振幅减小。

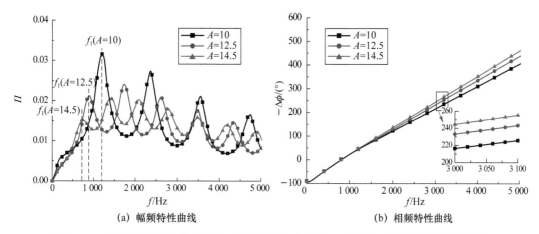

图 6 - 14 液体喷嘴几何特性系数对气/液同轴喷嘴(收口型液体喷嘴)动态特性的影响

另外从图 6 - 14 还可以看出,增大 A 会使自激振荡的频率减小,例如当 $A=10$ 时一阶振荡频率为 1 192 Hz,当 A 增大到 14.5 时一阶振荡频率减小到 719 Hz。自激振荡频率的降低与液体离心喷嘴的几何结构有很大关系。从相频特性曲线中可以看出,随着 A 增大同轴喷嘴的相位差也增大,这是由于 A 增大导致旋流腔内液体表面的直径增大,液体喷嘴内液膜表面的离心加速度减小,因此会引起表面扰动波传播速度的减小,从而相位差会增大。

6.2.3 气/液同轴离心喷嘴(敞口型液体喷嘴)动态特性

由于敞口型离心喷嘴与收口型离心喷嘴自身的动态特性有较大区别,因此,当将它们分别用于双组元气/液同轴离心喷嘴时,造成同轴喷嘴整体的动态特性也会有较大差异。下面将对液体喷嘴为敞口型离心喷嘴的同轴喷嘴的动态特性进行分析。基准喷嘴的结构和流动参数如表 6-4 所列。

表 6-4　气/液同轴喷嘴(敞口型液体喷嘴)结构参数和流动参数

缩进段长度 l_R/mm	24
缩进段直径 d_R/mm	7.3
液体喷嘴出口直径 d_o/mm	8
液体喷嘴旋流腔直径 d_k/mm	8
液体喷嘴切向通道直径 d_t/mm	1.86
切向通道个数 n	1
几何特性系数 A	14.25
喷嘴质量流量 $M/(kg \cdot s^{-1})$	0.18
混合比 O/F	8

1. 敞口型与收口型液体喷嘴的对比

为了与收口型液体喷嘴对比,通过改变喷嘴切向通道的直径,使敞口型喷嘴和收口型喷嘴具有相同的几何特性系数 A,将它们的动态特性进行对比如图 6-15 所示。从幅频特性曲线看出,当液体喷嘴为敞口型离心喷嘴时,振幅也呈现先增大后减小的趋势,但不会像液体喷嘴为收口型离心喷嘴那样出现在一些频率点上振幅的极值。也就是说,当液体喷嘴为敞口型离心喷嘴时,可能出现自激振荡的频率点变少,其动态特性要优于液体喷嘴为收口型离心喷嘴的同轴喷嘴。这可能就是敞口型离心喷嘴虽然在雾化质量方面并没有明显优势,甚至差于收口型离心喷嘴,但其仍能在液体火箭发动机中得到应用的原因。

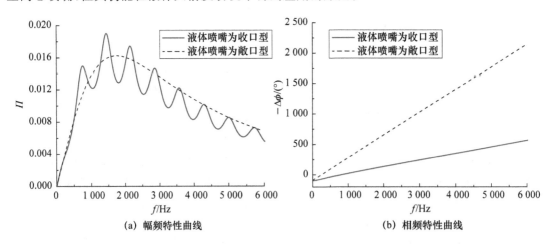

(a) 幅频特性曲线　　　　　　　　　　(b) 相频特性曲线

图 6-15　液体喷嘴分别为敞口型和收口型离心喷嘴的同轴喷嘴动态特性对比

从相频特性曲线看出,液体喷嘴为敞口型离心喷嘴的同轴喷嘴的传递函数的相位差大于液体喷嘴为收口型离心喷嘴的同轴喷嘴,原因是敞口型离心喷嘴内的扰动波传播速度要小于收口型喷嘴,因此造成扰动传播相同距离所需的时间变长,相位差变大。

2. 混合比的影响

图 6-16 反映了四种不同混合比情况下同轴喷嘴的动态特性。从幅频特性曲线可以看出,两相混合物的质量流量对液体喷嘴来流扰动的响应的振幅随扰动频率的增大,大致呈现先增大后减小的趋势,相位差随振荡频率的增大近似线性增大。与使用收口型离心喷嘴的同轴喷嘴不同的是:当液体喷嘴为敞口型离心喷嘴时,在整个频率范围内只出现一个振幅的峰值,而没有出现其他的自激振荡频率点。这表明,液体喷嘴为收口型离心喷嘴的同轴喷嘴出现自激振荡的频率点比液体喷嘴为敞口型离心喷嘴的同轴喷嘴要多。同时从图中可以看出,增大混合比,会使传递函数的幅值增大,相位差也增大,但相位差的变化很小。这与液体喷嘴为收口型离心喷嘴的同轴喷嘴的规律是一致的。

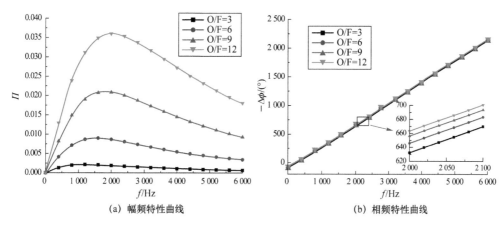

(a) 幅频特性曲线　　　　(b) 相频特性曲线

图 6-16　混合比对气/液同轴喷嘴(敞口型液体喷嘴)动态特性的影响

3. 质量流量的影响

图 6-17 为当液体喷嘴为敞口型离心喷嘴时,喷嘴质量流量对喷嘴传递函数幅频和相频特性的影响。与收口型离心喷嘴的规律相同,当液体喷嘴为敞口型离心喷嘴时,随着喷嘴质量流量的增大,振幅和相位差都呈现减小的趋势,但质量流量对相频特性的影响很微弱。这是因为喷嘴质量流量增大引起喷嘴内流体流动的惯性增大,因此对扰动的阻抗相应增大。

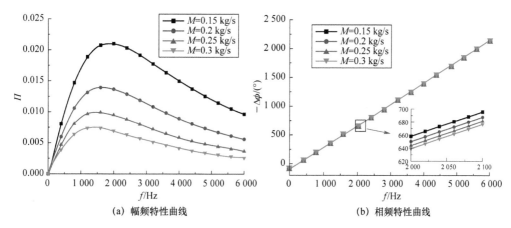

(a) 幅频特性曲线　　　　(b) 相频特性曲线

图 6-17　质量流量对气/液同轴喷嘴(敞口型液体喷嘴)动态特性的影响

4. 缩进段长度的影响

图 6-18 为当液体喷嘴为敞口型离心喷嘴时,液体喷嘴相对于气体喷嘴缩进的长度对喷嘴传递函数幅频和相频特性的影响。与收口型离心喷嘴的规律相同,当液体喷嘴为敞口型离心喷嘴时,随着缩进段长度的增大,同轴喷嘴传递函数的振幅增大,相位差呈现减小的趋势。但缩进段长度对相频特性的影响很微弱,这是因为缩进段长度越长,由液体喷嘴出口流量振荡引起的缩进段压降振荡越大,从而进一步引起两相喷嘴出口的流量振荡也越大。

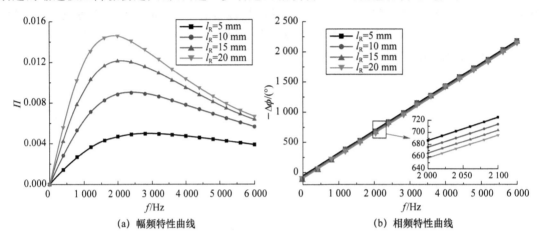

图 6-18　缩进段长度对气/液同轴喷嘴(敞口型液体喷嘴)动态特性的影响

5. 反压的影响

图 6-19 为当液体喷嘴为敞口型离心喷嘴时,反压对喷嘴传递函数幅频和相频特性的影响。与收口型离心喷嘴的规律相同,当液体喷嘴为敞口型离心喷嘴时,随着反压的增大,同轴喷嘴传递函数的振幅增大,但相位差基本不随反压变化。这是因为反压增大使得环境气体密度增大,进而使得环境气体对喷雾的动量传递加剧,引起喷嘴出口流量振荡的振幅增大。

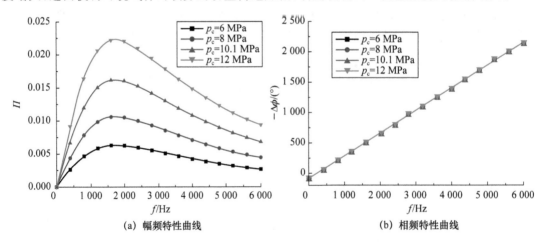

图 6-19　反压对气/液同轴喷嘴(敞口型液体喷嘴)动态特性的影响

6. 液体喷嘴几何特性系数的影响

如图 6-20 所示,与收口型离心喷嘴不同,当液体喷嘴为敞口型离心喷嘴时,幅频特性曲线出现峰值时的频率保持不变。传递函数的幅值随着液体离心喷嘴几何特性系数 A 值的增大而减小;从相频特性曲线可以看出,随着 A 值增大,同轴喷嘴的相位差也增大。

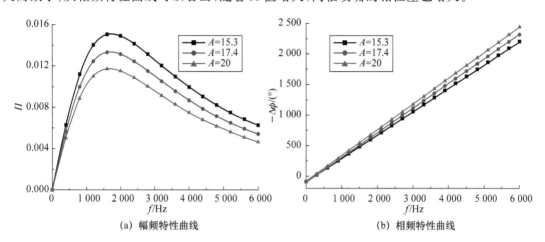

(a) 幅频特性曲线　　　　　　　　　(b) 相频特性曲线

图 6-20　液体喷嘴几何特性系数对气/液同轴喷嘴(敞口型液体喷嘴)动态特性的影响

6.3　常压下气/液同轴离心喷嘴动态特性实验

对于气/液同轴喷嘴,氧化剂喷嘴面相对于燃料喷嘴面的缩进段长度是影响燃烧室初始截面推进剂相互作用的主要因素,缩进段长度对燃烧室内燃烧的完全性和稳定性起着非常重要的作用。下面对缩进和未缩进的气/液同轴喷嘴的工作过程进行简单的分析。

缩进的同轴喷嘴的工作过程如图 6-21 所示。当燃烧室内部参数发生振荡时,对喷嘴喷雾燃烧会产生一定影响(反馈 12),进而影响缩进气/液混合室(反馈 10),而缩进混合室的参数变化将影响喷嘴液流通道内(反馈 4)和气流通道内(反馈 8)的流动状况,最终引起液体管路(反馈 2)和气体管路(反馈 6)内的流体流动振荡。供应管路产生的这些振荡反过来又通过正向联系 1、3、5、7、9、11 控制着燃烧室内的稳态和动态参数。燃烧室内的参数振荡由于其诱发

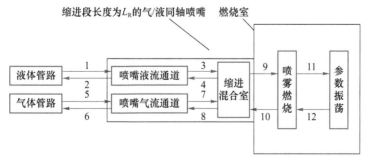

图 6-21　缩进的气/液同轴喷嘴动态过程相互作用示意图

因素不同而有很多种类,有些振荡可能在经过某一环节时被阻尼或反馈到燃烧室,削弱了室内的参数振荡;但也可能存在某些振荡,经过一个循环后加强了燃烧室内的参数振荡,这样经过多次的循环往复使得振荡越来越剧烈,最后发展成为不稳定燃烧。振荡传播过程的缩小和放大取决于各个传递环节的动态特性,喷嘴作为这些振荡的中间传递环节,如果喷嘴的动力特性能够起到阻尼这些振荡的作用,那么就可以保证燃烧室内稳定燃烧。

图 6-22 是未缩进同轴喷嘴工作过程相互作用的系统图,与缩进同轴喷嘴相比,没有缩进混合室,燃烧室内的参数振荡不但影响着喷雾燃烧(反馈 10),而且还直接影响着喷嘴液流通道内(反馈 11)和气流通道内(反馈 12)的流动状况,没有缩进混合室控制振荡的传播,燃烧室的振荡直接通过喷雾燃烧间接作用于同轴喷嘴,使得振荡的传播更加难以控制,这对控制不稳定燃烧是非常不利的。

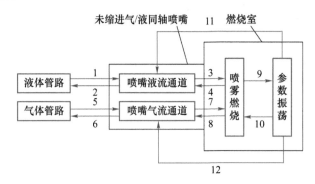

图 6-22　未缩进的气/液同轴喷嘴动态过程相互作用示意图

由上面的分析可以看出,由于缩进混合室的存在,造成同轴喷嘴工作过程的差别。实践表明,适当选择缩进混合室的长度,可以保证同轴喷嘴一方面具有良好的稳态雾化掺混特性,另一方面具有良好的动态特性,起到振荡阻尼器的作用,防止产生不稳定燃烧。

国内外学者对缩进同轴喷嘴进行了大量研究,研究结果表明,同轴喷嘴缩进段长度与喷嘴的雾化性能有很大关系,但针对缩进段长度对雾化性能的影响规律和机理,至今尚未认识清楚。本章选用如图 6-1 所示缩进的同轴离心喷嘴(以下简称同轴喷嘴),利用高速动态分析系统,重点研究缩进混合室长度对同轴喷嘴雾化性能的影响。

6.3.1　缩进混合室流动模型分析

同轴喷嘴的工作过程是:液体推进剂进入离心喷嘴,由离心喷嘴将液体推进剂在喷口出口处展开成液膜,液膜的厚度、形状和破碎长度等参数取决于离心喷嘴和流动参数;气体推进剂进入与离心喷嘴同轴的气流直流喷嘴中,在离心喷嘴喷口出口处,气流与液膜相遇发生相互作用,进行雾化。在没有缩进混合室的同轴喷嘴中,这个相互作用发生在液体火箭发动机燃烧室内;在带有缩进混合室的同轴喷嘴内,这个相互作用发生在缩进混合室内,然后缩进混合室内的气/液两相流由同轴喷嘴喷口喷入燃烧室内。

国内外学者通常都采用"缩进段长度"作为缩进混合室的特征参数,但是缩进混合室内的流动状况不仅仅取决于缩进段长度,还取决于气/液同轴喷嘴的液体喷口直径和气体喷口直径,并且缩进段长度是一个有量纲的量,用于进行数学分析很不方便。因此,本章提出了缩进

角 ϕ 的概念,采用"缩进角 ϕ"作为特征参数来分析缩进对雾化性能的影响。缩进角的定义如图 6-23 所示及如下两个公式:

$$\phi = 2\arctan\frac{(d_{\mathrm g}-d_{\mathrm c})}{2L_{\mathrm R}} \quad \text{或} \quad \tan\frac{\phi}{2}=\frac{d_{\mathrm g}-d_{\mathrm c}}{2L_{\mathrm R}} \tag{6-19}$$

$$L_{\mathrm R} = (d_{\mathrm g}-d_{\mathrm c})\Big/\Big(2\tan\frac{\phi}{2}\Big) \tag{6-20}$$

式中: ϕ 为缩进角, $d_{\mathrm g}$ 为气体喷口直径, $d_{\mathrm c}$ 为液体离心喷嘴喷口直径, $L_{\mathrm R}$ 为缩进段长度。

　　由式(6-19)和图 6-23 可以看出,当缩进段长度在 0 至 ∞ 范围内变化时,缩进角 ϕ 在 π~0 范围内变化,缩进角 ϕ 是缩进段长度的单值函数,同时包含了缩进混合室的其他几何尺寸,从而可以更全面地反映缩进对同轴喷嘴缩进混合室流动特性的影响。

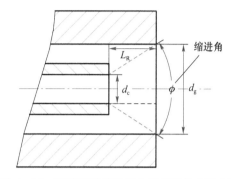

　　当选定液体离心喷嘴的结构尺寸时,离心液膜的展开角 θ 已经确定。由第 4 章可知,当确定了气体喷嘴的内径后,加长气体喷嘴长度,缩进角会减小,缩进长度增大,缩进混合室的体积增

图 6-23　同轴喷嘴缩进混合室缩进角 ϕ 定义图

大。本书首次利用缩进角的概念,将缩进角与液体离心喷嘴的液膜展开角进行比较。下面将不同缩进段长度的缩进混合室内的气体和液膜在混合室中的相互作用分成三种流动状况,分别叙述如下。

1. 气/液缩进外混合流动

　　当缩进角为 180° 时,缩进段长度为零,这时没有形成缩进混合室,气流与液膜的相互作用完全发生在气/液同轴喷嘴喷口外的燃烧室内,称为外混合流动。随着缩进段长度的增大,缩进角会减小,缩进混合室的体积增大,缩进角一直减小到接近于离心液膜的展开角,即 180°>ϕ>θ。

　　从图 6-24 可以看出,此时离心液膜未撞击到气体喷口内壁面,液膜对气流通道没有完全封闭,在液膜和气体喷口内壁面之间存在着间隙,部分气体可以从间隙处高速喷出,这部分气体的内侧对液膜进行雾化,外侧喷入燃烧室中,因此有一部分气流并未参与液膜的雾化。气/液两相区占据缩进混合室的区域较小,气相占据的区域较大,缩进混合室对气、液相互作用的影响很小,在这种流动状况下,即使有缩进混合室存在,气、液的相互作用大部分也是在缩进混合室外完成的,因此其实质仍是外混合流动。

2. 气/液临界缩进流动

　　液体喷嘴继续向内缩进,当缩进角等于液膜展开角,即 $\phi=\theta$ 时,离心液膜正好撞击到气体喷口的出口边缘处,将这种情况称为气/液临界缩进。由图 6-25 和前面的分析可知,虽然这时气/液两相区占据缩进混合室的区域有所增大,但大部分气、液的相互作用都发生在缩进混合室外。对于气流通道来说,被液膜完全封闭,所有气流均作用在液膜表面,参与了液膜的雾化。

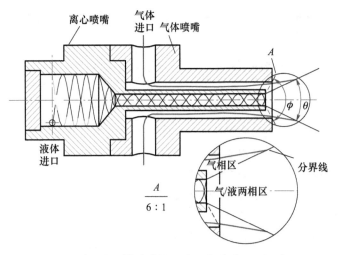

图 6-24　气/液同轴喷嘴缩进外混合流动($180°>\phi>\theta$)

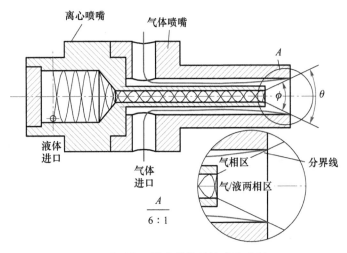

图 6-25　气/液同轴喷嘴临界缩进流动($\phi=\theta$)

3. 气/液缩进内混合流动

　　液体喷嘴继续向内缩进,缩进角继续减小,当缩进角小于液膜展开角,即 $\phi<\theta$ 时,离心液膜撞击到气体喷口内壁面,由图 6-26 可以看出,这时气/液两相区占据了缩进混合室的大部分空间,气、液的相互作用在缩进混合室内进行,称为气/液缩进内混合流动。

　　在这种情况下,离心液膜撞击到气体喷口内壁面,内壁面对雾化产生影响,气流和内壁面作用于液膜,使液膜雾化的影响因素变得更复杂。

　　由上面的分析可以看出,缩进段长度对同轴离心喷嘴缩进混合室内的流动状况具有很大影响,主要体现在缩进混合室内两相流区域的流动状况和不同的雾化机理。因此在研究和分析缩进段长度对同轴离心喷嘴的稳、动态特性影响时,本书没有笼统地研究缩进段长度的变化,而是分为三种流动的物理模型,即气/液缩进外混合流动、气/液临界缩进流动、气/液缩进内混合流动,这三种流动状况的判断依据是缩进角与离心液膜展开角大小的比较。

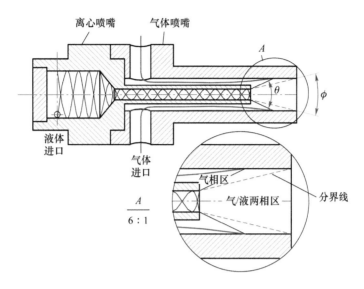

图 6 - 26　气/液同轴喷嘴缩进内混合流动($\phi < \theta$)

在缩进混合室内的三种气流与液膜相互作用的雾化机理模型中,作者认为,对雾化最有利的是气/液临界缩进流动,原因是与其他两种流动状况相比,所有气流都参与了液膜的雾化,同时又没受到气体喷嘴内壁面的影响。为了验证所提出的这个观点,设计了长喷口离心喷嘴试验和不同缩进的同轴离心喷嘴稳态雾化特性试验。

6.3.2　试验装置及试验过程

同轴喷嘴雾化性能试验系统原理如图 6 - 27 所示,采用水模拟液体推进剂组元,鉴于所研

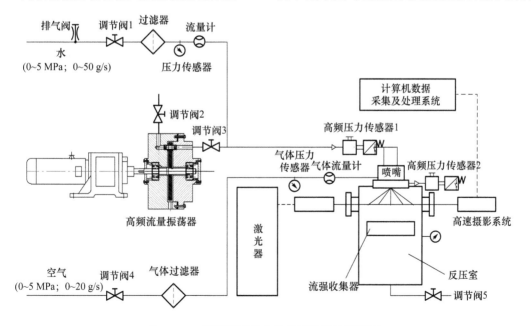

图 6 - 27　同轴喷嘴动态特性试验系统原理图

究的是喷嘴的动态特性,故应尽可能将喷嘴前腔与其他的扰动源隔离开,最方便的是采用以压缩空气挤压模拟液体的挤压式供应系统。高压气源将压缩空气挤压到高压水罐中,产生压力范围为 0～5 MPa、流量范围为 0～50 g/s 的高压水流通过调节阀 1、过滤器、压力传感器、流量计及高频压力传感器 1、2,流入喷嘴中。气路供应系统由压缩空气供气,经气体过滤器、气体质量流量计等进入喷嘴。雾滴直径的测量采用高速动态分析系统及相关的图像处理软件。

模型喷嘴的材质为 1Cr18Ni9Ti,设计采用组合式,共计 18 个模型喷嘴,如图 6-28 所示。试验介质为水和空气,全部试验都是在常压、常温环境下进行的。试验过程中固定空气流量及压力,本次试验的空气压力为 0.2 MPa,质量流量为 3 g/s。调节不同的供水压力,共计 75 个试验工况点,测量同轴喷嘴的气路流量、液路流量。同时,拍摄同轴喷嘴的喷雾场。模型喷嘴的结构尺寸表 6-5 所列,试验工况如表 6-6 所列。

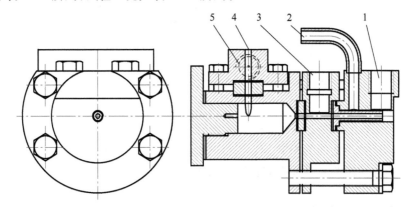

1—缩进混合室测压孔;2—空气进口;3—离心喷嘴出口测压孔;4—水进口;5—切向通道测压孔

图 6-28 模型喷嘴结构示意图

表 6-5 同轴喷嘴试验件结构尺寸表

同轴喷嘴型号	缩进段长度/mm	气体喷口半径 r_g/mm	液体喷口半径 r_c/mm	液体喷口长度 L_c/mm	$A=\dfrac{r_c R}{nR_{BX}^2}$	内装离心喷嘴型号
TZ-8-20.85	5.7	2.3	1.0	19.5	2	LX-8-7.35
TZ-8-22.12	4.5	2.3	1.0	20.7	2	LX-8-9.25
TZ-8-23.56	3.0	2.3	1.0	22.1	2	LX-8-10.5
TZ-8-25.1	1.5	2.3	1.0	23.7	2	LX-8-11.4
TZ-8-26.63	0	2.3	1.0	25.2	2	LX-8-13.25
TZ-12-20.85	5.7	2.3	1.0	19.5	4	LX-12-7.35
TZ-12-22.12	4.5	2.3	1.0	20.7	4	LX-12-9.25
TZ-12-23.56	3.0	2.3	1.0	22.1	4	LX-12-10.5
TZ-12-25.1	1.5	2.3	1.0	23.7	4	LX-12-11.4
TZ-12-23.56	0	2.3	1.0	25.2	4	LX-12-13.25
TZ-16-20.85	5.7	2.3	1.0	19.5	6	LX-16-7.35
TZ-16-22.12	4.5	2.3	1.0	20.7	6	LX-16-9.25
TZ-16-23.56	3.0	2.3	1.0	22.1	6	LX-16-10.5
TZ-16-25.1	1.5	2.3	1.0	23.7	6	LX-16-11.4
TZ-16-23.56	0	2.3	1.0	25.2	6	LX-16-13.25

表 6 - 6　同轴喷嘴稳态雾化试验工况

水压降/MPa	0.20	0.35	0.50	0.65	0.80
空气压降/MPa	0.2				
喷嘴空气质量流量/(g·s⁻¹)	3.0				

　　喷雾场测量采用高速动态分析系统,其原理见第 3 章中的说明。与其他常用的粒子分析仪如马尔文激光散射粒度仪、PDPA 等相比,其最大的优点是可以测量非定常的喷雾场,它可以测量喷雾场中某一固定空间区域内的粒子数量、直径等参数随时间的变化,时间最小分辨率为 1/4 500 s,这样可以更深入地认识喷雾场的流动机理和雾化机理。

　　高速动态分析系统在同轴喷嘴喷雾场的测量区域和测点的位置如图 6 - 29 所示,图 6 - 30 为试验过程中喷嘴和喷雾场的现场照片。测量时间为 1 s,拍摄了 4 500 幅如图 6 - 31 所示的粒子图像,每一幅粒子图像都是图 6 - 29 中测量区域内的所有粒子在与光路轴向垂直方向的投影。采用图像处理软件对粒子进行统计和分析,得到如图 6 - 32 所示的粒子统计结果。

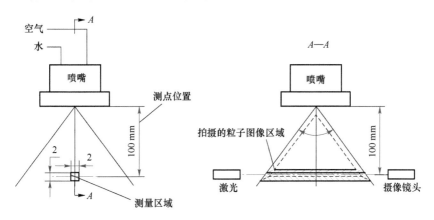

图 6 - 29　高速动态分析系统测量区域和测点位置图

图 6 - 30　模型喷嘴试验照片

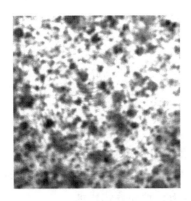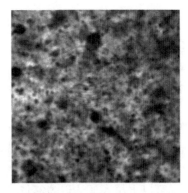

图 6-31　高速动态分析系统拍摄测量区域内的粒子图像

图 6-32　高速动态分析系统图像处理后的粒子统计结果界面

6.3.3　喷雾场动态测量结果

根据高速动态分析系统拍摄的如图 6-31 所示的液滴图像,可以统计处理出每一幅图像的液滴形状、大小和数量,根据同一液滴连续两幅图像的位移状况,可以计算出液滴的二维速度。由于拍摄的是连续的粒子图片,受计算机内存和速度的限制,采用的高速动态分析系统所能测量的液滴直径的最小值为 40 μm,因此本试验所测的液滴直径及相关的统计试验数据均为大于 40 μm 液滴群的结果。

1. 喷雾场测量区域内液滴 SMD 随时间的变化

索太尔平均直径 SMD(Sauter Mean Diameter)指液滴群的总体积与总表面积的比值,也称 d_{32},是衡量喷嘴雾化性能常用的直径指标之一,其定义式为

$$d_{32} = \sum \left(n_i d_i^3 \right) \Big/ \sum \left(n_i d_i^2 \right) \tag{6-21}$$

式中:d_i 为液滴的实际直径,n_i 为直径为 d_i 的液滴数。

对每一幅图像的液滴进行统计分析,得到如图 6-33~图 6-47 所示不同结构尺寸同轴喷嘴在不同工况下喷雾测量区域内的 SMD 随时间变化的曲线。从曲线可以看出,同轴喷嘴的喷雾过程是一个非定常的过程,在喷雾场 2 mm×2 mm 的测量区域内,液滴索太尔平均直径

发生了强烈脉动,这将引起喷雾场的液滴蒸发、掺混和燃烧放热的脉动。

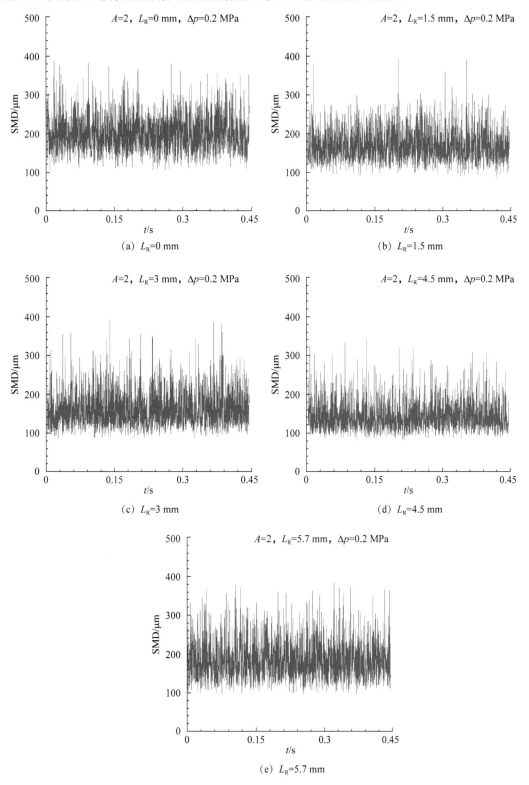

图 6-33 液体离心喷嘴 A＝2、压降为 0.2 MPa 时同轴喷嘴的 SMD 随时间的变化

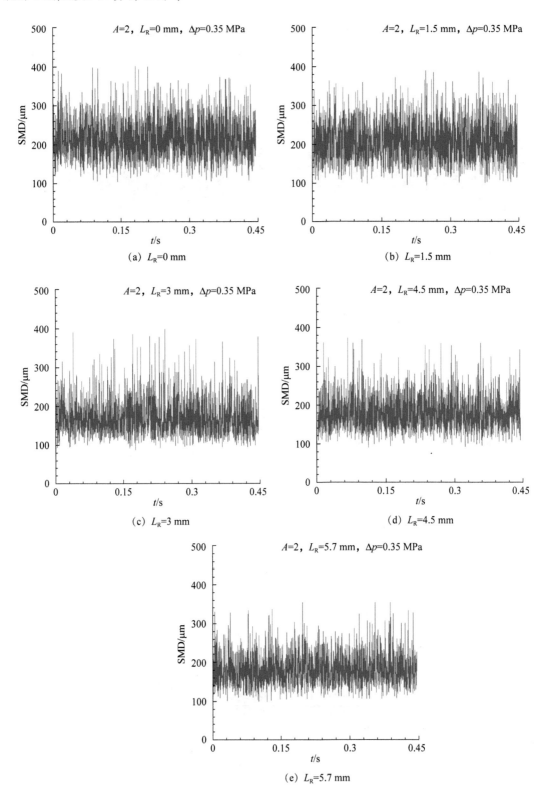

图 6 - 34 液体离心喷嘴 $A=2$、压降为 0.35 MPa 时同轴喷嘴的 SMD 随时间的变化

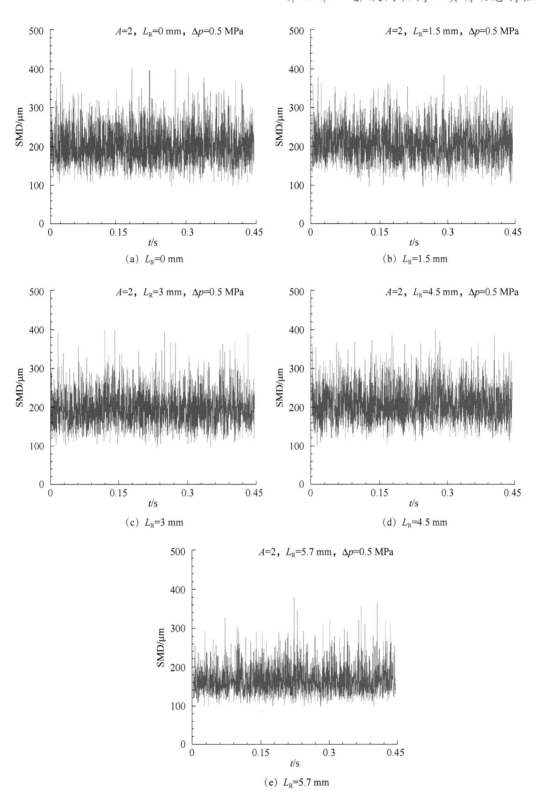

图 6-35 液体离心喷嘴 $A=2$、压降为 0.5 MPa 时同轴喷嘴的 SMD 随时间的变化

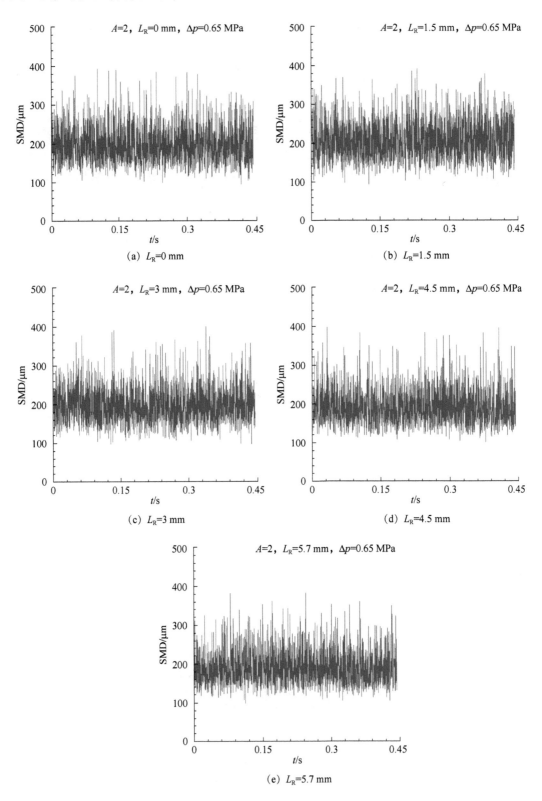

图 6-36 液体离心喷嘴 $A=2$、压降为 0.65 MPa 时同轴喷嘴的 SMD 随时间的变化

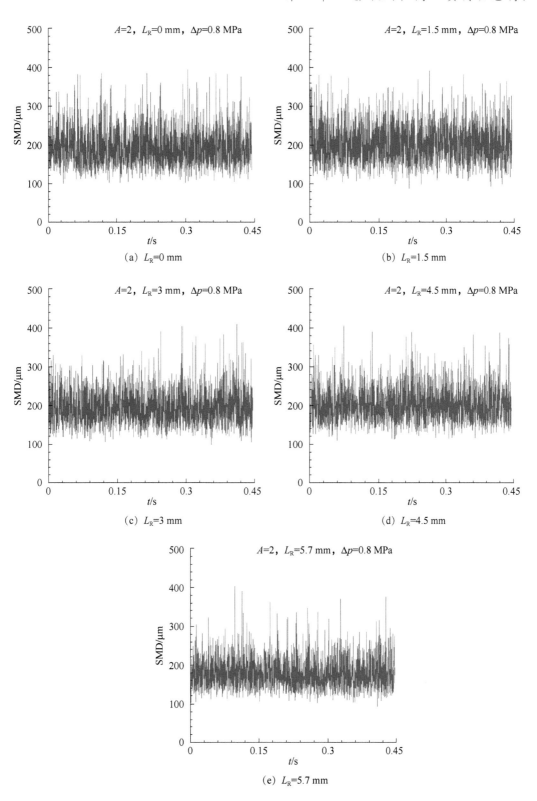

图 6 - 37　液体离心喷嘴 A＝2、压降为 0.8 MPa 时同轴喷嘴的 SMD 随时间的变化

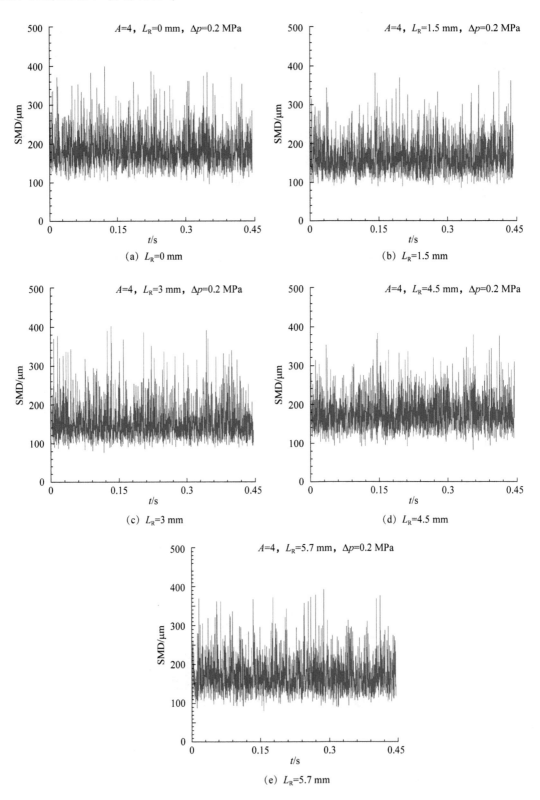

图 6-38　液体离心喷嘴 $A=4$、压降为 0.2 MPa 时同轴喷嘴的 SMD 随时间的变化

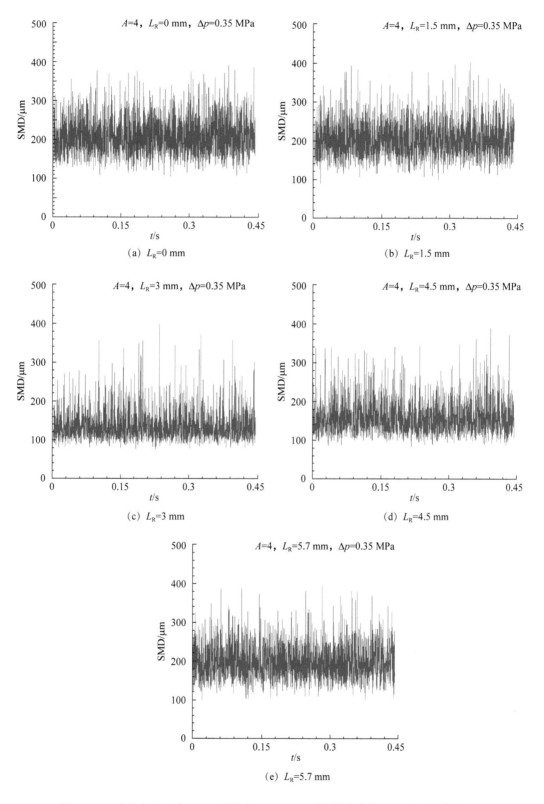

图 6 - 39 液体离心喷嘴 $A=4$、压降为 0.35 MPa 时同轴喷嘴的 SMD 随时间的变化

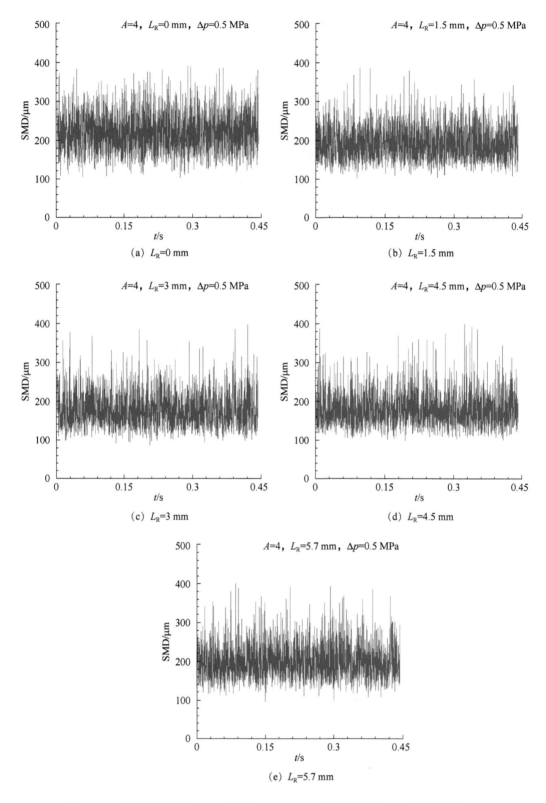

图 6－40　液体离心喷嘴 A＝4、压降为 0.5 MPa 时同轴喷嘴的 SMD 随时间的变化

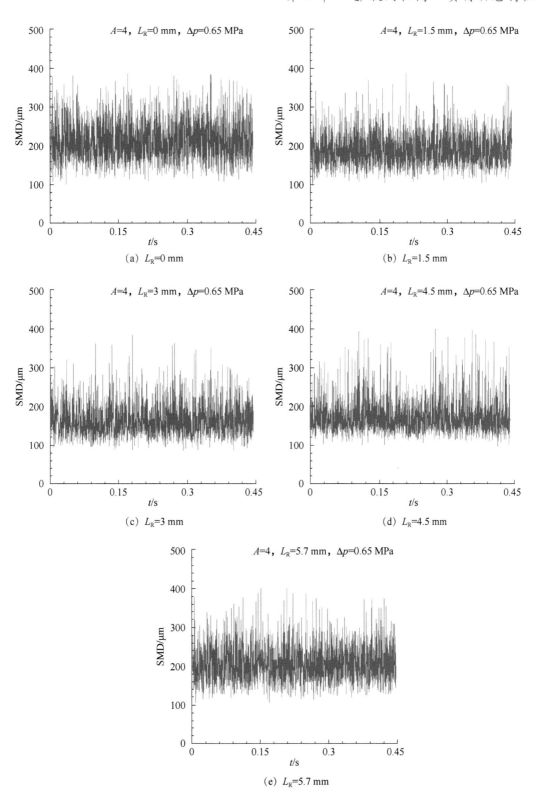

图 6-41　液体离心喷嘴 $A=4$、压降为 0.65 MPa 时同轴喷嘴的 SMD 随时间的变化

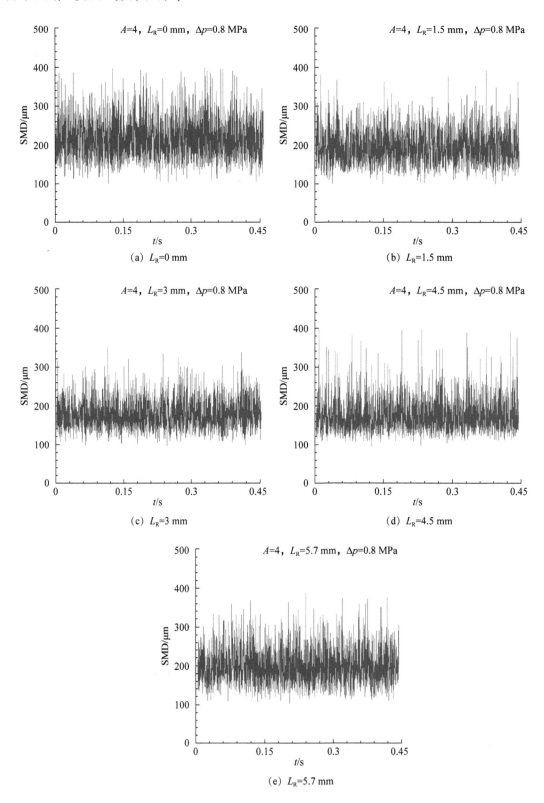

图 6-42　液体离心喷嘴 A＝4、压降为 0.8 MPa 时同轴喷嘴的 SMD 随时间的变化

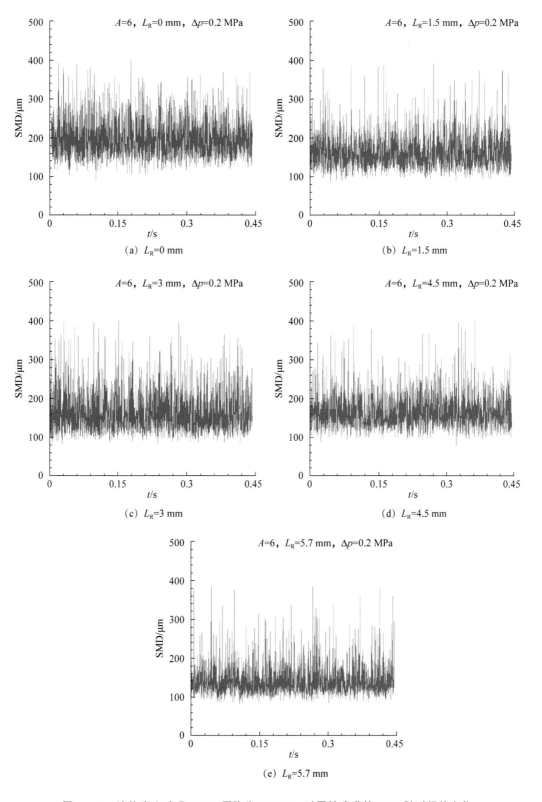

(a) L_R=0 mm

(b) L_R=1.5 mm

(c) L_R=3 mm

(d) L_R=4.5 mm

(e) L_R=5.7 mm

图 6 - 43　液体离心喷嘴 A＝6、压降为 0.2 MPa 时同轴喷嘴的 SMD 随时间的变化

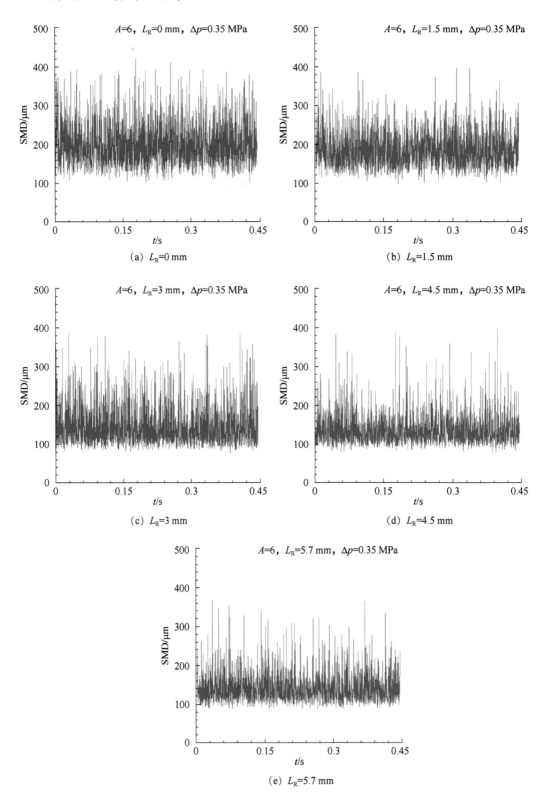

图 6-44 液体离心喷嘴 $A=6$、压降为 0.35 MPa 时同轴喷嘴的 SMD 随时间的变化

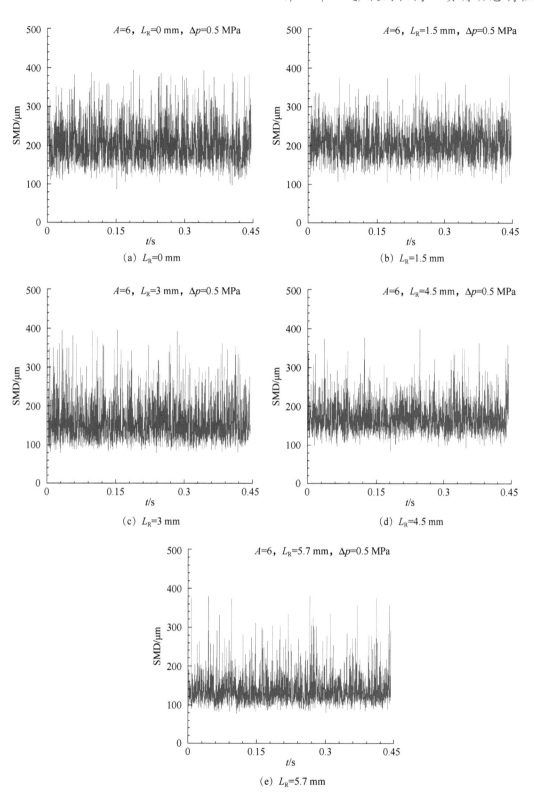

图 6 - 45 液体离心喷嘴 A＝6、压降为 0.5 MPa 时同轴喷嘴的 SMD 随时间的变化

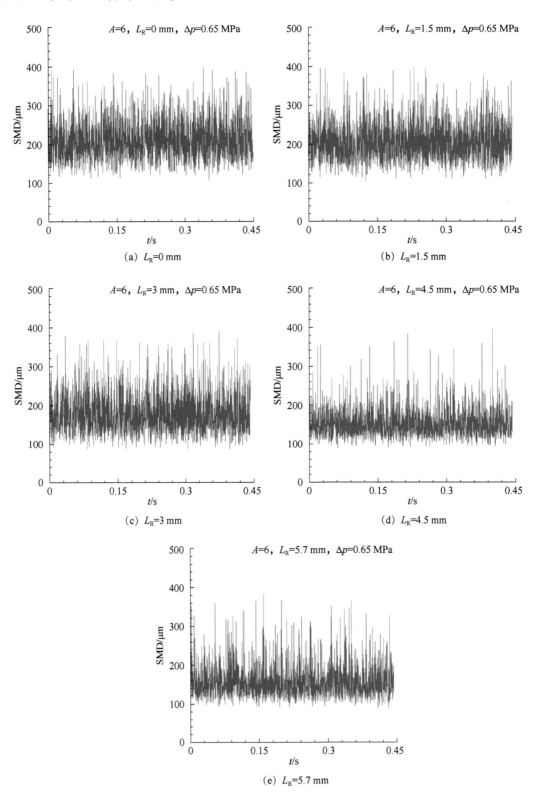

图 6 - 46 液体离心喷嘴 $A=6$、压降为 0.65 MPa 时同轴喷嘴的 SMD 随时间的变化

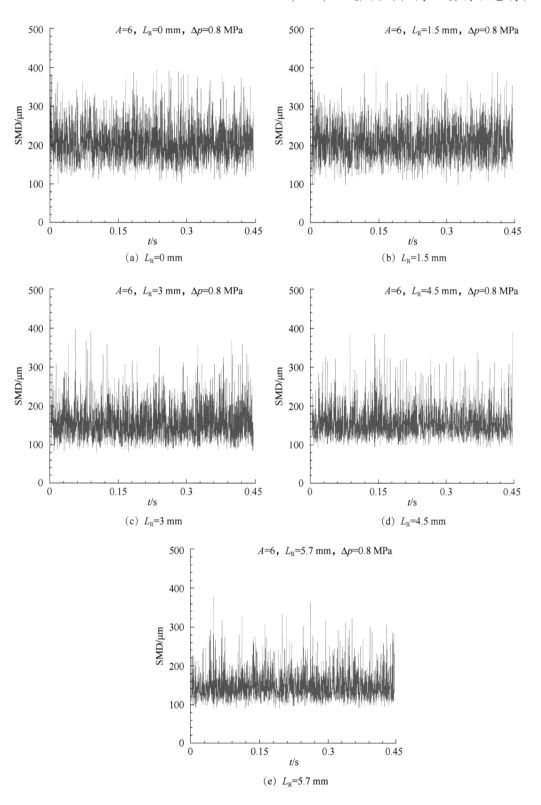

(a)　L_R=0 mm

(b)　L_R=1.5 mm

(c)　L_R=3 mm

(d)　L_R=4.5 mm

(e)　L_R=5.7 mm

图 6 - 47　液体离心喷嘴 $A=6$、压降为 0.8 MPa 时同轴喷嘴的 SMD 随时间的变化

    图 6-33～图 6-47 中只能表示一个喷嘴在一个工况下的 SMD 随时间的变化状况,是进行深入分析的原始数据。为了方便地进行比较分析,在所得到的 2 000 幅图像中,选取每50 幅连续的液滴图像信息进行统计处理分析,得到每 50 幅连续图像液滴的 SMD,SMD 的统计计算时间间隔为 1/90 s,得到每个工况下不同缩进段长度同轴喷嘴的 SMD 随时间的变化情况,如图 6-48～图 6-50 所示。从图中可以看出,缩进段长度对 SMD 随时间的变化有很大影响。

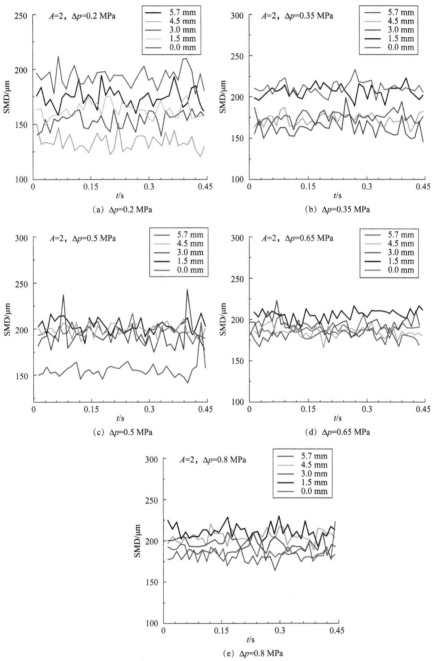

图 6-48　液体离心喷嘴 $A=2$ 时不同缩进段长度同轴喷嘴的 SMD 随时间的变化

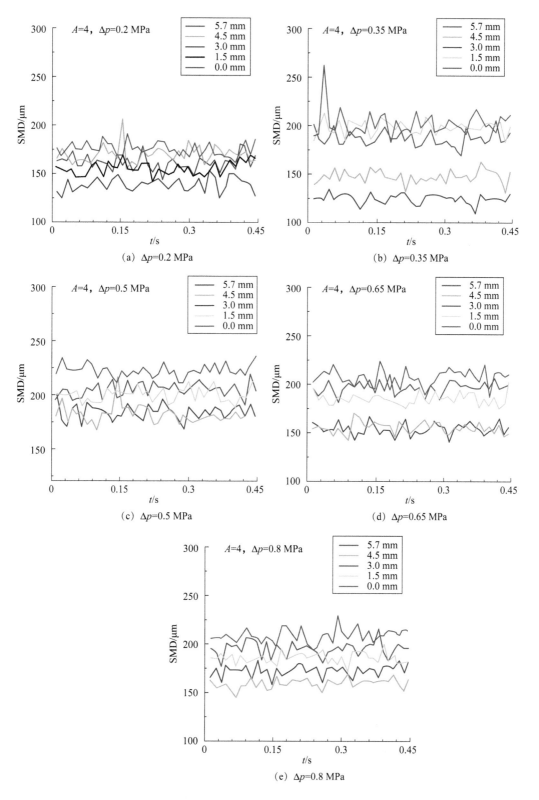

图 6 - 49　液体离心喷嘴 A＝4 时不同缩进段长度同轴喷嘴的 SMD 随时间的变化

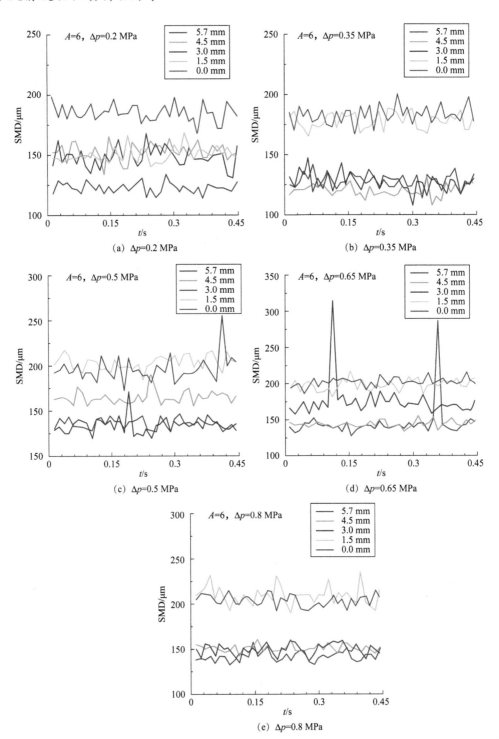

图 6-50 液体离心喷嘴 $A=6$ 时不同缩进段长度同轴喷嘴的 SMD 随时间的变化

2. 喷雾场测量区域内液滴直径的分布

图 6-51～图 6-53 为每个工况下不同缩进段长度同轴喷嘴液滴直径的分布曲线。从图

中可以看出,对于全部喷嘴的所有工况,小直径液滴的数量占液滴总数量的百分比较大,大直径液滴的数量占液滴总数量的百分比较小,当液滴直径大于 $50~\mu m$ 以上时,液滴直径越大,其数量所占液滴总数量的百分比越小。喷嘴缩进段长度的变化对液滴直径分布的影响主要集中在 $40 \sim 50~\mu m$ 之间,而对大于 $50~\mu m$ 液滴直径的分布影响较小,这说明同轴喷嘴缩进段长度的变化主要影响小直径液滴的分布情况。

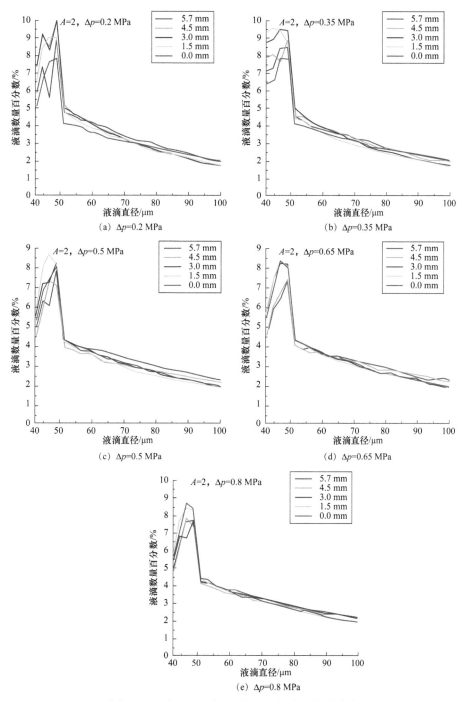

图 6 - 51 　液体离心喷嘴 $A=2$ 时不同缩进段长度同轴喷嘴液滴直径分布

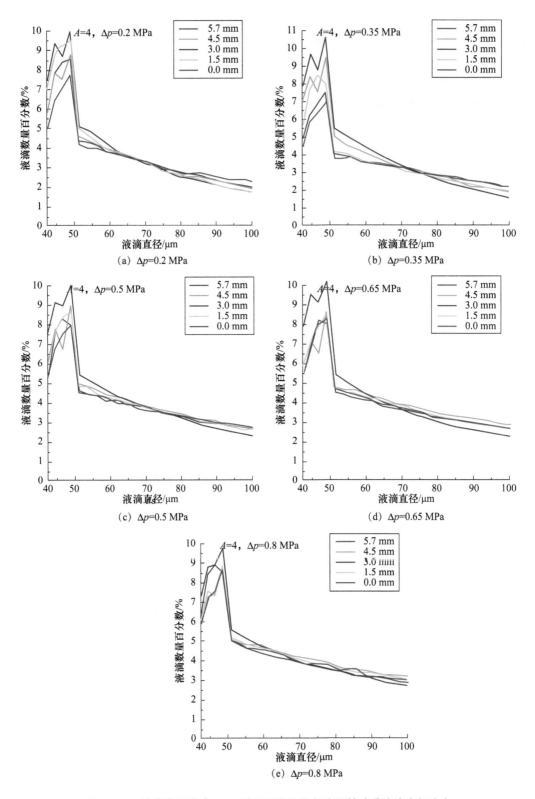

图 6-52　液体离心喷嘴 A＝4 时不同缩进段长度同轴喷嘴液滴直径分布

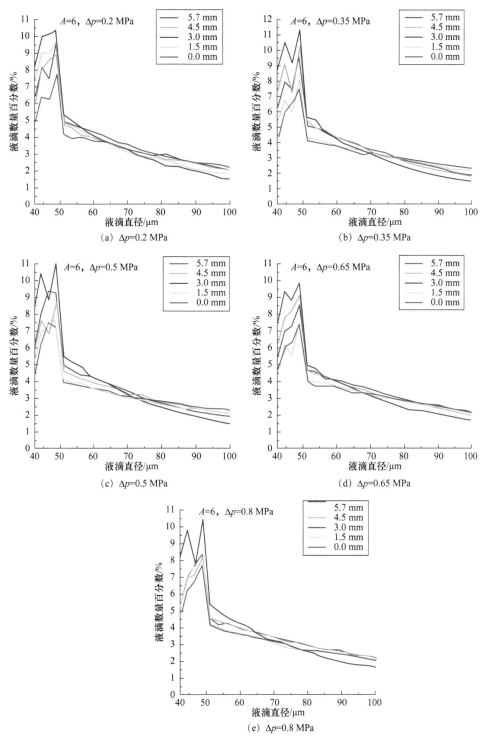

图 6-53 液体离心喷嘴 $A=6$ 时不同缩进段长度同轴喷嘴液滴直径分布

3. 喷雾场测量区域内液滴质量随时间的变化

图 6-54~图 6-68 为不同结构尺寸同轴喷嘴在不同工况下喷雾测量区域内液滴质量随

时间变化的曲线,喷雾场测量区域内的液滴质量指喷雾场测量区域内实际直径大于 40 μm 的所有液滴的总质量。从图中可以看出,液滴质量随时间发生强烈的变化,液滴质量的变化将直接引起液滴燃烧放热量的变化。

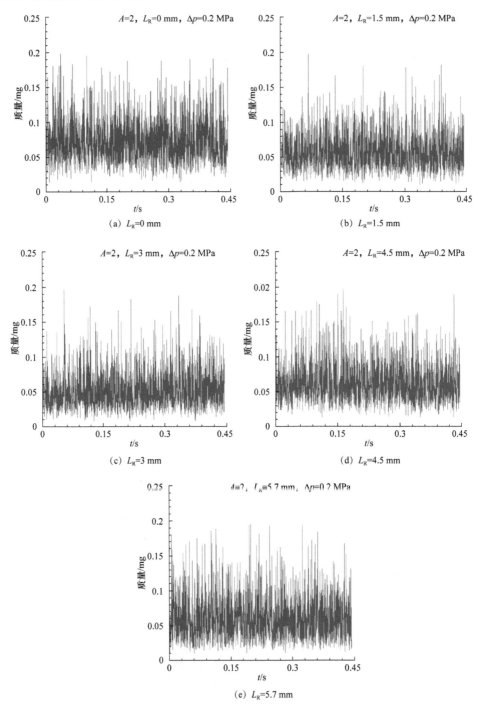

图 6-54　液体离心喷嘴 A=2、压降为 0.2 MPa 时同轴喷嘴测量区域内液滴质量随时间的变化

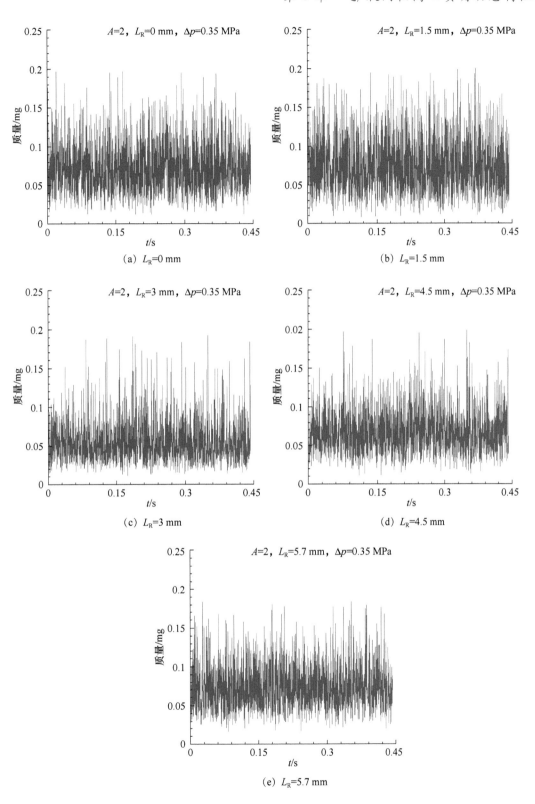

图 6-55　液体离心喷嘴 $A=2$、压降为 0.35 MPa 时同轴喷嘴测量区域内液滴质量随时间的变化

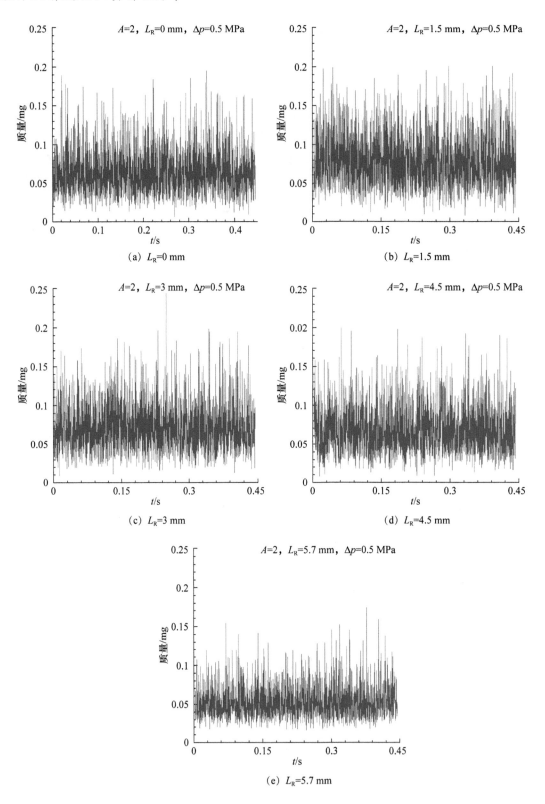

图 6-56　液体离心喷嘴 *A*＝2、压降为 0.5 MPa 时同轴喷嘴测量区域内液滴质量随时间的变化

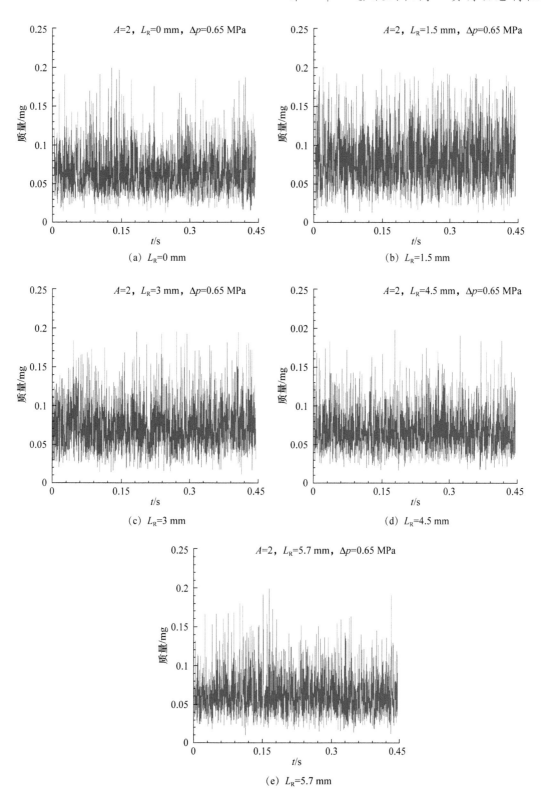

图 6 - 57　液体离心喷嘴 $A=2$、压降为 0.65 MPa 时同轴喷嘴测量区域内液滴质量随时间的变化

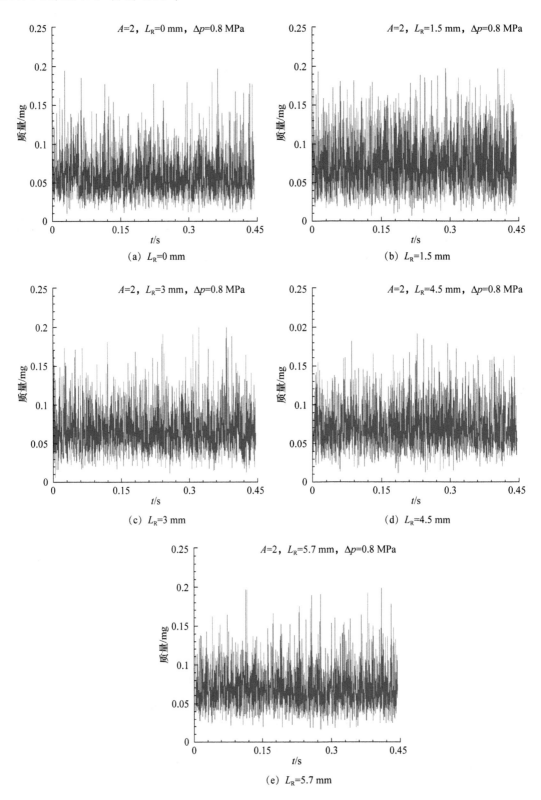

图 6-58　液体离心喷嘴 $A=2$、压降为 0.8 MPa 时同轴喷嘴测量区域内液滴质量随时间的变化

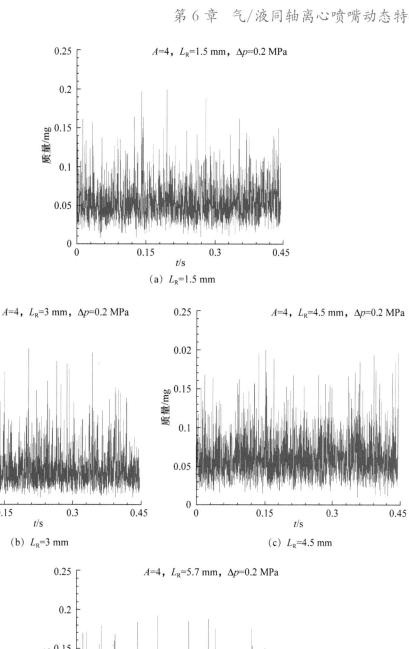

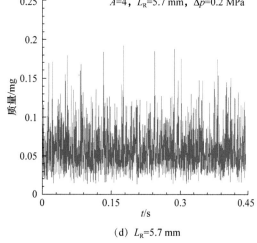

图 6 - 59　液体离心喷嘴 $A=4$、压降为 0.2 MPa 时同轴喷嘴测量区域内液滴质量随时间的变化

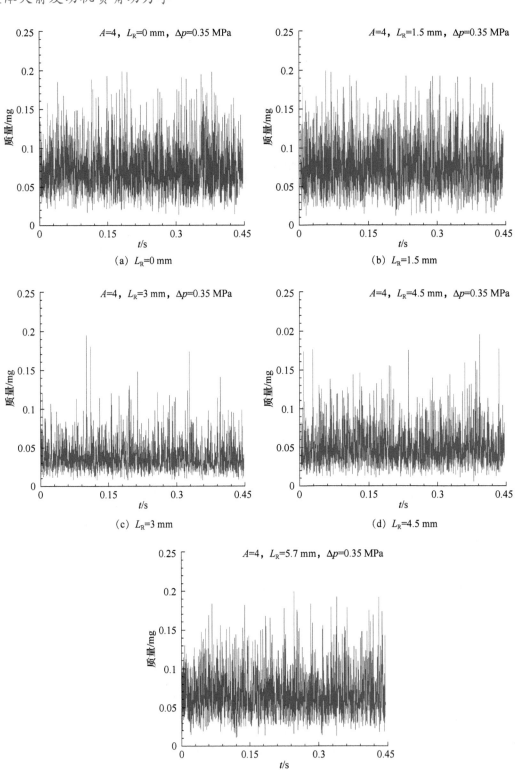

图 6 - 60　液体离心喷嘴 $A=4$、压降为 0.35 MPa 时同轴喷嘴测量区域内液滴质量随时间的变化

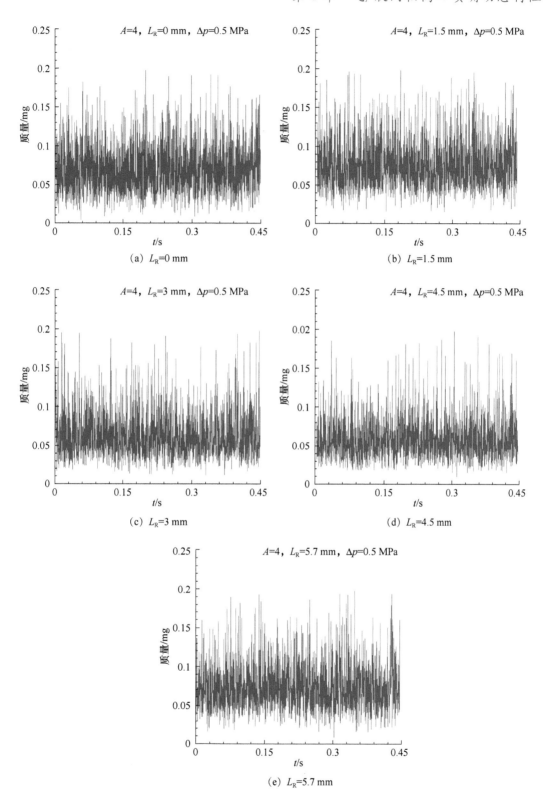

图 6-61 液体离心喷嘴 $A=4$、压降为 0.5 MPa 时同轴喷嘴测量区域内液滴质量随时间的变化

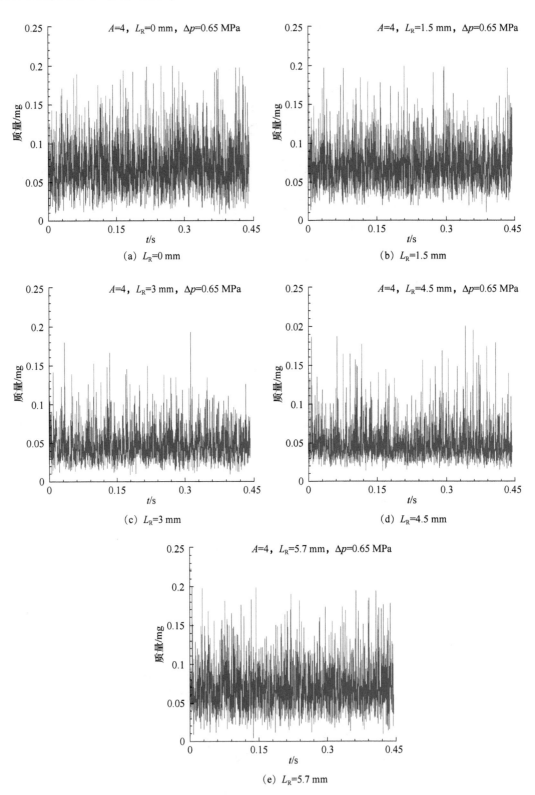

图 6-62　液体离心喷嘴 $A=4$、压降为 0.65 MPa 时同轴喷嘴测量区域内液滴质量随时间的变化

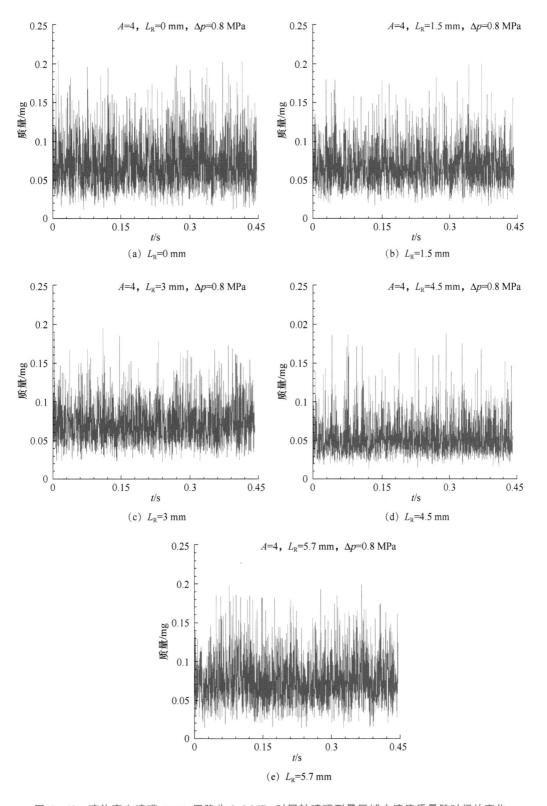

图 6 - 63　液体离心喷嘴 A＝4、压降为 0.8 MPa 时同轴喷嘴测量区域内液滴质量随时间的变化

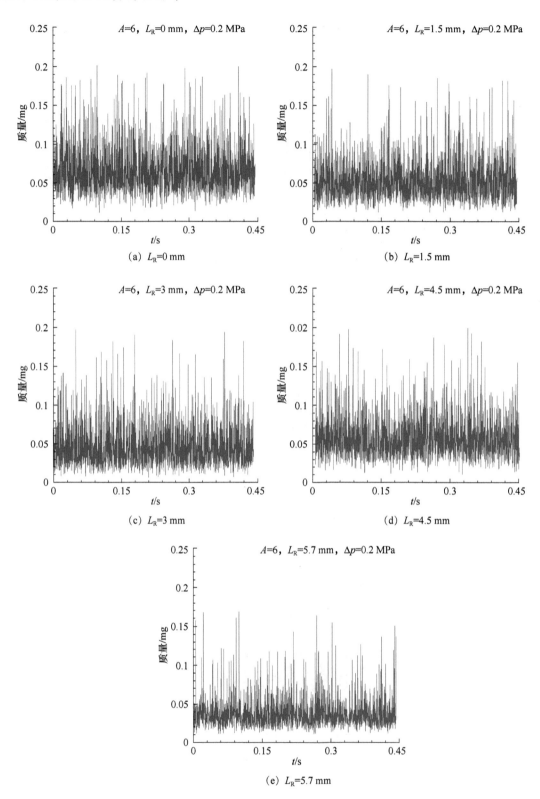

图 6-64 液体离心喷嘴 A＝6、压降为 0.2 MPa 时同轴喷嘴测量区域内液滴质量随时间的变化

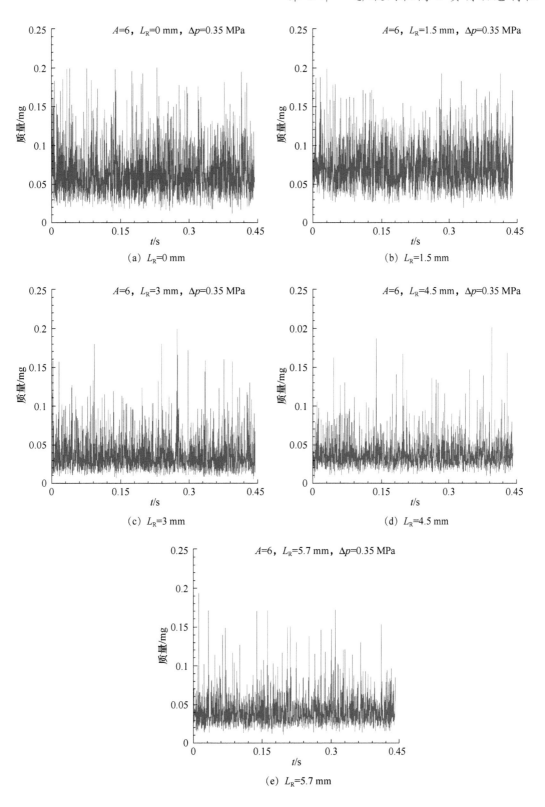

图 6 − 65　液体离心喷嘴 $A=6$、压降为 0.35 MPa 时同轴喷嘴测量区域内液滴质量随时间的变化

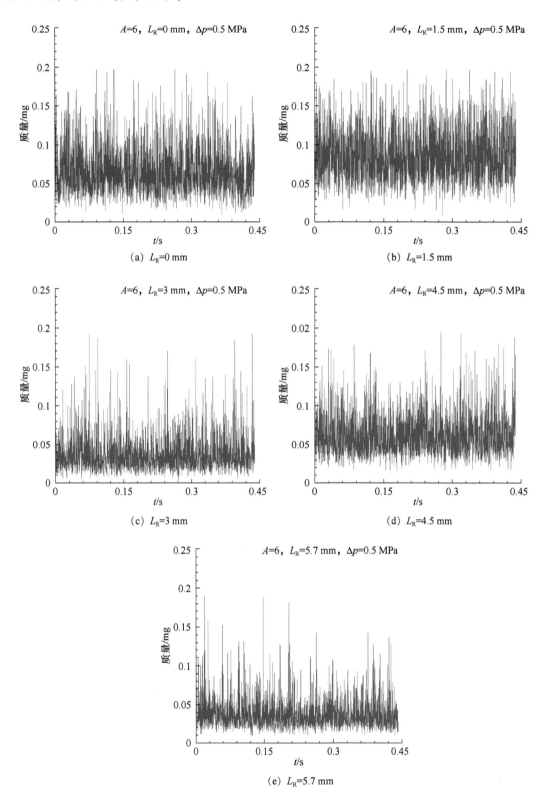

图 6-66 　液体离心喷嘴 A＝6、压降为 0.5 MPa 时同轴喷嘴测量区域内液滴质量随时间的变化

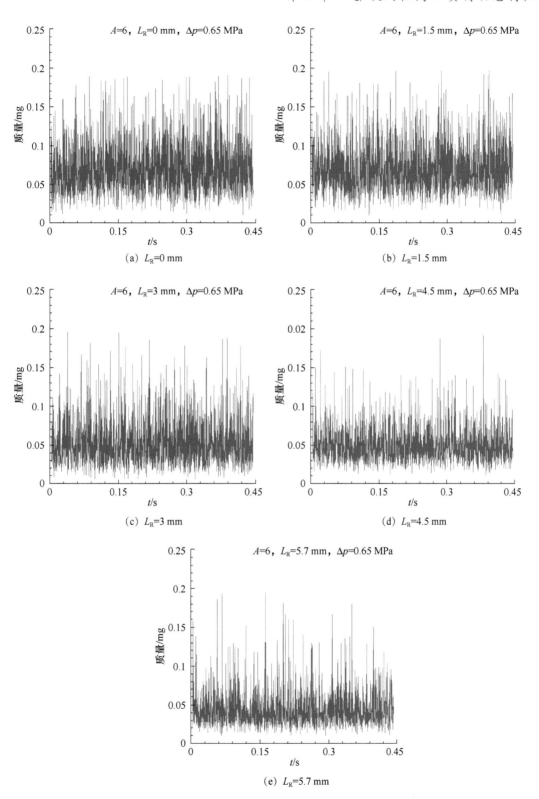

图 6-67　液体离心喷嘴 A=6、压降为 0.65 MPa 时同轴喷嘴测量区域内液滴质量随时间的变化

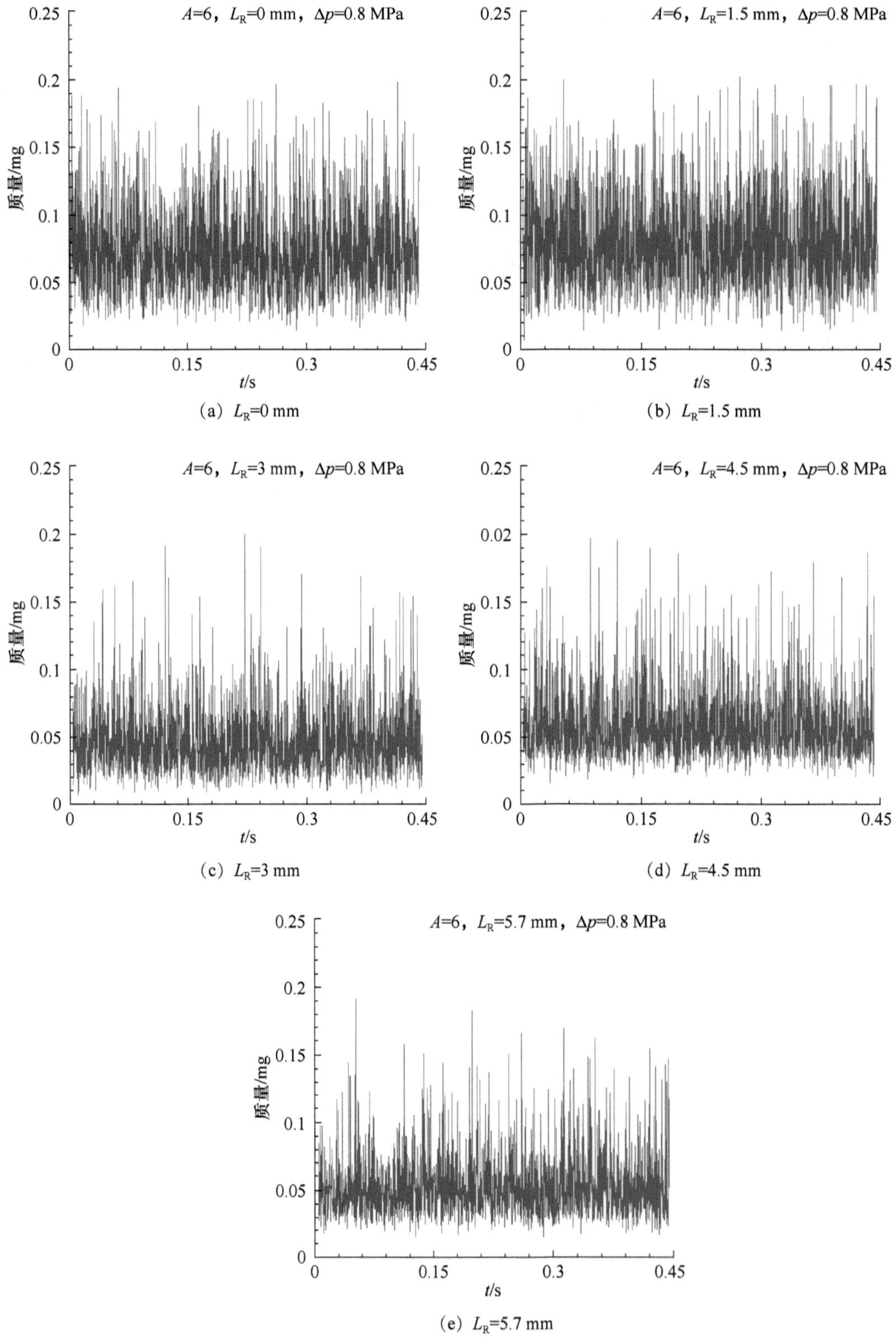

(a) L_R=0 mm　(b) L_R=1.5 mm　(c) L_R=3 mm　(d) L_R=4.5 mm　(e) L_R=5.7 mm

图 6-68　液体离心喷嘴 A=6、压降为 0.8 MPa 时同轴喷嘴测量区域内液滴质量随时间的变化

为了方便地进行比较分析,在所得到的 2 000 幅图像中,选取每 50 幅连续的液滴图像信息进行统计处理分析,得到每 50 幅连续图像的液滴质量,液滴质量的统计计算时间间隔为1/90 s,得到每个工况下不同缩进段长度同轴喷嘴液滴质量随时间的变化情况,如图 6 - 69～图 6 - 71 所示。从图中可以看出,缩进段长度对液滴质量随时间变化有很大影响。

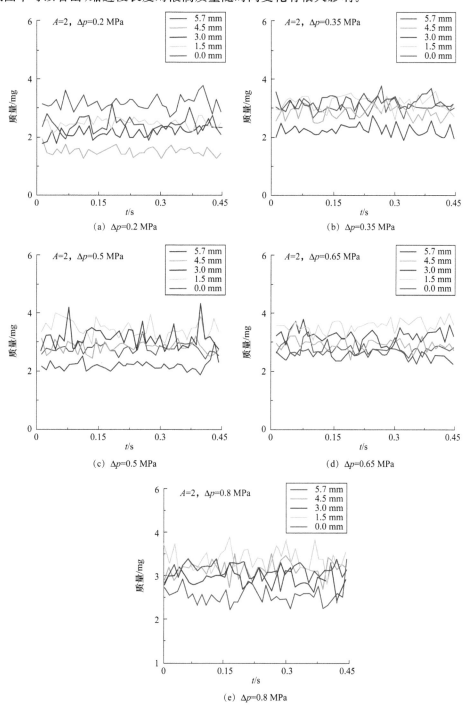

图 6 - 69　液体离心喷嘴 $A=2$ 时不同缩进段长度同轴喷嘴测量区域内液滴质量随时间的变化

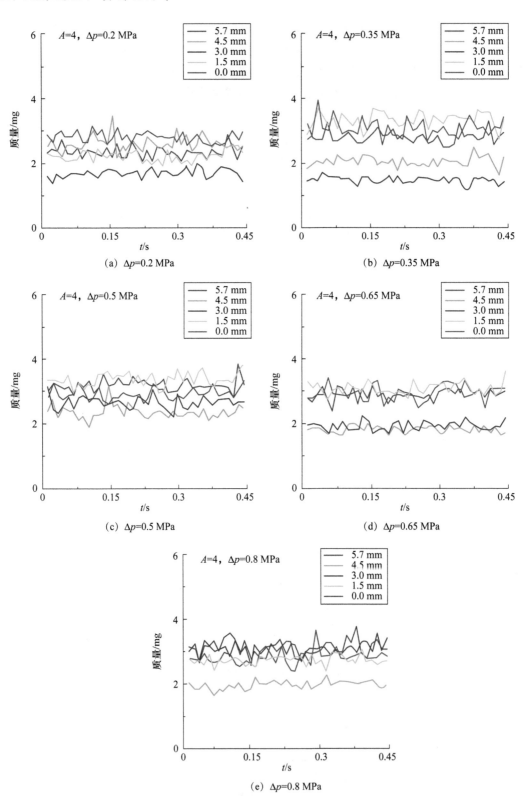

图 6 - 70　液体离心喷嘴 A＝4 时不同缩进段长度同轴喷嘴测量区域内液滴质量随时间的变化

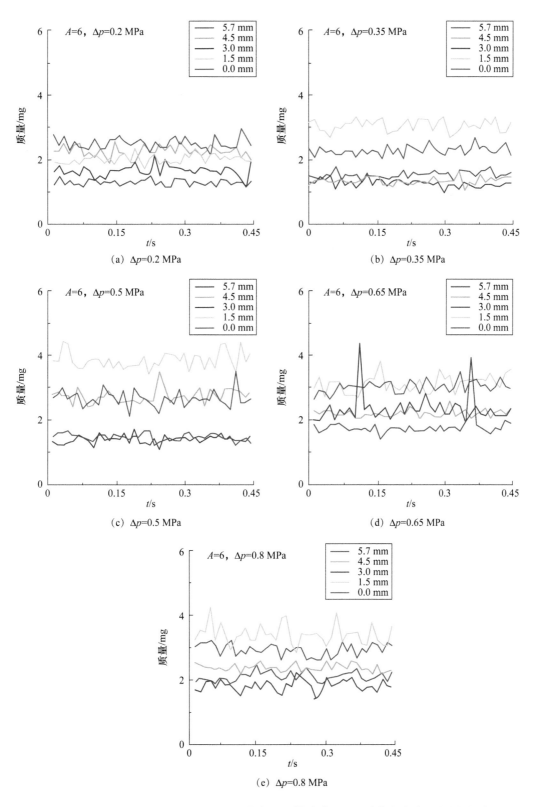

图 6-71 液体离心喷嘴 A＝6 时不同缩进段长度同轴喷嘴测量区域内液滴质量随时间的变化

6.3.4　同轴离心喷嘴最佳缩进段长度研究

1. 最佳雾化缩进段长度

根据 SMD 与缩进段长度的关系,当缩进段长度为 $L_R = 0$ mm(没有缩进)或 $L_R = 1.5$ mm(缩进较小)时,SMD 较大。随着缩进段长度的增大,SMD 的变化并没有明显的规律性,但对应于每一个工况都存在一个与最小 SMD 对应的缩进段长度。下面结合 6.3.1 小节所提出的缩进同轴离心喷嘴的三种稳态雾化模型,对这一试验现象进行分析。

同轴喷嘴缩进角随缩进段长度的变化而变化,结合表 6-5 中喷嘴试验件的结构尺寸,按照式(6-19)计算得到缩进角,如表 6-7 所列。

表 6-7　缩进段长度与缩进角对应表

离心喷口长度/mm	19.5	20.7	22.1	23.7	25.2
缩进段长度/mm	5.7	4.5	3.0	1.5	0
缩进角/(°)	25.7	32.2	46.9	81.8	90

通过实验数据寻找最小 SMD 所对应的缩进段长度值,再结合表 6-5,找出对应同轴喷嘴型号和内装离心喷嘴型号,从实验数据中查找对应的液膜展开角,列于表 6-8 中。在相同工况条件下比较 SMD 最小时的同轴喷嘴缩进角和相应的内装离心喷嘴液膜展开角的大小,如表 6-9 所列。

表 6-8　最小 SMD 所对应的同轴喷嘴型号和内装离心喷嘴型号

液体喷嘴压降/MPa	0.20	0.35	0.50	0.65	0.80
缩进段长度/mm	4.5	3	3	5.7	3
缩进角/(°)	32.2	46.9	46.9	25.7	46.9
同轴喷嘴型号	TZ-8-22.12	TZ-8-23.56	TZ-8-23.56	TZ-8-20.85	TZ-8-23.56
内装离心喷嘴型号	LX-8-9.25	LX-8-10.5	LX-8-10.5	LX-8-7.35	LX-8-10.5
液膜展开角/(°)	35.21	48.72	49.13	40.0	50.04
液体喷嘴压降/MPa	0.20	0.35	0.50	0.65	0.80
缩进段长度/mm	3	3	3	4.5	4.5
缩进角/(°)	46.9	46.9	46.9	32.2	32.2
同轴喷嘴型号	TZ-12-23.56	TZ-12-23.56	TZ-12-23.56	TZ-12-22.12	TZ-12-22.12
内装离心喷嘴型号	LX-12-10.5	LX-12-10.5	LX-12-10.5	LX-12-9.25	LX-12-9.25
液膜展开角/(°)	48.25	49.02	50.11	45.73	50.58
液体喷嘴压降/MPa	0.20	0.35	0.50	0.65	0.80
缩进段长度/mm	5.7	4.5	3	5.7	3
缩进角/(°)	25.7	32.2	46.9	25.7	46.9
同轴喷嘴型号	TZ-16-20.85	TZ-16-22.12	TZ-16-23.56	TZ-16-20.85	TZ-16-23.56
内装离心喷嘴型号	LX-16-7.35	LX-16-9.25	LX-16-10.5	LX-16-7.35	LX-16-10.5
液膜展开角/(°)	46.99	46.11	53.57	56.54	56.02

表 6 - 9　最小 SMD 的缩进角与液膜展开角的比较

液体喷嘴 压降/MPa	离心喷嘴几何特性系数 A								
	2			4			6		
	$\phi/(°)$	$\theta/(°)$	$(\theta-\phi)/(°)$	$\phi/(°)$	$\theta/(°)$	$(\theta-\phi)/(°)$	$\phi/(°)$	$\theta/(°)$	$(\theta-\phi)/(°)$
0.20	32.2	35.2	3	46.9	48.3	1.4	25.7	47	**21.3**
0.35	46.9	48.7	1.8	46.9	49	2.1	32.2	46.1	**13.9**
0.50	46.9	49.1	2.2	46.9	50.1	3.1	46.9	53.6	6.7
0.65	25.7	46.8	**21.1**	32.2	45.7	**13.5**	25.7	56.5	**30.8**
0.80	46.9	50.9	4	32.2	50.5	**18.3**	46.9	56	9.1

　　从表 6 - 9 中可以看出,液膜展开角均大于缩进角,按照 6.3.1 小节的分析,离心液膜撞击到气体喷口内壁面,属于气/液缩进内混合流动。但在 15 个最小 SMD 试验点中,有 9 个试验点的液膜展开角与缩进角相差 10°以内,这是受液膜展开角的测量误差和同轴气流的影响导致的。实际上,当液膜展开角等于或略大于缩进角,即 $\phi \approx \theta$ 时,离心液膜正好撞击到气体喷口的出口边缘处,属于气/液临界缩进流动。其余 6 个试验点的液膜展开角与缩进角相差较大,$\phi < \theta$ 属于气/液缩进内混合流动。

　　从全部试验点来看,在液膜展开角等于或略大于缩进角的同轴喷嘴上,其液滴的 SMD 均较小,而在液膜展开角大于缩进角的缩进内混合流动中,SMD 变化很大,这说明液膜撞壁后,雾化影响因素变得复杂。

　　根据以上的分析和对比,初步验证了 6.3.1 小节所提出的缩进混合室内的三种气流与液膜相互作用的雾化物理模型,气/液临界缩进流动的 SMD 最小,气/液缩进外混合流动的 SMD 较大,气/液缩进内混合流动的 SMD 变化较复杂,可能较大,也可能较小。

　　上述结论尽管进行了一些初步的试验验证,但由于试验的数据量较小,还需要进行大量的试验验证。

　　当 $\phi = \theta$,即气/液同轴喷嘴缩进混合室内为气/液临界缩进流动时,液滴的 SMD 最小。根据这一结论,可以推导最佳雾化缩进段长度。

　　将 $\phi = \theta$ 代入式(6 - 20),得

$$L_R = (d_g - d_c) \Big/ \Big(2\tan\frac{\theta}{2} \Big)$$

进一步得

$$L_{SMD} = (d_g - d_c) \Big/ \left[1.711 e^{0.006\frac{\Delta p}{p_0}} \frac{2\mu_T A_T}{\sqrt{(1+S)^2 - 4\mu_T^2 A_T^2}} \right] \tag{6-22}$$

2. 最佳掺混缩进段长度

　　式(6 - 21)仅针对液滴 SMD 而言,而 SMD 只是喷嘴雾化特性的一个衡量指标,对于实际的液体火箭发动机的气/液同轴喷嘴来说,缩进段长度的大小还影响着组元的蒸发、掺混和燃烧过程。

液体喷嘴缩进后,在出口处与气体喷嘴形成掺混室,改变缩进混合室的长度,可以改变组元混合停留的时间。但是,在混合室内存在一个最佳的组元停留时间 t_s,当 t_s 较大时,可能会产生不稳定燃烧;当 t_s 较小时,组元掺混恶化,燃烧效率下降。

最佳停留时间 t_s 取决于燃料的种类、流量等因素,根据最佳组元混合停留时间可以确定缩进段长度

$$L_R = \sqrt{2} t_s \left[\frac{V_g}{k+1} + \frac{k \cdot \mu_T}{(k+1)\phi} \sqrt{\frac{\Delta p_L}{\rho_L}} \right] \qquad (6-23)$$

式中: t_s 为组元最佳停留时间,单位为 s; k 为组元混合比; V_g 为气体组元出口速度,取决于燃烧室压力与气流总压之比。

在设计同轴喷嘴过程中,可以根据式(6-22)和式(6-23)进行设计预估,再结合热试验来确定最终的同轴喷嘴缩进段长度。

6.4 反压下气/液同轴离心喷嘴动态特性实验

6.4.1 实验系统

首先对现有的离心喷嘴动态特性实验系统进行改造,搭建了适用于反压环境的气/液同轴喷嘴动态特性实验系统,如图 6-72 所示。实验所用喷嘴为气体中心式气/液同轴离心喷嘴,其结构示意图如图 6-73 所示,喷嘴结构参数如表 6-10 所列,气路喷嘴采用氮气作为供给介质,由图中的气罐 3 提供,采用气体流量控制器 4 来控制气路流量,液膜厚度的测量采用电导法,其他设备与单离心喷嘴实验系统无异。

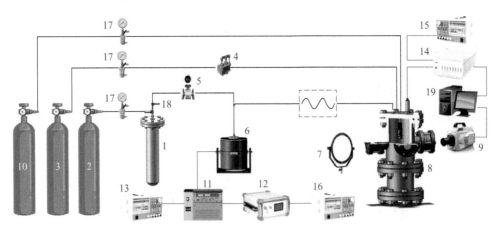

1—工作介质储罐;2,3,10—高压氮气罐;4—气体流量控制器;5—液体流量计;
6—脉动流量发生器;7—LED 灯;8—背压舱;9—高速摄像机;11—功率放大器;
12—信号发生器;13,15,16—直流电源;14—采集卡;17—溢流阀;18—截止阀;19—计算机

图 6-72 反压环境下气/液同轴喷嘴动态特性实验系统示意图

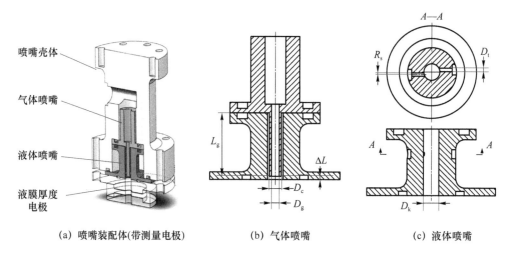

图 6-73 气体中心式气/液同轴喷嘴

表 6-10 实验用气/液同轴喷嘴结构尺寸

编 号	D_t/mm	D_k/mm	D_c/mm	D_g/mm	R_s/mm	L_g/mm	n	A	ΔL/mm
1	0.4	2	3	1	0.5	10	2	20	13
2	0.4	2	3	1	0.5	15	2	20	8
3	0.4	2	3	1	0.5	20	2	20	3

6.4.2 工况验证

实验所用气/液同轴喷嘴的液路喷嘴为敞口型离心喷嘴,其不易引起喷嘴出口液膜振荡,这也是该实验过程中遇到的难题之一。为了寻找一个最容易起振形成振荡流量的工况,以便观测反压、结构尺寸等因素对喷嘴传递函数的影响规律,开展了气/液同轴喷嘴工况验证实验研究。

实验涉及气/液两相,在实验过程中发现,在功率放大器输出相同功率,且其他影响因素不变的情况下,所引起的液路喷嘴集液腔压力振幅是不同的,如图 6-74 所示。该工况的脉动频

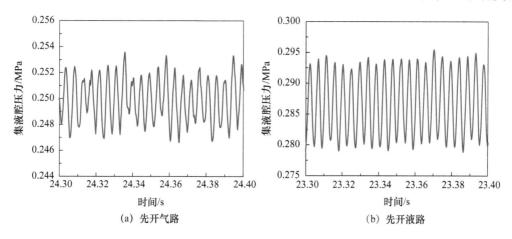

图 6-74 集液腔压力脉动曲线及其快速傅里叶变换图

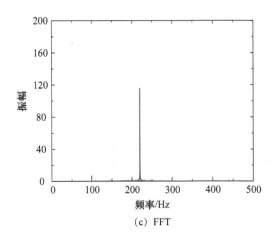

(c) FFT

图 6 - 74　集液腔压力脉动曲线及其快速傅里叶变换图(续)

率为 200 Hz,液路压降为 0.25 MPa,经流量计测量可知,液路的质量流量为 23 g/s,气路流量通过气体流量控制器控制为 15 L/min。由图可见,先开液路比先开气路所引起的集液腔压降的无量纲脉动振幅更大,压力脉动曲线也更加光滑,可能的原因是:先开气路会导致气流占据液体流道,再开液路会加强气、液间的冲刷作用,使得喷嘴壁面液膜非谐波脉动,传递到集液腔则表现为压降曲线不光滑。

6.4.3　反压的影响

采用 2 号实验喷嘴进行实验,实验过程中先获得喷嘴雾化的稳态信息后,再开启脉动流量发生器进行动态特性实验研究。实验中,液路压降为 0.25 MPa,气路流量通过气体流量控制器控制为 15 L/min,依次在反压 0.3 MPa、0.6 MPa 和 0.9 MPa 的实验工况下进行实验。

为了捕捉喷雾场细节,采用高速相机设置每秒 20 000 帧的采样频率对喷雾场进行拍照,所得不同反压下的喷雾图像如图 6 - 75 所示。液膜破碎长度定义为从喷嘴出口到液膜破碎成液丝位置的垂直距离,如图(a)中所示的长度 L。从不同反压环境下的稳态喷雾图像中可以看出,随着环境压力的增大,液膜的表面由光滑变得褶皱,且环境压力的升高促使液膜更早破裂,

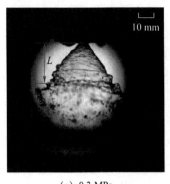

(a) 0.3 MPa

(b) 0.6 MPa

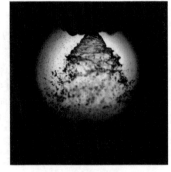

(c) 0.9 MPa

图 6 - 75　不同反压下的喷雾场照片

导致其破碎长度随着反压的升高而变小(见图 6 - 76);反压的增大,实质上是环境中气体密度的增大,从而导致气、液间的剪切作用加强,促使喷雾场中液膜破碎长度变短,液膜表面更加褶皱。而与前人的研究对比发现,该实验所拍摄照片中反压对喷雾锥角的影响不太明显。而前人的研究表明,反压增大会导致喷雾锥角减小,可能的原因是:喷注环境为密闭环境,在喷注过程中,舱内压力小幅上升导致上游气路流量供应不足,气路流量减小使得喷雾锥角变大,最终表现为反压对喷雾锥角的影响较小。

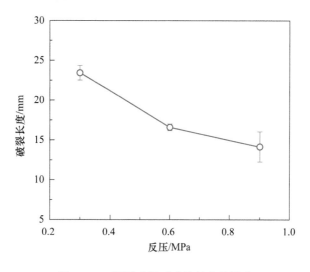

图 6 - 76　不同反压对破碎长度的影响

　　测得喷嘴稳态喷雾数据后,开启脉动流量发生器,对喷嘴的动态特性进行研究。利用液膜厚度传感器测得喷嘴出口液膜脉动的原始数据,通过气/液同轴喷嘴出口的液膜厚度标定曲线(见图 6 - 77),将原始液膜电信号转换为液膜厚度值,如图 6 - 78 所示。利用液路集液腔压力传感器测得喷嘴入口压力的脉动信号,从而得到液膜厚度及压力脉动曲线,如图 6 - 79所示。

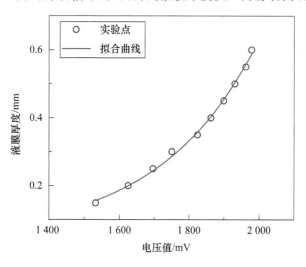

图 6 - 77　液膜厚度标定曲线

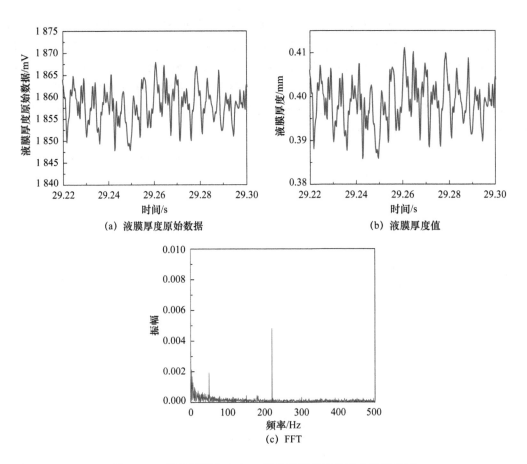

(a) 液膜厚度原始数据 (b) 液膜厚度值

(c) FFT

图 6－78　脉动频率为 220 Hz 时的液膜厚度脉动曲线及 FFT

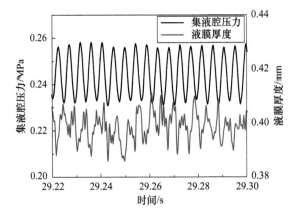

图 6－79　脉动频率为 220 Hz 时的液膜厚度、集液腔压力脉动曲线

通过公式

$$Q = \overline{Q} + Q' = \pi W_a \left[(R_N^2 - r_M^2) + \left(\sqrt{\frac{2R_N^4}{R_N^2 + r_M^2}} + 2r_M \right) \xi \right] \tag{6-24}$$

$$W_a = \frac{\overline{Q}}{\pi (R_N^2 - r_M^2)} \tag{6-25}$$

将液膜厚度转换为喷嘴出口流量,便可得到喷嘴出口流量的脉动曲线,根据喷嘴动态特性的定义式

$$\Pi_\phi = \left(\frac{Q'}{Q}\right)\bigg/\left(\frac{\Delta p'_\Sigma}{\Delta p_\Sigma}\right) \tag{6-26}$$

便可得到反压对气/液同轴喷嘴动态特性的影响规律,如图 6-80 所示。从幅频特性曲线可以看出,在反压一定的情况下,当脉动频率在 180~270 Hz 区间时,实验所用气/液同轴喷嘴的幅频特性会随着频率的升高而呈下降趋势。

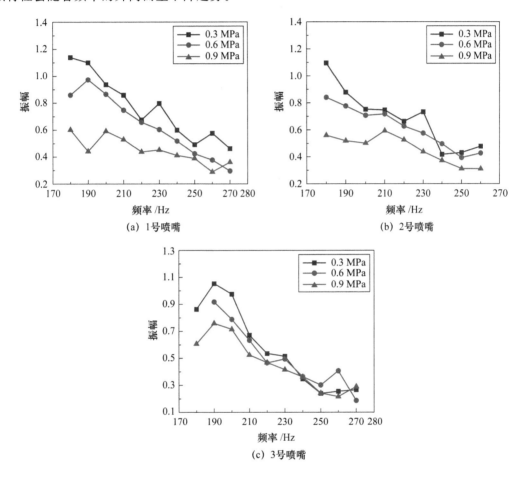

图 6-80 反压对气/液同轴喷嘴动态特性的影响

从图 6-80 还可以看出,随着反压的增大,该实验喷嘴出口流量的无量纲振幅呈下降趋势,即反压的增大对喷嘴的出口流量脉动具有抑制作用,因为反压增大时使气体密度增大,气/液两相流的动量传递加剧,导致出口流量振幅减小,传递函数减小,这与反压对单离心喷嘴动态特性的影响规律一致。

6.4.4 缩进段长度的影响

实验所用 1、2、3 号喷嘴的缩进段长度分别为 23 mm、18 mm、13 mm,选取实验工况为反压

0.6 MPa、液路压降 0.25 MPa、气体流量 15 L/min,其喷雾场的场照片如图 6-81 所示。通过对喷雾场照片进行处理,得到气/液同轴喷嘴缩进段长度对离心液膜破碎长度的影响规律:缩进段长度减小,导致液膜破碎长度减小(见图 6-82),可能的原因是:缩进段长度减小。减小了气体喷嘴出口与液体喷嘴出口之间的距离,从而导致气体对喷嘴出口离心液膜的作用力加强,使得液膜破碎过程更剧烈,最终表现为破碎长度的减小。

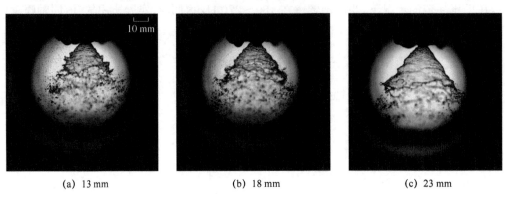

| (a) 13 mm | (b) 18 mm | (c) 23 mm |

图 6-81   不同缩进段长度下的喷雾场照片

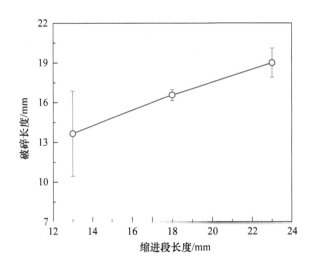

图 6-82   缩进段长度对喷雾场液膜破碎长度的影响

图 6-83 为不同反压环境下缩进段长度对气/液同轴喷嘴动态特性的影响规律,由图可知,随着缩进段长度的增大,气/液同轴喷嘴的幅频特性整体呈增大趋势。这是因为缩进段越长,气路喷嘴出口的气体对喷口内液膜的冲刷作用越强,导致两相流出口的流量振荡增大,最终导致喷嘴的幅频特性变大。但不难看出,在频率较低的范围内(220 Hz 以下),该规律并不明显,喷嘴缩进段长度对出口流量幅频特性的影响较无规律,可能的原因是:随着脉动频率的减小,喷口内的液膜振幅相对变大,而喷嘴结构为气体中心式气/液同轴喷嘴,在喷嘴出口宽度一定的前提下,气流对液膜的冲刷作用加强,导致液膜脉动受到影响,使得最终缩进段长度对气/液同轴喷嘴动态特性的影响规律在较低频率下不太明显。

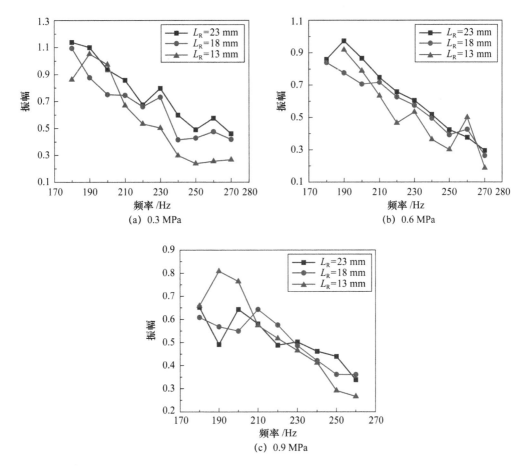

图 6-83 不同反压环境下缩进段长度对气/液同轴喷嘴动态特性的影响

6.5 反压下气/液同轴离心喷嘴动态特性数值仿真

基于以上的实验结果,本节对实验所用气/液同轴离心喷嘴的稳、动态特性进行模拟仿真,并与所对应的实验结果进行对比来验证实验与仿真结果的一致性,以通过仿真模拟来分析实验中难以获取的流场信息(反压环境下喷嘴的出口速度和喷雾场的 SMD 等参数)。

6.5.1 物理模型及网格划分

本节基于实验部分所用的气/液同轴 2 号离心喷嘴作为物理模型,采用计算流体动力学方法对气/液同轴离心喷嘴喷雾的两相区域进行数值模拟,并与所做实验结果进行对比。首先使用三维建模软件对实验喷嘴的计算域进行物理建模,如图 6-84 所示。然后采用前处理软件 ICEM CFD 对流体域进行离散化处理。考虑到非结构网格对复杂结构的划分较为容易,以及结构化网格所具有的生成速度快、网格质量好的优点,故该计算域采用混合网格划分:在切向孔连通旋流腔的部分,由于其结构复杂,采用结构化网格划分的难度大、耗时长,故采用四面体网格划分;其余部分采用六面体网格,即三维结构化网格。所得计算域网格如图 6-85 所示,最终计算域初始网格数为 54 万个。

图 6-84　计算域的物理模型

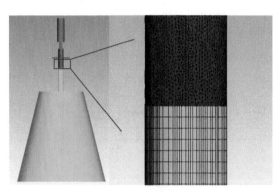

图 6-85　计算域网格划分及混合网格示意图

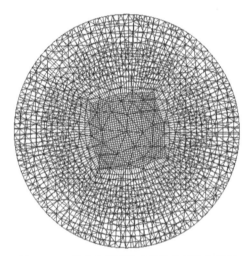

图 6-86　结构化网格和非结构化网格交界面

将划分完的网格利用 ICEM CFD 自带的网格质量检测功能进行网格质量评估。对于混合网格而言,由于结构网格与非结构网格的交界面处直接进行了网格节点合并,因此极易导致出现低质量的网格,而该交界面处的网格质量直接影响着整个计算域网格的质量,所以需要利用 ICEM CFD 中的 Edit Mesh 功能进行网格光顺,通过提高其中的 Up to Value 值来提高交界面处的网格质量。交界面处的网格分布如图 6-86 所示,界面光顺前后的网格质量对比图如图 6-87 所示。

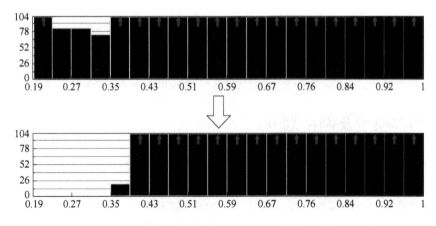

图 6-87　界面光顺前后网格质量对比示意图

1. 网格自适应加密技术

网格自适应加密技术是计算网格在 CFD 模拟过程中可以动态变化的一门高新技术。对于一些变动比较剧烈的地方,经过网格在迭代进程中的反复调整,使网格细分,以达到对网格点分布和物理解上的耦合,进而提升解的准确度和解析能力。本节中,为了准确模拟气/液两相流界面随时间的变化,需要对网格进行自适应加密,如图 6 − 88 所示。通过在模拟气/液同轴喷嘴的喷雾过程中应用这种更新技术,流场边界的每个节点都可以在每个时间步长中单独更新,以实现对该区域的高精度分析;而当此位置不需要进行精密计算时,则会将网格粗化,以节省计算资源。

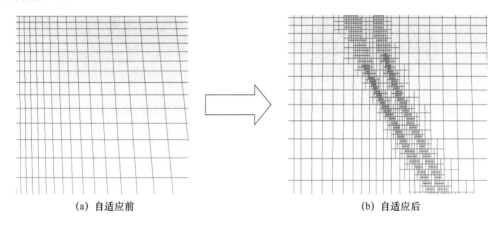

(a) 自适应前　　　　　　　　　　　　　　(b) 自适应后

图 6 − 88　自适应网格前后对比图

2. 网格无关性验证

对于模拟仿真而言,对计算域网格进行细化,是提高其求解精度的有效途径,但在实际工程应用中,往往需要面对计算效率和精度与计算时间成本之间的平衡,网格数量的急剧增加,需要付出的计算成本就会陡增,大多数计算机的软硬件性能都无法支撑拥有大量网格计算域的模拟计算,并且随着网格达到一定数量后,计算精度的提高并不明显,因此需要使计算精度与计算成本之间达到某种平衡,以便选择合适的网格划分方法及数量,用较低的计算成本来达到工程实际中所需的精度。

通常来讲,做网格无关性验证会以某个或某些场变量为比较依据(比如压力分布、速度分布、温度等),首先取较为粗糙的网格进行计算,之后逐次加密网格,并比较相同边界条件下参考变量的变化,若相邻网格密度之间的数值结果误差在 5% 以内,则可认为此时的计算结果对网格数量不敏感。

在本计算中,所选取的参考变量为实验中测得的喷雾锥角,通过在网格自适应过程中改变加密级数来实现网格的细化,通过与实验中测得的喷雾嘴角做对比,来验证网格的敏感度。实验所用喷嘴为 2 号气/液同轴离心喷嘴,实验工况为反压 0.3 MPa,液路质量流量通过流量计观测为 23 g/s,气路流量由气体流量控制器控制为 15 L/min;仿真过程参考实验实际工况进行参数设置,不同加密级数下的液相体积分数截面如图 6 − 89 所示。

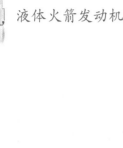

(a) 二级加密   (b) 三级加密

图 6 - 89   不同加密级数下的液相体积分数占比图

图 6 - 90 所展示的是网格加密级数分别为 2 级和 3 级下模拟得到的喷雾锥角与实验所测喷雾锥角的对比图,图中红色虚线为实验测得喷雾锥角的轮廓图,将它分别与不同加密级数下模拟所得喷雾锥角做对比后发现:使用 3 级网格加密所得结果与实验所测的值吻合较好,且随着网格级数的增加,参考变量并无明显变化。考虑到计算成本的急剧上升以及网格的增加对参考变量的影响减小,故未进行更高级别网格加密的验证。因此本次模拟仿真采用 3 级网格加密,此时网格数量为三百多万。

图 6 - 90   不同加密级数下所得喷雾锥角与实验照片对比图

6.5.2   数值模型

1. VOF-to-DPM 模型

VOF(Volume of Fluid)模型是 Fluent 平台用于多相流问题的一种计算模型,可以实现对两种及多种不相容流体之间界面位置的跟踪。该多相流模型实现界面跟踪的方法是求解相连续方程,通过采用对体积分数中急剧变化的点进行求解的方法来确定分界面的具体位置。但由于离心喷嘴的结构尺寸小,故其经过喷注雾化所形成的液膜、破裂形成的液丝和雾滴尺寸更小,为了捕捉到经喷嘴雾化形成的细小液滴,如果采用传统的 VOF 模型则需要将流场网格划分得非常小,使得在对整个喷嘴内外流场的雾化过程进行模拟时将消耗大量的计算时间和资源,同时对液滴的一些细节信息的获取也不全面,因此本节拟采用 VOF-to-DPM 耦合模型进行计算。

离散相模型(DPM)实际上是将流体视为连续相,将固体颗粒或液滴视为离散相粒子,在欧拉-拉格朗日方法体系中对离散液滴进行跟踪的模型。DPM 模型利用单个液滴的物理属性来考虑离散相与连续相之间的质量、动量、能量及组分的交换。这种方法允许网格尺寸比液滴尺寸大,从而降低了计算成本,同时可以利用破碎模型对液滴的二次破碎进行模拟。

VOF-to-DPM 耦合模型结合了两种模型的优点,在对整个气/液同轴离心喷嘴内外流场的计算过程中,先使用 VOF 模型对初始射流及液膜的初次破裂进行模拟,之后使用 DPM 模型进行耦合来模拟液膜的二次破裂过程,通过自动搜寻脱离液相核心区域的液体,将满足转换标准的液相块从 VOF 模型转换为拉格朗日粒子,即离散相液滴,来完成对液滴的捕捉,从而实现对同轴离心喷嘴喷注雾化全过程的模拟。

2. 湍流模型

由于离心喷嘴的结构尺寸小,其在喷注雾化过程中存在较强的湍流运动,而在湍流中又存在不规则运动的非定常漩涡运动,这些漩涡运动的尺度范围非常宽广,根据湍流中"能量传递的级串原理",涡在传递过程中被黏性耗散转变为热能,从而使流场能量发生变化;若对整个流动过程直接运用 Navier-Stokes 方程组进行模拟是非常困难的,要想计算准确,就必须保证网格尺寸小于最小涡的尺度,这势必导致耗费巨大的计算成本。而目前在使用 CFD 软件来模拟湍流运动时,在工程应用中使用最多的是雷诺平均方法(Reynolds-Averaged Navier-Stokes,RANS)。该方法将湍流中非定常的旋涡运动(湍流脉动)进行平均运算,得到湍流的平均运动,其最大优点是在相同的计算精度下所需的计算量小。

对于不可压缩流,其流体运动的动量方程为

$$\rho \frac{D\boldsymbol{V}}{Dt} = -\nabla P + \mu \nabla^2 \boldsymbol{V} \tag{6-27}$$

对于层流,根据牛顿内摩擦定律,流体间的黏性切应力是由分子不规则运动的动量交换及分子间的吸引力产生的,可通过速度梯度与黏性系数 μ 相乘得到;但是,在湍流流动中,用平均运动的速度梯度乘以黏性系数来计算切应力是不恰当的。这是因为,在湍流流动中,非定常漩涡运动间的动量交换要远远大于分子不规则运动导致的动量交换。所以,不能直接用 Navier-Stokes 方程组来计算湍流的平均运动。目前最流行的办法是,在计算湍流的平均运动时,将动量方程中的黏性系数用"湍流黏性系数"μ_t 代替,以反映湍流中非定常旋涡运动导致的动量交换效应。而使用湍流模型可以计算这个"湍流黏性系数",不同的湍流模型的差别就体现在对湍流黏性系数的求解上。

为了更加精准地模拟气/液同轴离心喷嘴喷注雾化的过程,本节采用了基于 RANS 的 SST k-ω 湍流模型,该模型对 k-ω 模型进行了改进,融合了 k-ε 湍流模型对逆压梯度流动的模拟精度较高和 k-ω 湍流模型对湍流初始参数不敏感的优点,是目前应用最广泛的两方程模型。SST k-ω 模型的输运方程为

$$\frac{\partial}{\partial t}(\rho k) + \frac{\partial}{\partial x_i}(\rho k u_i) = \frac{\partial}{\partial x_j}\left(\Gamma_k \frac{\partial k}{\partial x_j}\right) + \widetilde{G}_k - Y_k + S_k \tag{6-28}$$

$$\frac{\partial}{\partial t}(\rho\omega)+\frac{\partial}{\partial x_j}(\rho\omega u_j)=\frac{\partial}{\partial x_j}\left(\Gamma_\omega\frac{\partial\omega}{\partial x_j}\right)+G_\omega-Y_\omega+D_\omega+S_\omega \tag{6-29}$$

式中:

$$\Gamma_k=\mu+\frac{\mu_t}{\sigma_k} \tag{6-30}$$

$$\Gamma_\omega=\mu+\frac{\mu_t}{\sigma_\omega} \tag{6-31}$$

$$\sigma_k=\frac{1}{F_1/\sigma_{k,1}+(1-F_1)/\sigma_{k,2}} \tag{6-32}$$

$$\sigma_\omega=\frac{1}{F_1/\sigma_{\omega,1}+(1-F_1)/\sigma_{\omega,2}} \tag{6-33}$$

式(6-28)~(6-33)中,$\widetilde{G}_k$代表由平均速度梯度产生的湍流动能,G_ω代表ω的产生量,Γ_k和Γ_ω分别指k和ω的有效扩散率,Y_k和Y_ω分别指由湍流造成的k和ω的耗散率,S_k和S_ω是用户自定义源项,σ_k和σ_ω分别指k和ω的湍流普朗特数。SST k-ω湍流模型的改进,主要体现于在定义湍流黏性项的过程中考虑了湍流剪切应力的影响,从而提高了对气流从光滑表面分离进行预测,以及对在有壁面限制流情况下进行模拟计算的准确度和可靠性。该模型的湍流黏性系数表达式为

$$\mu_t=\frac{\rho k}{\omega}\frac{1}{\max\left(\frac{1}{\alpha^*},\frac{SF_2}{a_1\omega}\right)} \tag{6-34}$$

$$F_2=\Phi_2^2 \tag{6-35}$$

$$\Phi_2=\max\left(2\frac{\sqrt{k}}{0.09\omega y},\frac{500\mu}{\rho y^2\omega}\right) \tag{6-36}$$

式中:S表示应变率的大小,y表示到下一个面的距离。

6.5.3 结果与分析

1. 喷嘴稳态特性

基于上述计算域网格和湍流模型,分别研究了在不同工况下气/液同轴喷嘴的稳态特性,其边界条件根据所做实验的具体工况来设置;液路入口设置为流量入口,其具体质量流量值根据流量计所测为 23 g/s;气路入口也为流量入口,具体流量由气体流量控制器提供为 15 L/min;操作压力分别为 0.3 MPa、0.45 MPa、0.6 MPa、0.75 MPa、0.9 MPa 五个压力工况,出口设置为压力出口;具体喷注介质是:液路为水,气路为氮气。

沿着喷注方向,在中心截面截取计算域,所得截面流场的液相分布如图 6-91 所示,利用MATLAB 中的 edge 函数提取喷雾场的左右边界,通过 ginput 函数提取边界上的点后再进行拟合,从而得到其喷雾锥角,如图 6-92 所示。可以看出,随着反压的增大,喷雾锥角呈减小的趋势,这是因为在由离心喷嘴切向孔形成的喷嘴出口的旋转液膜与气体中心式同轴喷嘴的中心气流冲刷这两者的共同作用下,使得在旋转液膜内形成了低压区,随着环境压力的升高,气体密度也会增大,从而对旋转液膜产生更大的阻力。当阻力增大时,液体旋转的切向动量发生

损失,使得喷雾边界向流动中心线收缩,导致喷雾锥角减小。

图 6 - 91 中心截面液相流场分布图

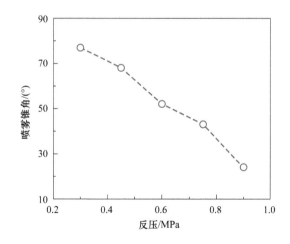

图 6 - 92 仿真计算所得不同反压下喷雾锥角图

图 6-93 所展示的内容为喷雾场液相体积分数为 0.3 时的喷雾形态,等值面图可以更加直观地展示喷嘴的雾化效果和流场信息,通过观察对比不同喷注环境下的喷雾形态可以发现,反压为 0.3 MPa 和 0.45 MPa 下的喷雾形态表现出明显的雾化特征,喷注介质通过喷嘴雾化形成离心液膜,液膜通过气动力作用一次雾化形成液丝和较大液滴,液丝在气、液剪切作用下破裂,经二次雾化形成小液滴;之后随着环境压力的升高,使得离心液膜的旋转阻力增大,喷雾锥角减小,液膜向内收缩,导致喷雾场下游的液滴相互碰撞、团聚的现象明显,使喷嘴雾化不够完全,雾化效果变差。从工况为反压 0.9 MPa 的喷雾形态可以明显看到,喷雾场下游存在液丝结构,雾化处于一次雾化阶段,雾化液滴尺寸较大。因此,环境压力的升高,会导致喷嘴雾化效果降低。对于雾化效果的评估,喷雾场 SMD 值是重要指标之一,但因能力所限未能用离散相模型统计出 SMD 值。

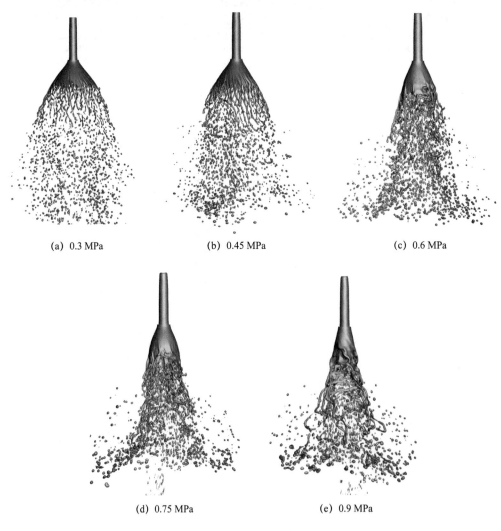

(a) 0.3 MPa   (b) 0.45 MPa   (c) 0.6 MPa

(d) 0.75 MPa   (e) 0.9 MPa

图 6-93　不同反压下喷雾场等值面图

选取喷嘴出口截面为观察面,所得截面处的流场液相分布如图 6-94 所示,通过提取该截面出口速度的轴向分量得到其速度分布云图,可以看到,气体中心式气/液同轴喷嘴中心气路的流速远大于壁面处液相的流速,提取截面中心 $Z=0$ 位置处(图(b)中黑线所示位置)的各点速度绘制速度分布图(见图(c)),从图中可以看出,液相和气相之间存在较大的速度梯度,通过对比不同反压环境下的速度分布,发现在其他条件不变的情况下,环境压力的变化对喷嘴出口轴向速度的分布影响不大。

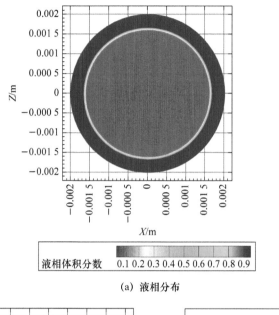

(a) 液相分布

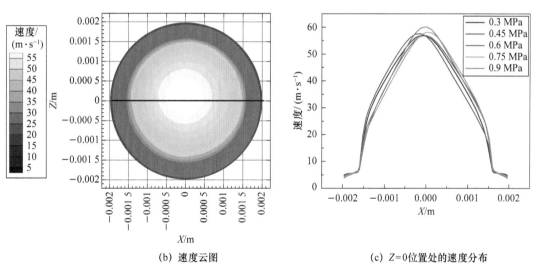

(b) 速度云图

(c) $Z=0$位置处的速度分布

图 6 - 94　喷嘴出口截面流场信息

2. 喷嘴动态特性

由于气体中心式气/液同轴离心喷嘴的结构简单、性能优良,因此被广泛应用于液体火箭发动机中,其在工作过程中对来流扰动参数的响应,直接影响着液体火箭发动机的燃烧性能;在发动机工作过程中喷嘴往往处于较高反压的环境下,而目前对其工作性能的研究多在常压环境下展开,但为了使研究环境更加真实,需要在较高反压环境下研究喷嘴对来流扰动参数的响应。由于在喷嘴冷流实验中面临着在较高反压环境下喷嘴来流脉动流量难以被激发和需要提供高压容器来满足研究所需环境压力的困难,设备的复杂又导致在常压环境下对喷雾场的测量方法难以在反压环境下实现,比如对喷嘴出口液膜速度、喷雾场 SMD 等参数的测量,因此,采用仿真手段来模拟极端环境下所研究喷嘴的动态响应是一种最优的方法。

选取 2 号气/液同轴离心喷嘴动态特性实验中的四个实验工况作为仿真模拟工况,所得的具体工况参数如表 6-11 所列。

表 6-11　仿真模拟工况

编　号	反压/MPa	输入压力脉动频率/Hz	平均压降/MPa	输入压力无量纲振幅/%
1	0.3	200	0.25	4.5
2	0.3	220	0.24	5
3	0.3	240	0.25	11
4	0.3	250	0.21	5.8

在冷流实验中,利用脉动流量发生器来激发喷嘴的来流管路压力和流量脉动,通过在喷嘴液路集液腔内的高频动态压力传感器来获取脉动压力信号(见图 6-95),在 6.5.1 小节对喷嘴稳态特性仿真参数设置的基础上,以此压力信号作为喷嘴液路入口参数,其他参数不变,来模拟来流管路的压力脉动,并监测喷嘴出口液路的流量及其轴向速度的变化,所得脉动曲线如图 6-96 所示。

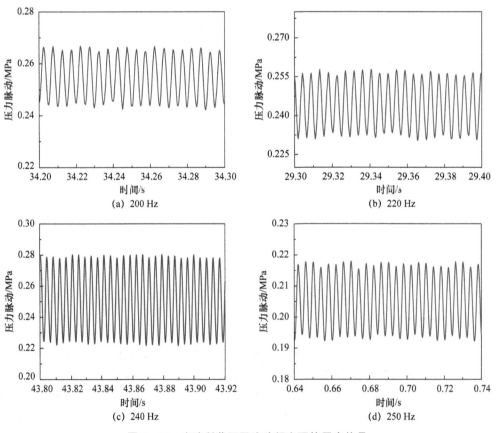

(a) 200 Hz

(b) 220 Hz

(c) 240 Hz

(d) 250 Hz

图 6-95　实验所获不同脉动频率下的压力信号

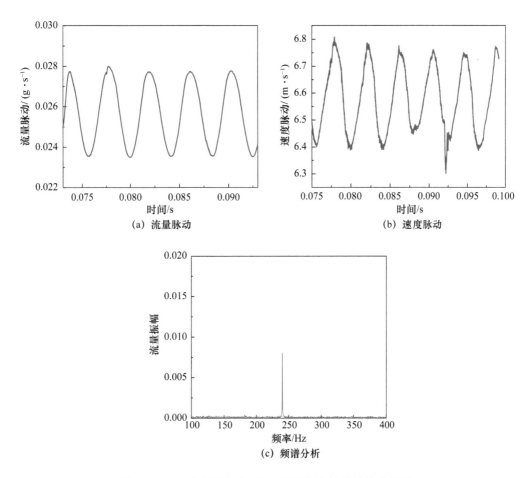

图 6 - 96 2 号喷嘴模拟工况下所得流量、速度脉动结果图

通过使用与前文对喷嘴动态特性实验所得脉动信号相同的方法进行数据处理,提取喷嘴出口液路的流量脉动和轴向速度脉动的无量纲振幅,并与输入压力脉动信号的无量纲振幅相比,得到不同脉动频率下喷嘴出口流量和轴向速度的动态特性,并将喷嘴出口流量与实验结果做对比,所得结果如图 6 - 97、图 6 - 98 所示。

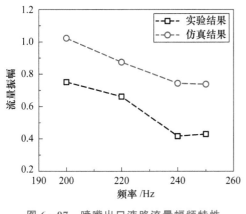

图 6 - 97 喷嘴出口液路流量幅频特性曲线实验与仿真对比图

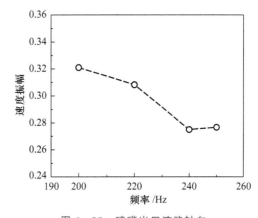

图 6 - 98 喷嘴出口液路轴向速度幅频特性曲线

从图 6-97 中可以看出,采用该仿真模型计算出的喷嘴出口液路流量幅频特性曲线与实验结果整体趋势一致,都呈现出随着来流管路压力脉动频率的升高,其喷嘴出口液路流量幅频特性下降的趋势,此结果与 Bazarov 的喷嘴动力学理论结果相吻合。图 6-97 的结果还表明:仿真模拟结果与实验所得结果整体有所偏差,其可能的原因是在划分网格时,未对计算域边界层进行网格划分,由于喷嘴结构尺寸小,喷嘴内液体的流速快,在靠近喷嘴壁面处的液体表现出黏性大的特征,壁面对液体的"拉拽"效应对喷嘴内流量的振荡起到了一定的抑制作用,最终使得仿真模拟计算处的幅频特性值略高于实验所得结果。图 6-98 所展示的结果为喷嘴液路出口轴向速度的幅频特性曲线,轴向速度可直接通过喷嘴的出口流量来计算,其出口流量的动态变化直接决定了液路出口轴向速度的变化,因此该喷嘴液路出口轴向速度幅频特性曲线表现出与喷嘴流量幅频特性曲线一致的规律。

本章参考文献

[1] Bazarov V. Self-Pulsations in Coaxial Injectors with Central Swirl Liquid Stage[C/OL]. (1995-07-10) [2023-06-01]. https://doi.org/10.2514/6.1995-2358.

[2] Im J, Yoon Y. The Effect of the Ambient Pressure on Self-Pulsation Characteristics of a Gas/Liquid Swirl Coaxial Injector: AIAA Paper 2008-4850[R]. 2008.

[3] 安德烈耶夫 A B.气液喷嘴动力学[M]. 任汉芬,庄逢辰,译.北京:宇航出版社,1996.

[4] 徐进良,陈听宽. 汽液两相流中的声速研究[J]. 西安交通大学学报,1994,28(5):73-80.

[5] 朱森元. 氢氧火箭发动机及其低温技术[M]. 北京:国防工业出版社,1995.

第 7 章

液/液同轴离心喷嘴动态特性

液/液同轴离心喷嘴广泛应用于液体火箭发动机中。燃烧不稳定性是火箭发动机研制中的关键技术问题,其影响发动机的性能,甚至造成发动机的破坏[1]。在一定频率范围内,较小的燃烧室压力振荡就可能引起喷嘴流量较大幅度的振荡。喷嘴动态特性研究旨在从喷嘴流量振荡对压降振荡响应的角度出发,揭示燃烧不稳定性发生的机理。

以往的离心喷嘴动力学研究大多集中于单一组元喷嘴[2-8],以及供应系统与喷嘴之间的相互作用[9-12]。其中,俄罗斯学者 Bazarov 在喷嘴动力学方面进行了开创性的工作[2],后续国内杨立军等人[3-5]、富庆飞等人[6-8]对喷嘴动力学理论进行了发展,并开展了实验加以验证[5-8]。

对于双组元的液/液同轴离心喷嘴,国内外多数研究主要集中于定常工况。Kim 等人[13]通过实验研究了不同缩进尺寸和氧燃比对液/液同轴离心喷嘴内部流动的影响。Ahn 等人[14-15]通过模型燃烧室对液/液同轴离心喷嘴进行了热试研究,虽然多数工况下发生了不稳定燃烧,但是并没有从喷嘴的动态特性角度加以解释。Ding 等人对液/液同轴离心喷嘴进行了仿真[16]与实验[17]研究。徐顺等人[18]研究了喷嘴压降对液/液同轴离心喷嘴喷雾锥角的影响。宋大亮等人[19]对液/液同轴离心喷嘴中外喷嘴的内部流动进行了数值模拟。申力鑫等人[20]对双层旋转液膜的一次破碎过程进行了数值模拟。

盛立勇等人[21]对液/液同轴离心喷嘴的相关研究进行了综述,其中除了稳态工况,还提到了一些非定常雾化过程的研究。北京控制工程研究所针对航天姿控推力器中的液/液同轴离心喷嘴开展了研究[22-23],其中除了研究喷嘴的稳态喷雾特性,还研究了脉冲喷雾过程。脉冲喷雾虽然是非定常喷雾过程,但是不属于以燃烧不稳定为背景的喷嘴动力学范畴,因为脉冲是由管路上游电磁阀的开闭主动产生的。文献[24]在低韦伯数工况下发现了液/液同轴离心喷嘴内外离心液膜周期性合并、分离的非定常现象,但是这种工况远远偏离火箭发动机中的实际工作状态。综上所述,有必要从喷嘴动力学角度对液/液同轴离心喷嘴的动态特性进行研究。

7.1 理论模型

在火箭发动机中,液/液同轴离心喷嘴的内外喷嘴一般分别喷注氧化剂和燃料。因此,除了内外喷嘴单独的动态特性十分重要外,两者之间动态特性的关系也十分重要。富庆飞等人[25]通过理论分析了燃烧室压力振荡对液/液同轴离心喷嘴混合比的影响规律,但是在获得外喷嘴的传递函数时忽略了内喷嘴的影响,并没有针对外喷嘴的内部流动进行详细的分析。本章在此文献的基础上,从理论角度研究了液/液同轴离心喷嘴的动态特性,包括内、外喷嘴两者独立的动态特性,以及同轴喷嘴整体参数的动态特性。其中,内喷嘴传递函数来源于Bazarov[2]的理论。基于单相流假设和非定常伯努利方程,推导出了外喷嘴的传递函数。最后,研究了同轴喷嘴总流量以及氧燃比的幅频特性。

7.1.1　液/液同轴离心喷嘴模型

图 7-1 所示为本章研究的液/液同轴离心喷嘴模型,其中,内喷嘴为典型的收口型离心喷嘴结构,外喷嘴为环缝式离心喷嘴结构。喷嘴出口流量振荡相对于压降振荡的响应振幅和相位差称为喷嘴的动态特性,可以由传递函数来表征,具体为

$$\varPi = \frac{Q_c'/Q_c}{\Delta p_\Sigma'/\Delta p_\Sigma} \tag{7-1}$$

式中:Q_c 为喷嘴出口处的体积流量,Δp_Σ 为喷嘴的压降,"'"表示扰动量。

图 7-1　液/液同轴离心喷嘴示意图

本章计算的液/液同轴离心喷嘴算例,其结构参数符号如图 7-2 所示,各结构参数如表 7-1 所列,部分外喷嘴尺寸将在后面给出,其中下标 t 表示切向孔,下标 k 表示旋流腔,下标 c 表示喷口。推进剂采用甲基肼(MMH)及四氧化二氮(NTO),如表 7-2 所列。该算例不涉及任何具体型号,仅作为对理论结果的直观表现。假设喷嘴无缩进,在流出喷嘴前,内、外喷嘴之间互不影响,因此对两者的动态特性先分别进行分析。下面统一用下标 o 代表外喷嘴,i 代表内喷嘴。

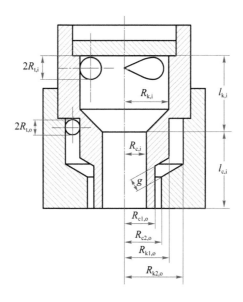

图 7 - 2　液/液同轴离心喷嘴结构参数符号

表 7 - 1　算例喷嘴的结构参数

参　数	值
$R_{t,i}$/mm	0.75
$R_{t,o}$/mm	0.5
$R_{k,i}$/mm	3
$R_{c,i}$/mm	1.5
$R_{c1,o}$/mm	2
$R_{c2,o}$/mm	2.5
$R_{k1,o}$/mm	3
$R_{k2,o}$/mm	4
g/mm	1
$l_{k,i}$/mm	5
$l_{c,i}$/mm	5
内喷嘴的切向入口长度 $l_{t,i}$/mm	2
外喷嘴的切向入口长度 $l_{t,o}$/mm	2
内喷嘴切向入口数目 $N_{t,i}$	4
外喷嘴切向入口数目 $N_{t,o}$	4

表 7 - 2　算例中使用的推进剂类型

喷　嘴	推进剂	密度/(kg·m^{-3})	氧燃比
外	MMH	853	1.65[26]
内	NTO	1 446	

7.1.2　内喷嘴动态特性分析

1. 计算方法

收口型离心喷嘴的传递函数如下式(具体推导过程及其中所有符号的具体含义见文献[2]):

$$\Pi_{i}=\frac{\overline{R}_{BX}^{2}}{a}\frac{\Pi_{c}\Pi_{k,cⅡ}\Pi_{t}}{2\Pi_{t}(\Pi_{k,3Ⅱ}+\Pi_{k,3Ⅲ})+1} \tag{7-2}$$

式中:Π_{t} 为切向通道传递函数,Π_{c} 为喷口的传递函数,$\Pi_{k,3Ⅱ}$ 为表面波引起的旋流腔传递函数,$\Pi_{k,3Ⅲ}$ 为旋转波引起的旋流腔传递函数,$\Pi_{k,cⅡ}$ 为表面波引起的旋流腔出口到喷口入口的传递函数。

2. 计算结果

从图 7-3 可以看出,在 0~3 000 Hz 的频率范围内,传递函数的幅频特性曲线呈现先增大后减小的趋势,并在某一频率出现极值。从传递函数的相频特性曲线可以看出,流量振荡与压降振荡之间的相位差与振荡频率的增大基本呈正相关。当喷嘴压降增大时,幅频特性曲线的极值基本不变,极值对应的振荡频率不断增大,喷嘴流量振荡与压降振荡之间的相位差减小。极值的出现说明喷嘴在该频率下发生了共振,该频率是内喷嘴的敏感频率点。

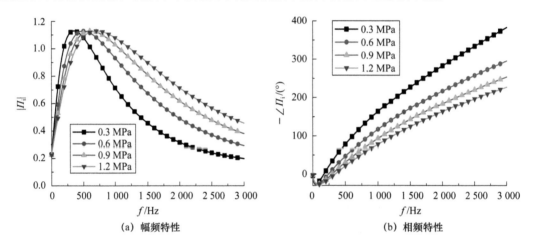

图 7-3　不同压降下内喷嘴的动态特性

7.1.3　外喷嘴动态特性分析

1. 计算方法

外喷嘴是环缝喷嘴,关于外喷嘴的动态特性未见已有传递函数,因此需要进行推导。根据文献[19]的仿真结果和经验,外喷嘴的液体通道会被推进剂填满,不会像典型离心喷嘴那样在中心产生气涡,因为气涡存在的区域被内喷嘴占据。由于外喷嘴内部充满液体,且液体的压缩性可忽略不计,因此可以认为喷嘴任一截面的液体流量保持不变,这是接下来推导的基本假设。

需要说明的是,本小节所有参数与变量均只与外喷嘴相关,为了方便阅读,本小节内的公式中均省略了下标 o。

首先求解外喷嘴流动参数的稳态量。总流速为

$$v_\Sigma = \sqrt{\frac{2\Delta p}{\rho}} \tag{7-3}$$

根据流量相等条件:

$$v_{in}A_{in} = v_a A_{out} \tag{7-4}$$

$$K_c = \frac{R_{c2}+R_{c1}}{2R_{BX}}, \quad v_t = \frac{v_{in}}{K_c} \tag{7-5}$$

$$v_a^2 + v_t^2 = v_\Sigma^2 \tag{7-6}$$

式(7-4)~(7-6)中:v_{in} 为切向孔内流速,A_{in}、A_{out} 分别为喷嘴切向孔进口面积和喷嘴出口面积,v_a、v_t 分别为喷嘴出口轴向速度和切向速度,$R_{BX} = R_{k2} - R_t$ 为旋流腔液体旋转臂半径。根据式(7-3)~(7-6)可得

$$v_a^2 = \frac{v_\Sigma^2}{1 + \dfrac{A_{out}^2}{A_{in}^2 K_c^2}} \tag{7-7}$$

令 $K_a = 1 \Big/ \left(1 + \dfrac{A_{out}^2}{A_{in}^2 K_c^2}\right)$,喷嘴的体积流量 Q 为

$$Q = v_a A_{out} \tag{7-8}$$

$$Q^2 = K_a A_{out}^2 v_\Sigma^2 \tag{7-9}$$

喷嘴压降的变化会同时引起切向速度及沿流道方向速度的变化,其中只有沿流道方向的速度与流量相关(沿流道方向是指平行于环缝截面边界)。

接下来求解当压降发生小扰动时,沿流道方向速度(下标 a)和切向速度(下标 t)两者变化量之间的关系。将外喷嘴简化为如图 7-4 所示的计算模型,其中包含一些几何尺寸的取值。

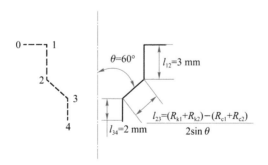

图 7-4 外喷嘴简化模型

定义沿流道方向速度的变化量在总速度变化量中的占比为 η,则

0—1(切向孔)：

$$\eta_{01}=1 \qquad\qquad (7-10)$$

1—2(旋流腔)：

$$\left.\begin{array}{l} v_{t2}=v_{in}=\dfrac{A_{out}}{A_{in}}v_a \\[3mm] v_{a2}=\dfrac{A_{out}}{A_2}v_a \\[3mm] \eta_{12}=\dfrac{\delta v_{a2}}{\delta v_{a2}+\delta v_{t2}}=\dfrac{1}{1+\dfrac{A_2}{A_{in}}} \end{array}\right\} \qquad (7-11)$$

对于2—3(收敛段)由于沿流道方向的流通面积一直发生变化,因此需要进行稍微复杂的处理。

取直角坐标系如图7-5所示,收敛段的宽度为 g,收敛段内中轴线上任意一点与喷嘴轴线的距离为

$$R(x)=R_{m0}-x\sin\theta \qquad\qquad (7-12)$$

式中：$R_{m0}=(R_{k2}+R_{k1})/2$,收敛段内中轴线上任意一点对应环缝喷嘴的流通面积如图7-5所示,这部分面积实际上是两个圆锥表面积的差,计算过程为

$$A(x)=\dfrac{\pi\left[R(x)+\dfrac{g}{2}\cos\theta\right]^2}{\cos\theta}-\dfrac{\pi\left[R(x)-\dfrac{g}{2}\cos\theta\right]^2}{\cos\theta}=2\pi g R(x) \qquad (7-13)$$

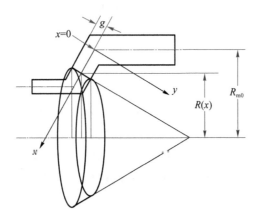

图7-5 外喷嘴收敛段的计算方法

收敛段任意一点的切向速度和沿流道方向速度为

$$\left.\begin{array}{l} v_t(x)=\dfrac{A_{out}}{A_{in}K_c(x)}v_a \\[3mm] v_a(x)=\dfrac{A_{out}}{A(x)}v_a \\[3mm] K_c(x)=\dfrac{R(x)}{R_{BX}} \end{array}\right\} \qquad (7-14)$$

与式(7-11)同理可得

$$\eta(x) = \frac{\delta v_{\mathrm{a}}(x)}{\delta v_{\mathrm{a}}(x) + \delta v_{\mathrm{t}}(x)} = \frac{1}{1 + \dfrac{A(x)}{A_{\mathrm{in}} K_{\mathrm{a}}(x)}} \tag{7-15}$$

3—4(喷口)：

$$\left.\begin{aligned} v_{\mathrm{t}4} &= v_{\mathrm{t}} = \frac{A_{\mathrm{out}}}{A_{\mathrm{in}} K_{\mathrm{c}}} v_{\mathrm{a}} \\[2mm] v_{\mathrm{a}4} &= v_{\mathrm{a}} \\[2mm] \eta_{34} &= \frac{\delta v_{\mathrm{a}}}{\delta v_{\mathrm{a}} + \delta v_{\mathrm{t}}} = \frac{1}{1 + \dfrac{A_{\mathrm{out}}}{A_{\mathrm{in}} K_{\mathrm{c}}}} \end{aligned}\right\} \tag{7-16}$$

式中各面积由外喷嘴的几何尺寸决定。流量与沿流道方向的速度关系为

$$Q = Av \tag{7-17}$$

不可压非定常伯努利方程为

$$\rho \int_1^2 \frac{\partial v}{\partial t} \mathrm{d}s + \frac{1}{2}\rho(v_2^2 - v_1^2) = p_1 - p_2 \tag{7-18}$$

式中：v 和 p 均是关于时间变化的，将其设为波动形式如下：

$$\left.\begin{aligned} v_i &= \overline{v}_i + v_i' \exp(\mathrm{i}\omega t) \\ p_i &= \overline{p}_i + p_i' \exp(\mathrm{i}\omega t) \end{aligned}\right\} \tag{7-19}$$

对关于时间的变量取微元量，并考虑到喷嘴内有多段流体通道，可得

$$\left.\begin{aligned} \int_0^1 \frac{\partial(\delta v)}{\partial t}\mathrm{d}s + (v_1 \delta v_1 - v_0 \delta v_0) &= \frac{\delta p_0 - \delta p_1}{\rho} \\ &\vdots \\ \int_i^{i+1} \frac{\partial(\delta v)}{\partial t}\mathrm{d}s + (v_{i+1}\delta v_{i+1} - v_i \delta v_i) &= \frac{\delta p_i - \delta p_{i+1}}{\rho} \end{aligned}\right\} \tag{7-20}$$

忽略集液腔内速度，即 $v_0 = 0$，将式(7-20)的左端和右端分别相加，可得

$$\sum_{i=0}^{N-1} \int_i^{i+1} \frac{\partial(\delta v)}{\partial t}\mathrm{d}s + v_N \delta v_N = \frac{\delta p_0 - \delta p_N}{\rho} \tag{7-21}$$

式(7-21)中的 v 代表总流速，而决定流量的只有沿流道方向的分量，因此

$$\sum_{i=0}^{N-1} \int_i^{i+1} \frac{\partial}{\partial t} \frac{\delta v_{\mathrm{a}}}{\eta}\mathrm{d}s + v_N \frac{\delta v_{N\mathrm{a}}}{\eta} = \frac{\delta(\Delta p)}{\rho} \tag{7-22}$$

式中：η 为式(7-10)～(7-16)中求出的值，结合式(7-17)中的关系，并根据喷嘴任意截面流量在同一时刻处处相等的假设，得

$$\frac{\partial \delta Q}{\partial t} \sum_{i=0}^{N-1} \int_i^{i+1} \frac{\mathrm{d}s}{A_{i+1}\eta} + v_N \frac{\delta Q}{A_N \eta} = \frac{\delta(\Delta p)}{\rho} \tag{7-23}$$

代入式(7-10)～(7-16)及式(7-19)即可获得

$$(K_1 \mathrm{i}\omega + K_2)Q' = \Delta p' \tag{7-24}$$

式中：

$$K_1 = \rho \left[\frac{l_{\mathrm{t}}}{A_{\mathrm{in}} \eta_{01}} + \frac{l_{12}}{A_2 \eta_{12}} + \int_0^{l_{23}} \frac{\mathrm{d}x}{A(x)\eta(x)} + \frac{l_{34}}{A_{\mathrm{out}} \eta_{34}} \right] \tag{7-25}$$

$$K_2 = \frac{\rho v_{\Sigma}}{A_{\mathrm{out}} \eta_{34}} \tag{7-26}$$

K_1 中的积分项表示收敛段,具体计算过程为

$$\int_0^{l_{23}} \frac{\mathrm{d}x}{A(x)r(x)} = \left(\frac{1}{2\pi g\sin\theta} + \frac{R_{BX}}{A_{in}\sin\theta}\right)\ln\left(\frac{R_{m0}}{R_{m0} - l_{23}\sin\theta}\right) \tag{7-27}$$

最后,进行无量纲化,获得传递函数

$$\Pi_o = \frac{Q'/\overline{Q}}{\Delta p'/\Delta \overline{p}} = \frac{\rho \overline{Q}}{2K_a A_{out}^2} \cdot \frac{1}{i\omega K_1 + K_2} \tag{7-28}$$

2. 计算结果

图 7-6 所示为不同压降下外喷嘴的动态特性。从图中可以看出,在 0~3 000 Hz 内,传递函数幅频特性曲线呈现单调减小的趋势,这与同样单相流动的直流喷嘴的幅频特性曲线是类似的。从传递函数相频特性曲线可以看出,流量振荡与压降振荡之间的相位差与振荡频率呈正相关,且曲线斜率不断减小。当喷嘴压降增大时,振幅参数单调增加,喷嘴流量振荡与压降振荡之间的相位差减小。由于外喷嘴的传递函数与惯性环节类似,所以其流量振荡与压降振荡之间相位差不会超过 90°。相比之下,高频范围内喷嘴的流量振荡与压降振荡之间的相位差会大很多。当考虑内、外喷嘴压降振荡相位一致时,在振荡频率较高的情况下,内、外喷嘴之间流量振荡相位差就会比较大。

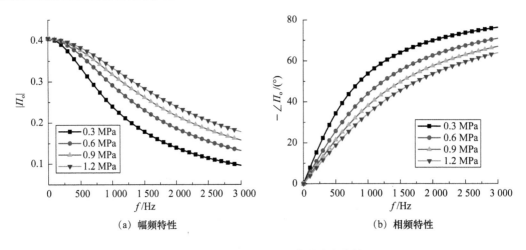

(a) 幅频特性　　　　　　　　(b) 相频特性

图 7-6　不同压降下外喷嘴的动态特性

7.1.4　同轴喷嘴整体动态特性分析

1. 计算方法

上面分别分析了内、外喷嘴的动态特性,但是实际发动机工作时是由内、外喷嘴喷出的氧化剂和燃料掺混、燃烧来形成燃烧室压力的。因此,对于燃烧室出现的不稳定燃烧的研究必须考虑同轴喷嘴整体的动态特性,即研究氧化剂、燃料总流量的振荡以及两者混合比振荡的情况。

下面先分析氧化剂与燃料总流量的振荡。定义总流量的相对振幅为

$$G_{\mathrm{m}} = \frac{\langle \rho_{\mathrm{o}} Q_{\mathrm{o}}' \sin(\omega t) + \rho_{\mathrm{i}} Q_{\mathrm{i}}' \sin(\omega t + \varphi) \rangle}{\rho_{\mathrm{o}} Q_{\mathrm{o}} + \rho_{\mathrm{i}} Q_{\mathrm{i}}} \tag{7-29}$$

式中:"〈　〉"表示取峰峰值,φ 为内喷嘴与外喷嘴流量振荡的相位差,$\omega = 2\pi f$。

令 $K_{\mathrm{p,o}} = \Delta p_{\mathrm{o}}'/\Delta p_{\mathrm{o}}$,$K_{\mathrm{p,i}} = \Delta p_{\mathrm{i}}'/\Delta p_{\mathrm{i}}$。由于认为喷嘴压降是由下游燃烧室压力振荡引起的,因此内、外喷嘴的压降振荡幅值相位一致,振幅一致,即 $\Delta p_{\mathrm{i}}' = \Delta p_{\mathrm{o}}'$,从而总流量的相对振幅可以表示为

$$G_{\mathrm{m}}(\omega) = \frac{\langle \rho_{\mathrm{o}} Q_{\mathrm{o}} K_{\mathrm{p,o}} | \Pi_{\mathrm{o}}(\omega) | \sin(\omega t) + \rho_{\mathrm{i}} Q_{\mathrm{i}} K_{\mathrm{p,i}} | \Pi_{\mathrm{i}}(\omega) | \sin(\omega t + \varphi) \rangle}{\rho_{\mathrm{o}} Q_{\mathrm{o}} + \rho_{\mathrm{i}} Q_{\mathrm{i}}} =$$

$$C_{\mathrm{o}}(\omega) \sin(\omega t) + C_{\mathrm{i}}(\omega) \sin(\omega t + \varphi) \rangle \tag{7-30}$$

对于特定的振荡频率,内、外喷嘴式(7-30)中的系数 C 值固定。经验证:

$$f(x) = C_1 \sin x + C_2 \sin(x + \varphi) \tag{7-31}$$

这类函数为正弦函数且与 $g(x) = \sin x + \sin(x + \varphi)$ 具有一个相同的极值点 $x = \pi/4 - \varphi/2$。虽然理论推导中压力的相对振幅是未知的,但是式(7-31)中的系数 C 并不影响函数极值点的分布,因此令 $K_{\mathrm{p,o}} = 0.1$,相应的 $K_{\mathrm{p,i}} = 0.1(\Delta p_{\mathrm{o}}/\Delta p_{\mathrm{i}})$。

综上,可以获得总流量振荡的幅频特性为

$$G_{\mathrm{m}}(\omega) = \left| \left| 0.1 D_{\mathrm{o}} | \Pi_{\mathrm{o}}(\omega) | \sin\left(\frac{\pi}{4} - \frac{\varphi}{2}\right) + 0.1 \left(\frac{\Delta p_{\mathrm{o}}}{\Delta p_{\mathrm{i}}}\right) D_{\mathrm{i}} | \Pi_{\mathrm{i}}(\omega) | \sin\left(\frac{\pi}{4} + \frac{\varphi}{2}\right) \right| \right| \tag{7-32}$$

式中:$D_{\mathrm{o}} = \rho_{\mathrm{o}} Q_{\mathrm{o}} / (\rho_{\mathrm{o}} Q_{\mathrm{o}} + \rho_{\mathrm{i}} Q_{\mathrm{i}})$,$D_{\mathrm{i}} = 1 - D_{\mathrm{o}}$。

接下来,要关注氧化剂与燃料流量比值的情况。因为在总流量振荡不太剧烈的情况下,如果氧燃比变化较为剧烈,则同样会对燃烧造成较大影响。定义氧燃比的相对振幅如下:

$$G_{\mathrm{r}} = \frac{1}{\left(\dfrac{\rho_{\mathrm{i}} Q_{\mathrm{i}}}{\rho_{\mathrm{o}} Q_{\mathrm{o}}}\right)} \left\langle \frac{\rho_{\mathrm{i}} Q_{\mathrm{i}}' \sin(\omega t + \varphi) + \rho_{\mathrm{i}} Q_{\mathrm{i}}}{\rho_{\mathrm{o}} Q_{\mathrm{o}}' \sin(\omega t) + \rho_{\mathrm{o}} Q_{\mathrm{o}}} \right\rangle = \left\langle \frac{| \Pi_{\mathrm{i}}(\omega) | K_{\mathrm{p,i}} \sin(\omega t + \varphi) + 1}{| \Pi_{\mathrm{o}}(\omega) | K_{\mathrm{p,o}} \sin(\omega t) + 1} \right\rangle \tag{7-33}$$

经研究,尖括号内的函数为非正弦的周期函数,可以通过求其最大值与最小值之间的差值定义峰峰值来表征氧燃比的相对振幅。对该函数性质的研究表明,如果分子与分母正弦函数前的系数的比值不变,则其极值点分布受影响很小,因此对内、外喷嘴压降的相对振幅可采用上面同样的取法,最终可得氧燃比的相对振幅为

$$G_{\tau}(\omega) = \left| \frac{0.1 \left(\dfrac{\Delta p_{\mathrm{o}}}{\Delta p_{\mathrm{i}}}\right) | \Pi_{\mathrm{i}}(\omega) | \sin(s_1 + \varphi) + 1}{0.1 | \Pi_{\mathrm{o}}(\omega) | \sin(s_1) + 1} - \frac{0.1 \left(\dfrac{\Delta p_{\mathrm{o}}}{\Delta p_{\mathrm{i}}}\right) | \Pi_{\mathrm{i}}(\omega) | \sin(s_2 + \varphi) + 1}{0.1 | \Pi_{\mathrm{o}}(\omega) | \sin(s_2) + 1} \right|$$

$$\tag{7-34}$$

式中:s_1、s_2 分别为该函数在一个周期内的两个极值点。

至此,已完成了对同轴喷嘴整体动态特性评估相关的两个参数的介绍,下面介绍计算结果。

2. 计算结果

计算同轴喷嘴整体动态特性时需要确定内、外喷嘴的流量关系,即氧燃比。根据计算,本

小节中在内、外喷嘴压降均为 0.5 MPa 情况下氧燃比约为 1.65。不改变喷嘴压降,通过将内喷嘴切向孔数目改为 2,可使同轴喷嘴处在富燃状态;通过将外喷嘴切向孔数目改为 2,可使同轴喷嘴处在富氧状态。三种喷嘴氧燃比如表 7-3 所列。

表 7-3 三种不同氧燃比的喷嘴(压降 0.5 MPa)

参　　数	通常值	富　燃	富　氧
氧化剂质量流量/(g·s⁻¹)	93.3	58.4	93.3
燃料质量流量/(g·s⁻¹)	56.7	56.7	29.2
氧燃比	1.65[26]	1.03	3.20

下面计算这三种情况下同轴喷嘴氧燃比振荡和总流量振荡的幅频特性。

对于氧燃比为 1.65 的喷嘴,首先计算内、外喷嘴独立的动态特性曲线,如图 7-7 所示;然后计算同轴喷嘴整体的动态特性,如图 7-8 所示。

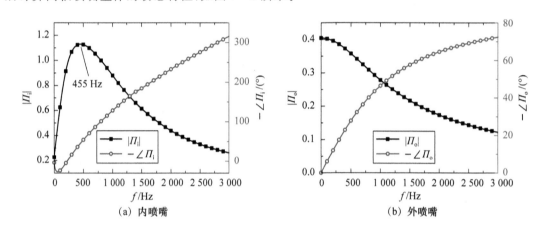

(a) 内喷嘴 (b) 外喷嘴

图 7-7 内喷嘴与外喷嘴独立的动态特性(压降 0.5 MPa,氧燃比 1.65)

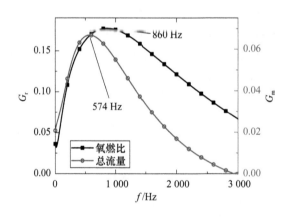

图 7-8 同轴喷嘴的幅频特性曲线(氧燃比 1.65)

从图 7-7(a)可以看出,内喷嘴的幅频特性曲线中出现了一个峰值,峰值对应的振荡频率为 455 Hz。从图 7-8 可以看出,在计算同轴喷嘴整体的动态特性时,总流量振荡与氧燃比振荡的幅频特性曲线中分别出现了 574 Hz 和 860 Hz 频率更高的极值点。

图 7 - 9 与图 7 - 10 所示为富燃同轴喷嘴与富氧同轴喷嘴的幅频特性曲线。相比氧燃比为 1.65 的喷嘴,富燃同轴喷嘴的氧燃比幅频特性曲线极值点向高频方向移动;总流量幅频特性曲线的第一个极值点向低频方向移动,在高频范围内出现了第二个极值点。富氧喷嘴的各幅频特性曲线与 1.65 氧燃比喷嘴相似,氧燃比和总流量曲线的极值点均略微向高频方向移动。

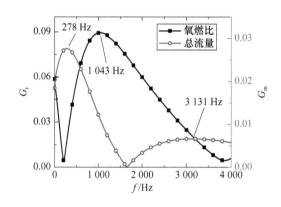

图 7 - 9　同轴喷嘴的幅频特性曲线(富燃)

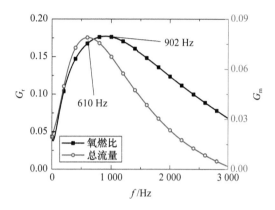

图 7 - 10　同轴喷嘴的幅频特性曲线(富氧)

根据以上结果,不论在何种氧燃比情况下,计算同轴喷嘴整体的动态特性时均出现了单独考虑内外喷嘴所不能发现的敏感频率点,且有些敏感点频率较高。因此,在今后的同轴喷嘴分析中,不仅要研究内外喷嘴独立的动态特性,而且十分有必要研究两者之间的相互影响,以获得同轴喷嘴整体的动态特性。

3. 理论结果验证方法

喷嘴动态特性的试验验证需要对喷嘴出口的脉动流量进行测量。对喷嘴高频脉动流量的测量难度较大,目前最主要的方法是电导法(详见文献[5-6,8])。但是上述方法仅局限于单组元离心喷嘴,并且需要喷嘴内部的环形液膜厚度发生变化。本节中研究的同轴喷嘴模型涉及两种组元推进剂,推进剂在喷口处会发生掺混,并且当考虑外喷嘴为狭缝形式时其不存在液膜厚度的变化。目前尚未有成熟的方法对双组元同轴喷嘴的脉动流量进行精确测量,因此本节的理论较难进行直接的试验验证。

不过流量振荡最终可能体现为燃烧室燃烧特性的振荡,如压力、温度等。基于此,有可能对本节的理论进行间接验证。在发动机发生不稳定燃烧的情况下测量振荡频率,并与喷嘴计算得到的敏感频率进行对比,若两者频率相符合,那么不稳定燃烧极有可能由喷嘴的不稳定喷注引发。

本节理论的价值更多在于,若提前知道发动机供应系统、燃烧室等结构的特征频率,就可在设计同轴喷嘴时主动使喷嘴传递函数的峰值避开这些特征频率,从而提高发动机整体的稳定性。

7.2 数值模拟

建立一个三维模型对双组元收口型离心喷嘴动态特性进行数值模拟。使用商业软件
Fluent 来求解耦合了 VOF(Volume Of Fluid)方程的
Navier - Stokes(N - S)方程组。计算模型如图 7 - 11
所示。采用六面体结构化网格,压力速度耦合采用
SIMPLE(Semi-Implicit Method for Pressure-Linked
Equation)方法,湍流运动采用可实现 $k - \varepsilon$ 模型,动量
方程采用二阶迎风格式。内喷嘴和外喷嘴的切向孔为
入口。

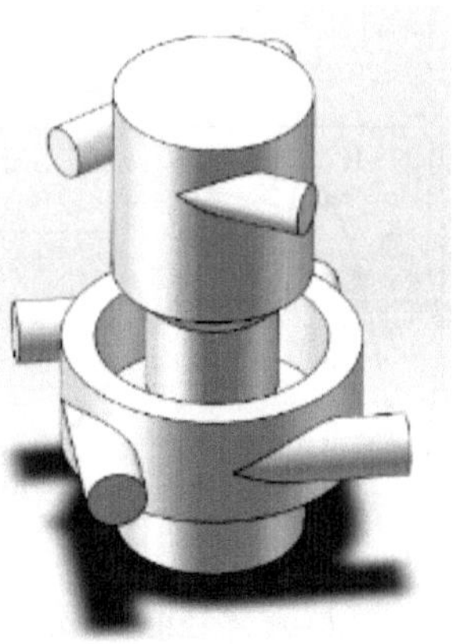

7.2.1 切向孔尺寸对动态特性的影响

研究切向孔尺寸对动态特性的影响规律,表 7 - 4
所列为切向孔尺寸。

图 7 - 11 双组元收口型离心喷嘴
动态特性计算区域

表 7 - 4 切向孔尺寸

喷嘴结构序号	氧化剂喷嘴切向孔尺寸/mm	燃料喷嘴切向孔尺寸/mm
A0	1.55	1.8
A1	1.31	1.8
A2	1	1.8
A3	1.65	1.8

图 7 - 12 所示为喷嘴内流场达到稳定时中心截面处的密度云图,可以看到内喷嘴在氧化
剂旋流时形成中心气涡,气涡直径在喷嘴直径收缩时会增大,内喷嘴切向孔尺寸减小时,气涡
直径稍有增大。外喷嘴中燃料填充了环缝间隙,没有气涡。图 7 - 13 所示为喷嘴出口截面处
的相云图,可以看到氧化剂和燃料在出口处呈圆环形分布,且氧化剂与燃料相贴合。

1. 入口压力振荡

为了研究双组元离心喷嘴对于外部扰动所做的响应,在切向入口处施加一个周期脉动的
量。入口边界设为压力入口,入口压力不变,改变切向孔尺寸,入口处的压力脉动为

$$p_{in} = p'_{in0}[1 + \alpha\sin(\omega t)]$$

式中:α 为振荡的幅度,此处为 10%;ω 为角频率,$\omega = 2\pi f$,扰动频率取 $f = 500$ Hz,1 000 Hz,
1 500 Hz。喷嘴出口边界条件为压力出口边界,操作压力为室压 6.76 MPa。内喷嘴流体为四
氧化二氮(N_2O_4),外喷嘴流体为偏二甲肼(UDMD),气体相为空气。

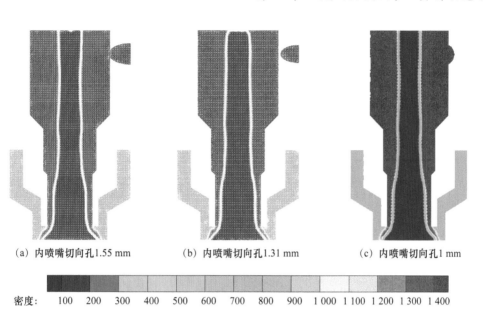

(a) 内喷嘴切向孔1.55 mm (b) 内喷嘴切向孔1.31 mm (c) 内喷嘴切向孔1 mm

密度： 100 200 300 400 500 600 700 800 900 1 000 1 100 1 200 1 300 1 400

图 7-12 喷嘴截面密度云图(面 yOz)(切向孔)

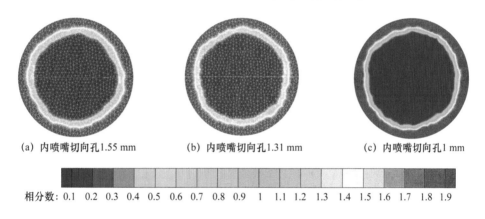

(a) 内喷嘴切向孔1.55 mm (b) 内喷嘴切向孔1.31 mm (c) 内喷嘴切向孔1 mm

相分数： 0.1 0.2 0.3 0.4 0.5 0.6 0.7 0.8 0.9 1 1.1 1.2 1.3 1.4 1.5 1.6 1.7 1.8 1.9

图 7-13 喷嘴出口截面相云图(切向孔)

(1) 内喷嘴动态特性分析

在内喷嘴切向入口处施加一个周期脉动的压力：$p_{in} = p'_{in0}[1 + \alpha\sin(\omega t)]$，其中 $p'_{in0} = 0.86$ MPa。压降脉动会使内喷嘴中氧化剂的流量也发生脉动，图 7-14～图 7-16 所示为不同切向孔尺寸的入口在施加不同频率的扰动时出口流量和入口压力随时间变化的曲线。根据喷嘴动力学理论，出口流量的脉动与切向入口压力脉动之间存在着相位差，喷嘴在此过程中起到一个相位调节器的作用。从上述图中可以看出，切向入口处的压力脉动与出口处的流量脉动之间的相位差在不同频率下是不同的，随着扰动频率的增大，出口流量的振幅也是不同的。图 7-17 所示为不同切向孔尺寸内喷嘴的出口流量脉动与入口压力脉动的相位差随频率的变化，可以看出，相位差随着脉动频率的增大而增大。对于出口的氧化剂流量，由以上理论分析可知，振幅最大值存在于 601 Hz 左右，仿真计算得到的三个工况下取到振幅最大值为 500 Hz 或 1 000 Hz，符合理论分析。

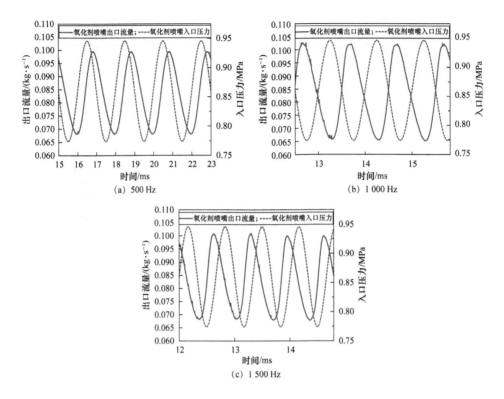

图 7-14 不同扰动频率下压力和流量信号脉动曲线(切向孔 1.55 mm)

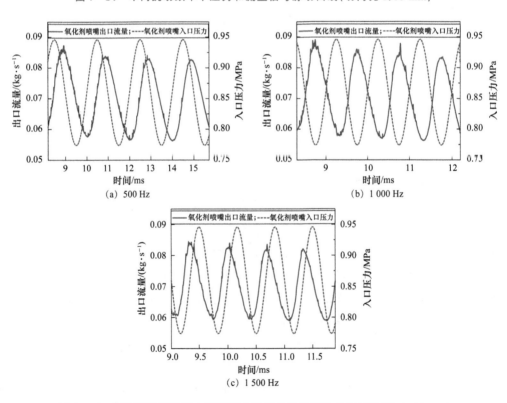

图 7-15 不同扰动频率下内喷嘴压力和流量信号脉动曲线(切向孔 1.31 mm)

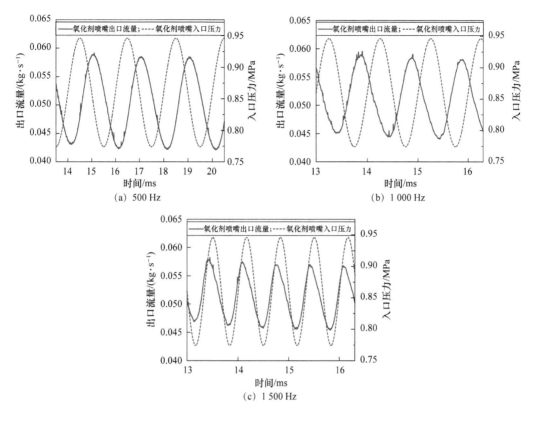

图 7-16 不同扰动频率下压力和流量信号脉动曲线(切向孔 1 mm)

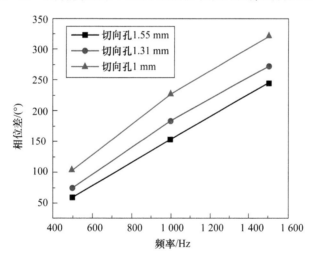

图 7-17 切向孔对内喷嘴动态特性的影响

(2) 外喷嘴动态特性分析

在外喷嘴切向入口处施加一个周期脉动的压力:$p_{in} = p'_{in0}[1+\alpha\sin(\omega t)]$,其中 $p'_{in0} = 1.04$ MPa。图 7-18 所示为外喷嘴入口施加不同频率的扰动时,出口流量和入口压力随时间变化的曲线。从图中可以看出,切向入口处的压力脉动与出口处的流量脉动之间的相位差在不同频率下是不同的,随着扰动频率的增大,出口流量的振幅也是不同的。

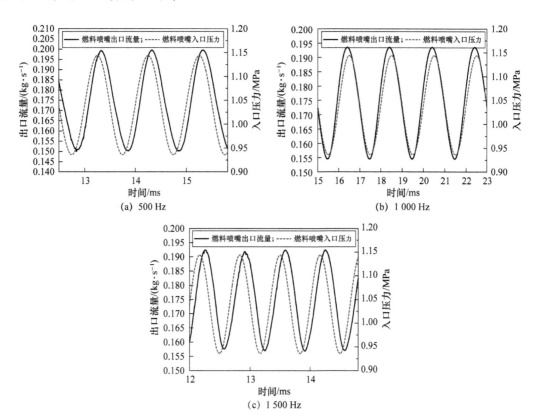

图 7-18　不同扰动频率下外喷嘴压力和流量信号脉动曲线(A0 结构喷嘴)

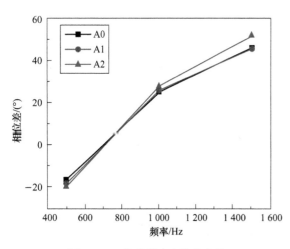

图 7-19　外喷嘴动态特性曲线

图 7-19 所示为内喷嘴切向孔尺寸变化时,外喷嘴的出口流量脉动与入口压力脉动的相位差随频率变化的曲线,相位差随着脉动频率的增大而增大。在相同频率下,对于不同的模型,由于外喷嘴的切向孔不变,所以外喷嘴的相位差相比于内喷嘴小。燃料出口流量振幅也与内切向孔尺寸无关,但在频率为 1 000 Hz 时明显比其他工况高。

与内喷嘴相比,外喷嘴的相位差较小,这是因为燃料的流道为两喷嘴的环缝间隙,流动过程中燃料填满环缝,此时液体的可压缩性可以忽略,这与理论部分相一致。

(3) 两喷嘴出口流量

图 7-20~图 7-22 所示为不同切向孔尺寸的喷嘴在施加扰动时检测到的氧化剂出口流量和燃料出口流量随时间变化的曲线,相应的扰动频率分别为 500 Hz、1 000 Hz 和 1 500 Hz。氧化剂出口流量的脉动与燃料出口流量脉动之间存在相位差,图 7-23 所示为三个不同结构的相位差。可以看出,扰动频率越高,相位差越大,在相同频率下,相位差随着内喷嘴切向孔直径的减小而增大。

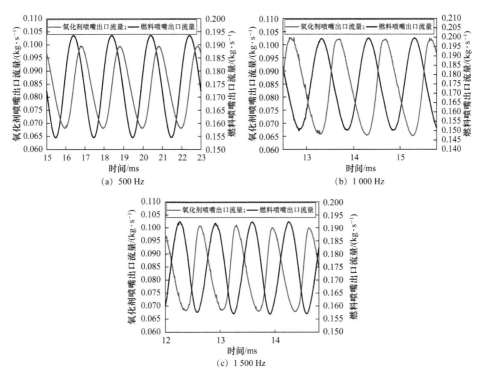

图 7 - 20　不同扰动频率下氧化剂和燃料出口流量脉动曲线(切向孔 1.55 mm)

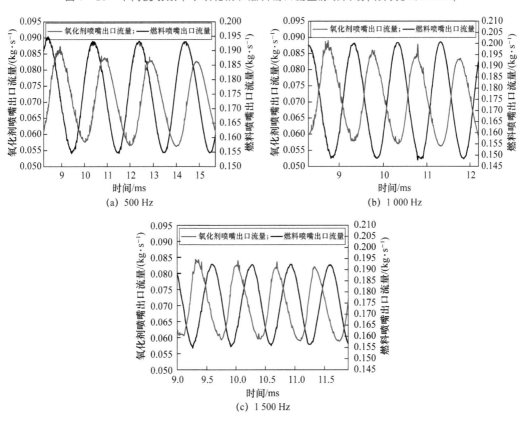

图 7 - 21　不同扰动频率下氧化剂和燃料出口流量脉动曲线(切向孔 1.31 mm)

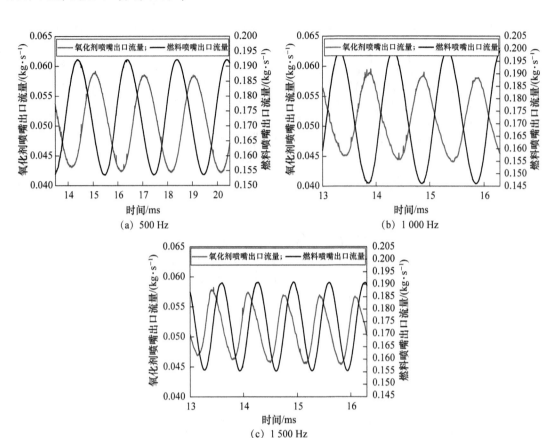

图 7 - 22 不同扰动频率下氧化剂和燃料出口流量脉动曲线(切向孔 1 mm)

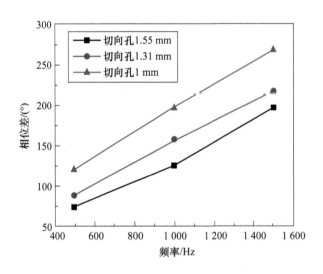

图 7 - 23 切向孔尺寸对两喷嘴相位差的影响

(4) 出口总流量和混合比

图 7 - 24(a)所示为入口压力脉动时,A0 结构喷嘴的出口总流量随时间变化的曲线;

图 7-24(b)所示为喷嘴出口混合比随时间变化的曲线。可以看出,当内、外喷嘴的入口压力发生相同频率的正弦脉动时,喷嘴出口处的总流量和混合比也基本呈正弦规律的周期变化。

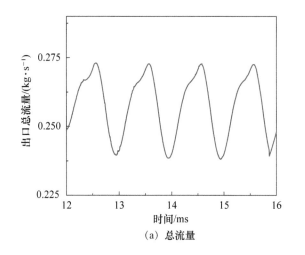

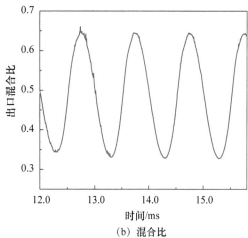

(a) 总流量

(b) 混合比

图 7-24 喷嘴出口处总流量和混合比脉动曲线(切向孔 1.55 mm,1 000 Hz)

2. 出口压力振荡

为了研究双组元离心喷嘴对于反压扰动所做出的响应,在喷嘴出口处施加一个周期脉动的量。入口边界设为压力入口,入口压力不变,改变切向孔尺寸。喷嘴出口边界条件为压力出口边界,操作压力为室压 6.76 MPa,出口处的压力脉动为

$$p_{out} = p'_{out0}[1 + \alpha\sin(\omega t)]$$

式中:$p'_{out0} = 6.76$ MPa;α 为振荡的幅度,此处为 5%;ω 为角频率,$\omega = 2\pi f$,扰动频率取 $f = 500$ Hz,1 500 Hz,1 500 Hz。内喷嘴流体为四氧化二氮(N_2O_4),外喷嘴流体为偏二甲肼(UDMD),气体相为空气。

(1) 内喷嘴动态特性分析

内喷嘴切向孔处入口压力为 0.86 MPa,出口压力振荡,压降脉动会使内喷嘴中氧化剂的流量也发生脉动,图 7-25~图 7-27 所示为不同切向孔尺寸的出口在施加不同频率的扰动时,出口流量和喷嘴压降随时间变化的曲线。

出口压力振荡为反压的 5% 时,与入口压力振荡相比,压降的振荡幅值要大很多。从图 7-25~图 7-27 可以看出,氧化剂喷嘴出口流量并没有呈现较为规律的正弦变化,出口流量会在压降到达最大值时突增,然后从该峰值缓慢下降,这一过程呈周期性变化。频率越高时流量降低越快,对应的峰宽越窄。

图 7-28 所示为不同切向孔尺寸内喷嘴的出口流量脉动与喷嘴压降脉动的相位差随频率的变化。可以看出,除 A3 结构外,相位差随着脉动频率的增大而增大。在相同频率下,除 A3 结构外,切向孔尺寸越小时,相位差越大,这与入口压力振荡时的规律基本一致。

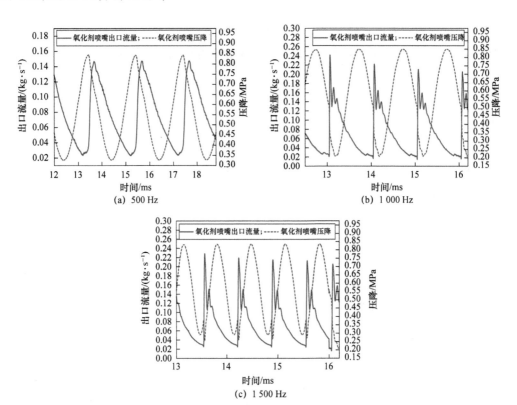

图 7-25　不同扰动频率下内喷嘴出口流量和压降脉动曲线（切向孔 1.55 mm）

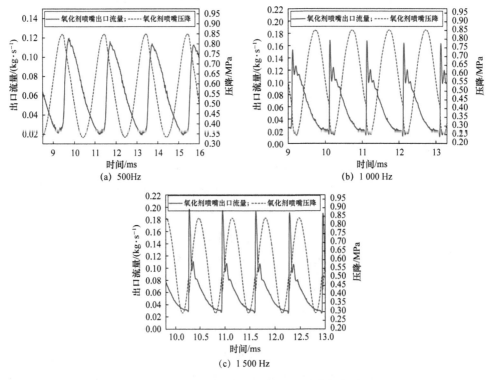

图 7-26　不同扰动频率下内喷嘴出口流量和压降脉动曲线（切向孔 1.31 mm）

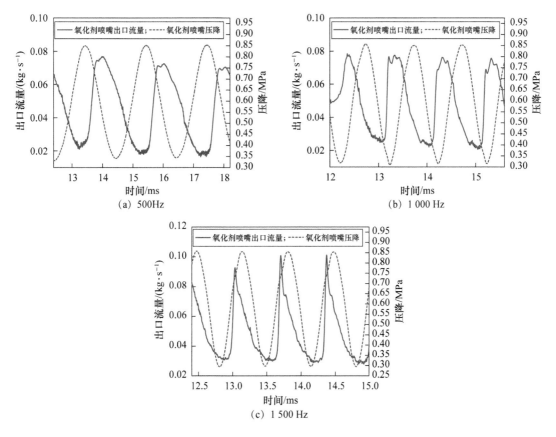

图 7 - 27　不同扰动频率下内喷嘴出口流量和压降脉动曲线(切向孔 1 mm)

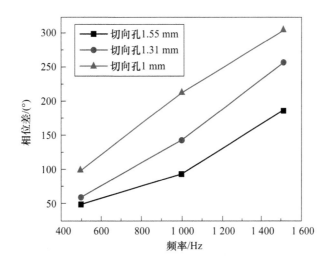

图 7 - 28　切向孔对内喷嘴动态特性的影响

(2) 外喷嘴动态特性分析

　　外喷嘴切向孔处入口压力为 1.04 MPa,出口压力振荡。图 7 - 29 所示为出口施加不同频率的扰动时,外喷嘴出口流量和压降随时间变化的曲线。压降脉动与出口处的流量脉动之间的相位差在不同频率下是不同的,但其变化规律与入口压力振荡时的结果相同。与入口压力振荡的结果相比,出口压力振荡时,燃料喷嘴出口流量的脉动出现较杂乱的区域。

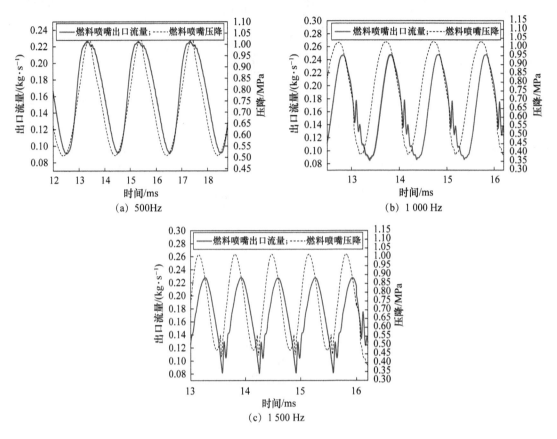

(a) 500Hz

(b) 1 000 Hz

(c) 1 500 Hz

图 7 - 29　不同扰动频率下外喷嘴压降和流量信号脉动曲线(A0 结构喷嘴)

图 7 - 30 所示为三个不同结构喷嘴的相位差随频率的变化。可以看出,扰动频率越高,相位差越大,这与入口压力脉动时得到的结果相同。

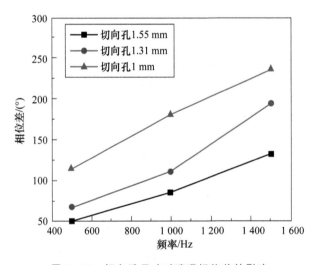

图 7 - 30　切向孔尺寸对喷嘴相位差的影响

(3) 出口总流量和混合比

与入口压力振荡相比,出口压力的振荡对出口总流量和混合比的影响较大,例如在图 7 - 31 中,A0 结构在 1 000 Hz 的出口压力振荡下,总流量脉动图中一个周期内出现两个峰值,分别对应氧化剂流量较大和燃料流量较大的情况,此时氧化剂和燃料的混合效果较差。在图 7 - 32 中,A1 结构在出口压力振荡为 1 500 Hz 时,混合比的振荡幅值很大,氧燃比可以高达2.4,降低了推进剂的燃烧效率。

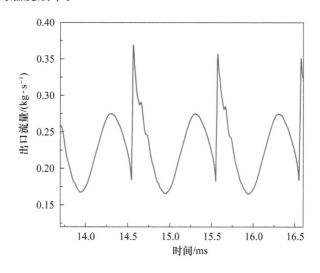

图 7 - 31 出口压力振荡为 1 000 Hz 时的出口流量脉动(A0 结构喷嘴)

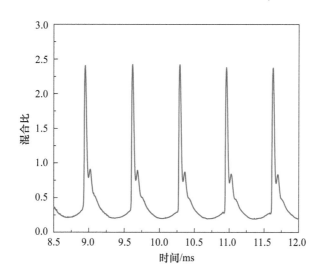

图 7 - 32 出口压力振荡为 1 500 Hz 时的混合比脉动(A1 结构喷嘴)

7.2.2 旋流腔环缝间隙对动态特性的影响

探究旋流腔环缝间隙对动态特性的影响规律,表 7 - 5 所列为旋流腔环缝间隙参数。

图 7-33 所示为喷嘴内流场达到稳定时中心截面处的密度云图,图 7-34 所示为喷嘴出口截面处的相云图。可以看到,在环缝间隙增大以后,燃料依然会填满环缝。

表 7-5　旋流腔环缝间隙

序　号	氧化剂喷嘴外径/mm	燃料喷嘴内径/mm	旋流腔环缝间隙/mm
1	7	9	1
2	6.8	9.2	1.2
3	6.3	9.2	1.45

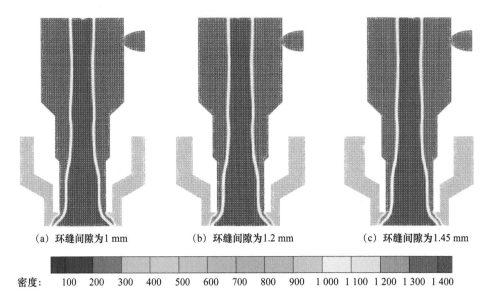

　(a) 环缝间隙为1 mm　　　(b) 环缝间隙为1.2 mm　　　(c) 环缝间隙为1.45 mm

密度:　100　200　300　400　500　600　700　800　900　1 000　1 100　1 200　1 300　1 400

图 7-33　喷嘴截面密度云图(面 yOz)(环缝间隙)

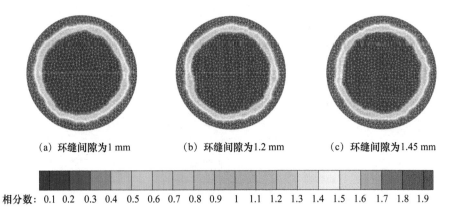

　(a) 环缝间隙为1 mm　　　(b) 环缝间隙为1.2 mm　　　(c) 环缝间隙为1.45 mm

相分数:　0.1　0.2　0.3　0.4　0.5　0.6　0.7　0.8　0.9　1　1.1　1.2　1.3　1.4　1.5　1.6　1.7　1.8　1.9

图 7-34　喷嘴出口截面相云图(环缝间隙)

1. 入口压力振荡

仿真计算时的相关参数设置与 7.2.1 小节相同,图 7-35 所示为内、外喷嘴入口压力振荡频率为 1 000 Hz 时,出口流量脉动与入口压力脉动之间的相位差随旋流腔环缝间隙变化的曲线。可以看出,当环缝间隙改变时,相位差变化很小。因此,在入口压力振荡条件下,旋流腔环缝间隙对喷嘴动态特性的影响可以忽略。

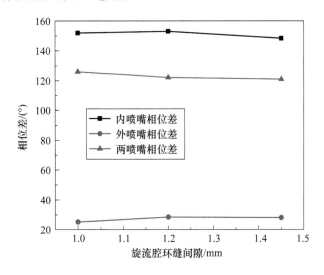

图 7 - 35 旋流腔环缝间隙对喷嘴动态特性的影响(入口压力振荡频率 $f=1\,000$ Hz)

2. 出口压力振荡

仿真计算时的相关参数设置与 7.2.1 小节相同,图 7 - 36 所示为出口压力振荡为 1 000 Hz 时,出口流量脉动与喷嘴压降脉动之间的相位差随旋流腔环缝间隙变化的曲线。可以看出,当环缝间隙改变时,相位差变化很小。因此,在出口压力振荡条件下,旋流腔环缝间隙对喷嘴动态特性的影响也可以忽略。

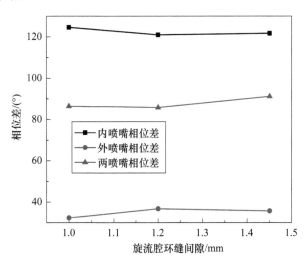

图 7 - 36 旋流腔环缝间隙对外喷嘴动态特性的影响(出口压力振荡频率 $f=1\,000$ Hz)

7.2.3 缩进段长度对动态特性的影响

探究旋流腔环缝间隙对动态特性的影响规律，表 7-6 所列为缩进段长度。图 7-37 所示为喷嘴内流场达到稳定时中心截面处的密度云图，图 7-38 所示为喷嘴出口截面处的相云图。可以看到，缩进段长度从 1 mm 减小到 0.5 mm 时，氧化剂在内喷嘴出口处的锥角减小，氧化剂与燃料在出口处未混合。

表 7-6　缩进段长度

序　号	缩进段长度/mm
1	1
2	0.5

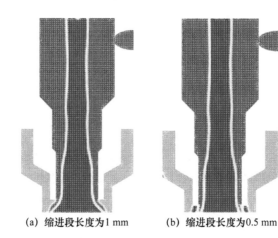

(a) 缩进段长度为1 mm　　　(b) 缩进段长度为0.5 mm

密度：　100　200　300　400　500　600　700　800　900　1 000　1 100　1 200　1 300　1 400

图 7-37　喷嘴截面密度云图（面 yOz）（缩进段长度）

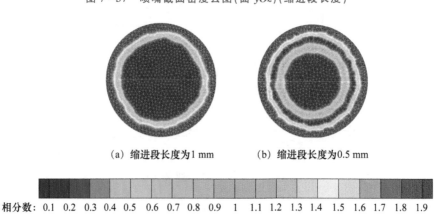

(a) 缩进段长度为1 mm　　　(b) 缩进段长度为0.5 mm

相分数：　0.1　0.2　0.3　0.4　0.5　0.6　0.7　0.8　0.9　1　1.1　1.2　1.3　1.4　1.5　1.6　1.7　1.8　1.9

图 7-38　喷嘴出口截面相云图（缩进段长度）

仿真计算时的参数设置与 7.2.1 小节相同。图 7-39 所示为入口压力振荡频率为 1 000 Hz 时,出口流量脉动与入口压力脉动之间的相位差;图 7-40 所示为出口压力振荡频率为 1 000 Hz 时,出口流量脉动与喷嘴压降脉动之间的相位差。可以看出,缩进段长度从 1 mm 变化至 0.5 mm 时,相位差变化不大,因此缩进段长度对喷嘴动态特性的影响可以忽略。

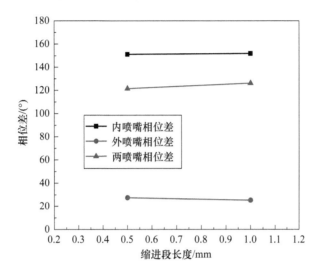

图 7-39　缩进段长度对喷嘴动态特性的影响(入口压力振荡频率 $f = 1\ 000$ Hz)

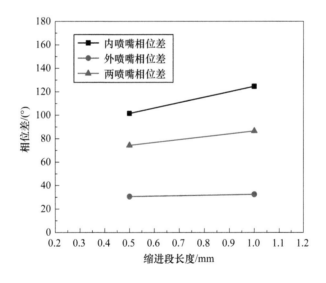

图 7-40　缩进段长度对喷嘴动态特性的影响(出口压力振荡频率 $f = 1\ 000$ Hz)

7.2.4　气涡间隙对动态特性的影响

探究气涡间隙对动态特性的影响规律,表 7-7 所列为气涡间隙尺寸。从图 7-41 和图 7-42 可以看出,气涡间隙变化,即氧化剂喷嘴喷口外径从 4.3 mm 减小到 4.14 mm 时,喷嘴内流场并没有发生变化。

表 7-7　气涡间隙相关尺寸

序　号	燃料喷嘴气涡直径/mm(计算)	氧化剂喷嘴喷口外径/mm	氧化剂喷嘴气涡间隙/mm
1	4.29	4.3	−0.005
2	4.29	4.14	0.075

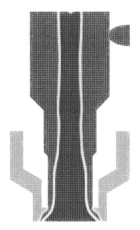 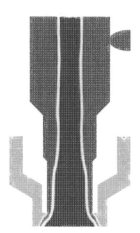

(a) 气涡间隙为−0.005 mm　　　　　　　　(b) 气涡间隙为0.075 mm

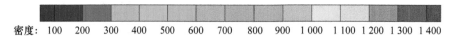

密度:　100　200　300　400　500　600　700　800　900　1 000　1 100　1 200　1 300　1 400

图 7-41　喷嘴截面密度云图(面 yOz)(气涡间隙)

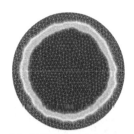 

(a) 气涡间隙为−0.005 mm　　　　　　　　(b) 气涡间隙为0.075 mm

相分数:　0.1　0.2　0.3　0.4　0.5　0.6　0.7　0.8　0.9　1　1.1　1.2　1.3　1.4　1.5　1.6　1.7　1.8　1.9

图 7-42　喷嘴出口截面相云图(气涡间隙)

　　仿真计算时的参数设置与 7.2.1 小节相同。图 7-43 所示为入口压力振荡频率为 1 000 Hz 时,出口流量脉动与入口压力脉动之间的相位差;图 7-44 所示为出口压力振荡频率为 1 000 Hz 时,出口流量脉动与喷嘴压降脉动之间的相位差。可以看出,气涡间隙从−0.005 mm 变化至 0.075 mm 时,相位差变化不大,因此气涡间隙对喷嘴动态特性的影响可以忽略。

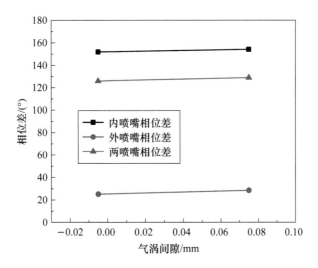

图 7-43 气涡间隙对喷嘴动态特性的影响(入口压力振荡频率 $f=1\,000\,\text{Hz}$)

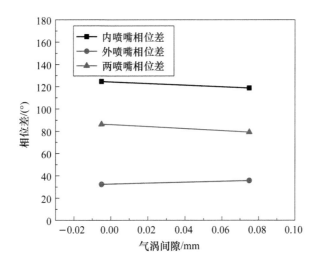

图 7-44 气涡间隙对喷嘴动态特性的影响(出口压力振荡频率 $f=1\,000\,\text{Hz}$)

7.3 燃烧室压力振荡对液/液同轴离心喷嘴混合比的影响

7.3.1 同轴喷嘴混合比的动态响应分析

根据文献[2]的研究,燃烧室压力振荡 p_{c}' 引起单组元离心喷嘴流量振荡 m_{z}' 的传递函数可表示为

$$\Pi_{\text{z,c}} = \frac{m_{\text{z}}'/m_{\text{z}}}{p_{\text{c}}'/p_{\text{c}}} = \frac{p_{\text{c}}}{\Delta p_{\text{z}}} \cdot \frac{\Pi_{\text{z}}}{\Pi_{\text{g}} \cdot \Pi_{\text{T}}\left(\dfrac{p_{\text{g}}}{\Delta p_{\text{z}}}\right) - 1} \qquad (7-35)$$

式中：Π_z 为敞口型离心喷嘴的传递函数，Π_T 为离心喷嘴切向通道的传递函数，Π_g 为供应系统的传递函数，Δp_z 为喷嘴压降，p_c 为燃烧室压力。切向通道的传递函数 Π_T、敞口型离心喷嘴的传递函数 Π_z 的表达式在相关文献中已经开展了研究[4,27]。

得到了离心喷嘴喷口截面流量振荡后，下面就可以分析内混式双组元离心喷嘴混合比的振荡。假设组元掺混均匀并忽略液膜相交处到喷嘴喷口截面的距离，这个距离通常小于液膜波长 1～2 个数量级。

令：

$$m_{op} = m_o + m_o' \tag{7-36}$$

$$m_{fp} = m_f + m_f' \tag{7-37}$$

式中：m_o 为氧化剂平均流量，m_o' 为氧化剂流量振荡量，m_{op} 为氧化剂实际流量，m_f 为燃料喷嘴流量，m_f' 为燃料流量振荡量，m_{fp} 为燃料实际流量。

根据混合比的定义，

$$r_p = \frac{m_{op}}{m_{fp}} = \frac{m_o + m_o'}{m_f + m_f'} = \frac{m_o}{m_f} \cdot \frac{1 + \dfrac{m_o'}{m_o}}{1 + \dfrac{m_f'}{m_f}} = r \cdot \frac{1 + \dfrac{m_o'}{m_o}}{1 + \dfrac{m_f'}{m_f}} \tag{7-38}$$

式中：r_p 为流量有振荡时的实际混合比，$r = \dfrac{m_o}{m_f}$ 为流量无振荡时的混合比，$\bar{r}_p = \dfrac{r_p}{r}$ 为流量有振荡时的无量纲实际混合比，$\bar{r}' = \dfrac{r'}{r}$ 为流量有振荡时的无量纲实际混合比，$\overline{m}_o' = \dfrac{m_o'}{m_o}$ 为氧化剂无量纲振荡流量，$\overline{m}_f' = \dfrac{m_f'}{m_f}$ 为燃料无量纲振荡流量。

由式（7-38）可得

$$\bar{r}_p = \frac{1 + \overline{m}_o'}{1 + \overline{m}_f'} \tag{7-39}$$

将混合比表示为稳态量与扰动量之和的形式如下：

$$r_n = r + r' = r(1 + \bar{r}') \tag{7-40}$$

其无量纲形式为

$$\frac{r_p}{r} = 1 + \bar{r}' \tag{7-41}$$

比较式（7-38）和式（7-41），可以得到

$$1 + \bar{r}' = \frac{r_p}{r} = \frac{1 + \overline{m}_o'}{1 + \overline{m}_f'} \tag{7-42}$$

由式（7-42）可得

$$\bar{r}' = \frac{\overline{m}_o' - \overline{m}_f'}{1 + \overline{m}_f'} \tag{7-43}$$

根据式（7-35），氧化剂喷嘴流量的无量纲振荡 $\overline{m}_o'$ 和燃料喷嘴流量的无量纲振荡 $\overline{m}_f'$ 可以通过 $\Pi_{z,c}$ 来表示：

$$\overline{m}_o' = \Pi_{o,z,c} \cdot \frac{p_c'}{p_c} \tag{7-44}$$

$$\overline{m}'_{\rm f} = \Pi_{\rm f,z,c} \cdot \frac{p'_{\rm c}}{p_{\rm c}} \qquad (7-45)$$

将式(7-45)和式(7-44)代入式(7-43)可得

$$\overline{r}' = \frac{\Pi_{\rm o,z,c} \cdot \dfrac{p'_{\rm c}}{p_{\rm c}} - \Pi_{\rm f,z,c} \cdot \dfrac{p'_{\rm c}}{p_{\rm c}}}{1 + \Pi_{\rm f,z,c} \cdot \dfrac{p'_{\rm c}}{p_{\rm c}}} \qquad (7-46)$$

由式(7-46)可以看出,因为包含了燃烧室无量纲压力振幅 $\dfrac{p'_{\rm c}}{p_{\rm c}}$, $\overline{r}' = f(\Pi_{\rm o,z,c}, \Pi_{\rm f,z,c})$ 是非线性的。假设燃烧室内压力扰动为有限振幅的小扰动,且 $\Pi_{\rm f,z,c}$ 值较小 $\left(\Pi_{\rm f,z,c} \cdot \dfrac{p'_{\rm c}}{p_{\rm c}} \ll 1\right)$,则式(7-46)可简化为

$$\overline{r}' = (\Pi_{\rm o,z,c} - \Pi_{\rm f,z,c}) \cdot \frac{p'_{\rm c}}{p_{\rm c}} \qquad (7-47)$$

因此,燃烧室压力振荡引起双组元混合比振荡的传递函数可表示为

$$\Pi_{\rm r} = \frac{\overline{r}'}{p'_{\rm c}/p_{\rm c}} = \Pi_{\rm o,z,c} - \Pi_{\rm f,z,c} \qquad (7-48)$$

式中: $\Pi_{\rm o,z,c}$ 和 $\Pi_{\rm f,z,c}$ 根据式(7-35)分别代入氧化剂喷嘴和燃料喷嘴的结构参数和工况参数进行计算。

7.3.2　算例和结果分析

采用推导得到的燃烧室压力振荡引起双组元喷嘴混合比振荡的传递函数对算例进行计算。双组元同轴喷嘴以图 7-45 所示的俄罗斯 RD170 火箭发动机预燃室喷嘴的大致尺寸为例,其中液氧由中心喷嘴切向注入,煤油由同轴的外环喷嘴切向通道注入。表 7-8 列出了算例喷嘴的有关结构参数,其中 L,R 分别表示长度和半径,下标 T 和 K 分别表示切向通道和旋流腔。喷嘴的工质分别为液氧和煤油,两组元喷嘴压降均设为 0.8 MPa。在算例中不考虑供应系统管路的影响。

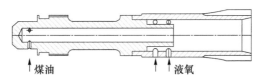

图 7-45　RD-170 预燃室液氧/煤油喷嘴

表 7-8　算例喷嘴结构参数

工　质	切向通道	旋流腔	进口数量
液氧	$R_{\rm T} = 1.4$ mm	$R_{\rm K} = 8$ mm	6
	$L_{\rm T} = 3.5$ mm	$L_{\rm K} = 55$ mm	
煤油	$R_{\rm T} = 0.7$ mm	$R_{\rm K} = 3.5$ mm	3
	$L_{\rm T} = 5$ mm	$L_{\rm K} = 75$ mm	

当燃烧室内压力振荡幅值较小时,使用式(7-48)计算压力振荡引起混合比振荡的传递函数,算例喷嘴的传递函数的幅频特性曲线如图7-46所示。从图7-46可以看出,在振荡频率较低时,传递函数的幅值随频率的增加而增加。在某个频率使传递函数达到最大值后,传递函数的幅值随振荡频率的增加而减小。总体来说,出现幅值最大的频率在中低频范围(本算例中为490 Hz左右)。

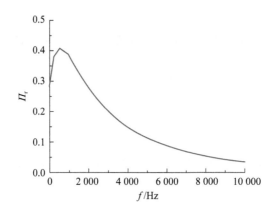

图7-46 算例喷嘴混合比对燃烧室压力振荡响应传递函数的幅频特性曲线

以算例喷嘴为例,分析工况参数对混合比传递函数的影响。保持喷嘴的压降不变(0.8 MPa),提高整个供应系统的压力,计算得到双组元喷嘴混合比振荡的幅频特性如图7-47所示。计算结果表明,提高供应系统压力,喷嘴混合比振荡幅值整体增大,说明对于同一喷嘴和喷嘴压降,供应系统压力越高,发生流量振荡的可能性越大。同时,从图7-47可以发现,混合比振荡最大幅值所对应的频率不随供应系统的压力变化而改变,这说明此频率是由双组元喷嘴的特性决定的。

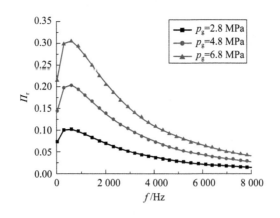

图7-47 供应系统压力对传递函数幅频特性的影响

同样,在其他条件不变的情况下(p_c=8 MPa),同时提高各组元喷嘴的压降,计算得到的混合比随燃烧室压力振荡的传递函数幅频特性如图7-48所示。由图可以看出,喷嘴的压降越大,则混合比振荡幅值越小。这表明,喷嘴压降升高,燃烧室对喷嘴的反馈作用减小,这也解释了适当提高喷嘴压降是解决中低频不稳定的有效措施。

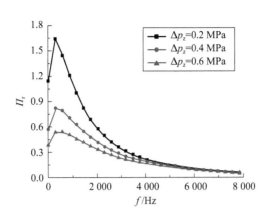

图 7 - 48　喷嘴压降对传递函数幅频特性的影响

7.3.3　小　结

① 不考虑供应系统管路的影响,室压振荡在特定谐振频率下会引起混合比的大幅振荡,增大或减小振荡频率,混合比振荡迅速减小。实际工况中应尽量避免此频率以保证燃烧的稳定性。

② 若要使得同轴喷嘴混合比对室压振荡的响应幅度减小,应在其他条件不变时降低喷嘴供应系统压力或增大喷嘴压降。

7.4　液／液同轴离心喷嘴脉冲动态特性实验

液/液同轴离心喷嘴常用于空间双组元姿控发动机,应用于通信卫星、导航卫星、深空探测等,为空间飞行器姿态控制及位置保持提供控制力。有别于主动力液体发动机输出连续推力,空间双组元发动机通常进行脉冲工作,通过高速电磁阀控制开关动作,以此对航天器进行高精度控制[28]。空间发动机离心喷嘴脉冲工作是典型的非定常雾化过程,在脉冲工作时,电磁阀周期性开闭,离心喷嘴从开始喷雾到结束的过程中,流量、喷雾形态、形成的液滴尺寸等都是非定常变化的。另外,与稳态工作不同,当空间姿控发动机脉冲工作间隔很短时,燃气未完全排出,下次工作前燃烧室中残留少部分室压。当脉冲工作间隔稍长时,燃气完全排出,燃烧室内为真空环境,下次工作时推进剂在真空下雾化。实际情况中,双组元发动机喷嘴上游压力受高速电磁阀控制,启动与关闭时喷嘴压降在零与最大值之间快速变化,使得流量发生剧烈变化,与周期波动存在较大差异,这一过程存在强非线性,不满足线性理论中波动幅度远小于稳态值的要求。针对这种脉冲工作状态,欧洲 Astrium 公司[29]研究了喷嘴在短脉冲工作时推力器的比冲变化。毛晓芳等人[30]比较了两代姿控发动机液雾 SMD 的径向分布,测试了新一代姿控发动机在不同脉冲宽度下的推力性能。郭志辉等人[22]使用激光粒子动态分析仪(PDA)测量了脉冲喷雾粒径的径向分布。

由于真空与气体环境相比没有气、液剪切作用,在气体中离心喷嘴的雾化特性无法直接应用到真空工作环境中,而现有的对真空下喷注的研究,一般仅限于液体射流的简单形式,例如 Lu 等人[31]对真空中喷射液体射流的扩散特性的实验研究,同轴离心喷嘴在空间中真实工作状态如何、脉冲动态特性如何都需要实验的验证。本节从实验方面介绍了液/液同轴离心喷嘴喷雾的液膜破碎雾化过程的动态特性,并结合空间发动机工作在真空环境中的特殊条件,对

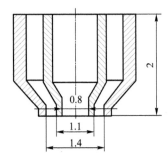

液/液同轴离心喷嘴在真空和大气环境下的雾化特性开展了对比实验研究。此处搭建了全透明真空舱雾化实验与测量系统,对比了离心喷嘴在真空与大气环境下脉冲雾化时的喷雾粒径、雾化形态,并介绍了其在真空与大气中不同的工作状态。

实验使用的液/液同轴离心喷嘴结构如图 7-49 所示。液体氧化剂和燃料分别经过内、外路形成空心锥形液膜雾化,工作时液体氧化剂一部分在燃烧室内壁形成冷却层,另一部分则与燃料反应产生燃气并通过喷管产生推力。

图 7-49 同轴离心喷嘴结构示意图

7.4.1 真空喷雾实验系统

考虑到喷嘴的实际工作环境,此处搭建了如图 7-50 所示的一套全透明的立式真空舱系统,探究在真空与大气环境下离心喷嘴脉冲工作时的雾化特性。真空实验时舱内压力保持在 7.0 Pa 以下。

以去离子水作为工质进行试验,模拟液体燃料与氧化剂通过离心喷嘴进入真空或大气环境中雾化的工作过程。图 7-51 所示为实验与测量系统的示意图。

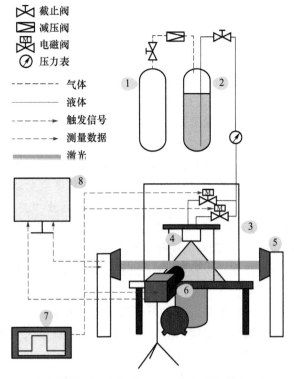

1—高压气体;2—水罐;3—真空舱;4—同轴离心喷嘴;
5—激光粒度仪;6—高速摄像机;7—信号发生器;8—计算机

图 7-50 真空舱示意图　　　　图 7-51 实验和测量系统示意图

使用高压气体挤压水罐中的去离子水,控制喷嘴在真空和大气环境下工作的压降相同,即真空环境下喷嘴电磁阀前表压为1.6 MPa,大气环境下喷嘴电磁阀前表压为 1.7 MPa。为防止去离子水在真空环境中结冰,使用电热丝对喷嘴进行加热,保持喷嘴内部液体为常温,物性与常压环境一致,使液体能够正常雾化。采用高速相机(FASTCAM SA‐Z)拍摄脉冲喷雾场的形态,拍摄速率设置为每秒 20 000 帧(20 kfps),并使用 Malvern Panalytical 公司的 Spraytec 喷雾激光粒度仪测量喷雾场平均粒径的动态分布,采样频率设置为 10 kHz。使用信号发生器(UTG2062A)提供方波脉冲信号控制电磁阀开闭使离心喷嘴脉冲工作,并为高速相机及激光粒度仪提供同步触发信号,同时进行雾滴粒径测量及雾化图像拍摄。雾滴平均直径的测量位置为喷嘴正下方 20 mm 处附近。

首先对同轴离心喷嘴的氧化剂路和燃料路分别进行真空与大气环境下的脉冲工作实验,以去离子水为工质,改变脉冲工作时间,测量索太尔平均直径并高速摄像记录雾化形态;然后进行同轴离心喷嘴氧路、燃路同时工作的实验,同样进行测量记录,对比研究真空与大气环境下同轴离心喷嘴的雾化特性。

每种情况分别设置离心喷嘴脉冲工作开时间为 8 ms、20 ms 和 50 ms。脉冲关时间对下一个脉冲周期的开启影响存在两种情况:一种是关时间大于一定值,燃气完全排出,脉冲关时间对下一个脉冲周期的开启无影响,下次工作时燃烧室内为真空环境;另一种是关时间非常短,燃气来不及完全排出,燃烧室中残留有少部分室压,作为与真空环境下的对比,本节用大气压模拟这种情况。

7.4.2　单路喷雾实验

对同轴离心喷嘴的氧化剂路、燃料路分别单独工作时喷雾场雾滴平均直径的动态特性实验结果进行分析。考虑到各脉冲之间的相似性,首先针对喷嘴以 20 ms 的脉宽进行脉冲工作的实验结果进行分析。图 7‐52 所示为离心喷嘴在真空和大气环境下以 20 ms 脉宽喷雾时的索太尔平均直径(SMD)曲线的对比图,图 7.52(a)、(b)分别对应喷嘴的氧路和燃路。

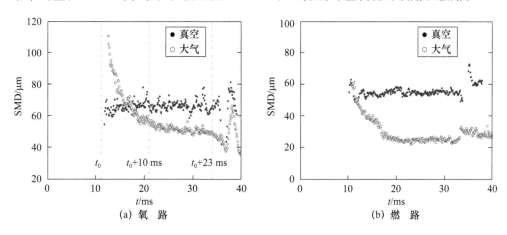

图 7‐52　20 ms 脉冲宽度下真空和大气环境中的 SMD 曲线

　　为比较喷嘴在不同脉冲宽度下工作时的 SMD 变化情况,以氧路为例作出不同脉宽下的 SMD 曲线如图 7-53 所示,图 7-53(a)、(b)分别对应真空和大气环境中的喷雾。从图中可以看出,不同脉宽下的 SMD 曲线在进入关闭段之前都基本保持重合,说明脉冲工作时间不会影响离心喷嘴喷雾的开启段的工作特性。但是由于喷雾场需要一定时间才能稳定,因此对于图中的 8 ms 这类较短的脉宽,在喷雾开启后 SMD 尚未稳定便进入了关闭段。

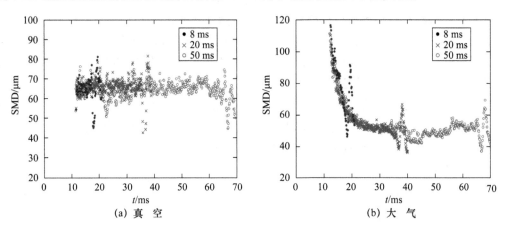

图 7-53　不同脉冲宽度下氧化剂喷嘴喷雾的 SMD 曲线

　　结合高速摄影结果,对雾化形态与 SMD 进行对照,分析离心喷嘴在真空中的脉冲喷雾特性。图 7-54 和图 7-55 所示分别为喷嘴氧路以 20 ms 脉宽在真空和大气环境下脉冲工作时的喷雾图像。

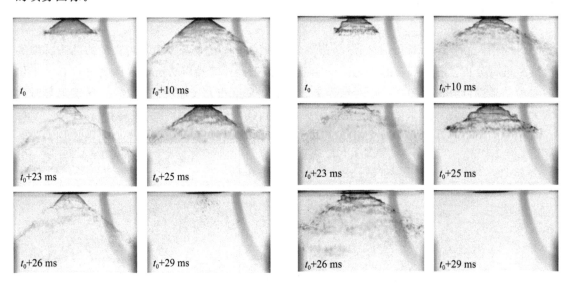

图 7-54　真空环境下脉宽为 20 ms 的氧路喷雾图像　　图 7-55　大气环境下脉宽为 20 ms 的氧路喷雾图像

　　对照图 7-52(a)中的 SMD 曲线对雾化图像进行分析。在 t_0 时刻,液膜开始进入环境中,在真空环境中,锥形液膜平滑向外喷出,液膜表面受表面张力作用发生失稳;而在大气环境中,液膜又额外受到空气作用,从头部开始快速撞入空气,气、液相互作用使液膜明显褶皱,在液膜逐渐喷出过程中液膜与空气接触面积不断增大,液膜逐渐受到充分的气、液剪切作用,雾滴直径逐渐变小。图 7-54 和图 7-55 中的 t_0+10 ms 时刻为稳定工作时的雾化形态,可以发现,在真空中,锥形液膜比在大气中更加平滑,受表面张力作用后破裂雾化;在大气中,液膜受表面张力以及气、液剪切的共同作用,其中气、液剪切起主导作用,因此在大气中稳定工作时雾滴的 SMD 明显小于其在真空中的稳定状态。

在关闭段中,即 t_0+23 ms 时刻流量快速降低,真空与大气环境中液膜均快速变短,流量的突变造成瞬时压力波动;t_0+25 ms 时刻液体再次喷出,在真空环境中也能观察到液膜的波动,随后液膜再次缩短直到电磁阀关闭。因此,在关闭过程中 SMD 会发生明显的振荡。关闭后,从 t_0+29 ms 时刻的图像中可以发现,大气环境下喷雾已经停止,但真空环境下由于喷嘴外存在负压,电磁阀后流道及喷嘴中残存的液体还会产生少量雾滴,但由于流量极小已无法形成液膜。

7.4.3　液/液同轴离心喷嘴脉冲喷雾实验

空间双组元发动机在真实工作情况下,其同轴离心喷嘴的氧路和燃路是一同工作的,因此须对两路同时工作时的雾化特性进行实验研究。图 7-56 所示为其以 20 ms 脉宽喷雾时的 SMD 动态曲线;图 7-57(a)、(b)分别为真空和大气环境下稳定工作时的喷雾图像。

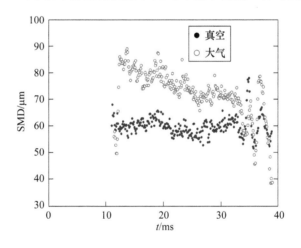

图 7-56　同轴离心喷嘴在 20 ms 脉宽下的 SMD 曲线

结合 SMD 曲线及喷雾图像可以明显看出,在真空环境下同轴离心喷嘴的内外液膜不会合并,而在大气环境下两路液膜会完全混合。如图 7-57(a)所示,氧路喷雾在外、燃路喷雾在内,且氧路喷雾锥角较大、燃路喷雾锥角较小,在真空环境下两路液膜均保持平滑不会因为空气的作用而混合到一起,反映到 SMD 数据中也可以发现,两路液膜稳定工作时的粒径与单一路工作时的粒径数据基本一致,这说明真空环境下两液膜之间的影响很小。

而在大气环境下,两路液膜在气、液剪切的作用下波动幅度大,因此在离开喷嘴后便相遇合并为较厚的液膜,再受气、液剪切主导破裂雾化,混合之后的喷雾锥角大小介于两路单独工作时的两锥角之间,如图 7-57(b)所示,在大气环境下的 SMD 数据也因两路液膜的合并而明显增大。

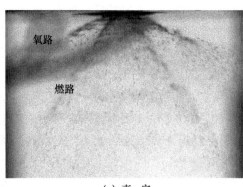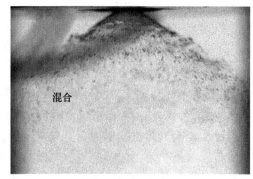

氧路

燃路

混合

(a) 真 空   (b) 大 气

图 7 - 57 同轴离心喷嘴在脉宽为 20 ms 时的喷雾图像

比较真空与大气环境下离心喷嘴脉冲工作的雾化特性,可以得到以下结论:

① 真空与大气环境下离心喷嘴喷雾的 SMD 结果表明,在脉冲工作过程中,喷雾开启时,在真空环境下 SMD 能够更快稳定。但真空环境下喷雾稳定段的 SMD 明显大于大气环境下的 SMD,这体现了气、液剪切对于减小雾滴直径的显著作用。

② 真空与大气环境下锥形液膜的破裂雾化图像表明,真空环境下锥形液膜比较平滑,破裂由表面张力主导;而大气环境下液膜由于增加了气、液剪切的主导作用变得褶皱,破碎长度变短,雾滴直径更小。

③ 对于同轴离心喷嘴在两路同时工作的情况,实验结果表明,真空环境下两路液膜不会合并,而在大气环境下两路液膜会完全混合。体现到雾滴直径上,真空环境下两路工作的 SMD 基本与单路工作一致,而大气环境下 SMD 却因两路液膜的合并而明显增大。这是由于大气环境下气、液相互作用对液膜产生的波动使两路液膜相遇、合并,从而引起了这一差异。

本章参考文献

[1] Yang V, Anderson W E. 液体火箭发动机不稳定燃烧[M]. 张宝炯,洪鑫,陈杰,译. 北京:科学出版社,2001.

[2] Bazarov V G. 液体喷嘴动力学[M]. 任汉芬,孙纪国,译. 北京:航天工业总公司第 11 研究所,1997.

[3] 杨立军,葛明和,张向阳. 液体离心喷嘴喷雾场动态特性的初步研究[J]. 航空动力学报,2005,20(6):1083-1087.

[4] 杨立军,张向阳,葛明和. 敞口型离心喷嘴动力学特性理论分析[J]. 推进技术,2006,27(6):497-500.
YANG Lijun, ZHANG Xiangyang, GE Minghe. Theoretical Analysis of Dynamics of Open Swirl Injector[J]. Journal of Propulsion Technology, 2006, 27(6):497-500.

[5] 杨立军,王向东,富庆飞. 液体离心式喷嘴脉动流量测量方法[J]. 推进技术,2008,29(6):721-725.
YANG Lijun, WANG Xiangdong, FU Qingfei. Conductance Measurement Method of Pulsing Flow in Liquid Swirl Injector[J]. Journal of Propulsion Technology, 2008, 29(6):721-725.

[6] Fu Q F, Yang L J, Wang X D. Theoretical and Experimental Study of the Dynamics of a Liquid Swirl Injector[J]. Journal of Propulsion and Power, 2010, 26(1):94-101.

[7]　Fu Q F, Yang L J, Qu Y Y, et al. Geometrical Effects on the Fluid Dynamics of an Open-End Swirl Injector[J]. Journal of Propulsion and Power, 2011, 27(5)：929-936.

[8]　Fu Q F, Yang L J, Qu Y Y. Measurement of Annular Liquid Film Thickness in an Open-End Swirl Injector[J]. Aerospace Science and Technology, 2011, 15(2)：117-124.

[9]　杨立军, 富庆飞. 喷嘴对供应系统到燃烧室压力振荡传递幅频特性的影响[J]. 航空动力学报, 2008, 23(2)：305-310.

[10]　杨立军, 富庆飞. 由喷嘴连接的燃烧室到供应系统压力振荡传递过程研究[J]. 航空动力学报, 2009, 24(5)：1182-1186.

[11]　刘上, 刘红军, 孙宏明, 等. 液体火箭发动机中频耦合振荡初步研究[J]. 推进技术, 2013, 34(1)：99-106.
Liu Shang, Liu Hongjun, Sun Hongming, et al. Preliminary Study of Medium Frequency Coupled Oscillation in Liquid Rocket Engine[J]. Journal of Propulsion Technology, 2012, 34(1)：99-106.

[12]　徐云飞, 李锋, 李龙飞, 等. 考虑流固耦合作用的一维供应管路-喷嘴系统动力学特性[J]. 推进技术, 2017, 38(5)：1115-1122.
Xu Yunfei, Li Feng, Li Longfei, et al. Dynamic Characteristic of One-Dimensional Feeding Pile-Injector System Considering Fluid-Structure Interaction[J]. Journal of Propulsion Technology, 2017, 38(5)：1115-1122.

[13]　Kim S, Yoon J, Yoon Y. Internal Flow Characteristics of Liquid-Liquid Coaxial Injectors with Different Recess Length and Oxidizer-Fuel Ratios[J]. Atomization and Sprays, 2011, 21(12)：971-987.

[14]　Ahn K, Han Y M, Seo S, et al. Effects of Injector Recess and Chamber Pressure on Combustion Characteristics of Liquid/Liquid Swirls Coaxial Injectors[J]. Combustion Science and Technology, 2011, 183：252-270.

[15]　Ahn K, Seo S, Choi H S, et al. Fuel-Rich Combustion Characteristics of Biswirl Coaxial Injectors[J]. Journal of Propulsion and Power, 2011, 27(4)：864-872.

[16]　Ding J W, Li G X, Yu Y S. Numerical Investigation on Liquid Sheets Interaction Characteristics of Liquid-Liquid Coaxial Swirling Jets in Bipropellant Thruster[J]. International Journal of Heat and Fluid Flow, 2016, 62：129-137.

[17]　Ding J W, Li G X, Yu Y S. The Instability and Droplet Size Distribution of Liquid-Liquid Coaxial Swirling Spray：An Experimental Investigation[J]. Experimental Thermal and Fluid Science, 2017, 82：166-173.

[18]　徐顺, 康忠涛, 成鹏, 等. 喷注压降对液液同轴离心式喷嘴喷雾锥角的影响研究[J]. 推进技术, 2017, 38(7)：1556-1562.
Xu Shun, Kang Zhongtao, Cheng Peng, et al. Effects of Injection Pressure on Spray Angle of Liquid-Liquid Swirl Coaxial Injector[J]. Journal of Propulsion Technology, 2017, 38(7)：1556-1562.

[19]　宋大亮, 凌前程, 章荣军. 双组元离心式喷嘴外喷嘴流动数值模拟分析[J]. 火箭推进, 2018, 44(4)：10-15.

[20]　申力鑫, 邢菲, 秦腊, 等. 双层旋转锥形液膜一次破碎特性的数值研究[J]. 航空学报, 2021, 42：625267.

[21]　盛立勇, 李清廉, 白晓. 液液同轴离心式喷嘴喷雾过程研究进展[J]. 火箭推进, 2020, 46(3)：1-10.

[22]　郭志辉, 许浩, 毛晓芳. 双组元离心式喷注器的喷雾特性初步研究[J]. 实验流体力学, 2009, 23(4)：51-55.

[23]　石召新, 毛晓芳. 压力对离心式喷注器雾化特性影响的试验研究[J]. 空间控制技术与应用, 2015, 41(6)：52-57.

［24］ Sivakumar D，Raghunandan B N. Formation and Separation of Merged Liquid Sheets Developed from the Mixing of Coaxial Swirling Liquid Sheets［J］. Physics of Fluids，2003，15：3443-3451.

［25］ 富庆飞，贾伯琦，杨立军，等. 燃烧室压力振荡对液-液同轴离心喷嘴混合比的影响［J］. 航空动力学报，2020，35(2)：294-297.

［26］ 尹继辉，胡洪波，李远远，等. MMH/NTO 双组元自燃推进剂反应机理简化［J］. 火箭推进，2021，47(2)：40-46.

［27］ 杨立军，富庆飞，等. 燃烧室压力振荡对喷嘴出口流量振荡影响分析［J］. 火箭推进，2008，34(4)：6-11.

Yang Lijun，Fu Qingfei. Investigation on the dynamic interaction between injector flow oscillation and combustion chamber pressure oscillation ［J］. Journal of Rocket Propulsion，2008，34(4)：6-11.

［28］ 张榛，汪旭东，汪凤山. 基于永磁体偏置磁场的高速响应电磁阀设计［J］. 空间控制技术与应用，2013，39(4)：59-62.

［29］ Schulte G，Gotzig U，Horch A，et al. Further Improvements and Qualification Status of Astrium's 10N Bipropellant Thruster Family［C］. Alabama：39th AIAA/ASME/ SAE/ASEE Joint Propulsion Conference and Exhibit，2003.

［30］ 毛晓芳，汪凤山，杨晓红，等. 小推力双组元姿控发动机性能研究［J］. 推进技术，2012，33(6)：987-990.

Mao Xiaofang，Wang Fengshan，Yang Xiaohong，et al. Investigation on Performance of Small-Thrust Bi-Propellant Thruster for Attitude Control［J］. Journal of Propulsion Technology，2012，33 (9)：987-990.

［31］ Lu X X，Li L，Luo K H，et al. Investigation on the Dispersal Characteristics of Liquid Breakup in Vacuum［J］. Journal of Thermophysics and Heat Transfer，2016，30(2)：410-417.

第8章

撞击式喷嘴的雾化特性

8.1　黏性牛顿流体撞击液膜的特性分析及实验研究

　　牛顿流体射流在低速情况下撞击,会在对称面形成边缘突起的叶形液膜,随着射流速度的增大,液膜边缘逐渐碎裂成液丝,进而破碎成液滴。针对它的研究通常不考虑流体黏性,致使理论计算结果与实验现象之间存在一定偏差。本节将综合考虑流体的黏性效应、边缘突起效应,以及液膜扩展过程中的能量损失,建立黏性牛顿流体撞击液膜的理论模型并进行求解,得到流体物性参数、撞击结构参数对撞击液膜的影响规律,并通过实验验证理论模型的正确性,为后文中其他类型的撞击喷雾特性研究奠定一定的理论基础。

8.1.1　牛顿流体射流撞击理论模型

1. 射流流线及截面

　　为了求解圆孔射流撞击形成液膜的特征,需建立相应的物理模型,如图 8-1 所示,两股直径均为 d_j(半径为 R_j)、流速为 u_j 的圆柱射流以 2α 撞击角倾斜撞击,形成一个边缘突起的叶子形液膜。液膜形成的流动过程描述如下:流体首先由撞击点出发沿着径向向外扩展,在接近液膜边缘处发生弯曲,并逐渐汇入液膜边缘直至沿边缘切线方向流动,此处需要特别指出的是,通常假设液膜沿径向的速度始终保持不变,此现象已经在 Choo 等人[1]对于撞击液膜的实验研究中得到了证实。在下面的分析中,在液膜中间截取一个椭圆面,如图 8-1 所示。变量 h 表示液膜在半径为 r、方位角为 θ 处的厚度,u_s 和 u_z 分别表示平行和垂直 x-y 平面的液膜速度。

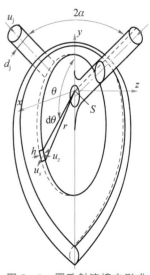

图 8-1　圆孔射流撞击形成
液膜结构示意图

图 8-2(a) 所示为 y-z 平面的流线模型。在撞击区域,撞击产生的压力将射流流线从撞击点 S 开始分为 $+y$ 和 $-y$ 方向,其中存在一条流线始终保持直线且与液膜平面相交于点 S,此流线称为分离流线。所有流线在由撞击点向四周扩展过程中均保持半径方向。图 8-2(b) 所示为平行于液膜平面的射流截面 A—A',该椭圆平面的长轴为 $d_j/\sin\alpha$,短轴为 d_j。分离流线与该平面相交于分离点 P,该点与椭圆中心的距离为偏心距 b。通过计算,点 P 与椭圆截面边缘的距离可以表示为

$$q_j = -\frac{b\cos\theta\sin^2\alpha - [R_j^2(1-\cos^2\theta\cos^2\alpha) - b^2\sin^2\theta\sin^2\alpha]^{1/2}}{1-\cos^2\theta\cos^2\alpha} \qquad (8-1)$$

为了将垂直于射流轴线圆形截面的射流速度型映射到椭圆截面 A—A' 上,引入了截面 A—A' 上的点与射流轴线的垂直距离 δ,其表达式如下:

$$\delta = [b^2\sin^2\alpha + q^2(1-\cos^2\theta\cos^2\alpha) + 2bq\cos\theta\sin^2\alpha]^{1/2} \qquad (8-2)$$

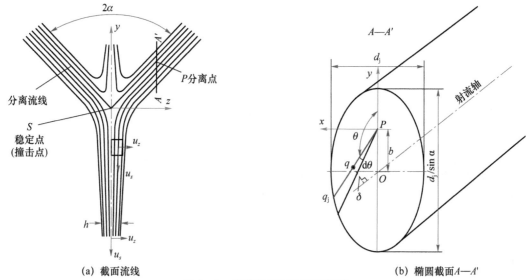

(a) 截面流线　　　　　　　　　　　　(b) 椭圆截面 A—A'

图 8-2　液膜和射流的截面视图

2. 射流速度型及偏心距

在以前的射流撞击模型中,通常假设射流截面的速度型是均一的,但 Choo 和 Kang[2] 的实验结果明确显示射流速度不是均一的,而且射流速度显著影响液膜的速度分布。因此,当分析射流撞击形成液膜的过程时应考虑非均一的射流速度型的影响。对于黏性射流,在垂直于轴线的圆形截面内充分发展的速度型可以描述为[3]

$$u_j(r_j) = \frac{2(u_{jmin}-u_{j0})}{R_j^2}(r_j^2-R_j^2) + u_{jmin} \qquad (8-3)$$

式中:u_{j0} 为射流平均速度,u_{jmin} 为射流的边缘速度。

射流速度 u_{j0} 与 u_{jmin} 之间存在 $u_{jmin}=mu_{j0}$ 的关系,m 为比例系数,若 $m=1$ 则代表均一速度。射流的边界速度 u_{jmin} 由很多相关因素决定,如周围气体速度、射流平均速度、流体性质,以及喷嘴出口与撞击点之间的距离,因此,射流边界速度很难确定;而且,初始速度型对液膜特性的影响规律可以通过改变 m 来研究。所以,没有必要测量准确的边界速度 u_{jmin}。

将式(8-2)中的 δ 替换式(8-3)中的 r_j,并利用关系式 $u_{jmin}=mu_{j0}$,则可以得到射流的速

度型表达式,该表达式为 m、b、α、θ、q 的函数。将 d_j 作为长度尺度,u_{j0} 作为速度尺度,并将无量纲量加波浪线表示,则射流的速度型可以表示为

$$\tilde{u}_j(\theta,\tilde{q})=2(m-1)(4\tilde{\delta}^2-1)+m \tag{8-4}$$

在射流的速度型已知的基础上,射流椭圆截面角微元 $\mathrm{d}\theta$ 与相应的液膜角微元之间的守恒关系便可以确定,如图 8-3 所示。按照上面所述的无量纲化方法,对各守恒方程进行无量纲化,得到的无量纲守恒方程可表示为

质量守恒:

$$2\sin\alpha\int_0^{\tilde{q}_j}\tilde{q}\,\tilde{u}_j(\theta,\tilde{q})\mathrm{d}\tilde{q}\mathrm{d}\theta=\tilde{h}\tilde{r}\,\tilde{u}_s\mathrm{d}\theta \tag{8-5}$$

动量守恒:

$$2\cos\alpha\int_0^{2\pi}\mathrm{d}\theta\int_0^{\tilde{R}_j}\tilde{r}_j\,\tilde{u}_j^2(\tilde{r}_j)\mathrm{d}\,\tilde{r}_j=-\int_0^{2\pi}\tilde{h}\tilde{r}\,\tilde{u}_s^2\cos\theta\mathrm{d}\theta \tag{8-6}$$

能量守恒:

$$2\sin\alpha\int_0^{\tilde{q}_j}\tilde{q}\,\tilde{u}_j^3(\theta,\tilde{q})\mathrm{d}\tilde{q}\mathrm{d}\theta=\tilde{h}\tilde{r}\,\tilde{u}_s^3\mathrm{d}\theta \tag{8-7}$$

式(8-5)和式(8-7)左侧代表射流通过角微元 $\mathrm{d}\theta$ 的质量和能量流,右侧表示通过液膜 $hr\mathrm{d}\theta$ 面积的质量和能量流,如图 8-3 所示。类似地,式(8-6)左侧表示射流沿 $-y$ 方向的动量,右侧表示液膜在 $-y$ 方向的总动量。

由于射流速度的非均一性,很难获得式(8-5)和式(8-7)中积分部分的解析表达式,因此需运用数值方法求解。将式(8-5)和式(8-7)中积分部分分别表示为 $F(\tilde{b},\tilde{q}_j,\theta,\alpha)$ 和 $H(\tilde{b},\tilde{q}_j,\theta,\alpha)$,则式(8-6)右侧被积函数 $\tilde{h}\tilde{r}\tilde{u}_s^2$ 可以表示为 $\tilde{h}\tilde{r}\tilde{u}_s^2=(FH)^{1/2}$。通过以上代换后,得到一个关于 m、α 和 $\tilde{b}$ 的函

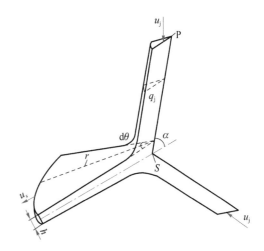

图 8-3　射流和液膜角微元

数,则无量纲的偏心距 $\tilde{b}$ 可以在特定工况下通过数值方法确定。为了提高计算效率,赋予 m 和 α 一系列特定值,并求解 $\tilde{b}$ 的数值,然后利用回归分析法,确定 $\tilde{b}$ 关于 m 和 α 的表达式,如下:

$$\tilde{b}=\frac{-0.13m^3+0.263m^2+0.039m+0.330}{\tan\alpha} \tag{8-8}$$

在 $2\alpha=60°,90°,120°,m\in[0,1]$ 范围内,该表达式的误差低于 5%。

3. 液膜边缘微分方程组

前人对射流撞击的研究一般基于如下假设:液膜上流体的流动首先从撞击点出发,并沿着径向向四周发散扩展,保持方位角不变,在到达液膜边缘后立即碎裂成液滴,正如 Taylor[4] 所假设的一样。但是,当雷诺数较低时,液膜并不会直接碎裂成液滴,而是因表面张力和黏性力

的作用在边缘形成一圈突起,如图 8-4 所示。

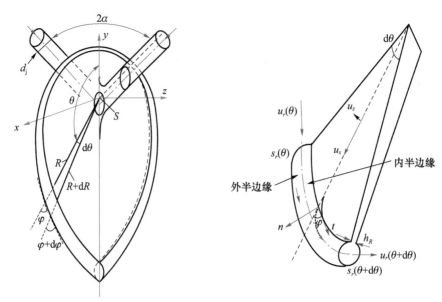

图 8-4   射流撞击坐标系统及质量和动量守恒控制体

　　该现象使接近边缘的流体流动变得异常复杂,所以如果考虑实际流动过程,理论分析将变得很复杂。如果液膜上的流线在未到液膜边缘便发生弯曲,则相邻的液膜角微元将相互影响,很难建立相应的质量守恒方程。为了简化实际情况,假设流体保持径向且直到液膜边缘才发生弯曲,而且速度变化(由 u_s 变为 u_r)发生在边缘突起内半圆。另外,在图 8-4 中 φ 表示半径 R 的方向与边界切线方向之间的夹角,s_r 为垂直于边缘轴线方向的边缘截面面积,u_r 表示通过边缘的流体速度,h_R 表示位置 R 处的液膜厚度。结合上述计算结果和假设,Bremond 和 Villermaux[5] 的理论模型可以改进如下。

　　参数 φ、θ 和 R 之间存在的几何关系:

$$\tan \varphi = \frac{R \mathrm{d}\theta}{\mathrm{d}R} \tag{8-9}$$

　　边缘质量守恒:

$$\rho \mathrm{d}(u_r s_r) = \rho u_s h_R R \mathrm{d}\theta \tag{8-10}$$

　　边缘切向的动量守恒:

$$\rho \mathrm{d}(u_r^2 s_r) = \rho h_R R u_s^2 \cos \varphi \mathrm{d}\theta + \mu \left(\frac{u_r - u_s \cos \varphi}{\sqrt{s_r / \pi}} \right) \frac{h_R R}{\sin \varphi} \mathrm{d}\theta \tag{8-11}$$

式(8-11)右侧第二项代表等效黏性力,其中 $(u_r - u_s \cos \varphi) / \sqrt{s_r / \pi}$ 指切向速度梯度。

　　边缘法向的动量守恒:

$$\rho u_r^2 s_r (\mathrm{d}\theta + \mathrm{d}\varphi) = \frac{2\sigma R \mathrm{d}\theta}{\sin \varphi} - \rho u_s^2 \sin \varphi h_R R \mathrm{d}\theta \tag{8-12}$$

式(8-12)的左侧代表离心力,右侧第一项表示表面张力,其作用在于阻碍液膜的扩展并抵抗右侧第二项所代表的惯性力。将 d_j 和 u_{j0} 分别作为长度尺度和速度尺度,并将式中各量无量纲化,从而得到求解液膜特性的微分方程组为

$$\frac{\mathrm{d}\tilde{u}_r}{\mathrm{d}\theta} = \frac{\tilde{u}_s^2 \cos \varphi \tilde{h}_R \tilde{R} - \tilde{u}_r \tilde{u}_s \tilde{h}_R \tilde{R} + F_v}{\tilde{u}_r \tilde{s}_r} \tag{8-13}$$

$$\frac{\mathrm{d}\tilde{s}_r}{\mathrm{d}\theta} = \frac{2\tilde{u}_r\tilde{u}_s\tilde{h}_R\tilde{R} - \cos\varphi\,\tilde{u}_s^2\tilde{h}_R\tilde{R} - F_v}{\tilde{u}_r^2} \tag{8-14}$$

$$\frac{\mathrm{d}\varphi}{\mathrm{d}\theta} = \frac{\dfrac{2\tilde{R}}{We\sin\varphi} - \sin\varphi\,\tilde{u}_s^2\tilde{h}_R\tilde{R}}{\tilde{u}_r^2\tilde{s}_r} - 1 \tag{8-15}$$

$$\frac{\mathrm{d}\tilde{R}}{\mathrm{d}\theta} = \frac{\tilde{R}}{\tan\varphi} \tag{8-16}$$

式中：We 为韦伯数，$We = \rho d_j u_{j0}^2 / \sigma$；$F_v = \dfrac{\tilde{u}_r - \tilde{u}_s\cos\varphi}{\sqrt{\tilde{s}_r/\pi}} \cdot \dfrac{\tilde{h}_R\tilde{R}}{\sin\varphi Re}$。

由于该微分方程组系统很难求得解析解，因此本节将采用 Runge - Kutta 法对其进行求解。初始化后，该方程组系统仍然存在变量 u_s 没有确定。下面将建立另一组关于 u_s 的方程组使最终的方程组封闭。

4. 流体角微元能量守恒方程组

当撞击过程中忽略能量耗散时，液膜的速度 u_s 通常被认为等于射流速度 u_j。实际上，能量的转化和耗散在整个射流撞击和液膜扩展过程中一直存在。为了更加准确地描述液膜的速度分布并推导液膜速度 u_s，借鉴了施明恒（Shi M H）[6]研究单个液滴撞击固体壁面能量损失的分析结果，将能量转化和耗散分为三部分：瞬时动能损耗、增加的表面能 ΔE_P 和黏性能量损失 E_D。以上的能量转化和损失分别是由非弹性碰撞、液膜铺展及液膜表面的黏性流动引起的。

首先选定长度为 L 的射流单元，该单元正好能够铺展成一个半径为 R 的液膜，此时，二者之间的质量守恒可以表述为

$$2\rho\int_{q_j}^{R}\int_{0}^{\frac{h}{2}} r\mathrm{d}\theta\mathrm{d}z\mathrm{d}r = 2\rho L\sin\alpha\int_{0}^{q_j} q\mathrm{d}\theta\mathrm{d}q \tag{8-17}$$

结合式（8-17）和式（8-5）可以得到选定射流单元的长度为

$$L = \frac{2(R - q_j)\displaystyle\int_{0}^{q_j} q u_j(\theta,q)\mathrm{d}q}{u_s q_j^2} \tag{8-18}$$

当选定长度为 L 的两个射流单元及液膜角微元 $\mathrm{d}\theta$ 作为控制体后，能量守恒方程可写为如下的形式：

$$\xi E_{k0} = E_k + \Delta E_P + E_D \tag{8-19}$$

式中：ξ 为由非弹性碰撞造成的能量耗散的耗散系数，E_{k0} 为射流的初始动能，E_k 为液膜的动能。

为了确定 ξ，需要知道射流撞击后的瞬时动能。为直接得到液膜的速度，Anderson 等人[7]测量了高速射流撞击形成液滴的速度，并发现平均液滴的速度接近射流速度。基于该实验结果，在此忽略由撞击造成的能量损失。所以，此处的 ξ 设置为 1，那么各能量的表达式可以描述如下。

初始射流动能：

$$E_{k0} = 2\rho L\sin\alpha\int_{0}^{q_j} \frac{1}{2} q u_j^2(\theta,q)\mathrm{d}q\mathrm{d}\theta \tag{8-20}$$

液膜的动能：

$$E_k = \rho \int_0^V \frac{1}{2} (u_s^2 + u_z^2) dV = 2\rho \int_{q_j}^R \int_0^{\frac{h}{2}} \frac{1}{2} (u_s^2 + u_z^2) r d\theta dr dz \qquad (8-21)$$

式中：ρ 为液体的密度，u_s 为平行于液膜平面的流体速度。

u_s 与 u_z 之间的关系可以表述为 $u_z = u_s (\mathrm{d}h/\mathrm{d}r)(z/h)$。另外，基于 h、z 和 r 三者之间的几何关系，二者之间的关系可以转换为 $u_z = -u_s(z/r)$。因此，液膜的动能表达式可以变形为

$$E_k = \rho \int_{q_j}^R \int_0^{\frac{h}{2}} u_s^2 \left(1 + \frac{z^2}{r^2}\right) r dr dz d\theta \qquad (8-22)$$

表面能的变化为

$$\Delta E_P = \Delta s \sigma = (R^2 + 2R \sqrt{\pi s_r} - 2q_j L) \sigma d\theta \qquad (8-23)$$

式中：σ 为表面张力系数。

式(8-23)括号中的前两项表示形成液膜的面积，最后一项表示长度为 L 的初始射流微元的面积。

黏性耗散的表达式为

$$E_D = \int_0^t \int_0^V \Phi \mathrm{d}t \mathrm{d}V = 2 \int_o^t \int_{q_j}^R \int_0^{\frac{h}{2}} \Phi r d\theta dr dz dt \qquad (8-24)$$

式中：t 为从射流开始撞击到形成完整液膜所用时间，$t = L/u_{j0}$；V 为液膜的体积；Φ 为单位时间和体积单元的能量耗散。

对于牛顿黏性流体而言，Φ 具有如下的表达形式[8]：

$$\Phi = \mu \left[2 \left(\frac{\partial u_s}{\partial r}\right)^2 + 2 \left(\frac{\partial u_z}{\partial z}\right)^2 + \left(\frac{\partial u_s}{\partial z} + \frac{\partial u_z}{\partial r}\right)^2 - \frac{2}{3} \left(\frac{\partial u_s}{\partial r} + \frac{\partial u_z}{\partial z}\right)^2 \right] \qquad (8-25)$$

由于撞击液膜很薄，所以平行于液膜平面的速度 u_s 被认为沿厚度方向是不变的，即假设 $\partial u_s/\partial z = 0$。在研究低速射流撞击形成液膜上的速度分布时，Choo 和 Kang[2] 发现 u_s 沿着液膜径向仍然保持不变，即 $\partial u_s/\partial r = 0$。结合 u_s 与 u_z 之间的几何关系，式(8-25)可以改写成

$$\Phi = \mu \left(\frac{4u_s^2}{3r^2} + \frac{u_s^2 z^2}{r^4}\right) \qquad (8-26)$$

这样，黏性耗散可以表示成

$$E_D = 2 \int_o^t \int_{q_j}^R \int_0^{\frac{h}{2}} \mu \left(\frac{4u_s^2}{3r^2} + \frac{u_s^2 z^2}{r^4}\right) r d\theta dr dz dt \qquad (8-27)$$

对以上的能量参数进行简化，并利用 d_j 作为长度尺度，u_{j0} 作为速度尺度，将无量纲量加波浪线表示，则求解液膜速度的方程组系统表示如下：

$$\widetilde{E}_{k0} = \frac{(\widetilde{R} - \widetilde{q}_j) \sin \alpha S_1 d\theta}{\widetilde{u}_s} \qquad (8-28)$$

$$\widetilde{E}_k = (\widetilde{R} - \widetilde{q}_j) \widetilde{u}_s S_1 \sin \alpha d\theta + \frac{S_1^3 \sin^3 \alpha}{9 \widetilde{u}_s} \left(\frac{1}{\widetilde{q}_j^3} - \frac{1}{\widetilde{R}^3}\right) d\theta \qquad (8-29)$$

$$\Delta \widetilde{E}_P = \left[(\widetilde{R}^2 + 2\widetilde{R} \sqrt{\pi \widetilde{s}_r}) - \frac{4 (\widetilde{R} - \widetilde{q}_j) S_1}{\widetilde{q}_j \widetilde{u}_s} \right] d\theta \qquad (8-30)$$

$$\widetilde{E}_D = \left[\frac{16 \sin \alpha S_1^2 (\widetilde{R} - \widetilde{q}_j)^2}{3 \widetilde{q}_j^3 \widetilde{R} Re} + \frac{4 \sin^3 \alpha S_1^4 (\widetilde{R} - \widetilde{q}_j)(\widetilde{R}^5 - \widetilde{q}_j^5)}{15 \widetilde{u}_s^2 \widetilde{q}_j^7 \widetilde{R}^5 Re} \right] d\theta \qquad (8-31)$$

$$\widetilde{E}_{k0} = \widetilde{E}_k + \Delta \widetilde{E}_P + \widetilde{E}_D \qquad (8-32)$$

式中：Re 为雷诺数，$Re = \rho d_j u_{j0} / \mu$；$S_1 = \int_0^{\tilde{q}_j} \tilde{q}\, \tilde{u}_j(\theta, \tilde{q})\, \mathrm{d}\tilde{q}$。

　　由于液膜的半径 R 是未知的，所以不能通过求解该方程组系统得到 u_s。联立该方程组系统与液膜边缘微分方程组系统，u_s 以及其他液膜特性参数（尺寸、厚度）便可以确定。初始条件定义在液膜顶端，此处 $\theta_0 = 0$，$\varphi_0 = \pi/2$。通过回归分析，初始位置的边缘半径定义为 $\tilde{R}_0 = 0.002 We / \tilde{b}$，初始边缘速度 $\tilde{u}_{r0}$ 设定为 0.1，初始边缘截面 $\tilde{s}_{r0}$ 由实验结果估计（通过计算发现 $\tilde{u}_{r0}$ 和 $\tilde{s}_{r0}$ 对液膜特性影响很小）。

8.1.2　实验系统及工质

1. 双股射流自击实验系统

　　为了验证理论模型的正确性，需要进行相应的实验验证，为此设计并搭建了一套双股射流自击实验系统，该实验系统示意图如图 8-5 所示。可以看出，该系统由三部分组成：工质供应系统、撞击喷嘴系统及数据采集系统。

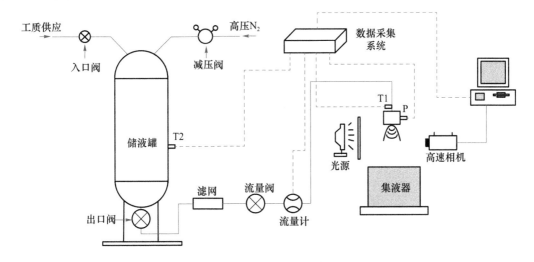

图 8-5　射流撞击实验系统示意图

　　具体的工作过程可以描述为：流体工质通过高压氮气的挤压，流经液体管路，并在喷嘴喷出，为了除掉流体工质中的固体杂质，在储液罐出口设置了过滤装置。喷嘴流量通过流量调节阀控制，并通过科氏力质量流量计测量，喷嘴出口压降通过压力传感器进行测量，储液罐和喷嘴出口温度通过热电偶进行测量。另外，由于撞击形成的液膜具有较高的动态性，所以需要用高速相机对液膜的特征进行捕捉，此时需将光源、液膜、高速相机放置在同一直线上。最终，流量计采集的流量信号、压力传感器采集的压力信号、热电偶采集的温度信号均通过数据采集卡存入计算机设备。下面分别对喷嘴实验件、压力传感器、质量流量计、高速相机等数据及图像采集设备进行逐一介绍。

(1) 圆形孔自击式喷嘴

　　双股射流撞击雾化实验系统中的核心部件是射流撞击式喷嘴，本实验采用撞击角为 60°

的圆形孔自击式喷嘴。该喷嘴实验件材质为黄铜,喷嘴内径为 0.6 mm。图 8-6 所示为该喷嘴实验件的实物图及内部结构参数,为了降低射流紧缩效应的影响,射流入口段内壁面进行了 10° 的倒角,且喷嘴长径比 l_j/d_j 加工为 2。另外,喷嘴出口和撞击点的距离固定为 12.5 mm。

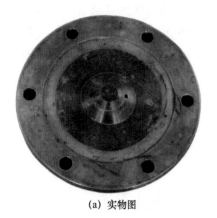

(a) 实物图

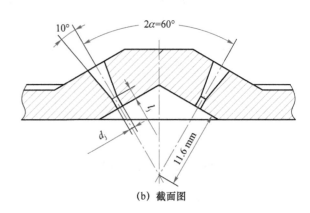

(b) 截面图

图 8-6 圆形孔自击式喷嘴

(2) 压力传感器

为了测量喷嘴出口压降,采用昆山双桥传感器测控技术有限公司出产的高频动态压力传感器,如图 8-7 所示。该型传感器具有优越的静态性能及动态响应能力,其供电电压为 ±15 V,响应频率为 $0 \sim 10^5$ Hz,输出信号为 $0 \sim 5$ V 的电压信号,精度为 ±0.15%,能够满足实验过程中动态压力的精确测量。由于实验中喷嘴压降调节范围较大,故选取量程分别为 $0 \sim 0.5$ MPa、$0 \sim 1.0$ MPa 和 $0 \sim 1.5$ MPa 三种压力传感器,其采集的信号均经由数据采集卡导入计算机并储存。

图 8-7 压力传感器

(3) 科氏力质量流量计

为了满足不同种流体工质质量流量的测量要求,尤其针对凝胶模拟液等高黏流体的测量需要,选择了首科实华生产的 DMF-1 系列质量流量计,如图 8-8 所示。该型流量计是根据科里奥利力(Coriolis Force)原理,实现流体质量流量的直接精密测量,而无须任何压力、温度、黏度、密度等换算或修正,其结构由传感器单元和变送器单元两部分组成。其工作压力为 0~

4 MPa,允许介质温度$-50\sim+150\ ℃$,测量范围为 $0\sim4\ kg/h$,测量精度为$\pm0.2\%$,其输出信号通常选用 $4\sim20\ mA$,为了向数据采集卡输入电压信号,需要接 250 Ω 的负载电阻将电流信号转化为电压信号。

针对不同流体工质需要选择不同的安装方式:正常安装,该安装方式能够有效排空仪表测量管内可能存在的气体;倒立安装,测量气体(蒸汽)时的建议安装方式,可以有效排空仪表测量管内可能存在的液体;旗式安装,悬浮液、液固两项流或某些特殊工艺场合的建议安装方式,任何流体应用该安装方式不影响流量计测量精度,但流体方向必须自下而上。在安装科氏力质量流量计时还须注意以下几点:由于该型流量计采用振动的工作原理,所以安装位置要尽量没有振动,并对安装管路做稳固支撑;节流装置等,如流量调节阀一定要安装在流量计出口;流量计入口和出口应安装截止阀,便于初次安装后零点校准;流量计要适当远离泵的出口,尤其是往复式泵等,安装距离太近可能造成流量测量值的波动。

图 8-8　科氏力质量流量计

(4) 高速相机

由于射流撞击一般速度较大,液膜呈现明显的动态性,所以须用高速相机进行拍摄。本实验采用德国 PCO 公司生产的 PCO.1200 高速摄像机,如图 8-9 所示。该型相机具有独特的内置高速成像内存(最高可达4 GB),分辨率为 $1\,280\times1\,024$,曝光时间可以从 1 μs 变化到 1 s。当全分辨率拍摄时拍摄速度为 500 fps,随着分辨率的降低,最高拍摄速度可达 32 024 fps。配套图像接口软件负责控制相机拍摄,调整拍摄帧数,可在每帧图像上实时显示时标。另外,支持输出 AVI、BMP、TIF 等多种格式。

图 8-9　PCO.1200 高速摄像机

2. 实验工质

本实验选用甘油-水溶液作为射流工质,它是一种典型的牛顿流体,密度比水略大,且具有良好的黏度随浓度变化特质。图 8-10 所示为在 20 ℃情况下,甘油-水溶液的黏度随浓度的变化规律,由图可知,低浓度情况下溶液黏度变化很小,基本与水的黏度处于同一量级,但当其浓度大于80%后,溶液黏度迅速增大,当溶液浓度为98%时,其黏度已为水的近 1 000 倍。为了验证该理论对不同黏度射流工质的普适性,本实验选取了 8 种不同浓度的甘油-水溶液,具体的物性参数如表 8-1 所列。工质的黏度系数和表面张力系数分别通过 Anton Paar 旋转流变仪(Physica MCR 301)和表面张力仪(SITA pro line t15)测量得到。

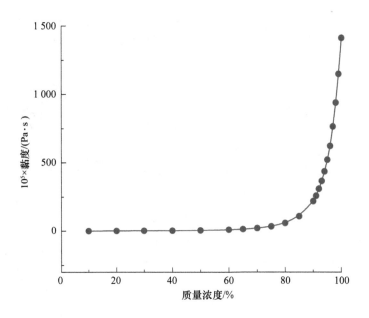

图 8 - 10　20 ℃情况下,甘油-水溶液黏度随浓度的变化

表 8 - 1　甘油-水溶液射流撞击实验工况

No.	$u_{j0}/(\text{m} \cdot \text{s}^{-1})$	$\rho/(\text{kg} \cdot \text{m}^{-3})$	$\mu/(\text{Pa} \cdot \text{s})$	$10 \times \sigma/(\text{N} \cdot \text{m}^{-1})$
a	8.15	1 237	0.296	63.8
b	8.23	1 235	0.313	64.1
c	7.84	1 224	0.142	64.2
d	8.07	1 221	0.115	64.6
e	8.53	1 210	0.081 8	64.9
f	8.15	1 208	0.064	65.2
g	7.00	1 107	0.045	65.5
h	8.83	1 194	0.038 5	65.8

8.1.3　理论与实验结果对比

图 8 - 11 所示为实验和理论液膜轮廓的对比结果,其中,背景图片为实验得到的液膜形状,虚线 1 和 2 分别代表通过本节提出的理论模型及 Bremond 和 Villermaux[5] 提出的理论模型计算得到的液膜形状,此处需要指出,Bremond 和 Villermaux 在其理论推导中忽略了射流撞击和液膜铺展过程中的黏性效应。为了进一步量化对比结果,分别对液膜长度及距撞击点为 0 mm、25 mm、50 mm、75 mm、100 mm 距离处液膜的宽度进行了测量,这些测量截面分别用 $L—L$、$A—A$、$B—B$、$C—C$、$D—D$ 和 $E—E$ 表示。表 8 - 2 和表 8 - 3 分别列出了在不同实验工况条件下,实验结果与本节理论及 Bremond 和 Villermaux 所得液膜轮廓的对比结果。

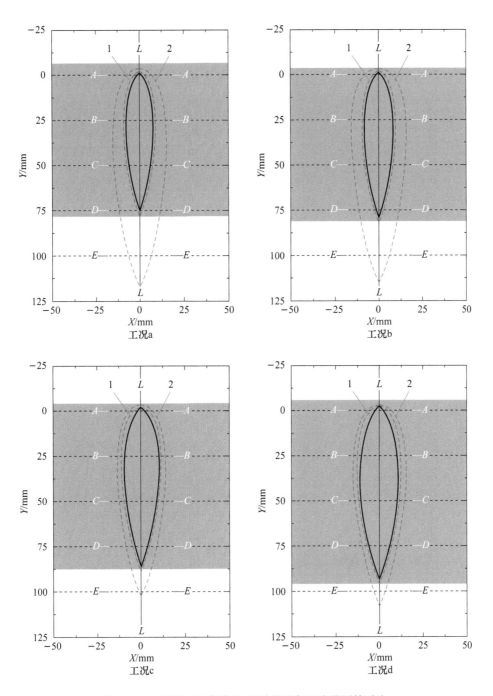

图 8-11 不同工况条件下,实验结果与理论预测的对比

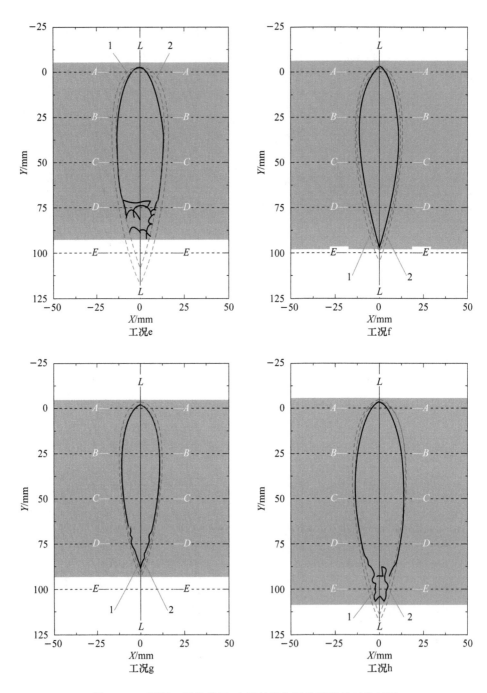

图 8-11　不同工况条件下,实验结果与理论预测的对比(续)

表 8－2　实验结果与本节理论所得液膜轮廓的结果对比

No.	测量截面	实验尺寸/mm	理论尺寸/mm	误差/%	No.	测量截面	实验尺寸/mm	理论尺寸/mm	误差/%
a	L—L	75.2	78.9	4.92	e	L—L	—	110.5	—
	A—A	6.1	7.2	18.0		A—A	9.4	12.4	31.9
	B—B	15.2	17.4	14.5		B—B	26.7	28.2	5.62
	C—C	12.7	13.8	8.66		C—C	27.1	28.9	6.64
	D—D	—	2.8	—		D—D	17.5	19.1	9.14
	E—E	—	—	—		E—E	—	5.6	—
b	L—L	83.6	85.6	2.39	f	L—L	101.9	104.3	2.36
	A—A	6.4	7.9	23.4		A—A	7.9	9.1	15.2
	B—B	17.3	20.4	17.9		B—B	22.9	24.8	8.30
	C—C	13.6	15.4	13.2		C—C	22.7	24.2	6.61
	D—D	3.4	3.6	5.88		D—D	13.5	15.3	13.3
	E—E	—	—	—		E—E	—	—	—
c	L—L	88.5	90.1	1.81	g	L—L	92.3	94.8	2.71
	A—A	8.2	8.8	7.32		A—A	8.5	9.6	12.9
	B—B	21.1	23.5	11.4		B—B	23.3	25.9	11.2
	C—C	19.2	21.1	9.90		C—C	21.2	23.1	8.96
	D—D	5.8	6.2	6.90		D—D	6.2	8.4	35.5
	E—E	—	—	—		E—E	—	—	—
d	L—L	94.2	98.5	4.56	h	L—L	—	119.8	—
	A—A	7.9	9.4	19.0		A—A	8.9	10.4	16.9
	B—B	20.4	24.1	18.1		B—B	24.6	27.1	10.2
	C—C	20.2	22.3	10.4		C—C	27.3	28.8	5.49
	D—D	9.8	10.6	8.16		D—D	23.1	24.6	6.49
	E—E	—	—	—		E—E	—	9.2	—

表 8－3　实验结果与 Bremond 和 Villermaux[5] 理论所得液膜轮廓的结果对比

No.	测量截面	实验尺寸/mm	理论尺寸/mm	误差/%	No.	测量截面	实验尺寸/mm	理论尺寸/mm	误差/%
a	L—L	75.2	119.2	58.5	b	L—L	83.6	115.4	38.0
	A—A	6.1	15.7	157.4		A—A	6.4	17.3	170.3
	B—B	15.2	31.0	103.9		B—B	17.3	32.3	86.7
	C—C	12.7	30.8	142.5		C—C	13.6	31.1	128.7
	D—D	—	23.3	—		D—D	3.4	23.1	579.4
	E—E	—	12.3	—		E—E	—	11.9	—

No.	测量截面	实验尺寸/mm	理论尺寸/mm	误差/%	No.	测量截面	实验尺寸/mm	理论尺寸/mm	误差/%
c	L—L	88.5	105.8	19.5	f	L—L	101.9	109.5	7.46
	A—A	8.2	16.3	98.8		A—A	7.9	12.2	54.4
	B—B	21.1	28.7	36.0		B—B	22.9	28.2	23.1
	C—C	19.2	26.7	39.1		C—C	22.7	25.4	11.9
	D—D	5.8	16.9	191.4		D—D	13.5	17.6	30.4
	E—E	—	3.5	—		E—E	—	4.2	—
d	L—L	94.2	107.7	14.3	g	L—L	92.3	95.1	3.03
	A—A	7.9	13.8	74.7		A—A	8.5	9.8	15.3
	B—B	20.4	28.8	41.2		B—B	23.3	26.2	12.4
	C—C	20.2	28.5	41.1		C—C	21.2	23.5	10.8
	D—D	9.8	19.4	97.9		D—D	6.2	8.6	38.7
	E—E	—	3.5	—		E—E	—	—	—
e	L—L		120.1	—	h	L—L		124.9	—
	A—A	9.4	15.6	65.9		A—A	8.9	11.2	25.8
	B—B	26.7	34.0	27.3		B—B	24.6	28.3	15.0
	C—C	27.1	33.1	22.1		C—C	27.3	29.9	9.52
	D—D	17.5	24.8	41.7		D—D	23.1	25.8	11.7
	E—E	—	13.1	—		E—E	—	11.8	—

由图 8-11 可以观察到,本节提出的理论模型计算的结果与实验结果吻合较好,而 Bremond 和 Villermaux[5] 所提出的忽略黏性的理论模型得到的结果在黏性低时与实验结果基本吻合,但当黏性较高时与实验结果之间存在较大偏差。通过以上对比分析,可以得到如下结论:当射流工质黏性较低时,忽略其影响是可以接受的;但当黏性较高时,黏性对撞击形成的液膜存在很大影响,此时只有将工质的黏性效应考虑到理论模型中方可得到正确的理论分析结果。

表 8-2 列举了实验测量及本节理论得到的液膜长度及各截面宽度值,并计算了二者之间的相对误差。由此发现,液膜长度的误差在 1.81%～4.92% 范围内,不同截面宽度的误差基本低于 15%,唯一误差较大的截面为 A—A 截面,其原因在于上端液膜尺寸较小,任何微小的变化都会造成较大的误差。表 8-3 比较了实验得到的液膜尺寸与理论结果,通过前五组理论与实验结果的误差分析可知,对于高黏度流体,液膜长度误差范围介于 14.3%～158.5% 之间,不同截面宽度误差均大于 27%,但对于后三组工质,二者之间的误差相对较小。通过比较表 8-2 和表 8-3 可知,对于高黏度流体射流撞击,忽略黏性会使理论得到的液膜轮廓严重偏离实验结果,但随着黏度的降低,本节与 Bremond 理论计算的液膜形状差异也会随之减小,这便意味着黏度的降低会使考虑及忽略黏性效应得到的液膜逐渐趋于统一。

8.1.4　参数讨论

通过理论与实验结果的比较,验证了本节所提出的理论模型的正确性,基于该模型本小节将着重讨论撞击角、射流速度型、韦伯数和雷诺数对液膜特性(形状、速度分布、厚度分布)的影响规律。

1. 撞击角影响

图 8-12 所示为无量纲的理论液膜轮廓随撞击角 2α 的变化情况,图中由内向外的液膜轮廓分别对应撞击角为 $60°$、$90°$、$120°$ 三种工况。由图可知,液膜的尺寸和形状随撞击角变化显著,随着撞击角的增大,撞击形成的液膜会由狭长逐渐变得饱满,可以推测,当撞击角接近 $180°$ 时形成液膜的形状趋近于圆形,这与实际观察以及前人研究[9]的结果亦是相符的。一般情况下,液膜扩展越充分则雾化越好,但过大的撞击角会使向上的液膜分量增大,对于液体火箭发动机而言,向上的液流会击打在喷嘴面板上,因此,火箭发动机中撞击式喷嘴撞击角的选取需要综合考虑各方面的影响。

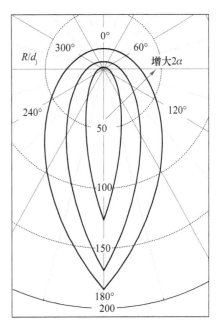

图 8-12　液膜的轮廓随撞击角 2α 的变化情况
($m=1$,$We=558$,$Re=87$,箭头方向:
$2\alpha=60°$,$90°$,$120°$)

图 8-13 所示为在撞击角由 $60°$ 增大到 $120°$,而其他参数保持不变的情况下,液膜速度分布的变化情况。对于同一撞击角,液膜的速度随撞击角的增大而逐渐增加,最终趋于一个定值。其主要原因可以归结如下:通常情况下($2\alpha\neq180°$),射流中心轴线和分离流线并不重合,大方位角的液膜角微元将得到更大的初始动能。该现象已经被 Choo 和 Kang[2] 在其水射流撞击实验中得到了证实。但是,随着撞击角的增大,不同液膜角微元之间初始能量分布差异会变得越来越小,这便使液膜的速度分布变得均一;产生该现象的另一个原因在于能量耗散过程,大的液膜尺寸和增加的撞击角都意味着更多能量的转化和耗散。

图 8-14 所示为当撞击角由 $60°$ 增大到 $120°$ 时,在 $\theta=180°$ 方位角处,液膜的厚度随半径的变化规律。从图中可以看到,随着半径的增大,液膜厚度与半径之间呈现明显的反比关系,随着液膜半径的增大,其厚度明显减小,这主要源于射流与液膜角微元之间的质量守恒关系(见式(8-5))。另外,从图中还可以看到,随着撞击角的增大,液膜厚度的减小速率亦会随之增加,这主要源于撞击角的增大使液膜沿径向扩展更加充分,因此,在一定的质量流量的情况下,相同半径处的液膜厚度必然会更薄。但是,随着液膜半径的进一步增大,撞击角对液膜的影响会逐渐减弱,液膜的厚度逐渐趋于一致,由图可知,当无量纲的液膜半径大于 0.08 时,三条厚度曲线基本重合。

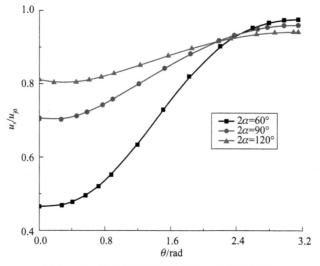

图 8 - 13　撞击角对液膜速度分布的影响规律

$(m=1, We=558, Re=87)$

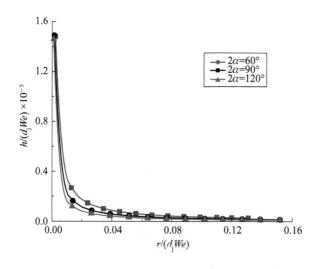

图 8 - 14　撞击角对液膜厚度分布的影响规律

　　由图 8 - 15 可知,液膜边沿厚度随方位角变化剧烈,对于同一撞击角而言,液膜厚度与方位角之间也不是简单的单调递增关系。从该图中还可以看到一个有趣的现象,即当方位角 θ 较小(液膜顶部)时,液膜边沿厚度随撞击角的增大而增加,而方位角较大(液膜底部)时,液膜边沿厚度随撞击角的增大而减小。其原因通过式(8 - 8)可知,偏心距 b 随着撞击角的增大而减小,而偏心距 b 的减小使小方位角处液膜角微元得到更多的工质流量,相应的,大方位角处液膜角微元分得的工质流量将会减小,因此,液膜边沿厚度随撞击角才会呈现先增大后减小的变化规律。

　　另外,上面提到液膜边沿厚度并非简单地随方位角单调变化,而是首先在液膜的上半部分轻微减小,之后随方位角显著增大,最后在液膜底端略有减小。该现象在撞击角较小时尤为明显。此处以撞击角为 60° 对应的曲线为例进行说明。由式(8 - 5)可知,液膜边沿的厚度主要由

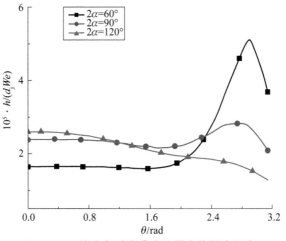

图 8 - 15 撞击角对液膜边沿厚度的影响规律

$(m=1,We=558,Re=87)$

三个参数决定,分别为射流角微元的流量(即 $2\sin\alpha\int_0^{\tilde{q}_j}\tilde{q}\tilde{u}_j(\theta,\tilde{q})\mathrm{d}\tilde{q}$,定性分析时可用 q_j 代替)、撞击液膜的半径 R 和液膜的速度 u_s。图 8 - 16 所示为以上三个参数随方位角 θ 的变化规律,根据曲线变化规律的不同将变化区域分为三部分:在区域 Ⅰ 中,射流角微元的流量及液膜的速度仅略微增加,且液膜的半径基本保持不变,将以上三个参量代入式(8 - 5)中可知,液膜边沿厚度基本保持不变;在区域 Ⅱ 中,射流角微元流量的增长率远大于液膜半径和厚度的增长率,此时属于分子增长分母不变阶段,因而液膜边沿厚度迅速增大;在区域 Ⅲ 中,虽然液膜角微元的流量仍在增大,但液膜半径变化为主要影响因素,此处由于半径无量纲化时除以 We,故图中显示变化较小,此种情况属于分子增长较大,但分母增长更大,故总体效果为液膜边沿厚度略有减小。

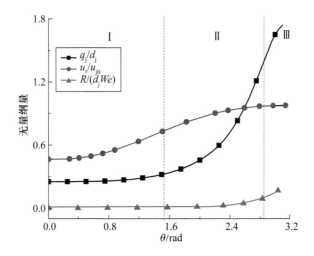

图 8 - 16 无量纲的液膜半径、液膜速度和截面距离随方位角的变化

2. 速度型影响(比例系数 m)

通过图 8-17 所示的理论分析结果可知,射流速度型对液膜形状和尺寸的影响很小。随着 m 的增大,液膜仅稍微向下移动,但整体形状尺寸保持不变,这一现象可从式(8-8)中得到

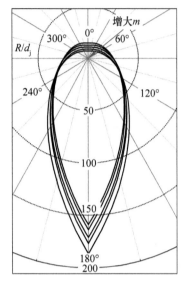

图 8-17 液膜轮廓随比例系数 m 的变化情况
($2\alpha=90°$, $We=558$, $Re=87$,
箭头方向: $m=0.2, 0.4, 0.6, 0.8, 1.0$)

解释:比例系数 m 的增大使偏心距 b 增大,同时使撞击点更加偏离射流中心轴线,于是造成较小方位角处的液膜角微元获得更少的流量,大方位角处液膜角微元获得更多的流量,因此呈现出图 8-17 中所示的液膜随 m 的增大而整体向下平移的有趣现象。

图 8-18 所示为 m 对液膜速度分布的影响规律。考虑到前面对撞击角的分析,易于得到单一曲线随方位角的变化规律。通过对不同 m 的影响可知,当方位角较小时,随着 m 的增大液膜速度越来越小,而且不同 m 对应的速度分布曲线差别很大。但是,随着方位角的增大,不同速度分布曲线之间的差异会逐渐减小,最终趋于一致。值得注意的是,图中速度分布曲线存在一个交叉点,该点对应图 8-17 中液膜轮廓的交点。另外,可以看到比例系数 m 越小,液膜的速度分布越均匀。

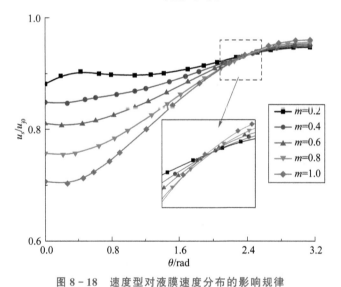

图 8-18 速度型对液膜速度分布的影响规律
($2\alpha=90°$, $We=558$, $Re=87$)

图 8-19 所示为液膜的厚度分布随 m 的变化情况。由图可知,不论何种速度型,液膜边缘厚度都呈现出先减小、后增大、再略有减小的变化趋势。而且,比例系数 m 对液膜的厚度分

布影响较为显著,对于小方位角,液膜厚度随着 m 的增大而增加,且不同的厚度分布曲线差异十分明显,但随着方位角的增大,厚度分布的变化曲线呈现与速度分布相似的规律,即逐渐趋于统一,可以看到最终厚度分布曲线基本相交于一点。

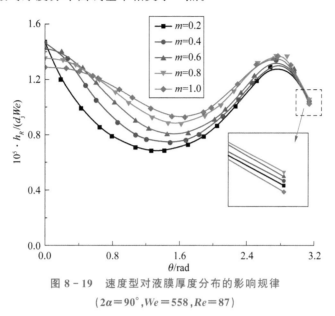

图 8-19　速度型对液膜厚度分布的影响规律
$(2\alpha = 90°, We = 558, Re = 87)$

3. 韦伯数影响

如图 8-20 所示,当雷诺数保持不变时,随着韦伯数的增加,液膜尺寸迅速增大,且增大的速率亦在加快。此种情况可以认为,除了表面张力系数 σ 外,其他参数均保持不变,增大韦伯数意味着减小表面张力系数 σ,而 σ 的减小势必会使液膜边缘对液膜扩展的束缚力减小,这样便有利于液膜的扩展;另外,σ 的减小会使表面能随之减小,为了保持撞击过程中的能量守恒,液膜也会随之扩展。

韦伯数对液膜速度分布的影响规律如图 8-21 所示。显然,随着韦伯数的增大,速度曲线整体上升,当方位角较小时,u_s 之间的差异很明显,但对于较大方位角,它们会趋于一致。众所周知,增大韦伯数意味着减小表面张力系数 σ,方位角较小时液膜半径基本相同,此时,σ 主导表面能的大小。因此,对于小韦伯数射流,液膜速度较小。但由于较小的 σ 会导致液膜半径的增大,所以不同 σ 造成的表面能差异会随之减小,根据能量守恒,最终液膜获得的速度亦会趋于一致。

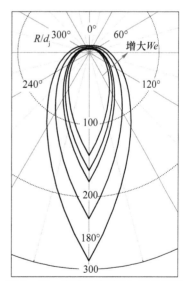

图 8-20　液膜轮廓随 We 变化情况
($m=1, 2\alpha = 90°, Re = 87$,箭头方向:
$We = 447, 511, 558, 715, 894$)

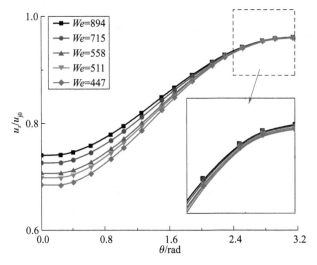

图 8-21　韦伯数对液膜速度分布的影响规律
$(m=1,2\alpha=90°,Re=87)$

图 8-22 所示为韦伯数对液膜厚度的影响规律。由图可知,液膜厚度随韦伯数的增大逐渐减小,但整体变化趋势基本相似,唯一的区别在于韦伯数增大会使厚度分布变得均一。

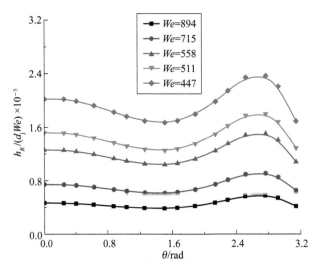

图 8-22　韦伯数对液膜厚度分布的影响规律
$(m=1,2\alpha=90°,Re=87)$

4. 雷诺数影响

图 8-23 所示为雷诺数对液膜形状和尺寸的影响规律,沿着箭头方向雷诺数由 30 增大到 592,而其他参数保持不变,对应的黏度系数 μ 由 $0.2\,Pa\cdot s$ 减小到 $0.01\,Pa\cdot s$。为了更加明确地描述 μ 的影响趋势,选择了一个相对较低的雷诺数 30 对液膜轮廓进行计算。由图可知,当雷诺数较大时,液膜尺寸随雷诺数的增大基本保持不变,但当雷诺数急剧减小后,液膜尺寸随

之显著减小,这也意味着此时黏度对射流撞击形成的液膜具有显著的影响。大雷诺数的工况对应黏度较低的工况,此时黏性耗散能在能量转化过程中所占比例较小,所以即使雷诺数继续增大液膜扩展的幅度也较小,但当雷诺数减小到一定值时,黏性的作用会急剧增加,液膜亦会迅速收缩。

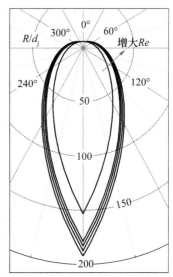

图 8-23　液膜轮廓随 Re 变化情况
（$m=1$,$2\alpha=90°$,$We=558$,箭头方向:
$Re=30,87,118,197,592$）

液膜速度分布随雷诺数的变化规律如图 8-24 所示。随着雷诺数的减小,黏性力的影响逐渐增大,同时黏性耗散亦随之增大,在总的射流动能一定的情况下,液膜速度必然会逐渐减小。但值得注意的是,不同雷诺数时液膜速度之间的差异随着方位角的增大会逐渐减小,这归功于能量守恒关系中黏性耗散能 E_D 和表面能 E_P 的综合作用,对于大方位角处的液膜角微元,表面能处于支配地位,此时黏性耗散造成的影响被削弱,所以液膜的速度会逐渐趋于一致。

图 8-25 所示为液膜厚度分布随雷诺数的变化情况。相对于速度分布,液膜的厚度分布呈现相反的规律,即液膜的厚度随雷诺数的减小逐渐增大,其原因在于黏性增加时,液膜的半径和速度均减小,此二者均使液膜呈现增厚的趋势,具体的关系可以通过质量守恒方程式(8-5)得到,当射流质量流量一定时,液膜的速度与厚度之间存在反比关系。同样可以看到,当雷诺数由 592 减小到 87 时,液膜厚度增加较少;但当雷诺数由 87 减小至 30 时,液膜厚度会呈现明显的减小。

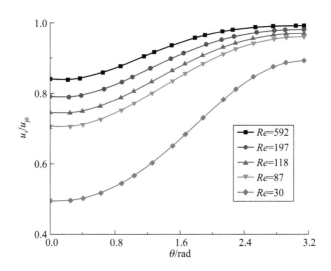

图 8-24　雷诺数对液膜速度分布的影响规律
（$m=1$,$2\alpha=90°$,$We=558$）

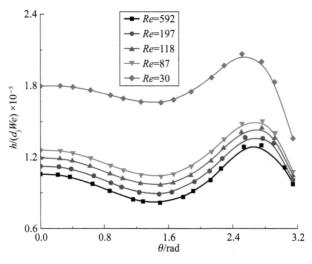

图 8 - 25　雷诺数对液膜厚度分布的影响规律
$(m = 1, 2\alpha = 90°, We = 558)$

8.2　幂律流体撞击液膜的特性分析及实验研究

凝胶推进剂作为一种新型的化学推进剂,解决了传统液体推进剂不易储存、具有毒性、污染环境等问题,也克服了固体推进剂推力不易调、难以重复点火的缺点,因此,越来越受到国内外研究者的关注。凝胶推进剂是将液体燃料与氧化剂用少量胶凝剂凝胶化,同时将大量固体燃料悬浮于胶凝剂中,使其形成具有一定结构和特性,并能够长期保持稳定的凝胶体系,具有幂律流体的性质,是一种典型的非牛顿流体。凝胶推进剂储存时像固体,加压时会像液体一样流动。

本节旨在对幂律流体圆孔射流撞击进行研究,由于其本构方程的特殊性,黏性牛顿流体射流撞击的理论模型不能适应于该流体的分析,所以需要建立适当的射流撞击模型;此外,本节还将对理论模型进行相应的实验验证,并着重分析幂律流体流变参数(稠度系数、幂律指数)对撞击喷雾的影响。

8.2.1　幂律流体射流撞击理论模型

1. 幂律流体射流撞击的偏心距

在 8.1 节中已经详细介绍了圆形孔射流自击的物理模型,两股射流自喷嘴喷出后在其对称面发生撞击,并由撞击点开始向外扩展,从而形成边缘突起的叶子形液膜。通过前面的介绍已经知道,射流撞击点与截面形心并不重合,而是存在一定距离,这段距离称为偏心距,如图 8 - 26所示。

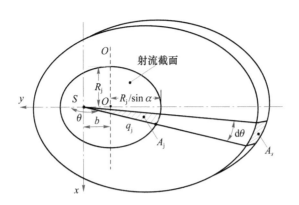

图 8 - 26　射流截面及与其平行的液膜(垂直液膜方向视图)

结合射流椭圆截面角微元 $d\theta$(图 8 - 26 中的 A_j)与相应液膜角微元(图 8 - 26 中的 A_s)之间的守恒关系,可以确定偏心距 b,具体的方法已经在 8.1 节中进行了详细介绍,对于幂律流体而言,无量纲的偏心距 $\tilde{b}(\tilde{b}=b/d_j)$ 的表达式如下:

$$\tilde{b}=\frac{0.275m+0.202n^2-0.347n+0.83}{2\tan\alpha} \tag{8-33}$$

在 Hasson 和 Peck[10] 的研究中,当射流速度型被假设为均一时,$\tilde{b}$ 与 α 之间存在一个简单的关系式 $\tilde{b}=1/(2\tan\alpha)$,但大量的实验研究表明,在撞击距离较小的情况下,撞击截面的射流速度型是不均一的,并且严重影响液膜的速度分布。本节的研究利用了 Wilkinson[3] 提出的一种幂律流体充分发展的速度型:

$$u_j=\frac{(3n+1)(u_{j0}-u_{jmin})}{(n+1)R_j^{\frac{n+1}{n}}}(R_j^{\frac{n+1}{n}}-r_j^{\frac{n+1}{n}})+u_{jmin} \tag{8-34}$$

式中:u_{jmin} 为射流的边缘速度,u_{j0} 为射流的平均速度。

两速度之间的比例系数为 m,如式(8 - 33)中所示。通过改变 m 可以得到不同的预撞击射流速度型。基于 Hasson 和 Peck[10] 的研究,Choo 和 Kang[1] 认为 $\tilde{b}$ 和 $1/(2\tan\alpha)$ 之间存在一个比例系数 β,并推导了泊肃叶流和测量的射流速度型对应的 β 值,其中,测量的射流速度型对应的 β 值低于均一速度型的计算结果,但高于泊肃叶流的结果。本节的 β 为 m 和 n 的函数。众所周知,比例系数 m 随着喷射距离的不同而逐渐变化,因此撞击点亦会随着撞击距离的不同而移动。图 8 - 27 所示为撞击角为 60° 的情况下,无量纲偏心距 $\tilde{b}$ 与比例系数 m 及幂律指数 n 之间的函数关系。可以看到,$\tilde{b}$ 随着 m 的增大而逐渐增大,这与 Choo 和 Kang[1] 的结果一致。另外,当 n 从 0.1 增大到 1 时,$\tilde{b}$ 会稍微减小。

2. 液膜速度分布推导

传统射流撞击理论认为,液膜速度是均一的,且与射流速度相同。然而,相关的实验结果[1] 却显示当方位角变化时,局部液膜速度显著不同。其中,两个可能的原因:一是预撞击射流的高速核心区和低速边缘区分别流向液膜的不同区域,这便强烈影响了局部液膜的速度分布[1];二是射流撞击和液膜扩展过程中能量的转化和耗散将会引起不同的液膜速度分布。为

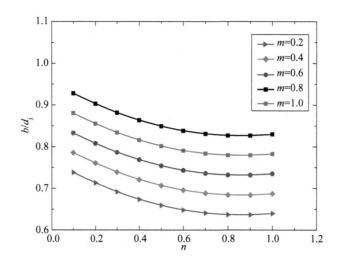

图 8 - 27 撞击角 $2\alpha = 60°$ 的情况下，偏心距 b/d_j 随比例系数 m 和幂律指数 n 的变化

了更加准确地描述液膜速度，需要对射流撞击过程中的能量转化过程进行详细分析。通过参考液滴撞击固体壁面的能量分析[6]可知，射流的初始动能 E_{k0} 转化成三部分：液膜的动能 E_k、表面能 E_P，以及流动过程中的能量耗散 E_D。因此，E_{k0} 可以表示为

$$E_{k0} = E_k + E_P + E_D \tag{8-35}$$

截取长度为 L 的射流角微元，该微元体恰好能扩展形成半径为 R 的液膜角微元，将此微元体作为研究对象，则以上四部分能量可以表示如下：

$$\begin{bmatrix} dE_{k0} \\ dE_k \\ dE_P \\ dE_D \end{bmatrix} = \begin{bmatrix} \rho L \sin \alpha u_{j0}^2 \int_0^{q_j} q \, dq \\ \rho \int_{q_j}^R \int_0^{\frac{h}{2}} (u_s^2 + u_z^2) r \, dr \, dz \\ (R^2 + 2R\sqrt{\pi s_r}) \sigma \\ 2 \int_o^t \int_{q_j}^R \int_0^{\frac{h}{L}} \Phi r \, dr \, dz \, dt \end{bmatrix} d\varphi \tag{8-36}$$

式中：s_r 为液膜边缘的垂直截面面积；t 为从射流撞击到形成液膜所需要的时间，$t = L/u_{j0}$；Φ 为能量耗散率。

对幂律流体而言，应力张量表示为

$$\tau = 2K\dot{\gamma}^{n-1} D \tag{8-37}$$

式中：$\dot{\gamma}$ 为剪切率，D 为应变率张量。

以上二者之间存在如下关系：

$$\dot{\gamma} = \sqrt{2D : D} = \sqrt{2D_{11}^2 + 2D_{22}^2 + 2D_{33}^2 + 2D_{12}^2 + 2D_{13}^2 + 2D_{23}^2} =$$
$$\sqrt{2\left(\frac{\partial u_s}{\partial r}\right)^2 + 2\left(\frac{\partial u_z}{\partial z}\right)^2 + \left(\frac{\partial u_s}{\partial z} + \frac{\partial u_z}{\partial r}\right)^2} \tag{8-38}$$

因此，Φ 可以表示为

$$\varPhi = K\dot{\gamma}^{n+1} = K \left[2\left(\frac{\partial u_s}{\partial r}\right)^2 + 2\left(\frac{\partial u_z}{\partial z}\right)^2 + \left(\frac{\partial u_s}{\partial z} + \frac{\partial u_z}{\partial r}\right)^2 \right]^{\frac{n+1}{2}} \qquad (8-39)$$

将式(3-39)代入式(3-36),并结合 u_s 和 u_z 二者之间的关系($u_z = -u_s(z/r)$),则每部分的能量均可得到。将 d_j 作为长度尺度,u_{j0} 作为速度尺度,无量纲的能量守恒方程可以写为如下的形式:

$$(\widetilde{R} - \widetilde{q}_j)\sin\alpha\Delta_1\,\widetilde{u}_s + \frac{(\widetilde{q}_j^{-3} - \widetilde{R}^{-3})\sin^3\alpha\Delta_1^3 - 9(\widetilde{R} - \widetilde{q}_j)\sin\alpha\Delta_1}{9\,\widetilde{u}_s} + \frac{\widetilde{R}^2 + 2\widetilde{R}\sqrt{\pi\widetilde{s}_r}}{We} + \frac{2\widetilde{L}\,\widetilde{u}_s^{\,n+1}}{Re}\Delta_2 = 0$$
$$(8-40)$$

式中:We 为韦伯数,$We = \rho u_{j0}^2 d_j / \sigma$;$Re$ 为雷诺数,$Re = \rho u_{j0}^{2-n} d_j^n / K$;$\Delta_1 = \int_0^{\widetilde{q}_j} \widetilde{q}\,\widetilde{u}_j \mathrm{d}\widetilde{q}$;$\Delta_2 = \int_{\widetilde{q}_j}^{\widetilde{R}} \int_0^{\frac{\hbar}{2}} (2 + \widetilde{z}^2/\widetilde{r}^2)^{\frac{n+1}{2}} \widetilde{r}^{-n} \mathrm{d}\widetilde{r}\mathrm{d}\widetilde{z}$。

通过求解式(8-40)可以得到液膜的速度,但值得注意的是液膜速度 u_s 是液膜半径 R 和边缘面积 s_r 的函数,目前仍未知,所以 u_s 在此处不能马上求得。式(8-40)将是随后确立方程组的一部分,通过联立求解可以最终确定 u_s 的值,与之同时确定的是液膜的形状和厚度等其他特征。

3. 液膜的形状和边缘特性

为了确定液膜的形状和边缘特征,参考了 Bremond 和 Villermaux[5] 的研究结果,通过分析液膜边缘的质量守恒方程和受力平衡,得到了最终的微分方程组系统。图 8-28 所示为液膜边缘受力平衡和守恒微元体,R 定义为原点到边缘中心线的距离,φ 为半径 R 方向与边缘切线方向的夹角,n 和 t 分别为法向和切向向量,s_r 为垂直于液膜边缘轴线的边缘截面面积,u_r 为液体速度。

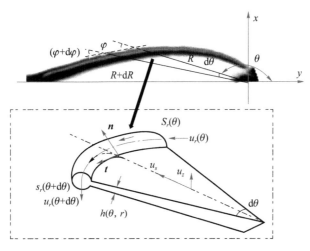

图 8-28　液膜边缘受力平衡和守恒微元控制体

质量守恒要求沿液膜边缘体积流量的切向梯度与液膜平面流入边缘的流量相同,即

$$\frac{\mathrm{d}(u_r s_r)}{R\,\mathrm{d}\varphi} = hu_s \qquad (8-41)$$

下面对液膜边缘的法线方向进行受力分析,液膜边缘的表面张力联合等效黏性力的法向分量来平衡由液体流经弯曲边缘所造成的离心力和由液膜向边缘流动所造成的惯性力。因此,垂直于液膜边缘的动量守恒关系可以描述为

$$\frac{2\sigma R\mathrm{d}\theta}{\sin\varphi} + K\left(\frac{u_s\sin\varphi}{\sqrt{s_r/\pi}}\right)^n \cdot \frac{2\sqrt{s_r/\pi}}{\sin\varphi}R\mathrm{d}\theta = \rho u_r^2 s_r(\mathrm{d}\theta + \mathrm{d}\varphi) + \rho u_s^2\sin\varphi hR\mathrm{d}\theta \quad (8-42)$$

此处需要注意的是,等式左侧第二项代表等效黏性,其中 $u_s\sin\varphi/\sqrt{s_r/\pi}$ 指法向速度梯度。同样地,液膜边缘切向力平衡要求切向动量流与液膜流向边缘动量流的切向分量和切向等效黏度平衡。因此,液膜边缘切向动量平衡表达式为

$$\rho\mathrm{d}(u_r^2 s_r) = \rho hRu_s^2\cos\varphi\mathrm{d}\theta + K\left(\frac{u_r - u_s\cos\varphi}{\sqrt{s_r/\pi}}\right)^n \cdot \frac{2\sqrt{s_r/\pi}}{\sin\varphi}R\mathrm{d}\theta \quad (8-43)$$

另外,φ、R 和 θ 之间存在如下的几何关系:

$$\frac{\mathrm{d}R}{\mathrm{d}\theta} = R\cot\varphi \quad (8-44)$$

与 Bremond 和 Villermaux[5] 的研究相比,本模型的控制方程考虑了黏性力,通常对于低黏度流体,比如水、酒精等,黏性是可以忽略的。但由于幂律流体具有高黏度特性,忽略黏性势必会造成理论模型的预测偏差,因此本模型对于射流撞击工质更具有普适性。

将以上守恒方程及几何关系进行整理,并将 d_j 作为长度尺度,u_{j0} 作为速度尺度,则决定幂律流体撞击形成液膜特性的微分方程组便可确定,该方程组未知数包括 $R(\theta)$、$\varphi(\theta)$、$\tilde{s}_r(\theta)$、$\tilde{u}_r(\theta)$,最终的形式可以表述为

$$\frac{\mathrm{d}\tilde{R}}{\mathrm{d}\theta} = \tilde{R}\cot\varphi \quad (8-45)$$

$$\frac{\mathrm{d}\varphi}{\mathrm{d}\theta} = \frac{2\tilde{R}(We\sin\varphi)^{-1} - \tilde{h}\tilde{R}\,\tilde{u}_s^2\sin\varphi - \tilde{s}_r\tilde{u}_r^2 + C_1}{\tilde{s}_r\tilde{u}_r^2} \quad (8-46)$$

$$\frac{\mathrm{d}\tilde{s}_r}{\mathrm{d}\theta} = \frac{2\tilde{h}\tilde{R}\,\tilde{u}_r\tilde{u}_s - \tilde{h}\tilde{R}\,\tilde{u}_s^2\cos\varphi - C_2}{\tilde{u}_r^2} \quad (8-47)$$

$$\frac{\mathrm{d}\tilde{u}_r}{\mathrm{d}\theta} = \frac{\tilde{h}\tilde{R}\,\tilde{u}_s^2\cos\varphi - \tilde{h}\tilde{R}\,\tilde{u}_r\tilde{u}_s + C_2}{\tilde{s}_r\tilde{u}_r} \quad (8-48)$$

式中:

$$C_1 = 2\left(\frac{\tilde{u}_s\sin\varphi}{\sqrt{\tilde{s}_r/\pi}}\right)^n \frac{\sqrt{\tilde{s}_r/\pi}\tilde{R}}{Re\cdot\sin\varphi}$$

$$C_2 = 2\left(\frac{\tilde{u}_r - \tilde{u}_s\cos\varphi}{\sqrt{\tilde{s}_r/\pi}}\right)^n \frac{\sqrt{\tilde{s}_r/\pi}\tilde{R}}{Re\cdot\sin\varphi}$$

该微分方程组系统很难求得解析解,因此这里运用数值的方法进行求解。初始条件定义为 $\theta = 0°$,此处 $\varphi = 90°$,初始边缘速度 $\tilde{u}_{r0} = 0.1$,液膜的初始半径 $\tilde{R}_0$ 以及边缘截面面积 $\tilde{s}_{r0}$ 需要通过实验测量。

8.2.2　理论与实验结果对比

为了验证本理论模型的正确性,做了一系列相关实验。该实验选用三种不同浓度的黄原胶-水溶液作为流体工质,它们的质量分数分别为 0.1%、0.5% 和 1.0%,密度与水接近,其表面张力系数分别为 $0.073\,N/m$、$0.076\,N/m$ 和 $0.081\,N/m$。黄原胶-水溶液是一种典型的幂律流体,图 8-29 所示为 20 ℃ 情况下,流体工质在稳定剪切率条件下的流变特性曲线,其中"wt"代表质量分数。利用幂律流体本构方程 $\eta = K\dot{\gamma}^{n-1}$ 对凝胶模拟液进行拟合,得到三种不同浓度工质的流变参数,如表 8-4 所列。下面将着重对理论与实验得到的液膜形状和边缘厚度进行比较。

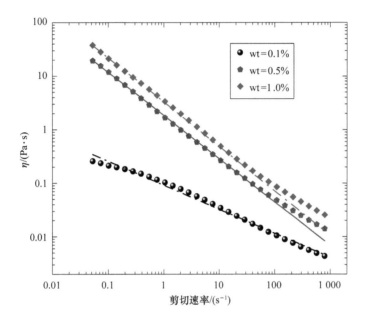

图 8-29　20 ℃ 情况下,黄原胶-水溶液实验流变曲线

表 8-4　三种不同浓度凝胶模拟液的流变参数

质量分数/%	K	n
0.1	0.097	0.647
0.5	1.84	0.191
1.0	3.25	0.169

1. 液膜形状

为了更直观地认识流体工质性质对液膜性质的影响规律,图 8-30 展示了四种典型的幂律流体射流撞击的高速射流照片,具体的实验工况见表 8-5。该图同时展示了理论与实验的对比结果,其中背景图片为实验结果,虚线表示理论模型预测的液膜形状。撞击点坐落于网格线的中心,而且圆形网格线到撞击点的距离已被标记出来。可以清晰地看到,对于这四种情

况,理论曲线与实验结果吻合很好。

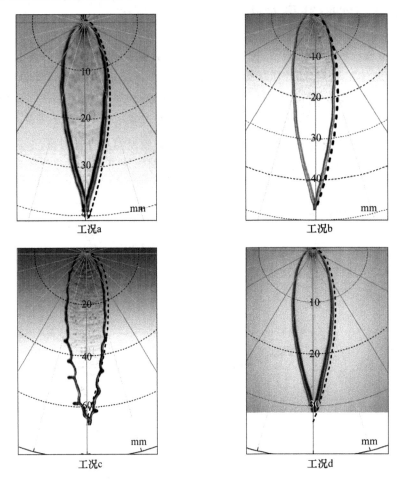

图 8 - 30　液膜形状的理论及实验结果对比

表 8 - 5　幂律流体射流撞击实验工况

工　况	质量分数/%	d_j/mm	u_{j0}/(m · s^{-1})
a	1.0	0.6	6.5
b	1.0	0.8	6.1
c	0.5	0.6	6.5
d	0.1	0.6	3.2

通过比较图 8 - 30 中的工况 a 和工况 b 可以看到,在射流速度近似且其他实验工况相同的情况下,直径较大的射流撞击形成的液膜铺展更大。另外,通过图 8 - 30 工况 a 和工况 c 的比较结果可知,低浓度凝胶模拟液撞击形成液膜更易扩展和破碎,其原因在于低浓度凝胶模拟液对应的稠度系数 K 更小,因而对液膜的扩展的阻碍作用降低,针对流变参数的影响规律将在后面进行详细讨论。由图 8 - 30 工况 a 和工况 d 的比较结果可知,射流速度的增大促进了液膜的铺展,其原因在于射流初始动能的增大必然使液膜动能、表面能随之增大,所以液膜尺寸亦随之变大。但是,对于低浓度溶液,随着射流速度的增大,液膜边缘会产生扰动,致使理论

预测液膜的形状会与实验结果出现偏差,如图 8 - 30 工况 c 所示。

图 8 - 31 所示为对于两种不同的射流直径,液膜的尺寸随射流速度的变化关系,其中液膜尺寸主要包括液膜长度(从撞击点到液膜底端的距离)和宽度(从液膜最左侧到最右侧的水平距离)。

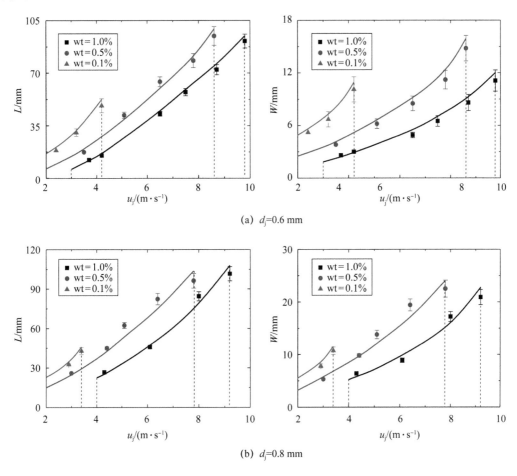

(a)　$d_j = 0.6$ mm

(b)　$d_j = 0.8$ mm

图 8 - 31　随射流速度的增大,理论与实验得到的液膜长度 L 和宽度 W 的对比

与此同时,这里还对不同实验工况下,理论与实验得到的液膜尺寸进行了对比。图 8 - 31 中的实验点为相隔 0.02 s 的 20 幅实验照片测量结果的算数平均值,实线代表理论预测的结果,图中的误差带代表每种实验工况得到数据的标准差。可以看到,在相同射流速度情况下,直径 0.8 mm 的射流撞击形成液膜较直径为 0.6 mm 的射流形成的液膜尺寸更大。另外,液膜长度和宽度的实验测量点与理论曲线十分接近,且当射流速度较低时,误差带较窄,理论预测的液膜尺寸与实验点基本重合。但是,随着射流速度的增大,液膜边缘会逐渐出现扰动,因此误差带也会随之增大;同时,理论与实验结果之间的误差也随之增大,但即使如此,理论预测的液膜长度和宽度曲线亦基本穿过实验点误差带,这种情况对应图 8 - 30 的工况 c。

2. 液膜边缘直径

图 8 - 32 所示为不同撞击条件下,液膜边缘直径 d_r 随方位角的变化情况。该图详细阐述

了射流直径和速度对边缘直径的影响规律,其中,边缘直径通过射流直径 d_j 进行无量纲化。由图可知,液膜边缘直径是方位角的增函数,当方位角较小时,边缘直径平稳增大;当方位角较大时,边缘直径随其显著增大。除此之外,随着射流速度的增大,液膜边缘直径呈现略微减小的趋势。通过对速度均为 8.7 m/s,孔径分别为 0.6 mm 和 0.8 mm 的两种不同直径的射流撞击形成液膜的边缘直径对比可知,边缘直径与射流直径成正比,这与 Bremond 和 Villermaux[5] 的研究结果相同。

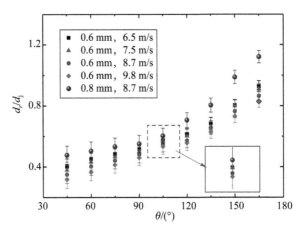

图 8 - 32　质量分数为 1.0% 黄原胶-水溶液撞击液膜边缘直径随方位角的变化

　　图 8 - 33 所示为比较了不同射流直径和速度情况下,理论与实验得到的液膜边缘直径,其中点表示实验结果,线表示理论结果。由图可知,理论计算得到的边缘直径随方位角的变化趋势与实验结果基本吻合,均为首先平缓增加,然后迅速增大,且在小方位角和大方位角处理论预测的液膜边缘直径与实验结果基本相同,但中间方位角处略有偏差。而且,可以看到射流直径越大、射流速度越低,二者的吻合效果越好,但对于射流直径为 0.6 mm,射流速度为 8.7 m/s的结果,二者偏差较大。

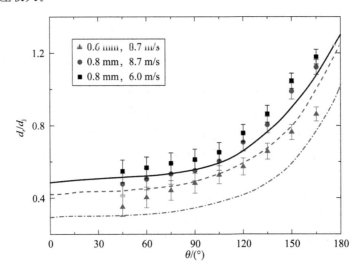

图 8 - 33　不同射流直径与速度情况下,理论与实验得到边缘直径的对比

8.2.3 流变参数影响规律

1. 稠度系数 K 影响

图 8-34 所示为稠度系数 K 对液膜形状和尺寸的影响规律,其中 K 从 10^{-2} Pa·s^n 增大到 10 Pa·s^n 而其他参数保持不变,液膜的半径通过 $d_j We$ 进行无量纲化。由图可知,液膜的尺寸随着 K 的增大而急剧收缩。对于幂律流体而言,K 的增大意味着其表观黏度的增大,这便说明黏度对于幂律流体射流撞击过程影响显著,当流体工质的表观黏度增大时,液膜在流动过程中的黏性阻力会随之增大,所以液膜尺寸急剧收缩。另外,当 K 值很小时,可将流体工质视为无黏流体,此时忽略黏性的理论模型计算结果亦可接受。

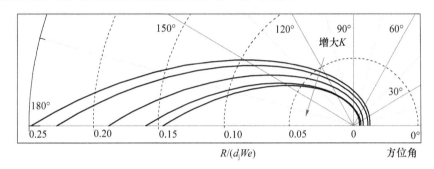

图 8-34 K 对液膜尺寸形状的影响规律
($2\alpha = 90°$, $u_{j0} = 8.7$ m/s, $d_j = 0.8$ mm, $m = 0.8$, $\rho = 1\,000$ kg/m^3,
$\sigma = 0.073$ N/m, $n = 0.4$, 箭头方向:$K = 10^{-2}$, 1, 3.25, 7.5, 10)

图 8-35 所示为幂律流体稠度系数 K 对液膜速度分布的影响规律。随着 K 的增大,速度分布曲线整体向上平移,当方位角较小时,相邻曲线之间差异较大,随着方位角的增大其差异会逐渐减小。值得注意的是,虽然速度的增长率略有降低,但液膜速度始终是 K 的增函数,其原因在于液膜半径 R 随着 K 的增加急剧减小,从而导致表面能 E_P 减小,当 E_P 随 K 的减小率大于黏性耗散能 E_D 随 K 的增加率时,速度分布即表现出随着稠度系数增大而增加的现象。

无量纲的液膜厚度随 K 的变化规律如图 8-36 所示。正如预期,对于较小的 K,由于液膜尺寸较大,所以液膜边缘的厚度较薄,而且相邻液膜的厚度分布曲线差异较小,此时的撞击模型可以简化为无黏模型。然而,随着稠度系数 K 的增大,液膜厚度显著变厚,其原因仍是由流动过程中的质量守恒关系决定的。另外,可以看到,K 的增大使液膜厚度分布更加不均匀。

2. 幂律指数 n 影响

图 8-37 所示为幂律指数 n 对液膜形状和尺寸的影响规律。在该图中,n 由 0.1 增大到 0.6,液膜半径通过 $d_j We$ 进行无量纲化。幂律指数 n 的增大造成了液膜尺寸以指数的速度快速收缩,当 $n = 0.6$ 时,液膜长度仅为 $n = 0.1$ 时的 1/8,这主要是由幂律流体的本构方程决定的,由于 n 位于本构方程的指数位置,其增大会使雷诺数及方程(8-42)和方程(8-43)中的等效黏性项均呈指数增长,所以对应流动过程中的能量耗散和黏性力亦呈指数增长,此二者均抑制液膜的扩张。

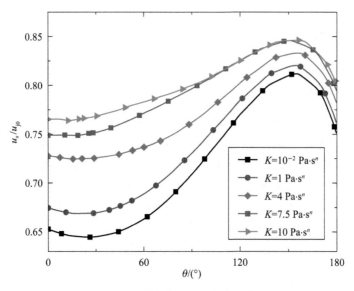

图 8 - 35　K 对液膜速度分布的影响规律

$(2\alpha=90°,u_{j0}=8.7\ \text{m/s},d_j=0.8\ \text{mm},c=0.8,\rho=1\ 000\ \text{kg/m}^3,\sigma=0.073\ \text{N/m},n=0.4)$

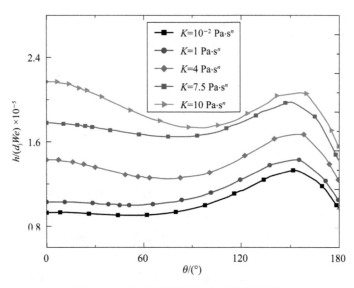

图 8 - 36　K 对液膜厚度分布的影响规律

$(2\alpha=90°,u_{j0}=8.7\ \text{m/s},d_j=0.8\ \text{mm},m=0.8,\rho=1\ 000\ \text{kg/m}^3,\sigma=0.073\ \text{N/m},n=0.4)$

　　图 8 - 38 所示为幂律指数 n 对液膜速度分布的影响规律,整体的液膜速度随 n 逐渐增大,且小方位角处相邻液膜的速度差别比大方位角处的差别要大,其原因与液膜速度随稠度系数 K 增加的内在原因相同。但是,液膜的速度不会随着 n 的增长而无限增大,即当 n 增大到一个特定值时,u_s 将会停止变化,因为液膜尺寸不会无限减小。幂律指数 n 对液膜厚度分布的影响规律见图 8 - 39,由图可知,随着 n 的增大,液膜厚度呈现明显的指数增长特性,当 n 由 0.1 增大到 0.4 时,平均液膜厚度仅增加了约 1 倍,但当 n 由 0.4 增大到 0.6 时,平均液膜厚度增加近 4 倍。该现象与液膜尺寸随 n 的指数衰减性是密不可分的,而且随着 n 的增大,液膜厚度分布变得越来越不均匀。

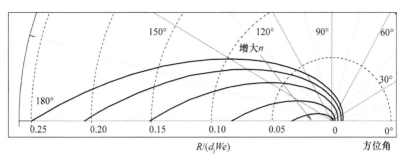

图 8 - 37 n 对液膜尺寸形状的影响规律

$(2\alpha = 90°, u_{j0} = 8.7 \text{ m/s}, d_j = 0.8 \text{ mm}, m = 0.8, \rho = 1\,000 \text{ kg/m}^3,$

$\sigma = 0.073 \text{ N/m}, K = 7.5 \text{ Pa} \cdot \text{s}^n, 箭头方向: n = 0.1, 0.191, 0.4, 0.5, 0.6)$

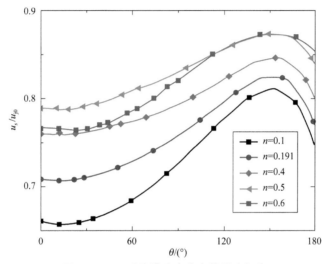

图 8 - 38 n 对液膜速度分布的影响规律

$(2\alpha = 90°, u_{j0} = 8.7 \text{ m/s}, d_j = 0.8 \text{ mm}, m = 0.8, \rho = 1\,000 \text{ kg/m}^3, \sigma = 0.073 \text{ N/m}, K = 7.5 \text{ Pa} \cdot \text{s}^n)$

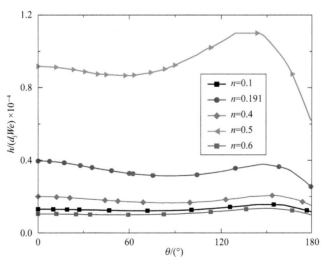

图 8 - 39 n 对液膜厚度分布的影响规律

$(2\alpha = 90°, u_{j0} = 8.7 \text{ m/s}, d_j = 0.8 \text{ mm}, m = 0.8, \rho = 1\,000 \text{ kg/m}^3, \sigma = 0.073 \text{ N/m}, K = 7.5 \text{ Pa} \cdot \text{s}^n)$

8.3 异质互击的喷雾特性研究

在前两节的研究中,无论圆孔射流撞击的液膜特征,还是椭圆孔射流撞击的喷雾特性,均属于使用同种工质的自击行为。但是,液体火箭发动机中通常采用双组元的互击式喷嘴,其中最典型的例子便是美国的 F-1 火箭发动机,其运用的便是液氧/煤油双组元互击式喷嘴。因此,对于异质互击的研究是十分必要的,目前对其研究主要集中在实验层面,理论方面的研究基本空白。本节旨在求解异种工质撞击形成液膜的喷雾特性,根据异种工质的相溶性,分别建立互溶性和非互溶性工质的能量转化模型,并结合液膜边缘的守恒方程,最终建立异种工质射流撞击的理论模型。基于相溶性工质的特性,本节重点讨论表面张力系数、质扩散系数对异种工质互击形成液膜的影响规律。

8.3.1 异质互击理论推导

1. 异质互击模型

通常,在液体火箭发动机中燃料与氧化剂是非对称撞击的。图 8-40 所示为一种典型的非对称撞击射流撞击系统,两股直径分别为 d_{j1} 和 d_{j2} 的圆孔射流以 $2\alpha = \alpha_1 + \alpha_2$ 撞击角发生倾斜碰撞形成平面液膜,其射流速度分别为 u_{j1} 和 u_{j2}。撞击力将射流流线由撞击点转向不同的方向,其中存在一条始终保持直线的流线,称为分离流线。

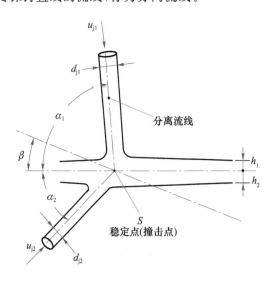

图 8-40 非对称射流撞击系统示意图

假设撞击区域上游的射流段静压均相等,即与周围空气压力保持一致,那么射流流线均平行于射流轴线,且具有均一的流速。根据动量守恒,射流角平分线与液膜的夹角 β 可以表示为

$$\beta = \arctan\left(\frac{m_1 u_{j1} - m_2 u_{j2}}{m_1 u_{j1} + m_2 u_{j2}}\tan\frac{\alpha_1 + \alpha_2}{2}\right) \tag{8-49}$$

式中：m_1、m_2 为两股射流的质量流率。

　　本节重点讨论异质互击中的一种特殊情况——对称撞击，此种情况下两股射流直径相等，即 $d_{j1} = d_{j2}$，且夹角 $\beta = 0°(\alpha_1 = \alpha_2)$。对称异质互击形成的液膜结构如图 8-41 所示，其中 r 和 θ 分别表示径向位置和方位角，u_s 为点 (r,θ) 处的液膜速度，u_{z1} 和 u_{z2} 为平面 x-y 的垂向速度。值得注意的是，两股射流的相互作用在距离撞击点很小的区域内既已完成，这已被 Rupe[11] 所证明，故通常假设两层液膜具有统一的径向速度 u_s，h_1 和 h_2 表示两层液膜的厚度，两种工质的密度分别为 ρ_1

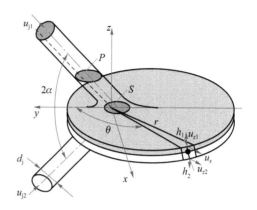

图 8-41　异种工质射流撞击模型

和 ρ_2。为了简化实际情况，假设流体工质不可压且重力对整个过程的影响忽略（$Fr \gg Bo$），那么射流速度与工质密度之间存在如下关系：

$$\frac{u_{j2}}{u_{j1}} = \sqrt{\frac{\rho_1}{\rho_2}} \tag{8-50}$$

2. 异质互击过程中的守恒关系

　　对于异种工质射流撞击，要将两种工质分开讨论，首先建立各自的守恒方程。无量纲的质量守恒方程可以表述为

$$\frac{1}{2}\sin\alpha\,\tilde{q}_j^2\,\mathrm{d}\theta = \tilde{h}_1 \tilde{r}\,\tilde{u}_s\,\mathrm{d}\theta \tag{8-51}$$

$$\frac{1}{2}\sin\alpha\,\tilde{q}_j^2\,\tilde{u}_{j2}\,\mathrm{d}\theta = \tilde{h}_2 \tilde{r}\,\tilde{u}_s\,\mathrm{d}\theta \tag{8-52}$$

两式相除可得

$$\frac{\tilde{h}_2}{\tilde{h}_1} = \tilde{u}_{j2} \tag{8-53}$$

　　动量守恒方程为

$$\pi\,\tilde{r}_j^2\cos\alpha + \tilde{\rho}_2\pi\,\tilde{r}_j^2\,\tilde{u}_{j2}^2\cos\alpha = -\int_0^{2\pi}\tilde{h}_1\tilde{r}\,\tilde{u}_s^2\cos\theta\,\mathrm{d}\theta - \int_0^{2\pi}\tilde{\rho}_2\tilde{h}_2\tilde{r}\,\tilde{u}_s^2\cos\theta\,\mathrm{d}\theta \tag{8-54}$$

若射流撞击形成的液膜恰好在其对称面上，则 z 轴方向的动量为零，有

$$\pi\,\tilde{r}_j^2\cos\alpha = \tilde{\rho}_2\pi\,\tilde{r}_j^2\,\tilde{u}_{j2}^2\cos\alpha \tag{8-55}$$

将式（8-55）代入式（8-54）可得

$$2\pi\,\tilde{r}_j^2\cos\alpha = -\int_0^{2\pi}\tilde{h}_1\tilde{r}\,\tilde{u}_s^2\left(1 + \sqrt{\tilde{\rho}_2}\right)\cos\theta\,\mathrm{d}\theta \tag{8-56}$$

　　能量守恒方程为

$$\frac{1}{2}\sin\alpha\,\tilde{q}_j^2\,\mathrm{d}\theta+\frac{1}{2}\tilde{\rho}_2\sin\alpha\,\tilde{q}_j^2\,\tilde{u}_{j2}^3\,\mathrm{d}\theta=\tilde{h}_1\tilde{r}\,\tilde{u}_s^3\,\mathrm{d}\theta+\tilde{\rho}_2\tilde{h}_2\tilde{r}\,\tilde{u}_s^3\,\mathrm{d}\theta \tag{8-57}$$

结合关系式 $\tilde{u}_{j2}=1/\sqrt{\tilde{\rho}_2}$,则能量守恒关系可变形为

$$\frac{1}{2}\sin\alpha\,\tilde{q}_j^2\left(1+\frac{1}{\sqrt{\tilde{\rho}_2}}\right)\mathrm{d}\theta=\tilde{h}_1\tilde{r}\,\tilde{u}_s^3\left(1+\sqrt{\tilde{\rho}_2}\right)\mathrm{d}\theta \tag{8-58}$$

将式(8-51)和式(8-58)代入式(8-56)中,并对其进行变形可得

$$\frac{1}{2}\pi\cos\alpha=-\int_0^{2\pi}\frac{1}{2}\sin\alpha\,\tilde{q}_j^2\left[\left(1+\sqrt{\tilde{\rho}_2}\right)\left(1+\frac{1}{\sqrt{\tilde{\rho}_2}}\right)\right]^{\frac{1}{2}}\cos\theta\mathrm{d}\theta \tag{8-59}$$

对于式(8-59),由于 $\tilde{q}_j$ 存在以下的关系 $\tilde{q}_j=f(\alpha,b,\theta)$,假设 $\delta=\left(1+\sqrt{\tilde{\rho}_2}\right)\left(1+1/\sqrt{\tilde{\rho}_2}\right)$,则它是一个关于 b,α,δ 的函数,通过数值求解可以确定偏心距 b 的值。

3. 工质相溶性对能量转化的影响

基于前面几节对于角微元控制体的分析可知,射流动能 E_{k0} 转化为液膜动能 E_k、液膜表面能 E_D 及流动过程中的黏性耗散 E_D。对于异种工质互击过程,射流和液膜的动能与前面的分析基本相同,而对于两股射流而言,其初始动能和液膜的动能分别为

$$\widetilde{E}_{k0}=\frac{1}{4}\left(1+\frac{1}{\sqrt{\tilde{\rho}_2}}\right)\frac{(\widetilde{R}-\tilde{q}_j)\tilde{q}_j^2\sin\alpha\mathrm{d}\theta}{\tilde{u}_s} \tag{8-60}$$

$$\widetilde{E}_k=\frac{1}{4}\left(1+\sqrt{\tilde{\rho}_2}\right)(\widetilde{R}-\tilde{q}_j)\tilde{q}_j^2\tilde{u}_s\sin\alpha\mathrm{d}\theta \tag{8-61}$$

此处重点分析表面能与黏性耗散的转化关系,因为这两种能量转化与工质的相溶性有密切的联系,具体可以描述如下:

首先,考虑液膜扩展过程中表面能的变化。对于非互溶性工质,两种工质之间会存在明显的交界面,因此,在两股射流撞击形成液膜的过程中,射流的表面能转化为上层液膜、下层液膜及交界面的表面能,具体的表达式如下:

$$E_{P1}=s_1\sigma_1+s_2\sigma_2+2s_{12}\sigma_{12}=\frac{1}{2}\left[\left(R^2+R\sqrt{\pi s_b}\right)(\sigma_1+\sigma_2)+2R^2\sigma_{12}\right]\mathrm{d}\theta \tag{8-62}$$

式中:σ_1、σ_2 和 σ_{12} 分别为两种工质与周围气体之间的表面张力系数,以及两种工质之间的界面张力系数。对于互溶性工质,两层工质之间由于不存在明显的交界面,故不存在表面能,则此种情况下的表面能表达式为

$$E_{P2}=s_1\sigma_1+s_2\sigma_2=\frac{1}{2}\left[\left(R^2+R\sqrt{\pi s_b}\right)(\sigma_1+\sigma_2)\right]\mathrm{d}\theta \tag{8-63}$$

对式(8-62)和式(8-63)进行变形和无量纲化,可得非互溶工质及互溶工质在液膜铺展过程中表面能的变化,具体的表达式如下:

$$\widetilde{E}_{P1}=\frac{1}{2}\left(\frac{1}{We_1}+\frac{1}{We_2}\right)\left(\widetilde{R}^2+\widetilde{R}\sqrt{\pi\tilde{s}_b}\right)\mathrm{d}\theta+\left(\frac{1}{We_1}-\frac{1}{We_2}\right)\widetilde{R}^2\mathrm{d}\theta \tag{8-64}$$

$$\widetilde{E}_{P2}=\frac{1}{2}\left(\frac{1}{We_1}+\frac{1}{We_2}\right)\left(\widetilde{R}^2+\widetilde{R}\sqrt{\pi\tilde{s}_b}\right)\mathrm{d}\theta \tag{8-65}$$

式中：We_1 为射流 1 的韦伯数，$We_1 = \dfrac{\rho_1 u_{j1}^2 d_j}{\sigma_1}$；$We_2$ 为射流 2 的韦伯数，$We_2 = \dfrac{\rho_2 u_{j2}^2 d_j}{\sigma_2}$。

其次，考虑工质相溶性对黏性耗散的影响。对于非互溶性工质，撞击过程中不存在由质扩散造成的掺混，所以整个过程中的黏性耗散可以描述如下：

$$E_{D1} = \int_0^{t_1} \Big(\sum \Phi_i \mathrm{d}V_i \Big) \mathrm{d}t = \int_0^{t_1} (\Phi_1 \mathrm{d}V_1 + \Phi_2 \mathrm{d}V_2) \mathrm{d}t =$$

$$\int_0^t \int_{q_j}^R \Big[\int_0^{h_1} \mu_1 \Big(\frac{4u_s^2}{3r^2} + \frac{u_s^2 z^2}{r^4} \Big) + \int_0^{h_2} \mu_2 \Big(\frac{4u_s^2}{3r^2} + \frac{u_s^2 z^2}{r^4} \Big) \Big] r \mathrm{d}\theta \mathrm{d}r \mathrm{d}z \mathrm{d}t \qquad (8-66)$$

通过质量守恒关系已经得到 $h_2/h_1 = \tilde{u}_{j2} = 1/\sqrt{\tilde{\rho}_2}$，故只要求得任意一侧液膜厚度，另一侧液膜厚度就随之确定。将式（8-66）进行变形，结合式（8-51），并将结果式进行无量纲化，可得下式：

$$\tilde{E}_{D1} = \Big(\frac{1}{Re_1} + \frac{1}{Re_2} \frac{1}{\sqrt{\tilde{\rho}_2}} \Big) \Big[\frac{2\sin\alpha\, \tilde{q}_j\, (\tilde{R} - \tilde{q}_j)^2}{3\tilde{R}} + \frac{\sin^3\alpha\, \tilde{q}_j\, (\tilde{R} - \tilde{q}_j)(\tilde{R}^5 - \tilde{q}_j^5)}{120 u_s^2 \tilde{R}^5} \Big] \mathrm{d}\theta$$

$$(8-67)$$

式中：Re_1 为射流 1 的雷诺数，$Re_1 = \dfrac{\rho_1 u_{j1} d_j}{\mu_1}$；$Re_2$ 为射流 2 的雷诺数，$Re_2 = \dfrac{\rho_2 u_{j2} d_j}{\mu_2}$。

对于互溶性工质，在射流撞击之后的液膜扩展过程中，会伴随着工质之间的质扩散，这便会使两层工质之间存在一个混合层，其厚度会对液膜扩展过程中的能量耗散造成一定影响。此时，为了方便求解，需要做一些假设：首先，假设混合区与未混合区交界面为水平面，具有统一的混合浓度，这一点会在下面进一步说明；其次，假设工质的扩散不影响撞击产生液膜的总厚度，那么若混合层等效厚度为 h_{12}，未混合层上下工质的厚度分别为 $h_1 - h_{12}/2$ 和 $h_2 - h_{12}/2$，则异种工质混合的物理模型如图 8-42 所示，此时的能量耗散式可表示如下：

$$E_{D2} = \int_0^{t_2} \Big(\sum \Phi_i \mathrm{d}V_i \Big) \mathrm{d}t = \int_0^{t_1} (\Phi_1 \mathrm{d}V_1 + \Phi_2 \mathrm{d}V_2 + \Phi_{12} \mathrm{d}V_{12}) \mathrm{d}t =$$

$$\int_0^{t_2} \int_{q_j}^R \Big(\int_{h_{12}/2}^{h_1} \mu_1 \Theta + \int_{h_{12}/2}^{h_2} \mu_2 \Theta + 2\int_0^{h_{12}/2} \mu_{12} \Theta \Big) r \mathrm{d}\theta \mathrm{d}r \mathrm{d}z \mathrm{d}t \qquad (8-68)$$

式中：$\Theta = \dfrac{4u_s^2}{3r^2} + \dfrac{u_s^2 z^2}{r^4}$。

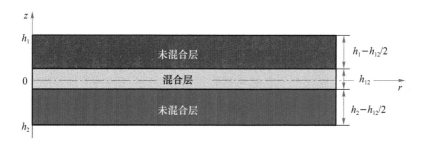

图 8-42　异种工质混合模型

下面确定液膜扩展过程中混合层的等效厚度 h_{12}。假设两种工质相互接触，则其截面工质之间的混合可用图 8-43 所示的模型表征,由两种工质 A 和 B 组成的孤立系统,仅在其接触面有物质交换,二者的扩散系数为 D_{AB},其中 $r = u_s \cdot t$,最终求解 $c_A = f(z,t)$,$c_B = f(z,t)$,该模型对应的控制方程为

$$\frac{\partial c_A}{\partial \tau} = D_{AB} \frac{\partial^2 c_A}{\partial z} \qquad (8-69)$$

$$\frac{\partial c_B}{\partial \tau} = D_{AB} \frac{\partial^2 c_B}{\partial z} \qquad (8-70)$$

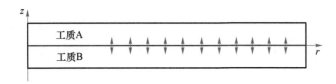

图 8-43　异种工质质扩散模型

边界条件包括:上下工质界面不存在物质交换;单位时间内通过界面的两种工质物质的量相同;由于起始两种工质界面梯度很大,在极短的时间内便会达到平衡,所以认为在任意时刻工质交界面的物质量浓度为两种工质浓度的一半。综合以上分析可得对应的边界条件表达式如下:

$$\frac{\partial c_A}{\partial z} = 0, \quad z = h \qquad (8-71)$$

$$\frac{\partial c_B}{\partial z} = 0, \quad z = -h \qquad (8-72)$$

$$\frac{\partial c_A}{\partial z} = \frac{\partial c_B}{\partial z}, \quad z = 0 \qquad (8-73)$$

$$c = \frac{c_A + c_B}{2}, \quad z = 0 \qquad (8-74)$$

初始条件为

$$c_A = c_{A0}, \quad \tau = 0 \qquad (8-75)$$

$$c_B = c_{B0}, \quad \tau = 0 \qquad (8-76)$$

通过以上的理论模型,可以确定不同时刻两种工质的掺混情况。对于射流撞击形成液膜而言,当形成稳定的液膜后,根据 $r = u_s \cdot t$ 便可以建立工质混合率与液膜空间位置的对应关系,从而得到液膜法向截面两种工质的量浓度的分布情况。为了更加直观地了解该过程,下面设计一个算例:80% 质量浓度(摩尔浓度为 $0.1\ \mathrm{mol/cm^3}$)的甘油-水溶液与纯水射流撞击,形成厚度为 $0.1\ \mathrm{mm}$ 的液膜,假设某一方位角液膜速度为 $1\ \mathrm{m/s}$,液膜半径为 $100\ \mathrm{mm}$,则计算液膜法向截面不同位置上甘油物质的量浓度分布情况,已知两种工质之间的质扩散系数为 $D_{AB} = 1 \times 10^{-3}\ \mathrm{mm^2/s}$。将以上条件代入该理论模型,并通过时间尺度向空间尺度的转化,可以得到该算例工况下液膜法向截面物质的量浓度分布,如图 8-44 所示,此处须指出,横坐标单位为 m,纵坐标单位为 cm。由图可知,随着液膜沿径向向下游流动,液膜法向截面混合层厚度逐渐增加,这主要得益于工质接触时间变长,而混合速率是逐渐减缓的,因为随着工质的扩

散,法向截面的物质的量浓度梯度逐渐降低。

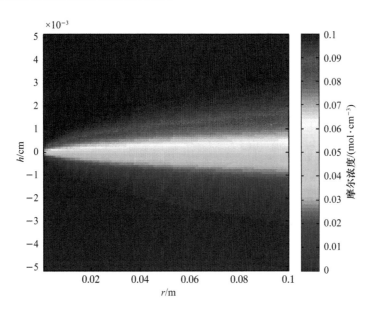

图 8-44　液膜法向截面物质的量浓度分布

通过以上模型得到异种工质混合的分布后,再通过该分布求解工质混合的等效厚度 h_{12},假设等效厚度的混合层物质的量浓度为 $(c_A + c_B)/2$,取混合率达到 90% 的位置作为混合层边界,则同一径向坐标下两边界的距离即为混合厚度,对各厚度取算数平均即可得到混合层的等效厚度,对于该算例,计算得到的等效混合层厚度为 0.022 4 mm,大约占液膜总厚度的 1/5。基于以上分析可知,等效混合层厚度 $h_{12} = f(r/u_s, C_{AB}, D_{AB})$,假设其具有如下的形式:

$$h_{12} = \varepsilon \left(\frac{r}{u_s} \right)^m c_A^n D_{AB}^t \tag{8-77}$$

式中:ε、m、n、t 均为待定系数。

为了确定式(8-77)中待定系数的值,分别计算了 12 种不同工况下撞击液膜交界面两层工质的混合特性,如图 8-45 所示,其中液膜的厚度均为 0.2 mm,具体工况见表 8-6。通过比较图 8-45 中的工况 a～e 可知,随着 r/u_s 的增大,混合层厚度逐渐增大,因为 r/u_s 代表两种工质的接触时间,二者接触时间越长必然使工质混合越充分。其次,通过图 8-45 中的工况 c、工况 f～h 的比较可知,c_A 的增大并未改变液膜法向截面的混合特性分布,而仅仅在对应位置的物质的量浓度数值上乘以相应系数,故可得待定系数 $n=0$。传质系数 D_{AB} 的影响规律可以通过比较图 8-45 中的工况 i～l 得到,D_{AB} 对工质混合特性的影响十分显著,当 D_{AB} 达到 10×10^{-3} mm²/s 时,上层工质已经扩散到下层液膜最底层。表 8-6 列出了对应 12 种工况的等效混合层厚度 h_{12},通过对表 8-6 中的数据进行拟合,并考虑量纲一致原则,得到等效混合层厚度的表达式为

$$h_{12} = 2.2 \sqrt{D_{AB} \frac{r}{u_s}} \tag{7-78}$$

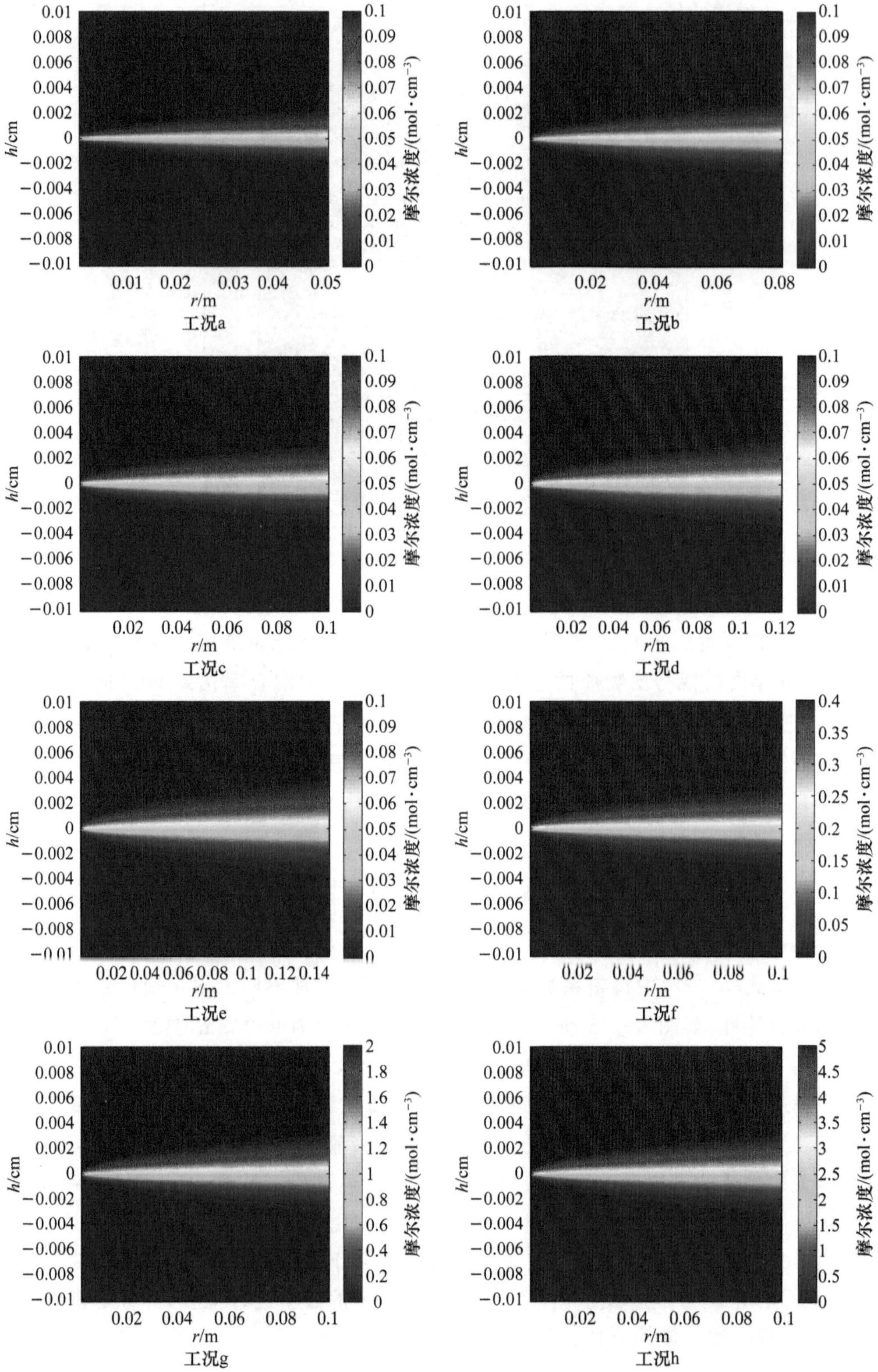

图 8 - 45　不同工况下撞击液膜法向截面工质混合情况

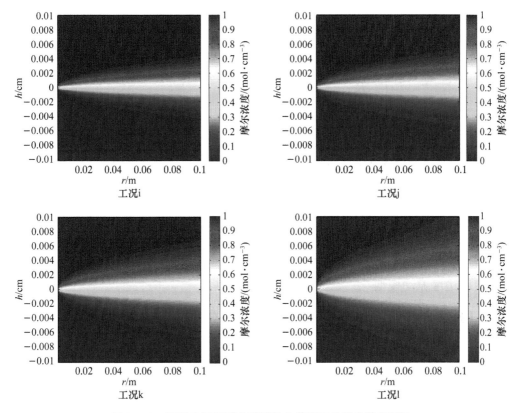

图 8 - 45　不同工况下撞击液膜法向截面工质混合情况(续)

表 8 - 6　不同工况下液膜的等效混合层厚度

工　况	(r/u_s)/s	c_A/(mol · cm^{-3})	D_{AB}/(mm^2 · s^{-1})	h_{12}/mm
a	0.05	0.1	1×10^{-3}	0.015 4
b	0.08	0.1	1×10^{-3}	0.019 9
c	0.1	0.1	1×10^{-3}	0.022 4
d	0.12	0.1	1×10^{-3}	0.024 7
e	0.15	0.1	1×10^{-3}	0.027 8
f	0.1	0.4	1×10^{-3}	0.022 4
g	0.1	2	1×10^{-3}	0.022 4
h	0.1	5	1×10^{-3}	0.022 4
i	0.1	1	2×10^{-3}	0.032 5
j	0.1	1	3×10^{-3}	0.040 2
k	0.1	1	5×10^{-3}	0.052 4
l	0.1	1	10×10^{-3}	0.075 0

将以上 12 种工况代入式(8 - 78)计算得到的混合层厚度与表 8 - 6 中的结果误差小于 7%,故可以利用该式作为等效混合层厚度的计算表达式。将式(8 - 78)代入式(8 - 68)中进行积分,并对结果式进行变形及无量纲化,此处需要特别注意的是,由于 D_{AB} 的量纲为 mm^2/s,当利用 d_j 和 u_s 对其无量纲化时,需要除以 1 000 以便将其单位统一为 mm · m/s,由此可得最终表征互溶性工质撞击过程中黏性耗散的表达式如下:

$$\widetilde{E}_{D1} = \left(\frac{1}{Re_1} + \frac{1}{Re_2\sqrt{\tilde{\rho}_2}}\right)\left[\frac{2\sin\alpha\,\tilde{q}_j\,(\widetilde{R}-\tilde{q}_j)^2}{3\widetilde{R}} + \frac{\sin^3\alpha\,\tilde{q}_j\,(\widetilde{R}-\tilde{q}_j)(\widetilde{R}^5-\tilde{q}_j^{\,5})}{120\,\widetilde{u}_s^2\,\widetilde{R}^5}\right]\mathrm{d}\theta -$$

$$(\widetilde{R}-\tilde{q}_j)\left(\frac{1}{Re_1}+\frac{1}{Re_2}-2\frac{1}{Re_{12}}\right)\left[\frac{278.3\sqrt{\widetilde{D}_{AB}\,\widetilde{u}_s}}{3}\left(\sqrt{\widetilde{R}}-\sqrt{\tilde{q}_j}\right)+\right.$$

$$\left.\frac{8.42\times10^4\,(\widetilde{D}_{AB})^{\frac{3}{2}}}{3\sqrt{\widetilde{u}_s}}\left(\frac{1}{\sqrt{\tilde{q}_j}}-\frac{1}{\sqrt{\widetilde{R}}}\right)\right]\mathrm{d}\theta \tag{8-79}$$

式中:Re_{12}为两种工质混合后的雷诺数,$Re_{12}=\dfrac{\rho_1 u_{j1} d_j}{\mu_{12}}$。

式(8-79)确定后,互溶、非互溶工质射流撞击过程中的各能量便可全部确定,利用该过程中的能量守恒关系

$$\widetilde{E}_{k0} = \widetilde{E}_k + \widetilde{E}_P + \widetilde{E}_D \tag{8-80}$$

便可以建立针对互溶、非互溶工质互击的流体角微元能量守恒关系方程组。

4. 液膜边缘流动模型

异种工质低速情况下的互击过程同样会伴随着边缘突起现象的出现,若假设两种工质在边缘已经混合,且混合后的密度为ρ_{12},则其无量纲表达式为

$$\tilde{\rho}_{12} = \frac{1+\tilde{\rho}_2\sqrt{\tilde{\rho}_2}}{1+\sqrt{\tilde{\rho}_2}} \tag{8-81}$$

那么边缘流动的质量守恒方程如下:

$$\rho_{12}\mathrm{d}(u_r s_r) = \rho_1 u_s h_{1R} R\,\mathrm{d}\theta + \rho_2 u_s h_{2R} R\,\mathrm{d}\theta \tag{8-82}$$

液膜边缘切向受力平衡关系需满足

$$\rho_{12}\mathrm{d}(u_r^2 s_r) = \rho_1 h_{1R} R u_s^2\cos\varphi\,\mathrm{d}\theta + \mu_1\left(\frac{u_r-u_s\cos\varphi}{\sqrt{s_b/\pi}}\right)\frac{h_{1R}R}{\sin\varphi}\mathrm{d}\theta +$$

$$\rho_2 h_{2R} R u_s^2\cos\varphi\,\mathrm{d}\theta + \mu_2\left(\frac{u_r-u_s\cos\varphi}{\sqrt{s_r/\pi}}\right)\frac{h_{2R}R}{\sin\varphi}\mathrm{d}\theta \tag{8-83}$$

径向受力平衡关系为

$$\rho_{12}u_r^2 s_r(\mathrm{d}\theta+\mathrm{d}\varphi) = \frac{\sigma_1 R\mathrm{d}\theta}{\sin\varphi} + \frac{\sigma_2 R\mathrm{d}\theta}{\sin\varphi} - \rho_1 u_s^2\sin\varphi h_{1R}R\,\mathrm{d}\theta - \rho_2 u_s^2\sin\varphi h_{2R}R\,\mathrm{d}\theta \tag{8-84}$$

对式(8-82)~(8-84)进行变形整理,并结合液膜边缘的几何关系式,可得最终的边缘流动模型控制方程组,如下:

$$\frac{\mathrm{d}\tilde{u}_r}{\mathrm{d}\theta} = \frac{(\tilde{h}_{1R}\widetilde{R}\tilde{u}_s^2\cos\varphi - \tilde{h}_{1R}\widetilde{R}\tilde{u}_s\tilde{u}_r)(1+\sqrt{\tilde{\rho}_2}) + F_{v1} + F_{v2}}{\tilde{\rho}_{12}\tilde{u}_r\tilde{s}_r} \tag{8-85}$$

$$\frac{\mathrm{d}\tilde{s}_r}{\mathrm{d}\theta} = \frac{(2\tilde{h}_{1R}\widetilde{R}\tilde{u}_s\tilde{u}_r - \tilde{h}_{1R}\widetilde{R}\tilde{u}_s^2\cos\varphi)(1+\sqrt{\tilde{\rho}_2}) - F_{v1} - F_{v2}}{\tilde{\rho}_{12}\tilde{u}_r^2} \tag{8-86}$$

$$\frac{\mathrm{d}\varphi}{\mathrm{d}\theta} = \frac{\dfrac{\widetilde{R}}{\sin\varphi}\left(\dfrac{1}{We_1}+\dfrac{1}{We_2}\right) - \tilde{h}_{1R}\widetilde{R}\tilde{u}_s^2\sin\varphi(1+\sqrt{\tilde{\rho}_2}) - \tilde{\rho}_{12}\tilde{u}_r^2\tilde{s}_r}{\tilde{\rho}_{12}\tilde{u}_r^2\tilde{s}_r} \tag{8-87}$$

$$\frac{\mathrm{d}\widetilde{R}}{\mathrm{d}\theta} = \frac{\widetilde{R}}{\tan\varphi} \tag{8-88}$$

式中：

$$F_{v1} = \left(\frac{\tilde{u}_r - \tilde{u}_s \cos\varphi}{\sqrt{\tilde{s}_r/\pi}} \right) \frac{\tilde{h}_{1R}\widetilde{R}}{Re_1 \sin\varphi}$$

$$F_{v2} = \left(\frac{\tilde{u}_r - \tilde{u}_s \cos\varphi}{\sqrt{\tilde{s}_r/\pi}} \right) \frac{\tilde{h}_{2R}\widetilde{R}}{Re_2 \sin\varphi}$$

8.3.2 异质互击实验研究

1. 异质互击喷嘴系统及工质

在异质互击实验系统中,由于互击过程需要两种不同的流体工质,所以工质供应系统由两套管路构成,且需要对应的流量调节阀来控制各路流量,为保证两股射流动量相等,亦即撞击液膜恰好处于射流角平分线上,需要固定一路流量并精确调节另一路流量。该系统中最核心的部分为喷嘴撞击系统,其实物图如图 8-46 所示。该系统主要由三部分组成,即喷嘴管及喷嘴、喷嘴连接件、位移云台。喷嘴管及喷嘴为工质的流经及喷射机构,通过更换喷嘴可以实现不同孔径及形状的射流撞击研究;喷嘴连接件的作用在于固定喷嘴管,并将其与位移云台连接,每组喷嘴连接件上设有两组调平螺钉,通过调节调平螺钉的伸缩可以确保喷嘴出口轴线在同一平面上;位移云台由平动和转动平台两部分组合而成,每个平台都装有螺旋微距机构,可以实现对撞击距离及撞击角度的精确调节。

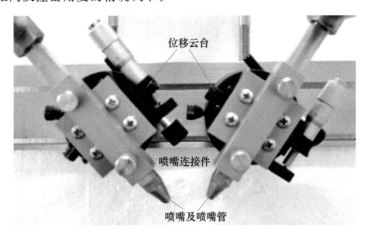

图 8-46　异质互击撞击喷嘴系统

为了研究工质相溶性及相关物性参数对撞击液膜的影响规律,分别选用水和煤油、水和质量分数为 90% 的甘油-水溶液作为非互溶工质和互溶工质,其中煤油和甘油-水溶液具体的物性参数见表 8-7,可以看到,煤油的密度和表面张力系数均比水小,动力黏度比水略大,质量分数为 90% 的甘油-水溶液的密度比水要大,表面张力系数比水略小,其最大的特点在于黏度较高。

表 8-7　异质互击实验工质物性参数

工 质	与水相溶性	$\rho/(kg \cdot m^{-3})$	$\mu/(Pa \cdot s)$	$10^3 \times \sigma/(N \cdot m)$
煤油	非互溶	800	0.002 5	24
甘油-水溶液	互溶	1 236	0.219	61

2. 理论与实验对比

此处利用上一小节提到的实验系统及工质进行了实验研究。为了更加明确地描述异质互击过程中的参数影响,此处挑选了四种典型的异质互击形成液膜的高速摄影照片,如图 8-47所示,其中前两幅为水和甘油-水溶液射流撞击的结果,后两幅为水和煤油撞击的结果,图中详细列出了径向坐标和方位角。由图可知,液膜的理论轮廓与实验结果吻合较好,对于水和甘油-水溶液的撞击情况,虽然理论轮廓较实验结果略大,但液膜长度和整体轮廓是基本符合的;对于水和煤油的撞击情况,液膜底部已经发生破碎,但上端的完整液膜部分重合度仍较好。

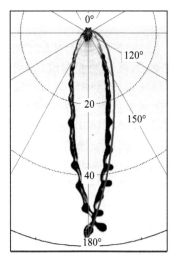

(a) $2\alpha=60°$, $d_j=0.8$ mm, $u_j=5.32$ m/s

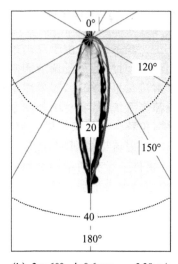

(b) $2\alpha=60°$, $d_j=0.6$ mm, $u_j=5.38$ m/s

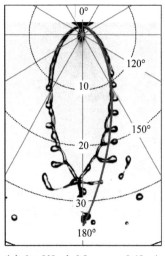

(c) $2\alpha=80°$, $d_j=0.8$ mm, $u_j=3.45$ m/s

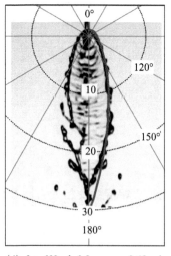

(d) $2\alpha=60°$, $d_j=0.8$ mm, $u_j=3.48$ m/s

图 8-47 异质互击液膜形状的理论及实验结果对比

在图 8 - 47 中,通过比较前两组的实验结果可以看到,在撞击角相同、射流速度相近的情况下,射流直径的增大使液膜尺寸明显增大,且不稳定性亦随之增强。后两组的对比结果说明在射流直径相同、射流速度相近的情况下,撞击角的增大促使液膜全方位角扩展,由狭长变得饱满,且相比图(d),图(c)中液膜下半部分已经出现明显的"鱼骨"结构,这表明撞击角的增大促使液膜更加不稳定。

为了更加详细地描述异质互击液膜的变化趋势,并将其与理论结果做进一步对比,此处选取了图 8 - 47(a)、(c)所属的实验工况进行详细讨论,分别对应图 8 - 48 和图 8 - 49。由图 8 - 48 可知,理论计算的液膜尺寸(长度和宽度)略大于实验测量值,但相差不大且随射流速度的整体变化趋势基本相同;另外,当射流速度大于 5 m/s 时,液膜开始出现不稳定现象,对应的误差带变得明显。图 8 - 49 所示的水和煤油的撞击情况呈现相似的变化规律,且理论与实验的吻合度更好,由于煤油相对于 90 % 甘油-水溶液黏度小很多,故当射流速度大于 3 m/s 时,液膜尺寸的误差带便开始凸显,且当速度大于 3.4 m/s 时,液膜底端发生碎裂,此时液膜长度已无法测量。

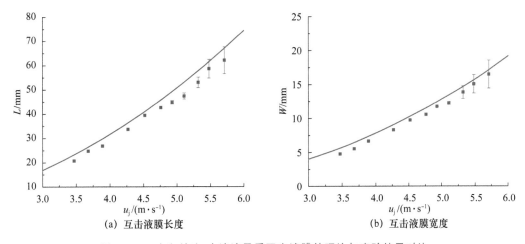

图 8 - 48　水和甘油-水溶液异质互击液膜的理论与实验结果对比

$(2\alpha = 60°, d_j = 0.8 \text{ mm})$

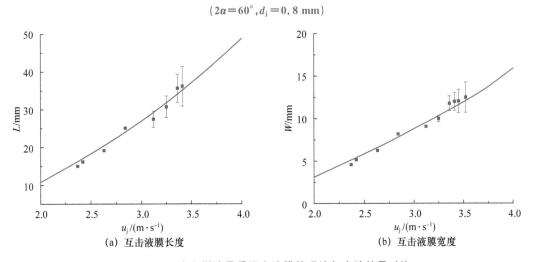

图 8 - 49　水和煤油异质互击液膜的理论与实验结果对比

$(2\alpha = 80°, d_j = 0.8 \text{ mm})$

3. 异质互击喷雾特性

对于异质互击过程,由于两股射流动量的不同会呈现不同的喷雾特性。为了探索射流动量比的影响规律,选取水和煤油作为实验工质,并固定右侧煤油射流的射流速度为 7.54 m/s,通过调节左侧水射流流量观察其喷雾特性,如图 8-50 所示,其中水和煤油射流的动量比分别为 0.472、1.05 和 2.61。当水射流的动量较小时,主喷雾面向左偏移,其偏移角 β 通过式(8-49)求得。随着水射流流量的增加,主喷雾面开始向右侧偏移,这是由射流水平方向动量守恒决定的。由于喷雾场并非均匀分布,且呈现出明显的中心流量集中现象,其左侧射流速度越大流量集中越明显,从图中较亮部分便可以看出。另外,撞击形成的液膜并不是单纯的平面,而是中心向水平动量较高一侧凹陷的曲面,当射流动量比大于 2.61 时,因左侧射流穿透雾化区域的现象愈发明显,使整体雾化场呈现非完全的雾化状态。

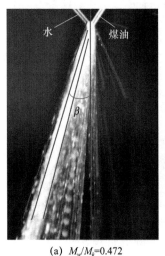  

(a) M_w/M_k=0.472   (b) M_w/M_k=1.05   (c) M_w/M_k=2.61

图 8-50 异质互击喷雾特性随射流动量比变化规律

除此之外,在两种工质射流由低速向高速转化过程中,由于工质黏性及密度的不同亦会呈现截然不同的喷雾状态,此处选取了射流直径均为 0.8 mm,撞击角均为 80° 的水和煤油以及水和甘油-水溶液的撞击侧向喷雾场进行讨论,如图 8-51 和图 8-52 所示,此处选取侧向喷雾场的原因在于工质的黏性差异对其影响更为显著。当两种黏性相近的流体(水和煤油)以相同的动量撞击后,其侧向截面的喷雾锥角的角平分线恰好在两射流的对称面上,见图 8-51,且当射流速度较低时,喷雾场侧向呈现一条直线(见图 8-51(a)),随着射流速度逐渐增大后,侧向主流喷雾区锥角逐渐增大(见图 8-51(b)~(g)),当射流速度进一步增大时,喷雾场侧向主流区域开始变得模糊,液滴向四周发散(见图 8-51(h))。

对于黏度差异较大的两股射流,其喷雾场侧向呈现截然不同的特征,当射流速度较低时,喷雾场侧向同样呈现一条直线(见图 8-52(a)),但射流速度的增大并没有促使侧向主流喷雾区锥角明显增大,而仅仅集中在很多小的区域内。而且,射流速度的增加使液膜四周出现向右侧偏移的副喷雾场,其工质基本为水,且随着射流速度的增加,该喷雾场边缘线与主喷雾场中心线的夹角逐渐增大,该现象的出现源于甘油-水溶液的高黏性,当射流速度达到一定值时,撞击区域的作用力不足以使水与甘油-水溶液达到共速,从而两侧液体工质之间会存在速度差,速度超前的水侧工质会有部分维持原速度方向向右运动,其效果犹如液体工质撞击在固体壁面。

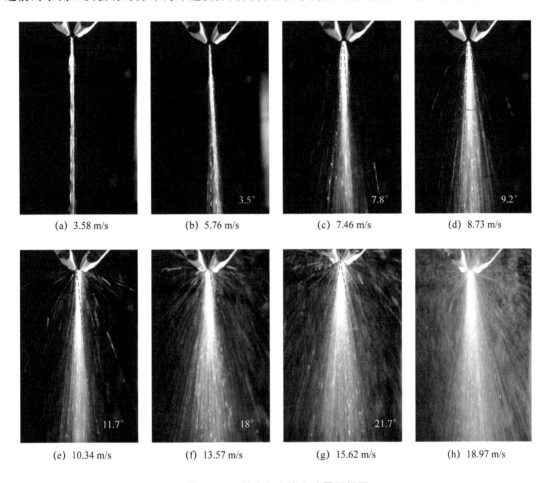

(a) 3.58 m/s　　(b) 5.76 m/s　　(c) 7.46 m/s　　(d) 8.73 m/s

(e) 10.34 m/s　　(f) 13.57 m/s　　(g) 15.62 m/s　　(h) 18.97 m/s

图 8 - 51　煤油和水撞击喷雾侧视图

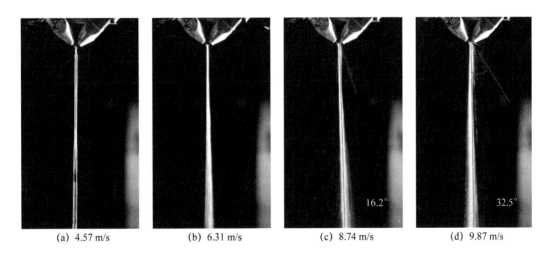

(a) 4.57 m/s　　(b) 6.31 m/s　　(c) 8.74 m/s　　(d) 9.87 m/s

图 8 - 52　甘油-水溶液和水撞击喷雾侧视图

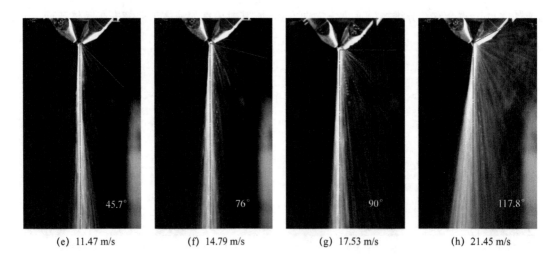

(e) 11.47 m/s   (f) 14.79 m/s   (g) 17.53 m/s   (h) 21.45 m/s

图 8-52　甘油-水溶液和水撞击喷雾侧视图(续)

通过比较图 8-51 和图 8-52 两图可以发现,低黏流体撞击更易雾化,且雾化场更均匀。

8.3.3　参数讨论

根据上一小节的分析可知,互溶与非互溶流体射流撞击中最大的不同在于,液膜形成过程中能量的转化存在差异,根据两种射流工质的相溶性,两种工质在交界面会存在泾渭分明和互相交溶两种不同特征,因此在射流撞击过程中,表面张力系数和质扩散系数对液膜特性的影响毋庸置疑,故本小节将着重探究此二者对于互溶与非互溶工质撞击的影响规律。

1. 表面张力系数的影响

通过前面的理论分析可知,表面张力对液膜特性的影响主要是通过液膜扩展过程中表面能的变化体现的,图 8-53 所示为当固定一种工质的表面张力系数,改变另一种工质的表面张力系数时,互溶和非互溶射流工质撞击形成液膜的轮廓,其中黑线表示互溶射流工质撞击形成的液膜,红线表示非互溶工质形成的液膜,固定表面张力系数 $\sigma_2 = 0.064$ N/m,由外向内(箭头方向):$\sigma_1 = 0.073, 0.1, 0.15, 0.2$ N/m,为了降低质扩散系数 D_{AB} 的影响,将其设置为 1×10^{-3} mm^2/s,由图可知,随着表面张力系数的增大,液膜尺寸随之减小,这主要是由于表面张力系数的增大促进了表面能的增长,以及液膜边缘束缚力的增大,根据液膜扩展过程中的能量守恒及受力平衡关系,液膜的尺寸势必会减小,而且,液膜的收缩速率与表面张力系数的增长率之间并非简单的线性关系,而是呈现凸增函数的关系。

除此之外,在相同工况下,互溶工质撞击形成的液膜较非互溶工质的液膜扩展更大,而且界面张力差越大,液膜的尺寸差异越明显,这源于液膜形成过程中非互溶工质间存在的表面能,为保证能量守恒,液膜尺寸必然会随之减小,但二者的差异总体还是较小的,因为两种工质间的表面能较射流总动能仍属小量,但它的引入在一定程度上改进了射流撞击模型。

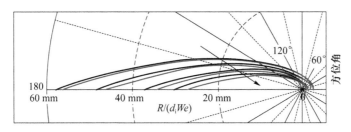

图 8-53　表面张力系数对互溶与非互溶射流工质撞击形成液膜形状的影响

$(d_j = 0.6 \text{ mm}, 2\alpha = 60°, \rho_1 = 1\ 000 \text{ kg/m}^3, \rho_2 = 1\ 237 \text{ kg/m}^3, u_{j1} = 7.25 \text{ m/s},$

$\mu_1 = 20 \times 10^{-3} \text{ Pa} \cdot \text{s}, \mu_2 = 100 \times 10^{-3} \text{ Pa} \cdot \text{s}, D_{AB} = 1 \times 10^{-3} \text{ mm}^2/\text{s})$

图 8-54 所示为表面张力系数对于相溶性不同的工质撞击形成液膜速度的影响规律。由图可知,液膜的速度是方位角的增函数,而且呈现先平缓后陡峭,最后趋于定值的规律,这与黏性牛顿流体自击的分析结果是基本相同的。此处重点分析互溶与非互溶工质的不同,由图可知,非互溶工质射流撞击形成的液膜速度整体较小,且表面张力系数对非互溶工质液膜的速度分布影响更加显著。其原因亦源于非互溶工质液膜之间存在表面能,在射流总动能一定的情况下,液膜的动能会随着表面张力系数差异的增大而降低,且其降低幅度亦会随之增大,而互溶工质则不然,单一工质表面张力的增大仅会增大单侧液膜的表面能,因而液膜速度的降低幅度相对较小。

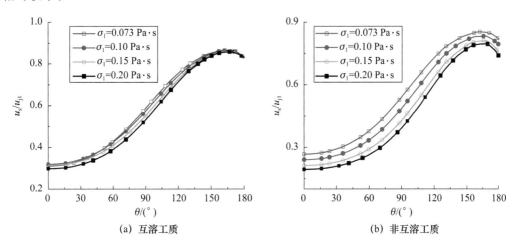

图 8-54　表面张力系数对互溶和非互溶工质撞击液膜速度分布的影响

图 8-55 所示为表面张力系数对互溶与非互溶射流工质撞击形成液膜的厚度分布的影响规律。从图中可以看出,二者的变化规律类似:当方位角较小时,随着方位角的增大,液膜厚度首先基本保持不变,而后迅速上升,大约在 $160°$ 时达到最大值,随后逐渐降低。该规律可以通过式(8-51)解释,由该式可知,液膜边沿的厚度主要由三个参数决定,分别为射流角微元的流量、撞击液膜的半径 R,以及液膜的速度 u_s 随着方位角的变化,这三个参数分别呈现基本不变、角微元流量主导、半径主导三个阶段,故液膜厚度会呈现分段的变化规律,具体分析见 8.1 节参数讨论部分。另外,表面张力系数的增大使液膜厚度显著增加,且增加幅度愈来愈大,液膜厚度分布也变得更加不均匀。

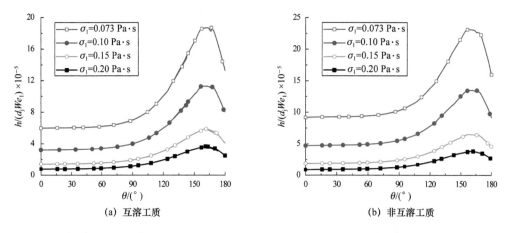

图 8-55　表面张力系数对互溶和非互溶工质撞击液膜厚度分布的影响

除此之外，在相同表面张力系数条件下，非互溶工质形成的液膜更厚。为了解释该现象，此处对互溶和非互溶流体工质在 $\sigma_1 = 0.15\ \text{Pa·s}$ 情况下的撞击液膜特征进行了分析。图 8-56 展示了对于互溶和非互溶工质，无量纲的液膜半径 $\tilde{R}$ 和速度 $\tilde{u}_s$ 随方位角的变化规律，由图可知，互溶工质射流撞击形成的液膜具有更大的 $\tilde{R}$ 和 $\tilde{u}_s$。但是，射流角微元的流量与工质的互溶性是无关的，由式（8-51）可知，非互溶流体射流撞击形成的液膜必然会更厚。

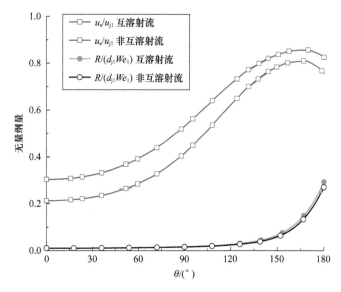

图 8-56　对于互溶和非互溶射流，无量纲的液膜半径和速度随方位角的变化规律
$(\sigma_1 = 0.15\ \text{Pa·s})$

2. 质扩散系数的影响

在 8.3.2 小节的分析中，为了减小质扩散对液膜特性造成的影响，将质扩散系数 D_{AB} 设置为 $1 \times 10^{-3}\ \text{mm}^2/\text{s}$，对于 $\sigma_1 = 0.073\ \text{N/m}$ 的情况，通过计算等效混合厚度为 $5.07 \times 10^{-4}\ \text{mm}$，此时液膜的厚度约为 $0.01\ \text{mm}$，为等效质混合厚度的 20 倍，故质扩散带来的影响是可以忽略的。为了进一步研究质扩散系数对撞击液膜特性的影响，这里将在固定两种工质黏度系数和

表面张力系数的情况下,通过改变 D_{AB} 来观察液膜形状、速度和厚度分布的变化规律。

此处需要指出的是,两种互溶工质撞击形成液膜的等效混合层的黏度系数并非两种工质黏度系数的平均值,以甘油为例,两种不同浓度甘油射流撞击时,等效混合层的黏度一般更接近低黏工质,具体变化规律见图 8-10。假设实验工况如下:$d_j = 0.6$ mm,$2\alpha = 60°$,$u_{j1} = 7.25$ m/s,$\rho_1 = 1\,000$ kg/m³,$\rho_2 = 1\,237$ kg/m³,$\sigma_1 = 0.073$ N/m,$\sigma_2 = 0.064$ N/m,$\mu_1 = 40 \times 10^{-3}$ Pa·s,$\mu_2 = 500 \times 10^{-3}$ Pa·s,$\mu_{12} = 120 \times 10^{-3}$ Pa·s,质扩散系数 D_{AB} 分别为 $i \times 10^{-3}$ mm²/s,其中 $i = 1, 3, 5, 7, 10$,图 8-57 所示为液膜的尺寸形状随质扩散系数的变化规律,箭头方向即为质扩散系数增大方向。由图可知,质扩散系数的增大使液膜尺寸略微增大,这主要源于等效混合层厚度随质扩散系数的增大而增加,而混合层的黏度比两种工质的平均黏度要小,造成工质流动过程中的黏性耗散降低,故液膜更易扩展。但由于液膜形成过程的时间非常短,所以即使质扩散系数很大,两种工质亦很难充分混合。图 8-58 所示为等效混合层厚度随质扩散系数的变化规律,可以看到,即使质扩散系数增大到 10^{-2} mm²/s,混合层厚度也只达到液膜厚度的 1/5,所以质扩散系数对液膜形状及尺寸的贡献是有限的。

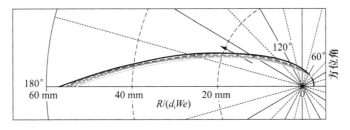

图 8-57 质扩散系数对互溶工质撞击形成液膜形状及尺寸的影响

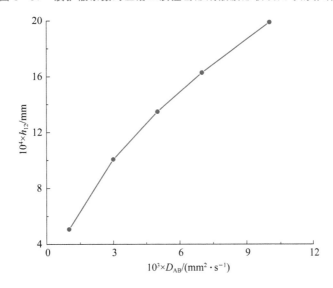

图 8-58 等效混合层厚度随质扩散系数的变化规律

虽然质扩散系数对液膜形状尺寸的影响较小,但对撞击液膜速度分布影响较大。图 8-59 所示为不同质扩散系数情况下,液膜速度随方位角的变化规律。由图可知,随着质扩散系数的增大,液膜 0°方位角(由撞击点竖直向上)处液膜的速度逐渐增大,而且速度间隔越来越大,当质扩散系数增大到 10^{-2} mm²/s 时,0°方位角处的无量纲量的速度已经达到 0.6,这主要是因为液膜顶端尺寸较小,且随质扩散系数基本不变,因此表面能在总能量中所占比例较小且基本保持不变,减小的黏性耗散基本用于增大液膜动能,所以促使其变化比较剧烈;随着方位角的增大,表面能所占比例逐渐增大,质扩散造成的黏性耗散对液膜动能的影响会随之削弱,所以随着方位角的增大,最终的液膜速度会趋于一致,且液膜的整体速度更加平缓。

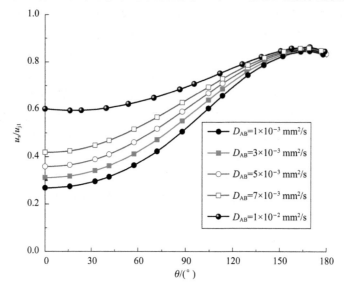

图 8 - 59   质扩散系数对互溶工质撞击形成液膜的速度分布的影响

图 8 - 60 所示为液膜的厚度分布随质扩散系数的变化规律,从图中可以看到,液膜的厚度分布并没有呈现速度分布的变化规律,而是随质扩散系数的增大匀速降低,但整体的变化趋势保持平行,这主要是由于液膜厚度是通过式(8 - 51)求得,对于较小的方位角,R 的变化较小但 $\tilde{u}_s$ 的变化较大;而当方位角较大时,R 的变化相对较大但 $\widetilde{u}_s$ 的变化相对较小,二者的乘积始终保持稳定,所以最终计算的液膜厚度变化均匀。通过以上分析可知,扩散系数对液膜尺寸形状影响较小,但对速度及厚度分布影响较大,尤其对于较小方位角处的液膜速度。

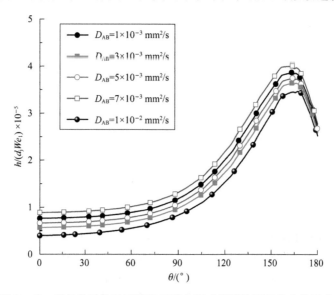

图 8 - 60   质扩散系数对互溶工质撞击形成液膜的厚度分布的影响

8.4　射流撞击形成液膜的波动特性研究

对于撞击液膜,其特性除形状、速度和厚度分布外,还包括波动特性,而波动的产生与发展直接影响液膜的破碎。在射流撞击过程中,液膜的破碎存在两种机制——气动力主导和撞击波主导[12]。气动力主导区域主要针对低速层流撞击,而撞击波主导区域主要包括高速层流和湍流射流撞击。对于高速层流或湍流射流撞击,撞击波的产生源于撞击点附近的压力扰动,撞击波自撞击点产生后沿径向向外传播,由此使液膜沿着撞击波型面以弓形结构破碎成液丝,然后在毛细不稳定的作用下碎裂成液滴,如图 8-61 所示。

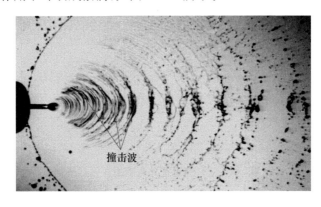

图 8-61　高速层流射流撞击形成撞击波

对于层流射流撞击,波动的产生和发展源于液膜与周围气体的相互作用,当表面波的振幅达到一个临界值时,液膜将发生碎裂。对于它的理论分析主要基于线性稳定性理论[13],研究者利用该理论分析了表面波的特性,及其与液膜参数的关系,但基本都是将液膜分割出来单独研究,而未考虑撞击的因素,且通常假设液膜截面为均一速度型,这便使计算得到的表面波动特性与实验严重不符。

本节重点研究在层流射流撞击情况下,表面波动的特性和影响因素。首先求解距离撞击点不同位置处液膜法向截面的速度分布,并确定特征截面及特征速度型,将其引入二维平面液膜的线性稳定性模型中,通过求解带速度型的线性稳定性模型确定层流射流撞击形成的表面波动的特性,最终对各影响因素(韦伯数、气液密度比、特征截面速度型、撞击角)进行分析,得到了各参数对该表面波动的影响规律。

8.4.1　波动特性的理论推导

1. 平面射流撞击模型

为了研究射流撞击过程中波动的形成机理和特性,建立如下的物理模型:两股平面流体发生倾斜撞击,在其对称面形成一平面液膜,而且,在射流撞击过程中通常会伴随着周期性波动。为了便于分析并求解该波动成因,对物理模型进行简化,将平面射流撞击看作二维问题,且假设流体工质是无黏且不可压的。

图 8-62 所示为二维平面流体射流撞击的物理模型。具体描述如下：两股厚度均为 h，射流速度均为 V_j 的平面射流以 2α 的撞击角发生倾斜碰撞，分成两股厚度分别为 m_1 和 m_2 的平面液流。在撞击区域，撞击压力将两股平面射流自撞击点分成 $+x$ 和 $-x$ 两个方向。其中，存在一条始终保持直线的流线，称为"分离流线"，如图 8-62 中的粗实线所示，分离流线与液膜平面相交于 S 点。假设射流撞击过程中不存在能量损失，则四股液流在无穷远处速度相等。

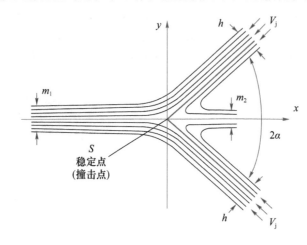

图 8-62　二维平面流体射流撞击物理模型

根据入射流和出射流之间必须满足质量守恒关系，则各个参数之间必须满足如下关系式：

$$2h = m_1 + m_2 \tag{8-89}$$

式中：h 为已知的，m_1 和 m_2 为未知的。除此之外，根据平面射流在 x 方向的动量守恒关系可知，液流宽度存在如下关系：

$$2h\cos\alpha = m_1 - m_2 \tag{8-90}$$

联立式(8-89)和式(8-90)，撞击形成的液膜宽度最终的表达形式为

$$m_1 = h(1 + \cos\alpha) \tag{8-91}$$

$$m_2 = h(1 - \cos\alpha) \tag{8-92}$$

2. 近撞击点处液膜垂直截面速度型

为了计算描述液膜截面的速度分布，建立了相应的复坐标系，如图 8-62 所示。稳定点 S 为物理平面和复平面坐标原点，则物理平面内任意一点可以表示为复平面内的一点 $z = x + iy$，该处的复速度可以表示为 $\upsilon = V_j e^{-i\theta}$，其中 θ 为速度方向。因此，入射流和出射流的复速度分别表示为 $V_j e^{i\gamma}$、$V_j e^{-i\gamma}$、V_j、$-V_j$。众所周知，复速度 υ 通过如下关系式与复坐标 z 联系起来：

$$\upsilon = -dw/dz \tag{8-93}$$

式中：w 为复势函数。

文献[14]指出 υ 和 w 之间存在如下关系式：

$$w = -\frac{V}{\pi}\left[h_1\ln\left(1 - \frac{\upsilon}{a_1}\right) + h_2\ln\left(1 - \frac{\upsilon}{a_2}\right) - m_1\ln\left(1 - \frac{\upsilon}{b_1}\right) - m_2\ln\left(1 - \frac{\upsilon}{b_2}\right)\right] \tag{8-94}$$

式中：a_1、a_2 为入射流的复速度，b_1、b_2 为出射流的复速度。

由给定的平面射流撞击模型可以得到 $a_1 = U\mathrm{e}^{\mathrm{i}(\frac{\alpha}{2}-\pi)}$，$a_2 = U\mathrm{e}^{\mathrm{i}(\pi-\frac{\alpha}{2})}$，$b_1 = -U$，$b_2 = U$，将各液膜厚度及 a_1、a_2、b_1、b_2 代入式(8-94)，可得

$$w = -\frac{hV}{\pi}\left[\ln\left(1+\frac{\upsilon}{V\mathrm{e}^{\mathrm{i}\alpha}}\right)+\ln\left(1+\frac{\upsilon}{V\mathrm{e}^{-\mathrm{i}\alpha}}\right)-(1+\cos\alpha)\ln\left(1+\frac{\upsilon}{V}\right)-(1-\cos\alpha)\ln\left(1-\frac{\upsilon}{V}\right)\right]$$

$$(8-95)$$

将式(8-95)代入式(8-93)中可得

$$\mathrm{d}z = -\frac{1}{\upsilon}\frac{\mathrm{d}\omega}{\mathrm{d}\upsilon}\mathrm{d}\upsilon = -\frac{1}{\upsilon}\frac{hV}{\pi}\left[\frac{1}{V\mathrm{e}^{\mathrm{i}\alpha}+\upsilon}+\frac{1}{V\mathrm{e}^{-\mathrm{i}\alpha}+\upsilon}+(1+\cos\alpha)\frac{1}{V+\upsilon}-(1-\cos\alpha)\frac{1}{V-\upsilon}\right]\mathrm{d}\upsilon$$

$$(8-96)$$

对式(8-96)求积分并变形可以得到 z 和 υ 的最终表达式为

$$\frac{\pi z}{h} = (1+\cos\alpha)\ln(1+\upsilon)-(1-\cos\alpha)\ln(1-\upsilon)-\mathrm{e}^{-\mathrm{i}\alpha}\ln(1+\upsilon\mathrm{e}^{-\mathrm{i}\alpha})-\mathrm{e}^{\mathrm{i}\alpha}\ln(1+\upsilon\mathrm{e}^{\mathrm{i}\alpha})$$

$$(8-97)$$

当选取点接近稳定点 S，即 z 趋近于 0 时，通过对式(8-97)进行变形可以得到

$$\upsilon = \frac{z}{\dfrac{4}{\pi}h\sin^2\alpha} = \frac{z}{x_0} \qquad (8-98)$$

式中：$x_0 = 4/\pi \cdot h\sin^2\alpha$。

下面的研究主要集中在近撞击点处流体的流动情况，故 x_0 自然被选为特征尺度。通过求解式(8-97)可以确定主流场的速度分布。首先，式(8-97)被分割成实部和虚部，具体表达式如下：

$$\frac{\pi x}{h} = \frac{1}{2}(1+\cos\alpha)\ln\left[(1+\upsilon_x)^2+\upsilon_y^2\right]-\frac{1}{2}(1-\cos\alpha)\ln\left[(1-\upsilon_x)^2+\upsilon_y^2\right]-$$

$$\frac{1}{2}\cos\alpha\left[\ln(A^2+B^2)+\ln(C^2+D^2)\right]+\sin\alpha\left(\arctan\frac{B}{A}+\arctan\frac{D}{C}\right) \quad (8-99)$$

$$\frac{\pi y}{h} = -(1+\cos\alpha)\arctan\frac{\upsilon_y}{1+\upsilon_x}-(1-\cos\alpha)\arctan\frac{\upsilon_y}{1-\upsilon_x}+$$

$$\cos\alpha\left(\arctan\frac{B}{A}-\arctan\frac{D}{C}\right)+\frac{1}{2}\sin\alpha\left[\ln(A^2+B^2)-\ln(C^2+D^2)\right] \quad (8-100)$$

式中：

$$A = 1+\upsilon_x\cos\frac{\alpha}{2}-\upsilon_y\sin\frac{\alpha}{2}, \qquad B = \upsilon_x\sin\frac{\alpha}{2}+\upsilon_y\cos\frac{\alpha}{2}$$

$$C = 1+\upsilon_x\cos\frac{\alpha}{2}+\upsilon_y\sin\frac{\alpha}{2}, \qquad D = \upsilon_x\sin\frac{\alpha}{2}-\upsilon_y\cos\frac{\alpha}{2}$$

然后，通过牛顿法进行求解可以得到速度分量 υ_x 和 υ_y。图 8-63 所示为撞击角为 30° 情况下，距撞击点分别为 $0.1x_0$、$1.0x_0$ 和 $4.0x_0$ 位置处的速度分量 υ_x 和 υ_y 的分布。可以看到，二者分别呈现轴对称分布和中心对称分布。对 υ_x 而言，液膜的中心速度最低，随着液膜向下游流动，液膜中心处的速度逐渐增大，且截面的整体速度趋于平缓，其速度分布曲线与高斯分布类似。为了更加方便地描述 υ_x 的分布，采用如下的表达式进行拟合：

$$\upsilon_x = s-r\mathrm{e}^{-t(y/x_0)^2} \qquad (8-101)$$

式中：s、r、t 均为待定系数，三个不同位置处的值如表 8-8 所列。当选取截面逐渐远离稳定点

时,速度分量 v_x 逐渐变得平缓,所以对应的参数 t 也随着距撞击点距离的增加而减小。图 8-63 同时展示了拟合曲线(虚线),并将其与计算结果进行了比较,结果表明二者吻合很好,尤其是距离撞击点较远的位置。

表 8-8　三个不同位置处待定系数的值

位　置	s	r	t
$x=0.1x_0$	0.780	0.659	0.848
$x=1.0x_0$	0.794	0.307	0.266
$x=4.0x_0$	2.66	1.90	0.018

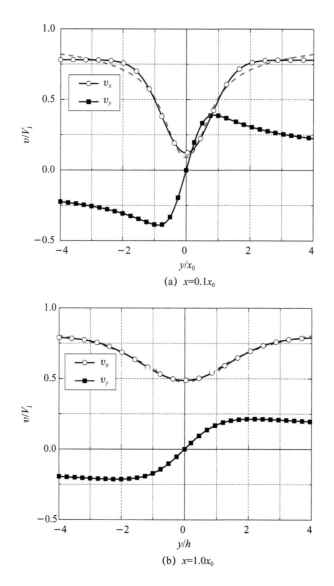

(a) $x=0.1x_0$

(b) $x=1.0x_0$

图 8-63　撞击角为 30°情况下,距撞击点不同位置处 v_x 和 v_y 的速度分布

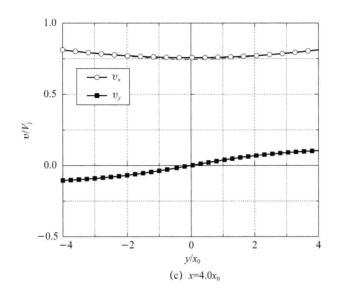

(c) $x=4.0x_0$

图 8 - 63　撞击角为 30°情况下，距撞击点不同位置处 v_x 和 v_y 的速度分布(续)

3. 波动特性求解

　　由于撞击形成液膜截面速度的分布无法测量，通常通过数值仿真的方法进行监测。Chen 等人[15]利用数值仿真研究了两股射流撞击形成液膜的波动特性及碎裂过程，并观察到在撞击点附近存在与本小节求得的速度型相似的截面速度分布。另外，他还研究了液膜的表面波动，发现该波动在低韦伯数情况下同样存在，但振幅是不断衰减的。该表面波的斯特劳哈数随着韦伯数呈线性增长，并逐渐趋于一个恒定值，相似的现象同样在研究扰动的自由剪切层时发现[16]。这意味着该波动的产生机理与自由剪切层理论类似，而在研究自由剪切层问题中通常采用稳定性分析方法。因此，该方法将用于研究平面射流撞击形成液膜的波动特性。

　　Chen 等人[15]的研究同时表明截面速度型对波动特性有重要影响，Sander 等人[17]在其研究中也得出了相同的结论，所以在稳定性分析之前必须先确定截面速度型，也就是说，要选取适当的特征截面。首先，该特征截面要接近撞击点，因为撞击点附近的速度梯度是最大的，相应的扰动增长率亦为最大，这便意味着近撞击点处的流动决定了形成波动的周期。其次，由于稳定性分析通常针对平面平行流动，故速度分量应满足 $|v_y| \ll |v_x|$，综上，特征截面和撞击点之间应存在一个特定的距离。最后，满足 $\min|v_x| \geqslant 4|v_y|$ 的截面被选为特征截面。当撞击角为 80°时，特征截面大约在距撞击点 $x=2x_0$ 处，此截面的速度型如图 8 - 64 所示。值得注意的是，为了后面的分析更加方便，y 方向的位置通过 $-x$ 方向的半液膜厚度($m_1/2$)无量纲化，表示为 y^*，其原因在于撞击产生的表面波通常在该方向产生。由于速度型表达式通常表示成 $v_x = s - re^{-ty^{*2}}$ 的形式，因此通过拟合可以得到 s、r、t 的值分别为 1.65、0.866 和 0.161。

　　确定特征截面后，针对撞击产生表面波的研究等价于带速度型的平面液膜的不稳定性分析。表面波的波长对应最大增长率的波长，研究模型描述如下：厚度为 m_1 的平面液膜喷射入静止的无黏气体，且液膜沿 x 方向具有初始速度型 $V(y)$，如图 8 - 65 所示。针对该问题的线性化控制方程为

$$\frac{\partial u_i'}{\partial x} + \frac{\partial v_i'}{\partial y} = 0 \tag{8-102}$$

$$\frac{\partial u_i'}{\partial t} + \delta_{i1}\left[V(y)\frac{\partial u_i'}{\partial x} + v_i'\frac{\partial V(y)}{\partial y}\right] = -\frac{1}{\rho_i}\frac{\partial p_i'}{\partial x} \tag{8-103}$$

$$\frac{\partial v_i}{\partial t} + \delta_{i1}V(y)\frac{\partial v_i}{\partial x} = -\frac{1}{\rho_i}\frac{\partial p_i'}{\partial y} \tag{8-104}$$

式中:$i=1$ 为液相,$i=2$ 为气相。

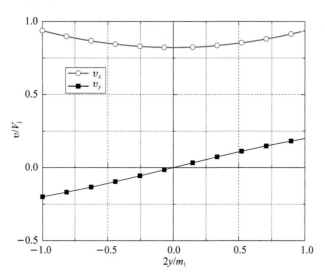

图 8-64 撞击角为 80°情况下,距撞击点 $x=2x_0$ 处 v_x 和 v_y 的速度分布

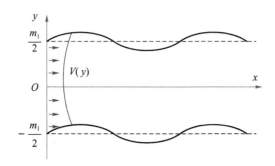

图 8-65 速度型为 $V(y)$ 的平面液膜结构示意图

根据 $i=1$ 或 2 的取值,δ_{i1} 分别取 1 或 0,式(8-103)两端对 y 求偏导数,式(8-104)两端对 x 求偏导数,并将得到的结果式相减,利用式(8-102)可得下式:

$$\left[\frac{\partial}{\partial t} + \delta_{i1}V(y)\frac{\partial}{\partial x}\right]\left(\frac{\partial u_i'}{\partial y} - \frac{\partial v_i'}{\partial x}\right) + \delta_{i1}\frac{\partial^2 V(y)}{\partial y^2}v_i' = 0 \tag{8-105}$$

通常情况下,扰动流函数表示成正则模的形式,即 $\psi_i = \Psi_i(y)\exp(ikx+\omega t)$,其中 $\Psi_i(y)$ 仅为 y 的函数,此处的 k、ω 和 t 分别代表无量纲波数、复频率和复时间。因为扰动流函数通过 $u_i' = \frac{\partial \psi_i}{\partial y}$,$v_i' = -\frac{\partial \psi_i}{\partial x}$ 与扰动速度联系起来,故式(8-105)可以改写为

$$\left[\omega+\delta_{i1}ikV(y)\right]\left(\frac{\mathrm{d}^2\Psi_i}{\mathrm{d}y^2}-k^2\Psi_i\right)-\delta_{i1}ik\frac{\partial^2V(y)}{\partial y^2}\Psi_i=0 \tag{8-106}$$

将 V_j 和 $m_1/2$ 分别作为液流和气流的速度和长度特征尺度来无量纲化变量,并将无量纲量表示成带"*"的形式,液相的控制区域变为 $-1\leqslant y^*\leqslant+1$,上部气体的控制区域变为 $+1\leqslant y^*\leqslant+\infty$,底部气体的控制区域变为 $-\infty\leqslant y^*\leqslant-1$。由于无量纲量的速度型 $V^*(y)=v_x=s-re^{-ty^{*2}}$ 已经确定,则将其代入式(8-106)可得液膜和气体的无量纲控制方程如下:

$$\left[\omega+ik(p-qe^{-ty^{*2}})\right]\frac{\mathrm{d}^2\Psi_1}{\mathrm{d}y^{*2}}-\left[(\omega k^2+ik^3p)+\chi e^{-ty^{*2}}\right]\Psi_1=0 \tag{8-107}$$

$$\frac{\mathrm{d}^2\Psi_2}{\mathrm{d}y^{*2}}-k^2\Psi_2=0 \tag{8-108}$$

式中:$\chi=2iktq-ik^3q-4ikt^2qy^{*2}$。

下面要确定合适的边界条件,包括速度连续以及垂直于交界面的压力平衡条件。对于反对称及对称扰动,在气、液交界面($y=\pm1$)的线性化边界条件是不同的,它们分别可以描述为

$$-ik\Psi_i(\pm1)\exp(ikx+\omega t)=\frac{\partial\eta}{\partial t}+\delta_{i1}V(\pm1)\frac{\partial\eta}{\partial x} \tag{8-109}$$

$$-ik\Psi_i(\pm1)\exp(ikx+\omega t)=\mathrm{sign}(\pm1)\left[\frac{\partial\eta}{\partial t}+\delta_{i1}V(\pm1)\frac{\partial\eta}{\partial x}\right] \tag{8-110}$$

式中:η 为交界面位移,它同样表示为正则模的形式 $\eta=\eta_0\exp(ikx+\omega t)$,$\eta_0$ 为初始交界面位移幅值。其他边界条件包括气相区域,远离液体表面扰动的影响将会逐渐消失,故有下式:

$$\psi_2^*(\pm\infty)=0 \tag{8-111}$$

另外,由气、液界面的法向压力平衡可知

$$p_1^*-p_2^*-\frac{1}{WeR}=0 \tag{8-112}$$

式中:p_1^* 为液相由扰动产生的压力,$p_1^*=P_{10}^*\exp(ikx+\omega t)$;$p_2^*$ 为气相由扰动产生的压力,$p_2^*=P_{20}^*\exp(ikx+\omega t)$;$We$ 为平面射流韦伯数,$We=\rho_1V_j^2h/\sigma$;R 为气、液界面的曲率半径,$R\approx(\partial^2\eta/\partial x^2)^{-1}$。

将正则模代入式(8-109)~(8-112)中并对各个结果方程进行变形,得到最终的无量纲边界条件如下:

$$ik\Psi_i^*(\pm1)+\left[\omega+\delta_{i1}ikV(\pm1)\right]\eta_0^*=0 \tag{8-113}$$

$$ik\Psi_i^*(\pm1)+\mathrm{sign}(\pm1)\left[\omega+\delta_{i1}ikV(\pm1)\right]\eta_0^*=0 \tag{8-114}$$

$$\Psi_2^*(\pm\infty)=0 \tag{8-115}$$

$$P_1^*-P_2^*-\frac{\eta_0k^2}{We}=0 \tag{8-116}$$

通过正则模假设,该问题转化为求解常微分方程组系统的特征值问题。由于液相速度型的非均一性,这些微分方程组系统中的系数是可变的,故很难得到相应的解析解。在本小节中,采用谱方法进行求解,该方法已经被很多研究者用来求解稳定性分析问题[13-15]。需要指出的是,对于每个算例,都已验证了其网格收敛性,亦即逐渐增加网格点的数量直到求解结果不再发生变化。

8.4.2　结果及参数讨论

1. 韦伯数的影响

图 8-66 所示为韦伯数对无量纲增长率的影响规律,其中撞击角为 80°,气液密度比为 0.001。由图可知,随着韦伯数的增大,不稳定增长率及扰动的不稳定区域均随之增大,也就是说,减小表面张力或增大射流速度均导致扰动增长率的增大。另外,当韦伯数由 300 增大到 1 500 的过程中,主导波数呈现分段的变化特性。对于小韦伯数情况,主导波数随着韦伯数迅速增大;而当韦伯数超过 1 000 后,主导波数基本保持不变。

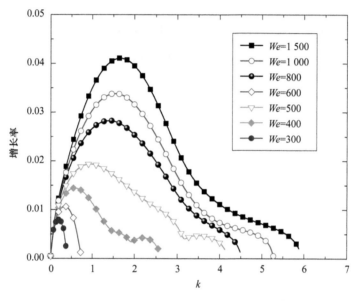

图 8-66　韦伯数对无量纲增长率的影响
$$(2\alpha=80°,\rho_2/\rho_1=0.001)$$

无量纲主导波数随韦伯数的变化规律如图 8-67 所示,虚线代表测量点的线性拟合曲线,其中拟合区间在 $We=1\ 000$ 处分割。在 $We<1\ 000$ 范围内,主导波数随韦伯数基本呈现线性增长趋势,斜率为 2.56×10^{-3};当 $We\geqslant1\ 000$ 时,直线斜率降为 1.2×10^{-4},此时无量纲波数基本可以看作定值。众所周知,无量纲波数 k 和波长 λ^* 之间存在一个简单的关系式 $\lambda^*=2\pi/k$。通过以上分析可知,韦伯数在 300 到 800 变化时,撞击产生的波长呈现线性减小的趋势,随着韦伯数的进一步增大($We\geqslant1\ 000$),波长逐渐趋于一个恒值。相似的现象在其他一些研究中同样被观察到[15-17],在其研究中,表面波的斯特劳哈尔数 Sr 首先随着韦伯数线性增加,当韦伯数超过 1 000 后,斯特劳哈尔数稳定为恒值 0.835。对于撞击产生的表面波而言,斯特劳哈尔数定义为 $Sr=fD/u_s$,而波的传播频率 f 通常表示成 $f=u_s/\lambda$,其中 u_s 为液膜的特征速度,λ 代表波长。综上可知,斯特劳哈尔数可以表示成 $Sr=D/\lambda$ 的形式。因此,斯特劳哈尔数随韦伯数的变化规律等价为 k 随韦伯数的变化规律。

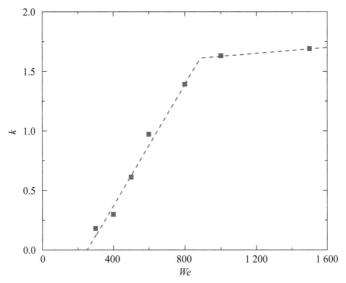

图 8-67　无量纲主导波数 k 随韦伯数的变化规律

($2\alpha=80°$，$\rho_2/\rho_1=0.001$)

2. 密度比的影响

图 8-68 所示为在 $We=800$，$2\alpha=80°$情况下，气液密度比 ρ_2/ρ_1 对无量纲增长率的影响规律。显然，当密度比由 0.001 增大到 0.005 时，扰动的增长率逐渐增大。通常，密度比的增大主要是通过增大气体密度得到的，而气、液界面的气动力与气体密度呈正比关系。因此，较高的气体密度加强了液膜的不稳定性，Li 和 Tankin[18] 在研究牛顿流体二维平面液膜稳定性问题时得出了相似的结论。虽然气液密度比对液膜的不稳定增长率影响显著，但它对主导波数的影响几乎是可以忽略的，随着密度比由 0.001 增大到 0.005，主导波数仅仅由 1.39 增大到 1.51。也就是说，由平面射流撞击形成的表面波的波长随着气体密度的增大变化较小。

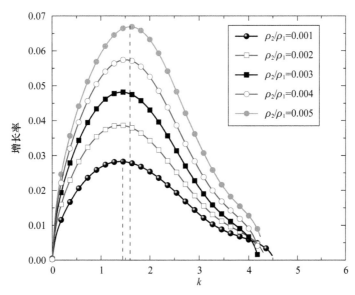

图 8-68　在 $We=800$，$2\alpha=80°$情况下，气液密度比 ρ_2/ρ_1 对无量纲增长率的影响

3. 速度型的影响

前人的研究已经证明速度型对液膜的不稳定性具有显著的影响。Ibrahim[19]提出一种幂级数的数学求解方法,对具有抛物线型无黏平面液膜的不稳定性进行了分析,并将其与均一速度型平面液膜的结果进行了对比,结果表明具有抛物线速度型液膜的不稳定性减弱。Lozano 等人[20]证明了包含基本流的不稳定性分析相较于传统的均一速度型不稳定性分析得到的液膜波动和破裂特征更加符合实际。前文已经提到截面速度型具有 $V^*(y)=s-re^{-ty*^2}$ 的形式,下面将分别讨论速度型参数 s、r、t 对不稳定增长率及液膜波动特性的影响规律。

图 8-69 所示为垂直于液膜法向截面的速度型随 s 的变化情况,其中 $We=800$,$\rho_2/\rho_1=0.001$,$r=0.866$,$t=0.161$。当 s 由 1.5 增大到 1.7 时,截面速度型整体上移,但形状保持相似。因此,参数 s 仅决定了液膜截面的无量纲平均速度,其对无量纲增长率的影响规律见图 8-70。由图(8-70)可知,随着 s 的增大液膜的不稳定增长率逐渐增加,但增加幅度不甚明显。另外,在 s 变化过程中,无量纲波数 k 保持不变($k=1.395$),亦即 s 对撞击产生表面波的波长没有影响。

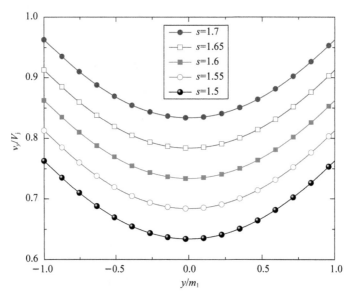

图 8-69 液膜截面速度型随 s 的变化

($We=800$,$\rho_2/\rho_1=0.001$,$r=0.866$,$t=0.161$)

图 8-71 所示为在 $We=800$,$\rho_2/\rho_1=0.001$,$s=1.65$,$t=0.161$ 情况下,液膜截面速度型随 $r(r=0.8,0.866,0.9,0.95,1.0)$ 的变化情况。由图可知,随着速度系数 r 的增大,液膜形状不再保持相似,速度型中间凹陷变得越来越尖,但由于 r 的变化范围较小,故不易观察。

当速度参数 r 变化时,液膜增长率随波数 k 的变化规律如图 8-72 所示。增大的系数 r 使增长率有所降低,这主要是由于 r 的增大使气、液界面速度差减小,随之造成了气动不稳定的降低。而且,无量纲主导波数 k 随 r 的增大总体呈现线性降低的趋势,但降低幅度不大。此处,波数 k 由 1.637 减小到 1.213,如图 8-72 中插图所示。通过以上分析可得,参数 r 的增大促进了表面波波长的增加,但影响幅度较小。

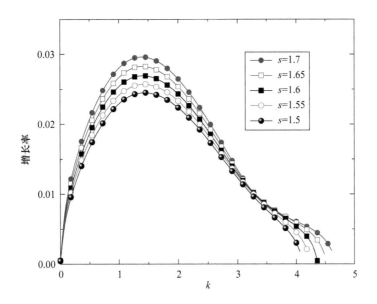

图 8 - 70　速度参数 s 对无量纲增长率的影响规律

$(We = 800, \rho_2/\rho_1 = 0.001, r = 0.866, t = 0.161)$

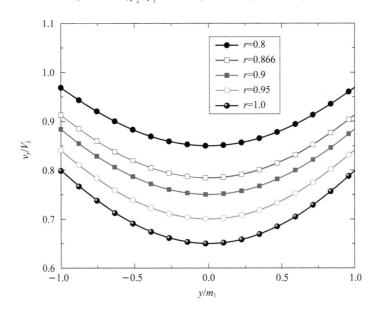

图 8 - 71　液膜截面速度型随 r 的变化

$(We = 800, \rho_2/\rho_1 = 0.001, s = 1.65, t = 0.161)$

图 8 - 73 所示为在 $We = 800, \rho_2/\rho_1 = 0.001, s = 1.65, r = 0.866$ 情况下,液膜截面速度型随 t 的变化。当增大参数 t 时,液膜中心速度保持不变,边界速度逐渐升高,这便使气、液界面相对速度逐渐增大,从而加强了液膜的不稳定性。

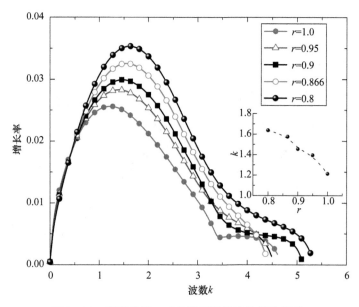

图 8-72　速度参数 r 对无量纲增长率的影响规律

$(We=800, \rho_2/\rho_1=0.001, s=1.65, t=0.161)$

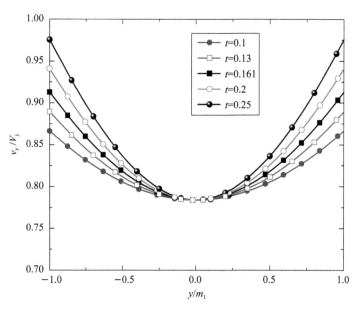

图 8-73　液膜截面速度型随 t 的变化

$(We=800, \rho_2/\rho_1=0.001, s=1.65, r=0.86)$

图 8-74 所示为具体的增长率变化曲线。由图可知，参数 t 对液膜的最大增长率以及主导波数均有重要的影响。图 8-74 中的插图展示了主导波数 k 随 t 的变化规律。当 t 由 0.1 增大到 0.2 的过程中，k 基本上由 0.486 线性增大到 1.63，如果 t 进一步增大，k 基本保持不变，此处 $t=0.25$，$k=1.698$。也就是说，参数 t 对于波长的影响规律具有分段性：对较小的参数 t，射流撞击形成表面波动的波长随 t 的增大快速减小；当 t 超过一个特定值后，波长将稳定在一个恒值。综上所述，相较于其他速度参数，t 对不稳定增长率及波长影响最大。

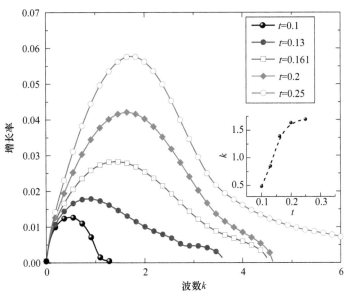

图 8 - 74　速度参数 t 对无量纲增长率的影响规律

$(We=800, \rho_2/\rho_1=0.001, s=1.65, r=0.86)$

4. 撞击角的影响

图 8 - 75 所示为 $We=800, \rho_2/\rho_1=0.001$ 情况下, 撞击角对不稳定增长率的影响规律。可以看到, 增大撞击角削弱了液膜的不稳定性。当撞击角由 80°增大到 120°时, 不稳定增长率及无量纲主导波数均先显著降低, 随后增长速率逐渐降低, 如图 8 - 75 中插图所示。因此, 撞击波长是撞击角的增函数, 但增长率逐渐降低。

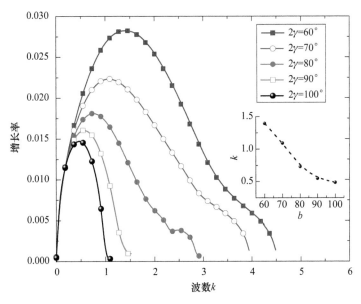

图 8 - 75　撞击角对无量纲增长率的影响规律

$(We=800, \rho_2/\rho_1=0.001)$

前人对撞击液膜的研究通常不考虑撞击角的影响,而将液膜分割出来单独研究,这在某种意义上是不合理的。实际上,撞击角对波动特性是有影响的,交界面波动的形成机理与撞击过程中波动的形成机理具有相似性,即均由剪切不稳定造成的,故爆炸焊接交界面波动的特性可以用来佐证射流撞击产生的表面波。对于爆炸焊接而言,其交界面波长与撞击角的经验关系式为 $\lambda = 26\delta_1 \sin^2\alpha$,可以看到其波长为撞击角的增函数,这与此处的分析结果是一致的。

为了进一步验证撞击角对平面射流撞击产生表面波波长特性影响规律的正确性,这里采用开源的 CFD 软件 Gerris 对其进行了相应的数值仿真。该软件基于有限体积法进行数值计算,并采用 VOF 对自由界面进行追踪和重构,由于 Gerris 中缺少壁面边界模型,所以其计算一般只针对喷嘴外流场。另外,Gerris 的动态自适应技术可以有效地减少计算消耗,其自身会通过设置自动在表面曲率或速度梯度较大的区域进行加密,同时,计算精度亦会随着网格的粗细进行调整,从而达到一定的计算效率。

针对此处所述的物理问题,设置了如图 8-76 所示的数值仿真模型,其计算区域由四块边长为 1 的正方形单元拼接而成,周围边界设置为流量出口,计算中使用的基本网格层数为 5,气、液交界面体积分数梯度加密等级为 8,流场中涡量加密等级为 7,图中加密部分即为初始化流场。此处需要说明的是,此模型中的正方形单元本为竖直排列,因考虑排版故将其横置。对应的初始化参数设置如下:射流半径为 1/10,射流速度为 1/20,液体密度设置为 1,气体密度为 0.001,初始射流喷出距离为 0.025,撞击角根据具体的计算工况设定。该问题的无量纲数包括射流雷诺数 $Re = \rho V_j h / \mu$ 和韦伯数 $We = \rho V_j^2 h / \sigma$。在射流雷诺数和韦伯数设定后,射流工质的黏度系数 μ 和表面张力系数 σ 便可通过以上无量纲数求得。针对撞击角影响的物理问题并综合工质无黏条件,此处设置 $We = 800$,$Re = 4\,000$。

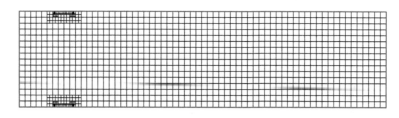

图 8-76 二维平面射流撞击初始化模型

图 8-77 所示为在不同撞击角情况下,二维平面射流撞击形成表面波的仿真结果。从左至右分别对应撞击角由 60° 增大到 100° 的情况,由图可知,撞击液膜的弯曲程度基本呈现逐渐降低的趋势,即液膜的不稳定性逐渐减弱,这与图 8-75 所示的增长率随撞击角的变化规律是一致的。为了进一步描述液膜表面波长随撞击角的变化,对距撞击点最近的一个波的波长进行了测量,分别记作 λ_1,λ_2,λ_3,λ_4,λ_5,并将其与理论计算结果进行了对比,对比结果如图 8-78 所示,可以看到,虽然二者数值之间存在一定差异,但变化趋势是基本相同的,即均随撞击角的增大而减小,这也从侧面验证了理论结果的正确性,此二者之间的差异可能源于特征截面的选取。

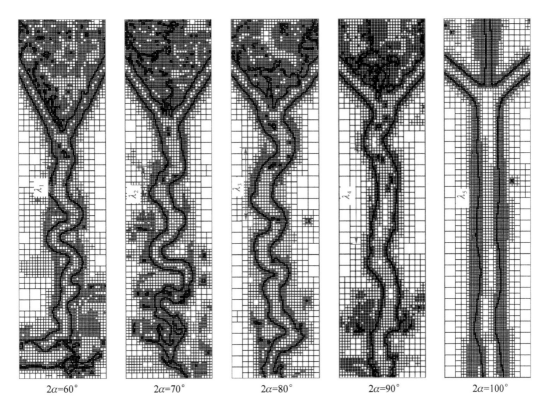

图 8 - 77 不同撞击角情况下,平面射流撞击的波动特性

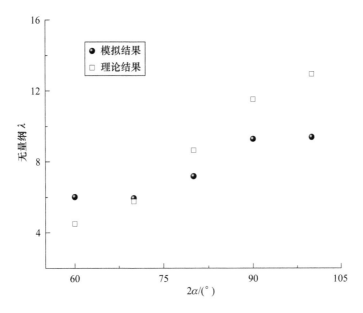

图 8 - 78 撞击表面波波长随撞击角的变化规律

8.5 撞击式喷嘴雾化实验研究

撞击式喷嘴的雾化参数主要集中在两方面：破碎长度和液膜表面扰动波波长。扰动波波长能表征液膜破裂成液丝的尺寸；液膜在运行过程中会受到环境气体以及它在喷嘴中产生的自激振荡等因素的影响，这样在其表面会产生扰动波。随着扰动的加剧，液膜会沿着扰动波碎裂成液丝，这样扰动波波长越短液膜碎裂成液丝的直径就越小，进而二次雾化更为快捷，且雾化成的液滴直径也会更小，即液膜表面扰动波波长越短雾化越细腻、均匀。

本节以水作为工质，进行了撞击喷嘴不同喷嘴压降和不同反压下的喷雾实验，定义撞击点到液膜开始撕裂并相互脱离点的竖直距离为破碎长度；定义撞击点附近，液膜表面两个明显的、完整的暗纹之间的距离为一个扰动波波长，如图 8 - 79 所示。

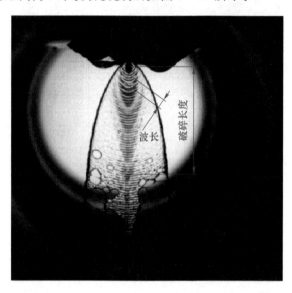

图 8 - 79 液膜破碎长度和表面波波长测量示意图

8.5.1 撞击式喷嘴喷雾场的初步观察

撞击式喷嘴的工作过程为液体从撞击孔喷出形成射流，两股射流相撞，在撞击孔连线的中垂面上形成液膜，液膜进而雾化成液丝和液滴。图 8 - 80 所示为不同喷嘴压降下以凝胶模拟液为工质的撞击雾化照片。可以看出，当喷嘴压降较低时，撞击会形成十分完整的柳叶形液膜，且由于表面张力等的作用，液膜的边缘会比其中间厚；随着喷嘴压降的继续增大，液膜会展开，形成钟形液膜，液膜的下边缘开始断裂成液丝，最重要的是由于受环境气体等的作用在液膜上会出现明显的扰动波，这是液膜破碎的基础；当喷嘴压降足够大时，便很难形成完整的液膜，且液丝和液滴较多，形成类似鱼骨的喷雾场。此外，即便在极低的压力下，以水为工质的撞击式喷嘴在射流相撞点就会发生雾化，很难观察到较为完整的液膜，因此本节在此方面不做研究。

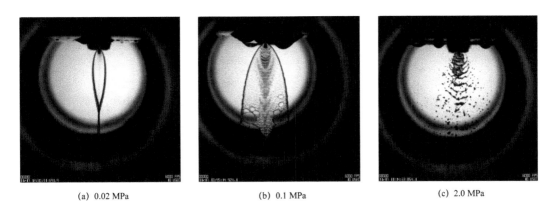

(a) 0.02 MPa　　　　　　(b) 0.1 MPa　　　　　　(c) 2.0 MPa

图 8 - 80　不同喷嘴压降下的撞击雾化照片

8.5.2　凝胶模拟液在撞击式喷嘴常压下的雾化

图 8 - 81 所示为以凝胶模拟液为工质的撞击式喷嘴雾化照片。从这一组照片可以看出，随着喷嘴压降的增加，撞击雾化的液膜会逐渐展开并且破碎，其表面的扰动波也逐渐变剧烈。撞击点周围的液膜形状越来越趋近于圆形，这是由于撞击速度越来越大导致的。这些现象都说明喷嘴压降越大，其雾化效果越好。图 8 - 82 所示为其破碎长度随喷嘴压降变化的曲线，图 8 - 83 所示为液膜表面扰动波波长随喷嘴压降变化的曲线。

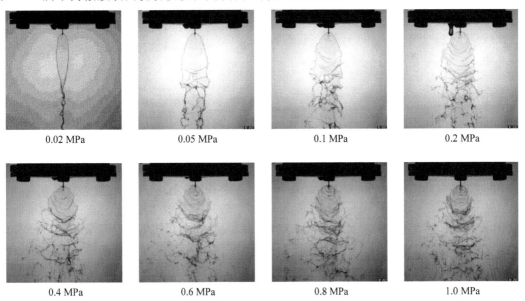

0.02 MPa　　　　0.05 MPa　　　　0.1 MPa　　　　0.2 MPa

0.4 MPa　　　　0.6 MPa　　　　0.8 MPa　　　　1.0 MPa

图 8 - 81　常压下撞击式喷嘴雾化照片

从图 8 - 82 和图 8 - 83 可以看出，随着喷嘴压降的增大，液膜破碎长度和表面扰动波波长均减小，并且这种减小可以认为是线性的。据此可以判断出，喷嘴压降的增大会促进撞击式喷嘴雾化形成的液膜的破碎，并且由于液膜表面扰动波的波长变短，会导致液膜破碎成液丝的尺寸更小，这样更利于提高雾化的均匀性。

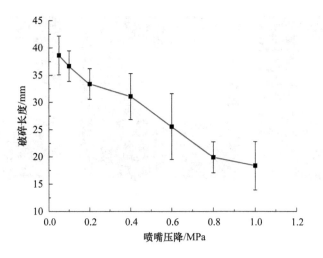

图 8 - 82　破碎长度随喷嘴压降的变化

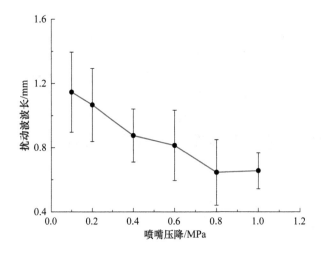

图 8 - 83　表面扰动波波长随喷嘴压降的变化

8.5.3　凝胶模拟液在撞击式喷嘴反压下的雾化

图 8 - 84 所示为撞击孔截面直径为 0.8 mm 的双股撞击式喷嘴,在不同反压下分别以水和凝胶模拟液为工质的雾化照片。对比照片中的第一列和第二列可以明显看出水和凝胶模拟液的区别:在较短距离内水即可破碎成液丝和液滴,甚至看不到完整的液膜;而在相同工况下,凝胶模拟液却能展开成完整的、平滑的、典型的柳叶形液膜,只是在液膜表面会有扰动波的存在。这是由于两种工质的不同性质造成的:水是牛顿流体,且其黏度很小(1.004×10^{-3} Pa · s);而凝胶模拟液是一种时间依赖的非牛顿黏弹性流体,其零剪切速率黏度远大于水的黏度,因而其较难雾化。

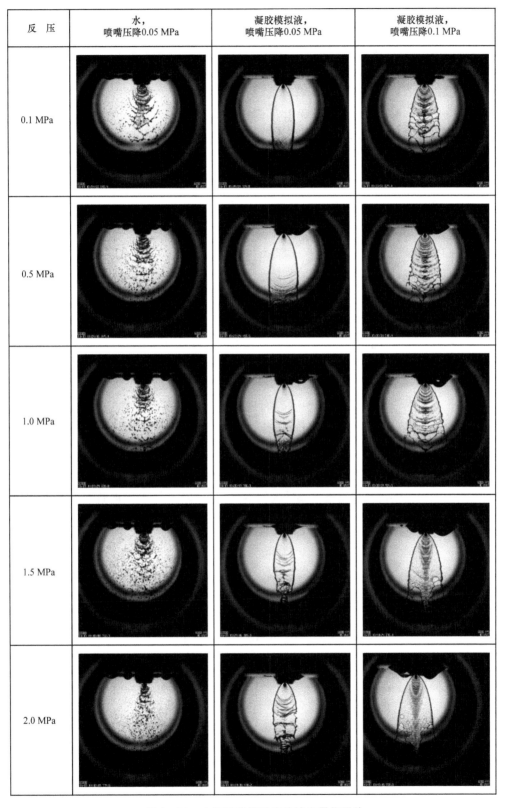

图 8-84　水和凝胶模拟液的撞击雾化照片

对比照片中的第二列和第三列可以看出,喷嘴压降的增大对撞击式喷嘴的雾化亦能起到促进作用。具体体现在,液膜的破碎长度明显变短,液膜所受到的扰动明显增强。

此外,重点是对比不同行之间的照片。从上到下,反压依次从 0.1 MPa 增大到 2.0 MPa。可以发现,随着反压的升高,雾化效果越来越好。下面以喷嘴压降为 0.1 MPa 的实验为例,从破碎长度以及液膜表面扰动波的波长两方面进行定量分析。

图 8-85 所示为凝胶模拟液撞击雾化的破碎长度随反压变化的曲线,实验中的喷嘴压降为 0.1 MPa。可以看出,随着反压的升高,液膜的破碎长度会有较明显的缩短,并且这种变化几乎是线性的。这是由于反压增大,其作用在液膜上的压力也增大,破坏了液膜内部的压力和其表面张力之间的平衡,导致液膜的破碎。反压越大,这种效果越明显。

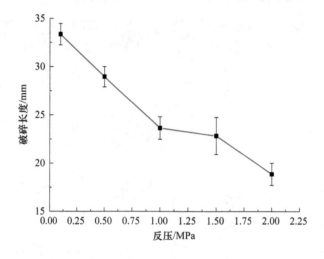

图 8-85　凝胶模拟液撞击雾化的破碎长度随反压变化的关系

图 8-86 所示为凝胶模拟液撞击雾化液膜的表面扰动波波长随反压变化的曲线,实验中的喷嘴压降为 0.1 MPa。从图中可以发现,随着反压的增加,液膜表面扰动波波长会逐渐缩短。这说明反压越大雾化成的液丝和液滴的尺寸越小,这是对雾化有利的。

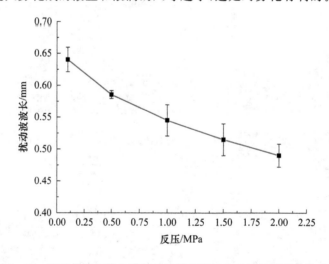

图 8-86　凝胶模拟液撞击雾化的液膜表面波波长随反压变化的关系

8.6 两股对撞射流仿真研究

本节采用 Openfoam 开源软件的 interIsoFoam 与 atomizationFoam[21] 求解器,并结合流体体积法(VOF)、界面对流方法[22]、网格自适应技术(AMR)和拉格朗日粒子追踪方法(LPT),实现对雾化场的高精度仿真。本节主要对有、无外加激励的两股撞击射流的流动过程进行仿真,得到入口速度振荡的振幅和频率对撞击射流雾化的影响。

8.6.1 速度无振荡的两股对撞射流雾化仿真结果

图 8 - 87 所示为射流在 $t=6\times10^{-5}$ s 至 $t=2.5\times10^{-4}$ s 间隔 10^{-5} s 的两股对撞射流的仿真图像与 $t=9\times10^{-5}$ s 至 $t=2.5\times10^{-4}$ s 间隔 10^{-5} s 的两股对撞射流撞击形成的平面的截面图。

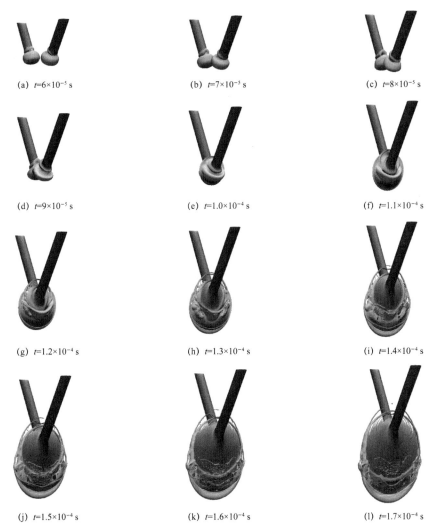

(a) $t=6\times10^{-5}$ s   (b) $t=7\times10^{-5}$ s   (c) $t=8\times10^{-5}$ s

(d) $t=9\times10^{-5}$ s   (e) $t=1.0\times10^{-4}$ s   (f) $t=1.1\times10^{-4}$ s

(g) $t=1.2\times10^{-4}$ s   (h) $t=1.3\times10^{-4}$ s   (i) $t=1.4\times10^{-4}$ s

(j) $t=1.5\times10^{-4}$ s   (k) $t=1.6\times10^{-4}$ s   (l) $t=1.7\times10^{-4}$ s

图 8 - 87 初始速度无正弦振荡的雾化仿真图

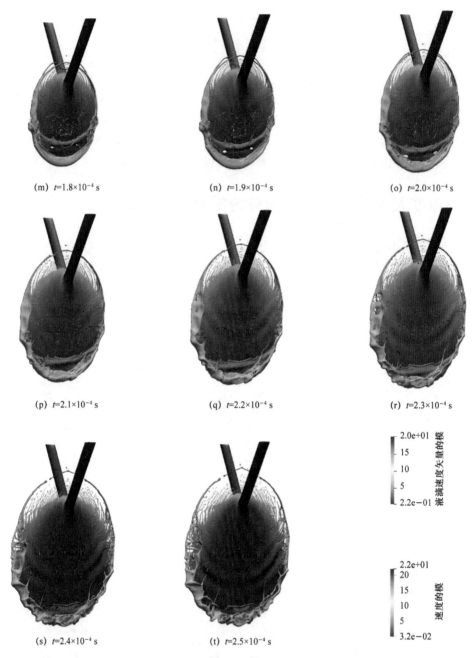

(m) $t=1.8\times10^{-4}$ s　　　　(n) $t=1.9\times10^{-4}$ s　　　　(o) $t=2.0\times10^{-4}$ s

(p) $t=2.1\times10^{-4}$ s　　　　(q) $t=2.2\times10^{-4}$ s　　　　(r) $t=2.3\times10^{-4}$ s

(s) $t=2.4\times10^{-4}$ s　　　　(t) $t=2.5\times10^{-4}$ s

图 8-87　初始速度无正弦振荡的雾化仿真图(续)

从图 8-87 中可以看到,仿真模拟了两股射流从两个直流喷嘴喷出,在 $t=9\times10^{-5}$ s 时开始撞击,之后形成了扁平的撞击液膜,在形成撞击液膜时,首先在撞击点的下方形成了较大的褶皱,这是由两股射流撞击之前射流头部均呈椭球形导致的,之后又在撞击点周围形成椭圆形褶皱。撞击平面随着时间和流体流过体积的增加而逐渐增大,最初形成的褶皱和椭圆形褶皱逐渐向外扩散,并在撞击液膜周围形成了厚度较大的包络层,液膜上半部分的包络层在 $t=1.2\times10^{-4}$ s 时刻开始形成液丝,在 $t=1.5\times10^{-4}$ s 时刻最初形成的下半部分的褶皱彻底破碎为液丝和液滴,同时,外部包络层也开始向内部延伸并在内部形成了液丝,而液膜上半部分出现丝状边缘并不断剥离出液滴,同时在液膜表面形成了不明显的波纹。

图 8-88 所示为两股对撞射流中心截面处体积分数图。从图中可以看到,在 $t=9\times10^{-5}$ s 时刻开始撞击形成液膜,最初撞击时,液膜中间为空腔,内部存在大量小的气泡,随着液膜的扩大,小气泡逐渐排出,中间空腔逐渐消失,液膜内空气占比增加,说明液膜逐渐破裂,可以清晰地看到液膜的上半部分在后期形成了越来越多的液丝,并逐渐向下推移。

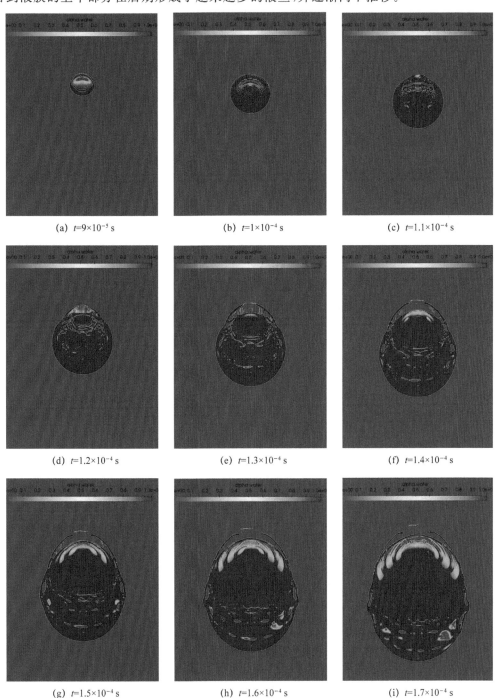

(a) $t=9\times10^{-5}$ s　　　　　(b) $t=1\times10^{-4}$ s　　　　　(c) $t=1.1\times10^{-4}$ s

(d) $t=1.2\times10^{-4}$ s　　　　　(e) $t=1.3\times10^{-4}$ s　　　　　(f) $t=1.4\times10^{-4}$ s

(g) $t=1.5\times10^{-4}$ s　　　　　(h) $t=1.6\times10^{-4}$ s　　　　　(i) $t=1.7\times10^{-4}$ s

图 8-88　两股对撞射流中心截面处体积分数图

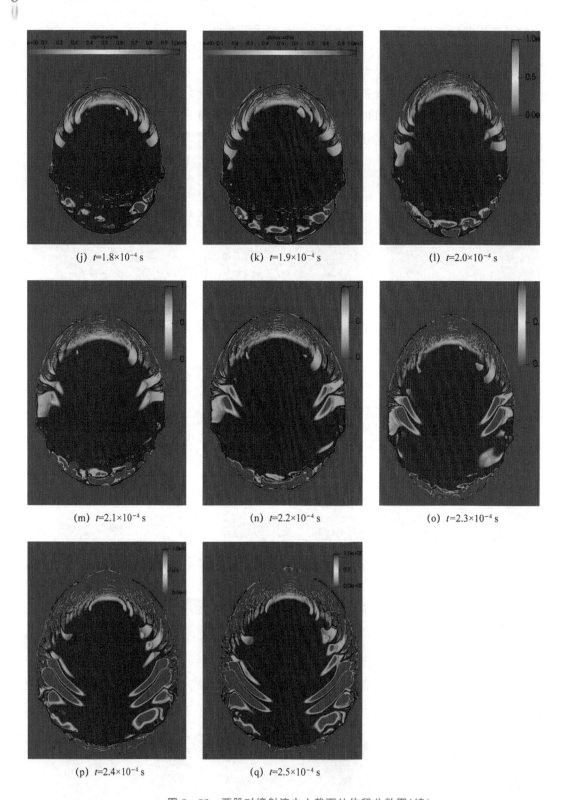

(j) $t=1.8\times10^{-4}$ s　　　　(k) $t=1.9\times10^{-4}$ s　　　　(l) $t=2.0\times10^{-4}$ s

(m) $t=2.1\times10^{-4}$ s　　　　(n) $t=2.2\times10^{-4}$ s　　　　(o) $t=2.3\times10^{-4}$ s

(p) $t=2.4\times10^{-4}$ s　　　　(q) $t=2.5\times10^{-4}$ s

图 8-88　两股对撞射流中心截面处体积分数图(续)

8.6.2　速度振荡对两股对撞射流的影响

本小节通过对比初始速度未添加正弦振荡的两股撞击射流与两股射流初始速度均添加$f=8\times10^4$ Hz、$U'=0.3U$ 的两股撞击射流的仿真图像与仿真数据,研究添加正弦振荡对于两股对撞射流的影响。

根据图 8－89 可以得到,同一时刻的仿真结果主要有以下几个区别:

① 两股射流形状不同,射流初始速度正弦振荡会使得射流表面产生调速管效应,此现象在初始速度添加正弦振荡的两股对撞射流未碰撞前得到体现。

② 液膜破碎程度增大,液丝明显增多。从图 8－89 中可以看到,在初始速度无正弦振荡的情况下,液膜破碎面积仅仅在液膜的上半部分出现,且均发生在边缘;而在初始速度添加正弦振荡的情况下,液膜从上到下均产生了破碎,由破碎产生的液丝也相对较多。

③ 初始速度由正弦振荡的两股对撞射流产生的液膜表面出现了围绕撞击点逐渐增大的呈椭圆形的流体堆积现象,且在内部液膜较薄的地方形成了液丝。

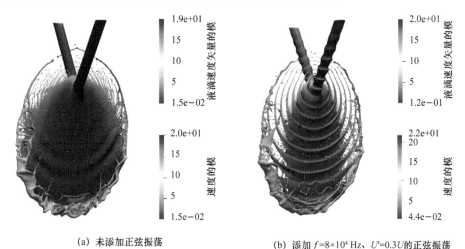

（a）未添加正弦振荡　　　　（b）添加 $f=8\times10^4$ Hz、$U'=0.3U$ 的正弦振荡

图 8－89　两股对撞射流仿真图

从仿真图像和以上的分析中,可以很明显地发现,虽然产生的液滴数量和液滴大小等未知,但从液膜破碎程度以及液丝的产生情况来看,初始速度带有正弦振荡的两股对撞射流的雾化情况更好一些。

8.6.3　速度振荡的频率对两股对撞射流的影响

本小节通过对比同一时刻下对两股射流初始速度施加相同振幅($U'=0.3U$)、不同频率($f=8\times10^4$ Hz、$f=1.6\times10^5$ Hz、$f=3.2\times10^5$ Hz)的正弦振荡的仿真结果分析,得到两股射流初始速度振荡频率对射流撞击雾化的影响。

1. 仿真结果及分析

首先从仿真图像来看,图 8－90 所示为在其他工况相同的情况下,两股对撞射流初始速度添加不同频率的正弦振荡在 $t=2.5\times10^{-4}$ s 时的仿真图像。

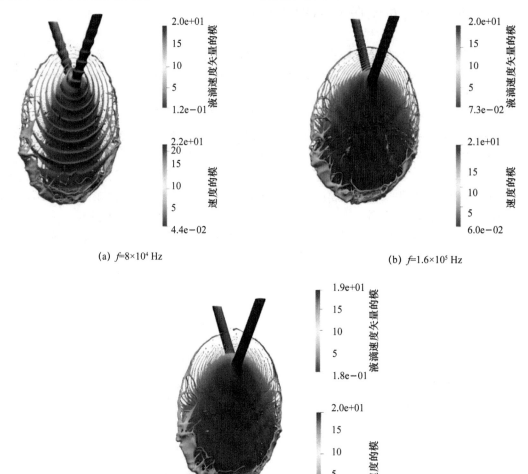

(a) $f=8\times10^4$ Hz

(b) $f=1.6\times10^5$ Hz

(c) $f=3.2\times10^5$ Hz

图 8 - 90 添加相同振幅不同频率振荡的仿真图

首先,对于两股直流射流,其满足第三部分中的仿真结果,随着初始速度正弦振荡频率的增大,射流表面产生调速管效应的频率也越大,在图 8 - 90 中表现为,同样长度的射流表面频率越大,调速管效应表现得越强。

其次,对于两股撞击射流形成的撞击液膜的形状来说,在 $f=8\times10^4$ Hz 时,液膜表面出现了围绕撞击点的椭圆形的流体堆积现象,同时液膜表面较薄的地方破碎成液丝,这是由撞击波与振荡的频率相耦合造成的。而在 $f=1.6\times10^5$ Hz 和 $f=3.2\times10^5$ Hz 时,其液膜形状与初始速度未加正弦振荡的两股射流撞击形成的射流基本没有区别,这与 $f=8\times10^4$ Hz 时形成的液膜相比,后两者液丝数量较多,但液丝较小且集中区域均在外部边缘区域。

最后,对于 $f=1.6\times10^5$ Hz 和 $f=3.2\times10^5$ Hz,其产生的液膜有一定区别,从图 8 - 91 中可以看到,液膜上半部分的液丝在 $f=1.6\times10^5$ Hz 的情况下,液丝大多未断裂成液滴,呈环形,而在 $f=3.2\times10^5$ Hz 的情况下液滴基本都已断裂为液滴,且根据液膜截面的气、液占比情况,$f=1.6\times10^5$ Hz 破碎程度相对较高。

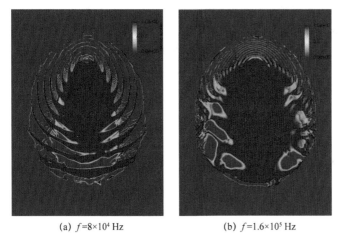
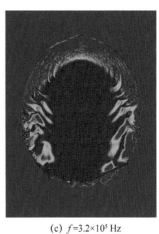

(a) $f=8\times10^4$ Hz   (b) $f=1.6\times10^5$ Hz   (c) $f=3.2\times10^5$ Hz

图 8-91 相同振幅不同频率振荡的中心截面处体积分数图

2. 仿真数据处理及分析

通过仿真结果可以计算得到在其他工况相同的前提下,两股对撞射流初始速度添加不同频率的正弦振荡时雾化产生的液滴的影响。

图 8-92 所示为在 $t=2.5\times10^{-4}$ s 时的不同频率振荡下的液滴直径分布图。

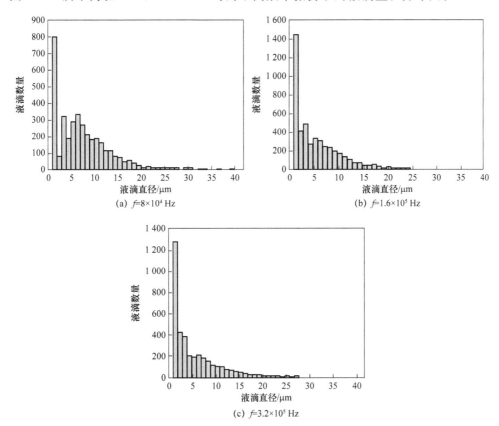

图 8-92 相同振幅不同频率的液滴直径分布图

由图 8-92 可知,三个频率下均是直径处于 $1\sim2\ \mu m$ 的液滴数量最多,随着液滴直径的增大,经过一系列波动后,在 $5\sim7\ \mu m$ 范围数量开始下降。同时可以看到,$f=1.6\times10^5\ Hz$ 和 $f=3.2\times10^5\ Hz$ 的图像较为相似,而 $f=8\times10^4\ Hz$ 的图像则在 $2\sim3\ \mu m$ 范围液滴数量相对较少,其他液滴直径处的数量相对较多。

对于液滴直径的数据进行进一步的处理,拟合结果如图 8-93 所示。

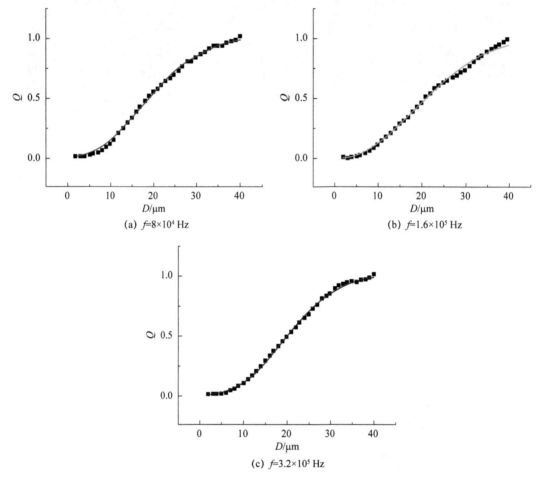

图 8-93　相同振幅不同频率振荡的分布函数拟合图

由拟合可得表 8-9 所列的 Rosin-Rammler 分布函数拟合参数。

表 8-9　相同振幅不同频率振荡的拟合参数

工 况	$10^{-4}\times f/Hz$	参数 c	参数 N
1	8	2.321 42	2.291 64
2	16	2.506 84	2.264 35
3	32	2.345 73	2.593 84

通过仿真同时可以得到雾化的索泰尔平均直径、液滴数量、液滴平均直径、液滴最大直径。下面通过以上几个数据的分析来判断射流的雾化情况,表 8-10 所列为两股射流在不同频率的初始速度振荡下的参数情况。

表 8-10　相同振幅不同频率振荡的参数

工　况	$10^{-4}\times f/Hz$	液滴数量	索泰尔平均直径$/\mu m$	液滴最大直径$/\mu m$
1	8	3 677	16.359 0	39.903 8
2	16	4 842	16.909 9	39.615 0
3	32	3 799	16.579 3	39.910 4

通过对液滴数量进行分析可以看到,在不同频率下,液滴数量随着振幅增大而变化的趋势不明显。1.6×10^5 Hz 频率相对应的液滴数量较少,3.2×10^5 Hz 频率的液滴数量次之,8×10^4 Hz 频率的液滴数量最多。

索泰尔平均直径是表征射流雾化程度的重要参数。索泰尔平均直径越小,相同体积的液体雾化后的表面积越大,即雾化的效果越好。而仿真所得到的两股对撞射流在不同频率的初始速度振荡下的数据如表 8-10 所列,按照计算结果分析,得到的结果是 8×10^4 Hz 频率下的射流雾化效果最好,3.2×10^5 Hz 频率下的射流雾化效果次之,1.6×10^5 Hz 频率下的射流雾化效果最差。

Rosin-Rammler 分布函数拟合参数 c 越大,表示质量中间直径越大。仿真结果显示,在 1.6×10^5 Hz 频率的情况下质量中间直径最大,3.2×10^5 Hz 频率的情况下质量中间直径次之,8×10^4 Hz 频率的情况下质量中间直径最小。所以,这一指标随着频率的增大并没有明显的变化关系。

Rosin-Rammler 分布函数拟合参数 N 一般分布在 2~4 范围,N 越大说明粒径分布越均匀,这里所计算的三个频率下的参数 N 基本分布在 2~3 附近。仿真结果显示,在 3.2×10^5 Hz 频率的情况下 N 最大,粒径均匀度最好;8×10^4 Hz 频率的情况下 N 次之,粒径均匀度较好;1.6×10^5 Hz 频率的情况下 N 最小,粒径均匀度最差。所以,这一指标随着频率的增大并没有很明显的变化关系。

液滴最大直径表示了所产生的液滴的幅值。根据统计,本小节中的液滴平均直径在 3.2×10^5 Hz 频率时最大,8×10^4 Hz 频率时次之,1.6×10^5 Hz 频率时最小。所以,这一指标随着频率的增大并没有很明显的变化关系。

同时对 8×10^4 Hz 频率、$0.3U$ 振幅下,在 $2.276\,52\times10^{-4}\sim2.530\,97\times10^{-4}$ s,即两个振荡周期内的索泰尔平均直径变化图像如图 8-94 所示。

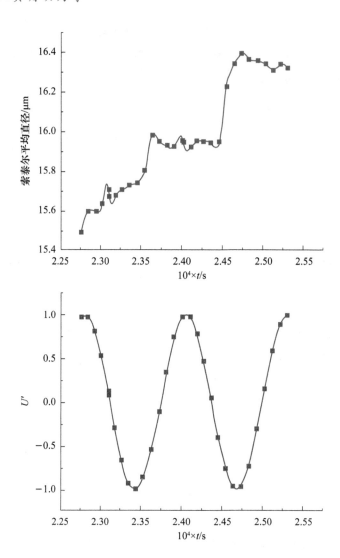

图 8-94　两个振荡周期内的 SMD 变化图像

3. 速度振荡的频率对射流雾化的影响总结

从仿真图像分析可得,在其他条件一致的情况下,随着初始速度正弦振荡频率的增大,射流表面产生调速管效应的频率也越大。在 $f=8\times10^4$ Hz 时,液膜表面出现流体堆积现象,同时在液膜表面较薄的地方破碎成液丝;在 $f=1.6\times10^5$ Hz 和 $f=3.2\times10^5$ Hz 时,液膜形状与初始速度未加正弦振荡的两股射流撞击形成的射流没有太大区别。

从仿真数据分析可以得到:

在其他条件一致的情况下,三种工况中:初始射流速度正弦振荡频率为 8×10^4 Hz 时的液滴数量最少,射流雾化效果最好,粒径均匀度、质量中间直径和液滴最大直径均居中;1.6×10^5 Hz 频率的射流液滴数量最多,射流雾化效果和粒径均匀度最差,质量中间直径最大,液滴最大直径最小;3.2×10^5 Hz 频率的射流液滴数量、射流雾化效果和质量中间直径均居中,粒径均匀度最差,液滴最大直径最大。

8.6.4　速度振荡的振幅对两股对撞射流的影响

本小节通过对比同一时刻下对两股射流初始速度施加相同频率($f=1.6\times10^5$ Hz)、不同振幅($U'=0.3U$,$U'=0.5U$,$U'=0.7U$)的正弦振荡的仿真结果,分析得到两股对撞射流初始速度振荡幅度对射流撞击雾化的影响。

1. 仿真结果及分析

图 8-95 所示为在其他工况相同的情况下,两股对撞射流初始速度添加不同振幅的正弦振荡在 $t=2.5\times10^{-4}$ s 时的仿真图像。

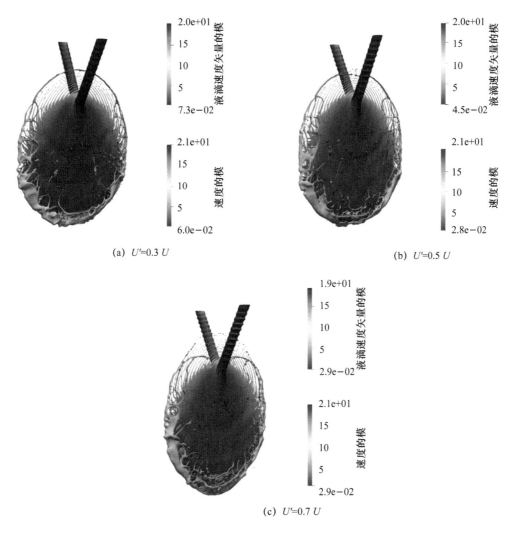

图 8-95　相同频率不同振幅振荡的仿真图

通过图 8-95 的仿真图可以看出,两股撞击射流初始速度的正弦振荡在相同频率、三个不同振幅下的仿真图像很相近,由于频率相同直流喷嘴的射流产生调速管效应的频率相同,所以相同长度上射流调速管效应的数量相同。

不同点有以下几个方面:一是液膜顶端液丝在 $U'=0.3U$ 时没有断裂,在 $U'=0.5U$ 时液丝断裂,在 $U'=0.7U$ 时顶端液丝断裂并弯曲至撞击点附近,从图 8-95 中可以看到,缺少了最外端的液丝,内部的液丝产生的液滴比在 $U'=0.3U$ 和 $U'=0.5U$ 下明显增多;二是在撞击点附近,两股射流原本自带的流体堆积现象延伸至撞击点及其下方小范围内,随着振幅的增大,流体堆积现象在撞击点附近的液膜体现得越来越明显,范围也逐渐扩大;三是根据两股撞击射流形成的撞击液膜的界面图可以看到,顶端液膜破碎成液丝的深度随着振幅的增大而逐渐增大,其表现为图 8-96 中所标注的两条表征液膜破碎成液丝的深度线的角度,在三个振幅下,该角度分别为 112°、108°、99°,从图 8-96 中也可以看到,振幅越大,液膜顶端的气、液分界面越尖锐;四是两股射流表面的每个流体堆积的量随着振幅的增加而增加。

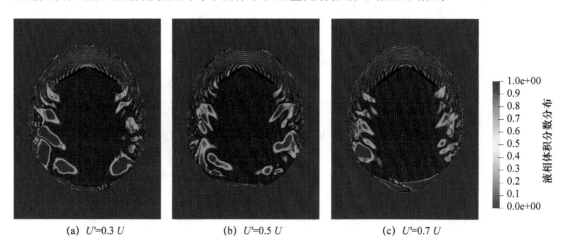

(a) $U'=0.3U$ (b) $U'=0.5U$ (c) $U'=0.7U$

图 8-96 相同频率不同振幅振荡的中心截面处体积分数图

2. 仿真数据处理及分析

通过仿真结果可以计算得到,在其他工况相同的前提下,两股对撞射流初始速度添加不同振幅的正弦振荡时雾化所产生的液滴的影响。

图 8-97 所示为在 $t=2.5\times10^{-4}$ s 时的不同振幅振荡下的液滴直径分布图。对不同初始速度的正弦振荡振幅的仿真液滴直径分布来说,整体趋势基本相同,$1\sim2$ μm 的液滴数量最多,$2\sim3$ μm 的液滴数量略有减少,$3\sim4$ μm 又有所增加,在 $5\sim6$ μm 又有所减少,之后基本呈减少趋势。

对于液滴直径的数据进行进一步的处理,对其进行 Rosin-Rammler 分布函数拟合,拟合结果如图 8-98 所示。

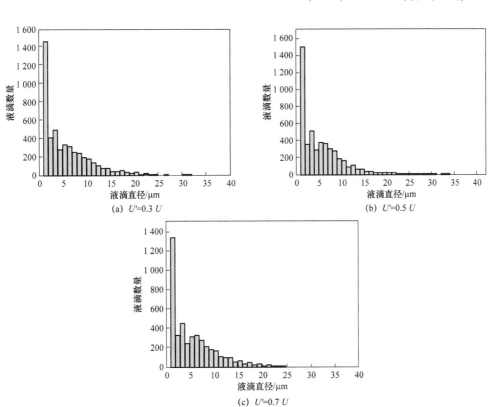

图 8 - 97 相同频率不同振幅振荡的液滴直径分布图

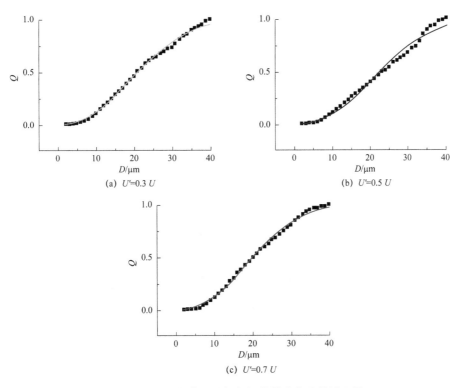

图 8 - 98 相同频率不同振幅振荡的分布函数拟合图

由拟合可得如表 8 - 11 所列的 Rosin - Rammler 分布函数拟合参数。

表 8 - 11　相同频率不同振幅振荡的拟合参数

工　况	U'	参数 c	参数 N
4	$0.3U$	2.506 84	2.264 35
5	$0.5U$	2.686 75	2.361 96
6	$0.7U$	2.360 31	2.373 17

通过仿真同时可以得到雾化的索泰尔平均直径、液滴数量、液滴平均直径、液滴最大直径。下面通过以上几个数据的分析来判断射流的雾化情况,表 8 - 12 所列为两股射流不同振幅的初始速度振荡下的参数情况。

表 8 - 12　相同频率不同振幅振荡的参数

工　况	U'	液滴数量	索泰尔平均直径/μm	液滴最大直径/μm
1	$0.3U$	4 842	16.909 9	39.615 0
2	$0.5U$	4 953	16.579 3	39.992 5
3	$0.7U$	4 536	16.232 7	39.685 6

通过对液滴数量进行分析可以看到,在不同振幅下,液滴数量随着振幅增长的变化趋势不明显。$0.7U$ 振幅振荡的工况相对应的液滴数量较少,$0.3U$ 振幅的液滴数量次之,$0.5U$ 振幅的液滴数量最多。所以并没有随着振幅的增长存在的规律。

索泰尔平均直径是表征射流雾化程度的重要参数。索泰尔平均直径越小,相同体积的液体雾化后的表面积越大,雾化的效果越好。而仿真所得到的两股射流在不同振幅的初始速度振荡下的数据如表 8 - 12 所列,按照计算结果分析,得到的结果是,$0.7U$ 振幅下的射流雾化效果最好,$0.5U$ 振幅下的射流雾化效果次之,$0.3U$ 振幅下的射流雾化效果最差。很明显,随着初始速度添加的正弦振荡振幅的增大,索泰尔平均直径逐渐变小,即雾化效果逐渐变好。

Rosin - Rammler 分布函数拟合参数 c 越大,表示质量中间直径越大。仿真结果显示,在 $0.5U$ 振幅的情况下质量中间直径最大,$0.3U$ 振幅的情况质量中间直径次之,$0.7U$ 振幅的情况下质量中间直径最小。所以,这一指标随着振幅的增大并没有很明显的变化关系。

Rosin - Rammler 分布函数拟合参数 N 一般分布在 2~4 范围,N 越大说明粒径分布越均匀,这里所计算的三个工况的参数 N 基本分布在 2~3 附近。仿真结果显示,在 $0.7U$ 振幅的情况下 N 最大,粒径均匀度最好;$0.5U$ 的情况下 N 次之,粒径均匀度较好;$0.3U$ 的情况下 N 最小,粒径均匀度最差。所以,随着初始速度添加的正弦振荡振幅的增大,参数 N 越来越大,即粒径均匀度越来越好。

液滴最大直径表示了所产生的液滴的幅值。根据统计,本小节中的液滴平均直径在 $0.5U$ 振幅时最大,$0.7U$ 振幅时次之,$0.3U$ 振幅时最小。由于最大液滴直径受偶然因素影响较大,因此并未发现其与射流速度振荡振幅的变化关系。

3. 速度振荡的振幅对射流雾化的影响总结

从仿真图像分析可得,在其他条件一致的情况下,随着射流速度振幅的增加,两股射流撞击形成的液膜整体形状相同,主要表现在随着射流速度振幅的增加,射流顶部的液丝逐渐断裂、液滴脱落,顶端液膜破碎成液丝的深度随着振幅的增大而逐渐增大。

从仿真数据分析可以得到,在其他条件一致的情况下,射流初始速度添加的正弦振荡的振幅越大,其得到的同一时刻的液滴均匀度越好,索泰尔平均直径越小即雾化效果越好,但是质量中间直径和液滴最大直径并没有明显的随振幅变化的规律。

本章参考文献

[1] Choo Y J, Kang B S. The velocity distribution of the liquid sheet formed by two low-speed impinging jets[J]. Phys. Fluids, 2002, 14(2): 622-627.

[2] Choo Y J, Kang B S. The effect of jet velocity profile on the characteristics of thickness and velocity of the liquid sheet formed by two impinging jets [J]. Phys. Fluids, 2007, 19: 112101.

[3] Wilkinson W L. Non-Newtonian Fluids: Fluid Mechanics, Mixing and Heat Transfer[M]. Oxford: Pergamon Press, 1960.

[4] Taylor G I. Formation of thin flat sheets of water [J]. Proc. R. Soc. Lond. A, 1960, 259: 1-17.

[5] Bremond N, Villermaux E. Atomization by jet impact [J]. J. Fluid Mech. , 2006, 549: 273-306.

[6] Shi M H. Behavior of a liquid droplet impinging on a solid surface [J]. ACTA Mechanica Sinica, 1985, 17: 419-425.

[7] Anderson W E, Ryan H M, Pal S, et al. Fundamental studies of impinging liquid jets [J]. AIAA 92-0458, 1992.

[8] Clark J C, Dombrowski N. On the formation of drops from the rims of fan spray sheets [J]. Aerosol Science, 1972, 3: 173-183.

[9] Ibrahim E A, Przekwas A J. Impinging jets atomization [J]. Phys. Fluids A, 1991, 3(12): 2981-2987.

[10] Hasson D, Peck R E. Thickness distribution in a sheet formed by impinging jets [J]. AIChem Journal, 1964, 10: 752-754.

[11] Rupe J H. The liquid-phase mixing of a pair of impinging streams : Progress Report No. 20-195[R]. Jet Propulsion Laboratory, 1953.

[12] William E A, Harry M R, Robert J S. Impact Wave-based Model of Impinging Jet Atomization [J]. Atomization Sprays, 2006, 16(7): 791-805.

[13] Ryan H M, Anderson W E, Pal S, et al. Atomization Characteristics of Impinging Liquid Jets [J]. J. Propul. Power, 1995, 11(1): 135-145.

[14] Milne Thomson L M. Theoretical Hydrodynamics (Dover Books on Physics) [M]. New York: Dover publications, 2013.

[15] Chen X D, Ma D J, Yang V, et al. High-Fidelity Simulations of Impinging Jet Atomization [J]. Atomization Sprays, 2013, 23 (12): 1079-1101.

[16] Drubka R E. Instabilities in Near Field of Turbulent Jets and Their Dependence on Initial Conditions and Reynolds Number[D]. Chicago: Illinois Institute of Technology, 1981.

[17] Sander W, Weigand B. Direct Numerical Simulationand Analysis of Instability Enhancing Parameters in Liquid Sheets at Moderate Reynolds Numbers [J]. Phys. Fluids, 2008, 20, 053301.

[18] Li X, Tankin R S. On the Temporal Instability of a Two-Dimensional Viscous Liquid Sheet [J]. J. Fluid Mech. , 1991, 226: 425-443.

[19] Ibrahim E A. Instability of a Liquid Sheet of Parabolic Velocity Profile [J]. Phys. Fluids，1998，10 (4)：1034-1036.

[20] Lozano A，Barreras L，Hauke G，et al. Longitudinal Instabilities in an Air-Blasted Liquid Sheet [J]. J. Fluid Mech. , 2001，437：143-173.

[21] Heinrich M，Schwarze R. 3D-coupling of Volume-of-Fluid and Lagrangian particle tracking for spray atomization simulation in OpenFOAM[J]. SoftwareX，2020，11：100483.

[22] Roenby J，Bredmose H，Jasak H. A computational method for sharp interface advection[J]. Royal Society Open Science，2016，3(11)：160405.

第9章

喷雾场动态特性理论与实验研究

在液体火箭发动机中,由于上游供给系统的振动或喷嘴自身结构参数的设计,使推进剂的喷注压力发生波动,从而导致非定常雾化现象的产生。除此之外,也有学者指出,当发动机燃烧室产生不稳定燃烧时,由于反馈回路的存在,使上游供给系统的压力和流量产生振荡,也会引起非定常雾化问题。无论是上述哪种方式,都会造成喷嘴压降的脉动,即

$$\Delta \widetilde{p} = \Delta p + \Delta p' \cos(\omega t) \tag{9-1}$$

非定常条件下,喷嘴的液核长度、液滴流量及液滴直径等参数都会发生周期性变化。本章将考虑喷嘴上游压力振荡情况下气/液同轴喷嘴的喷雾场动态特性理论与试验研究。

9.1 理论模型

9.1.1 液核长度的振荡

非定常雾化问题具有两个时间尺度,即基本流振荡的时间尺度 τ_1^* 和毛细特征时间尺度 τ_c^*。其中,基本流的振荡时间为 $\tau_1^* = \dfrac{1}{f^*}$,而毛细特征时间可表示为 $\tau_c^* = \sqrt{\dfrac{\rho_l^* r_j^{3*}}{\sigma^*}}$。基于此,可将非定常雾化问题分为低频振荡 $f^* \leqslant \sqrt{\dfrac{\sigma^*}{\rho_l^* r_j^{3*}}}$ 和高频振荡 $f^* > \sqrt{\dfrac{\sigma^*}{\rho_l^* r_j^{3*}}}$。对于低频振荡,射流表面扰动发展及破碎的时间要小于液体基本流的振荡周期,此时可以采用"准稳态"的思想,即认为雾化过程是"瞬间"完成的,当喷嘴出口处的液体流量发生变化时,喷嘴的液核长度会随之发生变化;对于高频振荡,其基本流的振荡时间要小于液体的毛细破裂时间,液体内部不同微元之间的作用增强。

本小节主要针对低频振荡条件下的非定常雾化问题进行理论建模,其原因有二:① 液体火箭发动机中,由非定常雾化引起的不稳定燃烧往往属于低频不稳定,其振荡频率在几百赫兹以下[1],属于上述低频振荡的范围;② 由喷嘴动力学的理论可知[2],液体直流喷嘴可视为一个惯性环节,与低频扰动相比,高频的压降振荡能够引起喷嘴出口流量振荡十分有限,其对液

体喷雾场的影响也不明显。事实上,对于本小节的实验工况,其毛细特征时间 $\tau_c^* \sim 10^{-3}$ s,对应的特征频率 $f^* \sim 10^3$ Hz,远大于本小节施加的压降振荡频率。因此,在本小节所研究的频率范围内,上述"准稳态"假设是合理的。

为了求解液核长度的振荡,首先考虑定常雾化过程中的质量守恒关系,即如图 9-1 所示的液体微元。

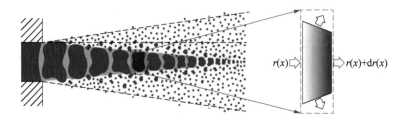

图 9-1　本节选取的液体微元

由质量守恒可知:

$$\pi r^2 u - \pi (r + \mathrm{d}r)^2 u = 2\pi r \cdot \dot{M_s} \mathrm{d}z \tag{9-2}$$

式中:液体的平均雾化率 $\dot{M_s}$ 为单位时间单位面积上的平均脱落质量,其表达式为

$$\dot{M_s} = \frac{\frac{1}{\lambda}\int_{\lambda_{\min}}^{\lambda_{\max}} \dot{M}(\lambda)\dot{n}(\lambda)\mathrm{d}\lambda}{\int_{\lambda_{\min}}^{\lambda_{\max}} \dot{n}(\lambda)\mathrm{d}\lambda} = 2\pi C_2 \frac{\int_{k_{\min}}^{k_{\max}} \alpha^2/k^{5/2}\mathrm{d}k}{\int_{k_{\min}}^{k_{\max}} \alpha/k^{3/2}\mathrm{d}k} \tag{9-3}$$

式中: C_2 为与流体性质、喷嘴结构等参数相关的参数,可由实验数据确定;α 和 k 为扰动的增长率和表面波长,平均雾化率的求解可参见文献[3]。式(9-2)化简,并忽略高阶小量,可得

$$\frac{\mathrm{d}r(z)}{\mathrm{d}z} = -\frac{1}{u} \cdot \dot{M_s} \tag{9-4}$$

假设式(9-2)在非定常雾化条件下也成立,并认为液体的平均雾化率基本不变,其主要由气体速度所决定(关于平均雾化率的讨论可参考 9.3.1 小节)。将式(9-4)中的速度 u 取为射流的当地速度,即

$$u(x,t) = \overline{U}_1\left\{1 + \varepsilon\sin\left[\omega\left(t - \frac{z}{\overline{U}_1}\right) - \varphi_0\right]\right\} \tag{9-5}$$

式中:ε 为射流速度的振荡幅值,φ_0 为喷嘴出口速度振荡与压降振荡之间的相位差。两者可由喷嘴动力学的相关知识求得,速度振荡与压降振荡之间的传递函数可表示为[3]

$$\Pi_1 = \frac{\dfrac{\hat{u}}{\overline{u}}}{\dfrac{\Delta\hat{p}}{\Delta\overline{p}_0}} = \frac{1}{2} \cdot \frac{1}{-\mathrm{i}\,K_1\omega + K_2} \tag{9-6}$$

将式(9-5)代入式(9-4),可得

$$\frac{\mathrm{d}r(x)}{\mathrm{d}x} = -\frac{1}{1 + \varepsilon\sin\left[\omega(t - z/\overline{U}_1) - \varphi_0\right]} \cdot \dot{M_s} \simeq$$
$$-\dot{M_s}\left\{1 - \varepsilon\sin\left[\omega(t - z/\overline{U}_1) - \varphi_0\right]\right\} \tag{9-7}$$

需要说明的是,上述化简中用到了 $\varepsilon \ll 1$ 的假设。这是由于,喷嘴压降振荡引起的液体流

量变化是有限的,因此当压降振荡不是很大时,上述假设是合理的。事实上,当喷嘴出口的速度振荡幅值 $\varepsilon \sim O(1)$ 时,上述化简也只对振荡的相位有明显改变,但对振荡幅值的影响并不大。

将式(9-7)沿射流轴向进行积分,可以得到射流半径沿轴向的变化,即

$$r(z) = 1 - \int_0^z \dot{M}_s \left\{ 1 - \varepsilon \sin \left[\omega \left(t - \frac{z}{\overline{U}_1} \right) - \varphi_0 \right] \right\} \mathrm{d}z \qquad (9-8)$$

式中:振荡项的积分有

$$\int_0^z \dot{M}_s \cdot \varepsilon \sin \left[\omega \left(t - \frac{z}{\overline{U}_1} \right) - \varphi_0 \right] \mathrm{d}x =$$
$$-2\dot{M}_s \cdot \varepsilon \cdot \frac{\overline{U}_1}{\omega} \cdot \sin \left(\omega t - \frac{\omega z}{2\overline{U}_1} - \varphi_0 \right) \sin \left(-\frac{\omega z}{2\overline{U}_1} \right) \qquad (9-9)$$

化简可得

$$r(z) = 1 - \dot{M}_s \left[z + 2\varepsilon \cdot \frac{\overline{U}_1}{\omega} \cdot \sin \left(\omega t - \frac{\omega z}{2\overline{U}_1} - \varphi_0 \right) \sin \left(-\frac{\omega z}{2\overline{U}_1} \right) \right] \qquad (9-10)$$

令 $r(z) = 0$,即可得到液核长度 L_c 的近似表达式为

$$L_c \simeq \overline{L}_c \left[1 + \varepsilon \sin \left(\omega t - \frac{\omega \overline{L}_c}{2\overline{U}_1} - \varphi_0 \right) \right] \qquad (9-11)$$

进一步地,可以写出液核长度振荡与喷嘴出口流量振荡之间的传递函数为

$$\Pi_{L_c - m} = \frac{\dfrac{L_c'}{\overline{L}_c}}{\dfrac{\dot{m}'}{\dot{m}}} = \exp \left(\mathrm{i}\, \frac{\omega \overline{L}_c}{2\overline{U}_1} \right) \qquad (9-12)$$

而液核长度振荡与液体压降振荡之间的传递函数为

$$\Pi_{L_c} = \frac{\dfrac{L_c'}{\overline{L}_c}}{\dfrac{\Delta p'}{\Delta \overline{p}}} = \frac{1}{2} \frac{1}{-K_1 \mathrm{i}\omega + K_2} \cdot \exp \left(\mathrm{i}\, \frac{\omega \overline{L}_c}{2\overline{U}_1} \right) \qquad (9-13)$$

9.1.2　液滴流量的振荡

射流单位长度上的雾化流量等于平均雾化率与对应射流表面积的乘积,即

$$\frac{\partial \dot{M}_p(z,t)}{\partial z} = \dot{M}_s \cdot 2\pi r(z,t) \cdot \mathrm{d}z \qquad (9-14)$$

在喷嘴下游 $z = L$ 处的液滴流量为单位长度上液体雾化质量沿轴向的积分。其中,假设液滴在脱离射流表面后向下游的运动速度等于气体速度,而在不同位置处产生的液滴经一定的延迟时间后到达测量点 $z = L$(见图 9-2),其延迟时间由下式确定:

$$\Delta t = \frac{L - z}{U_g} \qquad (9-15)$$

因此,$z = L$ 处的液滴流量为

$$\dot{M}_p(t) = \int_0^L \frac{\partial \dot{M}_p}{\partial z}(t - \Delta t)\mathrm{d}z = \int_0^L \frac{\partial \dot{M}_p}{\partial z}\left(t - \frac{L-z}{U_g}\right)\mathrm{d}z =$$

$$\int_0^L 2\pi \cdot \dot{M}_s \left\{ 1 - \dot{M}_s z \cdot \left[1 - \varepsilon \cdot \sin\left(\omega t - \omega\Delta t - \frac{\omega z}{2\overline{U}_1} - \varphi_0\right)\right]\right\}\mathrm{d}z \quad (9-16)$$

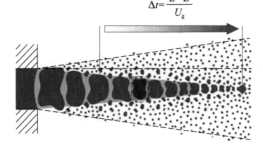

图 9 - 2 液滴流量振荡的相位延迟

令

$$K = 2\pi \cdot \dot{M}_s, \quad A = \omega\left(t - \frac{L}{U_g}\right) - \varphi_0, \quad B = \omega\left(\frac{1}{U_g} - \frac{1}{2\overline{U}_1}\right) \quad (9-17)$$

式(9 - 15)可化简为

$$\dot{M}_p(t) = K\left(L - \frac{\dot{M}_s L^2}{2}\right) + K\dot{M}_s\varepsilon L^2 \cdot A_a\sin\left(\omega t - \frac{\omega L}{U_g} - \varphi_0 - \varphi_1\right) \quad (9-18)$$

式中：

$$A_a^2 = \frac{2 + (B \cdot L)^2 - 2\cos(B \cdot L) - 2B \cdot L\sin(B \cdot L)}{B^4 L^4} \quad (9-19)$$

$$\varphi_1 = -\arctan\left[\frac{\sin(B \cdot L) - B \cdot L\cos(B \cdot L)}{\cos(B \cdot L) - 1 + B \cdot L\sin(B \cdot L)}\right] \quad (9-20)$$

因此，液滴流量振荡与喷嘴出口处液体流量振荡之间的传递函数为

$$\Pi_p = \frac{\dfrac{\dot{M}_p'(t)}{\dot{M}_p(t)}}{\dfrac{\dot{M}_0'(t)}{\dot{M}_0(t)}} = \frac{\dot{M}_s L^2 A_a}{L - \dfrac{\dot{M}_s L^2}{2}} \cdot \exp(\mathrm{i} \cdot \varphi_1) \quad (9-21)$$

当测量点距离大于液核长度时，取式(9 - 21)中 $L = \overline{L}_c$，则

$$\Pi_p = \frac{\dfrac{\dot{M}_p'(t)}{\dot{M}_p(t)}}{\dfrac{\dot{M}_0'(t)}{\dot{M}_0(t)}} = 2A_a \cdot \exp(\mathrm{i} \cdot \varphi_1) \quad (9-22)$$

因此，液滴流量振荡与压降振荡之间的传递函数为

$$\Pi = \frac{\dfrac{\dot{M}_p'(t)}{\dot{M}_p(t)}}{\dfrac{\Delta\hat{p}'}{\Delta p_0}} = \Pi_1 \cdot \Pi_2 =$$

$$\frac{1}{-K_1\mathrm{i}\omega + K_2}A_a \cdot \exp(\mathrm{i} \cdot \varphi_1) \quad (9-23)$$

为了进一步将式(9-23)化简,考虑两种极限情况下的液滴流量振荡的解析表达式,即 $\dfrac{\omega \cdot z}{\overline{U}_1} \ll 1$ 和 $\dfrac{\omega \cdot z}{\overline{U}_1} \gg 1$。

① $\dfrac{\omega \cdot z}{\overline{U}_1} \ll 1$。根据泰勒公式展开可得

$$A_a^2 = \frac{1}{4} - \frac{1}{72} \cdot \left(\frac{\omega L}{U_g} - \frac{\omega L}{2\overline{U}_1} \right)^2 \tag{9-24}$$

$$\varphi_1 = -\arctan\left[\frac{2\omega L}{3} \left(\frac{1}{U_g} - \frac{1}{2\overline{U}_1} \right) \right] \tag{9-25}$$

式(9-21)可化简为

$$\Pi_p = \frac{\dot{M}'_p(t)/\dot{M}_p(t)}{\dot{M}'_0(t)/\dot{M}_0(t)} =$$

$$\frac{\dot{M}_s L^2}{2L - \dot{M}_s L^2} \left[1 - \frac{1}{18} \cdot \left(\frac{\omega L}{U_g} - \frac{\omega L}{2\overline{U}_1} \right)^2 \right]^{0.5} \cdot \exp(\mathrm{i} \cdot \varphi_1) \tag{9-26}$$

当测量点的位置大于平均液核长度时,取 $L = \overline{L}_c$。式(9-26)可化简为

$$\Pi_p = \left[1 - \frac{1}{18} \cdot \left(\frac{\omega \overline{L}_c}{2\overline{U}_1} \right)^2 \right]^{0.5} \cdot \exp(\mathrm{i} \cdot \varphi_1) \tag{9-27}$$

因此,可以最终给出低频条件下液滴流量振荡与液体压降振荡之间的总传递函数为

$$\Pi = \frac{\dfrac{\dot{M}'_p(t)}{\dot{M}_p(t)}}{\dfrac{\Delta \hat{p}'}{\Delta p_0}} = \Pi_1 \cdot \Pi_p =$$

$$\frac{1}{-K_1 \mathrm{i}\omega + K_2} \left[1 - \frac{1}{18} \cdot \left(\frac{\omega \overline{L}_c}{2\overline{U}_1} \right)^2 \right]^{0.5} \cdot \exp(\mathrm{i} \cdot \varphi_1) \tag{9-28}$$

② $\dfrac{\omega \cdot z}{\overline{U}_1} \gg 1$。式(9-19)和式(9-20)可化简为

$$A_a^2 = \frac{1}{B^2 L^2} = \frac{4\overline{U}_1^2}{\omega^2 L^2} \tag{9-29}$$

$$\varphi_1 \simeq \arctan\left[\cot\left(\frac{\omega L}{2\overline{U}_1} \right) \right] \tag{9-30}$$

式(9-21)可化简为

$$\Pi_p = \frac{\dot{M}'_p(t)/\dot{M}_p(t)}{\dot{M}'_0(t)/\dot{M}_0(t)} =$$

$$\frac{\dot{M}_s L^2}{2L - \dot{M}_s L^2} \cdot \frac{\overline{U}_1}{\omega L} \cdot \exp\left(\mathrm{i} \cdot \varphi_1 + \mathrm{i} \cdot \frac{\omega L}{U_g} \right) \tag{9-31}$$

当测量点的位置大于平均液核长度时,取 $L = \overline{L}_c$。式(9-31)可化简为

$$\Pi_p = \frac{\overline{U_1}}{\omega \overline{L}_c} \cdot \exp(\mathrm{i} \cdot \varphi_1) \tag{9-32}$$

因此,可以最终给出高频条件下液滴流量振荡与液体压降振荡之间的总传递函数为

$$\Pi = \frac{\dfrac{\dot{M}'_p(t)}{\dot{M}_p(t)}}{\dfrac{\Delta \hat{p}'}{\Delta p_0}} = \Pi_1 \cdot \Pi_p = \frac{1}{-K_1 \mathrm{i}\omega + K_2} \cdot \frac{\overline{U_1}}{\omega \overline{L}_c} \cdot \exp(\mathrm{i} \cdot \varphi_1) \tag{9-33}$$

9.1.3　液滴直径的振荡

由 SMD 的定义可知,其表征着液滴总体积与液滴总表面积的比值,即

$$\mathrm{SMD} = \frac{\displaystyle\int_{D_{\min}}^{D_{\max}} \dot{n} \cdot p(D) \cdot D^3 \mathrm{d}D}{\displaystyle\int_{D_{\min}}^{D_{\max}} \dot{n} \cdot p(D) \cdot D^2 \mathrm{d}D} = \frac{6}{\rho_1} \frac{\dot{M}_p}{\dot{A}_p} \tag{9-34}$$

式中:$\dot{n}$ 为单位时间内产生的液滴数量,$p(D)$ 为不同粒径区间内的液滴分布,$\dot{M}_p$ 为液滴的流量,$\dot{A}_p$ 为液滴的总表面积。非定常条件下,SMD 的振荡量可表示为

$$\begin{aligned}
\mathrm{SMD}' &= \frac{6}{\rho_1} \left(\frac{\overline{\dot{M}_p} + \dot{M}'_p}{\overline{\dot{A}_p} + \dot{A}'_p} - \frac{\overline{\dot{M}_p}}{\overline{\dot{A}_p}} \right) = \\
&\quad \frac{6}{\rho_1} \frac{\overline{\dot{A}_p} \dot{M}'_p - \overline{\dot{M}_p} \dot{A}'_p}{\overline{\dot{A}_p}(\overline{\dot{A}_p} + \dot{A}'_p)}
\end{aligned} \tag{9-35}$$

SMD 的无量纲振幅可表示为

$$\frac{\mathrm{SMD}'}{\mathrm{SMD}} \simeq \frac{\dot{M}'_p}{\dot{M}_p} - \frac{\dot{A}'_p}{\dot{A}_p} \tag{9-36}$$

上式表明,非定常条件下的 SMD 振荡可以近似表示为液滴流量振荡与液滴总表面积振荡的差值。为了求解液滴总表面积的振荡,本小节通过能量守恒的方式对非定常条件下的液滴表面能变化进行了求解,并进一步推导得到了 SMD 振荡的表达式。

能量守恒方法的优点在于,其不用考虑射流雾化的具体过程,只需关注雾化过程的输入与输出。需要指出的是,Lee 等人[4-7]曾采用控制体守恒方法建立了圆柱射流、气/液同轴射流、横向射流等形式的雾化理论模型,并取得了与实验数据吻合较好的理论预测结果。然而,Lee 等人的研究只局限于定常雾化条件,其无法对非定常条件下的液体雾化特性进行预测。而本小节的理论模型不仅可以预测非定常条件下的雾化参数,也可以对定常条件下的雾化参数进行预测。

首先,建立雾化过程中的能量守恒关系,即

$$\dot{E}_1 + \dot{E}_g = \int_{U_{\min}}^{U_{\max}} \int_{D_{\min}}^{D_{\max}} \dot{n} \cdot p(D) \cdot \frac{\pi D^3}{12} u^2 \mathrm{d}D\mathrm{d}u +$$

$$\int_{D_{\min}}^{D_{\max}} \dot{n} \cdot p(D) \cdot \sigma \pi D^2 \mathrm{d}D + \dot{E}_{g,\text{out}} + \dot{\Phi} \tag{9-37}$$

式中：$\dot{E}_1$ 为输入的液体能量，$\dot{E}_g$ 为输入的气体能量。等式右边依次为液滴的动能变化、液滴的表面能变化、气体的残余动能变化以及雾化过程中的黏性耗散。

根据文献[8]的研究，液体输入的能量 $\dot{E}_1$ 可表示为

$$\dot{E}_1 = \int_0^{r_j} \left[\frac{\sigma}{r_j} + \frac{1}{2} \rho_1 (u_i^2 + v_i^2) \right] u_1 2\pi r \mathrm{d}r \tag{9-38}$$

计算可得

$$\dot{E}_1 = u_1 \pi r_j \sigma + \frac{1}{2} \rho_1 u_1^3 \pi r_j^2 \tag{9-39}$$

类似地，可以写出输入气体的能量为

$$\dot{E}_g = \frac{1}{2} \rho_g u_g^3 A_g \tag{9-40}$$

随后，考虑液滴动能的化简。类似于文献[5]的假设，本小节忽略液滴的速度分布，采用液滴平均速度进行近似，即

$$\int_{U_{\min}}^{U_{\max}} \int_{D_{\min}}^{D_{\max}} \dot{n} \cdot p(D) \cdot \frac{\pi D^3}{12} u^2 \mathrm{d}D \mathrm{d}u \simeq \frac{\overline{u}_d^2}{2} \int_{D_{\min}}^{D_{\max}} \dot{n} \cdot p(D) \cdot \frac{\pi D^3}{6} u^2 \mathrm{d}D = \frac{\overline{u}_d^2 \dot{M}_p}{2} \tag{9-41}$$

紧接着，考虑残余气体动能的化简。由于喷嘴下游气体的动能难以统计，因此引入系数 C，即

$$\dot{E}_g - \dot{E}_{g,\text{out}} = C \cdot \dot{E}_g \tag{9-42}$$

为简化分析，本章忽略黏性耗散的影响。最终，可以写出雾化过程中的能量守恒方程为

$$u_1 \pi r_j \sigma + \frac{1}{2} \rho_1 u_1^3 \pi r_j^2 + C \frac{1}{2} \rho_g u_g^3 A_g = \frac{\overline{u}_d^2}{2} \dot{M}_p + \sigma \dot{A}_p \tag{9-43}$$

式中：$\dot{A}_p = \int_{D_{\min}}^{D_{\max}} \dot{n} \cdot p(D) \cdot \pi D^2 \mathrm{d}D$ 为液滴的表面积变化。

选取射流半径 r_j 为长度尺度，射流平均速度 $\overline{u}_1$ 为速度尺度，式(9-43)无量纲化可得

$$\frac{u_1}{We} + \frac{1}{2} u_1^3 + C^* \frac{1}{2} \rho u_g^3 A_g = \frac{\overline{u}_d^2}{2} \dot{M}_p + \frac{\dot{A}_p}{We} \tag{9-44}$$

定常条件下，将式(9-44)的各物理量取为平均值，整理可得

$$\overline{\dot{A}_p} = 1 + \frac{We}{2} + C \frac{We}{2} \rho \overline{u}_g^3 A_g - We \frac{\overline{u}_d^2}{2} \tag{9-45}$$

问题的关键在于，如何构建压降振荡条件下的能量转化关系。首先，在本小节的研究中，气体保持定常，其速度在雾化过程中保持不变，因此，在非定常条件下，气体动能的振荡可以忽略；其次，本小节假设，液滴在离开射流表面后被高速气流加速，其液滴总动能与气体动能成正比，因此忽略非定常条件下液滴动能的振荡。基于此，非定常条件下的能量守恒方程可以简化为

$$\frac{u_1'}{We} + \frac{3}{2} \overline{u}_1^2 u_1' = \frac{\dot{A}_p'}{We} \tag{9-46}$$

求解可得

$$\dot{A}_p' = \left(1 + \frac{3}{2}We\right)u_1' \tag{9-47}$$

液滴表面积的无量纲化可表示为

$$\frac{\dot{A}_p'}{\dot{A}_p} = \frac{(2+3We)u_1'}{2+We+CWe\rho\,\overline{u}_g^3 A_g - We\,\overline{u}_d^2} \tag{9-48}$$

因此,可以写出液滴表面积变化与喷嘴压降振荡之间的传递函数为

$$\frac{\dot{A}_p'}{\dot{A}_p} = \frac{1}{-K_1 i\omega + K_2} \cdot \frac{2+3We}{2+We+CWe\rho\,\overline{u}_g^3 A_g - We\,\overline{u}_d^2} \tag{9-49}$$

最终求解得到 SMD 振荡与压降振荡之间的传递函数为

$$\Pi_{D_{32}} = \frac{SMD'/\overline{SMD}}{\Delta p'/\Delta\overline{p}} = \frac{1}{-K_1 i\omega + K_2}\Big[A_a \cdot \exp(i \cdot \varphi_1) -$$

$$\frac{2+3We}{2+We+CWe\rho\,\overline{u}_g^3 A_g - We\,\overline{u}_d^2}\Big] \tag{9-50}$$

需要说明的是,由于实际问题中,液核质量振荡、液滴动量的变化以及气体湍流度等因素无法准确量化,因此在式(9-50)中引入了系数 C。系数 C 与液体物性、喷嘴结构及气体湍流度有关,需根据具体的实验工况确定。

9.2 实验研究

为了验证理论模型的正确性,本节搭建了相应的实验系统,具体可参考第 5 章。图 9-3 所示为定常条件下气/液同轴喷嘴的雾化图像对比,图中从左往右代表着气体速度的逐渐升高。实验中,保持液体流量为 2.5 g/s,逐渐增加气体流量(从 0.625 g/s 升至 1.04 g/s),进而使得气体速度从 57.5 m/s 增加至 93.6 m/s。从图中可以看出,随着气液速度比及动量比的提高,气液同轴喷嘴的雾化模式逐渐由膜式破碎转变为纤维破碎。当气液速度比较低时,液核长度较大,喷雾场下游存在未完全破碎的液丝和液团。随着气液速度比的增加,喷嘴的雾化效果逐渐提升,喷雾场中的液丝和液团明显减少,雾化产生的液滴数量增加,其平均直径明显减小。

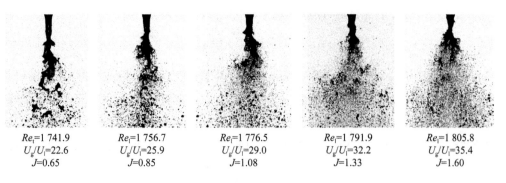

$Re_l=1\,741.9$
$U_g/U_l=22.6$
$J=0.65$

$Re_l=1\,756.7$
$U_g/U_l=25.9$
$J=0.85$

$Re_l=1\,776.5$
$U_g/U_l=29.0$
$J=1.08$

$Re_l=1\,791.9$
$U_g/U_l=32.2$
$J=1.33$

$Re_l=1\,805.8$
$U_g/U_l=35.4$
$J=1.60$

图 9-3 定常条件下气/液同轴喷嘴的雾化图像对比

图 9-4 所示为定常条件下气液速度比对液滴平均直径 SMD 的影响规律。从图中可以看出,随着气液速度比增加,气/液同轴喷嘴的液核长度和液滴平均直径 SMD 均逐渐减小。为了完整地描述喷嘴的雾化质量,仅使用 SMD 值是不够的,仍需要 D_{v50} 和 D_{v90} 等粒径统计量来辅助判断喷嘴的雾化效果。图 9-4 还显示出定常条件下气液速度比对不同粒径统计量的影响规律。其中,D_{43} 为 De Brouckere 平均直径,其定义为 $D_{43} = \dfrac{\sum D_i^4 N_i}{\sum D_i^3 N_i}$,由于 D_{43} 对较大的颗粒变化更敏感,受极小颗粒残留物的影响较小,因此常用于初次雾化评估及燃烧分析;D_{vx} 表示直径小于该值的液滴体积占液滴总体积的 $X\%$($X=10,50,90$)。从图中可以看出,随着气液速度比的增加,雾化液滴的 D_{43}、D_{v10}、D_{v50} 及 D_{v90} 均逐渐减小;图中的虚线为实验数据的拟合曲线;不同液滴直径对气液速度比的依赖性是不同的,其中 D_{v10} 对气液速度比的增加最为敏感,而气液速度比的变化对 D_{v90} 的影响相对较小。

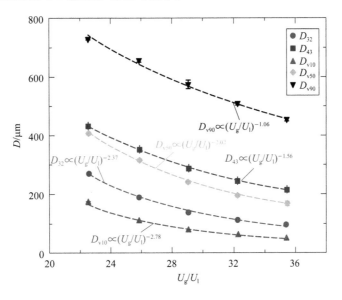

图 9-4　定常条件下气液速度比对液滴直径的影响规律

图 9-5 所示为无量纲压力振荡幅值 $\dfrac{\Delta p}{p}$ 为 10% 时气/液同轴喷嘴的雾化图像,其中扰动频率为 60 Hz。图(a)～(e)所示为一个压力振荡周期内雾化图像的变化情况。由喷嘴动力学理论可知,对于 60 Hz 的低频扰动而言,喷嘴出口处的液体流量振荡与上游液腔压力振荡之间的相位差几乎为 0,即压力的波峰(波谷)对应于射流速度振荡的最大值(最小值)。从图中可以看出,当压力振幅较小时,上游液腔压力的振荡对气/液同轴喷嘴雾化特性的影响并不明显,其雾化图像与定常条件下的射流雾化图像几乎一样。这显然是合理的,当压力振荡较小时,喷嘴出口产生的液体流量(速度)振荡是十分有限的。而在本节所研究的工况下,气动力的作用是射流失稳、破碎的主导因素,射流速度的小振幅振荡引起的惯性力变化是无法显著影响射流雾化过程的。然而,由液体质量守恒关系可知,喷嘴出口的液体流量与喷雾场中的液滴流量存在平衡关系,即便喷嘴出口流量振荡的幅值再小,其最终仍会引起喷嘴下游喷雾场中液滴流量的改变。

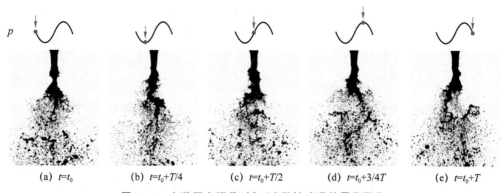

(a) $t=t_0$ (b) $t=t_0+T/4$ (c) $t=t_0+T/2$ (d) $t=t_0+3/4T$ (e) $t=t_0+T$

图 9-5　上游压力振荡时气/液同轴喷嘴的雾化图像

$(Re_1=1\ 756.7, \dfrac{U_g}{U_1}=25.9, J=0.85, f=60\ \text{Hz}, \dfrac{\Delta p}{p}=0.1)$

图 9-6 所示为无量纲压力振荡幅值 $\dfrac{\Delta p}{p}$ 为 70% 时气/液同轴喷嘴的雾化图像,其中扰动频率为 60 Hz。从图中可以看出,与压力振荡幅值较小时的情况相比,振荡幅值的增加使得液核长度发生明显变化,在一个压力周期内,液核长度先增加后减小;同时,非定常条件下的射流雾化特性存在明显的波动,喷嘴下游会周期性地产生大量液团和液丝,喷雾场中的平均液体直径会因此发生明显振荡。当压力振荡幅值较大时,调速管效应使得射流内部的液体团聚现象明显(如图 9-6(c)所示),气体的剪切作用无法使得大体积的液体团聚充分雾化,因此喷嘴的液核长度明显增加。与此同时,液体团聚也使得喷嘴下游的液滴平均直径变大,气/液同轴喷嘴的雾化效果显著变差。

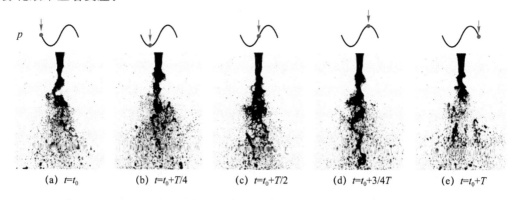

(a) $t=t_0$ (b) $t=t_0+T/4$ (c) $t=t_0+T/2$ (d) $t=t_0+3/4T$ (e) $t=t_0+T$

图 9-6　上游压力振荡时气/液同轴喷嘴的雾化图像

$(Re_1=1\ 756.7, \dfrac{U_g}{U_1}=25.9, J=0.85, f=60\ \text{Hz}, \dfrac{\Delta p}{p}=0.7)$

图 9-7 所示为不同压力扰动振幅对液核长度变化的影响规律,其中扰动频率保持为 60 Hz。对于液体火箭发动机而言,液核长度标志着初次雾化过程的结束和二次雾化过程的开始,其对于喷嘴性能十分重要。当液核长度较大时,液体由连续射流转变为离散液滴的时间变长,进而影响推进剂后续的蒸发、掺混及燃烧等多个过程;而当液核长度较小时,推进剂的掺混燃烧区域距离喷注面板的距离较近,容易造成发动机头部的烧蚀和结构的损坏。从图中可以看出,随着扰动幅值的增加,液核长度随时间的波动逐渐明显,其扰动幅值逐渐增加。观察图 9-7(a)可以发现,当压力振荡的幅值较小时,上游压力振荡对破碎长度的影响并不显著,但从其幅频曲线中仍可观察到 $f=60$ Hz 的谱线,即喷嘴出口小振幅的流量变化仍能引起下

游液核长度的波动,而这与本章的理论分析也是一致的。随着压力振荡幅值的增加,液核长度的变化幅度逐渐增加。这主要是由于调速管效应使得射流内部的团聚现象显著增加,在雾化速度保持不变的情况下,液体需要更长的距离才能完成初次雾化,因此液核长度会明显增加。液核长度的波动会引起喷雾场下游液体质量流量、推进剂局部当量比等参数的时空波动,进而影响推进剂之间的化学反应和热释放。因此,为了保证火箭发动机燃烧室的稳定性,应尽可能地保证推进剂供应系统的稳定,尽量避免推进剂供应管路中产生明显波动。

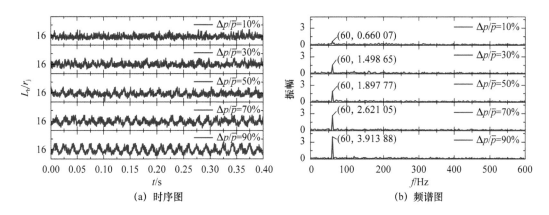

图 9-7　不同压力扰动振幅对液核长度变化的影响规律

图 9-8 所示为液核长度的无量纲振荡幅值与液腔压力振荡幅值之间的关系。从图中可以看出,液核长度的振荡幅值与压降振荡幅值近似成正比。本章理论预测的液核长度振幅与实验结果能够较好地吻合。图 9-8 还显示出不同气液速度比下液核长度振荡与压降振荡之间的相位关系,即不同振幅下,液核长度振荡与压降振荡之间的相位差基本不变。虽然气/液同轴射流的破裂和雾化是一个复杂、随机和高度非线性的过程,但本节的研究结果表明,雾化过程的输入(上游压降)和输出(液核长度)之间的关系可以近似为线性关系。这对于研究气/液同轴射流的雾化机理及其进一步应用具有重要意义。

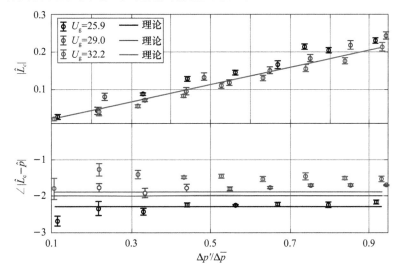

图 9-8　液核长度的无量纲振荡幅值与液腔压力振荡幅值之间的关系

图 9 - 9 所示为 SMD 振荡幅值与液腔压降振荡幅值之间的关系。从图中可以看到,喷嘴下游 SMD 的振荡幅值随着液腔压降振荡的增加逐渐增加,两者之间近似呈线性正相关;同时,压降振幅的增加对 SMD 振荡的相位差无明显影响。图中同时给出了不同气液速度比下的 SMD 振荡幅值与相位。由图可知,随着气液速度比的增加,SMD 振荡的幅值会略微增加,其与压降振荡之间的相位差会显著减小。这与本章的理论模型的趋势是一致的。图 9 - 9 还显示出本章理论模型与实验数据的对比,图中的实线为理论计算的结果。由图可知,本章的理论模型能够对非定常条件下的 SMD 振荡幅值进行较好地预测,但理论预测的 SMD 相位差要明显小于实验结果。这是由于本章理论模型仅针对射流的初次雾化过程,而在实际问题中,雾化液滴会在气体的作用下发生二次雾化,液滴在向下游运动的过程也会产生进一步的相位延迟。

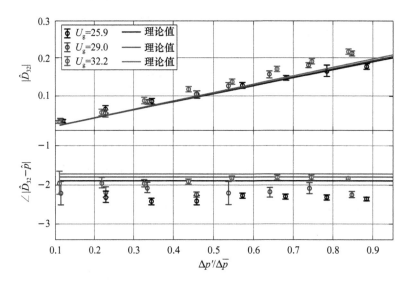

图 9 - 9 扰动频率为 60 Hz 时不同压力振幅对液滴直径振荡的影响规律

9.3 参数讨论

9.3.1 液核长度的振荡

图 9 - 10 所示为液核长度振荡与液腔压降振荡之间的幅/相频曲线。从图中可以看出,非定常条件下液核长度的振荡幅值随着液腔压降振荡的频率增加而逐渐减小,而两者之间的相位差逐渐增加。同时,随着气液速度比的增加,液核长度的振荡幅值基本不变时,而液核长度与压降振荡之间的相位差逐渐减小。由式(9-12)可知,液核长度振荡的幅值与喷嘴出口流量振荡幅值是相等的,两者仅有相位上的差异。这是由于本章在计算喷嘴液核的变化时,仅考虑了射流轴向速度的变化,而没有考虑平均雾化速度的改变。

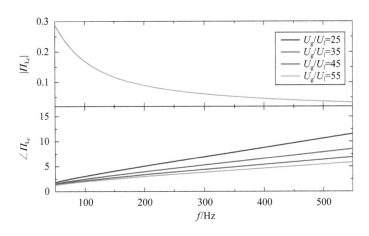

图 9-10 液核长度振荡与压降振荡之间的幅/相频曲线

为了验证上述假设的合理性,本章计算了不同液体速度下的射流平均雾化率,如图 9-11 所示。当气体的速度保持不变时,将液体速度由 1 m/s 增加至 5 m/s,其射流平均雾化率逐渐减小,但其变化幅值十分有限。而随着气体速度的增加,液体的平均雾化率逐渐增大。从图中可以明显地观察到,与液体的速度改变相比,气体速度的改变对射流平均雾化率的影响是更主要的。因此,本章的理论假设具有一定的合理性。然而,在实际过程中,当射流速度振荡的绝对幅值过大时,不同轴向位置上液体的脱落质量是不同的,其液体的平均雾化率也会随之发生改变,相应的理论模型更加复杂,超出了本章考虑的范围。

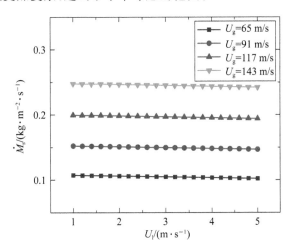

图 9-11 不同液体速度下液体平均雾化率的变化

9.3.2 液滴流量的振荡

图 9-12 所示为液滴流量振荡与压降振荡之间的幅频/相频关系。由图可知,液滴流量的振荡幅值随着扰动频率的增加而逐渐减小,两者之间相位差随着扰动频率的增加而逐渐增大。同时,随着气液速度比的增大,液滴流量振荡的幅值逐渐增大,其与压降振荡之间的相位差逐

渐减小。这是由于,随着气液速度比的增大,液体的平均雾化速度逐渐增大,单位时间内从液体表面剥离的液体质量增加,喷雾场中液滴流量的变化更加明显,扰动幅值逐渐增大。同时,随着气液速度比的增大,液核的平均长度逐渐缩短,扰动沿液核的传播时间变短,由此引起的相位延迟逐渐减小。

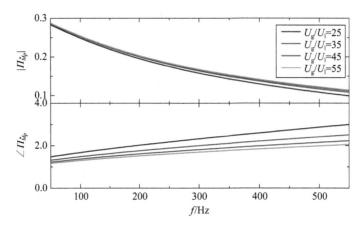

图 9 - 12　液滴流量振荡与压降振荡之间的幅频/相频关系

图 9 - 13 所示为气液密度比对液滴流量振荡的影响。由图可知,随着气液密度比的增加,液滴流量的振幅逐渐增大,其与压降振荡之间的相位差逐渐减小。由式(9 - 19)和式(9 - 20)可知,气液密度比对液滴流量振荡幅值和相位的影响主要是由改变平均液核长度引起的。随着气体密度的增大,气动力的作用逐渐明显,液体的平均脱落率逐渐增大,而喷嘴的平均液核长度逐渐变短。这意味着,气液密度比的增大使得单位时间内的液核质量变化加剧,液滴的流量变化更加显著,而由于平均液核长度的变短,上游振荡向下游的传播时间缩短,液滴流量振荡与压降振荡之间的相位差逐渐减小。

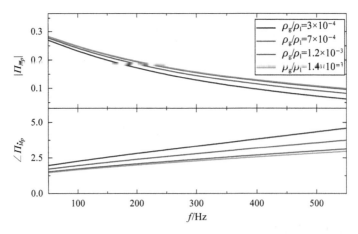

图 9 - 13　气液密度比对液滴流量振荡的影响规律

图 9 - 14 所示为气液黏度比对液滴流量振荡的影响规律。从图中可以看出,气液黏度比的改变对液滴流量振荡的影响并不显著,液滴流量的振幅随着气液黏度比的增大而略微减小,其与压降振荡之间的相位差略微增大。与气液密度比的影响类似,气体黏度的改变主要影响

液体的平均雾化率及液核的平均长度,进而改变了液滴流量振荡的幅值与相位;然而,与气液密度比的影响不同的是,随着气液黏度的增大,液体平均雾化率逐渐减小,液核长度逐渐增加,因此液滴流量振荡的幅值逐渐减小,其与压降振荡之间的相位差逐渐增大。

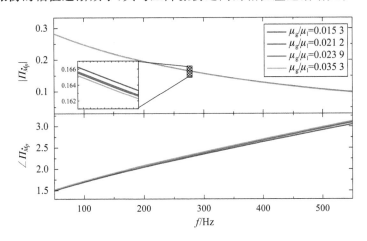

图 9 - 14　气液黏度比对液滴流量振荡的影响规律

9.3.3　液滴直径的振荡

图 9 - 15 所示为 SMD 振荡与压降振荡之间的传递函数。从图中可以看出,非定常条件下 SMD 振荡的幅值随着液腔压降振荡频率的增大而逐渐减小,两者之间的相位差逐渐增大。同时,随着气液速度比的增大,SMD 振荡的幅值逐渐增大,其与压降振荡之间的相位差逐渐减小。在本章的理论模型中,SMD 的振荡主要取决于液滴流量的变化及液滴表面积的变化。由式(9-49)可知,随着气液速度比的增大,液滴表面能的相对变化逐渐减小,同时,液滴流量的振荡逐渐增加,最终 SMD 的振幅逐渐增大。

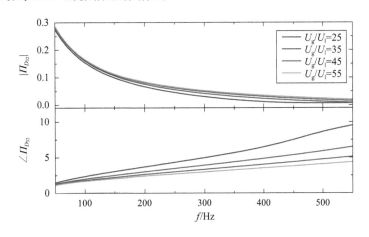

图 9 - 15　液滴 SMD 振荡与压降流量振荡的幅/相频曲线

图 9 - 16 所示为气液密度比对液滴 SMD 振荡的影响规律。由图可知,随着气液密度比的

增大,SMD 的振幅逐渐增大,其与压降振荡之间的相位差逐渐减小。由式(9-50)可知,气液密度比的变化不仅会影响液滴流量的振荡,也会影响液滴表面积的变化。气液密度比的增大会使得液滴流量的振幅逐渐增大;由能量守恒关系可知,气体密度的增大使得气体输入的能量增大,液体扰动动能引起的液滴表面积变化逐渐减小。在上述两种因素的影响下,SMD 的振幅会随着气液密度比的增大而逐渐增大。

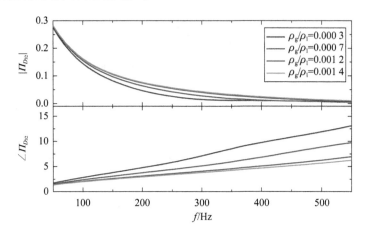

图 9-16　气液密度比对液滴 SMD 振荡的影响规律

图 9-17 所示为气液黏度比对 SMD 振荡的影响规律。由图可知,气液黏度比的增大对 SMD 振荡的影响十分微弱,随着气液黏度比的增大,SMD 的振幅略微减小,其与压降振荡之间的相位差略微增大。在本章的理论模型中,气体黏度对 SMD 振荡的影响主要体现在其对液滴流量的影响,随着气液黏度比的增大,液滴流量的振荡逐渐减小,SMD 的振荡也逐渐减小。需要说明的是,本章在建立雾化过程中的能量守恒关系时,忽略了雾化过程中的黏性耗散,因此,在式(9-49)中并不显含气体黏度项,即气体黏度的变化对液滴表面积的变化可以忽略。事实上,由 Lee 等人[5]的研究可知,雾化过程中的黏性耗散对最终的雾化 SMD 也有影响。随着气液黏度比的增大,雾化过程中的黏性耗散会逐渐增加,其对液滴表面积的变化也会产生影响。

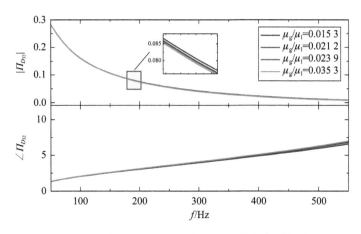

图 9-17　气液黏度比对液滴 SMD 振荡的影响规律

本章参考文献

［1］ Harrje D T. Liquid Propellant Rocket Combustion Instability［M］. Scientific and Technical Information Office，National Aeronautics and Space Administration，1972.

［2］ Bazarov V G，Yang V. Liquid-propellant Rocket Engine Injector Dynamics［J］. Journal of Propulsion and Power，1998，14(5)：797-806.

［3］ 李鹏辉. 气液同轴喷嘴的喷雾场动力学研究［D］. 北京：北京航空航天大学，2024.

［4］ Lee T W，An K. Quadratic Formula for Determining the Drop Size in Pressure-atomized Sprays with and without Swirl［J］. Physics of Fluids，2016，28(6)：063302.

［5］ Lee T W，Park J E. Determination of the Drop Size during Air-blast Atomization［J］. Journal of Fluids Engineering，2019，141(12)：121301.

［6］ Lee T W，Robinson D. Calculation of the Drop Size Distribution and Velocities from the Integral form of the Conservation Equations［J］. Combustion Science and Technology，2010，183(3)：271-284.

［7］ Lee T W，Ryu J H. Analyses of Spray Break-up Mechanisms using the Integral form of the Conservation Equations［J］. Combustion Theory and Modelling，2014，18(1)：89-100.

［8］ Moallemi N，Li R，Mehravaran K. Breakup of Capillary Jets with Different Disturbances［J］. Physics of Fluids，2016，28(1)：012101.

第 10 章

声场中射流失稳破裂动力学

前面章节主要研究了喷嘴上游来流振荡对射流喷射雾化动态过程的影响。此外,射流环境中的压力振荡也影响射流发展,并对发动机的工作效率产生重要影响。这是因为燃烧释热与声学压力振荡的相互作用可能引发燃烧不稳定问题(燃烧室内的压力振荡影响组元的雾化、掺混过程,进而影响燃烧室热释放过程,热释放的变化会引起燃烧室内的压力振荡,总体形成闭环[1]),而雾化可以通过改变液滴尺寸分布对非稳态燃烧释热环节产生重要影响。因此,研究声学压力场对射流(尤其是薄液膜)破碎过程的作用,可以为研究发动机中的燃烧不稳定问题提供依据。

目前,研究者从液膜上下表面压力梯度[2]或由此产生的力场[3]、气相环境的速度扰动场[4]和密度扰动场[5]等角度为声场中的射流失稳过程建立了理论模型,并分析了声场的幅值[2-3]、频率[2-5]和液膜在声场中的位置[3]等对射流失稳特性的影响。

对于振荡压力场作用下射流雾化特性的实验研究,研究者采用声学驱动装置产生具有不同振荡特性的压力场,从而直接观察液膜在压力振荡下的破碎规律。研究表明,声压的振荡会使射流表面出现失稳纹路,并使射流发生偏离、扁平变形等现象[3,6-7],且声场的效应随射流在声场中的位置而有所改变。

本章着眼于外部压力场的振荡,从理论分析与实验研究两方面研究射流的失稳特性。对于前者,通过将声场的影响量化为声场惯性力的方式,提出了射流在横向驻波声场中的失稳模型,并利用 Floquet 理论进行色散关系的求解,讨论外界声场激励对射流失稳特性的影响;对于后者,搭建声腔试验台模拟燃烧室固有声学模态的驻波压力场,选狭缝喷嘴和离心喷嘴两类实验件生成射流,开展射流的雾化特性实验研究。

10.1 稳定性分析研究

10.1.1 理论模型的建立

为了定量地描述声场引导液膜失稳的"能力",进而分析声场的引入对液膜失稳机理、液膜扰动模式的影响,本节首先提出声场的定量定义方法,并在此基础上进行液膜的稳定性分析,得到描述液膜失稳状态的色散方程。然后在该方程的基础上分析声场的大小及频率、液相的黏度及表面张力、气液密度比,以及液相流速和液膜厚度等对液膜失稳特性的影响。最后在上述理论分析的基础上开展实验,进一步加深对平面液膜受外加振荡声场作用而失稳的规律的理解。

未受振荡声场作用时平面液膜的二维示意图如图 10-1 虚线部分所示。坐标系原点建立在液膜的中心位置,x 轴与液膜的平均流动方向平行,y 轴垂直于未受振荡的液膜表面。此时,液膜以恒定初速度 U 在密度为 ρ_g 的静止气相环境中流动,它的厚度为 $2a$,密度为 ρ_1,动力黏度为 μ_1,表面张力系数为 σ。为了将方程简化为线性形式[8],假设气相无黏,且气、液相均不可压,忽略重力的作用。

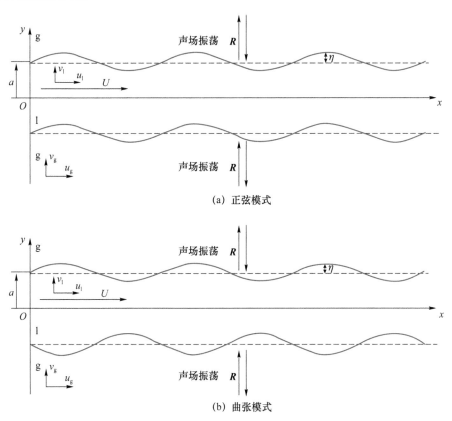

图 10-1 横向驻波声场作用下的平面液膜示意图

为使实验现象便于观察,此处仅讨论横向驻波声场对平面液膜的作用。垂直于液膜表面施加振荡周期为 $\dfrac{2\pi}{\omega}$ 的横向正弦声场,使液膜的表面相对于初始状态发生了位移 η,其整体呈现正弦或曲张的形状(如图 10-1 实线所示)。此外,声场的存在使液膜和周围气体均产生了沿液膜轴向、垂直液膜轴向的扰动速度,分别记为 u_1 和 v_1,u_g 和 v_g。考虑到前人研究射流在声场中的破碎特性时观察到了法拉第波[3],本研究将振荡声场描述为一种惯性力的形式。令参考系随液膜的表面周期性振荡。在这个非惯性参考系中,将振荡的声场量化为惯性力 R(以下称为声场惯性力）：

$$\boldsymbol{R} = \frac{\rho_1 - \rho_g}{\rho_1} \cdot g_a \cdot \cos(\omega t) \cdot \boldsymbol{j} \tag{10-1}$$

其中，与声场惯性力对应，g_a 为当地的声场加速度，可以通过以下表达式求出：

$$g_a = \frac{\partial(\Delta p_g)}{\partial x}\bigg|_{x=0} \cdot \frac{1}{\rho_g} \tag{10-2}$$

因为声波在液膜表面的折射、散射会改变声波的能量大小，进而进一步影响声波与液膜边界的相互作用，所以声波对液膜的作用幅值并不定常。考虑到这一问题，不采用幅值恒定的正弦振荡场，而是通过表达式（10-1）赋予声场随时间变化的特征（声场惯性力的大小随着时间发生变化）。

在此基础上，建立如下控制方程组：

对于液相射流，其连续方程为

$$\frac{\partial u_1}{\partial x} + \frac{\partial v_1}{\partial y} = 0, \quad -a + \eta < y < a + \eta \tag{10-3}$$

液膜的动量方程表达式为

$$\rho_1\left(\frac{\partial}{\partial t} + \boldsymbol{V}_{\text{ltotal}} \cdot \nabla\right)\boldsymbol{V}_{\text{ltotal}} = -\nabla p_1 + \nabla \cdot \tau \tag{10-4}$$

平面液膜的液相速度可以表示为初始速度和速度扰动量的矢量相加：

$$\boldsymbol{V}_{\text{ltotal}} = (U + u_1) \cdot \boldsymbol{i} + v_1 \cdot \boldsymbol{j} \tag{10-5}$$

将式（10-5）代入式（10-4），可得到液相动量方程的分量形式：

$$\begin{cases} \rho_1 \cdot \left[\frac{\partial u_1}{\partial t} + (U + u_1)\frac{\partial u_1}{\partial x} + v_1\frac{\partial u_1}{\partial x}\right] = -\frac{\partial p_1}{\partial x} + \mu_1\left(\frac{\partial^2 u_1}{\partial x^2} + \frac{\partial^2 u_1}{\partial y^2}\right), \quad -a + \eta < y < a + \eta \tag{10-6} \\ \rho_1 \cdot \left[\frac{\partial v_1}{\partial t} + (U + u_1)\frac{\partial v_1}{\partial x} + v_1\frac{\partial v_1}{\partial x}\right] = -\frac{\partial p_1}{\partial y} + \mu_1\left(\frac{\partial^2 v_1}{\partial x^2} + \frac{\partial^2 v_1}{\partial y^2}\right), \quad -a + \eta < y < a + \eta \tag{10-7} \end{cases}$$

由于气相无黏无旋，因此其速度 (u_g, v_g) 可以由势函数 Φ_g 表示，且有 $\frac{\partial \Phi_g}{\partial x} = u_g$，$\frac{\partial \Phi_g}{\partial y} = v_g$。由此可得气相连续方程为

$$\frac{\partial^2 \Phi_g}{\partial x^2} + \frac{\partial^2 \Phi_g}{\partial y^2} = 0, \quad y < -a + \eta \text{ 或 } y > a + \eta \tag{10-8}$$

气体的压力方程由葛罗米柯方程经拉格朗日积分得到。设气体流速为 $\boldsymbol{V}_{\text{gtotal}} = u_g \cdot \boldsymbol{i} + v_g \cdot \boldsymbol{j}$。对于无旋有势流体，葛罗米柯方程表达式为

$$\frac{\partial \boldsymbol{V}_{\text{gtotal}}}{\partial t} + \nabla\left\{\frac{1}{2}\left[\left(\frac{\partial \Phi_g}{\partial x}\right)^2 + \left(\frac{\partial \Phi_g}{\partial y}\right)^2\right]\right\} = \boldsymbol{R} - \frac{1}{\rho_g} \cdot \nabla p_g \tag{10-9}$$

式中：$\boldsymbol{R}$ 的表达式见式（10-1）。由于施加声场的方向垂直于液膜，将式（10-9）的 y 方向的分量表达式沿轴进行积分，即可得到气相压力方程为

$$p_g = \rho_g\left\{\int \frac{\rho_1 - \rho_g}{\rho_1} \cdot g_a \cdot \cos(\omega t)\mathrm{d}y - \frac{\partial \Phi_g}{\partial t} - \frac{1}{2}\left[\left(\frac{\partial \Phi_g}{\partial x}\right)^2 + \left(\frac{\partial \Phi_g}{\partial y}\right)^2\right]\right\},$$
$$y < -a + \eta \text{ 或 } y > a + \eta \tag{10-10}$$

在扰动的作用下，液膜上、下表面的位置会发生偏移，它们的位移有如下表达形式[9]：

正弦模式 $\qquad Y_j = (-1)^j a + \eta(x,t), \quad j = 1,2$

曲张模式 $\qquad Y_j = (-1)^j [a + \eta(x,t)], \quad j = 1,2$

式中:$j=1$ 表示下表面,$j=2$ 表示上表面。

上述方程组中未知数的个数多于方程的个数,因此需要引入边界约束条件。液相、气相在两相的边界处满足无滑移边界条件,因此两相的运动边界条件为

$$v_1 = \frac{\partial Y_i}{\partial t} + \frac{\partial Y_i}{\partial x} \times \boldsymbol{V}_{\text{ltotal}}, \quad y = \pm a + \eta \tag{10-11}$$

$$v_g = \frac{\partial Y_i}{\partial t} + \frac{\partial Y_i}{\partial x} \times \boldsymbol{V}_{\text{gtotal}}, \quad y = \pm a + \eta \tag{10-12}$$

液相、气相边界上的法向应力满足连续性条件。对于液相而言:

$$\mu_1 \left(\frac{\partial u_1}{\partial y} + \frac{\partial v_1}{\partial x} \right) = 0, \quad y = \pm a + \eta \tag{10-13}$$

对于气相而言,法向上,边界在正应力、表面张力、两相正压力和声场惯性力的共同作用下处于平衡状态。正弦模式的动力学边界条件如下:

对于上表面

$$p_1 - 2\mu_1 \cdot \frac{\partial v_1}{\partial y} + \frac{\sigma}{R} - p_g - (\rho_1 - \rho_g) \cdot g_a \cdot \cos(\omega t) \cdot \eta_i = 0, \quad y = a + \eta_i, i = 1 \tag{10-14}$$

对于下表面

$$-p_1 + 2\mu_1 \cdot \frac{\partial v_1}{\partial y} + \frac{\sigma}{R} + p_g - (\rho_g - \rho_1) \cdot g_a \cdot \cos(\omega t) \cdot \eta_i = 0, \quad y = -a + \eta_i, i = 2 \tag{10-15}$$

类似地,对于曲张模式,上表面的动力学边界条件为

$$p_1 - 2\mu_1 \cdot \frac{\partial v_1}{\partial y} + \frac{\sigma}{R} - p_g - (\rho_1 - \rho_g) \cdot g_a \cdot \cos(\omega t) \cdot \eta_i = 0, \quad y = a + \eta_i, i = 1 \tag{10-16}$$

下表面的动力学边界条件为

$$-p_1 + 2\mu_1 \cdot \frac{\partial v_1}{\partial y} - \frac{\sigma}{R} + p_g - (\rho_g - \rho_1) \cdot g_a \cdot \cos(\omega t) \cdot \eta_i = 0, \quad y = -a - \eta_i, i = 2 \tag{10-17}$$

对于式(10-14)~(10-17),$\frac{1}{R}$ 表示曲率,满足

$$\frac{1}{R} = \frac{\dfrac{\partial^2 \eta}{\partial x^2}}{\left[1 + \left(\dfrac{\partial \eta}{\partial x} \right)^2 \right]^{\frac{3}{2}}} \tag{10-18}$$

10.1.2　方程组的求解

为了便于分析,本研究采用线性稳定性理论。

各物理量的扰动项可以表达成关于小量 M 的幂级数的形式:

$$(u_1, v_1, p_1, \Phi_g, p_g) = (u_{l1}, v_{l1}, p_{l1}, \Phi_{g1}, p_{g1}) \cdot M + (u_{l1}, v_{l1}, p_{l1}, \Phi_{g1}, p_{g1}) \cdot M^2 + \cdots$$

上式的每一级幂级数对应一组方程。将控制方程及边界条件按上式进行摄动展开,提取一阶摄动项而忽略高阶小量,并且忽略边界位移扰动的影响,即将气、液边界由 $\pm a + \eta$ 处简化

到 $\pm a$ 处,即可得到线性化的控制方程组。特别地,对于气相压力的表达式(10-10),由 $\boldsymbol{R}$ 的表达式(10-1)可知,声场惯性力项与上、下表面位移扰动量 η 无关,因此在线性化过程中,

$\int \dfrac{\rho_1 - \rho_g}{\rho_1} \cdot g_a \cdot \cos(\omega t) \mathrm{d}y$ 项将被舍去。

以正弦模式为例,最终得到的线性化微分方程组如下:

$$\frac{\partial u_1}{\partial x} + \frac{\partial v_1}{\partial y} = 0, \quad -a < y < a \tag{10-19}$$

$$\rho_1 \cdot \left(\frac{\partial u_1}{\partial t} + U \times \frac{\partial u_1}{\partial x}\right) = -\frac{\partial p_1}{\partial x} + \mu_1 \left(\frac{\partial^2 u_1}{\partial x^2} + \frac{\partial^2 u_1}{\partial y^2}\right), \quad -a < y < a \tag{10-20}$$

$$\rho_1 \cdot \left(\frac{\partial v_1}{\partial t} + U \times \frac{\partial v_1}{\partial x}\right) = -\frac{\partial p_1}{\partial y} + \mu_1 \left(\frac{\partial^2 v_1}{\partial x^2} + \frac{\partial^2 v_1}{\partial y^2}\right), \quad -a < y < a \tag{10-21}$$

$$\frac{\partial^2 \Phi_g}{\partial x^2} + \frac{\partial^2 \Phi_g}{\partial y^2} = 0, \quad y < -a \text{ 或 } y > a \tag{10-22}$$

$$p_g = -\rho_g \times \frac{\partial \Phi_g}{\partial t}, \quad y < -a \text{ 或 } y > a \tag{10-23}$$

$$v_1 = \frac{\partial \eta}{\partial t} + U \times \frac{\partial \eta}{\partial x}, \quad y = \pm a \tag{10-24}$$

$$v_g = \frac{\partial \eta}{\partial t}, \quad y = \pm a \tag{10-25}$$

$$\frac{\partial u_1}{\partial y} + \frac{\partial v_1}{\partial x} = 0, \quad y = \pm a \tag{10-26}$$

$$p_1 - 2\mu_1 \cdot \frac{\partial v_1}{\partial y} + \sigma \cdot \frac{\partial^2 \eta}{\partial x^2} - p_g - (\rho_1 - \rho_g) \cdot g_a \cdot \cos(\omega t) \cdot \eta = 0, \quad y = a \tag{10-27}$$

对于正弦模式:

$$-p_1 + 2\mu_1 \cdot \frac{\partial v_1}{\partial y} + \sigma \cdot \frac{\partial^2 \eta}{\partial x^2} + p_g - (\rho_g - \rho_1) \cdot g_a \cdot \cos(\omega t) \cdot \eta = 0, \quad y = -a \tag{10-28}$$

由于本节研究声场振荡对液膜的作用(声场振荡是时间的周期函数,周期为 $\dfrac{2\pi}{\omega}$,以 $\cos(\omega t)$ 的形式体现在声场惯性力表达式(10-1)中),因此还需要考虑外加扰动大小的变化所引起的物理量的周期性扰动,正则模形式的解不再适用。此时的平面液膜为非定常基本流,方程组为周期系数线性微分方程组。类似地,在1994年,为研究垂直振荡容器中两种流体之间的平面界面的参数不稳定问题及界面上产生的驻波的特性,Kumar 等人[10]推导了正弦激励下两种黏性流体界面稳定性问题,并引入 Floquet 理论进行求解。上述问题中的正弦激励以重力加速度的形式施加在两种液体的界面处,并且是以 $\dfrac{2\pi}{\omega}$ 为周期的时间的函数。因此,考虑到本节将声场量化为惯性力的形式,同样可以引入 Floquet 理论进行方程组的求解。

假设扰动量(即方程组中的未知数)的形式为以 $\dfrac{2\pi}{\omega}$ 为周期的 Floquet 解形式[9]:

$$(u_1, v_1, p_1, \Phi_g, p_g) = \exp(\mathrm{i}kx) \cdot (\widehat{u}_1, \widehat{v}_1, \widehat{p}_1, \widehat{\Phi}_g, \widehat{p}_g)\left(y, t \bmod \frac{2\pi}{\omega}\right) \cdot \exp(\beta t) \tag{10-29}$$

由于式(10-29)是周期函数,因此可对其进行傅里叶展开,从而得到如下解的形式:

$$(u_1, v_1, p_1, \Phi_g, p_g) = \exp(\mathrm{i}kx) \cdot$$

$$\left\{ \sum_{n=-\infty}^{+\infty} \left[\widehat{u}_{1n}(y), \widehat{v}_{1n}(y), \widehat{p}_{1n}(y), \widehat{\Phi}_{gn}(y), \widehat{p}_{gn}(y) \right] \cdot \mathrm{e}^{\mathrm{i}n\omega t} \right\} \cdot \exp(\beta t) \quad (10-30)$$

同理,液膜的上下边界的位移振幅相同,记为

$$\eta = \exp(\mathrm{i}kx) \cdot \widehat{\eta}\left(t \bmod \frac{2\pi}{\omega} \right) \cdot \exp(\beta t) =$$

$$\exp(\mathrm{i}kx) \cdot \left(\sum_{n=-\infty}^{+\infty} \eta_n \cdot \mathrm{e}^{\mathrm{i}n\omega t} \right) \cdot \exp(\beta t) \quad (10-31)$$

对上述解的表达式,其中上标"^"表示某一物理量的扰动量的幅值,k 为扰动波的波数,β 为扰动波的频率。由于本节讨论时间的不稳定性,即假设空间各点的扰动波增长率是一致的,所以 k 为实数,满足 $k = \dfrac{2\pi}{\lambda}$;$\beta$ 为复数,满足 $\beta = \beta_r + \mathrm{i}\beta_i$,其虚部表示扰动波的频率,实部表示扰动波的增长率。

以正弦模式为例进行色散方程的推导。将式(10-30)、式(10-31)代入线性化方程组(10-19)~(10-28)中进行求解,即可得到含 $\rho_1, \mu_1, U, a, \sigma, \rho_g, k, \omega_{en}$,能够描述不同实验条件下 ω_{en} 与扰动波波数 k 变化关系的色散方程。具体求解过程如下:

将式(10-20)对 x 求偏导,式(10-21)对 y 求偏导,并将两式相加,结合式(10-19)可得

$$\frac{\partial^2 p_1}{\partial x^2} + \frac{\partial^2 p_1}{\partial y^2} = 0 \quad (10-32)$$

由于 $p_1 = \exp(\mathrm{i}kx) \cdot \left[\displaystyle\sum_{n=-\infty}^{+\infty} \widehat{p}_{1n}(y) \mathrm{e}^{\mathrm{i}n\omega t} \right] \cdot \exp(\beta t)$,代入上式,对每一个 n 可得

$$-k^2 \widehat{p}_{1n}(y) + \frac{\mathrm{d}^2 p_{1n}(y)}{\mathrm{d}y^2} = 0 \quad (10-33)$$

对式(10-33),可假设其通解的形式为

$$\widehat{p}_{1n}(y) = A_1 \exp(ky) + A_2 \exp(-ky) \quad (10-34)$$

将式(10-30)、式(10-31)和式(10-34)代入式(10-19)~(10-21)中,结合边界条件式(10-24)和式(10-26),可解得液相扰动压力、液相扰动速度的幅值的表达式为

$$\widehat{u}_{1n}(y) = -\frac{2\mathrm{i}k\mu_1 \cdot l_n \cdot \sinh(l_n \cdot y)}{\rho_1 \cdot \cosh(l_n \cdot a)} \cdot \eta_n + \frac{\mathrm{i}\mu_1 \cdot (l_n^2 + k^2) \cdot \sinh(ky)}{\rho_1 \cdot \cosh(k \cdot a)} \cdot \eta_n \quad (10-35)$$

$$\widehat{v}_{1n}(y) = -\frac{2k^2 \mu_1 \cdot \cosh(l_n \cdot y)}{\rho_1 \cdot \cosh(l_n \cdot a)} \cdot \eta_n + \frac{\mu_1 \cdot (l_n^2 + k^2) \cdot \cosh(ky)}{\rho_1 \cdot \cosh(k \cdot a)} \cdot \eta_n \quad (10-36)$$

$$\widehat{p}_{1n}(y) = -\frac{\mu_1 \cdot (l_n^2 + k^2) \cdot (\omega_{en} + \mathrm{i}kU) \cdot \sinh(ky)}{k \cdot \cosh(k \cdot a)} \cdot \eta_n \quad (10-37)$$

式中:$\omega_{en} = \beta + \mathrm{i}n\omega$,$l_n^2 = k^2 + \dfrac{\rho_1(\beta + \mathrm{i}n\omega + \mathrm{i}kU)}{\mu_1} = k^2 + \dfrac{\rho_1(\omega_{en} + \mathrm{i}kU)}{\mu_1}$。

至此,液相扰动量的表达式已求解完成,接下来将求解气相扰动量。

将式(10-30)代入气相连续方程式(10-22)中,对每一个 n 都可得

$$-k^2 \cdot \widehat{\Phi}_{gn}(y) + \frac{\mathrm{d}^2 \widehat{\Phi}_{gn}(y)}{\mathrm{d}y^2} = 0 \quad (10-38)$$

因为沿液膜厚度方向延伸到无穷远处（$y \to \pm\infty$）时，气体静止，势函数有界，所以由无穷级数性质可知

$$\widehat{\Phi}_{gn}(y) = D_2 \cdot \exp(-ky) \tag{10-39}$$

将式（10-39）、式（10-31）代入气相运动边界条件式（10-25）中，对每一项 n 而言，以液膜上表面为例，可解得

$$\widehat{\Phi}_{gn,\,up}(y) = -\frac{1}{k}\omega_{en} \cdot \exp(ka-ky) \cdot \eta_n \tag{10-40}$$

将式（10-30）代入气相压力控制方程式（10-23）中，对每一项 n 而言，以上表面为例，可得

$$\widehat{p}_{gn}(y) = \frac{\rho_g}{k} \cdot \omega_{en}^2 \cdot \eta_n \cdot \exp(ka-ky) \tag{10-41}$$

至此，方程组的解（$\widehat{u_1}, \widehat{v_1}, \widehat{p_1}, \widehat{\Phi}_g, \widehat{p}_g$）已求解完毕。下面进行色散方程的推导。

由气相动力边界条件，即式（10-27）、式（10-28），以液膜上表面为例，将 $\cos(\omega t)$ 拆解为 $\cos(\omega t) = \dfrac{e^{i\omega t} + e^{-i\omega t}}{2}$，可得

$$p_1 - 2\mu_1 \cdot \frac{\partial v_1}{\partial y} + \sigma \cdot \frac{\partial^2 \eta}{\partial x^2} - p_g - (\rho_1 - \rho_g) \cdot g_a \cdot \frac{e^{i\omega t} + e^{-i\omega t}}{2} \cdot \eta = 0, \quad y=a \tag{10-42}$$

将（$\widehat{u_1}, \widehat{v_1}, \widehat{p_1}, \widehat{\Phi}_g, \widehat{p}_g$）的表达式和式（10-31）代入式（10-42），可得

$$\sum_{n=-\infty}^{+\infty} \left[\frac{\mu_1(l_n^2 + k^2)(\omega_{en} + ikU)\tanh(ka)}{k} - \frac{4k^2\mu_1^2 l_n}{\rho_1} \cdot \tanh(l_n \cdot a) + \right.$$
$$\left. \frac{2k\mu_1^2(l_n^2 + k^2)\tanh(ka)}{\rho_1} + \sigma k^2 + \frac{\rho_g}{k}\omega_{en}^2 \right] \cdot \eta_n \cdot e^{in\omega t} + \frac{1}{2} \cdot g_a \cdot (\rho_1 - \rho_g) \cdot$$
$$\left[\sum_{n=-\infty}^{+\infty} e^{i(n+1)\omega t} \cdot \eta_n \right] + \frac{1}{2} \cdot g_a \cdot (\rho_1 - \rho_g) \cdot \left[\sum_{n=-\infty}^{+\infty} e^{i(n-1)\omega t} \cdot \eta_n \right] = 0 \tag{10-43}$$

将扰动量进行傅里叶展开后，n 的取值代表展开的傅里叶阶数，此时不同的 $e^{in\omega t}$ 项代表周期不同的正弦函数，对应从周期为 $\dfrac{2\pi}{\omega}$ 的声场振荡中拆解出来的不同频率的正弦波。因此，为了讨论单一振荡周期的声场对平面液膜不稳定性的影响，在分析、求解该方程时需要保持 $e^{in\omega t}$ 中 n 取值一致。考虑到级数可以进行以下变形：

$$\sum_{n=-\infty}^{+\infty} e^{i(n+1)\omega t} \cdot \eta_n = \sum_{n=-\infty}^{+\infty} e^{in\omega t} \cdot \eta_{n-1}$$

$$\sum_{n=-\infty}^{+\infty} e^{i(n-1)\omega t} \cdot \eta_n = \sum_{n=-\infty}^{+\infty} e^{in\omega t} \cdot \eta_{n+1}$$

对每一个 n，式（10-43）都可化为以下表达式：

$$\left\{ \frac{\mu_1}{\rho_1} \cdot (l_n^2 + k^2)\left[\rho_1(\omega_{en} + ikU) + 2k^2\mu_1\right] \cdot \tanh(ka) - \right.$$
$$\frac{4k^3\mu_1^2 l_n}{\rho_1}\tanh(l_n \cdot a) + \sigma k^3 + \rho_g \omega_{en}^2 \right\} \cdot \eta_n + \frac{1}{2} \cdot g_a \cdot k \cdot (\rho_1 - \rho_g) \cdot \eta_{n-1} +$$
$$\frac{1}{2} \cdot g_a \cdot k \cdot (\rho_1 - \rho_g) \cdot \eta_{n+1} = 0 \tag{10-44}$$

即

$$D_n \cdot \eta_n + E \cdot \eta_{n-1} + E \cdot \eta_{n+1} = 0 \qquad (10-45)$$

式中：

$$D_n = \frac{\mu_1}{\rho_1}(l_n^2 + k^2)\left[\rho_1(\omega_{\text{en}} + \mathrm{i}kU) + 2k^2\mu_1\right] \cdot \tanh(ka) -$$

$$\frac{4k^3 \cdot \mu_1^2 \cdot l_n}{\rho_1} \cdot \tanh(l_n \cdot a) + \sigma k^3 + \rho_g \omega_{\text{en}}^2$$

$$E = \frac{1}{2}g_a(\rho_1 - \rho_g)k$$

$$\omega_{\text{en}} = \beta + \mathrm{i}n\omega$$

$$l_n^2 = k^2 + \frac{\rho_1(\omega_{\text{en}} + \mathrm{i}kU)}{\mu_1}$$

由此即得到了含 $\rho_1, \mu_1, U, a, \sigma, \rho_g, k, \omega_{\text{en}}$ 的色散方程。式(10-45)还可以表示为矩阵形式，即色散矩阵：

$$\begin{bmatrix} \ddots & \vdots & \vdots & \vdots & \iddots \\ \cdots & D_{n-1} & E & 0 & \cdots \\ \cdots & E & D_n & E & \cdots \\ \cdots & 0 & E & D_{n+1} & \cdots \\ \iddots & \vdots & \vdots & \vdots & \ddots \end{bmatrix} \begin{bmatrix} \vdots \\ \eta_{n-1} \\ \eta_n \\ \eta_{n+1} \\ \vdots \end{bmatrix} = \mathbf{0} \qquad (10-46)$$

类似地，对于曲张模式，将控制方程组线性化并进行求解，可以得到曲张模式的色散方程：

$$\left\{\frac{\mu_1}{\rho_1} \cdot (l_n^2 + k^2)\left[\rho_1(\omega_{\text{en}} + \mathrm{i}kU) + 2k^2\mu_1\right] \cdot \coth(ka) -\right.$$

$$\left.\frac{4k^3\mu_1^2 l_n}{\rho_1}\coth(l_n \cdot a) + \sigma k^3 + \rho_g \omega_{\text{en}}^2\right\} \cdot \eta_n + \frac{1}{2} \cdot g_a \cdot k \cdot (\rho_1 - \rho_g) \cdot \eta_{n-1} +$$

$$\frac{1}{2} \cdot g_a \cdot k \cdot (\rho_1 - \rho_g) \cdot \eta_{n+1} = 0 \qquad (10-47)$$

即

$$D_n \cdot \eta_n + E \cdot \eta_{n-1} + E \cdot \eta_{n+1} = 0 \qquad (10-48)$$

式中：

$$D_n = \frac{\mu_1}{\rho_1}(l_n^2 + k^2)\left[\rho_1(\omega_{\text{en}} + \mathrm{i}kU) + 2k^2\mu_1\right] \cdot \coth(ka) -$$

$$\frac{4k^3 \cdot \mu_1^2 \cdot l_n}{\rho_1} \cdot \coth(l_n \cdot a) + \sigma k^3 + \rho_g \omega_{\text{en}}^2$$

$$E = \frac{1}{2}g_a(\rho_1 - \rho_g)k$$

$$\omega_{\text{en}} = \beta + \mathrm{i}n\omega$$

$$l_n^2 = k^2 + \frac{\rho_1(\omega_{\text{en}} + \mathrm{i}kU)}{\mu_1}$$

为了使讨论的结果更具有普适性，将上述有量纲方程组进行无量纲化处理。特别地，考虑

到本节以彻体惯性力的形式量化声场振荡,故选用 Bond 数表征声场振荡的大小,可得如下表达式:

$$D_n \cdot \eta_n + E \cdot \eta_{n-1} + E \cdot \eta_{n+1} = 0 \tag{10-49}$$

对于正弦模式:

$$D_n = \frac{1}{Re} \cdot \left(2\pi \cdot \Omega_{en} \cdot Sr_{ac} + iK + \frac{2K^2}{Re}\right)(L_n{}^2 + K^2) \cdot \tanh(K) -$$

$$\frac{4K^3}{Re^2} \cdot L_n \cdot \tanh(L_n) + \frac{K^3}{We} + 4\pi^2\bar{\rho} \cdot (L_n^2 + K^2) \cdot \Omega_{en}^2 \cdot Sr_{ac}^2$$

$$E = \frac{1}{2} \cdot \frac{Bo}{We} \cdot (1-\bar{\rho}) \cdot K$$

对于曲张模式:

$$D_n = \frac{1}{Re} \cdot \left(2\pi \cdot \Omega_{en} \cdot Sr_{ac} + iK + \frac{2K^2}{Re}\right)(L_n{}^2 + K^2) \cdot \coth(K) -$$

$$\frac{4K^3}{Re^2} \cdot L_n \cdot \coth(L_n) + \frac{K^3}{We} + 4\pi^2\bar{\rho} \cdot (L_n^2 + K^2) \cdot \Omega_{en}^2 \cdot Sr_{ac}^2$$

$$E = \frac{1}{2} \cdot \frac{Bo}{We} \cdot (1-\bar{\rho}) \cdot K$$

式中:K 为无量纲波数,$K = k \cdot a$;$L_n = l_n \cdot a$;无量纲时间频率 $\Omega_{en} = \dfrac{\omega_{en}}{\omega}$,其中 ω 为声场振荡角频率,$\omega = 2\pi f_s$,f_s 为声场振荡频率;斯特劳哈尔数 $Sr_{ac} = \dfrac{a \cdot f_s}{U}$;韦伯数 $We = \dfrac{\rho_l U^2 a}{\sigma}$;雷诺数 $Re = \dfrac{\rho_l U a}{\mu_l}$;邦德数 $Bo = \dfrac{\rho_l g_a a^2}{\sigma}$;气液密度比 $\bar{\rho} = \dfrac{\rho_g}{\rho_l}$。

由于本节讨论时间稳定性,故无量纲时间频率 Ω_{en} 为复数,且有 $\Omega_{en} = \Omega_{enr} + i\Omega_{eni}$,无量纲波数 K 为实数。其中 $\Omega_{eni} = \dfrac{\omega_{eni}}{\omega_s} = \dfrac{\beta_i + n\omega}{\omega_s}$ 为无量纲频率,表示平面液膜上各点在时间尺度上的振荡频率;$\Omega_{enr} = \dfrac{\omega_{enr}}{\omega_s} = \dfrac{\beta_r}{\omega_s}$ 为无量纲增长率,即各点的振幅随时间的增长率。以无量纲波数 K 为横坐标,无量纲增长率 Ω_{enr} 为纵坐标绘制色散曲线,峰值点对应声场作用下增长率最高的扰动波,即在液膜上最明显的扰动波。通过比较不同参数取值条件下峰值点的位置变化,以及色散曲线上失稳区域的变化情况(即无量纲增长率大于 0 的区域对应的无量纲波数范围宽窄和无量纲增长率高低的变化),即可分析不同因素对液膜失稳特征的作用规律。

10.1.3　理论分析结果与讨论

为了验证理论的准确性,将上述振荡声场下的稳定性分析模型退化为无声场的情况,并与已有文献进行对比。令声场惯性力减小到 0,绘制不同液相流速条件下的色散曲线,与 Li 等人[11]的研究结果进行对比,结果如图 10-2 所示。

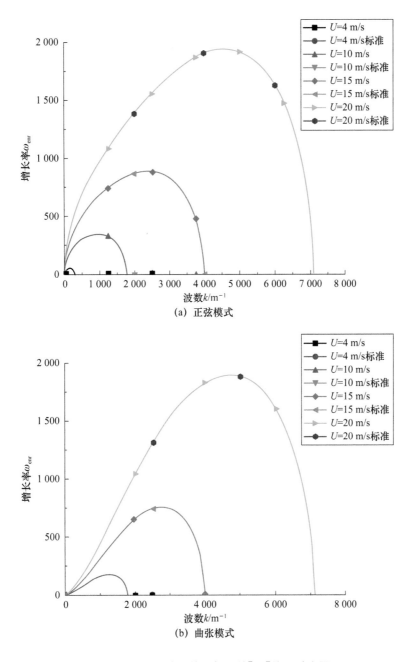

图 10-2　理论分析结果与文献[11]结果对比图

从图 10-2 可以看到,不同液相流速条件下,两种色散方程得到的曲线完全重合,因此可在一定程度上验证本模型的准确性。

由于 n 取值是无穷的,上述理论分析得到的色散矩阵是无限阶的矩阵,相应地,理论分析采用的色散矩阵阶数越高,计算的结果越准确。但是,考虑到计算资源的承受能力和时间成本,需要选取合适的矩阵阶数,以使求解速度在保证结果精确的前提下尽可能快速,因此定义截断矩阵的 n 的最大值为 N,在 $\rho_l = 1\,000\ \mathrm{kg/m^3}$,$\rho_g = 1.293\ \mathrm{kg/m^3}$,$\mu_l = 0.001\ \mathrm{Pa \cdot s}$,$\sigma = 0.072\,91\ \mathrm{N/m}$,

$a=0.000\ 15\ \mathrm{m}, U=0.634\ 411\ \mathrm{m/s}, f=120\ 9\ \mathrm{Hz}, g_\mathrm{a}=15\ 000\ \mathrm{m/s^2}$（对应无量纲参数取值为 $Re=95.161\ 6, We=0.828\ 0, \bar{\rho}=0.001\ 3, Bo=4.629\ 0, Sr=0.285\ 9$）的取值条件下，对不同 N 取值的色散矩阵（对应阶数为 $2N+1$）进行求解，得到的色散曲线如图 10-3 和图 10-4 所示。

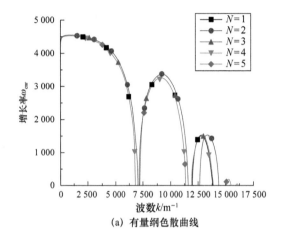 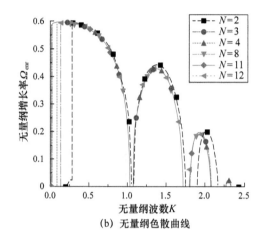

(a) 有量纲色散曲线　　　　　　　　　　　　(b) 无量纲色散曲线

图 10-3　正弦模式下各阶色散曲线对比图

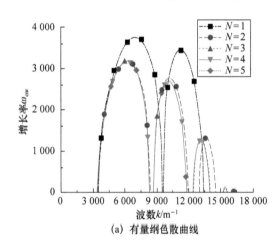 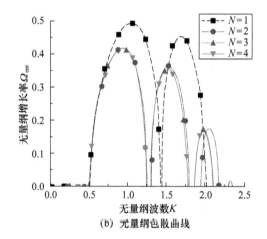

(a) 有量纲色散曲线　　　　　　　　　　　　(b) 无量纲色散曲线

图 10-4　曲张模式下各阶色散曲线对比图

由图 10-3 可知，对于正弦模式，其有量纲色散矩阵在 $N=5$ 时解已经稳定，其无量纲色散矩阵在 $N=11$ 时解已经稳定；由图 10-4 可知，对曲张模式，其有量纲色散矩阵在 $N=4$ 时解已经稳定，其无量纲色散矩阵在 $N=3$ 时解已经稳定。因此，下面的讨论将基于上述取值下的色散矩阵求解结果展开。

1. 不同因素对扰动波波数的影响

由图 10-5 可知，随着 Bo 的增大，峰值点对应的纵坐标不断变大，这说明外加声场会使液膜处于更加不稳定的状态，且幅度越大的声场对液膜的扰动作用越显著。除此之外，色散曲线上数量逐渐增多的失稳区域表明，增大声场还会使液膜表面的扰动波成分更加复杂，因为更宽的波数范围内的扰动波都获得了可观的增长率。无论是正弦模式还是曲张模式,色散曲线的峰值所对应的无量纲波数 K 都呈现出非单调变化的趋势,从图中可以发现,峰值点所在的不稳定区域的状态发生了变化。

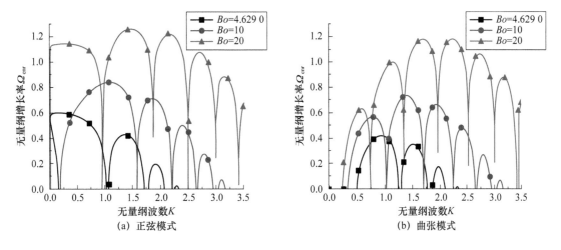

图 10 - 5 声场峰值对平面液膜时间稳定性的影响

由图 10 - 6 可以发现,Sr 的增大使得峰值点随不稳定区域向下、向右移动,说明声场振荡频率越高,最不稳定扰动波波数增大,越有助于液膜保持稳定。其中,声场振荡频率的增高对液膜失稳的抑制作用可以从声能的角度进行分析:在平面声波作用下,任意位置的单位体积声能量可以表示为如下形式:

$$e(x,t) = e_{\max} \cdot \cos^2(\omega t - kx)$$

在声场振荡一周期的时间内,同一位置的单位体积总声能为

$$e_{\text{total}} = \int_0^T \cdot e \, \mathrm{d}t = \frac{e_{\max} \cdot \pi}{\omega} = \frac{e_{\max}}{2f_s}$$

由上式可知,随着声场振荡频率的增高,同一振荡周期内声场蕴含的总声能会减小,因而声场激励液膜失稳的能力降低。

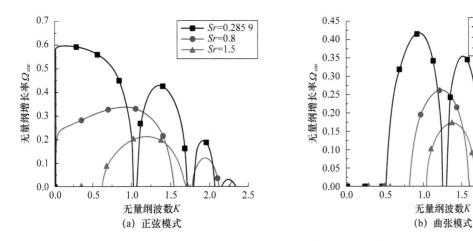

图 10 - 6 声场频率对平面液膜时间稳定性的影响

由图 10-7 可知,增大 Re 会使液膜更容易在声场激励下失稳,因为此时色散曲线上峰值点对应的无量纲增长率变大,而且失稳区域变得更宽更高,扰动波的波长成分更加复杂。上述现象产生的原因是液相黏性减小时,液膜内部分子间的动量交换能力减弱,所以在受到外加振荡声场激励时,液膜因内部减小速度差的能力减弱而更容易出现失稳的现象,表面出现扰动条纹。与此同时,使最不稳定扰动波对应的无量纲波数非单调变化,因为峰值点所在的失稳区域发生了变化。

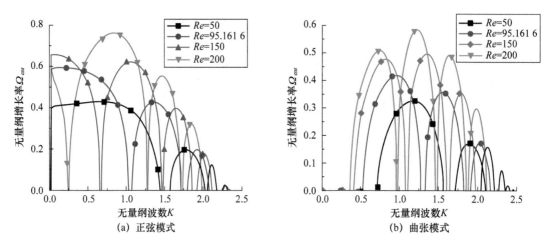

图 10-7　雷诺数 Re 对平面液膜时间稳定性的影响

为研究流体表面张力的影响,在改变 We 取值的同时维持 $\dfrac{We}{Bo}$ 的值不变。由图 10-8 可知,减小 We 会使最不稳定扰动波的无量纲增长率减小,且色散曲线上的失稳区域变窄,扰动波的波长成分逐渐减少,因而有助于保持液膜的稳定状态。韦伯数定义为 $We=\dfrac{\rho_1 U^2 a}{\sigma}$,表征气动力与表面张力作用的相对大小,因此在小 We 条件下,气动力对液膜失稳的促进作用弱于表面张力对液膜失稳的抑制作用,即表面张力对液膜变形的抑制作用使之抗干扰能力更强,因而更容易维持稳定的状态。

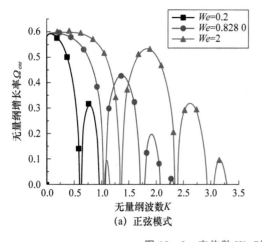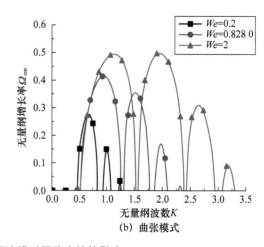

图 10-8　韦伯数 We 对平面液膜时间稳定性的影响

由图 10-9 可知,气液密度比 $\bar{\rho}$ 的增大会使色散曲线的峰值点向下、向右移动,液膜更加稳定,使最不稳定扰动波的波数增大。液膜更加稳定的原因是气相密度的增大会使声能量的最大值减小$\left(声能量最大值 e_{max}=\dfrac{p_a^2}{\rho_g c_0^2}\right)$,从而使声场激励扰动波的能力降低。

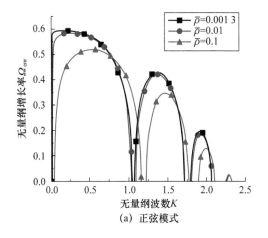
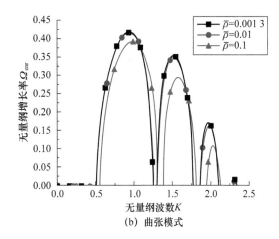

图 10-9 气液密度比 $\bar{\rho}$ 对平面液膜时间稳定性的影响

若比较不同参数取值下正弦模式与曲张模式的色散曲线,还可以发现,曲张模式的失稳区域集中在无量纲波数较大的区域($K>0.3$),而正弦模式的色散曲线在 $K=0$ 附近仍有较大的增长率。这说明,液膜表面在受声场激励产生扰动波时,波长较长的扰动波波纹大多是正弦扰动模式,同时曲张模式因无法取得较大的增长率而可以忽略不计。因此,针对波长较长的扰动波波纹,可以将其简化为正弦模式进行分析,即认为液膜上、下表面的扰动波是同相位的。

2. 失稳机理、振荡模态及二者的相互关系

在上述讨论中,我们发现,在改变某些无量纲参数的取值时(比如 Bo,Re,We),色散曲线上的失稳区域可能出现更复杂的分布情况,此时无法判断无量纲参数的改变对峰值点所在的失稳区域(即失稳主导区域)的影响:既可能使同一个失稳主导区域发生位置移动,也可能出现新的失稳主导区域。为了更好地认识液膜失稳的机制,需要引入新的特征参数对各失稳区域进行辨别。

在振荡声场中,液膜失稳并产生扰动波波纹的现象可以通过两种机理解释:气动剪切力主导的 Kelvin-Helmholtz (K-H)不稳定和外加振荡声场引起的参数振荡。对于前者,剪切作用力来源于液膜上下表面与环境流体的速度差,与是否存在外加扰动无关。对于后者,液膜表面的扰动波与外加声场的振荡频率有关,可以根据上述两者的频率关系进一步将参数振荡分为谐波振荡和亚谐波振荡,其中谐波振荡下的扰动波振荡频率等于外加声场振荡频率,而亚谐波振荡下的扰动波振荡频率等于外加声场振荡频率的一半。综上所述,将色散曲线退化为无声场的情况,曲线上的失稳区域即为 K-H 不稳定主导的区域;同时,通过求解参数振荡失稳区域的扰动频率,即可分辨出谐波振荡区域和亚谐波振荡区域。

对于谐波振荡和亚谐波振荡,扰动波的无量纲振荡频率由色散方程的解的虚部 Ω_{eni}(对应有量纲振荡频率 ω_{eni})给出。该振荡频率是以实验室坐标系为参考系得到的,是液膜表面一边向下游运动,一边受声场激励做振荡的总振荡频率。为了滤去液膜流速的影响,得到受声场作用产生的扰动波的实际振荡频率,需要将参考系转换到液膜表面。以液膜表面为参考系,解得色散方程如下:

$$[\rho_l \cdot \tanh(k \cdot a) + \rho_g] \cdot \omega_{en2}^2 + 2 \cdot iUk\rho_l \cdot \tanh(k \cdot a) \cdot \omega_{en2} +$$
$$\sigma k^3 - U^2 k^2 \rho_l \cdot \tanh(k \cdot a) = 0 \qquad (10-50)$$

式中:

$$\omega_{en2} = \omega_{en} + i \cdot Uk \qquad (10-51)$$

上述色散方程可以进一步配方为

$$\omega_{en3}^2 + \frac{\sigma k^3 - U^2 k^2 \rho_g}{\rho_l \cdot \tanh(k \cdot a) + \rho_g} = 0 \qquad (10-52)$$

式中:

$$\omega_{en3} = \omega_{en2} - i \frac{Uk\rho_g}{\rho_l \cdot \tanh(k \cdot a) + \rho_g} = \omega_{en} - i \frac{Uk\rho_g}{\rho_l \cdot \tanh(k \cdot a) + \rho_g} + i \cdot Uk \qquad (10-53)$$

由于扰动波的振荡频率仅与虚部有关,因此,对色散方程求解得出的 ω_{en} 的虚部进行如下变换,即可得到通过转换坐标系解出的扰动波振荡频率:

$$\omega_{en3i} = \omega_{eni} - \frac{Uk\rho_g}{\rho_l \cdot \tanh(k \cdot a) + \rho_g} + Uk \qquad (10-54)$$

基于上述分析方法,进一步分析 Bo,Re,We 取值改变时(分别表征为声场加速度 g_a,液相黏性 μ_l 和液相表面张力 σ 的变化)色散曲线上失稳区域的分布情况。首先分析 Bo 的改变(表征为声场加速度 g_a 的变化)对失稳主导因素的影响。将声场加速度大小 g_a 从 0 开始逐渐增大,以观察在外加声场的影响下,液膜失稳机理的变化情况,如图 10-10 所示。

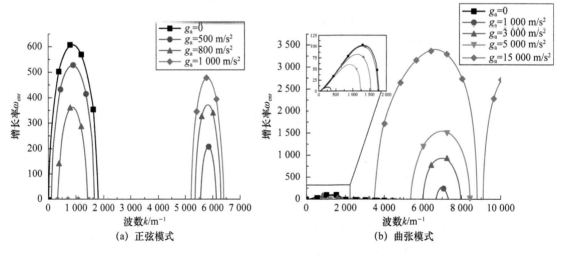

图 10-10 有无声场激励的色散曲线示意图

由图 10-10 可知,在 $g_a = 0$ 时,色散曲线上只有一个失稳区域,这是气动剪切力主导的 K-H 不稳定区域。加入振荡的声场后,色散曲线上出现了新的失稳区域——参数振荡区域,且随着 g_a 的增大,参数振荡区域逐渐增大,而 K-H 不稳定区域迅速减小直至消失,说明引入声场会显著地抑制 K-H 不稳定。在此基础上,继续增大声场加速度,色散曲线上参数振荡引起的失稳区域逐渐增多,直至失稳主导区域由亚谐波参数振荡区域变为谐波参数振荡区域,如图 10-11 所示。

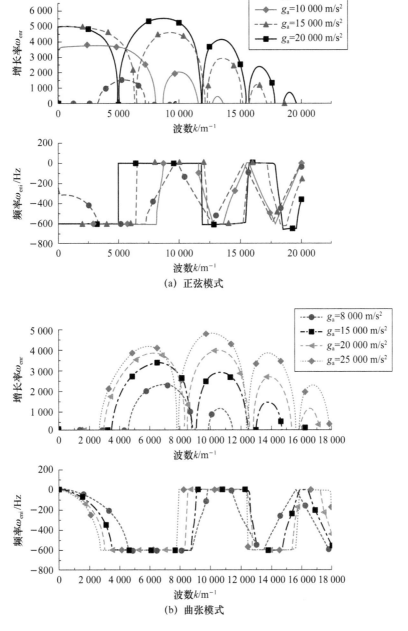

图 10-11 随着 g_a 增大,失稳主导区域的更替现象

上述 K-H 不稳定与参数不稳定相互竞争的现象还可以通过以下方式体现出来:保持其他参数取值不变,逐渐增大液膜主流速度 U,此时由于气、液两相速度差增大引起了气动剪切力的增大,K-H 不稳定区域的增长率逐渐增大,直至超过参数振荡区域成为失稳的主要因素,如图 10-12 所示。

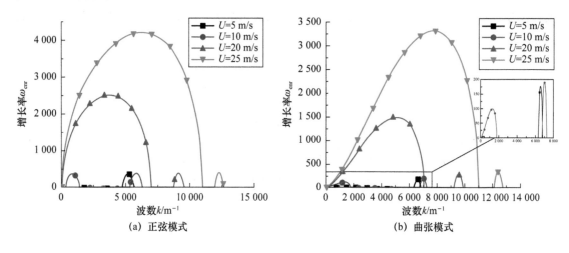

图 10-12 随着 U 增大,失稳区域的竞争现象($g_a = 800 \text{ m/s}^2$)

同理,分析在不同 We 取值条件下(表液相表面张力 σ 的变化)失稳区域的变化规律,如图 10-13 所示。随着 We 取值的减小,谐波振荡失稳区域迅速发展并超过亚谐波模态成为主导模态。与此同时,原有的主导模态增长速度相对较缓;对于正弦模式,其原有主导模态的峰值几乎不变。

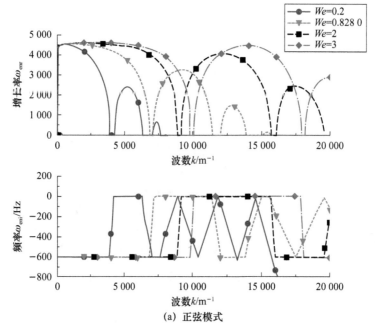

图 10-13 随着 We 减小,失稳区域的分布情况

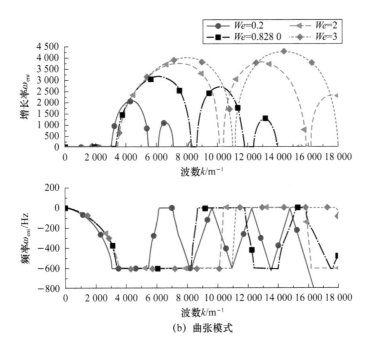

(b) 曲张模式

图 10 - 13　随着 We 减小,失稳区域的分布情况(续)

液膜厚度也会影响声场对液膜失稳的作用机制。逐渐增大液膜厚度,追踪正弦模式和曲张模式下最不稳定扰动波对应的增长率的变化趋势,结果如图 10 - 14 所示。

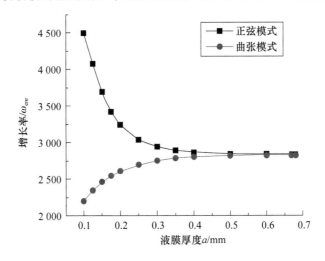

图 10 - 14　对正弦模式和曲张模式,对应的色散曲线增长率峰值随液膜厚度的变化

由图 10 - 14 可知,在液膜厚度较薄时,正弦模式下的色散曲线峰值点远高于曲张模式,随着液膜厚度的增大,曲张模式被抑制而正弦模式被促进,二者峰值点的纵坐标逐渐接近直至几乎一样,因此表明液膜厚度可以决定两种失稳模式的相对强弱。较薄的液膜厚度会抑制曲张模式扰动波的发展,此时若将稳定性分析简化为只有正弦模式主导的情况,得到的结果仍可能与实际情况符合较好;然而,当液膜厚度增大到一定值后,曲张模式会迅速发展直至可以与正弦模式相互竞争,此时两种失稳模式相互耦合,共同影响液膜的失稳特征。为解释上述现象,需要回归正弦模式和曲张模式的定义。两种失稳模式是通过上、下表面扰动波的相位关系定

义的:正弦模式是同相关系,而曲张模式是反相关系。当液膜厚度比较薄时,液膜的上、下表面距离较近,此时两表面上的扰动波会出现互相干扰的现象,即同相的扰动波会相互促进,而反相的扰动波会相互削弱。当液膜厚度逐渐增大时,两表面的距离会逐渐增大,所以同相、反相扰动波之间的促进、削弱效应逐渐减弱直至消失,正弦模式和曲张模式的扰动波特征逐渐趋于一致。

为分析正弦模式和曲张模式的耦合与液膜失稳机理的相互关系,下面将讨论 K - H 不稳定的主导参数和参数不稳定的主导参数 g_a 对两模式耦合情况的影响。为表征正弦、曲张两种模式的耦合强弱,定义液膜的临界厚度 $a_{critical}$,当液膜厚度从某一个较小值逐渐增大到 $a_{critical}$ 时,正弦模式和曲张模式的最不稳定扰动波的增长率刚好变为一样。考虑到代码的计算精度,实际计算取上述增长率的相对差距第一次小于 0.01% 时,即 D_{rel} 第一次小于 0.01% 时,$D_{rel} = \frac{\omega_{enr, sinuous} - \omega_{enr, varicose}}{\omega_{enr, sinuous}} \times 100\%$。基于前述分析结果,临界厚度越大,说明上、下表面需要相隔更远才能缓解两表面扰动波的相互影响,即此取值条件下两表面之间的干扰越强,正弦、曲张两模式的耦合越不明显。

如图 10 - 15 所示,随着 g_a 取值的增大,临界液膜厚度逐渐增加,这是因为更大幅值的声场在液膜上激起了更剧烈的扰动波波纹,从而加深了液膜上、下表面扰动波的耦合作用。相反,液膜流速的增大会削弱这种耦合作用,缩小正弦模式与曲张模式的增长率的差距。

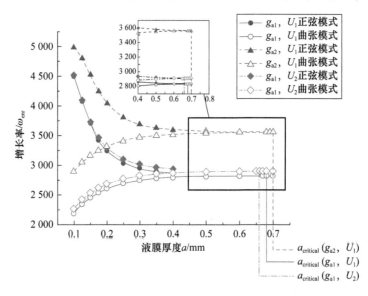

图 10 - 15 对正弦模式和曲张模式,不同射流速度和声场加速度条件下,
对应的色散曲线增长率峰值随液膜厚度 a 的变化

10.2 实验研究

10.2.1 实验系统的搭建

实验系统如图 10 - 16 所示,由雾化系统和测量系统组成。雾化系统包括泵压系统、液体

管路、信号发生器、功率放大器、高频扬声器、声腔、喷嘴模块。声腔沿声轴方向长为 0.3 m，由两高频扬声器产生横向驻波振荡声场；喷嘴是封闭式涡流喷射器，对撞角为 90°，喷射器直径为 2 mm，可在声场的不同位置进行调节；选取工质为不同浓度的甘油-水溶液。测量系统包括计算机、高速相机、数据采集卡、科氏力流量计、传声器、光源与激光粒度仪。实验时，信号发生器 UTG2062A 产生正弦信号，经 BNB A – 1800 型号功率放大器放大后作用于扬声器（型号为 Beyma CP – 850Nd），通过采集系统中不同位置的传声器（型号为 BSWA MPA401 和 MPA421）所输出的声信号来调节信号发生器输出频率，使声腔内产生横向驻波振荡声场，同时利用激光粒度仪与 Photron SA – Z 高速相机来对雾场进行测量与拍摄，获得所需数据及参数。

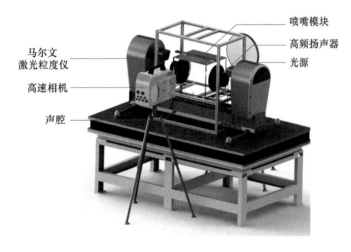

图 10 - 16　实验系统图

在实验前，需要采用双麦克风法对传声器进行标定。在实验中，为保证扬声器在额定功率内工作，所施加的声压峰峰值大小为 0～8 000 Pa。本节对喷嘴在声场中所处的三个位置，声压波腹（pressure anti-node）、声强波腹（intensity anti-node）、速度波腹（velocity anti-node）处的雾化特性随声场声压幅值大小的变化进行了研究。为方便表述，将声压波腹、声强波腹、速度波腹分别简称为 PAN、IAN、VAN。

10.2.2　驻波声场下狭缝喷嘴的雾化特性研究

本小节将对驻波声场下狭缝喷嘴的雾化特性进行实验研究，研究内容包括探究声压幅值，喷嘴所处声场位置及气体韦伯数对狭缝喷嘴雾化特性的影响，涉及的参数包括临界声压、法拉第波波长及其振动频率、喷嘴特征长度和液膜扩张夹角度等参数；此外，针对法拉第波的波长及振动频率，将实验数据与理论研究结果进行了对比分析。

1. 声压幅值与喷嘴位置对喷嘴雾化特性的影响

实验中采用 60% 的甘油-水溶液为工质，在流量 10.5 g/s 下进行了喷嘴的雾化特性实验。图 10 - 17 所示为速度波腹处喷嘴在不同声压峰峰值下的雾化图像。

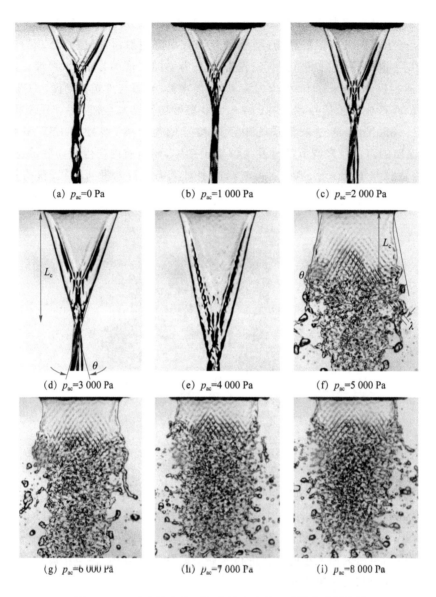

(a) $p_{ac}=0$ Pa   (b) $p_{ac}=1\ 000$ Pa   (c) $p_{ac}=2\ 000$ Pa

(d) $p_{ac}=3\ 000$ Pa   (e) $p_{ac}=4\ 000$ Pa   (f) $p_{ac}=5\ 000$ Pa

(g) $p_{ac}=6\ 000$ Pa   (h) $p_{ac}=7\ 000$ Pa   (i) $p_{ac}=8\ 000$ Pa

图 10 - 17　速度波腹处不同声压峰峰值下狭缝喷嘴雾化图

　　图 10 - 18 所示为喷嘴在声场速度波腹、声强波腹及声压波腹三个位置处不同声压峰峰值下的特征长度 L_c 的变化。如图 10 - 17(d)、(f)所示,特征长度定义为在狭缝喷嘴所产生的液膜在破裂前(0~4 000 Pa)为喷嘴出口至液膜边缘撞击发生轴转换的距离,破裂后(5 000~8 000 Pa)为喷嘴出口至液膜发生破碎的距离。

　　从图 10 - 17 和图 10 - 18 中可以看出,声场对狭缝喷嘴所形成的平面液膜的雾化特性的影响主要体现在液膜扩张角度与特征长度的改变,以及液膜表面法拉第波的产生。

　　图 10 - 19 所示为在不同声场位置及声压下液膜扩张角度及法拉第波波长的变化,如图 10 - 17(d)、(f)所示,在液膜扩张角度的定义中,当液膜边缘向内收敛时,扩张角度为负角度;当液膜边缘向外扩张时,扩张角度为正角度。

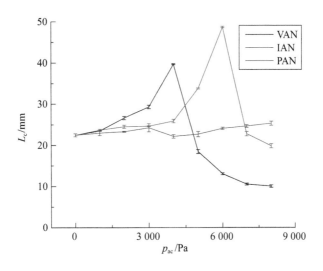

图 10-18　不同声压峰峰值下狭缝喷嘴特征长度变化图

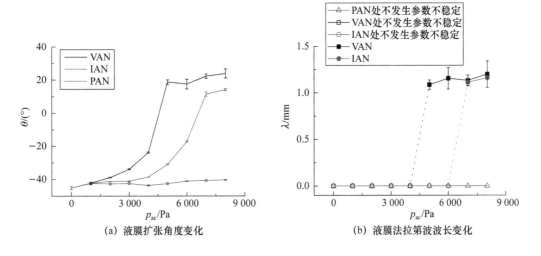

(a) 液膜扩张角度变化　　　　　　　　(b) 液膜法拉第波波长变化

图 10-19　狭缝喷嘴液膜扩张角度及法拉第波波长随声压的变化

　　由图 10-17、图 10-18 及图 10-19(a)可以得出,在速度波腹处,随着声压的增大,原本因表面张力作用而向内收敛的液膜收敛段在声场的作用下扩开,在液膜受声场作用扩开之前(液膜扩张角小于 0°),液膜的雾化形态表现为边缘向内汇聚并撞击发生轴转换的三角形液膜,此时液膜的特征长度随声压的增大而增大,此特征长度使液膜在声场下的临界状态(液膜扩张角为 0°)时达到最大,随着声压的进一步增大,液膜的雾化形态表现为边缘向外扩张成的梯形,液膜表面产生交错的法拉第波,且液膜发生剧烈的破碎现象并雾化,此时液膜的特征长度发生突变而剧减,并随着声压的增大逐渐减小。液膜的扩张角度随声压的增大而增大,但在声压达到液膜的临界状态前扩张角度的增速要远大于液膜的临界状态后扩张角度的增速。在声强波腹处,随着声压的增大,液膜的特征长度及扩张角度会在整体上与速度波腹处呈现相同的雾化规律,但液膜临界状态所对应的临界声压要高于速度波腹处。

图 10 - 20 所示为喷嘴在 3 000 Pa 的声压峰峰值下不同声场位置处的雾化图像。从图 10 - 20 可以看出,在相同的声压下,虽然声场对液膜的形态产生了改变,但不同的声场位置处有着不同的作用效果。结合图 10 - 18 及图 10 - 19(a)可以看出,在速度波腹处,声场使液膜有着最大的扩张角度与最短的特征长度,并且雾化程度也最为剧烈,而声强波腹和声压波腹次之。由此可以得出这样的结论:声场的作用效果在速度波腹、声强波腹、声压波腹处依次减弱。

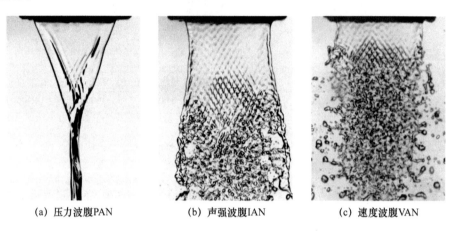

(a) 压力波腹 PAN   (b) 声强波腹 IAN   (c) 速度波腹 VAN

图 10 - 20   不同位置处狭缝喷嘴所产生的液膜在声场中的雾化图像

从图 10 - 19(b)中可以看出,随着声压幅值的增大,法拉第波波长在整体上呈增大的趋势;此外,结合图 10 - 19(a)还可以看出,法拉第波的产生总是发生在液膜的临界状态之后。

本征正交分解(POD)是一种提取实验数据各模态信息的方法,可以将复杂的信号分解为若干简单的正交模态,能量占比大的模态即原始信号的主导模态,代表了该信号的主要特征。通过 POD 方法,可以提取狭缝喷嘴所形成的平面液膜失稳的频率、波数等主要特征。

图 10 - 21～图 10 - 23 所示为对流量为 10.5 g/s,声压峰峰值为 6 000 Pa 条件下速度波腹处狭缝喷嘴所形成的平面液膜进行 POD 分解所得到的图像。

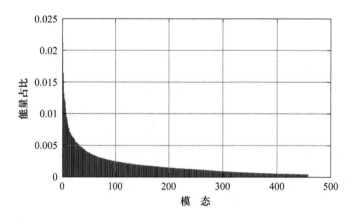

图 10 - 21   各模态能量占比分布

选取 2 000 张照片进行 POD 处理,得到的模态能量分布如图 10 - 21 所示,经处理分析后的多个模态中,前几个模态的能量占比要远高于其他模态。如图 10 - 22 所示,可以发现第七和第八模态的波长相近,且雾化形态和实际情况相近。

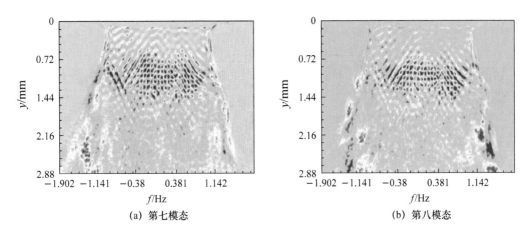

(a) 第七模态　　　　　　　　　　　(b) 第八模态

图 10 - 22　POD 分析模态示意图

对以上两模态进行频谱分析可以发现,第七和第八模态的主频为 1 190 Hz,与声场频率相同,如图 10 - 23 所示。此外,从图中还可以观察到,在两个模态的频谱图中,存在着两个接近 0 Hz 的峰值,这两个峰值所对应的主导频率是由液膜表面法拉第波行进的频率和振荡的频率综合作用而产生的。

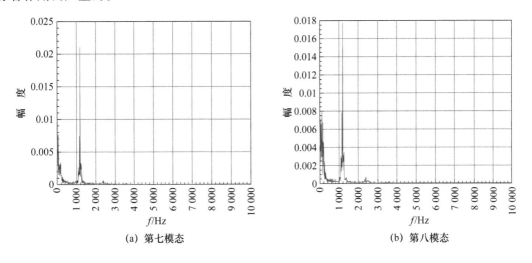

(a) 第七模态　　　　　　　　　　　(b) 第八模态

图 10 - 23　POD 模态分析频谱分布图

图 10 - 24 所示为实验工况下液膜的色散方程和参数不稳定的发生频率。从图中可以看出,当外加声场频率为 1 180 Hz 时,发生参数不稳定的区域振荡频率为声场振荡频率的一半,是亚谐波区域。

图 10 - 25 所示为此工况下狭缝喷嘴所产生的液膜在固定空间位置处的局部雾化图像。从图中可以看出,在声场的驱动下,虽然法拉第波在行进,但当法拉第波的振幅达到最大时,即法拉第波在液膜表面的沟壑视觉效果最为明显时,波峰与波谷的空间位置总是出现在同一位置。

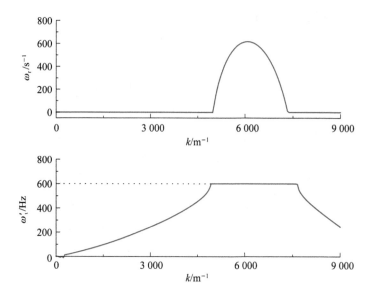

图 10 - 24　试验工况下对应的色散曲线及参数振荡频率

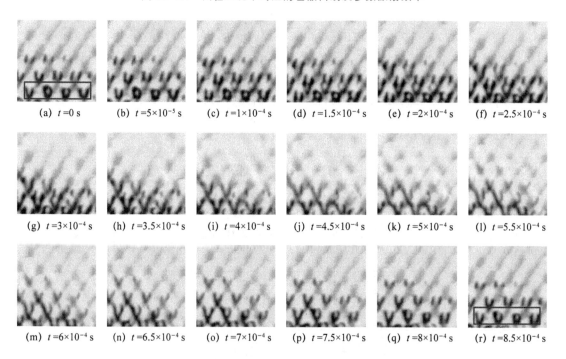

图 10 - 25　不同帧数下狭缝喷嘴液膜表面局部图像

　　如图 10 - 25(a)所示,红色框内的黑点为液膜表面交错的法拉第波区域内波峰/波谷空间位置所在,在图 10 - 25(r)中,在相同位置第二次出现了法拉第波的波峰/波谷。由这两张图间的时间间隔可计算出此现象发生的频率为 1 176 Hz,十分接近外加声场的振荡频率。在此高频率的振荡下,液膜上的法拉第波近似于振荡驻波。但是,若直接将此振荡频率作为法拉第波的振荡频率还需要进一步考查。图 10 - 24 所示的参数不稳定发生频率更是佐证了这一点,因为需要同时考虑波行进的频率与振荡的频率。为了更简洁地说明这个问题,假设一道在行进的同时进行振荡的波 W,行进的频率为 ω_1,振荡的频率为 ω_2,此时,波 W 可由下式表达:

$$W = A\cos(kx + \omega_1 t)\cos(\omega_2 t) \tag{10-55}$$

式中:A 为波的振幅,k 为波数。根据积化和差公式,式(10-55)可表示为

$$W = \frac{A\cos[kx + (\omega_1 + \omega_2)t] + A\cos[kx + (\omega_1 - \omega_2)t]}{2} \tag{10-56}$$

从式(10-56)可以看出,当且仅当 $\omega_1 = \omega_2$ 时,波 W 的波峰/波谷位置才在空间固定。此时式(10-56)可化简为

$$W = \frac{A\cos(kx + 2\omega_0 t) + A\cos(kx)}{2} \tag{10-57}$$

式中:ω_0 等同于波的振荡与行进频率。

如图 10-26 所示,行进频率等于振荡频率的波在固定空间位置处不同时刻的波形,经过半个振荡周期,初始时刻的波峰运动至波谷,而其初始时刻的位置则被其上游相邻的波谷所取代。由此可见,当以固定空间位置处出现相同的波形特征(波峰/波谷)作为观测标准时,所获得的振荡频率实际上是波振荡频率的 2 倍。这就是从图像中所观测到的法拉第波空间位置看似不发生变化,以及不稳定性分析中所发生的参数不稳定区域为亚谐波区域的原因。图 10-25 已测得固定空间位置处出现相同的波形特征的频率为 1 176 Hz,因此法拉第波行进与振荡的频率为 588 Hz,代入式(10-57),考虑误差,可以得到对该波形进行 POD 分解后所能获得的两个主频,其一出现在 1 176 Hz 附近,而另一主频出现在 0 Hz 附近,这与图 10-23 所示的 POD 模态分析频谱图中出现的主频相符合,也佐证了 10.1 节所进行的参数不稳定性理论分析的适用性。

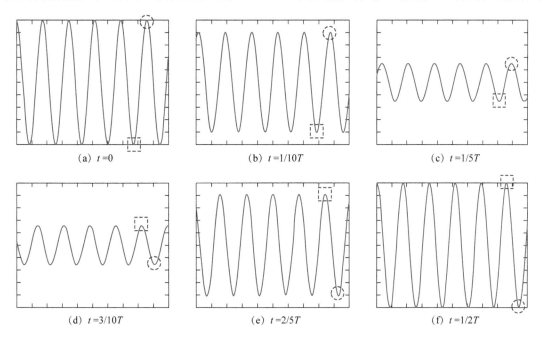

图 10-26　固定空间位置处行进与振荡频率相同的波的波形示意图

图 10-27 所示为在不同声场位置及声压下液膜扩张角度及法拉第波波长的变化。从图中可以看出,液膜表面的法拉第波波长在总体上随着声压的增大而增大,并且在速度波腹处,液膜表面产生法拉第波的声压要低于声强波腹处;在相同的声压幅值下,速度波腹处的法拉第

波波长也高于声强波腹处;在声压波腹处,液膜表面无法产生法拉第波。

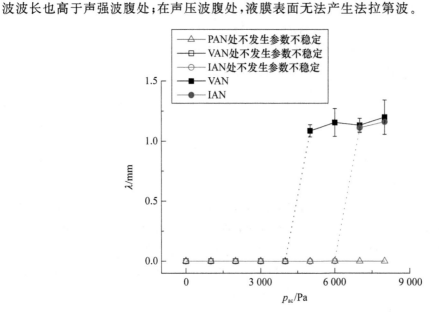

图 10 - 27　狭缝喷嘴液膜表面法拉第波波长的变化

图 10 - 28 所示为在速度波腹处,质量分数为 60% 甘油-水溶液在 10.5 g/s 流量下液膜扩张角度、法拉第波波长及液膜的特征长度随声压的变化。图中直观地展示了临界声压左右两侧狭缝喷嘴在声场中雾化特性的差异。当对液膜施加的声压小于临界声压时,声场的作用不足以克服液膜的表面张力,液膜的边缘向内收敛最终撞击发生轴转换,此时液膜的扩张角度为负值,特征长度体现为喷嘴出口至液膜发生轴转换的距离,液膜的特征长度与扩张角度随声压的增大而增大,且声压越大,液膜的特征长度和扩张角度增大得越快;当对液膜施加的声压大于临界声压时,声场的作用足以克服表面张力,液膜的边缘向外扩张,液膜的参数不稳定占据主导,液膜在气动力的作用下产生大量小液滴,雾化十分剧烈,此时液膜的扩张角度为正值,特征长度体现为喷嘴出口至液膜发生破裂的距离,液膜的特征长度随声压的增大而减小,而扩张角度随声压的增大而增大,但声压的增大均会使液膜的特征长度和扩张角度变化的趋势减缓。

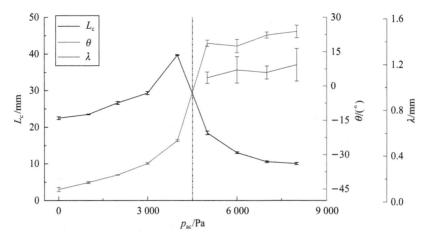

图 10 - 28　速度波腹处狭缝喷嘴各参数随声压的变化

图 10-29 所示为在声强波腹处,质量分数为 60% 甘油-水溶液在 10.5 g/s 流量下液膜扩张角度、法拉第波波长及液膜的特征长度随声压的变化。同样的,声场对液膜的作用存在一临界点,在临界点左右两侧液膜的雾化规律与速度波腹处相同。两个位置之间液膜雾化特性最为显著的差异在于临界声压的变化,可以看到,在速度波腹处,液膜的临界声压峰峰值位于 4 000~5 000 Pa 范围内;而在声强波腹处,液膜的临界声压峰峰值位于 6 000~7 000 Pa 范围内。在 10.1 节的理论分析中,采用液膜两侧的压力梯度的振荡幅值作为决定液膜收到声场驱动的振荡加速度幅值的因素,在声场的速度波腹与声强波腹两个位置间,声场在速度波腹处所提供的压力梯度是声强波腹处的 $\sqrt{2}$ 倍,而在声压波腹处因为液膜两侧对称的压力分布,液膜所受到的压力梯度始终为零,即声场无法驱动液膜进行振荡,这就是在速度波腹处相同声压幅值下声场对液膜的作用效果总是强于声强波腹处,而声压波腹处液膜受到声场的作用效果总是微乎其微的原因。实验中所测得的两个位置处的临界声压在大小上同样有着近似于 $\sqrt{2}$ 倍的关系,这同样为本章所做的稳定性理论分析的准确性提供了依据。10.1 节所做的平面液膜在横向驻波振荡声场中的参数不稳定性理论分析在本节狭缝喷嘴所产生的平面液膜实验在数值上的适用性,将在最后一小节进行讨论。

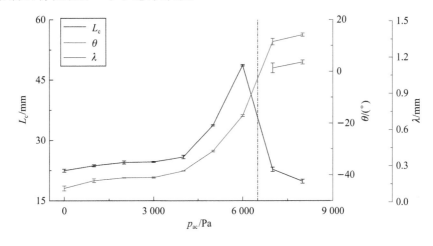

图 10-29　声强波腹处狭缝喷嘴各参数随声压的变化

图 10-30 所示为在声强波腹处临界声压下液膜的雾化形态。在此临界状态下,声场对液膜的作用将液膜拉为长条状,液膜的扩张角度接近于 0°,液膜的长度要远高于无声场作用状态,并且在液膜表面有大量细密波纹;进一步增大声压峰峰值,液膜将迅速向两侧扩开,液膜表面的细密波纹也将变为可明显观测的交错的法拉第波,液膜长度由于液膜的破碎而迅速减小。

2. 韦伯数对喷嘴雾化特性的影响

为了探究韦伯数对喷嘴雾化特性的影响,采用质量分数为 60% 的甘油-水溶液,工质流量在 10.5~14.7 g/s 范围内,在 PAN、IAN、VAN 三个位置,声压峰峰值为 0~8 000 Pa 范围内对狭缝喷嘴所产生的平面液膜进行拍摄,以狭缝喷嘴所

图 10-30　声强波腹处临界声压下的平面液膜

产生的平面液膜的厚度为特征长度,将工质流量的变化以气体韦伯数体现。表 10-1 所列为实验中各工质物性参数及气体韦伯数 We_g。气体韦伯数定义如下:

$$We_g = \frac{\rho_g h v^2}{\sigma} \qquad (10-58)$$

式中:ρ_g、σ 分别为空气的密度和表面张力,h 为液膜厚度,v 为液膜的流速。

在对液膜厚度进行计算时,由于在声场下,液膜的形态有很大变化,因此通过喷嘴出口/发生法拉第波区域处的横截面的长度以及当地的流速来确定液膜的厚度。当地流速可通过跟踪高速摄像所得的连续图像中在较短时间内通过该截面的流体的运动得出,假设液膜的横截面为矩形,结合流量及工质的密度就可以计算出液膜的厚度。

表 10-1 不同工质流量对应的实验工况

甘油-水溶液 质量分数	表面张力/ $(mN \cdot m^{-1})$	黏度/$(mPa \cdot s)$	密度/$(kg \cdot m^{-3})$	流量/$(g \cdot s^{-1})$	We_g
60%	68.8	10.96	1 153.8	10.5	0.011 25
				12.6	0.011 98
				14.7	0.014 42

图 10-31 所示为在速度波腹处,声压峰峰值为 7 000 Pa 和不同流量的工况下,狭缝喷嘴的雾化图像。图 10-32 所示为在不同声场位置,声压峰峰值为 7 000 Pa 和不同流量所代表的气体韦伯数的工况下,液膜特征长度、扩张角度及法拉第波波长的变化,其中波长因其受表面张力和惯性力的作用,且这种作用发生在喷嘴外部,故选取液膜厚度来进行无量纲化,无量纲波长表示如下:

$$\lambda^* = \frac{\lambda}{h} \qquad (10-59)$$

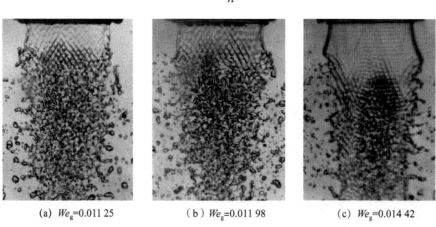

(a) We_g=0.011 25　　　　(b) We_g=0.011 98　　　　(c) We_g=0.014 42

图 10-31 速度波腹处 7 000 Pa 声压峰峰值下狭缝喷嘴雾化图像

从图 10-31 和图 10-32 (b)中可以看出,当工质的流量增大,即气体韦伯数增大时,在相同声压峰峰值下,狭缝喷嘴所形成的平面液膜的扩张角度在总体上有增大的趋势。

从图 10-32(a)中可以看出,在声压波腹处,随着韦伯数的增大,液膜的特征长度呈现近似线性的增长,且在此声场位置,液膜未受声场作用而向外扩开,特征长度体现为喷口至发生轴转换的距离,而特征长度的增长恰恰反映了流量的增长。在速度波腹处,随着韦伯数的增大,液膜的特征长度几乎不发生变化,且在此声场位置,液膜受声场作用而向外扩开,特征长度体现为喷口至液膜发生破碎的距离,虽然随着韦伯数的增大,液膜的临界声压发生了变化,对液膜的雾化更是产生了不同程度的作用效果,但特征长度却几乎不发生变化,结合图 10 - 18中速度波腹处高声压下液膜特征长度同样近乎不发生变化的现象,可以认为声场对液膜破碎的影响已达到极限,进一步增大声压也无法对液膜的破碎长度有较大幅度的降低。

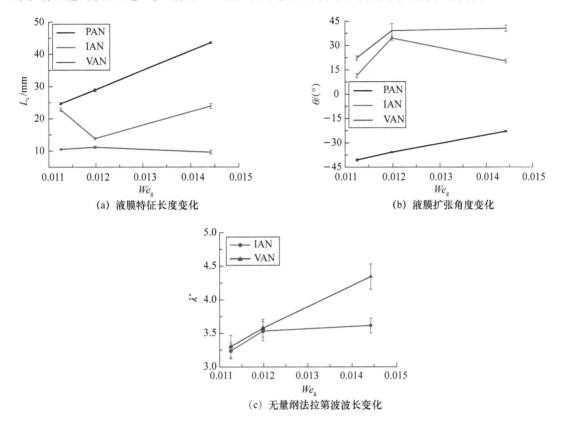

(a) 液膜特征长度变化　　　　　　(b) 液膜扩张角度变化

(c) 无量纲法拉第波波长变化

图 10 - 32　气体韦伯数对狭缝喷嘴液膜特征长度、扩张角度和法拉第波波长的影响

从图 10 - 32(c)中可以看出,当工质的流量增大,即气体韦伯数增大时,在相同声压峰峰值下,狭缝喷嘴所形成的平面液膜的法拉第波波长在总体上有增大的趋势。

3. 实验结果与参数不稳定性分析理论的验证与比较

在本小节前两部分的内容中,已经初步证实了 10.1 节所做的平面液膜在横向驻波振荡声场中的参数不稳定性理论分析是适用于本节的狭缝喷嘴实验的。在 10.1 节中也证明了法拉第波振荡频率与理论分析所得出的参数振荡频率是相同的。下面对实验中发现的声场对液膜产生作用效果的临界声压以及突破临界声压后法拉第波波长的变化进行对比。

在理论分析部分,声场对液膜产生的作用通过对液膜施加振荡加速度来体现,这里通过给出的经验系数对实验结果进行拟合,此时液膜受到的加速度可用下式表示:

$$G(t) = \frac{2\pi P_s \cos(2\pi f t)}{\lambda \rho_g} \times K \tag{10 - 60}$$

对于液膜在声场中发生变化的临界声压,在实验现象中可体现为在液膜表面产生法拉第波的临界状态,而在不稳定性理论分析中则体现为参数振荡区域的出现,并且参数不稳定占据主导。为了使参数不稳是在理论中能够定量地体现出来,可以认为参数不稳定区域的最大不稳定增长率在数值上等同于无声场条件下达到临界状态的液膜的最大不稳定增长率。

图 10-33 所示为在流量为 14.7 g/s 的实验工况下,平面液膜在无声场作用下的定常状态及在声场作用下的色散曲线,其中 G 为液膜受到的加速度幅值。如图 10-33(a)所示,当无声场作用时,液膜受到的振荡加速度为 0,此时参数不稳定理论分析的结果退化为定常情况下的线性不稳定理论,在色散曲线中仅存在 K-H 不稳定区域,最大不稳定增长率为 11.79 s^{-1}。如图 10-33(b)所示,当振荡加速度幅值为 674 m/s^2 时,色散曲线中 K-H 不稳定区域消失,仅出现一个亚谐波的参数不稳定区域,此时参数不稳定区域的最大不稳定增长率等同于无声场作用时的 K-H 不稳定区域的最大不稳定增长率。因此可以认为,当声场的作用能够使平面液膜产生一个幅值达 674 m/s^2 的加速度时,液膜处于临界状态。

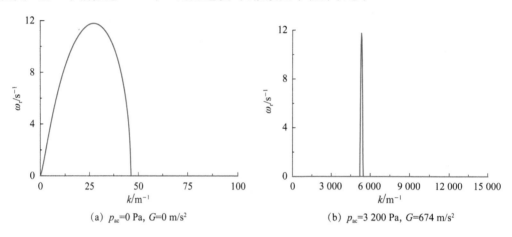

(a) p_{ac}=0 Pa, G=0 m/s^2

(b) p_{ac}=3 200 Pa, G=674 m/s^2

图 10-33 无声场作用与临界声压下的液膜色散曲线(流量为 14.7 g/s)

图 10-34 所示为在速度波腹处,声压峰峰值为 3 200 Pa,流量为 14.7 g/s 工况下液膜的雾化状态,可见此时为临界状态,液膜扩张角接近 0°,并且在液膜表面有大量细密的波纹。

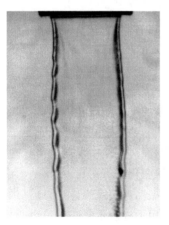

图 10-34 速度波腹处临界声压下液膜雾化图像

通过选取经验系数 K,使液膜在临界声压下恰好能够产生幅值为 1 408 m/s^2 的加速度,此时对理论分析与实验中所观测的各个声压峰峰值下液膜表面有无法拉第波产生及法拉第波波长进行比较。对质量分数为 60% 的甘油-水溶液在流量为 14.7 g/s 工况下,选取 K=0.024 1,则在声压峰峰值为 3 200 Pa 时,声场对液膜施加的振荡加速度幅值恰为 674 m/s^2。

在速度波腹处,当声压峰峰值为 8 000 Pa 时,在经验系数 K=0.024 1 工况下,由式(10-60)可得出声场对液膜施加的振荡加速度幅值为 1 685 m/s^2,图 10-35 所示为此工况下液膜的色散方程,其中甘油-水溶液的质量分数用 Q 表示。从图 10-35 可以确定,色散曲线的主导波数

k_{max} 为 5 050 m^{-1}，对应的理论法拉第波波长为 1.244 mm。

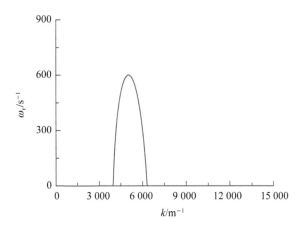

图 10 - 35　速度波腹处声压峰峰值为 8 000 Pa 工况下液膜的色散曲线

$(v = 1.758\ 2\ \text{m/s}, p_{ac} = 8\ 000\ \text{Pa}, K = 0.024\ 1, h = 0.267\ 5\ \text{mm}, f = 1\ 190\ \text{Hz}, Q = 60\%)$

图 10 - 36 所示为速度波腹与声强波腹处，在经验系数为 $K = 0.024\ 1$、不同声压下理论计算波长与实际测得波长的对比。从图 10 - 36(a) 中可以看出，理论分析所得出的理论法拉第波波长随着声压的增大而增大，并且在声压峰峰值小于 3 000 Pa 的工况下，无参数不稳定区域，即不产生法拉第波，这与实验现象是相吻合的；而在波长的数值上，理论计算所得的波长与实验测得的波长也基本吻合。

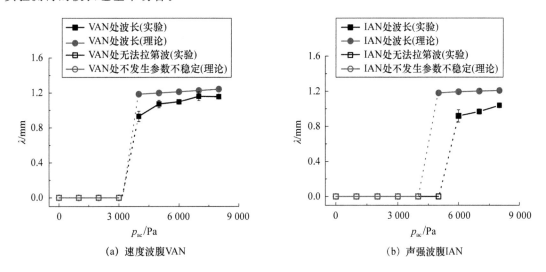

(a) 速度波腹 VAN　　　　　　　(b) 声强波腹 IAN

图 10 - 36　不同位置处各声压峰峰值下法拉第波波长理论与实验对比 $(K = 0.024\ 1)$

在 10.1 节的理论分析中，采用液膜两侧的压力梯度的振荡幅值作为决定液膜受到声场驱动的振荡加速度幅值的因素；而在声场中，速度波腹处的声压幅值是声强波腹处的 $\sqrt{2}$ 倍，图 10 - 36(b) 所示为沿用速度波腹处选取的经验系数 K 所做的不同声压下理论计算波长与实际测得波长的对比。从图 10 - 36(b) 中可以看出，理论计算所得的波长随着声压峰峰值的增大，变化的趋势是与实验相同的。

图 10 - 37 所示为在流量为 10.5 g/s 的实验工况下,平面液膜在无声场作用下的定常状态及在声场作用下的色散曲线。如图(a)所示,当无声场作用时,液膜受到的振荡加速度为 0,此时参数不稳定理论分析的结果退化为定常情况下的线性不稳定理论,在色散曲线中仅存在 K - H 不稳定区域,最大不稳定增长率为 5.6 s⁻¹。如图(b)所示,当振荡加速度幅值为 919.1 m/s² 时,色散曲线中 K - H 不稳定区域的消失,仅出现一个亚谐波的参数不稳定区域,此时参数不稳定区域的最大不稳定增长率等同于无声场作用时的 K - H 不稳定区域的最大不稳定增长率。通过实验已经确定了,当流量为 10.5 g/s 时,速度波腹处液膜的临界声压介于 4 000～5 000 Pa 之间,而声强波腹处液膜的临界声压介于 6 000～7 000 Pa 之间,因此需要选取经验系数 K 使理论中速度波腹与声强波腹处液膜的临界声压分别位于上述两声压区间内,同时满足下式:

$$\frac{2\pi P_1}{\lambda \rho_g} \times K < G_{lim} < \frac{2\pi P_2}{\lambda \rho_g} \times K \tag{10-61}$$

$$\frac{2\pi P_1}{\sqrt{2}\lambda \rho_g} \times K < G_{lim} < \frac{2\pi P_2}{\sqrt{2}\lambda \rho_g} \times K \tag{10-62}$$

式中:$P_1 \sim P_2$ 为临界声压所处的区间范围,G_{lim} 为液膜的临界加速度。由式(10 - 61)和式(10 - 62),可得

$$0.021\,2 < K < 0.024\,8 \tag{10-63}$$

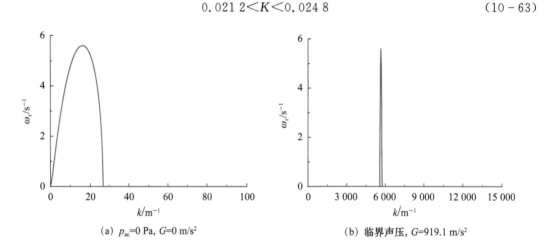

(a) $p_{ac}=0$ Pa, $G=0$ m/s²　　　　　(b) 临界声压, $G=919.1$ m/s²

图 10 - 37　无声场作用与临界声压下的液膜色散曲线(流量为 10.5 g/s)

选取 $K=0.023\,1$,图 10 - 38 所示为在速度波腹及声强波腹处,此经验系数和不同声压下理论计算波长与实际测得波长的对比。从图中可以看出,理论分析所得出的理论法拉第波波长随着声压的增大而增大,并且当声压峰峰值小于对应声场位置的临界声压时,无参数不稳定区域,即不产生法拉第波,这与实验现象是相吻合的,而在波长的数值上,理论计算所得的波长与实验测得的波长也相吻合。

图 10 - 39 所示为在流量为 12.6 g/s 的实验工况下,平面液膜在无声场作用下的定常状态及在声场作用下的色散曲线。如图(a)所示,当无声场作用时,液膜受到的振荡加速度为 0,此时参数不稳定理论分析的结果退化为定常情况下的线性不稳定理论,在色散曲线中仅存在 K - H

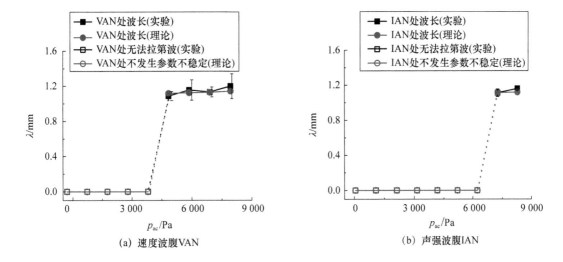

(a) 速度波腹VAN　　　　　　　　　(b) 声强波腹IAN

图 10-38　不同位置处各声压峰峰值下法拉第波波长理论与实验对比（$K=0.023\,1$）

不稳定区域,最大不稳定增长率为 $6.785\,\mathrm{s}^{-1}$。如图(b)所示,当振荡加速度幅值为 $859.3\,\mathrm{m/s}^2$ 时,色散曲线中 K-H 不稳定区域消失,仅出现一个亚谐波的参数不稳定区域,此时参数不稳定区域的最大不稳定增长率等同于无声场作用时的 K-H 不稳定区域的最大不稳定增长率。

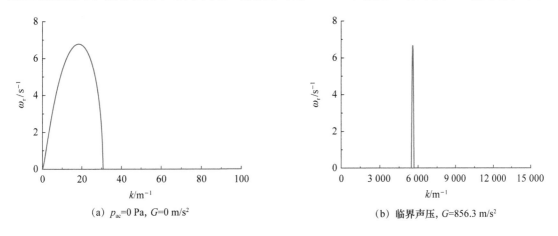

(a) $p_{ac}=0$ Pa, $G=0$ m/s²　　　　　　　(b) 临界声压, $G=856.3$ m/s²

图 10-39　无声场作用与临界声压下的液膜色散曲线（流量为 $12.6\,\mathrm{g/s}$）

通过实验已经确定了,当流量为 $12.6\,\mathrm{g/s}$ 时,速度波腹处液膜的临界声压介于 $3\,000\sim$ $4\,000\,\mathrm{Pa}$ 之间,而声强波腹处液膜的临界声压介于 $4\,000\sim5000\,\mathrm{Pa}$ 之间,因此需要选取经验系数 K 使理论中的速度波腹和声强波腹处液膜的临界声压分别位于上述两声压区间内,同样,满足式(10-61)和式(10-62),可得

$$0.027\,8<K<0.032\,8 \tag{10-64}$$

选取 $K=0.030\,3$,如图 10-40 所示在速度波腹处,此经验系数和不同声压下的理论计算波长与实际测得波长的对比。同样,实验与理论吻合良好。

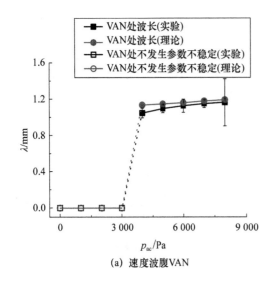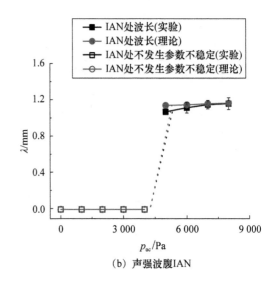

(a) 速度波腹VAN　　　　　　　　　　　(b) 声强波腹IAN

图 10-40　不同位置处各声压峰峰值下法拉第波波长理论与实验对比（$K=0.030\ 3$）

表 10-2 列出了在不同工况下经验系数 K 的取值范围。在对应的经验系数 K 下，每个工况下的参数不稳定性理论分析中的临界声压均位于实验中的临界声压范围内，并且理论分析所得法拉第波波长的变化趋势与实验相同，且法拉第波的数值也与实验测得的数据相近。

表 10-2　不同工况下的经验系数 K 取值范围

流量/($g \cdot s^{-1}$)	声场位置	临界声压区间/Pa	K 取值范围
10.5	VAN	4 000~5 000	0.021 064 22~0.026 330 28
	IAN	6 000~7 000	0.021 278 08~0.024 824 42
12.6	VAN	3 000~4 000	0.024 617 13~0.032 822 84
	IAN	4 000~5 000	0.027 851 11~0.034 813 88
14.7	VAN	3 000~4 000	0.019 308 68~0.025 744 90
	IAN	5 000~6 000	0.018 204 40~0.021 845 28

10.2.3　驻波声场下离心喷嘴的雾化特性研究

本小节将对驻波声场下离心喷嘴的雾化特性进行实验研究，内容包括探究声压幅值，喷嘴所处声场位置、雷诺数及气体韦伯数对离心喷嘴雾化特性的影响，涉及的参数包括临界声压、法拉第波波长及振动频率、喷嘴破碎长度、雾化锥角；此外，还对离心喷嘴在声场中小流量的工况下所具有的迟滞特性进行分析。

1. 声压幅值与喷嘴位置对喷嘴雾化特性的影响

实验中采用质量分数为 50% 的甘油-水溶液为工质，在流量为 7.14 g/s 下进行喷嘴的雾化特性试验。图 10-41 所示为速度波腹处喷嘴在不同声压峰峰值下的雾化图像。

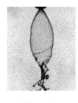    

(a) p_{ac}=0 Pa　(b) p_{ac}=1 000 Pa　(c) p_{ac}=2 000 Pa　(d) p_{ac}=3 000 Pa　(e) p_{ac}=4 000 Pa　(f) p_{ac}=5 000 Pa

图 10 - 41　速度波腹处不同声压峰峰值下离心喷嘴雾化图像

图 10 - 42 所示为喷嘴在声场速度波腹、声强波腹及声压波腹三个位置处不同声压峰峰值下的破碎距离 L_{bu} 的变化。从图中可见,随着声压的增大,喷嘴破碎长度下降。

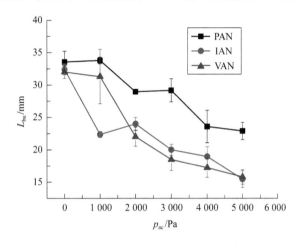

图 10 - 42　不同声压峰峰值下离心喷嘴破碎长度的变化

图 10 - 43 所示为速度波腹处声压峰峰值为 3 000 Pa 条件下垂直于声场方向拍摄得到的锥形液膜边缘图像。从图中可以看到,一个完整的法拉第波振荡周期,经计算可得其振荡频率为 1 111 Hz,大小与声场频率十分接近,因此,可以认定在驻波声场下,离心喷嘴所形成的锥形液膜发生了参数振荡并产生了法拉第波,且波的振荡频率等于施加声场的振荡频率。

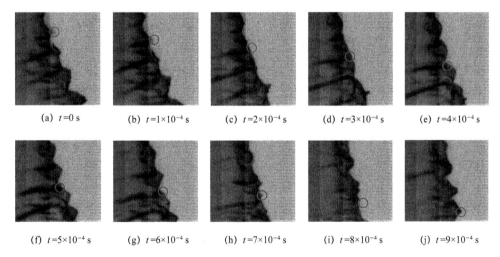

(a) t=0 s　(b) t=1×10^{-4} s　(c) t=2×10^{-4} s　(d) t=3×10^{-4} s　(e) t=4×10^{-4} s

(f) t=5×10^{-4} s　(g) t=6×10^{-4} s　(h) t=7×10^{-4} s　(i) t=8×10^{-4} s　(j) t=9×10^{-4} s

图 10 - 43　100 000 fps 下不同帧数的雾化图像

从图 10-41 和图 10-43 中可以看出,声场对离心喷嘴所形成的锥形液膜的雾化特性的影响主要体现在喷嘴雾化锥角与破碎距离的改变以及对液膜表面法拉第波的产生。

图 10-44 所示为在不同声场位置及声压峰峰值下喷嘴雾化锥角及法拉第波波长的变化。由图 10-41、图 10-42 及图 10-44(a)可以得出,在速度波腹处,随着声压的增大,离心喷嘴所产生的锥形液膜原本因表面张力作用而收敛的收敛段在声场的作用下扩开,雾化锥角也一并增大,并且破碎距离减小。在声强波腹及声压波腹处,随着声压的增大雾化锥角与破碎长度在整体上会与速度波腹处呈现出相同的雾化规律。

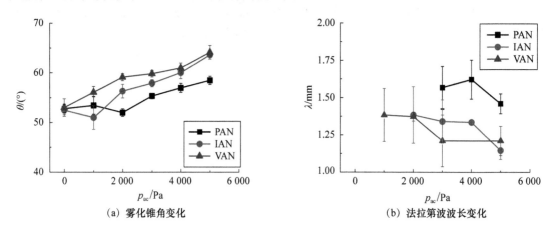

(a) 雾化锥角变化　　　　　　　　　　　(b) 法拉第波波长变化

图 10-44　离心喷嘴雾化锥角与法拉第波波长的变化

图 10-45 所示为喷嘴在 3 000 Pa 的声压峰峰值下不同声场位置处的雾化图像。从图 10-45 可以看出,在相同的声压下,虽然声场均使液膜的形态发生了改变,但不同的声场位置处有着不同的作用效果。结合图 10-42 及图 10-44(a)可以看出,在速度波腹处,声场使锥形液膜有着最大的雾化锥角和最短的破碎长度,并且雾化程度也最为剧烈,而声强波腹和声压波腹次之。由此,可以得出声场的作用效果在速度波腹、声强波腹、声压波腹处依次减弱的结论。从图 10-44(b)中可以看出,随着声压幅值的增大,法拉第波波长在整体上呈减小的趋势,此外,结合图 10-44(a)可以看出,法拉第波的产生总是伴随着锥形液膜雾化锥角的增大。这是由于离心喷嘴所形成的锥形液膜在受声场作用而扩开时的厚度很小,仅有 $20\sim30~\mu m$,而由于其中空的结构,声场对其作用的加速度可达到 $10^4~m/s^2$ 的量级,而在此基数上加速度的增大可能是导致法拉第波波长减小的主要原因。通常,在雾化过程中,流体表面短波长的波因其具有更大的能量而使雾化更加剧烈,因此法拉第波波长的减小,意味着雾化的加剧,这也符合在高声压下锥形液膜破碎距离减小并且雾化更剧烈的规律。从速度波腹至声压波腹,声场的作用是在减小的,而液膜受到声场作用的加速度幅值也在减小,致使在相同声压下,液膜表面的法拉第波波长在速度波腹处小于声压波腹处的波长。

图 10-46 所示为离心喷嘴在声场中索泰尔平均直径(SMD)均值随声压幅值及位置的变化。从图中可以看出,在速度波腹和声强波腹处,SMD 均值都先经历一段持平阶段随后才随着声压的增大而迅速下降;而在声压波腹处,SMD 均值基本持平,仅在声压峰峰值达到

5 000 Pa时才略有降低。这是因为从持平阶段到下降阶段,喷嘴雾化所经历的是从小声压下小锥角且参数振荡不强烈的阶段到较大声压下大锥角且存在着强烈的参数振荡阶段的转变。因为声强波腹处声场对喷嘴的作用效果要弱于速度波腹处,因此 SMD 均值下降阶段的出现要弱于速度波腹处。在声压波腹处,从图 10-44 及图 10-46 中可以看出,在声压波腹处声压峰峰值 5 000 Pa 的条件下,锥形液膜发生了参数振荡,在其表面出现了法拉第波,并且喷嘴的雾化锥角增大,相较于小声压条件下,喷嘴的 SMD 均值也发生了下降。

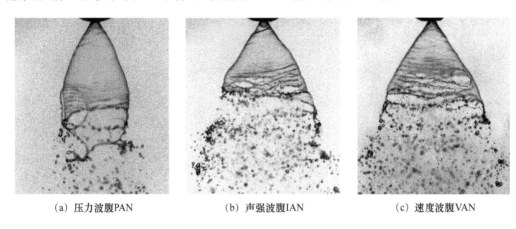

(a) 压力波腹PAN　　　　　　(b) 声强波腹IAN　　　　　　(c) 速度波腹VAN

图 10-45　不同位置处离心喷嘴所产生的锥形液膜在声场中的雾化图像

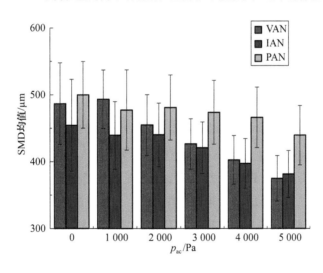

图 10-46　离心喷嘴 SMD 均值随声压幅值和喷嘴位置的变化

　　从图 10-44(a) 及图 10-46 中可以观察到,喷嘴雾化锥角及 SMD 均值随声压变化的过程中在小声压阶段存在着一个变化较小的平稳阶段,如图 10-44(a) 中声强波腹处声压峰峰值为 0~1 000 Pa 及声压波腹处声压峰峰值为 0~3 000 Pa 的雾化锥角平稳变化阶段,以及图 10-46 中速度波腹处声压峰峰值为 0~1 000 Pa、声强波腹处声压峰峰值为 0~2 000 Pa 和声压波腹处声压峰峰值为 0~4 000 Pa 的 SMD 均值平稳阶段。在声强波腹及声压波腹处的小声压峰峰值的条件下,离心喷嘴所产生的锥形液膜尚未因声场的作用而扩开。图 10-47 和

图 10-48 分别给出了离心喷嘴在声强波腹及声压波腹处的破碎长度、雾化锥角及 SMD 均值随声压峰峰值的变化图,并展示了各特征点的雾场图像。

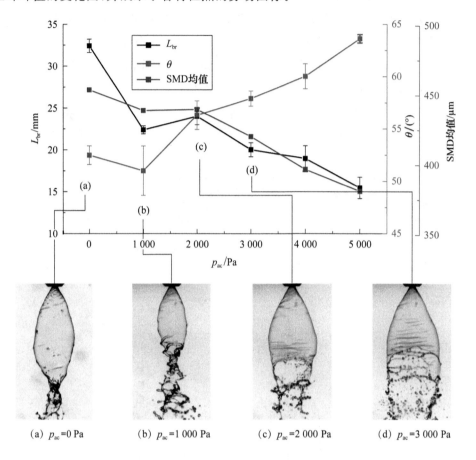

(a) $p_{ac}=0$ Pa　　(b) $p_{ac}=1\,000$ Pa　　(c) $p_{ac}=2\,000$ Pa　　(d) $p_{ac}=3\,000$ Pa

图 10-47　离心喷嘴在声强波腹处的破碎长度、雾化锥角及 SMD 均值随声压幅值的变化

在图 10-47 中,相比不施加声场作用(见图(a))和声压峰峰值为 1 000 Pa(见图(b))时的雾化锥角无明显变化,而破碎长度却显著减小,此时声压的增大不足以使因表面张力作用而收敛的锥形液膜扩开,但却对锥形液膜施加了一个挤压力使液膜缩小,这导致了破碎长度的减小,而破碎长度的减小使液膜汇聚后形成的大液滴有更充分的时间受气动力作用而进一步雾化,使 SMD 均值下降,图 10-48 所示喷嘴在声压波腹处 0~2 000 Pa 的变化阶段与此类似;当声压增至 2 000 Pa 时,如图 10-47(c)所示,相较于声压峰峰值为 1 000 Pa 的条件下,虽然喷嘴的雾化锥角增大,但由于破碎长度无明显变化,且液膜没有完全扩开,即液膜未发生破裂的尾部仍然因表面张力的作用而向内收敛,因此喷嘴的 SMD 均值无明显变化,喷嘴在速度波腹处声强为 0~1 000 Pa 的变化阶段以及图 10-48 所示喷嘴在声压波腹处 2 000~4 000 Pa 的变化阶段与此类似;当声压增大到 3 000 Pa 时,液膜锥角进一步增大,破碎距离减小,且液膜在下游克服了表面张力不向内汇聚,因此喷嘴的 SMD 均值有显著的下降,图 10-48 所示喷嘴在声压波腹处 4 000~5 000 Pa 的变化阶段与此类似。综上,存在着临界声压,使离

心喷嘴所产生的锥形液膜在此声压下能够克服表面张力的作用。对临界声压的研究将在后文做出分析。

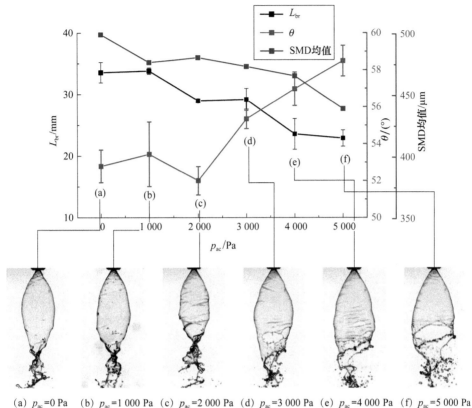

(a) $p_{ac}=0$ Pa (b) $p_{ac}=1\,000$ Pa (c) $p_{ac}=2\,000$ Pa (d) $p_{ac}=3\,000$ Pa (e) $p_{ac}=4\,000$ Pa (f) $p_{ac}=5\,000$ Pa

图 10-48 离心喷嘴在声压波腹处的破碎长度、雾化锥角及 SMD 均值随声压幅值的变化

2. 雷诺数对喷嘴雾化特性的影响

为了探究雷诺数对喷嘴雾化特性的影响,采用质量分数为 $0\%\sim50\%$ 的甘油-水溶液,在 PAN、IAN、VAN 三个位置,声压峰峰值为 $0\sim5\,000$ Pa 范围内对离心喷嘴所产生的锥形液膜进行拍摄,选取管路内的液体韦伯数为参照,以管路直径作为特征长度,计算当甘油质量分数变化时保持恒定的液体韦伯数所需的流量,并将黏性力的作用以雷诺数体现。表 10-3 列出了实验中各工质物性参数及雷诺数 Re、韦伯数 We。管道内韦伯数与雷诺数定义如下:

$$Re=\frac{\rho d v}{\mu} \tag{10-65}$$

$$We=\frac{\rho d v^2}{\sigma} \tag{10-66}$$

式中:ρ、μ、σ 分别为甘油-水溶液的密度、黏度和表面张力,d 为管路直径,v 为管路内工质的流速。

表 10 - 3　不同质量分数甘油-水溶液对应的实验工况

甘油-水溶液 质量分数/%	表面张力/ (mN·m⁻¹)	黏度/ (mPa·s)	密度/ (kg·m⁻³)	流量/ (g·s⁻¹)	We	Re₁
0	73.0	1.000	1 000.0	7.75		1 644.6
10	72.8	1.311	1 022.1	7.82		1 266.5
20	72.4	1.769	1 046.9	7.89		947.3
30	71.6	2.501	1 072.7	7.94	6.175 1	674.5
40	70.8	3.750	1 099.3	8.00		452.8
50	69.8	6.050	1 126.3	8.04		282.1

图 10 - 49 所示为在声压波腹处,声压峰峰值为 3 000 Pa 条件下各工质的雾化图像。从图中可以看出,当工质的黏度增大,即雷诺数减小时,在相同声压峰峰值下,离心喷嘴所形成的锥形液膜的雾化锥角减小。

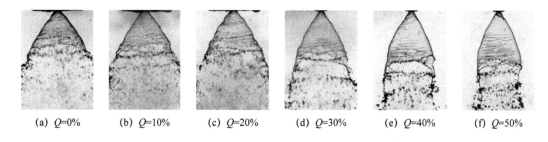

(a) $Q=0\%$　　(b) $Q=10\%$　　(c) $Q=20\%$　　(d) $Q=30\%$　　(e) $Q=40\%$　　(f) $Q=50\%$

图 10 - 49　速度波腹处各工质黏度下离心喷嘴雾化图像

图 10 - 50 所示为在速度波腹处,声压峰峰值为 3 000 Pa,不同雷诺数的工况下,喷嘴的雾化锥角变化及锥形液膜表面法拉第波波长的变化,其中无量纲波长表示如下:

$$\lambda^* = \frac{\lambda}{d} \tag{10 - 67}$$

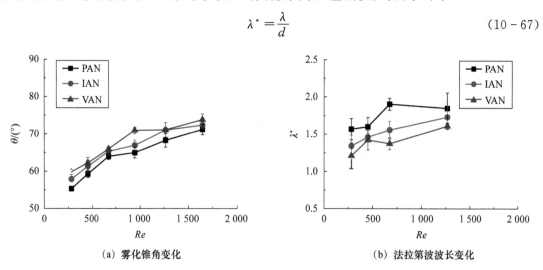

(a) 雾化锥角变化　　　　　　　　　　(b) 法拉第波波长变化

图 10 - 50　雷诺数对离心喷嘴雾化锥角与法拉第波波长的影响

从图 10-50 中可以看出,雷诺数的增大会引起离心喷嘴雾化锥角的增大,此外,液膜表面的法拉第波波长在总体上随着雷诺数的增大有着增大的趋势。

图 10-51 所示为在声压峰峰值为 3 000 Pa 和不同质量分数工质下液膜表面法拉第波发生区域的变化。从图中可以看出,质量分数较高的甘油溶液,黏度较高,因此喷雾锥角较小,液膜厚,导致加速度小;而低黏度溶液发生法拉第波的位置距离喷口更近,液膜更厚。因此,同样声压的情况下,低黏度溶液液膜表面振荡加速度更小,这就造成了低黏度溶液液膜表面波长更长。

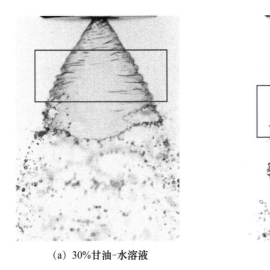

（a）30%甘油-水溶液　　　　　　　（b）50%甘油-水溶液

图 10-51　不同质量分数的甘油-水溶液法拉第波发生区域的变化

图 10-52 所示为离心喷嘴在声压峰峰值为 3 000 Pa 下破碎长度随雷诺数的变化。从图中可以看出,喷嘴的破碎长度随雷诺数的增大而减小。

图 10-53 所示为离心喷嘴在声压峰峰值为 3 000 Pa 下 SMD 均值随雷诺数的变化。从图中可以看出,喷嘴 SMD 均值随雷诺数的增大而减小。

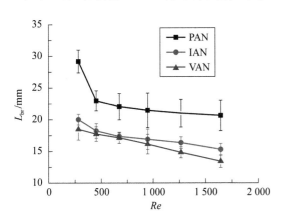

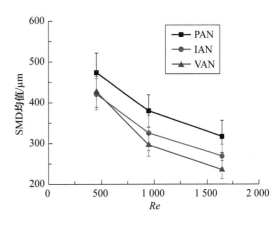

图 10-52　雷诺数对离心喷嘴破碎长度的影响　　　图 10-53　雷诺数变化对喷嘴 SMD 均值的影响

3. 韦伯数对喷嘴雾化特性的影响

为了探究韦伯数对喷嘴雾化特性的影响,采用质量分数为 50% 的甘油-水溶液,工质流量为 4.4～10.5 g/s,在 PAN、IAN、VAN 三个位置,声压峰峰值为 0～5 000 Pa 范围内对离心喷嘴所产生的锥形液膜进行拍摄,以离心喷嘴所产生的锥形液膜的厚度为特征长度,将工质流量的变化以气体韦伯数体现。表 10 - 4 列出了实验中各工质物性参数和气体韦伯数 We_g。管道内气体韦伯数定义如下:

$$We_g = \frac{\rho_g h v^2}{\sigma} \tag{10-68}$$

式中:ρ_g、σ 分别为空气的密度和表面张力,h 为液膜厚度,v 为液膜的流速。

表 10 - 4　不同工质流量对应的实验工况

甘油-水溶液质量分数/%	表面张力/(mN·m⁻¹)	黏度/(mPa·s)	密度/(kg·m⁻³)	流量/(g·s⁻¹)	We_g
50	69.8	6.050	1 126.3	4.4	0.007 2
				5.6	0.007 7
				7.14	0.008 4
				9	0.012 8
				10.5	0.015 0

图 10 - 54 所示为在速度波腹处,声压峰峰值为 3 000 Pa 和不同流量的工况下,离心喷嘴的雾化图像。图 10 - 55 所示为在速度波腹处,声压峰峰值为 3 000 Pa 和不同气体韦伯数的工况下,喷嘴的雾化锥角变化及锥形液膜表面法拉第波波长的变化,其中波长因其受表面张力和惯性力的作用,且这种作用发生在喷嘴外部,故选取液膜厚度来进行无量纲化,无量纲波长表示如下:

$$\lambda^* = \frac{\lambda}{h} \tag{10-69}$$

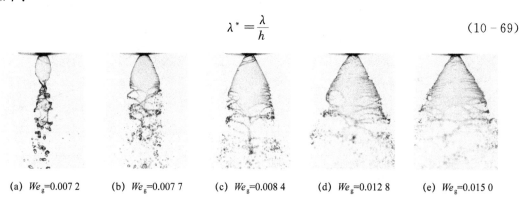

(a) $We_g = 0.007\,2$　　(b) $We_g = 0.007\,7$　　(c) $We_g = 0.008\,4$　　(d) $We_g = 0.012\,8$　　(e) $We_g = 0.015\,0$

图 10 - 54　速度波腹处离心喷嘴破碎长度、雾化锥角及 SMD 均值随气体韦伯数的变化

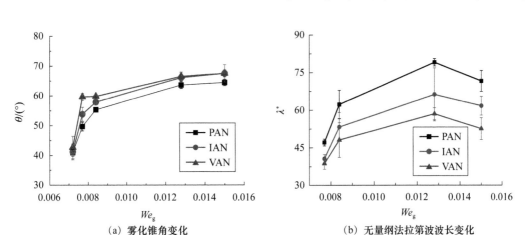

（a）雾化锥角变化　　　　　　　　　　　（b）无量纲法拉第波波长变化

图 10-55　气体韦伯数对离心喷嘴雾化锥角与无量纲法拉第波波长的影响

从图 10-54 和图 10-55（a）中可以看出，当工质的流量增大，即气体韦伯数增大时，在相同声压峰峰值下，离心喷嘴所形成的锥形液膜的雾化锥角增大。

从图 10-55（b）中可以看出，液膜表面的无量纲法拉第波波长随韦伯数的增大先增大后减小，这与其液膜厚度的变化规律相反。

图 10-56 所示为离心喷嘴在声压峰峰值为 3 000 Pa 下 SMD 均值随气体韦伯数的变化。从图中可以看出，喷嘴 SMD 均值随气体韦伯数的增大而减小。

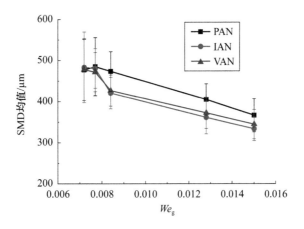

图 10-56　气体韦伯数对离心喷嘴 SMD 均值的影响

10.2.4　驻波声场下喷雾的迟滞与临界声压

图 10-57 所示为喷嘴在流量为 4.4 g/s 下位于速度波腹处，在增大和减小声压过程中不同声压峰峰值的雾化图像。在增大声压峰峰值的过程中，在声压峰峰值为 5 000 Pa 以下的工况下，锥形液膜受到声场对其作用的压缩力而收缩，当声压峰峰值达到 5 000 Pa 时，锥形液膜迅速扩张，并在液膜表面产生法拉第波，雾化强烈；此时在减小声压峰峰值至 3 000 Pa 的过程

中,液膜的扩张现象和法拉第波均能够维持,当声压峰峰值减小至 3 000 Pa 时,液膜迅速收缩,液膜表面的法拉第波也迅速消失。此时,声压峰峰值从 3 000 Pa 减小至 0 Pa 过程中液膜的形态与声压峰峰值从 0 Pa 增至 3 000 Pa 过程中同等声压峰峰值的液膜形不相一致,由此可见,液膜在驻波振荡声场中雾化时,存在着迟滞现象。从图 10-57 可以看出,在相同的声压峰峰值(3 000 Pa)下,声压增大/减小过程中的锥形液膜存在着完全不同的雾化形态。定义在声压增大的过程中,使液膜扩开并使雾化锥角激增的声压为正向形态临界声压,用 $P^+_{\lim-\theta}$ 表示,使液膜法拉第波产生的声压为正向法拉第波临界声压,用 $P^+_{\lim-\lambda}$ 表示;在声压减小的过程中,使液膜维持扩开状态的声压为反向形态临界声压,用 $P^-_{\lim-\theta}$ 表示,维持液膜法拉第波存在的声压为反向法拉第波临界声压,用 $P^-_{\lim-\lambda}$ 表示。

(a) p^+_{ac}=0 Pa　(b) p^+_{ac}=2 000 Pa　(c) p^+_{ac}=4 500 Pa　(d) p^+_{ac}=5 000 Pa　(e) p^-_{ac}=3 000 Pa　(f) p^-_{ac}=2 500 Pa　(g) p^-_{ac}=0 Pa

注:上角标"+"为增大声压过程;"一"为减小声压过程

图 10-57　速度波腹处增大和减小声压过程中不同声压峰峰值下离心喷嘴雾化图像

图 10-58 所示为质量分数 50% 的甘油-水溶液在喷嘴流量为 4.4 g/s 时,喷嘴雾化锥角在声压上行与下行时的变化。结合图 10-57 与图 10-58 可以看出,喷嘴的雾化锥角存在着迟滞现象,位于 3 000~5 000 Pa 声压范围内的锥形液膜锥角为不稳定状态,液膜锥角的变化取决于声压的上行或下行状态,而下行的状态也分为声压起始于正形态临界声压之上与之下两种状态,只有当下行时的起始声压高于正形态临界声压时才可能发生迟滞现象。可以看出,喷嘴的正向与反向形态临界声压分别在图中对应于 5 000 Pa 与 3 000 Pa 两点。

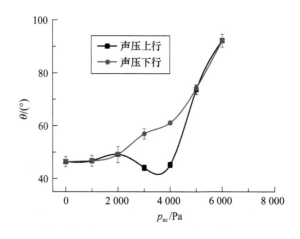

图 10-58　声压上行与下行的雾化锥角变化

从图 10-58 可以看出,在增大声压时,维持液膜形态的正向临界声压要高于减小声压时的反向临界声压。这是因为声场对锥形液膜产生作用效果前,液膜直径较小,声场甚至会对液膜产生一个压缩的力使液膜直径进一步减小致使液膜的厚度增大,此时液膜在声场中受到的作用相对减小,因此所需维持液膜形态的临界声压大,当达到了临界声压后,液膜扩开时,液膜直径变大而厚度减小,声场对液膜的作用增强,维持此状态下所需的临界声压反而减小,因此存在迟滞现象。

图 10-59 所示为不同黏度工质下离心喷嘴在驻波振荡声场中的临界声压。对于质量分数为 50％ 的甘油-水溶液,在实验流量范围内,无论对于法拉第波波长还是喷嘴的雾化锥角,喷嘴的正向临界声压都等于反向临界声压。雷诺数的增大会降低法拉第波临界声压和形态临界声压。结合图 10-58 和图 10-59,当工质的黏度降低,即雷诺数的增大,在无声场作用时有着更大的雾化锥角,因此锥形液膜有更大的直径,在声场中所受到的声辐射压力也更大,因此有着更小的形态临界声压;同时,雷诺数的增大也代表着更小的液膜厚度,使液膜在同等的声压下能受到更大的加速度幅值,因此有着更小的法拉第波临界声压。

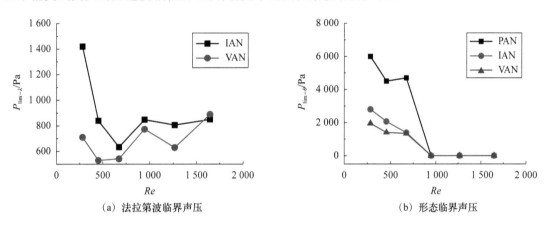

（a）法拉第波临界声压　　　　　　（b）形态临界声压

图 10-59　雷诺数对离心喷嘴临界声压的影响

图 10-60 所示为不同流量下离心喷嘴在驻波振荡声场中不同位置处的临界声压。对于所有喷嘴在声场中的位置,法拉第波临界声压和形态临界声压均随气体韦伯数的增大而降低。对法拉第波临界声压的变化,更大的气体韦伯数在实验工况中意味着更小的液膜厚度,而更小的液膜厚度也更容易发生参数振荡,在液膜表面产生法拉第波的临界加速度幅值也更小;对形态临界声压的变化,更大的气体韦伯数在实验工况中意味着更大的液膜直径,而更大的液膜直径在相同声压幅值的声场中会受到更大的声场作用,使其更容易达到形态变化的临界状态。

此外,从图 10-60 中可以看出,在小直径下才存在迟滞现象,即存在正向与反向临界声压大小的差异;且在小流量下,参数振荡正向/反向临界声压和维持液膜形态正向/反向临界声压在数值上相同,对应着实际雾化图像中法拉第波随着液膜的扩开而产生的现象。

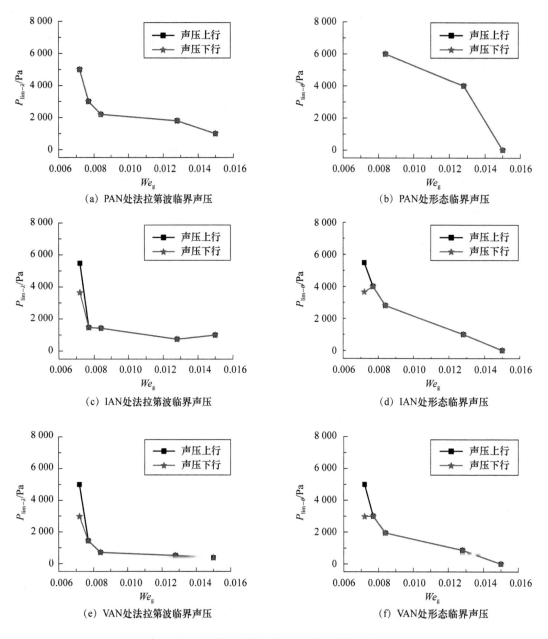

图 10-60　气体韦伯数对离心喷嘴临界声压的影响

本章参考文献

［1］　O'Connor J，Acharya V，Lieuwen T. Transverse Combustion Instabilities：Acoustic，Fluid Mechanic，and Flame Processes[J]. Progress in Energy and Combustion Science，2015，49：1-39.

［2］　Mulmule A S，Tirumkudulu M S，Ramamurthi K. Instability of a moving liquid sheet in the presence of acoustic forcing[J]. Phys. Fluids，2010，22(2)：022101.

[3]　Baillot F. Behaviour of an air-assisted jet submitted to a transverse high-frequency acoustic field[J]. Journal of Fluid Mechanics，2009，640：305-342.

[4]　Pal S，Ryan H，Hoover D V，et al. Pressure oscillations effects on the jet breakup[J]. Heat Mass Transfer Spray Syst，1991，187：27-36.

[5]　Jia B Q，Xie L，Yang L J，et al. Energy budget of a viscoelastic planar liquid sheet in the presence of gas velocity oscillations[J]. Physics of Fluids，2020，32(8)：083104.

[6]　Carpentier J. Behavior of cylindrical liquid jets evolving in a transverse acoustic field[J]. Physics of Fluids，2009，21(2)：023601.

[7]　Chehroudi B，Talley D. Preliminary visualizations of acoustic waves interacting with subcritical and supercritical cryogenic jets[C]. Madison，Wisconsin：15th Annual Conference on Liquid Atomization and Spray Systems (ILASS Americas)，2018.

[8]　Yang L J，Jia B Q，Fu Q F，et al. Stability of an air-assisted viscous liquid sheet in the presence of acoustic oscillations[J]. Eur. J. Mech，2018，B 67，366-376.

[9]　Jia B q，Xie L，Yang L J，et al. Linear instability of viscoelastic planar liquid sheets in the presence of gas velocity oscillations[J]. J. Non-Newtonian Fluid Mech，2019，273，104169.

[10]　Kumar K，Tuckerman L S. Parametric instability of the interface between two fluids[J]. J. Fluid Mech，1994，279：49-68.

[11]　Li X，Tankin R S. On the temporal instability of a two-dimensional viscous liquid sheet[J]. Journal of Fluid Mechanics，1991，226：425-443.

第 11 章

跨/超临界射流动态特性研究

为满足工作性能、燃烧效率及稳定性等方面的指标需求,液体火箭发动机燃烧室的工作压力不断提升,对于常见的推进剂如煤油、甲烷、液氢、液氧等的燃烧的压力与温度均超过其临界压力和临界温度,从而使推进剂呈现超临界状态,如图 11-1 所示。超临界状态作为一种特殊的物质状态,其流体的物理性质与液体和气体不同,具有高密度、低黏度、零表面张力、零潜热的特征,并具有与液体近似的密度和与气体相近的黏度、扩散系数。如图 11-2 所示,超临界状态下的流体表现出的流场也不同于常规的气体和液体,因此对于跨/超临界射流动态特性的研究在航天推进领域具有重要的价值。

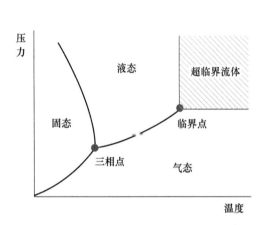

图 11-1 纯物质相图

(a) 亚临界液体射流正常破裂产生液丝和液滴

(b) 跨临界造成混合层的产生

图 11-2 射流边界图像[1]

11.1 跨/超临界喷雾的仿真研究

仿真采用可压缩反应流的控制方程为

$$\frac{\partial \rho}{\partial t} + \nabla \cdot (\rho \boldsymbol{v}) = 0 \tag{11-1}$$

$$\frac{\partial(\rho\boldsymbol{v})}{\partial t}+\nabla\cdot(\rho\boldsymbol{v}\boldsymbol{v})-\nabla\cdot\boldsymbol{\tau}=-\nabla p \tag{11-2}$$

$$\frac{\partial(\rho Y_i)}{\partial t}+\nabla\cdot(\rho\boldsymbol{v}Y_i)+\nabla\cdot(\rho Y_i\boldsymbol{V}_i)=\dot{w}_i \tag{11-3}$$

$$\frac{\partial(\rho h_s)}{\partial t}+\nabla\cdot(\rho h_s\boldsymbol{v})+\frac{\partial(\rho K)}{\partial t}+\nabla\cdot(\rho K\boldsymbol{v})-\frac{\partial p}{\partial t}-\nabla\cdot\left(\frac{\lambda}{c_p}\nabla h_s\right)=$$

$$-\nabla\cdot\left(\sum_{k=1}^{N}\frac{\lambda}{c_p}h_{s,k}\nabla Y_k\right)-\nabla\cdot\left(\rho\sum_{k=1}^{N}h_{s,k}Y_k\boldsymbol{V}_k\right)+\dot{Q}_r \tag{11-4}$$

式中: t 为时间, ρ 为密度, $\boldsymbol{v}$ 为速度矢量, p 为压力, $\boldsymbol{\tau}$ 为黏性应力张量 $\left(\boldsymbol{\tau}=-\frac{2}{3}\mu(\nabla\cdot\boldsymbol{v})\boldsymbol{I}+\right.$ $\mu\left[\nabla\boldsymbol{v}+(\nabla\boldsymbol{v})^{\mathrm{T}}\right]$, $\boldsymbol{I}$ 为单位张量 $\Big)$, Y_i、$\boldsymbol{V}_i$、$h_{s,i}$ 和 $\dot{w}_i$ 分别为物质 i 的质量分数、速度扩散矢量、焓和反应速率, μ 是动力黏度, λ 是热导率, c_p 是比定压热容, h_s 是焓, K 是动能, $\dot{Q}_r$ 是燃烧热释的能量。

状态方程采用修正的 Soave-Redlich-Kwong(SRK)状态方程[2], 其形式为

$$p=\frac{\rho RT}{M-b\rho}-\frac{a\alpha}{M}\cdot\frac{\rho^2}{M+b\rho} \tag{11-5}$$

式中: p 为压力; ρ 为密度; R 为气体常数; T 为温度; M 为摩尔质量; 混合物采用 van der Waals (vdW)混合规律; $a\alpha$ 和 b 是考虑分子间吸引力和排斥力影响的参数, 即

$$a\alpha=\sum_{i=1}^{N}\sum_{j=1}^{N}X_iX_j\alpha_{ij}a_{ij} \tag{11-6}$$

$$\alpha_{ij}a_{ij}=\sum_{i=1}^{N}\sum_{j=1}^{N}\sqrt{\alpha_i\alpha_j a_i a_j}(1-\kappa_{ij}) \tag{11-7}$$

$$b=\sum_{j=1}^{N}X_j b_j \tag{11-8}$$

$$a_i=\frac{0.427\,47R^2 T_{c,i}^2}{p_{c,i}} \tag{11-9}$$

$$b=\frac{0.086\,64RT_{c,i}}{p_{c,i}} \tag{11-10}$$

$$\alpha_i=\left[1+S_i\left(1-\sqrt{\frac{T}{T_{c,i}}}\right)\right]^2 \tag{11-11}$$

$$S_i=0.485\,08+1.551\,7\omega_i-0.156\,13\omega_i^2 \tag{11-12}$$

式中: X_i 为物质 i 的摩尔分数, κ_{ij} 是二次扩散系数, $T_{c,i}$ 和 $p_{c,i}$ 为物质 i 的临界温度和临界压力, ω_i 为物质 i 的离心因子。

基于基本的热力学理论, 单组分的热力学性质可以表示为在某温度下的理想气体性质和稠密流体修正的偏离函数之和。比定压热容 c_p 的计算公式为

$$c_p=c_{p,\mathrm{id}}+\Delta c_p=\frac{R}{M}\sum_{i=1}^{N=5}a_i T^{i-1}+\Delta c_p \tag{11-13}$$

式中: a_i 是从 JANAF 热力学表格中得到的系数, $c_{p,\mathrm{id}}$ 为理想气体的比定压热容, Δc_p 是由 SRK 状态方程推导出来的稠密流体的修正项[3-4]:

$$\Delta c_p=\frac{1}{M}\left\{\frac{R(C-D)^2}{C^2-A(2Z+B)}+\frac{T}{b}\left[\frac{\mathrm{d}^2(a\alpha)}{\mathrm{d}T^2}\right]\ln\left(\frac{Z+B}{Z}\right)-R\right\} \tag{11-14}$$

式中：Z 表示可压缩性，$A=\dfrac{a\alpha p}{R^2 T^2}$，$B=\dfrac{bp}{RT}$，$C=\dfrac{Z(Z+B)}{Z-B}$，$D=\dfrac{Bd\alpha}{bRdT}$。

同样，绝对焓 h_{a}、化学生成焓 h_{c} 和显焓 h_{s} 可以表示为

$$h_{\mathrm{a}} = h_{\mathrm{a,id}} + \Delta h = \frac{R}{M}\left(\sum_{i=1}^{N=5}\frac{a_i T^i}{i} + a_{N+1}\right) + \Delta h \tag{11-15}$$

$$h_{\mathrm{c}} = \frac{R}{M}\left(\sum_{i=1}^{N=5}\frac{a_i T_{\mathrm{std}}^i}{i} + a_{N+1}\right) \tag{11-16}$$

$$h_{\mathrm{s}} = h_{\mathrm{a}} - h_{\mathrm{c}} \tag{11-17}$$

式中：$T_{\mathrm{std}}=298\ \mathrm{K}$，$h_{\mathrm{a,id}}$ 为理想气体的绝对焓，Δh 是从 SRK 状态方程中推导得到的：

$$\Delta h = \frac{1}{M}\left[RT(Z-1) + \frac{Td(a\alpha)/dT - a\alpha}{b}\ln\left(\frac{Z+B}{Z}\right)\right] \tag{11-18}$$

输运性质采用的 Chung 模型[5] 是基于 Chapman-Enskog 理论，采用经验修正因子 F_{c} 以考虑其分子的形状和极性，得到稀薄单质气体的黏度 η_0 为

$$\eta_0 = 4.078\,5\times10^{-5}\frac{\sqrt{MT}}{V_{\mathrm{c}}^{2/3}\Omega^*}F_{\mathrm{c}} \tag{11-19}$$

式中：V_{c} 是临界比容，Ω^* 为碰撞积分的估计量。

稠密流体的黏度由式（11-19）扩展而来，通过纳入密度和温度的经验相关函数来表征温度和压力的影响。因此，单质的黏度的一般形式为

$$\eta = \eta_0\left(\frac{1}{G_2}+A_6 Y\right) + \left(36.344\times10^{-6}\frac{\sqrt{MT_{\mathrm{c}}}}{V_{\mathrm{c}}^{2/3}}\right)A_7 Y^2 \times G_2 \exp\left(A_8 + \frac{A_9}{T^*} + \frac{A_{10}}{T^{*2}}\right) \tag{11-20}$$

单质稀薄气体的导热率 λ_0 是由黏度 η_0 推导得到的：

$$\lambda_0 = 7.452\frac{\eta_0}{M}\psi \tag{11-21}$$

式中：ψ 的详细含义见文献[5]。

稠密单质流体的导热率计算通过采用与 η 相同的方法，引入一个经验函数。导热系数 λ 的最终形式为

$$\lambda = \lambda_0\left(\frac{1}{H_2}+B_6 Y\right) + 3.039\times10^{-4}\left(\frac{\sqrt{T_{\mathrm{c}}/M}}{V_{\mathrm{c}}^{2/3}}B_7 Y^2 H_2 \sqrt{T_{\mathrm{r}}}\right) \tag{11-22}$$

混合物的黏度与导热率的具体计算见文献[6]。

11.1.1 跨/超临界射流流动仿真研究

1. 跨/超临界射流流动特征

(1) 跨临界射流

为实现对于跨临界工况的计算，本小节参照 Mayer 实验[7]中案例 3 的工况进行仿真，工质为氮，其临界点为 126.15 K、3.4 MPa。工况设置如图 11-3 所示，入口为 127 K、5.4 m/s 的亚临界氮射流，环境为 300 K、4 MPa 的超临界氮，由此实现对氮的跨临界流动过程的仿真。

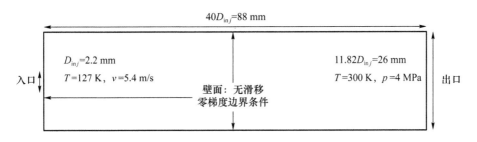

图 11-3　跨临界射流喷注工况边界条件设置说明

图 11-4 所示为跨临界射流喷注过程的仿真结果。从流动结构来说,其主要是两种不同密度流体的对流失稳过程,出现了如图 11-4 中 $t=0.005$ s 时刻射流表面的 K-H 不稳定波、$t=0.011$ s 射流表面主要的涡夹带结构,以及 $t=0.019$ s 时刻及之后出现的涡脱落扩散等典型现象。射流下游出现了流体摆动现象,如图 11-4 中 $t=0.023$ s 时刻所示射流前端的涡流动方向为右下方,而 $t=0.025$ s 时刻脱落的涡流动方向为右上方。超临界射流喷注流动过程中也出现了类似的现象,但与跨临界相比这一现象出现得更靠下游详见"(2)超临界射流"。

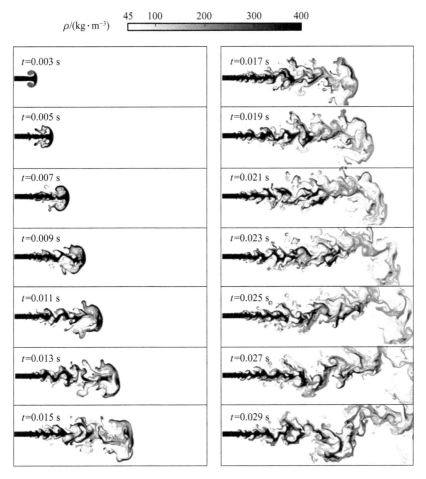

图 11-4　跨临界射流喷注过程

跨临界喷注与超临界喷注的显著不同在于,跨临界喷注存在相变过程。由于流体在跨过临界点时,比定压热容会显著增大,亚临界流体需要吸收大量热以达到超临界温度,这一过程与液相蒸发为气相类似,故称为"伪沸腾"。图 11 - 5 所示为某时刻射流喷雾场的比定压热容分布云图与等值面分布,射流主体与环境流体之间存在明显的 c_p 峰值区域,亚临界氮也就是在这一位置发生了"伪沸腾"过程。为更直观地观察伪沸腾在径向发生的位置,如图 11 - 6 所示为不同轴向位置处径向的比定压热容与温度分布,在 $y=2.5D$ 的轴向位置处,比定压热容的峰值出现在径向 $x=\pm0.49D$ 位置,即射流边缘位置;而 $y=5D$ 轴向位置处比定压热容达到峰值的区域则向射流两侧扩展,这是由于射流表面不稳定加剧造成涡夹带,进而造成 c_p 在径向存在多个峰值区域。

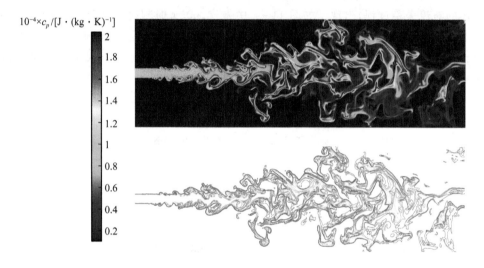

图 11 - 5　跨临界直流喷注喷雾瞬态场的比定压热容分布云图与等值面分布

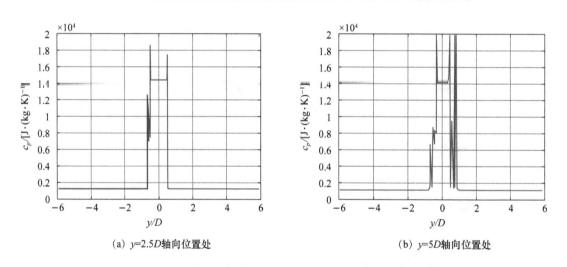

(a) $y=2.5D$ 轴向位置处　　　　　　　　　　(b) $y=5D$ 轴向位置处

图 11 - 6　跨临界直流喷注喷雾瞬态场的径向比定压热容分布曲线

为了探究跨临界射流失稳过程,在跨临界射流喷注流场中添加如图 11 - 7 所示的多个测点。通过对测点密度随时间的变化曲线进行 FFT 处理得到测点的 FFT 结果,具体主要频率如表 11 - 1 所列。测点 1～3 均存在特征频率为 2 998 Hz 的波动,即上游出现的 K - H 不稳定波为 2 998 Hz。随着流动的发展,不稳定波频率明显减小,到测点 4～6 位置处特征频率为 1 200 Hz 左右。下游的多个测点特征频率较小,由于采样时间的限制,不能说明问题。但随着测点向下游的移动,测点特征频率逐渐减小。

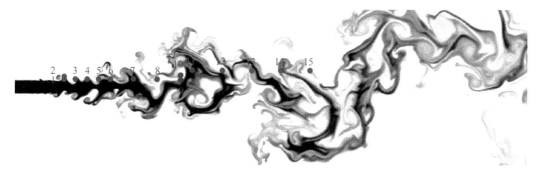

图 11 - 7 跨临界射流喷注过程测点设置示意

表 11 - 1 跨临界射流测点 FFT 主频统计

测点	1	2	3	4	5	6	7	8
频率/Hz	63.11/2 998	2 998	1 893/2 998	1 199	63.11/1 199	1 167	6 342	31.55/599.5
测点	9	10	11	12	13	14	15	
频率/Hz	31.55/536.4	31.55	378.6/31.55	31.55/189.3	31.55/157.8	31.55	31.55	

对跨临界射流喷注过程进行时均场分析,图 11 - 8 为该过程的温度和密度的时均场分布,由于"伪沸腾"现象的存在,在 $y=(15～30)D$ 范围内温度场基本维持在 160 K 左右,这一温度明显高于临界温度,这是由于流场随机性造成在统计的部分时间内,环境高温流体占据了流场轴线位置。

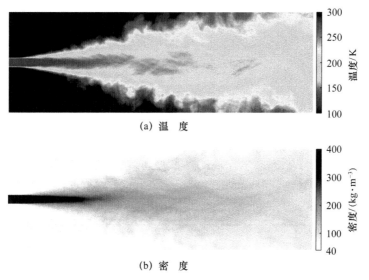

(a) 温 度

(b) 密 度

图 11 - 8 跨临界射流流场参数的时均场分布

如图 11 - 9 所示为时均场在轴线上的物理量分布,比定压热容的时均值并没有在下游某区域出现极值,这是由于流场的随机性造成在轴向上出现比定压热容峰值的位置存在随机性,虽然比定压热容没有出现峰值,但在 $y=(16\sim30)D$ 范围内并不是单调减小的趋势。

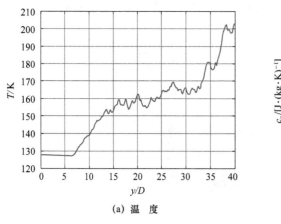

(a) 温　度

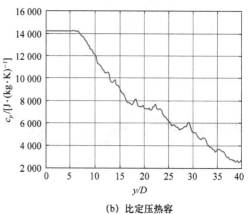

(b) 比定压热容

图 11-9　跨临界射流时均场的中心轴线上的各物理量分布

为定量对比跨/超临界条件下直流喷注的喷雾场特性,本小节参照文献定义了三个量:密度核心长度、喷雾锥角、贯穿长度。密度核心长度定义为中心轴线上 $\rho=\dfrac{1}{2}(\rho_\infty+\rho_0)$ 位置距离入口的长度,其在一定程度上表征了密度降低的速度。喷雾锥角定义为 $\rho=\rho_\infty+0.125(\rho_0-\rho_\infty)$ 等值面的锥角,锥角的大小表征了射流在径向的扩散程度。贯穿长度是一定密度值的等值面在中心线处距离入口中心的距离,多个密度等值面对应的贯穿长度更立体地反映了密度在轴向的降低速度,即轴向的扩散速度。本小节的跨临界喷注中密度核心长度为 29.85 mm,约为 13.57D,同时对时均场中密度大于 85 kg/m³ 的等值面进行提取如图 11-10 所示,测量得到锥角为 24.67°。

图 11-10　跨临界射流时均场的密度等值面($\rho=85$ kg/m³)

(2) 超临界射流

对于经典的 Mayer 实验[7] 的超临界喷注,开展仿真研究工质仍为 N_2,研究工况如图 11-11 所示,入口温度为 $T=137$ K,即超临界状态,实际为超临界喷注,入口速度为 5.4 m/s;出口边界条件为 $T=298$ K,$p=3.97$ MPa。

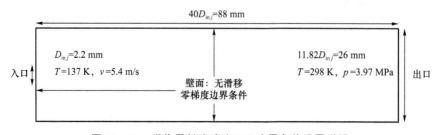

图 11-11　超临界射流喷注工况边界条件设置说明

根据求解结果分析,该仿真瞬时密度分布如图 11-12 所示,在高密度射流向周围扩散过程中出现了射流边缘失稳,进而导致涡脱落的现象。而这一现象使得流场中各个位置的流场参数呈现随时间剧烈变化的现象,将时均场与实验结果进行对比,如图 11-13 所示为多种计算方法得到的 $t=0.08\sim0.016$ s 范围内的密度时均场沿中心轴线的分布与实验值的对比,其中 realFluidReactingFoam 为本节采用的方法。

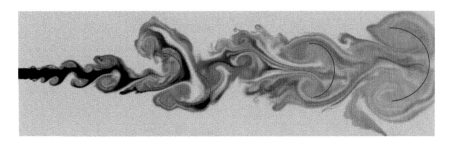

图 11-12　$t=0.03$ s 时刻密度场

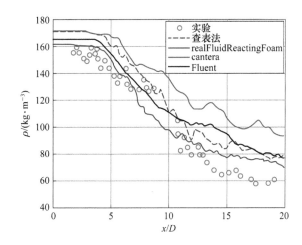

图 11-13　不同求解方法得到的密度时均场沿中心轴线的分布与实验值的对比

图 11-14 所示为高密度、高温超临界氮射流注入超临界氮环境中的流动过程,在初始阶段射流前端有蘑菇状凸起,随着射流向下游逐渐发展,射流边缘出现小的不稳定波动,如图 11-14 中 $t=0.007$ s 所示。这些特征与液体射流的典型结构有相似之处,如液体射流表面也会存在的不稳定波,头部也会有明显大于射流直径的蘑菇状结构。超临界射流下游发展则呈现出与液体射流完全不同的流动结构,如图 11-14 中 $t=0.021$ s 时刻所示,典型的射流破碎等现象不再出现,取而代之的是涡的夹带及逐渐发展为失稳脱落的现象,这类似于气相的流动过程,是由于超临界流体黏性特征与气相较为接近所致。在图 11-14 中后面的时刻里,射流向上下两侧的压力出口边界方向均有明显的涡扩散。

超临界射流失稳过程主要可以分为两个阶段:前期的射流表面初步失稳与后期的涡脱落现象。前期射流表面出现的不稳定波主要是由于 Kelvin-Helmholtz 不稳定造成的,入射高密度氮射流与环境射流存在一定的速度差。随着射流的逐渐发展,射流表面波长较小的波逐渐合并,生成波长较长、强度较大的不稳定波,出现了涡夹带现象。受到射流与周围流体温度差的影响,氮射流与周围流体接触面积的增加使得射流迅速降温,密度降低,涡结构由上一阶段的涡夹带逐渐发展为涡脱落。

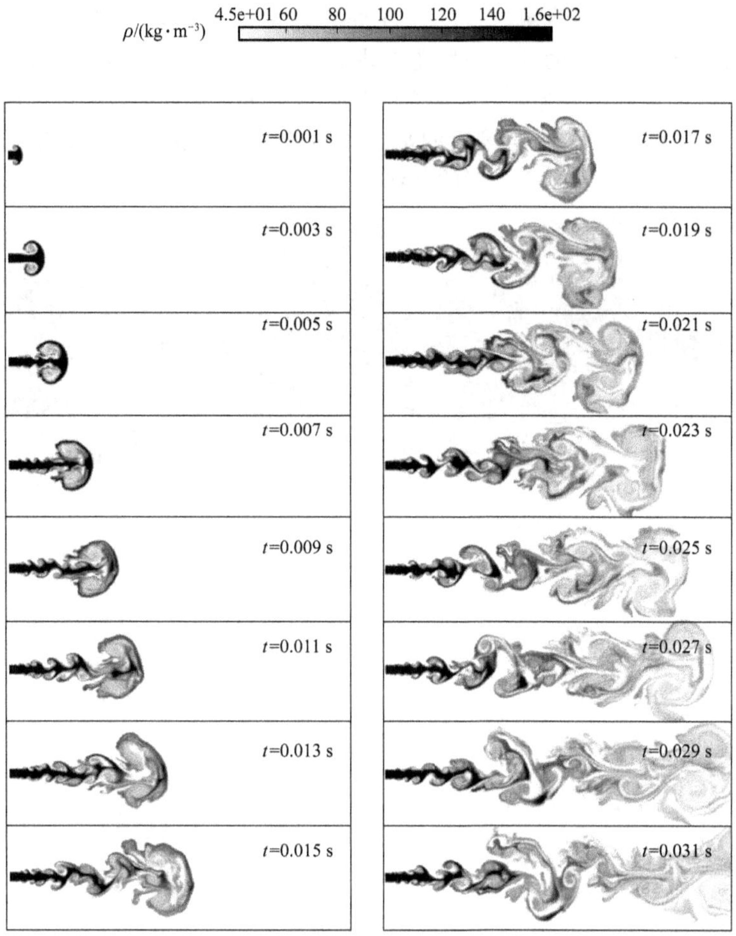

ρ/(kg·m⁻³)
4.5e+01 60 80 100 120 140 1.6e+02
t=0.001 s
t=0.003 s
t=0.005 s
t=0.007 s
t=0.009 s
t=0.011 s
t=0.013 s
t=0.015 s
t=0.017 s
t=0.019 s
t=0.021 s
t=0.023 s
t=0.025 s
t=0.027 s
t=0.029 s
t=0.031 s

图 11-14　超临界射流喷注过程

为进一步探究 K-H 不稳定波的发展过程，对于超临界射流喷注过程设置了如图 11-15 所示的测点，通过监测流动过程中密度的变化过程得到不稳定波的发展过程。对于各个测点的密度信号进行快速傅里叶变换(FFT)，测点特征频率统计如表 11-2 所列。上游测点 1～5 的特征频率均为 736.1 Hz，即在射流表面产生的 K-H 不稳定波的早期频率为 736.1 Hz，高频波动区域为 0.008～0.014 mm，即 3.64D～6.36D。测点 6、7 的特征频率降低为 337.9 Hz，这说明在这一阶段之前发生不稳定波的合并，波的合并造成了涡的夹带结构，中频波动区域为 0.014～0.02 mm，即 6.36D～9.09D。下游测点的主频不明显，这是由于下游流动的随机性较大，主频在 150 Hz 左右，轴向速度降低是波动频率降低的一个重要因素。

2
3
4
5
6
7
8
9
10
11
12
13
14
15

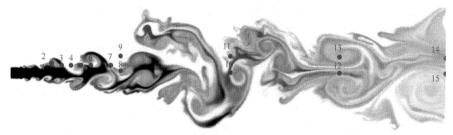

图 11-15　超临界射流喷注过程测点设置

表 11-2　超临界射流多测点的 FFT 主频统计

测　点	1	2	3	4	5	6	7	8
频率/Hz	736.1	736.1	736.1	736.1	736.1	337.9	337.9	422.3
测　点	9	10	11	12	13	14	15	
频率/Hz	193	132.7	193.1	24	36.2	48.27	193.1	

　　由于不稳定性的存在导致流场分布随机性较大,为合理分析射流喷雾场的性质,对达到稳定状态的流场参数采集及其时均场进行分析。图 11-16(a)(b)分别为该工况下流场温度、密度的时均场分布,密度场与温度场分布相对应,射流入口位置存在高密度的低温氮,即密度核心,在下游逐渐向上下两侧及轴向扩散,在扩散过程中,射流主体温度升高、密度降低。

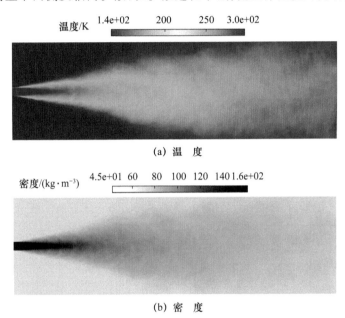

(a) 温　度

(b) 密　度

图 11-16　流场参数的时均场分布

　　图 11-17 所示为时均场的中心轴线上的各物理场分布,经过计算域 40D 的轴向距离,射流温度由 137 K 升至 260 K 左右,与周围流体的温度差显著减小。轴向速度也明显降低,由入口处的 5.4 m/s 降至 2.1 m/s,这是由于涡的产生使得流体在径向的扩散面积增加,同时产生了向上下两侧的速度分量。相比于热导率与黏性沿轴向变化近似为线性,密度与定压比热在 $y=(5\sim10)D$ 范围内变化较为剧烈,该区域对应上文瞬态场测点 FFT 分析中的高频区与中频区。

　　为定量分析流场,按照上文定义得到喷注扩散锥角及密度核心长度。密度核心长度由密度等值面确定,密度核心长度为 21 mm,即 9.55D,密度核心段主要包含了初步不稳定阶段及涡夹带部分。相比于跨临界射流的 13.57D 明显减小,这说明喷嘴外部的跨临界流动会明显降低射流的喷注扩散速度。喷注锥角为 20.14°,这一值明显小于跨临界条件下的锥角。

　　综上所述,跨临界条件的直流喷注雾化与超临界相比,前期不稳定波频率明显较高,由于"伪沸腾"现象,在 $y=(15\sim30)D$ 范围内存在明显的温度过渡区域,轴向扩散速度与温度提升速度明显降低。

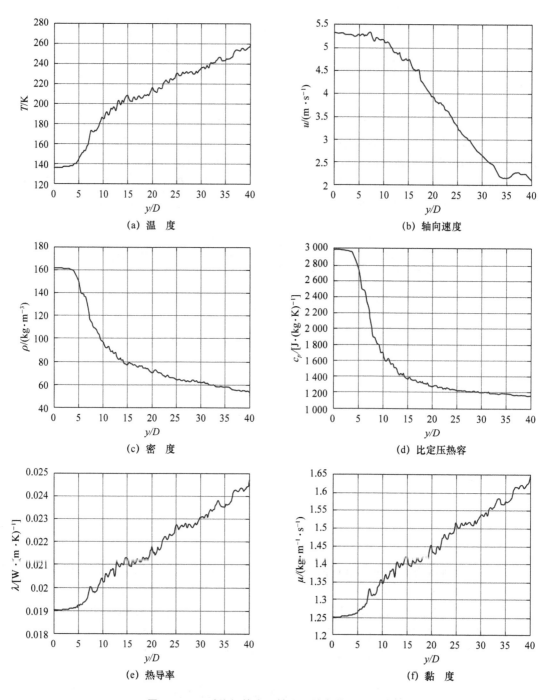

图 11-17　时均场的中心轴线上的各物理场分布

2. 喷注温度对射流喷注的影响

(1) 温度对跨临界喷注的影响

对于跨临界工况改变喷注入口的温度,分别对入口温度为 110 K、121 K 的工况进行仿真,同时与基础工况 127 K 的流场进行对比分析。图 11-18(a)、(b)、(c)分别为 110 K、

121 K、127 K 入口温度下 $t=0.035$ s 时刻密度场的瞬态分布云图,由瞬态图来看,入口温度越高的工况,K-H 波出现位置更靠上游,且同一位置处波动幅度相对更大,说明温度的升高对于射流失稳起促进作用。

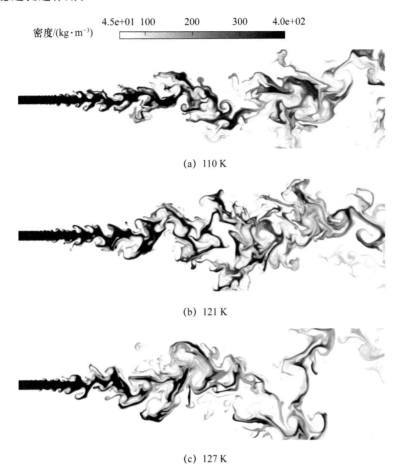

(a) 110 K

(b) 121 K

(c) 127 K

图 11-18 不同喷注温度下的跨临界射流在 $t=0.035$ s 时刻密度场的瞬态分布云图

为进一步分析流场结构,对于时均场 $y=5D$、$10D$ 处径向参数分布以及轴向中心线处参数分布进行统计,并无量纲化,如图 11-19 所示。在沿射流方向 $y<5D$ 范围内,与 127 K 更接近临界点的喷注工况相比,低温工况在这一范围内就有更为明显的密度降低与温度升高,这是由于在低温时,亚临界氮的比定压热容相对较小,相比于近临界流体更易提升温度。在 $y=5D$、$7.5D$、$8D$ 处工况 127 K、121 K、110 K 分别出现了密度变化率的转折点,这一明显变化对应了射流主体的流动结构的变化,即表面不稳定波发展为影响轴线位置处的波动,即类似涡夹带的结构,这也显著地证明了从瞬态场得到的结论:入口温度升高使得表面波幅度增大,涡夹带现象出现的位置向上游移动。然而,从出口中心位置处的时间平均密度与平均温度来看,入口温度较低的射流反而能在出口达到更高的平均温度。从不同轴向位置处的密度沿径向分布来看,在 $y=5D$ 处的径向对于 127 K 入口温度工况时均密度达到环境密度值为 $x=-1.22D\sim1.29D$,而对于相对高温的工况如 121 K,在 $y=5D$ 处达到环境密度值的半径为 $\pm1.14D$。这一数据对比表明,在 $y=5D$ 位置处不稳定波的幅度大小受入口温度的影响。

同样,$y=10D$处的径向分布也证明了入口温度高的工况在该位置的不稳定波幅值较高。表 11-3 所列为不同入口温度下跨临界射流工况参数统计,随着入口温度的升高,密度核心明显减小。

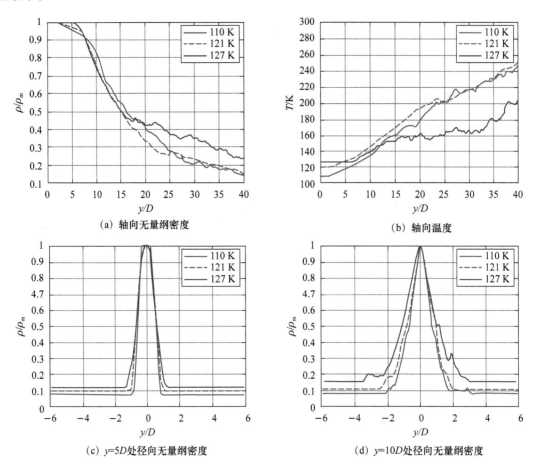

(a) 轴向无量纲密度　　　　　　　　　　(b) 轴向温度

(c) $y=5D$处径向无量纲密度　　　　　　(d) $y=10D$处径向无量纲密度

图 11-19　不同喷注温度下跨临界射流在各位置处的物理量分布曲线

表 11-3　不同入口下温度跨临界射流工况参数统计

入口温度/K	110	121	127
密度核长度	21.77D	14.63D	13.57D

(2) 温度对超临界喷注的影响

为探究入口温度对于喷注及扩散过程的影响,这里对于上述的工况进行改进,增加了入口温度分别为 150 K、175 K 的工况对比,对不同入口温度的射流喷注过程进行研究。

图 11-20 所示为不同入口温度下 $t=0.08$ s 时刻密度场的瞬态分布云图。由于入口温度不同,导致各工况下射流与环境流体的温度梯度区别较大。为确定不同温度梯度对于超临界射流喷注的扩散速度、扩散范围的影响,对于各个工况的喷注锥角、密度核长度、轴向径向密度、温度分布等进行了对比分析。锥角提取 $\rho=0.125(\rho_\infty-\rho_0)+\rho_0$ 截面,选取方式与上文定

义的相同,密度核长度仍为 $\rho=\dfrac{1}{2}(\rho_\infty+\rho_0)$。各工况的锥角、密度核长度统计结果如表 11 - 4 所列,入口温度的升高使得锥角有小幅度增大,密度核长度有一定增加。这说明入口温度升高有利于径向扩散,而不利于轴向扩散。这可能是由于射流温度高造成不稳定波的发展加快,出现涡夹带结构较早,导致涡脱落提前,进而造成径向扩散的加剧和锥角的增大。由氮的导热率物性可知,在一定的温度范围内,温度越高,导热率越低,所以随着射流温度的升高,导热率减小,射流与环境流体换热减慢,造成超临界射流在轴向扩散速度随着入口温度提升而减缓。

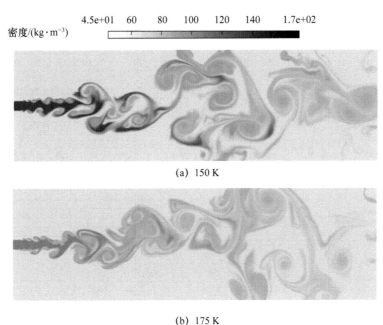

(a) 150 K

(b) 175 K

图 11 - 20 超临界射流在各入口温度下 $t=0.08$ s 时刻密度场分布

表 11 - 4 超临界射流在不同入口温度工况参数统计

入口温度/K	137	150	175
喷注锥角/(°)	20.14	21.57	22.18
密度核长度/mm	21	21	22.84

图 11 - 21 所示为不同入口温度下 $y=5D$、$y=10D$ 位置处的径向和轴向的无量纲密度、温度分布图。其中如图(a)所示,较为明显的现象是 137 K 入口温度在 $y=40D$ 即出口位置仍有较大变化,而在 175 K 入口温度下在 $y=25D$ 位置密度基本达到稳定,这是由于温度差降低和热导率减小造成的。在图(c)中,虽然入口温度有所变化,但在 $x=(0\sim2)D$ 范围内仍然存在明显的密度随径向距离变化的斜率不同的两个区域,这两个变化阶段分别对应射流中心流动稳定区域与射流边缘失稳区域。在图(d)中明显可以发现,与 137 K 入口温度工况相比,其余两个工况在 $x=D$ 范围内均存在一段密度与该轴向位置处密度最大值相同的区域,这说明高

温射流在射流中心区域换热较慢。同时,在图(d)中高温射流的径向密度高于环境密度的区域明显小于低温射流,这说明低温工况下在 $y=10D$ 处径向换热与扩散更为剧烈。

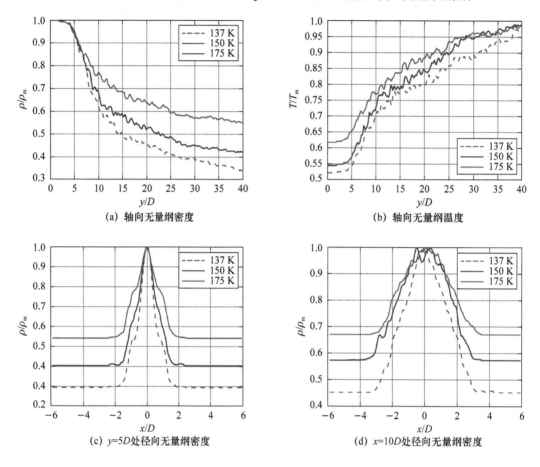

(a) 轴向无量纲密度 (b) 轴向无量纲温度

(c) $y=5D$ 处径向无量纲密度 (d) $x=10D$ 处径向无量纲密度

图 11-21 不同入口温度下超临界射流时均场不同位置的物理量分布

对于超临界工况,入口温度升高有利于径向扩散,而不利于轴向扩散,超临界射流在轴向的扩散速度沿轴线明显减缓。而跨临界工况入口温度的升高使得密度核心减小,轴向扩散加剧,同时上游位置的径向扩散程度更高,接近临界点的入口温度下"伪沸腾"区域明显较长。

3. 入口振荡对于跨/超临界射流的影响

喷嘴作为连接上游输运管路与下游燃烧场的重要结构,对于上游振荡向下游的传递有滤波、放大等作用。本小节通过对圆柱射流的入口速度施加不同频率的正弦形式的振荡,分析该喷注过程的频域特性、振幅影响。

工况设置如表 11-5 所列,对于低、中、高频的振荡进行了研究,探究其喷注过程是否存在明显的滤波作用,同时探索了振幅大小的影响。对于频率进行无量纲处理,引入斯特劳哈尔数 $Sr=fd/v$,其中 f 为外激频率,d 为射流入口直径,v 为射流入口速度。图 11-22(a)所示的仿真结果为不同频率的入口速度振荡工况下瞬态密度场分布,入口速度振荡频率为 500 Hz 与 1 000 Hz 的工况瞬态场射流表面出现明显的高密度流体堆积区域,这一现象与液体射流外加激励后产生的调速管效应类似。与无外加激励相比,其下游的涡呈现更加规律的特点,使得其维持轴向流动而且不向两侧扩散的距离增长,且存在更明显的涡合并现象。图 11-22(b)所示为不同频率的入口速度振荡工况下的时均场分布。

表 11-5 超临界射流入口振荡算例设置示意

频率/Hz	0	100	500	1 000	1 000	1 000
Sr	0	0.040 7	0.203 7	0.407 4	0.407 4	0.407 4
振幅	0	0.1	0.1	0.1	0.05	0.2

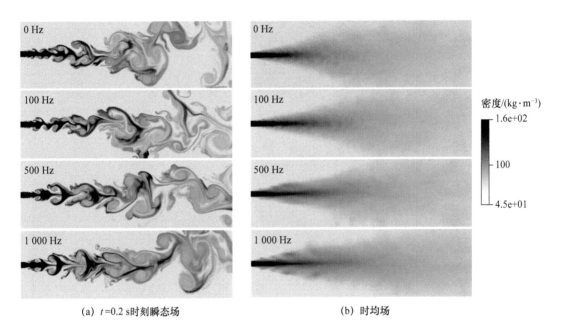

(a) $t=0.2$ s 时刻瞬态场   (b) 时均场

图 11-22 不同入口频率下超临界喷注密度分布的瞬态场与时均场

根据定常工况的分析,射流上游的失稳波动频率为 736.1 Hz,而入口速度的振荡频率为 500 Hz 与 1 000 Hz 的工况,分别在不同的区域表现出明显的相干流动现象。如图 11-23 所示为 500 Hz 工况下的典型流动结构,此工况出现比较明显的相干流动结构,在上游较早地出现了涡夹带结构,在图中红圈标注了非常典型的涡合并现象。而 1 000 Hz 外加激励下,上游已经没有明显的 K-H 不稳定波,其上游的失稳明显由外部激励主导。而 $f=100$ Hz 的工况,其周期长度为 0.01 s 对比于流体流过计算域的时间 0.016 3 s 明显偏大,其对于流动的影响是不同轴向位置流量的大小,并不能在射流流动过程中呈现出明显的区别,其频率与射流上游的 K-H 波频率相差较大,没有明显影响流场。这也说明不同频率对于流动的影响大小与入口流动速度密切相关,引入 Sr 数是十分必要的。在入口速度为 5.4 m/s 和多种频率工况下,影响最大的是 1 000 Hz。

为验证外激条件对初始流场失稳的影响,对多个测点的信号进行傅里叶变换提取主频,如图 11-24 所示。可以发现,虽然入口速度的振荡频率为 1 000 Hz,但多个测点的压力振荡主频却为 260 Hz、520 Hz 左右,而密度振荡的主频多为 1 000 Hz,这说明流场的流动特征受到外部受迫扰动的影响很大,此时外部扰动主导了流场的形态与失稳。

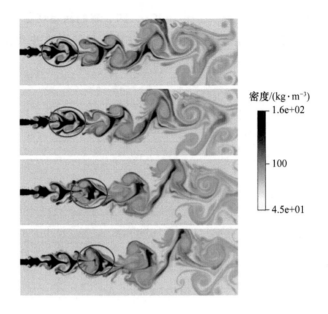

图 11 - 23　$f=500$ Hz 入口振荡下超临界射流流场中的涡合并现象

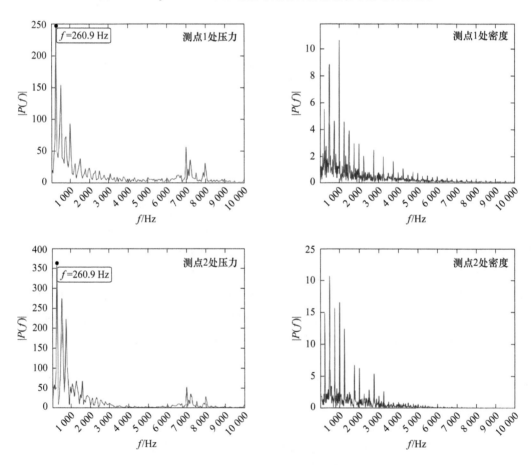

图 11 - 24　入口施加 1 000 Hz 外激的超临界射流部分测点的 FFT 结果

流场模态分解是一类典型的流场分析方法,本征正交模态分解(POD)作为其中一种典型方法,将原始数据(空间-时间)分解为空间上的多阶模态(称本征模)及各阶模态对应的时间演化系数(序列),各阶模态相互正交。模态的阶数按其捕获能量的大小(从高到低)排序,这些能量由本征模对应的特征值给出,该方法最早是 Lumley[8] 在 1967 年提出的。这里对超临界射流的无激励与外加 500 Hz 激励的工况进行 POD 分析和对比,图 11 - 25 所示为各工况下前四个 POD 模态分布,与 0 Hz 相比,500 Hz 的前两个模态幅值较大区域集中于上游区域,由于外激的作用使得上游流动在某些区域的流动幅值较大,这说明该外激作用明显改变了主导超临界射流喷注的流动形态。

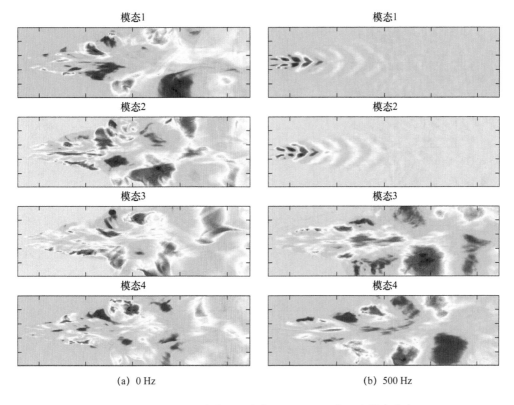

图 11 - 25 超临界喷注不同外激工况下 POD 前四个模态分布

同时,对于前四个模态的时间系数进行功率谱密度(PSD)处理如图 11 - 26 所示,无外激工况下前四个模态主频相对较低,提供数据的时间长度较短,该频率无参考价值。而对于 500 Hz 外加激励振荡的工况,前两个模态的主频为 500 Hz,这证明图 11 - 25 (b)中模态 1、2 是入口振荡引起的上游液体堆积造成的,其从入口开始就存在模态 1 中能量占比高的区域。

为定量分析各频率对流场扩散的影响,对于时均场进行统计,时均密度场如图 11 - 22(b)所示,100 Hz 频率的密度场与无振荡密度场无明显区别,500 Hz 与 1 000 Hz 的密度场则呈现出中心密度核心较细的特点。为定量分析,提取了不同频率下的时均场中心轴线、不同轴向位置处的径向密度分布如图 11 - 27 所示,由图 11 - 27 (a)可得,500 Hz 与 1 000 Hz 有明显相干结构的外激工况下,轴向密度开始降低的位置相对靠近下游。三种工况相比,1 000 Hz 工况下径向扩散范围较广,轴向扩散程度相对较慢。表 11 - 6 列出的密度核心长度也表明,500 Hz、1 000 Hz 外激工况密度核心最长。

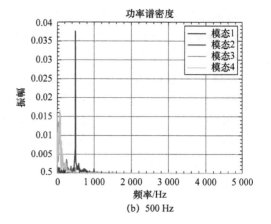

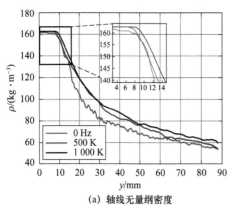

图 11-26 超临界喷注不同外激工况下 POD 前四个模态 PSD 处理结果

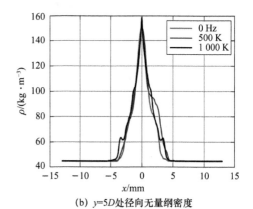

(a) 轴线无量纲密度 (b) y=5D 处径向无量纲密度

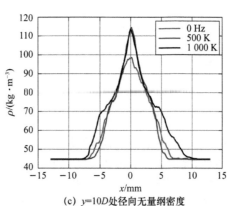

(c) y=10D 处径向无量纲密度

图 11-27 不同振荡条件下的超临界射流在各位置处的物理场分布

表 11-6 不同入口振荡条件下超临界射流工况的参数统计

频率/Hz	0	100	500	1 000
振 幅	0	0.1	0.1	0.1
密度核长度/mm	21	26.26	27.37	27.28

对于振幅的影响因素探究,开展了对振幅 0.05、0.1、0.2 为工况的仿真。上述仿真结果证明,振幅为 0.1 时对于喷注过程的影响十分显著,其在射流表面产生了类调速管效应,加速了涡夹带现象的形成。图 11 - 28 所示为 $t=0.1$ s 时刻各振幅下的瞬态密度场分布,明显看到振幅为 0.2 时的射流表面出现的高密度堆积区域明显大于振幅 0.1,而振幅为 0.05 时堆积区域不明显,但振幅为 0.05 时入口速度激励仍然对流场形态有明显的影响,其射流表面存在上下对称的涡结构,这是入口无激励时没有的现象,同时其涡夹带结构延续距离也较长。

密度/(kg·m⁻³) 4.5e+01 60 80 100 120 140 1.6e+02

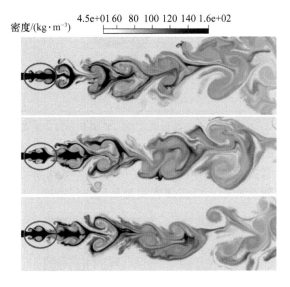

图 11 - 28 不同振幅下超临界射流在 $t=0.1$ s 时刻密度场的分布

11.1.2 跨/超临界离心喷嘴内部场仿真研究

本小节对于跨/超临界条件下离心喷嘴的喷注特性开展研究,并对如图 11 - 29 所示的离心喷嘴结构进行仿真,该喷嘴为收口型单组元喷嘴。其具体结构参数为:切向孔直径 $d_1=1.2$ mm,旋流腔直径 $d_2=5.2$ mm,旋流腔长度 $l=12.46$ mm,出口直径 $d=1.6$ mm。

对于该结构的离心喷嘴在跨/超临界下喷嘴内流场进行仿真与结果对比分析,后续通过改变喷注入口温度、入口振荡等参数,对于离心喷嘴的跨/超临界喷注过程进行进一步的分析研究。

图 11 - 29 离心喷嘴结构
示意图

1. 跨/超临界离心喷嘴内部流动特征

(1) 超临界离心喷嘴内部流动特征

下面对入口边界条件为温度 175 K、速度 5 m/s,出口边界条件为压力 3.97 MPa、温度 298 K 的工况进行仿真。该工况是超临界流体喷注入超临界环境的超临界流动。如图 11 - 30(a)、(b)所示为高密度流刚流入旋流腔时,不同时刻的切向孔中心截面密度分布云图,在这一时间段内高密度氮进入旋流腔内,由切向孔喷出的高密度流顶部出现流动分离结构,如图 11 - 30(b)所示。同时,高密度流表面出现了不稳定波,这是由于高速高密度氮与喷嘴内部存在的低密度氮产生的剪切层不稳定。随着流场的发展至 $t=0.004$ s,如图 11-30(c) 所示,流场逐渐复杂,有明显的剪切层不稳定以及两股高密度流"撞击"后产生的二次不稳定。

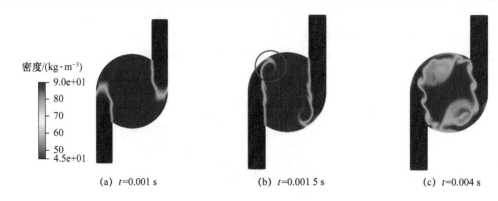

图 11-30　超临界离心喷嘴切向孔中心截面不同时刻的密度场分布

离心喷嘴中心截面瞬态流场如图 11-31 所示,高密度流体在 $t=0.0015$ s 时刻进入旋流腔内,高密度流流动速度较慢,在喷嘴内部出现了明显的扩散现象,这一扩散现象体现在喷嘴内部充满了超临界氮,其密度介于入口流体密度与环境流体密度之间。

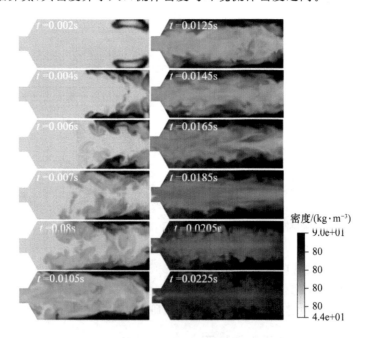

图 11-31　超临界离心喷嘴中心截面瞬态密度分布云图

如图 11-31 所示,在 $t=0.0105$ s 时高密度流流动至喷嘴收口结构处,高密度流出现了部分向上回流的现象,如图 11-32 所示为收口区域处 $t=0.012$ s 时刻的速度矢量分布,高密度流一度向上回流,进而导致中心低密度区域的密度明显提升至高于初始环境密度的状态;在图 11-31 中,$t=0.0185$ s 时旋流腔边缘的高密度氮与中心区域的低密度氮已经没有明显的密度边界,最终导致流场如 $t=0.0225$ s 时刻密度云图所示,虽然边缘高密度流体向中心低密度区域扩散,但旋流腔中心仍存在不明显的间断的低密度腔。

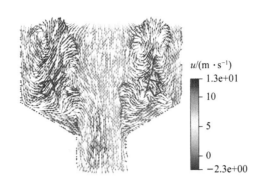

图 11-32　$t = 0.012$ s 时刻超临界离心喷嘴收口处速度矢量在中心截面的分布

如图 11-33 所示为 $t = 0.02$ s 时刻横截面速度分布云图，由云图可以看出明显的中心回流结构，以及明显的出口锥角。在中心回流边缘速度较快，这主要是由于该区域相对于回流区域切向速度较快，而轴向速度则有回流流体的加速，导致其相对于中心回流区速度更快。取 $t = 0.02$ s 时刻不同轴向位置处的沿径向密度分布曲线如图 11-34 所示，随着高密度流体逐渐向下流动，热量交换加剧，截面平均密度降低，尤其是靠近壁面位置密度随着轴向位置的下移而明显降低，上游中心区域密度明显小于下游。

图 11-33　$t = 0.02$ s 时刻超临界离心喷嘴中心截面速度云图

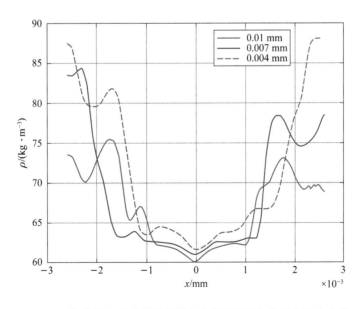

图 11-34　超临界离心喷嘴不同轴向位置处沿径向的密度分布曲线

（2）跨临界离心喷嘴内部流动特征

下面对喷嘴切向入口温度为 121 K、速度为 10 m/s，出口边界条件压力为 4 MPa、温度为 300 K 的工况进行仿真分析，该工况是亚临界流体喷注入超临界环境的跨临界流动。

图 11-35 所示为喷嘴中心截面的物理量分布云图。与超临界工况相比，该流动相对稳定，这可能是由于入口速度增大、高比容壁障使得流动热交换减弱，同时其中心区域的低密度区域明显偏大，且区域界线明显。由 $y=6.25$ mm 处中心截面温度分布测得中心高温区域（$T=300$ K）为 $-0.048\,23\sim0.048\,97$ mm，中心低密度区直径为 $0.097\,2$ mm，低密度高温区并不是规则的圆柱区域，而类似于液相喷嘴内部，存在一定波动。由于收口结构的存在，中心的低密度高温区在下游直径逐渐增加，呈现一定的锥角，通过图像处理得到锥角为 21.18°。在径向位置大于 0.522 mm 处为低温高密度区域，在 $0.048\sim0.522$ mm 范围内为两相流体的过渡区域，由定压比热的云图来看，在中心过渡区域出现了明显的 c_p 峰值区域。该区域存在由亚临界态转变为超临界态的相变区域，即 11.1.1 节介绍的"伪沸腾"区域。与超临界工况相比，其流动稳定性增强，尤其是亚临界流动区域较为稳定，这是由于亚临界流体与超临界流体的物理性质不同，尤其是高比定压热容区阻止了两相间的传热，同时其入口流速不同且跨临界工况入口密度较高，从而造成了跨临界与超临界工况喷嘴内流场的显著区别。

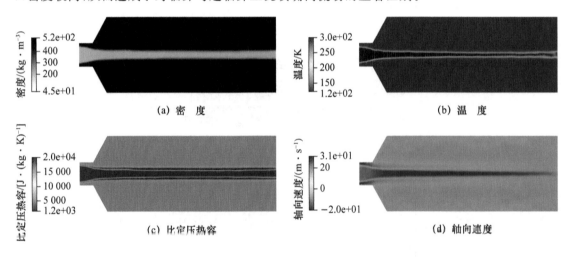

图 11-35　跨临界喷嘴内流场中心截面物理量分布云图

图 11-36 所示为不同轴向位置处的径向密度、比定压热容分布曲线，$y=4$ mm 截面位于切向孔下游，$y=10$ mm 截面在收口结构上游 2.5 mm 处。比定压热容曲线在过渡区域出现峰值，随着轴向位置的下移，中心高温区域逐渐外扩，下游回流加剧。同时，由 $y=4$ mm 轴向位置处的温度分布可知，其曲线并不是完全关于轴向对称的，进一步验证了中心高温区的不规则分布。

中心高温区域本质上是超临界氮的回流区域，如图 11-36（d）所示为中心截面的轴向速度分布，回流的超临界氮在出口处速度较小，而在旋流腔内部速度较大，出口处回流轴向速度为 12.89 m/s，基本没有旋流速度。当回流的超临界氮进入旋流腔后，由于直径减小，轴向速度明显增加，在旋流腔内部轴向速度达到稳定，为 20.46 m/s，其旋流速度仍然较小，低于 0.8 m/s。喷嘴顶部由于壁面影响，轴向速度较小。

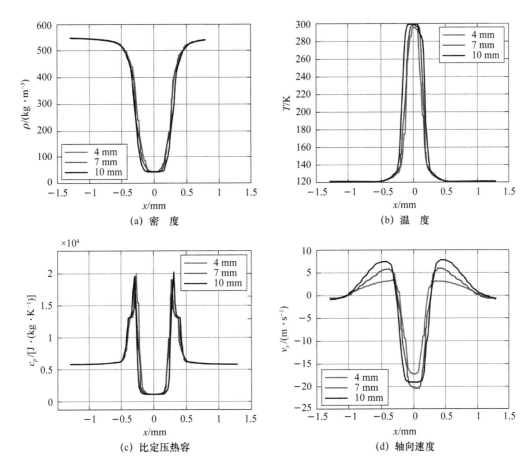

图 11-36　$t=0.0969$ s 时刻跨临界喷嘴内流场各轴向位置物理量的径向分布

亚临界流体以 10 m/s 的入口速度流经该离心喷嘴结构，基本充满了该喷嘴内部，仅在中心区域留出直径为 0.097 2 mm 的高温低密度回流区域，通过喷嘴内部的对流换热、相变过程，喷嘴出口仍有大量亚临界流体，亚临界流体以轴向速度 30.99 m/s 和旋流速度 27.94 m/s 流出，出口截面平均密度为 251.97 kg/m³，平均温度为 208.3 K。

2. 入口振荡对跨/超临界离心喷嘴内部流动的影响

为探究入口振荡对离心喷嘴内流场的影响，本小节在 11.1.1 小节介绍的跨临界工况基础上增加了如表 11-7 所列的多个不同频率的跨临界喷注工况。为对其瞬态流场进行分析，施加了如图 11-37 所示的多个测点，通过不同频率工况多测点的密度值的时域变化，得到各个工况下多测点的 FFT 主频处理结果如表 11-8 所列，所有外激主频均主导了测点 1~9 的主频，而对于位于收口缩进位置的测点 10，在 800 Hz、1 000 Hz、1 500 Hz 外激下该测点的主频均为外激频率的 2 倍。

表 11-7　离心喷嘴入口振荡算例设置示意

频率/Hz	0	500	800	1 000	1 500
振　幅	0	0.1	0.1	0.1	0.01

图 11 - 37　离心喷嘴内流场施加测点标识示意图

表 11 - 8　外激工况下离心喷嘴内多测点 FFT 主频结果　　　　　　　　　Hz

外激频率	测点 1	测点 2	测点 3	测点 4	测点 5	测点 6	测点 7	测点 8	测点 9	测点 10
500	503.3	503.3	503.3	503.3	503.3	503.3	503.3	503.3	503.3	503.3
800	793.9	793.9	793.9	793.9	793.9	793.9	793.9	793.9	793.9	1 588
1 000	991.2	991.2	991.2	991.2	991.2	991.2	991.2	991.2	991.2	1 972
1 500	1 463	1 463	1 463	1 219	1 951	3 170	1 707	1 463	1 463	2 682

　　为进一步分析施加外激工况的流动特性,对于不同频率外激工况的中心截面结果进行本征正交模态分解(POD)分析,如图 11 - 38 所示为 500 Hz、1 000 Hz 外激条件下 POD 得到的多个模态能量占比,相比于直流喷嘴,其主要模态的能量占比较高,最高达到 27%。图 11 - 39 所示为两种频率下中心截面的 POD 前四个模态分布图,其振幅较大的区域主要存在于中心密度梯度较大的区域。由图 11 - 40 所示的各个模态的 PSD 处理结果可知,外加 500 Hz 振荡的模态 1、2 的特征频率分别为 500 Hz 和 1 000 Hz,其中模态 2 出现入口激励的 2 倍频。外加 1 000 Hz 振荡的模态 1、2 的特征频率分别为 1 000 Hz、1 500 Hz,其模态 2 为入口激励的 1.5 倍频。

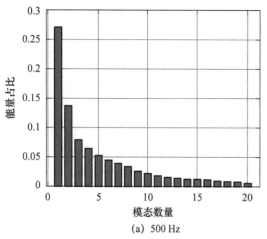

(a) 500 Hz

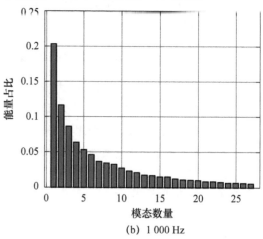

(b) 1 000 Hz

图 11 - 38　离心喷嘴不同外激条件下 POD 多个模态能量占比($K=0.023\ 1$)

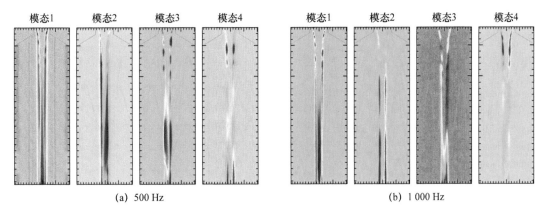

(a) 500 Hz　　　　　　　　　　　(b) 1 000 Hz

图 11 - 39　离心喷嘴不同外激工况下中心截面 POD 前四个模态分布(流量为 12.6 g/s)

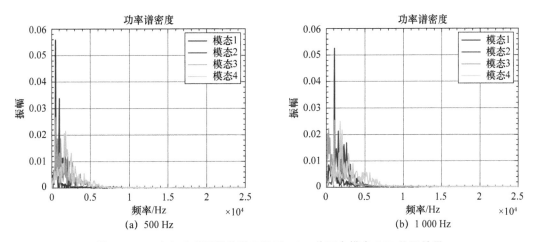

(a) 500 Hz　　　　　　　　　　　(b) 1 000 Hz

图 11 - 40　离心喷嘴不同外激工况下 POD 前四个模态 PSD 处理结果

　　对于不同频率下工况的出入口流量数据进行分析,图 11 - 41 所示为各频率下的出入口质量流量数据,各频率下出口流量均维持正弦函数的状态,出口质量流量波动明显小于入口波动,然而其幅值差异明显。图 11 - 42 所示为四种频率外激下的出入口质量流量信号的频域分析,在本小节的仿真工况范围,频率的升高使得出入口幅值比减小,即对于频率高的入口激励,喷嘴的抑制作用更强。相位差随外激频率改变不大,整体呈现增加趋势。

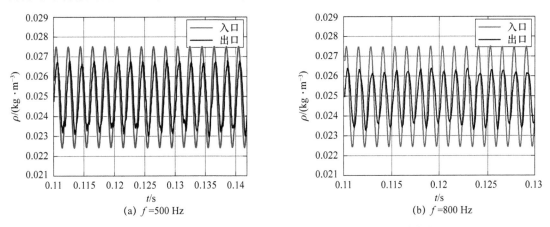

(a) $f = 500$ Hz　　　　　　　　　　　(b) $f = 800$ Hz

图 11 - 41　离心喷嘴施加不同频率外激下出入口质量流量曲线

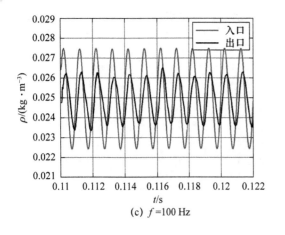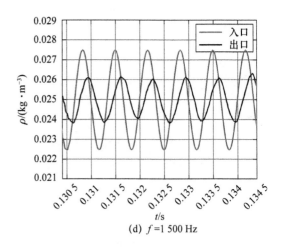

图 11-41　离心喷嘴施加不同频率外激下出入口质量流量曲线(续)

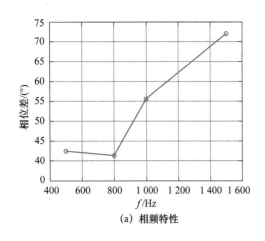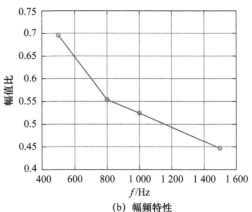

(a)　相频特性　　　　　　　　　(b)　幅频特性

图 11-42　离心喷嘴出入口质量流量的频域特性

11.2　跨/超临界离心喷嘴喷注特性实验研究

11.2.1　超临界条件下低温液氮喷注实验系统

搭建低温流体超临界条件下的喷雾实验系统,如图 11-43 所示,其中主要包括具有观察窗的反压舱以及低温流体供应系统。反压舱中的高压环境通过高压氮气瓶提供,低温流体采用液氮。液氮临界温度较低,为 126.1 K(-147.05 ℃),反压舱内处于室温即可满足高于液氮临界温度;调节舱内压力至 3.4 MPa 以上,即可满足压力高于液氮的临界压力,此时离心喷嘴的喷注过程即可视为超临界喷雾。

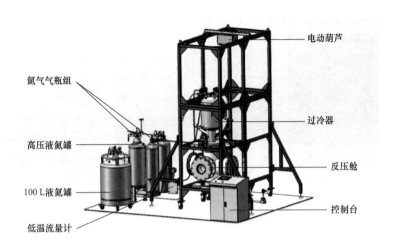

图 11-43　高反压低温流体离心式喷嘴动态特性实验系统

实验系统主要设备构成如下：

① 反压舱：当前绝大多数的射流雾化实验都是在常压下进行，导致实验所得到的雾化特性参数与实际应用中的真实过程具有一定的差距。为了进一步提高喷嘴雾化研究的水平和准确性，设计了反压环境舱。反压环境舱包括舱体、舱盖、舱盖提升结构、舱体移动结构、喷嘴安装结构、加厚玻璃透视镜等。通过调节减压阀调节反压舱内的压力。通过反压环境舱，可以进行反压环境下的喷注雾化实验，使之更加接近喷嘴真正的工作环境，进一步还原喷嘴更真实的工作过程，以更好地进行雾化特性研究。

② 过冷器：本系统采用真空泵抽真空从而得到低压环境，通过控制过冷器内的压力和真空泵抽速可以控制制冷温度。干式过冷器内部热量由流动着低压的饱和液氮汽化后带走，而过冷器外部超导设备由常压的过冷液氮通过自然对流冷却。

③ 自增压液氮罐：当需要给其他容器补充液氮时，先打开增压阀，顺时针扭动，到压力表显示数值≥0.05 MPa，然后打开出液阀，液氮自动输出，无须其他人工辅助。自动补充完成后，关闭增压和排液，开启放空，将残余压力释放，完成补液。

④ 控制台：本系统控制软件由初始画面、监控画面、系统参数、温度曲线、液位曲线、压力曲线、数据导出七个模块组成，提供高低温可编程控制。可以通过控制台观察到反压舱内压力、喷前压力、过冷器液位等数据。

当进行从超临界状态喷注到超临界环境实验时，直接将液氮从高压液氮罐中喷入反压舱；而进行亚临界状态喷注到超临界环境实验时，为了使喷前液氮达到亚临界状态，须将液氮装入过冷器中，再从过冷器喷注到反压舱中。

11.2.2　超临界离心喷嘴喷注特性实验研究

利用提前搭建好的纹影装置和高速相机，分别对喷前压不变时改变压降实验工况和反压不变时改变压降实验工况下的液氮，由入口超临界状态喷注入超临界环境的图像进行拍摄，如图 11-44 和图 11-45 所示，由于喷出后喷雾全为类气体，加上背景噪声干涉较大，但背景噪声变化速度远小于喷雾速度,因此后续对于数据的提取可直接通过 MATLAB 进行去背景处理。

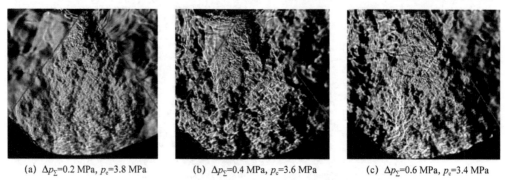

(a) Δp_Σ=0.2 MPa, p_c=3.8 MPa　　(b) Δp_Σ=0.4 MPa, p_c=3.6 MPa　　(c) Δp_Σ=0.6 MPa, p_c=3.4 MPa

图 11-44　喷前压不变时的喷注图像

(a) Δp_Σ=0.2 MPa, p_c=3.8 MPa　　　　(b) Δp_Σ=0.4 MPa, p_c=4.0 MPa

(c) Δp_Σ=0.6 MPa, p_c=4.2 MPa　　　　(d) Δp_Σ=0.8 MPa, p_c=4.4 MPa

图 11-45　反压不变时的喷注图像

1. 喷雾锥角

分别对喷前压不变和反压不变两种工况下的喷雾图像进行处理,每种工况下选取 10 组喷雾锥角求得平均值。喷前压不变工况下的喷雾锥角如表 11-9 所列,绘制喷雾锥角随喷嘴压降变化的规律曲线如图 11-46 所示。

表 11-9　喷前压不变时不同压降下的喷雾锥角

压降/MPa	0.2	0.4	0.6
喷雾锥角/(°)	54.4	64	65.5

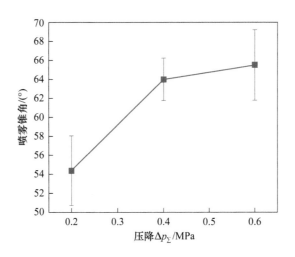

图 11-46　喷前压不变时喷雾锥角随压降变化的规律(超临界)

　　反压不变工况下喷雾锥角如表 11-10 所列,绘制喷雾锥角随喷嘴压降变化的规律曲线如图 11-47 所示。液氮在超临界条件下已经气化,但在两种不同工况下,与亚临界状态下相同压降的喷雾锥角数值较为相近,且仍随着压降的增大而增大。从反压不变工况与喷前压不变工况可以发现,当压降同为 0.2 MPa 时,反压舱内反压越大,喷雾锥角越小。

表 11-10　反压不变时不同压降下的喷雾锥角

压降/MPa	0.2	0.4	0.6	0.8
喷雾锥角/(°)	60	64.9	68.9	70.0

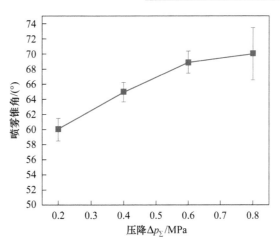

图 11-47　反压不变时喷雾锥角随压降变化的规律(超临界)

2. 贯穿距离

　　对于超临界下的喷注实验,因为不再存在破碎长度的定义,因此对喷注贯穿距离进行测量。贯穿距离指喷注前端在反压舱内氮气中的贯穿深度。分别对喷前压不变和反压不变工况下的喷雾图像进行去背景、二值化处理,并根据二值化确定对应阈值,对贯穿距离进行测量,每种工况下选取 10 个贯穿距离求得平均值。

喷前压不变工况下的贯穿距离结果如表 11 - 11 所列,并绘制贯穿距离随喷嘴压降变化的规律曲线,如图 11 - 48 所示。

表 11 - 11　喷前压不变不同压降下的贯穿距离

压降/MPa	0.2	0.4	0.6
贯穿距离/mm	6.0	22.5	24.0

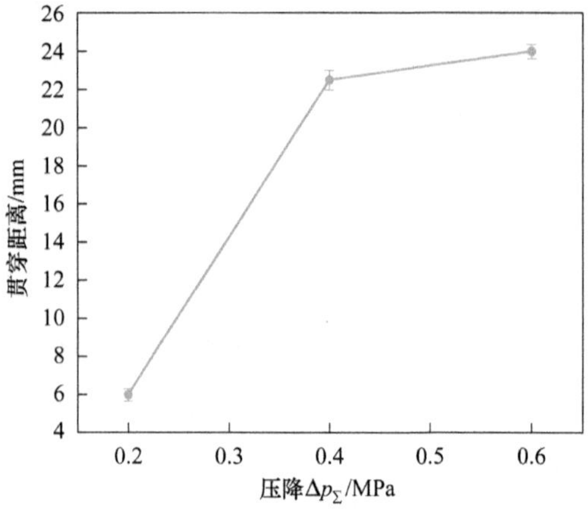

图 11 - 48　喷前压不变时贯穿距离随压降变化的规律(超临界)

反压不变工况下的贯穿距离结果如表 11 - 12 所列,并绘制贯穿距离随喷嘴压降变化的规律的曲线,如图 11 - 49 所示。由图 11 - 48、图 11 - 49 可知,贯穿距离随着压降的增加而增大,因为贯穿距离最主要影响因素为喷嘴出口初速度,压降越大出口处的喷注速度也越大,从而导致贯穿距离逐渐增大。一般贯穿距离越大,流场扰动越大,雾化效果越好。

表 11 - 12　反压不变不同压降下的贯穿距离

压降/MPa	0.2	0.4	0.6	0.8
贯穿距离/mm	10.5	18.0	24.0	31.5

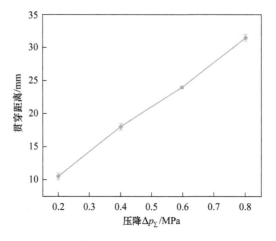

图 11 - 49　反压不变时贯穿距离随压降变化的规律(超临界)

11.2.3 跨临界离心喷嘴喷注特性实验研究

利用上文介绍的纹影装置和高速相机,分别对喷前压不变时改变压降实验工况和反压不变时改变压降实验工况下的液氮,由入口超临界状态喷注入超临界环境的图像进行拍摄,如图 11-50 和图 11-51 所示。从两图中可以直观地看到,随着压降的增大,气相蒸发部分面积逐渐减小,破碎长度逐渐增大,随着破碎长度的增加,密度梯度较大的区域面积总体逐渐呈现增大的趋势。

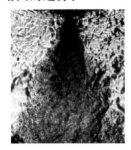 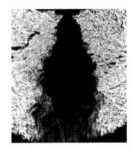  

(a) Δp_Σ=0.2 MPa, p_e=4.0 MPa (b) Δp_Σ=0.4 MPa, p_e=3.8 MPa (c) Δp_Σ=0.6 MPa, p_e=3.6 MPa (d) Δp_Σ=0.8 MPa, p_e=3.4 MPa

图 11-50 喷前压不变时从亚临界状态到超临界环境下的喷注图像

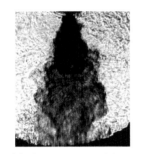   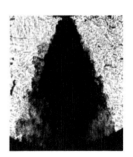

(a) Δp_Σ=0.2 MPa, p_e=3.8 MPa (b) Δp_Σ=0.4 MPa, p_e=4.0 MPa (c) Δp_Σ=0.6 MPa, p_e=4.2 MPa (d) Δp_Σ=0.8 MPa, p_e=4.4 MPa

图 11-51 反压不变时从亚临界状态到超临界环境下的喷注图像

1. 喷雾锥角

与上一小节中入口超临界状态喷注入超临界环境实验中的处理方式一样,分别对喷前压不变和反压不变工况下的喷雾图像进行处理,每种工况下选取 10 组喷雾锥角求得平均值。无论是喷前压不变还是反压不变工况下,随着喷嘴压降的增大,流量不断增大,导致射流轴向速度不断增大,射流速度方向不断向轴向接近,从而导致喷雾锥角随着喷嘴压降的增加呈现逐渐减小的趋势。

喷前压不变工况下的喷雾锥角结果如表 11-13 所列,并绘制喷雾锥角随喷嘴压降变化的规律曲线,如图 11-52 所示。

表 11-13 喷前压不变时离心喷嘴不同压降下的喷雾锥角

压降/MPa	0.2	0.4	0.6	0.8
喷雾锥角/(°)	56.75	52.58	51.51	47.73

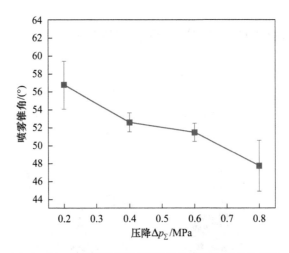

图 11-52　喷前压不变时喷雾锥角随压降变化的规律

　　反压不变工况下的喷雾锥角结果如表 11-14 所列,并绘制喷雾锥角随喷嘴压降变化的规律曲线,如图 11-53 所示。

表 11-14　反压不变时离心喷嘴不同压降下的喷雾锥角

压降/MPa	0.2	0.4	0.6	0.8
喷雾锥角/(°)	59.82	56.53	51.51	48.56

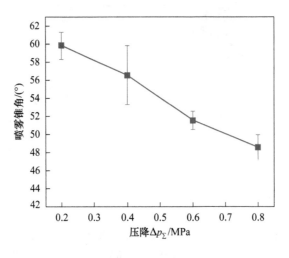

图 11-53　反压不变时喷雾锥角随压降变化的规律

2. 破碎长度

　　由高速相机直接拍摄的喷雾场照片与纹影法拍摄并进行去背景处理后的喷雾场图像可知,在亚临界状态喷注到超临界环境时,喷雾场属于气、液两相共存,不仅存在蒸发同时还存在液膜破碎,但是纹影法的拍摄只能展现密度梯度的变化,而无法准确分辨气、液分界面,测量其准确的破碎长度。其中高速相机拍摄的图像如图 11-54 所示。

图 11-54　高速相机直接拍摄亚临界态氮喷注到超临界环境的图像

　　对于跨临界射流,主要观测其破碎长度的变化,并对不同工况下破碎长度进行测量。观察变化规律可知,在喷前压不变和反压不变两种工况下,随着喷嘴压降的增加,破碎长度都呈现逐渐增加的规律。分析原因可知,由于喷嘴压降增大,流量增大导致液体汽化后密度增大,因此破碎长度逐渐增大。

　　喷前压力不变工况下的破碎长度结果如表 11-15 所列,并绘制破碎长度随压降变化规律的曲线,如图 11-55 所示。

表 11-15　喷前压不变时离心喷嘴不同压降下的破碎长度

压降/MPa	0.2	0.4	0.6	0.8
破碎长度	19.62	21.42	32.87	40.01

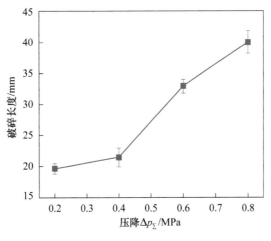

图 11-55　喷前压不变时破碎长度随压降变化的规律

　　反压不变工况下的破碎长度结果如表 11-16 所列,并绘制破碎长度随压降变化规律的曲线,如图 11-56 所示。随着喷嘴压降的增大,破碎长度逐渐增大;由于轴向速度增大,从而导致喷雾锥角逐渐减小,发生超临界变化后的射流雾化蒸发区域扩散能力更强,径向发展更好。随着喷嘴压降的增大可以发现,发生蒸发的部分逐渐远离喷嘴处,喷雾锥角随着压降的增大而逐渐减小,由液滴蒸发产生的气相面积也逐渐减小并逐渐集中在喷雾场下游。

表 11-16 反压不变时离心喷嘴不同压降下的破碎长度

压降/MPa	0.2	0.4	0.6	0.8
破碎长度/mm	15.59	17.84	32.87	39.77

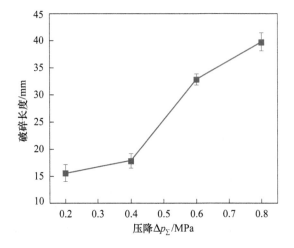

图 11-56 反压不变时破碎长度随压降变化的规律

11.2.4 跨临界不同几何特性系数离心喷嘴喷注特性对比

本次实验中共设计了 6 个不同几何特性系数的喷嘴，几何特性系数分别为 0.868、1.25、1.7、2.22、2.813 以及 3.47，分别编号为喷嘴 1、喷嘴 2、喷嘴 3、喷嘴 4、喷嘴 5 和喷嘴 6。11.2.2 小节中使用喷嘴 5 进行实验，本小节中将使用其余 5 个喷嘴完成对比实验。控制反压恒为 3.6 MPa 不变，改变喷前压，对比 6 种不同喷嘴的喷雾图像、雾化锥角、破碎长度随压降变化的规律。

在反压为 3.6 MPa 时，改变喷前压力对喷嘴 1、2、3、4、5、6 号进行实验，喷嘴 1、2、3、4、6 得到喷雾图像如图 11-57～图 11-61 所示，由图可见，无论是几号喷嘴，密度梯度大的区域面积都随着喷嘴压降的增加而增大，破碎长度也越来越长。

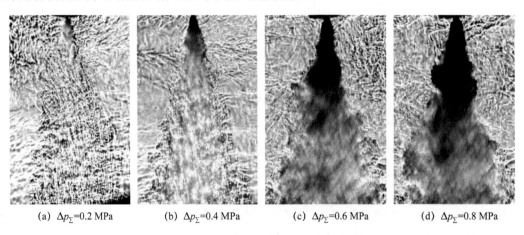

(a) Δp_Σ=0.2 MPa   (b) Δp_Σ=0.4 MPa   (c) Δp_Σ=0.6 MPa   (d) Δp_Σ=0.8 MPa

图 11-57 喷嘴 1 喷雾图像

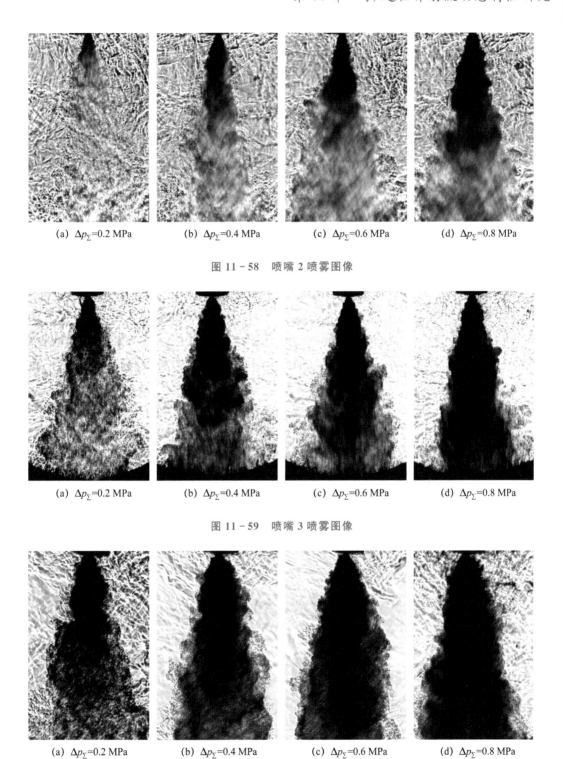

(a)　Δp_Σ=0.2 MPa　　(b)　Δp_Σ=0.4 MPa　　(c)　Δp_Σ=0.6 MPa　　(d)　Δp_Σ=0.8 MPa

图 11 - 58　喷嘴 2 喷雾图像

(a)　Δp_Σ=0.2 MPa　　(b)　Δp_Σ=0.4 MPa　　(c)　Δp_Σ=0.6 MPa　　(d)　Δp_Σ=0.8 MPa

图 11 - 59　喷嘴 3 喷雾图像

(a)　Δp_Σ=0.2 MPa　　(b)　Δp_Σ=0.4 MPa　　(c)　Δp_Σ=0.6 MPa　　(d)　Δp_Σ=0.8 MPa

图 11 - 60　喷嘴 4 喷雾图像

(a) $\Delta p_\Sigma = 0.2$ MPa　　(b) $\Delta p_\Sigma = 0.4$ MPa　　(c) $\Delta p_\Sigma = 0.6$ MPa　　(d) $\Delta p_\Sigma = 0.8$ MPa

图 11 - 61　喷嘴 6 喷雾图像

1. 喷雾锥角对比

对喷嘴 1～4、6 在四个工况下的喷雾锥角进行测量取平均值,由于随着压降增大喷嘴出口处喷雾不稳定振荡增强会影响喷雾形态,每个工况下选取 10 组喷雾锥角求得平均值,结果如表 11 - 17 所列,最终绘制喷嘴 1～6 在四种工况下喷雾锥角随喷嘴压降变化的规律曲线,如图 11 - 62 所示。从图 11 - 62 可知,1～6 号喷嘴喷雾锥角都呈现出随着压降的增大而下降的趋势,且随着喷嘴压降的增大,喷嘴喷雾锥角下降的速率减小,除了压降影响外,在喷嘴出口处由于跨临界过程而产生的相变导致喷雾不稳定振荡也会对锥角大小产生影响。喷雾的不稳定振荡会使喷雾锥角增大,而随着压降增大喷嘴流量增大,喷注速度也随之增大,同时轴向速度增加得更快,从而导致喷雾锥角减小,两者相互作用下虽然喷雾锥角还在逐渐减小,但也导致了喷雾锥角减小的速率随着压降的增大而减小。几何特性系数大的喷嘴喷雾锥角总体大于几何特性系数小的喷嘴,但由于几何特性系数越小的喷嘴随着压降增大,喷雾的不稳定振荡对喷雾锥角的影响越明显,因此喷雾锥角减小的速率小于几何特性系数大的喷嘴。

表 11 - 17　离心喷嘴 1～4、6 在不同压降下的喷雾锥角

离心喷嘴序号	压降/MPa			
	0.2	0.4	0.6	0.8
1	40.18°	39.69°	37.96°	36.68°
2	45.04°	41.17°	38.63°	38.07°
3	47.19°	44.78°	43.60°	43.06°
4	57.41°	56.48°	54.48°	53.58°
6	60.62°	54.64°	51.10°	47.66°

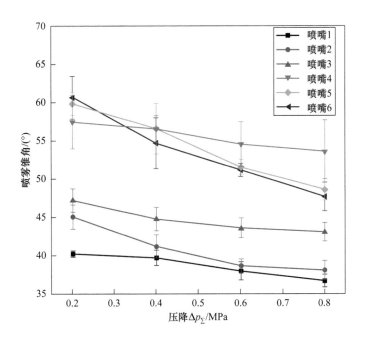

图 11-62 不同喷嘴喷雾锥角随压降变化的规律

2. 破碎长度对比

对喷嘴 1～4、6 在四个工况下的破碎长度进行测量取平均值,每个工况下选取 10 组破碎长度求得平均值,结果如表 11-18 所列,最终绘制喷嘴 1～6 在四种工况下喷雾锥角随喷嘴压降变化规律的曲线,如图 11-63 所示。

表 11-18 离心喷嘴 1～4、6 在不同压降下的破碎长度

离心喷嘴序号	压降/MPa			
	0.2	0.4	0.6	0.8
1	2.68 mm	7.20 mm	17.60 mm	28.94 mm
2	6.60 mm	14.53 mm	19.05 mm	29.73 mm
3	11.04 mm	16.60 mm	21.17 mm	34.75 mm
4	14.74 mm	17.28 mm	21.30 mm	42.42 mm
6	18.16 mm	21.97 mm	38.37 mm	39.78 mm

由图 11-63 可知,对于上述几何特性系数的喷嘴,破碎长度都随着压降的升高而增大,几何特性系数大的喷嘴贯穿距离总体呈大于几何特性系数小的喷嘴的趋势,因为出口直径越大的喷嘴质量流量越大,所以液相破碎气化后密度更大,破碎长度总体也就更大。

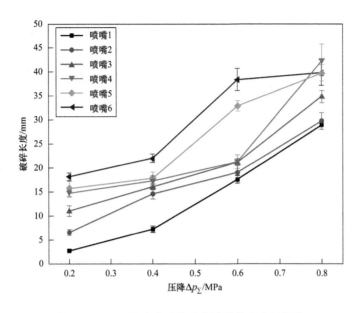

图 11-63　不同喷嘴破碎长度随压降变化的规律

本章参考文献

［1］　Chehroudi B，Talley D，Coy E．Visual characteristics and initial growth rates of round cryogenic jets at subcritical and supercritical pressures［J］．Physics of Fluids，2002，14(2)：850-861.

［2］　Soave G．Equilibrium constants from a modified Redlich-Kwong equation of state［J］．Chemical engineering science，1972，27(6)：1197-1203.

［3］　Ribert G，Zong N，Yang V，et al．Counterflow diffusion flames of general fluids：Oxygen/hydrogen mixtures［J］．Combustion and Flame，2008，154(3)：319-330.

［4］　Yang V．Modeling of supercritical vaporization，mixing，and combustion processes in liquid-fueled propulsion systems［J］．Proceedings of the Combustion Institute，2000，28(1)：925-942.

［5］　Chung T H，Ajlan M，Lee L L，et al．Generalized multiparameter correlation for nonpolar and polar fluid transport properties［J］．Industrial & engineering chemistry research，1988，27(4)：671-679.

［6］　Nguyen D N，Jung K S，Shim J W，et al．Real-fluid thermophysicalModels：An OpenFOAM-based library for reacting flow simulations at high pressure［J］．Computer Physics Communications，2022，273：108264.

［7］　Mayer W，Telaar J，Branam R，et al．Raman measurements of cryogenic injection at supercritical pressure［J］．Heat and Mass Transfer，2003，39(8)：709-719.

［8］　Lumley J L．Stochastic tools in turbulence［M］．London：Dover Publications,1970.